WÄRME- UND KÄLTEVERLUSTE ISOLIERTER ROHRLEITUNGEN UND WÄNDE

Tabellarische Zusammenstellung
für die Praxis

Herausgegeben von

GRÜNZWEIG & HARTMANN G.M.B.H.

LUDWIGSHAFEN / RH.

1928

SPRINGER-VERLAG BERLIN HEIDELBERG GMBH

ISBN 978-3-662-27978-6 ISBN 978-3-662-29486-4 (eBook)
DOI 10.1007/978-3-662-29486-4
Softcover reprint of the hardcover 1st edition 1928

SPAMERSCHE
BUCHDRUCKEREI
IN LEIPZIG

VORWORT

Die zahlreichen Berechnungen von Wärme- und Kälteverlusten isolierter Rohrleitungen und Wände, die wir tagtäglich durchführen müssen, sind so zeitraubend, daß wir uns veranlaßt sahen für den internen Gebrauch die Werte systematisch zu errechnen und tabellarisch zu ordnen. Zahlreichen Anregungen aus der Industrie folgend, haben wir uns nun entschlossen, auch der Allgemeinheit die Werte zugänglich zu machen und sie in Druck zu geben. Die Tafel ist möglichst allgemein angesetzt, so daß wir hoffen, mit ihrer Hilfe in Zukunft fast alle Wärmeverlustrechnungen zu ersparen. Wir haben uns den Arbeiten um so lieber unterzogen, als wir damit eine allgemein empfundene Lücke in der Wärmetechnik auszufüllen glauben.

Das Buch wurde von unserer wissenschaftlichen Abteilung unter Leitung von Herrn Dr.-Ing. W. Jürges bearbeitet. Auch an dieser Stelle möchten wir nochmals allen denjenigen die durch ihre Mitarbeit zum Gelingen der Wärmeverlusttafel beitrugen, insbesondere Herrn Dipl.-Ing. H. Kanziger, danken.

GRÜNZWEIG & HARTMANN

G. m. b. H.

Ludwigshafen a. Rhein

INHALTSVERZEICHNIS

EINLEITUNG

Die vorliegende Wärmeverlusttafel wurde zu dem Zweck zusammengestellt, umständliche Rechenarbeiten in Zukunft zu ersparen. Sie ermöglicht die Wärme- und Kälteverluste isolierter Rohrleitungen und Wände unmittelbar genau abzulesen und zwar für alle Fälle, die in der Praxis normalerweise vorkommen. Bisher war man entweder gezwungen, die Wärmeverluste zu errechnen oder sie aus mehr oder weniger genauen graphischen Darstellungen oder sonstigen Zusammenstellungen auf verhältnismäßig umständliche Art zu bestimmen.

Analytische Bestimmung der Wärmeverluste

Die Wärmeverluste eines Rohres pro Meter Rohrlänge errechnen sich nach der Gleichung

$$Q = \pi z \cdot \frac{(t_i - t_2)}{\frac{1}{2\lambda} \ln \frac{d_a}{d_i} + \frac{1}{\alpha \cdot d_a}} \text{ kcal/lfdm,} \qquad (1)$$

worin

Q = die übertragene Wärmemenge in kcal/lfdm,
z = die Zeit in Std,
t_i = die Temperatur des Rohres in ° C,
t_2 = die Temperatur der Luft in ° C,
d_i = der äußere Durchmesser des Rohres in m,
d_a = der äußere Durchmesser der Isolierung in m,
α = die Wärmeübergangszahl von der Isolierung an die Luft einschließlich Strahlung in kcal/m², Std, ° C und
λ = die Wärmeleitzahl der Isolierung in kcal/m, Std, ° C

ist.

Für die ebene Wand lautet die analoge Gleichung für die Wärmeverluste

$$Q = \frac{F \cdot z(t_i - t_2)}{\frac{1}{\alpha_i} + \frac{d}{\lambda} + \frac{d_1}{\lambda_1} + \frac{1}{\alpha_a}} \text{ kcal,} \qquad (2)$$

worin

t_2 = die Lufttemperatur in ° C,
d, d_1 = die Isolierstärke in m und
F = die Oberfläche in m²

ist.

Die Wärmeübergangszahl α setzt sich dabei zusammen aus dem Übergang durch Konvektion (α_a) und der Strahlung $\alpha_s = a \cdot C$.

$$\alpha = \alpha_a + aC, \tag{3}$$

worin

C = die Strahlungskonstante in kcal/m², Std, °C⁴ und

$$a = \text{der Temperaturfaktor} = \frac{\left(\frac{T_1}{100}\right)^4 - \left(\frac{T_2}{100}\right)^4}{(T_1 - T_2)} \quad \text{(s. Tabelle 6)}$$

ist.

Die Konvektionszahl α_a ist abhängig von der Übertemperatur und der Gestaltung der Oberfläche; sie errechnet sich für eine ebene Wand zu

$$\left.\begin{aligned} \alpha_a &= 3{,}00 + 0{,}08\,\Theta \quad \text{für } \Theta < 10° \\ \alpha_a &= 2{,}2\sqrt{\Theta} \quad \text{für } \Theta > 10° \end{aligned}\right\} \text{bei ruhender Luft nach Nusselt (s. Fig. 2),} \tag{4, 5}$$

$$\left.\begin{aligned} \alpha_a &= 5{,}3 + 3{,}6\,w \quad \text{für } w \leq 5 \text{ m/sec} \\ \alpha_a &= 6{,}47 \cdot w^{0{,}78} \quad \text{für } w > 5 \text{ m/sec} \end{aligned}\right\} \text{bei bewegter Luft nach Jürges (s. Tabelle 5).} \tag{6, 7}$$

Die Konvektionszahl für einen zylindrischen Körper errechnet sich nach den Gleichungen:

$$\alpha_a = \frac{A\,\Theta^{0.24}}{\pi\,d_a} \tag{8}$$

für ruhende Luft bei Turbulenz nach Koch (s. Fig. 1).

$$\alpha_a = 0{,}067\,\frac{\lambda_m}{d_a}\left(1273 + \frac{d_a w \cdot G_m}{z_m}\right)^{0{,}716} \tag{9}$$

für bewegte Luft nach Nusselt (s. Fig. 3, für 5 m/sec Windanfall).

Gemäß der Definition der Wärmeübergangszahl errechnet sich die von der Oberfläche an die Umgebung abgegebene Wärmemenge, wenn die Oberflächentemperatur um Θ °C größer ist als die Außentemperatur, zu:

$$Q = \alpha \cdot F \cdot z \cdot \Theta \text{ kcal.} \tag{10}$$

Nachstehend sind an 3 Beispielen die Wärmeverluste von Wänden und Rohrleitungen errechnet.

1. Beispiel: Ebene Wand. Gesucht ist der Wärmeverlust einer Kühlraumwand, $1^1/_2$ Backstein, und 10 cm Kork stark. Die Temperatur im Inneren des Raumes ist −10°C; die Außenluft hat eine Temperatur von +10° C. Nach Gleichung (2) ist

$$Q = \frac{F \cdot z \cdot \Delta}{\frac{1}{\alpha_i} + \frac{d}{\lambda} + \frac{d_1}{\lambda_1} + \frac{1}{\alpha_a}} \text{ kcal.}$$

$(t_i - t_a) = \Delta = (-10 - +10) = 20°$, $F = 1$ m², $z = 1$ Stunde,

d für Backstein = 0,38 m,

λ für Backstein = 0,7 kcal/m, Std, °C,

d_1 für Kork = 0,10 m,

λ_1 für Kork = 0,03 kcal/m, Std, °C,

$\alpha = f(\Theta)$; Θ wird zunächst geschätzt zu 0,9° C, also $\alpha_a = 3{,}0 + 0{,}08 \cdot \Theta = 3{,}07$ (aus der Fig. 2 zu entnehmen). Dazu kommt der Strahlungsanteil $\alpha_s = a \cdot C$. Auf Seite 256 findet man a mit 0,734, also ist bei einer Strahlungskonstanten $C = 4{,}0$ der Strahlungsanteil $\alpha_s = 2{,}94$. α_i ist demnach $3{,}07 + 2{,}94 = 6{,}01$ kcal/m², Std, °C. α_a wird zunächst angenähert gleich α_i gesetzt.

In Gleichung (2) eingesetzt ergibt das

$$Q = \frac{20 \cdot 1 \cdot 1}{\frac{1}{6{,}01} + \frac{0{,}38}{0{,}7} + \frac{0{,}1}{0{,}03} + \frac{1}{6{,}01}} = 4{,}79 \text{ kcal/m}^2\text{, Std.}$$

Dieser Wert wäre richtig, wenn Θ am Anfang zu 0,9° C richtig geschätzt worden wäre. Zur Kontrolle muß also die Oberflächentemperatur nachgerechnet werden. Sie ergibt sich aus der Gleichung (10)

$$Q = \alpha \cdot F \cdot z \cdot \Theta \text{ kcal}$$

zu

$$\Theta = \frac{Q}{\alpha \cdot F \cdot z} = 0{,}797\,°\text{C} \backsim 0{,}80\,°\text{C}.$$

Demnach war $\Theta = 0{,}10°$ C zu groß gewählt. Es muß also eine nochmalige Nachrechnung mit $\Theta = 0{,}80°$ C durchgeführt werden:

α_a wird aus Fig. 2 entsprechend $\Theta = 0{,}80°$ C zu 3,06 abgelesen, der Temperaturfaktor ist interpoliert für −10° C und −9,20° C Oberflächentemperatur auf 0,732 (s. Tabelle 6). Demnach ist $\alpha_s = 4 \cdot 0{,}732 = 2{,}93$. Somit wird $\alpha_i = 3{,}06 + 2{,}93 = 5{,}99$ kcal/m², Std, ° C.

$$\alpha_a \cong \alpha_a + a \cdot C$$
$$= 3{,}06 + 0{,}902 \cdot 4{,}0 = 6{,}67 \text{ kcal/m}^2\text{, Std., °C.}$$

Also ist der Wärmeverlust

$$Q = \frac{20}{\frac{1}{5{,}99} + \frac{0{,}38}{0{,}7} + \frac{0{,}1}{0{,}03} + \frac{1}{6{,}67}} = 4{,}80 \text{ kcal/m}^2\text{, Std.}$$

Der in 2. Annäherung errechnete Wert für Q ist demnach um 0,2% von dem 1. verschieden. Die Übertemperatur ist in 2. Annäherung also

$$\Theta = \frac{Q}{\alpha_i} = \frac{4{,}8}{5{,}99} = 0{,}80\,°\text{C}.$$

Eine weitere Kontrollrechnung für Q ist meistens nicht nötig, da der Einfluß der Änderung der Wärmeübergangszahl auf den Wärmeverlust von isolierten Rohrleitungen klein ist.

2. Beispiel. Rohr. Gesucht ist der stündliche Wärmeverlust eines Rohres von 152 mm äußerem Durchmesser bei 80 mm Isolierstärke ($\lambda = 0{,}062$) und 220° C Rohrtemperatur. Die Lufttemperatur ist +10° C.

Der Wärmeverlust errechnet sich nach Gleichung (1)

$$Q = \pi \cdot z \frac{(t_i - t_2)}{\frac{1}{2\lambda}\ln\frac{d_a}{d_i} + \frac{1}{\alpha d_a}} \text{ kcal/lfdm.}$$

Eingesetzt ergibt das

$$Q = \pi \cdot 1 \frac{220 - 10}{\frac{1}{2 \cdot 0{,}062}\ln\frac{0{,}312}{0{,}152} + \frac{1}{8 \cdot 0{,}312}} = 106{,}2 \text{ kcal/lfdm, Std.}$$

α wurde geschätzt zu 8 kcal/m², Std, °C und in der 1. Annäherung so eingesetzt. Es muß der Gleichung (8)

$$\alpha_a = \frac{A}{\pi d_a}\Theta^{0,24} \quad \text{bzw.} \quad \alpha = \frac{A}{\pi d_a}\Theta^{0,24} + a \cdot C$$

(nach Gleichung 3) genügen.

Aus $Q = \alpha F z \Theta$ (Gleichung 10) folgt mit $F = \pi d_a \cdot 1$:

$$\Theta = \frac{Q}{\alpha \pi d_a} = \frac{106{,}2}{7{,}84} = 13{,}5^\circ \text{ C.}$$

Demnach muß $\alpha = \frac{A}{\pi d_a}\Theta^{0,24} + a \cdot C = 2{,}44 + 4{,}31 = 6{,}75$ sein. Also statt dem Wert 8 muß α mit 6,75 in die Ausgangsgleichung eingesetzt werden. Die 2. Annäherung ergibt also

$$Q = 105{,}2 \text{ kcal/lfdm, Std.}$$

Die weitere Kontrollrechnung zeigt, daß dieser Wert $Q = 105{,}2$ genügend genau ist, denn es ergibt sich hieraus, analog errechnet wie oben:

$\Theta = 13{,}4^\circ$ und

$\alpha = 6{,}73$ kcal/m², Std., °C; also

$Q = 105{,}1$ kcal/lfdm, Std.

Die Differenz ist gegenüber dem in 2. Annäherung errechneten Wert bereits unbedeutend.

3. Beispiel: Rohr mit Windanfall. Gesucht ist der stündl. Wärmeverlust einer 318er Rohrleitung, die im Freien verlegt ist bei 100 mm Isolierstärke, ($\lambda = 0{,}082$), 400° C Rohrtemperatur, Windgeschwingkeit $w = 5$ m/sec, Außentemperatur +20° C.

Unter Schätzung von $\alpha = 19{,}9$ (Fig. 3) wird in Gleichung (1) eingesetzt:

$$Q = \pi \frac{400 - 20}{\frac{1}{2 \cdot 0{,}082}\ln\frac{0{,}518}{0{,}318} + \frac{1}{19{,}9 \cdot 0{,}518}} = 388 \text{ kcal/lfdm, Std.}$$

α kann hier mit sehr großer Annäherung richtig aus Fig. 3 entnommen werden, so daß eine weitere Kontrollrechnung meist unnötig wird.

Graphische Bestimmung der Wärmeverluste

Da die Wärmeübergangszahl α von der Oberflächentemperatur der Isolierung abhängig ist, so kann der Wärmeverlust nur durch wiederholtes Rechnen gefunden werden. Um die genaue, aber sehr umständliche analytische Methode zu umgehen, gab das Forschungsheim im Jahre 1922 Nomogramme[1]) heraus, mit deren Hilfe man verhältnismäßig einfach die gesuchten Werte finden konnte. Unangenehm bei der Benutzung dieser Nomogramme war jedoch, daß man nicht in einem Linienzug das Resultat fand, sondern über 12 Skalenträger und 1 Diagramm fünfmal Zwischenwerte ablesen und zwei kleine Rechnungen anstellen mußte. Einfacher sind zwei graphische Verfahren[2]), die in den beiden folgenden Jahren 1923—1924 erschienen und sich auf zusammengesetzten Kurventafeln (Diagramme) gründeten. Nach den von Wrede entworfenen Tafeln war es möglich, mit einem Linienzug durch 4 Diagramme mit je einem Parameter die gesuchten Wärmeverluste zu finden. Jedoch ist, abgesehen davon, daß infolge der vielen eingetragenen Kurven und der nicht linearen Teilung der Ordinaten, die Tafeln unangenehm zu handhaben sind, die Genauigkeit trotz unhandlich großen Formates verhältnismäßig gering.

Neue Wärmeverlusttafeln

Die vorliegende Wärmeverlusttafel ermöglicht das unmittelbare Ablesen der Wärme- und Kälteverluste von isolierten Rohrleitungen und Wänden. Sie ist mit einer Genauigkeit von $\pm$ 1% zusammengestellt. Sowohl für sämtliche handelsübliche Isolierstärken, als auch für die gebräuchlichsten Rohrdurchmesser können die Werte sofort als Funktion der Wärmeleitzahl und der Temperatur herausgegriffen werden. Die Abstände zweier Wärmeleitzahlen und zweier Temperaturen in der Tafel sind so klein, daß man leicht die Zwischenwerte bestimmen kann.

Als Strahlungszahl wurde einheitlich für Rohre und Wände 4,0 kcal/m^2, Std, °C^4 gewählt. Der Temperaturfaktor zum Umrechnen des Stefan-Boltzmannschen Gesetzes in die lineare Gleichung wurde in der Tabelle 6 übersichtlich zusammengestellt. Die für die Tafel benutzten Wärmeübergangszahlen sind aus der Gleichung (4) bis (9) zu entnehmen.

Erwähnt sei noch, daß die in der Tafel genannte Rohrtemperatur gleich der Temperatur des Dampfes gesetzt werden kann.

1. Wärmeverluste von Rohrleitungen

Die nachstehenden Beispiele sollen den Gebrauch der Tabelle 1 zur Ermittlung von Rohrleitungsverlusten zeigen.

4. Beispiel. Gesucht ist der Wärmeverlust eines 50 mm stark isolierten Rohres, dessen äußerer Durchmesser 108 mm ist. Die Wärmeleitzahl der Isolierung ist 0,045 bei der Dampftemperatur von 250° C. Aus der Tafel läßt sich unter Register „108" auf S. 71 unten sofort der Wärmeverlust mit 90,6 kcal/lfdm, Std. ablesen.

5. Beispiel. Gesucht ist der Wärmeverlust eines 60 mm stark isolierten Rohres, dessen äußerer Durchmesser 57 mm ist. Die Wärmeleitzahl der Isolierung ist 0,037 bei der Soletemperatur −20° C. Unter Register „57" (S. 22) findet man für $t_i = -20°$, $\lambda = 0{,}04$, einen Verlust von 7,65 kcal; für $\lambda = 0{,}035$: 6,79 kcal. Einer Änderung des λ um 0,005 Einheiten entspricht demnach eine

---

[1]) J. S. Cammerer, Mitteilung aus dem Forschungsheim für Wärmeschutz. München, Heft 2.

[2]) Steinemann, A.E.G.-Mitteilungen, Heft 10. 1923. — Wrede, Mitteilungen aus dem Forschungsheim für Wärmeschutz, E. V. Heft 5. 1924.

Änderung des Wärmeverlustes von (7,65—6,79) ≐ 0,86 kcal. Folglich wird der Wärmeverlust, wenn sich das λ um 0,002 Einheiten ändert, um $\frac{0{,}86}{0{,}005} \cdot 0{,}002 = 0{,}34$ kcal größer oder kleiner, je nachdem unser λ größer oder kleiner ist als ein in der Tabelle angegebener Wert. Unser $\lambda = 0{,}037$ ist 0,002 Einheiten größer als der Tabellenwert $\lambda = 0{,}035$; also wird $Q = 0{,}34$ kcal größer als 6,79 = 7,13 kcal/lfdm, Std.

6. Beispiel: Gesucht ist der Wärmeverlust eines 40 mm stark isolierten Rohres mit einem Außendurchmesser von 420 mm. Die Wärmeleitzahl ist $\lambda = 0{,}064$ und die Dampftemperatur 325° C.

In der Tafel findet man auf S. 219 nur die Verluste angegeben für 300° C und 350° C und für $\lambda = 0{,}06$ und $\lambda = 0{,}07$. Zwischen diesen Werten muß interpoliert werden.

Für 300° — $\lambda = 0{,}06$ ist d. Verl. = 519 kcal/lfdm, Std,
„ 350° — $\lambda = 0{,}06$ „ „ „ = 614 „ , also
„ 325° — $\lambda = 0{,}06$ „ „ „ = 567 „ .
„ 325° — $\lambda = 0{,}07$ „ „ „ = 646 „ , also
„ 325° — $\lambda = 0{,}064$ „ „ „ = 599 „ .

Der genau errechnete Wert ist 598 kcal/lfdm, Std, der interpolierte ist also ca. 0,2% zu groß. In der ganzen Tabelle ist über jeder Tafel ausdrücklich die Bezugstemperatur der Luft vermerkt. Sie wurde mit Rücksicht auf die gemeinsame Verwendung der Tafeln für die Kälte- und Wärmeleitungen mit +20° C gewählt. Will man die Rohrleitungsverluste nach einer anderen Raumtemperatur als +20° C ermitteln, so kann man die Werte für normale Verhältnisse genügend genau proportional der Temperaturdifferenz umrechnen, weil der Wärmeverlust in großer Annäherung proportional der Temperaturdifferenz ist.

7. Beispiel: Gesucht ist der Wärmeverlust eines 30 mm stark isolierten Rohres von 57 mm äußerem Durchmesser mit einer Wärmeleitzahl von 0,035 und einer Rohrtemperatur von —20° C. Die Lufttemperatur ist mit +10° C einzusetzen.

In der Tafel findet man für —20° Rohrtemperatur gegenüber +20° Luft einen Wärmeverlust von 10,8 kcal. Das Gefälle dabei ist 40° (—20 — +20).

Da das Gefälle nach den oben gegebenen Größen 30° ist, so ist der Wärmeverlust ungefähr drei Viertel von 10,8 kcal zu nehmen und beträgt damit 8,08 kcal. Ungefähr denselben Wert hätte man gefunden, wenn man in der Tafel von —10° C Rohrtemperatur ausgegangen wäre, statt —20°; denn bei —10° gegen +20° Luft ist das Gefälle ebenfalls 30°. Dort findet man in der Tafel den Wert 8,03 kcal. Der genau errechnete Wärmeverlust für die gegebenen Größen ist 7,95 kcal. Damit stimmen die beiden interpolierten Tafelwerte auf 1,7% und 1,0% mit dem wirklichen Wert überein.

Bei Windanfall vergrößert sich der Verlust entsprechend dem Faktor in Tabelle 4.

2. Wärmeverluste geheizter Räume (Kanäle)

Unter Registerschnitt „Wände“ findet man die stündlichen Wärmeverluste eben begrenzter Räume (Kanäle) pro m² zwischen 30° und 500° C Innentemperatur von 20—250 mm Isolierstärke mit Leitzahlen von 0,03 bis 0,2 kcal/m, Std, °C. Auch diese Werte sind auf +20° C Außentemperatur bezogen. Die Handhabung dieser Tabellen ist analog wie bei den Rohrleitungen.

8. Beispiel. Gesucht ist der stündliche Wärmeverlust eines Kanals, dessen Wandstärke 40 mm bei $\lambda = 0{,}060$ und 125° C Innentemperatur ist.

Auf S. 248 findet man 122 kcal/m².

Besteht die Wand des Kanals aus mehreren Schichten verschiedener Materialien, so läßt sich der Wärmeverlust dadurch leicht finden, daß man sich der rechten Rubrik bedient in der $\sum \frac{d}{\lambda}$ eingetragen ist. Man hat also für die gesamten Schichten $\sum \frac{d}{\lambda}$ zu bilden, in irgendeiner der 14 Tabellen unter einer beliebigen Isolierstärke diesen errechneten Wert möglichst genau herauszusuchen und bei der vorgeschriebenen Innentemperatur den Wärmeverlust zu entnehmen; d. h. die zusammengesetzte Isolierung ist gleichwertig einer Isolierung aus einem Material von der betreffenden Stärke und Wärmeleitzahl.

9. Beispiel: Die Einmauerung eines Kessels von 500° C Innentemperatur (außen 20° C) besteht aus:

0,25 m Chamotte $\lambda = 1,0$,
0,12 m Diatomit schwer $\lambda = 0,11$ und
0,20 m Diatomit leicht $\lambda = 0,07$.

Man bildet:

$$\sum \frac{d}{\lambda} = \frac{0,25}{1,0} + \frac{0,12}{0,11} + \frac{0,2}{0,07} = 4,20\,.$$

Auf S. 251 findet man unter 250 mm Isolierstärke bei $\lambda = 0,06$ für den Wert $\sum \frac{d}{\lambda} = 4,17; Q = 111$ kcal/m², Std. und unter 200 mm Isolierstärke bei $\lambda = 0,045$ für den Wert $\sum \frac{d}{\lambda} = 4,45: Q = 105$ kcal/m², Std. Für $\sum \frac{d}{\lambda} = 4,2$ ergibt sich dann durch Interpolieren der Wärmeverlust genau zu $Q = 110,4$ kcal/m², Std.

3. Kühlverluste von Wänden

Ferner sind in der Tabelle 5 auf S. 253 die stündlichen Kälteverluste von gekühlten Räumen in kcal/m², Std. zu finden und zwar bezogen auf +10° C Außentemperatur. Die Werte sind für Innentemperaturen von −20° bis +5° C und für Leitzahlen von 0,02 bis 0,06 eingetragen. Die Isolierfähigkeit von evtl. angebautem Backsteinmauerwerk findet dadurch Berücksichtigung, daß für jede Isolierstärke ein Faktor f, abhängig von der Wärmeleitzahl des Isoliermaterials, eingetragen ist. f wurde berechnet für $t_i = -5°$, ist aber für alle sechs verschiedene Innentemperaturen gültig; selbst für ganz abnormale Fälle bleibt der Fehler noch in der Toleranz von $\pm 1\%$. Mit diesem Faktor ist der Kälteverlust Q zu multiplizieren, um den Wärmewiderstand durch eine Mauer von 12—51 cm Steinstärke zu berücksichtigen. Die Wärmeleitzahl des Backsteinmauerwerks ist bei der Berechnung mit 0,7 eingesetzt.

10. Beispiel: Gesucht ist der stündliche Kälteverlust eines Kühlraumes von −15° C, Mauerwerk $1\frac{1}{2}$ Backstein (38 cm) und 10 cm Korkisolierung ($\lambda = 0,03$).

Man findet auf S. 254 unter $\lambda = 0,03$ und −15° C bei 100 mm: $Q = 6,84$ kcal/m², Std. Für 38 cm Mauerwerk ist der Faktor $f = 0,876$, der stündliche Gesamtverlust ist daher 5,99 kcal/m².

Ein weiteres Beispiel findet man auf S. 253 unten errechnet.

4. Graphische Bestimmung der Wärmeübergangszahlen und Oberflächentemperaturen von Rohren und ebenen Wänden. Figur 1—6

Die der Berechnung der Tabellen, soweit Rohrleitungen in Betracht kommen, zugrunde gelegten Wärmeübergangszahlen fußen auf den neuesten Untersuchungen von Dr.-Ing. Koch, Laboratorium für technische Physik, München[1]). Die benutzten Werte ohne Strahlung $\left(\alpha_a = \frac{A}{\pi d_a} \Theta^{0,24}\right)$ sind in Fig. 1 in zwei verschiedenen Maßstäben von 0 bis 10° und von 0 bis 200° Übertemperatur eingezeichnet.

Die Übergangszahlen für die ebene Wand (Fig. 2) sind ebenfalls graphisch in zwei Maßstäben aufgetragen. Für diese Tafel wurde zwischen 10° und 15° C die ausgleichende Gerade benutzt, um die Stetigkeit der Werte zu wahren.

Die Fig. 4, 5 und 6 dienen zur Ermittlung der Oberflächentemperatur von Rohrleitungen gekühlter und ungekühlter Räume.

In Fig. 4 sind die Wärmeverluste als Funktion der Übertemperatur für Rohrleitungen aufgetragen. Da die Übergangszahl sich errechnet nach $\alpha = \frac{A}{\pi d_a} \Theta^{0,24}$, wobei A eine lineare Funktion von d_a ist, so wird α unabhängig vom Rohrdurchmesser. Die in der Fig. 4 eingetragene Kurve gilt also allgemein für jedes Rohr. Da Q genau wie in der Tafel 1 selbst mit der Übergangszahl nach Koch, der Strahlungszahl 4,0 und der Lufttemperatur + 20° C berechnet ist, so braucht man den in der Tabelle für Q gefundenen Wert nur durch πd_a zu dividieren, um den Abszissenwert zu haben.

Die Übertemperaturen sind in drei verschiedenen Maßstäben eingezeichnet. Wegen der Abhängigkeit der Strahlung von der absoluten Höhe der Temperatur wird die Oberflächentemperatur für Kälte- und Wärmeleitungen verschieden.

11. Beispiel: Gesucht ist die Übertemperatur eines Rohres von 318 mm äußerem Durchmesser bei 150° C Innentemperatur, Isolierstärke = 120 mm, $\lambda = 0,04$.

Aus der Tafel auf S. 193 findet man Q = 55,3 kcal, ebenso $\pi d_a = 1,753$; $\frac{Q}{\pi d_a} = 31,6$ kcal/m², Std. Aus Fig. 4 findet man dann die Übertemperatur auf der ausgezogenen Kurve mit 5,2° C.

Für geheizte Kanäle (Wände) findet man die Oberflächentemperatur entsprechend in Fig. 5.

Die beiden eingezeichneten Kurven beziehen sich auf verschiedene Maßstäbe.

Gehen durch eine Wand 89 kcal/m² in einer Stunde verloren, so ist die Übertemperatur 11°, die Oberflächentemperatur = 31° C, bei einer Außentemperatur von 20° C.

In Fig. 6 ist der Kälteverlust als Funktion der Übertemperaturen für verschiedene Temperaturen (−20°, −10°, ±0°, +10°) eingezeichnet. Drei Kurven mit −20°, −10°, ±0° gelten für Innenwände und eine Kurve für Außenwände, berechnet bei +10° C.

12. Beispiel: Gesucht ist die Oberflächentemperatur innen und außen eines Kühlraumes, 1 Backstein stark, mit 50 mm Kork isoliert, $\lambda = 0,03$, Innentemperatur = −10° C, Außentemperatur = +10° C. Auf S. 253 findet man $Q = 10,1 \cdot 0,848 = 9,42$ kcal/m², Std und in Fig. 6 als Übertemperatur innen 1,5°, außen 1,3° so daß die Temperatur innen −8,5° C und außen 8,7° C ist.

---

[1]) Herr Dr.-Ing. Koch stellte bereits vor der allgemeinen Veröffentlichung uns die Resultate seiner Untersuchungen für die Errechnung der Wärmeverlusttafel liebenswürdigerweise zur Verfügung, wofür wir ihm auch an dieser Stelle nochmals unseren verbindlichsten Dank aussprechen.

Tabelle 1

Stündliche Wärme- und Kälteverluste von Rohrleitungen in kcal/lfdm.

Innerer Rohr ⌀ = 50 mm **Äußerer Rohr ⌀ = 57 mm**

Wärmeleitzahl λ	Rohrtemperatur in ° C (Lufttemp. = 20° C) -40	-20	-10	±0	+10	+25	+50	+75	+100	+150	+200	+250	+300	+350	+400	+500	+750	+1000	Isol.-Stärke
0,020	29,5	19,6	14,7	9,58	4,74	2,36	15,1	28,3	42,1	69,8	98,5	128	157	189	233	295			
0,025	34,3	22,2	17,1	10,9	5,44	2,68	17,7	33,0	48,6	81,1	118	148	185	224	278	347			
0,030	37,9	24,7	19,0	12,2	6,05	2,97	19,8	37,1	54,8	91,3	133	169	212	258	317	393			
0,035	41,2	26,9	20,8	13,2	6,57	3,21	21,5	40,7	60,5	101	147	190	237	290	356	440	698		
0,040	43,6	28,8	22,2	14,2	7,00	3,41	23,0	43,9	65,7	112	161	210	259	318	393	487	778		
0,045	45,8	30,4	23,2	14,9	7,37	3,58	24,4	46,8	70,1	120	173	228	281	344	428	531	859		
0,050	47,8	31,7	24,0	15,5	7,69	3,73	25,6	49,5	74,4	128	184	244	301	368	460	570	938		
0,060	51,7	34,2	25,4	16,7	8,28	3,98	27,8	53,6	81,6	141	204	272	339	417	522	652	1060		
0,070	54,6	36,3	26,7	17,7	8,74	4,24	29,8	57,0	87,8	152	221	296	376	458	575	721	1180		5 mm
0,080	57,2	38,0	27,8	18,5	9,08	4,43	31,4	60,1	92,8	162	238	319	408	498	626	782	1310		
0,090	59,5	39,2	28,9	19,2	9,38	4,58	32,9	62,9	96,8	172	254	339	436	532	670	845	1450		
0,100	61,2	40,2	29,8	19,9	9,64	4,72	34,1	65,2	101	180	265	357	462	566	712	904	1580		
0,110	62,7	41,1	30,5	20,3	9,90	4,83	35,0	67,3	105	186	276	374	483	602	753	960	1690		
0,120	63,8	41,9	31,1	20,6	10,1	4,92	35,8	69,0	108	191	287	390	503	634	790	1020	1790		
0,130	64,8	42,6	31,6	21,0	10,3	5,02	36,5	70,4	111	196	297	406	523	660	824	1070	1880		
0,140	65,7	43,2	32,1	21,3	10,4	5,11	37,1	71,5	114	202	306	419	542	683	856	1120	1970		
0,160	67,2	44,4	32,9	21,8	10,7	5,23	38,0	74,8	118	212	319	442	576	724	922	1210	2170		
0,180	68,6	45,4	33,6	22,3	10,9	5,34	38,8	77,5	121	220	332	462	605	753	980	1290	2370		
0,200	69,7	46,2	34,1	22,6	11,0	5,44	39,5	79,9	124	226	345	479	631	779	1030	1370	2570		

Umfang = 0,211 m da/di = 1,175 ln da/di = 0,1616

Wärmeleitzahl λ	Rohrtemperatur in ° C (Lufttemp. = 20° C) -40	-20	-10	±0	+10	+25	+50	+75	+100	+150	+200	+250	+300	+350	+400	+500	+750	+1000	Isol.-Stärke
0,020	19,8	13,1	9,80	6,49	3,22	1,59	9,91	18,4	26,8	44,1	62,1	79,9	97,9	114	133	171			
0,025	23,4	15,6	11,6	7,71	3,82	1,88	11,7	21,7	32,3	52,8	74,4	96,0	116	137	161	207			
0,030	26,8	17,8	13,3	8,80	4,35	2,18	13,4	25,0	37,4	61,1	86,5	112	135	160	187	241			
0,035	29,9	19,9	14,7	9,75	4,81	2,38	15,0	28,2	42,1	68,7	98,2	126	154	182	214	275	426		
0,040	32,6	21,7	16,0	10,6	5,24	2,59	16,4	31,0	46,1	76,0	108	139	172	203	239	306	481		
0,045	35,2	23,4	17,3	11,4	5,60	2,78	17,8	33,9	50,0	82,7	119	152	188	223	263	337	533		
0,050	37,8	24,9	18,5	12,2	5,96	2,96	19,1	36,4	53,5	89,2	128	164	204	243	286	367	581		
0,060	42,1	27,5	20,4	13,5	6,62	3,28	21,4	40,7	60,4	101	144	188	233	277	329	427	680	934	
0,070	45,8	29,8	22,2	14,6	7,21	3,56	23,3	44,6	66,5	112	160	210	261	311	369	479	770	1070	10 mm
0,080	48,9	32,0	23,9	15,6	7,75	3,80	25,0	47,9	71,8	122	175	230	290	343	418	530	859	1200	
0,090	51,6	33,8	25,3	16,5	8,16	4,01	26,6	51,0	76,6	131	189	248	316	373	443	578	939	1320	
0,100	53,9	35,5	26,5	17,3	8,49	4,19	27,9	53,9	81,1	139	202	265	338	400	476	624	1020	1440	
0,110	56,1	37,0	27,5	18,1	8,78	4,34	29,1	56,6	85,0	147	213	282	360	426	508	670	1100	1560	
0,120	58,0	38,3	28,5	18,7	9,07	4,50	30,2	59,2	89,5	154	225	298	381	451	540	711	1180	1670	
0,130	59,8	39,5	29,3	19,3	9,35	4,64	31,4	61,4	93,3	160	235	312	400	475	570	754	1250	1780	
0,140	61,3	40,6	30,1	19,9	9,60	4,76	32,5	63,6	96,5	166	245	326	417	497	597	794	1320	1890	
0,160	64,1	42,3	31,3	20,7	10,1	4,97	34,1	67,4	102	177	262	351	450	541	651	866	1450	2100	
0,180	66,4	44,1	32,5	21,5	10,5	5,16	35,6	70,5	108	187	278	376	480	580	700	935	1580	2300	
0,200	68,5	45,8	33,6	22,1	10,8	5,32	36,9	73,2	113	196	292	397	507	616	744	1000	1710	2500	

Umfang = 0,242 m da/di = 1,351 ln da/di = 0,3008

Innerer Rohr ⌀ = 50 mm **Äußerer Rohr ⌀ = 57 mm**

Wärmeleitzahl λ	Rohrtemperatur in °C (Lufttemp. = 20° C) -40	-20	-10	±0	+10	+25	+50	+75	+100	+150	+200	+250	+300	+350	+400	+500	+750	+1000	Isol.-Stärke
0,020	15,1	10,1	7,51	5,00	2,49	1,24	7,62	14,0	20,6	33,3	46,9	60,2	73,4	85,5	100	126			
0,025	18,3	12,3	9,00	6,00	3,00	1,49	9,08	17,2	25,2	40,9	57,0	73,8	89,9	105	122	155			
0,030	21,2	14,2	10,4	6,96	3,47	1,73	10,6	19,8	29,5	47,5	66,8	86,2	105	124	143	184			
0,035	24,0	16,0	11,8	7,84	3,90	1,94	12,0	22,3	33,2	53,9	76,3	99,0	121	142	164	211	322		
0,040	26,5	17,7	13,1	8,65	4,32	2,15	13,3	24,9	36,7	60,0	84,7	110	135	158	184	236	365		
0,045	29,0	19,3	14,3	9,50	4,73	2,35	14,5	27,3	40,2	66,0	92,3	121	148	174	203	262	407		
0,050	31,2	20,8	15,4	10,2	5,08	2,55	15,7	29,5	43,5	71,9	100	132	161	190	221	285	448		
0,060	35,3	23,5	17,4	11,5	5,72	2,84	18,9	33,6	49,8	83,0	116	152	187	220	256	334	520	706	
0,070	39,2	25,9	19,3	12,8	6,31	3,13	19,9	37,3	55,7	92,5	130	170	210	249	292	377	592	808	**15** mm
0,080	42,4	28,1	21,0	13,9	6,87	3,40	21,7	41,0	61,1	102	143	187	233	275	324	419	662	908	
0,090	45,4	30,1	22,5	14,9	7,28	3,62	23,3	44,0	65,9	110	155	204	254	303	356	457	726	1010	
0,100	48,1	31,9	23,8	15,8	7,68	3,79	24,8	46,8	70,4	118	168	220	274	328	385	499	790	1100	
0,110	50,9	33,6	25,0	16,7	8,07	3,93	26,2	49,5	74,6	126	180	236	294	352	412	535	855	1190	
0,120	53,0	35,1	26,2	17,5	8,40	4,07	27,4	52,2	78,8	133	191	250	313	375	439	570	917	1290	
0,130	55,1	36,5	27,2	18,2	8,74	4,21	28,4	54,9	82,4	140	201	264	332	397	466	605	973	1380	
0,140	57,2	38,0	28,1	18,9	9,07	4,36	29,4	57,0	86,1	147	210	278	348	418	490	641	1030	1460	
0,160	60,6	40,1	29,9	19,9	9,62	4,65	31,2	61,2	92,5	159	228	302	380	457	540	704	1150	1630	
0,180	63,5	42,1	31,5	20,8	10,2	4,91	33,6	64,8	98,3	170	244	326	410	493	588	766	1260	1800	
0,200	66,1	43,8	32,9	21,7	10,6	5,11	35,0	67,7	103	179	259	347	438	530	627	830	1360	1960	

Umfang = 0,273 m da/di = 1,526 ln da/di = 0,4228

Wärmeleitzahl λ	Rohrtemperatur in °C (Lufttemp. = 20° C) -40	-20	-10	±0	+10	+25	+50	+75	+100	+150	+200	+250	+300	+350	+400	+500	+750	+1000	Isol.-Stärke
0,020	12,5	8,32	6,24	4,15	2,08	1,04	6,27	11,6	16,9	27,5	38,0	49,0	60,0	70,6	81,5	101			
0,025	15,2	10,2	7,60	5,08	2,52	1,26	7,65	14,2	20,5	34,0	46,4	59,8	72,7	86,0	99,0	126			
0,030	17,8	12,0	8,94	5,90	2,94	1,47	9,00	16,6	24,0	39,8	54,5	70,2	85,2	102	117	150			
0,035	20,4	13,5	10,1	6,71	3,35	1,68	10,2	18,8	27,3	45,2	62,3	80,2	97,4	117	136	173	261		
0,040	22,7	15,1	11,2	7,45	3,73	1,87	11,2	21,0	30,5	50,8	70,0	90,1	110	132	153	196	297		
0,045	25,0	16,6	12,3	8,18	4,08	2,03	12,3	23,3	33,8	56,2	77,6	100	123	146	169	217	331		
0,050	27,2	17,9	13,4	8,85	4,40	2,19	13,4	25,5	37,0	61,5	85,1	110	135	160	183	237	363		
0,060	31,2	20,6	15,3	10,2	5,02	2,50	15,4	29,1	43,1	71,4	98,7	128	157	186	215	278	428	586	
0,070	35,2	22,8	17,1	11,3	5,61	2,80	17,4	32,8	48,6	80,4	112	145	179	212	247	315	490	675	**20** mm
0,080	38,5	25,1	18,9	12,4	6,11	3,04	19,3	36,4	53,6	89,0	124	162	199	236	276	352	553	757	
0,090	41,6	27,1	20,5	13,4	6,62	3,28	20,9	39,2	58,3	96,8	136	177	218	259	303	386	606	840	
0,100	44,4	29,0	21,8	14,3	7,05	3,51	22,3	42,0	62,5	103	147	191	236	282	329	423	665	925	
0,110	47,0	30,8	23,0	15,2	7,48	3,72	23,8	44,9	66,6	110	158	203	253	303	355	458	722	1000	
0,120	49,3	32,4	24,1	16,0	7,86	3,90	25,0	47,4	70,7	116	168	216	270	324	380	492	779	1080	
0,130	51,5	33,9	25,2	16,8	8,20	4,07	26,2	50,0	74,3	123	178	229	287	345	404	524	833	1160	
0,140	53,7	35,3	26,3	17,5	8,52	4,23	27,4	52,3	78,1	129	187	242	303	365	428	552	882	1230	
0,160	57,4	38,0	28,2	18,8	9,12	4,54	29,6	56,7	85,0	141	204	267	333	403	472	614	990	1370	
0,180	60,9	40,4	30,0	19,9	9,68	4,80	31,5	60,8	91,0	153	222	289	362	437	511	672	1080	1520	
0,200	64,2	42,5	31,7	20,9	10,2	5,02	33,3	64,3	96,8	165	236	310	389	466	544	728	1170	1660	

Umfang = 0,305 m da/di = 1,702 ln da/di = 0,5317

Innerer Rohr ∅ = 50 mm **Äußerer Rohr ∅ = 57 mm**

Wärme-leitzahl λ	Rohrtemperatur in °C (Lufttemp. = 20° C)																		Isol.-Stärke
	−40	−20	−10	±0	+10	+25	+50	+75	+100	+150	+200	+250	+300	+350	+400	+500	+750	+1000	
0,020	11,0	7,22	5,44	3,61	1,80	0,90	5,46	10,1	14,6	24,0	33,5	42,7	51,8	61,9	71,5	90,0			
0,025	13,4	8,95	6,63	4,42	2,20	1,10	6,64	12,4	18,0	29,5	40,8	52,3	63,2	75,7	86,3	109			
0,030	15,6	10,4	7,80	5,21	2,57	1,29	7,82	14,6	21,4	34,8	48,0	61,8	74,2	88,8	102	130			
0,035	17,7	11,9	8,93	5,98	2,96	1,48	8,95	16,8	24,4	40,2	55,1	70,8	85,3	102	118	150	228		
0,040	20,0	13,3	10,0	6,70	3,32	1,65	10,0	18,8	27,4	45,1	62,0	79,7	96,4	115	133	169	261		
0,045	22,0	14,6	11,0	7,39	3,65	1,81	11,0	20,8	30,3	49,9	69,0	89,0	107	128	148	189	293		
0,050	24,0	15,9	12,0	7,97	3,98	1,97	12,0	22,7	33,1	54,3	76,0	97,8	117	141	163	208	325		
0,060	27,5	18,5	13,8	9,28	4,55	2,27	13,9	26,4	38,8	63,6	88,1	114	138	165	191	246	383	520	
0,070	30,8	20,8	15,5	10,5	5,12	2,54	15,7	30,0	44,0	72,2	100	130	158	189	220	280	438	595	**25**
0,080	34,3	23,0	17,1	11,5	5,65	2,80	17,4	33,4	48,7	80,4	112	145	177	212	246	313	490	670	mm
0,090	37,7	25,0	18,6	12,5	6,17	3,03	19,0	36,4	53,0	88,1	124	159	195	234	271	346	541	745	
0,100	40,6	27,0	20,1	13,4	6,63	3,27	20,4	39,3	57,4	96,0	135	173	213	254	294	379	591	819	
0,110	43,5	28,8	21,5	14,3	7,03	3,46	21,7	42,1	61,7	103	145	186	229	273	319	409	642	889	
0,120	46,1	30,6	22,8	15,1	7,41	3,64	23,2	44,8	65,2	110	154	199	245	292	343	438	692	955	
0,130	48,5	32,3	24,0	15,9	7,76	3,82	24,5	47,2	69,0	117	164	211	260	311	367	467	740	1020	
0,140	50,8	33,7	25,1	16,7	8,10	4,00	25,7	49,6	72,5	122	172	223	274	330	385	496	786	1090	
0,160	55,5	36,4	27,2	18,0	8,75	4,30	28,1	54,0	79,4	134	191	245	306	364	428	552	881	1220	
0,180	59,0	38,8	29,0	19,2	9,31	4,61	30,2	58,0	85,2	146	207	267	333	397	468	605	972	1350	
0,200	62,2	40,9	30,4	20,3	9,81	4,91	31,9	61,9	91,5	155	222	288	358	428	504	657	1050	1470	

Umfang = 0,336 m da/di = 1,877 ln da/di = 0,6289

Wärme-leitzahl λ	Rohrtemperatur in °C (Lufttemp. = 20° C)																		Isol.-Stärke
	−40	−20	−10	±0	+10	+25	+50	+75	+100	+150	+200	+250	+300	+350	+400	+500	+750	+1000	
0,020	9,77	6,48	4,84	3,24	1,62	0,81	4,86	8,93	13,0	21,6	30,0	38,5	46,2	54,5	62,6	79,2			
0,025	11,9	8,02	5,95	3,97	1,99	0,99	5,97	11,0	16,0	26,4	36,6	46,7	57,0	67,8	77,3	96,5			
0,030	14,0	9,50	7,05	4,69	2,34	1,17	7,08	13,0	19,0	31,2	43,1	54,9	67,3	79,9	91,5	115			
0,035	16,1	10,8	8,03	5,36	2,68	1,34	8,08	15,0	21,9	35,8	49,7	63,1	77,4	91,7	106	134	206		
0,040	18,1	12,1	9,00	6,00	2,99	1,50	9,06	16,8	24,7	40,4	56,0	71,2	87,1	103	120	153	235		
0,045	20,1	13,4	10,0	6,65	3,32	1,66	10,0	18,7	27,3	44,7	61,8	79,2	96,8	115	134	171	261		
0,050	22,0	14,6	10,9	7,25	3,61	1,80	10,9	20,4	29,9	48,8	67,7	87,2	107	127	147	188	285		
0,060	25,9	17,0	12,6	8,50	4,21	2,10	12,7	23,6	35,3	57,0	79,5	102	126	149	174	220	336	457	
0,070	29,3	19,3	14,3	9,60	4,76	2,38	14,5	26,8	39,8	64,9	91,0	118	144	170	199	253	390	530	**30**
0,080	32,6	21,4	15,9	10,6	5,27	2,62	16,2	30,0	44,5	72,9	102	132	161	190	222	283	441	601	mm
0,090	35,6	23,5	17,4	11,6	5,76	2,85	17,6	33,0	48,6	80,5	113	146	179	210	244	312	488	666	
0,100	38,3	25,4	18,9	12,5	6,21	3,08	19,0	35,9	52,6	87,1	123	159	195	230	266	340	534	730	
0,110	40,9	27,2	20,2	13,4	6,65	3,29	20,4	38,5	56,7	93,8	133	171	210	250	289	368	581	794	
0,120	43,7	28,9	21,4	14,2	7,05	3,50	21,8	41,0	60,7	101	142	184	226	269	312	397	627	855	
0,130	46,3	30,5	22,7	15,0	7,43	3,70	23,0	43,7	64,1	108	151	195	240	287	333	426	673	915	
0,140	48,8	32,0	24,0	15,8	7,82	3,89	24,3	46,1	67,1	113	161	206	254	304	354	455	715	977	
0,160	53,1	34,9	26,1	17,3	8,52	4,19	26,8	50,4	74,1	125	177	229	284	338	292	506	800	1090	
0,180	57,5	37,6	28,1	18,6	9,11	4,48	28,9	54,5	80,7	136	192	250	310	370	432	556	882	1220	
0,200	60,8	40,2	29,9	19,7	9,65	4,78	30,8	58,2	87,0	146	206	270	334	401	468	603	955	1340	

Umfang = 0,368 m da/di = 2,053 ln da/di = 0,7191

Innerer Rohr ∅ = 50 mm **Äußerer Rohr ∅ = 57 mm**

Wärme-leitzahl λ	−40	−20	−10	±0	+10	+25	+50	+75	+100	+150	+200	+250	+300	+350	+400	+500	+750	+1000	Isol.-Stärke
	Rohrtemperatur in ° C (Lufttemp. = 20° C)																		
0,020	8,88	5,89	4,40	2,92	1,46	0,73	4,40	8,10	11,9	19,5	27,0	34,3	41,8	49,3	56,9	71,0			
0,025	10,9	7,23	5,41	3,62	1,81	0,90	5,42	10,0	14,6	24,0	33,1	42,1	51,3	60,7	70,1	88,2			
0,030	12,8	8,58	6,42	4,30	2,15	1,07	6,42	11,8	17,3	28,3	39,2	49,9	60,9	72,1	83,2	106			
0,035	14,7	9,82	7,37	4,94	2,46	1,22	7,39	13,6	20,0	32,4	45,3	57,7	70,3	83,4	96,2	122	185		
0,040	16,6	11,1	8,30	5,56	2,77	1,37	8,32	15,3	22,6	36,7	51,3	65,1	79,8	94,4	109	139	212		
0,045	18,5	12,3	9,20	6,16	3,07	1,53	9,24	17,0	25,1	40,9	57,1	72,7	89,1	105	122	155	235		
0,050	20,2	13,5	10,0	6,75	3,36	1,67	10,0	18,6	27,5	45,1	62,3	80,0	97,7	116	134	171	259		
0,060	23,9	15,7	11,7	7,84	3,92	1,95	11,8	22,0	32,2	52,6	73,1	93,8	114	137	158	202	311	417	
0,070	27,6	17,9	13,3	8,87	4,43	2,21	13,5	25,0	36,7	60,1	84,0	108	132	157	182	232	356	480	**35** mm
0,080	30,1	20,0	14,8	9,90	4,93	2,46	15,0	27,8	41,0	67,5	94,2	121	149	176	204	260	402	545	
0,090	33,1	22,0	16,4	11,0	5,41	2,68	16,5	30,4	45,2	74,5	104	134	165	195	225	287	445	608	
0,100	36,0	23,9	17,9	11,9	5,87	2,91	17,8	33,2	49,0	81,4	113	147	180	213	246	316	488	669	
0,110	38,7	25,7	19,2	12,7	6,31	3,12	19,2	35,7	53,0	88,2	122	159	194	230	268	344	534	729	
0,120	41,4	27,4	20,5	13,6	6,70	3,32	20,5	38,2	56,9	94,7	132	171	208	247	289	370	575	785	
0,130	43,9	29,0	21,7	14,4	7,10	3,50	21,8	40,8	60,3	101	141	182	223	264	310	395	615	840	
0,140	46,4	30,6	22,9	15,1	7,45	3,67	23,0	43,2	63,5	106	150	193	236	282	328	421	660	890	
0,160	51,1	33,6	25,0	16,5	8,10	4,00	25,5	47,4	70,4	118	166	215	265	313	366	470	739	1010	
0,180	55,0	36,1	27,0	17,9	8,74	4,33	27,7	51,6	76,9	129	182	235	290	345	403	516	815	1120	
0,200	58,5	38,7	28,8	19,1	9,44	4,65	29,6	55,7	83,0	138	196	254	314	375	440	564	895	1230	

Umfang = 0,399 m da/di = 2,228 ln da/di = 0,8012

Wärme-leitzahl λ	−40	−20	−10	±0	+10	+25	+50	+75	+100	+150	+200	+250	+300	+350	+400	+500	+750	+1000	Isol.-Stärke
	Rohrtemperatur in ° C (Lufttemp. = 20° C)																		
0,020	8,09	5,41	4,08	2,72	1,35	0,68	4,10	7,48	10,9	17,7	24,6	32,0	38,6	45,2	52,5	64,9			
0,025	10,1	6,89	5,00	3,36	1,68	0,84	5,03	9,29	13,6	22,0	30,4	39,3	47,2	55,8	65,0	80,5			
0,030	12,1	8,02	5,89	3,96	1,98	0,99	5,94	11,0	16,1	26,2	36,2	46,5	55,5	66,3	77,2	96,3			
0,035	13,9	9,22	6,81	4,56	2,28	1,14	6,85	12,7	18,6	30,1	42,0	53,8	64,2	76,7	89,0	112	172		
0,040	15,7	10,4	7,71	5,13	2,56	1,28	7,75	14,4	21,0	34,0	47,5	61,1	73,1	87,1	101	127	196		
0,045	17,4	11,6	8,60	5,62	2,81	1,41	8,62	16,0	23,3	38,0	52,9	68,0	81,9	97,2	113	143	219		
0,050	19,0	12,7	9,44	6,20	3,10	1,54	9,47	17,4	25,5	42,0	58,2	74,8	91,5	108	125	158	242		
0,060	22,1	14,7	11,0	7,25	3,62	1,81	11,1	20,4	30,2	49,1	68,3	88,9	108	126	146	186	287	383	
0,070	25,1	16,7	12,5	8,30	4,15	2,09	12,5	23,3	34,4	56,1	78,3	102	123	144	167	214	331	445	**40** mm
0,080	28,0	18,7	14,0	9,31	4,65	2,32	14,0	26,2	38,4	63,0	88,0	114	139	162	187	241	372	503	
0,090	30.9	20,6	15,5	10,3	5,16	2,54	15,5	28,8	42,3	69,8	97,3	126	154	180	208	268	413	565	
0,100	33,6	22,5	16,8	11,2	5,56	2,76	17,0	31,3	46,2	76,2	106	139	168	198	229	294	452	620	
0,110	36,2	24,3	18,2	12,1	5,95	2,96	18,3	33.8	50,1	82,9	115	151	182	216	250	320	492	675	
0,120	38,9	26,0	19,5	12,9	6,34	3,16	19,6	36,3	54,0	89,5	124	162	196	233	270	346	533	727	
0,130	41,6	27,7	20,7	13,7	6,69	3,35	20.8	38,7	57,5	95,6	132	173	211	248	289	371	573	779	
0,140	44,1	29,4	22,0	14,4	7,09	3,56	22,0	41,0	60,8	101	141	184	225	264	308	395	612	835	
0,160	49,1	32,5	24,2	15,9	7,78	3,89	24,5	45,2	67,2	112	158	205	250	297	343	443	687	939	
0,180	54,0	35,4	26,4	17,2	8,45	4,20	26,8	49,3	73,4	122	173	225	275	327	380	488	758	1050	
0,200	58,9	38,2	28.5	18,2	9,03	4,50	28,8	53,1	78,8	132	188	243	298	355	414	532	832	1150	

Umfang = 0,430 m da/di = 2,404 ln da/di = 0,8769

Innerer Rohr ∅ = 50 mm **Äußerer Rohr ∅ = 57 mm**

Wärmeleitzahl λ	Rohrtemperatur in ° C (Lufttemp. = 20° C)																		Isol.-Stärke
	−40	−20	−10	±0	+10	+25	+50	+75	+100	+150	+200	+250	+300	+350	+400	+500	+750	+1000	
0,020	7,60	5,06	3,79	2,53	1,26	0,63	3,80	6,96	10,1	16,6	23,0	29,5	36,0	42,6	49,3	61,7			
0,025	9,36	6,26	4,68	3,12	1,56	0,78	4,69	8,59	12,5	20,3	28,5	36,1	44,2	52,5	61,0	76,2			
0,030	11,1	7,43	5,56	3,70	1,85	0,92	5,56	10,2	14,9	24,1	33,8	43,0	52,1	62,3	72,1	90,7			
0,035	12,9	8,57	6,39	4,26	2,13	1,06	6,41	11,7	17,2	27,9	39,1	49,9	60,9	72,0	83,3	106	158		
0,040	14,5	9,62	7,19	4,80	2,39	1,19	7,20	13,3	19,5	31,5	44,3	56,2	69,0	81,4	94,7	120	181		
0,045	16,1	10,7	8,00	5,34	2,67	1,33	8,03	14,8	21,8	34,9	49,6	62,8	77,2	90,9	105	134	203		
0,050	17,7	11,8	8,81	5,86	2,92	1,46	8,84	16,4	24,0	38,5	54,8	69,2	85,2	101	116	147	224		
0,060	20,9	13,8	10,3	6,90	3,46	1,73	10,4	19,2	28,3	45,8	63,3	82,5	101	120	137	174	268	363	
0,070	24,0	15,9	11,9	7,92	3,98	1,98	11,9	22,1	32,4	52,5	72,7	94,7	117	137	158	200	308	419	**45** mm
0,080	27,0	17,9	13,4	8,90	4,44	2,21	13,3	24,6	36,4	58,8	82,2	105	131	154	179	226	347	474	
0,090	29,8	19,8	14,7	9,86	4,88	2,43	14,6	27,2	40,2	65,0	91,3	117	145	172	198	252	386	528	
0,100	32,5	21,6	16,0	10,7	5,32	2,65	15,9	29,6	43,8	71,2	101	130	159	189	217	277	426	581	
0,110	35,1	23,4	17,3	11,6	5,73	2,86	17,2	32,0	47,4	77,5	110	141	172	204	236	302	465	634	
0,120	37,6	25,1	18,5	12,4	6,14	3,05	18,5	34,6	50,9	83,3	118	152	185	221	255	327	504	685	
0,130	40,1	26,8	19,8	13,2	6,49	3,23	19,8	36,9	54,3	89,5	127	162	198	237	274	361	541	735	
0,140	42,5	28,4	21,1	13,9	6,86	3,41	21,1	39,2	57,6	95,5	134	173	211	252	292	375	577	784	
0,160	47,3	31,4	23,4	15,5	7,61	3,73	23,4	43,5	64,0	106	150	194	238	282	328	420	648	885	
0,180	51,5	34,1	25,5	16,8	8,26	4,05	25,5	47,8	70,2	117	165	213	264	311	371	463	718	986	
0,200	55,7	36,6	27,3	18,0	8,88	4,37	27,5	51,9	76,4	127	179	231	287	339	394	506	784	1090	

Umfang = 0,462 m da/di = 2,579 ln da/di = 0,9474

Wärmeleitzahl λ	Rohrtemperatur in ° C (Lufttemp. = 20° C)																		Isol.-Stärke
	−40	−20	−10	±0	+10	+25	+50	+75	+100	+150	+200	+250	+300	+350	+400	+500	+750	+1000	
0,020	7,21	4,81	3,58	2,38	1,18	0,59	3,59	6,59	9,50	15,6	21,8	27,8	33,9	39,4	45,9	57,5			
0,025	8,86	5,92	4,42	2,93	1,46	0,73	4,42	8,10	11,8	19,4	26,9	34,2	42,0	49,0	56,9	71,8			
0,030	10,4	6,99	5,23	3,49	1,75	0,87	5,23	9,58	14,2	23,1	32,0	40,8	50,0	58,6	67,9	85,0			
0,035	12,0	8,02	6,02	4,01	2,00	1,00	6,02	11,1	16,4	26,5	37,0	47,1	57,9	68,0	78,9	99,1	152		
0,040	13,6	9,05	6,78	4,51	2,26	1,13	6,81	12,6	18,6	30,1	42,0	53,6	65,7	77,1	90,0	113	174		
0,045	15,1	10,2	7,59	5,07	2,53	1,27	7,60	14,1	20,7	33,7	46,9	60,0	73,2	86,3	101	126	195		
0,050	16,7	11,2	8,36	5,56	2,77	1,39	8,38	15,5	22,6	37,1	51,7	66,3	80,8	95,4	111	139	215		
0,060	19,8	13,2	9,85	6,54	3,28	1,64	9,88	18,2	26,8	43,8	60,6	78,5	95,9	113	131	166	255	341	
0,070	22,9	15,2	11,4	7,58	3,79	1,89	11,4	21,0	30,8	50,2	69,4	89,9	110	130	151	190	293	394	**50** mm
0,080	25,8	17,1	12,8	8,50	4,23	2,11	12,7	23,6	34,5	56,8	79,1	102	123	147	170	214	331	447	
0,090	28,6	19,0	14,1	9,41	4,68	2,33	14,0	26,1	38,1	63,0	88,0	113	137	163	189	239	368	500	
0,100	31,1	20,7	15,4	10,3	5,11	2,54	15,4	28,5	41,6	68,8	96,5	124	151	179	207	264	407	550	
0,110	33,4	22,4	16,6	11,1	5,51	2,74	16,7	30,9	45,3	74,6	104	134	164	194	226	288	446	597	
0,120	35,8	24,1	17,8	11,8	5,90	2,94	18,0	33,4	49,0	80,0	112	145	177	209	244	311	484	643	
0,130	38,2	25,6	19,0	12,6	6,27	3,13	19,2	35,6	52,4	85,8	121	155	189	224	261	333	517	691	
0,140	40,4	27,1	20,1	13,3	6,65	3,32	20,3	37,8	56,0	91,5	129	165	201	239	278	354	550	738	
0,160	45,7	30,2	22,4	14,9	7,38	3,65	22,7	42,0	62,4	102	145	185	227	269	313	399	617	840	
0,180	50,0	32,9	24,5	16,2	8,05	3,97	24,8	46,1	68,7	112	159	204	252	297	346	440	688	935	
0,200	53,7	35,4	26,5	17,3	8,67	4,29	26,7	50,1	73,9	121	172	223	274	324	378	480	753	1030	

Umfang = 0,493 m da/di = 2,754 ln da/di = 1,0132

Innerer Rohr ⌀ = 50 mm **Äußerer Rohr ⌀ = 57 mm**

Wärme-leitzahl λ	Rohrtemperatur in ° C (Lufttemp. = 20° C) -40	-20	-10	±0	+10	+25	+50	+75	+100	+150	+200	+250	+300	+350	+400	+500	+750	+1000	Isol.-Stärke
0,020	6,45	4,31	3,23	2,14	1,07	0,53	3,23	6,02	8,58	14,0	19,7	24,9	30,3	35,7	41,0	52,1			60 mm
0,025	8,02	5,38	4,00	2,65	1,33	0,66	4,01	7,40	10,7	17,5	24,3	31,0	37,8	44,3	50,8	65,6			
0,030	9,58	6,40	4,75	3,15	1,58	0,78	4,76	8,77	12,8	20,9	29,0	37,1	45,2	52,5	60,5	78,8			
0,035	11,2	7,40	5,49	3,60	1,82	0,91	5,50	10,1	14,8	24,3	33,7	43,2	52,6	60,4	70,1	90,5	137		
0,040	12,7	8,40	6,22	4,06	2,06	1,03	6,23	11,4	16,8	27,6	38,3	49,2	60,0	68,2	79,8	103	155		
0,045	14,2	9,39	6,94	4,60	2,30	1,15	6,95	12,8	18,7	30,8	42,9	54,9	67,0	75,9	89,1	115	174		
0,050	15,6	10,4	7,65	5,04	2,52	1,26	7,67	14,1	20,6	33,8	48,1	60,0	73,9	83,9	98,0	127	192		
0,060	18,4	12,3	9,00	6,00	2,99	1,50	9,04	16,7	24,3	40,1	56,5	71,1	87,9	101	117	151	228	308	
0,070	21,2	14,1	10,4	6,95	3,49	1,74	10,4	19,2	28,0	46,3	64,4	82,3	100	117	136	173	262	354	
0,080	24,0	15,8	11,7	7,85	3,93	1,97	11,8	21,6	31,8	52,2	72,2	93,2	112	132	154	196	295	400	
0,090	26,5	17,5	13,0	8,70	4,36	2,18	13,1	24,1	35,3	57,6	80,1	104	125	148	171	219	330	448	
0,100	28,9	19,2	14,2	9,50	4,72	2,38	14,3	26,3	38,7	63,3	87,8	114	138	162	188	242	364	495	
0,110	31,3	20,8	15,4	10,3	5,12	2,58	15,5	28,6	42,4	68,8	95,5	124	151	176	205	263	399	542	
0,120	33,6	22,3	16,6	11,0	5,50	2,77	16,7	30,8	45,4	74,1	103	133	163	192	222	284	433	589	
0,130	35,8	23,9	17,8	11,7	5,88	2,95	17,8	33,0	48,3	79,5	111	142	175	205	239	305	466	635	
0,140	38,1	25,3	19,0	12,5	6,25	3,14	18,9	35,2	51,3	84,9	118	151	186	220	254	326	499	680	
0,160	42,4	28,2	21,2	13,9	6,95	3,48	21,1	39,2	57,8	95,0	133	170	209	248	287	366	563	772	
0,180	46,8	31,0	23,1	15,2	7,60	3,81	23,2	43,2	64,0	106	147	189	231	273	316	405	624	857	
0,200	50,7	33,6	25,1	16,4	8,20	4,13	25,2	47,2	69,9	116	162	206	253	302	348	442	686	936	

Umfang = 0,556 m da/di = 3,105 ln da/di = 1,1331

Wärme-leitzahl λ	Rohrtemperatur in ° C (Lufttemp. = 20° C) -40	-20	-10	±0	+10	+25	+50	+75	+100	+150	+200	+250	+300	+350	+400	+500	+750	+1000	Isol.-Stärke
0,020	6,04	4,00	2,97	1,95	0,98	0,49	2,99	5,49	7,96	13,0	18,2	22,9	28,0	33,0	38,0	47,5			70 mm
0,025	7,43	4,98	3,70	2,47	1,23	0,62	3,71	6,80	9,90	16,1	22,5	28,5	34,9	40,9	47,2	59,5			
0,030	8,80	5,92	4,40	2,96	1,47	0,74	4,42	8,09	11,9	19,2	26,7	34,2	41,8	48,7	56,3	71,4			
0,035	10,1	6,79	5,09	3,42	1,70	0,85	5,10	9,38	13,7	22,4	30,9	39,7	48,4	56,5	65,0	83,2	125		
0,040	11,4	7,65	5,76	3,85	1,92	0,96	5,78	10,6	15,6	25,5	35,2	45,1	55,0	64,2	73,7	94,0	144		
0,045	12,8	8,55	6,40	4,29	2,14	1,07	6,42	12,0	17,4	28,5	39,4	50,6	61,5	71,9	82,5	106	161		
0,050	14,1	9,41	7,07	4,72	2,36	1,18	7,10	13,2	19,3	31,5	43,6	56,1	68,0	79,3	91,4	117	176		
0,060	16,9	11,2	8,35	5,60	2,80	1,40	8,39	15,5	22,6	37,2	51,6	66,9	81,1	95,0	109	138	210	284	
0,070	19,6	12,9	9,68	6,47	3,23	1,62	9,73	17,9	25,9	42,7	59,6	76,9	93,7	109	126	160	243	329	
0,080	22,3	14,5	11,0	7,34	3,66	1,83	11,0	20,3	29,2	48,1	67,0	86,8	106	123	142	181	275	374	
0,090	24,9	16,2	12,2	8,15	4,07	2,03	12,2	22,6	32,6	53,6	74,5	96,5	118	138	158	202	306	417	
0,100	27,2	17,9	13,4	8,93	4,45	2,22	13,4	24,8	35,9	58,9	81,9	107	130	152	174	223	338	459	
0,110	29,4	19,5	14,6	9,70	4,84	2,41	14,6	27,0	39,3	64,0	88,7	116	142	167	192	244	371	502	
0,120	31,6	21,0	15,8	10,4	5,18	2,59	15,8	29,2	42,6	69,3	95,5	125	153	181	208	264	402	544	
0,130	33,7	22,5	17,0	11,2	5,55	2,77	17,0	31,3	45,9	74,4	103	134	165	194	224	284	433	586	
0,140	35,7	23,9	18,1	11,9	5,93	2,96	18,1	33,3	49,2	79,1	109	143	176	207	240	303	462	628	
0,160	40,0	26,7	20,1	13,3	6,62	3,28	20,2	37,4	54,9	88,5	123	161	197	232	269	340	526	712	
0,190	44,2	29,3	22,0	14,6	7,26	3,60	22,2	41,4	60,4	98,2	137	178	218	257	298	378	586	799	
0,200	48,3	31,9	23,8	15,9	7,89	3,92	24,1	45,4	66,1	108	150	194	238	281	326	414	644	878	

Umfang = 0,619 m da/di = 3,456 ln da/di = 1,2401

Innerer Rohr ⌀ = 50 mm **Äußerer Rohr ⌀ = 57 mm**

Wärme-leitzahl λ	Rohrtemperatur in ° C (Lufttemp. = 20° C) -40	-20	-10	±0	+10	+25	+50	+75	+100	+150	+200	+250	+300	+350	+400	+500	+750	+1000	Isol.-Stärke
0,020	5,59	3,67	2,75	1,82	0,90	0,46	2,76	5,08	7,32	12,0	16,4	21,3	25,8	30,2	35,0	43,8			
0,025	6,80	4,52	3,41	2,28	1,14	0,57	3,44	6,37	9,13	14,6	20,8	26,1	32,4	37,6	43,5	55,0			
0,030	8,06	5,40	4,05	2,70	1,35	0,67	4,07	7,55	11,0	17,3	24,9	31,0	39,1	45,0	51,9	66,1			
0,035	9,38	6,25	4,67	3,11	1,55	0,77	4,69	8,80	12,8	20,1	28,9	36,1	45,1	52,1	59,8	76,8	116		
0,040	10,7	7,10	5,38	3,53	1,76	0,88	5,40	10,0	14,6	23,0	32,9	41,2	51,0	59,2	68,5	87,2	132		
0,045	12,1	8,00	5,97	3,92	1,96	0,98	6,03	11,1	16,3	25,8	36,7	46,1	57,0	66,4	77,0	97,4	148		
0,050	13,4	8,85	6,56	4,32	2,16	1,08	6,63	12,3	17,9	28,7	40,7	51,0	63,0	73,5	85,2	108	164		
0,060	15,9	10,5	7,84	5,20	2,60	1,30	7,92	14,6	21,1	34,4	47,5	61,0	75,0	86,5	102	128	194	261	
0,070	18,4	12,2	9,12	6,07	3,03	1,52	9,20	16,9	24,3	39,9	55,1	70,8	86,8	100	117	149	225	303	**80**
0,080	20,8	13,7	10,3	6,84	3,43	1,71	10,4	19,0	27,5	45,1	62,6	80,6	98,2	115	132	169	255	345	mm
0,090	23,2	15,2	11,5	7,60	3,80	1,90	11,5	21,2	30,6	50,3	69,8	90,3	110	129	148	188	285	386	
0,100	25,6	16,8	12,7	8,37	4,19	2,09	12,7	23,4	33,7	55,4	76,7	99,8	121	142	164	207	314	425	
0,110	28,0	18,2	13,8	9,13	4,56	2,28	13,8	25,5	36,8	60,3	83,6	108	132	156	180	227	343	468	
0,120	30,1	19,7	14,9	9,86	4,92	2,46	14,9	27,5	39,9	65,3	90,3	117	143	168	195	246	372	510	
0,130	32,0	21,2	16,0	10,6	5,28	2,64	16,0	29,5	43,0	70,0	97,0	126	154	181	210	265	402	548	
0,140	34,0	22,6	17,0	11,3	5,65	2,83	17,0	31,4	46,0	74,7	103	135	165	193	224	284	432	588	
0,160	38,2	25,4	18,9	12,6	6,29	3,13	19,2	35,4	51,8	84,0	116	152	184	217	252	318	487	662	
0,180	42,3	28,0	20,8	13,8	6,91	3,44	21,3	39,2	57,0	93,8	129	169	204	241	279	352	544	741	
0,200	46,3	30,6	22,6	15,0	7,48	3,74	23,3	43,0	61,9	103	142	184	223	264	305	386	601	816	

Umfang = 0,682 m da/di = 3,807 ln da/di = 1,3368

Wärme-leitzahl λ	Rohrtemperatur in ° C (Lufttemp. = 20° C) -40	-20	-10	±0	+10	+25	+50	+75	+100	+150	+200	+250	+300	+350	+400	+500	+750	+1000	Isol.-Stärke
0,020	5,23	3,41	2,56	1,73	0,86	0,43	2,62	4,95	6,80	11,1	15,7	20,0	24,6	28,5	33,1	41,8			
0,025	6,47	4,30	3,18	2,15	1,07	0,53	3,25	6,15	8,68	13,8	19,7	25,0	30,7	35,4	41,1	52,0			
0,030	7,79	5,19	3,80	2,57	1,28	0,64	3,89	7,35	10,4	16,5	23,5	29,9	36,8	42,3	49,1	62,0			
0,035	9,07	6,07	4,43	2,98	1,48	0,74	4,50	8,53	12,0	19,2	27,2	34,8	42,8	49,1	57,0	72,0	108		
0,040	10,3	6,85	5,06	3,38	1,68	0,84	5,12	9,71	13,6	21,9	30,9	39,6	48,7	56,1	64,7	82,0	123		
0,045	11,5	7,75	5,68	3,80	1,88	0,94	5,71	10,9	15,2	24,6	34,5	44,3	54,5	63,1	72,2	91,9	138		
0,050	12,8	8,58	6,29	4,18	2,08	1,04	6,30	12,1	16,8	27,3	37,8	49,0	60,1	70,1	80,0	101	154		
0,060	15,1	10,0	7,50	4,96	2,47	1,24	7,45	14,4	19,9	32,2	45,0	58,2	71,3	83,5	95,7	121	182	249	
0,070	17,4	11,6	8,67	5,73	2,86	1,43	8,60	16,6	22,9	37,2	52,0	67,1	82,6	96,9	110	140	212	287	**90**
0,080	19,7	13,2	9,85	6,50	3,24	1,62	9,74	18,7	26,0	42,2	59,0	76,1	93,5	109	124	159	241	326	mm
0,090	22,1	14,6	11,0	7,25	3,62	1,80	10,9	20,9	29,0	47,0	66,0	85,1	104	123	138	178	270	363	
0,100	24,2	16,1	12,1	7,97	3,98	1,98	12,0	23,0	31,9	52,0	72,9	94,0	115	136	153	197	299	398	
0,110	26,3	17,5	13,1	8,69	4,34	2,16	13,1	25,1	34,9	57,0	79,7	103	125	148	167	215	326	434	
0,120	28,4	18,9	14,1	9,40	4,68	2,33	14,2	27,2	37,8	61,6	86,5	112	135	160	182	232	353	472	
0,130	30,6	20,2	15,1	10,1	5,03	2,50	15,3	29,2	40,8	66,3	92,7	120	146	172	198	250	380	506	
0,140	32,7	21,5	16,0	10,8	5,36	2,67	16,4	31,2	43,8	71,0	98,5	128	157	184	212	267	407	540	
0,160	36,8	24,1	17,9	12,1	6,01	2,99	18,3	35,1	49,2	80,1	111	144	176	207	239	299	464	623	
0,180	40,7	26,5	19,8	13,4	6,64	3,30	20,3	38,9	54,6	88,5	123	160	195	230	266	333	520	700	
0,200	42,5	28,9	21,6	14,6	7,26	3,60	22,2	42,8	59,9	96,6	135	177	214	252	292	367	572	772	

Umfang = 0,745 m da/di = 4,158 ln da/di = 1,4250

Innerer Rohr ⌀ = 50 mm **Äußerer Rohr ⌀ = 57 mm**

Wärme-leitzahl λ	Rohrtemperatur in ° C (Lufttemp. = 20° C)																		Isol.-Stärke
	-40	-20	-10	±0	+10	+25	+50	+75	+100	+150	+200	+250	+300	+350	+400	+500	+750	+1000	
0,020	4,91	3,32	2,51	1,70	0,84	0,41	2,51	4,51	6,61	10,7	15,0	18,9	22,9	27,0	31,8	39,4			
0,025	6,20	4,13	3,12	2,11	1,04	0,52	3,12	5,57	8,25	13,1	18,8	23,4	29,3	34,2	40,0	50,0			
0,030	7,45	4,94	3,69	2,50	1,24	0,62	3,71	6,70	9,94	15,8	22,5	27,9	35,7	41,2	47,2	60,2			
0,035	8,68	5,69	4,28	2,89	1,43	0,71	4,28	7,79	11,6	18,4	26,1	32,6	41,0	47,2	55,0	70,0	106		
0,040	9,82	6,48	4,86	3,25	1,62	0,81	4,87	8,84	13,2	21,0	29,6	37,2	46,4	54,1	63,1	79,6	121		
0,045	11.0	7,26	5,44	3,64	1,82	0,91	5,50	9,86	14,8	23,5	33,2	41,9	51,9	61,0	70,2	89,0	135		
0,050	12,2	8,00	6,00	4,00	2,00	1,00	6,04	10,9	16,4	26,2	36,7	46,4	57,3	67,8	77,2	98,5	150		
0,060	14,5	9,50	7,19	4,76	2,38	1,19	7,23	13,1	19,4	31,3	43,3	55,3	68,1	80,6	92,2	116	178	236	
0,070	16,7	11,0	8,26	5,50	2,75	1,38	8,27	15,3	22,3	36,3	50,1	64,8	79,0	93,5	106	134	206	274	**100**
0,080	18,9	12,5	9,36	6,24	3,11	1,57	9,40	17,4	25,2	41,2	56,8	73,7	89,7	107	1 20	152	234	313	mm
0,090	21,0	14,0	10,5	6,99	3,48	1,74	10,5	19,4	28,1	45,9	63,1	82,5	99,7	119	134	170	262	352	
0,100	23,2	15,3	11,5	7,70	3,83	1,92	11,6	21,4	30,9	50,5	69,9	91,0	110	131	149	187	289	390	
0,110	25,2	16,7	12,5	8,42	4,17	2,08	12,7	23,3	33,8	55,0	76,4	99,5	120	144	164	205	316	428	
0,120	27,4	18,1	13,6	9,16	4,52	2,26	13,7	25,2	36,7	59,6	83,0	108	131	156	178	222	343	464	
0,130	29,4	19,5	14,6	9,88	4,87	2,42	14,8	27,2	39,6	64,1	89,6	115	141	168	193	240	370	498	
0,140	31,4	21,0	15,6	10,6	5,21	2,60	15,7	29,0	42,4	68,5	96,1	123	151	180	207	258	397	534	
0,160	35,2	23,6	17,6	11,8	5,86	2,92	17,6	32,7	47,8	77,4	108	139	170	202	243	191	450	602	
0,180	39,1	26,1	19,5	13,0	6,48	3,23	19,5	36,2	53,0	86,2	120	155	189	224	258	326	502	674	
0,200	42,9	28,6	21,4	14,2	7,07	3,50	21,4	39,6	58,2	95,0	132	171	208	246	282	360	553	744	

Umfang = 0,807 m da/di = 4,509 ln da/di = 1,5060

Wärme-leitzahl λ	Rohrtemperatur in ° C (Lufttemp. = 20° C)																		Isol.-Stärke
	-40	-20	-10	±0	+10	+25	+50	+75	+100	+150	+200	+250	+300	+350	+400	+500	+750	+1000	
0,020	4,59	3,08	2,30	1,53	0,78	0,39	2,30	4,18	6,19	9,87	13,9	17,7	21,7	25,7	29,1	37,1			
0,025	5,68	3,83	2,86	1,91	0,96	0,48	2,86	5,22	7,65	12,3	17,2	22,0	27,0	31,8	36,4	46,3			
0,030	6,84	4,59	3,41	2,29	1,14	0,57	3,42	6,26	9,13	14,5	20,5	26,2	32,2	37,9	43,6	55,5			
0,035	8,00	5,31	3,97	2,66	1,32	0,66	3,98	7,30	10,6	16,8	24,0	30,4	37,3	43,9	50,8	64,1	96,6		
0,040	9,12	6,04	4,51	3,03	1,50	0,75	4,54	8,33	12,0	19,2	27,5	34,6	42,4	49,8	57,9	72,9	112		
0,045	10,2	6,80	5,05	3,39	1,69	0,84	5,07	9,36	13,4	21,6	30,9	38,8	47,3	55,8	64,9	81,5	126		
0,050	11,3	7,71	5,60	3,75	1,88	0,93	5,61	10,3	14,9	24,0	34,1	42,9	52,1	61,8	73,9	90,2	140		
0,060	13,5	9,00	6,68	4,50	2,24	1,11	6,71	12,3	17,8	28,9	40,6	51,6	62,4	74,3	85,5	107	166	222	
0,070	15,6	10,5	7,76	5,20	2,60	1,29	7,80	14,2	20,8	33,6	47,0	60,6	72,9	86,9	100	124	192	260	**120**
0,080	17,6	12,0	8,82	5,91	2,94	1,46	8,84	16,2	23,7	38,4	53,5	68,0	83,4	99,1	113	142	218	297	mm
0,090	19,7	13,4	9,90	6,59	3,28	1,63	9,89	18,1	26,5	43,0	59,7	76,0	93,9	111	127	160	246	333	
0,100	21,7	14,7	10,9	7,28	3,61	1,79	10,9	20,0	29,3	47,7	66,0	84,0	104	123	141	177	273	367	
0,110	23,8	16,0	11,8	7,95	3,94	1,94	12,0	21,8	32,0	52,1	72,0	92,0	114	135	154	194	298	400	
0,120	25,8	17,3	12,8	8,62	4,26	2,10	13,0	23,7	34,8	56,5	78,0	100	123	146	168	211	324	434	
0,130	27,8	18,6	13,7	9,28	4,57	2,26	14,0	25,5	37,7	61,0	84,0	107	132	157	180	227	350	469	
0,140	29,9	19,8	14,7	9,93	4,88	2,41	15,0	27,3	40,4	65,2	90,0	115	141	168	193	243	374	503	
0,160	33,7	22,3	16,6	11,2	5,50	2,71	16,9	30,8	45,2	73,2	101	130	160	191	220	275	426	570	
0,180	37,4	24,9	18,5	12,4	6,12	3,02	18,7	34,2	50,1	81,5	113	145	178	213	245	307	475	637	
0,200	41,2	27,2	20,4	13.6	6,73	3,33	20,5	37,5	55,0	90.4	125	160	195	234	270	339	522	704	

Umfang = 0,933 m da/di = 5,211 ln da/di = 1,650

Innerer Rohr ∅ = 50 mm **Äußerer Rohr ∅ = 57 mm**

Wärmeleitzahl λ	Rohrtemperatur in ° C (Lufttemp. = 20° C)																		Isol. Stärke
	−40	−20	−10	±0	+10	+25	+50	+75	+100	+150	+200	+250	+300	+350	+400	+500	+750	+1000	
0,020	4,25	2,86	2,16	1,46	0,72	0,36	2,16	3,97	5,80	9,39	13,1	16,9	20,4	24,3	27,9	34,3			
0,025	5,33	3,57	2,69	1,80	0,90	0,45	2,69	4,95	7,21	11,7	16,3	21,0	25,4	30,0	34,8	43,2			
0,030	6,40	4,28	3,22	2,15	1,07	0,54	3,22	5,91	8,62	13,9	19,5	25,0	30,3	35,6	41,6	52,0			
0,035	7,47	4,97	3,75	2,50	1,25	0,63	3,75	6,86	10,1	16,2	22,7	29,0	35,2	41,3	48,4	60,6	91,8		
0,040	8,53	5,68	4,26	2,84	1,42	0,72	4,28	7,80	11,5	18,4	25,9	33,0	40,0	47,1	55,2	69,2	105		
0,045	9,60	6,39	4,77	3,19	1,60	0,80	4,79	8,74	12,8	20,6	29,0	36,9	44,8	53,0	62,1	77,8	118		
0,050	10,6	7,10	5,27	3,52	1,76	0,88	5,27	9,64	14,0	22,8	32,0	40,7	49,5	58,7	68,0	86,1	131		
0,060	12,7	8,42	6,31	4,20	2,10	1,05	6,31	11,6	17,0	27,5	38,0	48,5	58,9	70,0	81,0	102	156	209	
0,070	14,8	9,76	7,32	4,89	2,44	1,22	7,33	13,4	19,6	31,8	44,0	56,3	68,2	81,4	93,7	119	181	244	**140** mm
0,080	16,8	11,1	8,32	5,56	2,77	1,38	8,33	15,3	22,2	36,1	50,2	64,2	77,8	92,9	106	135	207	278	
0,090	18,8	12,4	9,31	6,23	3,11	1,55	9,31	17,1	25,0	40,5	56,2	72,0	87,6	104	119	152	233	311	
0,100	20,7	13,7	10,3	6,89	3,43	1,71	10,3	18,9	27,7	44,9	62,3	79,4	97,1	115	132	168	258	344	
0,110	22,6	15,0	11,3	7,54	3,76	1,87	11,3	20,7	30,3	49,2	68,4	86,7	106	125	145	184	282	377	
0,120	24,5	16,3	12,3	8,13	4,06	2,02	12,3	22,5	33,0	53,6	74,5	94,1	116	136	158	200	305	409	
0,130	26,4	17,6	13,2	8,71	4,35	2,17	13,2	24,3	35,5	58,0	80,4	102	125	147	170	215	329	441	
0,140	28,3	18,9	14,1	9,32	4,65	2,32	14,1	26,0	38,0	62,1	86,2	109	135	158	182	230	352	473	
0,160	32,0	21,3	16,0	10,6	5,26	2,62	16,0	29,4	43,0	69,9	96,8	124	152	179	206	262	399	536	
0,180	35,6	23,7	17,8	11,8	5,85	2,91	17,8	32,7	47,7	77,7	107	139	169	200	230	292	426	600	
0,200	39,2	26,0	19,5	12,9	6,43	3,21	19,5	35,9	52,4	85,2	117	153	186	220	254	321	494	673	

Umfang = 1,059 m da/di = 5,912 ln da/di = 1,777

Wärmeleitzahl λ	Rohrtemperatur in ° C (Lufttemp. = 20° C)																		Isol. Stärke
	−40	−20	−10	±0	+10	+25	+50	+75	+100	+150	+200	+250	+300	+350	+400	+500	+750	+1000	
0,020	4,25	2,86	2,16	1,46	0,72	0,36	2,16	3,97	5,80	9,39	13,1	16,9	20,4	24,3	27,9	34,3			
0,025	5,33	3,57	2,69	1,80	0,90	0,45	2,69	4,95	7,21	11,7	16,3	21,0	25,4	30,0	34,8	43,2			
0,030	6,40	4,28	3,22	2,15	1,07	0,54	3,22	5,91	8,62	13,9	19,5	25,0	30,3	35,6	41,6	52,0			
0,035	7,47	4,97	3,75	2,50	1,25	0,63	3,75	6,86	10,1	16,2	22,7	29,0	35,2	41,3	48,4	60,6	91,8		
0,040	8,53	5,68	4,26	2,84	1,42	0,72	4,28	7,80	11,5	18,4	25,9	33,0	40,0	47,1	55,2	69,2	105		
0,045	9,60	6,39	4,77	3,19	1,60	0,80	4,79	8,74	12,8	20,6	29,0	36,9	44,8	53,0	62,1	77,8	118		
0,050	10,6	7,10	5,27	3,52	1,76	0,88	5,27	9,64	14,0	22,8	32,0	40,7	49,5	58,7	68,0	86,1	131		
0,060	12,7	8,42	6,31	4,20	2,10	1,05	6,31	11,6	17,0	27,5	38,0	48,5	58,9	70,0	81,0	102	156	209	
0,070	14,8	9,76	7,32	4,89	2,44	1,22	7,33	13,4	19,6	31,8	44,0	56,3	68,2	81,4	93,7	119	181	244	**140** mm
0,080	16,8	11,1	8,32	5,56	2,77	1,38	8,33	15,3	22,2	36,1	50,2	64,2	77,8	92,9	106	135	207	278	
0,090	18,8	12,4	9,31	6,23	3,11	1,55	9,31	17,1	25,0	40,5	56,2	72,0	87,6	104	119	152	233	311	
0,100	20,7	13,7	10,3	6,89	3,43	1,71	10,3	18,9	27,7	44,9	62,3	79,4	97,1	115	132	168	258	344	
0,110	22,6	15,0	11,3	7,54	3,76	1,87	11,3	20,7	30,3	49,2	68,4	86,7	106	125	145	184	282	377	
0,120	24,5	16,3	12,3	8,13	4,06	2,02	12,3	22,5	33,0	53,6	74,5	94,1	116	136	158	200	305	409	
0,130	26,4	17,6	13,2	8,71	4,35	2,17	13,2	24,3	35,5	58,0	80,4	102	125	147	170	215	329	441	
0,140	28,3	18,9	14,1	9,32	4,65	2,32	14,1	26,0	38,0	62,1	86,2	109	135	158	182	230	352	473	
0,160	32,0	21,3	16,0	10,6	5,26	2,62	16,0	29,4	43,0	69,9	96,8	124	152	179	206	262	399	536	
0,180	35,6	23,7	17,8	11,8	5,85	2,91	17,8	32,7	47,7	77,7	107	139	169	200	230	292	426	600	
0,200	39,2	26,0	19,5	12,9	6,43	3,21	19,5	35,9	52,4	85,2	117	153	186	220	254	321	494	673	

Umfang = 1,059 m da/di = 5,912 ln da/di = 1,777

Innerer Rohr ⌀ = 60 mm **Äußerer Rohr ⌀ = 70 mm**

Wärme-leitzahl λ	Rohrtemperatur in ° C (Lufttemp. = 20° C) -40	-20	-10	±0	+10	+25	+50	+75	+100	+150	+200	+250	+300	+350	+400	+500	+750	+1000	Isol.-Stärke
0,020	35,5	23,5	17,7	11,6	5,70	2,83	17,9	33,9	50,4	84,0	119	154	190	227	273	348			
0,025	40,9	26,8	20,2	13,2	6,53	3,22	20,9	39,5	58,4	98,1	141	180	224	270	326	414			
0,030	45,4	29,8	22,4	14,7	7,24	3,56	23,4	44,2	65,8	111	159	205	257	310	373	472			
0,035	49,2	32,4	24,3	15,9	7,85	3,85	25,3	48,5	72,4	123	176	229	286	347	418	528	846		
0,040	52,3	34,6	26,0	17,0	8,35	4,09	27,1	52,3	78,5	134	192	252	313	382	461	584	944		
0,045	55,0	36,5	27,3	17,9	8,79	4,29	28,7	55,7	83,7	144	206	273	338	413	501	637	1040		
0,050	57,4	38,0	28,4	18,6	9,17	4,49	30,2	58,8	88,6	152	220	292	364	442	539	686	1130		
0,060	61,8	40,8	30,4	20,0	9,84	4,80	32,7	64,0	97,0	168	244	325	408	499	610	780	1290		
0,070	65,4	43,3	32,0	21,2	10,4	5,08	34,9	68,2	104	182	265	355	450	549	673	867	1450		5
0,080	68,4	45,3	33,5	22,1	10,8	5,30	36,8	72,0	110	194	285	383	487	596	732	944	1600		mm
0,090	70,8	46,8	34,8	22,9	11,2	5,48	38,4	75,2	115	205	302	407	521	638	785	1020	1750		
0,100	72,9	48,2	35,8	23,6	11,5	5,64	39,8	78,0	120	214	318	428	551	676	834	1090	1890		
0,110	74,7	49,2	36,6	24,2	11,8	5,78	40,9	80,6	125	221	330	448	578	715	881	1160	2020		
0,120	76,2	50,1	37,3	24,6	12,0	5,89	41,9	82,7	129	228	343	467	603	753	922	1220	2140		
0,130	77,4	50,9	37,9	25,0	12,2	5,99	42,7	84,6	132	235	355	484	626	784	965	1280	2260		
0,140	78,6	51,7	38,4	25,3	12,4	6,09	43,4	86,1	135	241	365	500	648	812	1000	1340	2370		
0,160	80,4	53,2	39,4	26,0	12,7	6,25	44,6	89,4	140	253	382	528	688	860	1070	1430	2600		
0,180	82,0	54,3	40,2	26,6	12,9	6,37	45,7	92,5	144	262	398	553	723	899	1140	1540	2830		
0,200	83,4	55,3	40,8	27,0	13,1	6,49	46,6	94,9	148	270	413	575	756	936	1210	1640	3050		

Umfang = 0,251 m da/di = 1,143 ln da/di = 0,1336

Wärme-leitzahl λ	Rohrtemperatur in ° C (Lufttemp. = 20° C) -40	-20	-10	±0	+10	+25	+50	+75	+100	+150	+200	+250	+300	+350	+400	+500	+750	+1000	Isol.-Stärke
0,020	23,4	15,6	11,6	7,70	3,82	1,89	11,7	21,8	31,8	52,7	74,0	94,8	116	137	159	203			
0,025	27,8	18,5	13,8	9,14	4,53	2,23	13,9	25,8	38,4	62,9	88,3	114	139	165	192	247			
0,030	31,7	21,1	15,7	10,4	5,15	2,53	15,9	29,7	44,6	72,8	103	132	161	192	224	288			
0,035	35,4	23,5	17,4	11,6	5,70	2,81	17,8	33,4	49,8	81,8	116	150	183	219	254	327	508		
0,040	38,6	25,6	19,0	12,6	6,20	3,07	19,5	36,7	54,7	90,3	128	166	204	244	284	365	573		
0,045	41,6	27,6	20,5	13,5	6,65	3,30	21,1	40,0	59,1	98,1	141	181	223	267	312	402	636		
0,050	44,6	29,4	21,8	14,4	7,06	3,50	23,6	43,0	63,4	106	152	196	242	289	339	437	694		
0,060	50,0	32,5	24,1	16,0	7,83	3,88	25,3	48,0	71,5	120	171	224	277	332	390	506	811	1120	
0,070	53,9	35,2	26,3	17,4	8,50	4,21	27,5	52,7	78,6	133	190	249	310	373	438	569	913	1280	10
0,080	57,5	37,7	28,2	18,5	9,10	4,49	29,6	56,5	84,9	144	208	272	343	410	484	628	1020	1430	mm
0,090	60,7	39,9	29,8	19,6	9,61	4,74	31,3	60,2	90,7	155	224	294	373	446	526	685	1120	1570	
0,100	63,5	41,8	31,2	20,5	10,0	4,94	33,0	63,7	96,0	165	239	314	400	478	564	740	1210	1720	
0,110	66,0	43,6	32,4	21,3	10,4	5,13	34,5	66,8	101	174	253	334	426	509	602	794	1300	1850	
0,120	68,3	45,0	33,5	22,0	10,7	5,30	35,8	69,7	106	182	266	352	449	539	639	845	1390	1990	
0,130	70,4	46,4	34,5	22,7	11,0	5,46	37,0	72,4	110	190	278	369	471	566	671	892	1480	2120	
0,140	72,1	47,6	35,4	23,4	11,3	5,60	38,2	74,8	114	197	289	385	492	593	706	940	1560	2260	
0,160	75,4	49,7	36,9	24,4	11,9	5,84	40,1	79,3	121	210	310	314	530	644	770	1030	1720	2500	
0,180	78,1	51,7	38,2	25,3	12,3	6,06	41,9	82,9	127	222	328	342	566	691	828	1110	1880	2740	
0,200	80,6	53,6	39,5	26,0	12,7	6,25	43,4	86,0	132	232	345	368	598	735	880	1190	2030	2970	

Umfang = 0,283 m da/di = 1,400 ln da/di = 0,3365

Innerer Rohr ⌀ = 60 mm **Äußerer Rohr ⌀ = 70 mm**

Wärmeleitzahl λ	Rohrtemperatur in ° C (Lufttemp. = 20° C)																		Isol.-Stärke
	-40	-20	-10	±0	+10	+25	+50	+75	+100	+150	+200	+250	+300	+350	+400	+500	+750	+1000	
0,020	17,8	12,0	8,83	5,87	2,93	1,46	8,99	16,4	24,2	39,3	55,3	69,9	86,4	101	118	150			
0,025	21,5	14,4	10,6	7,01	3,51	1,74	10,7	20,1	29,5	48,0	67,0	86,4	105	124	144	183			
0,030	24,9	16,7	12,3	8,15	4,07	2,02	12,4	23,3	34,4	55,9	78,6	101	123	146	168	216			
0,035	28,1	18,8	13,9	9,17	4,57	2,28	14,2	26,3	39,0	63,1	90,0	116	142	167	192	248	380		
0,040	31,1	20,8	15,4	10,1	5,04	2,52	15,6	29,2	43,2	70,5	99,6	129	159	187	216	278	430		
0,045	34,0	22,6	16,7	11,1	5,52	2,75	17,0	32,0	47,2	77,7	109	142	174	206	239	308	479		
0,050	36,6	24,3	18,0	12,0	5,95	2,96	18,4	34,5	51,0	84,4	118	154	189	224	260	335	525		
0,060	41,3	27,5	20,4	13,5	6,69	3,32	20,9	39,3	58,3	97,1	136	177	219	260	302	390	611	834	
0,070	45,9	30,3	22,6	14,9	7,37	3,64	23,2	43,7	65,2	108	152	199	246	293	342	441	699	953	**15**
0,080	49,5	32,9	24,4	16,2	8,00	3,95	25,3	47,8	71,4	119	168	220	273	324	381	491	780	1070	mm
0,090	53,0	35,1	26,2	17,4	8,49	4,21	27,1	51,4	77,0	129	182	239	296	355	417	539	855	1190	
0,100	56,1	37,2	27,7	18,5	8,98	4,41	28,9	54,7	82,1	138	197	258	320	384	452	585	926	1300	
0,110	59,2	39,2	29,1	19,4	9,42	4,60	30,6	58,0	87,0	147	211	276	344	412	484	627	1010	1410	
0,120	61,8	40,9	30,4	20,3	9,73	4,79	32,0	61,1	91,8	155	224	293	366	440	515	670	1080	1520	
0,130	64,3	42,5	31,6	21,1	10,2	4,96	33,2	64,0	96,2	163	235	309	387	467	544	710	1150	1620	
0,140	66,5	44,0	32,7	21,9	10,6	5,13	34,3	66,5	100	172	246	325	406	490	574	751	1220	1720	
0,160	70,5	46,6	34,7	23,1	11,2	5,45	37,0	71,2	108	185	267	353	444	536	532	829	1350	1920	
0,180	73,9	49,0	36,5	24,1	11,8	5,74	39,2	75,4	115	197	286	380	478	578	585	901	1480	2110	
0,200	76,9	50,9	38,1	25,1	12,2	6,00	40,7	78,9	120	208	303	405	511	621	634	974	1600	2300	

Umfang = 0,314 m da/di = 1,429 ln da/di = 0,3567

Wärmeleitzahl λ	Rohrtemperatur in ° C (Lufttemp. = 20° C)																		Isol.-Stärke
	-40	-20	-10	±0	+10	+25	+50	+75	+100	+150	+200	+250	+300	+350	+400	+500	+750	+1000	
0,020	14,6	9,72	7,29	4,85	2,41	1,21	7,32	13,5	19,8	32,3	44,4	57,2	70,0	82,8	95,6	120			
0,025	17,8	11,8	8,84	5,91	2,94	1,47	8,86	16,6	24,0	39,8	54,6	70,0	85,4	101	116	148			
0,030	20,8	14,0	10,4	6,88	3,42	1,71	10,4	19,4	28,1	46,5	64,3	82,2	101	119	138	176			
0,035	23,7	15,9	11,8	7,82	3,89	1,95	11,8	22,0	32,2	53,0	73,7	94,0	115	137	159	202	306		
0,040	26,5	17,6	13,1	8,69	4,30	2,16	13,2	24,6	35,9	59,3	82,1	106	129	155	179	228	348		
0,045	29,1	19,2	14,4	9,51	4,72	2,36	14,5	27,1	39,6	65,5	90,9	117	144	171	198	253	388		
0,050	31,6	20,8	15,6	10,3	5,10	2,55	15,7	29,5	43,2	71,5	99,3	128	158	187	216	276	425		
0,060	36,4	23,9	17,8	11,8	5,81	2,89	18,0	33,8	50,0	83,0	115	149	182	217	252	324	501	687	
0,070	40,8	26,6	19,9	13,2	6,49	3,23	20,2	38,0	56,5	93,4	130	169	208	247	288	368	571	790	**20**
0,080	44,4	29,1	21,9	14,4	7,10	3,52	22,3	42,1	62,2	103	144	188	232	276	321	409	640	886	mm
0,090	48,0	31,4	23,7	15,5	7,62	3,80	24,2	45,5	67,6	112	158	206	254	303	353	451	710	981	
0,100	51,3	33,6	25,2	16,6	8,16	4,05	25,9	48,7	72,5	121	171	222	275	329	384	592	779	1080	
0,110	54,3	35,6	26,6	17,6	8,61	4,30	27,5	51,9	77,3	129	184	238	295	353	414	533	843	1170	
0,120	57,0	37,4	27,9	18,5	9,05	4,50	28,9	54,9	81,6	137	196	252	314	378	442	572	907	1260	
0,130	59,5	39,2	29,2	19,3	9,46	4,69	30,3	57,8	86,1	144	207	268	333	401	471	608	970	1350	
0,140	62,0	40,8	30,4	20,1	9,87	4,88	31,6	60,5	90,5	152	217	282	352	424	498	643	1030	1430	
0,160	66,3	43,8	32,7	21,7	10,5	5,23	34,2	65,5	98,2	165	238	310	387	468	548	714	1150	1600	
0,180	70,2	46,5	34,6	22,9	11,1	5,51	36,4	70,1	105	178	257	336	420	508	596	780	1260	1770	
0,200	73,9	48,8	36,4	24,0	11,7	5,79	38,4	74,0	111	191	274	360	452	545	643	844	1370	1930	

Umfang = 0,346 m da/di = 1,571 ln da/di = 0,4520

Innerer Rohr ∅ = 60 mm **Äußerer Rohr ∅ = 70 mm**

Wärmeleitzahl λ	Rohrtemperatur in ° C (Lufttemp. = 20° C)																		Isol.-Stärke
	-40	-20	-10	±0	+10	+25	+50	+75	+100	+150	+200	+250	+300	+350	+400	+500	+750	+1000	
0,020	12,7	8,42	6,32	4,20	2,10	1,04	6,36	11,7	17,0	27,9	38,5	49,4	60,4	71,7	82,3	104			
0,025	15,5	10,3	7,71	5,13	2,54	1,27	7,72	14,3	20,9	34,2	47,3	60,9	73,8	87,9	100	127			
0,030	18,1	12,1	9,05	6,05	2,98	1,50	9,08	16,9	24,7	40,4	56,0	71,9	86,8	104	118	150			
0,035	20,6	13,8	10,3	6,90	3,40	1,71	10,3	19,4	28,3	46,4	64,4	82,5	100	119	136	174	266		
0,040	23,1	15,4	11,5	7,73	3,80	1,90	11,5	21,7	31,8	52,1	72,3	92,5	112	134	154	196	303		
0,045	25,6	17,0	12,7	8,50	4,20	2,09	12,7	24,0	35,1	57,7	80,2	103	124	149	171	219	340		
0,050	27,9	18,5	13,8	9,20	4,59	2,28	13,9	26,2	38,3	62,8	87,8	113	137	164	189	242	375		
0,060	31,9	21,3	15,9	10,7	5,23	2,61	16,0	30,4	44,7	73,3	101	132	161	191	221	285	442	595	
0,070	35,7	24,0	17,9	12,0	5,93	2,93	18,2	34,4	50,5	83,1	116	150	183	218	254	324	506	686	**25** mm
0,080	39,6	26,5	19,7	13,2	6,51	3,22	20,2	38,2	56,0	92,7	129	167	204	244	284	362	565	773	
0,090	43,4	28,8	21,4	14,3	7,07	3,48	21,9	41,7	61,0	102	142	183	225	269	312	400	624	860	
0,100	46,9	31,0	23,1	15,4	7,60	3,75	23,6	45,1	65,9	110	155	199	245	293	340	437	683	943	
0,110	50,0	33,1	24,6	16,4	8,06	3,96	25,1	48,2	70,7	118	167	214	264	316	368	473	742	1030	
0,120	52,9	35,1	26,1	17,3	8,50	4,17	26,6	51,2	75,0	126	178	229	282	338	395	505	800	1110	
0,130	55,5	37,0	27,5	18,2	8,89	4,39	28,1	54,0	79,0	134	189	243	300	360	421	540	856	1180	
0,140	58,2	38,6	28,8	19,1	9,28	4,59	29,4	56,7	83,1	141	199	257	317	381	444	574	910	1260	
0,160	63,1	41,8	31,1	20,6	10,0	4,92	32,2	61,8	91,0	154	219	283	352	420	492	636	1020	1410	
0,180	67,4	44,4	33,1	22,0	10,7	5,27	34,5	66,4	98,7	167	237	308	384	458	539	698	1120	1560	
0,200	71,0	46,7	34,8	23,2	11,2	5,60	36,5	70,6	105	178	254	333	413	495	582	757	1220	1700	

Umfang = 0,377 m da/di = 1,714 ln da/di = 0,5390

Wärmeleitzahl λ	Rohrtemperatur in ° C (Lufttemp. = 20° C)																		Isol.-Stärke
	-40	-20	-10	±0	+10	+25	+50	+75	+100	+150	+200	+250	+300	+350	+400	+500	+750	+1000	
0,020	11,3	7,45	5,60	3,73	1,86	0,93	5,60	10,3	15,1	24,8	34,4	44,0	53,4	62,9	72,3	91,1			
0,025	13,8	9,22	6,85	4,57	2,28	1,14	6,85	12,7	18,5	30,4	42,0	53,7	65,8	77,9	88,8	112			
0,030	16,2	10,9	8,06	5,40	2,69	1,34	8,09	15,0	21,9	35,9	49,7	63,0	77,1	91,7	106	133			
0,035	18,5	12,4	9,22	6,20	3,07	1,53	9,23	17,3	25,1	41,2	57,1	72,3	89,1	105	122	154	237		
0,040	20,8	13,9	10,4	6,90	3,44	1,72	10,4	19,4	28,3	46,4	64,4	82,0	101	119	139	176	270		
0,045	23,1	15,4	11,5	7,62	3,81	1,90	11,5	21,4	31,4	51,1	71,2	91,8	112	133	155	197	301		
0,050	25,4	16,8	12,6	8,31	4,14	2,06	12,6	23,3	34,3	56,0	78,0	100	123	146	170	216	329		
0,060	29,6	19,5	14,6	9,72	4,81	2,40	14,6	27,2	40,3	65,2	91,5	118	144	171	199	253	389	526	
0,070	33,5	22,0	16,4	11,0	5,43	2,72	16,5	31,0	45,5	74,6	105	135	165	195	228	290	450	610	**30** mm
0,080	37,1	24,5	18,2	12,1	6,01	3,00	18,4	34,4	50,6	83,5	117	151	185	218	255	325	506	691	
0,090	40,7	26,8	19,9	13,2	6,56	3,26	20,2	37,7	55,5	92,1	129	167	205	242	281	359	560	767	
0,100	43,8	29,9	21,6	14,3	7,08	3,51	21,8	41,0	60,1	100	141	182	224	265	307	392	614	840	
0,110	46,8	31,0	23,1	15,3	7,57	3,74	23,4	44,0	64,9	108	152	196	241	286	332	424	668	912	
0,120	49,8	32,9	24,5	16,2	8,02	3,97	24,8	46,9	69,4	115	163	210	259	308	359	556	720	986	
0,130	52,6	34,7	25,9	17,1	8,45	4,20	26,3	49,7	73,2	123	173	223	276	329	383	588	771	1050	
0,140	55,4	36,4	27,2	18,0	8,88	4,40	27,7	52,5	77,0	130	183	236	291	348	406	620	821	1120	
0,160	60,2	39,6	29,6	19,7	9,65	4,76	30,4	57,4	84,6	143	202	262	324	386	450	680	918	1260	
0,180	64,8	42,7	31,8	21,1	10,3	5,08	32,9	62,0	92,0	155	219	286	354	423	494	738	1010	1400	
0,200	68,9	45,6	33,9	22,3	10,9	5,41	35,0	66,2	99,0	167	236	308	382	458	535	792	1100	1530	

Umfang = 0,408 m da/di = 1,857 ln da/di = 0,6190

Wärme-leitzahl λ	Rohrtemperatur in ° C (Lufttemp. = 20° C)																		Isol.-Stärke
	-40	-20	-10	±0	+10	+25	+50	+75	+100	+150	+200	+250	+300	+350	+400	+500	+750	+1000	
0,020	10,2	6,79	5,07	3,36	1,68	0,84	5,07	9,20	13,7	22,3	31,0	39,3	48,0	56,7	65,8	81,9			
0,025	12,4	8,28	6,21	4,14	2,07	1,03	6,23	11,4	16,8	27,4	38,1	48,3	58,8	70,0	80,2	101			
0,030	14,6	9,75	7,32	4,91	2,45	1,22	7,38	13,5	19,8	32,3	45,1	57,3	69,7	83,1	95,1	121			
0,035	16,8	11,2	8,39	5,62	2,81	1,40	8,43	15,6	22,8	37,1	52,0	66,0	80,5	95,8	111	140	214		
0,040	19,0	12,6	9,42	6,30	3,15	1,57	9,48	17,6	25,7	41,9	58,9	74,7	91,0	108	126	158	242		
0,045	21,1	14,0	10,5	7,00	3,50	1,75	10,6	19,5	28,6	46,7	65,6	83,2	102	121	140	176	270		
0,050	23,0	15,4	11,5	7,67	3,81	1,90	11,6	21,4	31,5	51,5	71,3	91,5	112	133	154	195	297		
0,060	27,0	18,0	13,4	8,91	4,45	2,22	13,5	25,1	36,8	60,1	83,9	107	131	156	181	230	356	479	
0,070	30,8	20,4	15,2	10,1	5,04	2,52	15,4	28,5	41,9	68,6	96,0	123	150	179	208	264	408	551	**35** mm
0,080	34,4	22,8	16,9	11,3	5,60	2,79	17,2	31,7	46,9	77,0	108	138	169	201	233	297	460	623	
0,090	37,7	25,0	18,6	12,5	6,13	3,05	18,8	34,8	51,6	85,0	119	153	187	223	258	328	510	694	
0,100	40,9	27,1	20,3	13,5	6,65	3,30	20,3	37,8	56,0	92,9	130	167	205	244	282	360	559	762	
0,110	43,9	29,2	21,8	14,4	7,15	3,53	21,8	40,7	60,4	101	140	181	221	264	306	392	609	830	
0,120	46,8	31,1	23,2	15,4	7,60	3,76	23,3	43,2	64,7	108	150	195	238	283	330	422	656	898	
0,130	49,7	32,9	24,6	16,3	8,02	3,96	24,7	45,5	68,6	115	160	207	254	302	353	451	702	960	
0,140	52,4	34,6	25,9	17,1	8,42	4,15	26,1	48,1	72,3	121	170	220	269	321	374	481	750	1020	
0,160	57,6	37,8	28,3	18,7	9,15	4,53	28,9	52,9	80,0	134	189	244	301	356	417	536	842	1150	
0,180	62,1	40,8	30,4	20,2	9,86	4,90	31,3	57,6	87,2	146	207	267	330	393	459	590	928	1280	
0,200	66,0	43,6	32,4	21,5	10,6	5,24	33,5	62,0	94,0	157	223	289	358	427	500	642	1020	1400	

Umfang = 0,440 da/di = 2,000 ln da/di = 0,6932

Wärme-leitzahl λ	Rohrtemperatur in ° C (Lufttemp. = 20° C)																		Isol.-Stärke
	-40	-20	-10	±0	+10	+25	+50	+75	+100	+150	+200	+250	+300	+350	+400	+500	+750	+1000	
0,020	9,31	6,19	4,64	3,07	1,54	0,77	4,65	8,57	12,4	20,3	28,0	36,1	44,1	51,8	60,2	74,7			
0,025	11,6	7,70	5,68	3,75	1,88	0,93	5,73	10,5	15,5	25,0	34,6	44,3	54,1	63,9	74,4	92,6			
0,033	13,8	9,10	6,72	4,44	2,21	1,11	6,80	12,5	18,4	29,8	41,1	52,4	64,0	76,0	88,5	110			
0,035	15,9	10,5	7,75	5,11	2,56	1,28	7,80	14,4	21,2	34,4	47,9	60,6	73,9	87,9	102	128	197		
0,040	17,9	11,8	8,76	5,78	2,89	1,44	8,82	16,3	23,9	38,9	54,0	68,9	83,7	99,8	115	145	224		
0,045	19,8	13,2	9,77	6,44	3,22	1,61	9,83	18,1	26,5	43,4	59,8	76,8	93,5	111	129	162	250		
0,050	21,7	14,4	10,8	7,08	3,53	1,76	10,8	20,0	29,1	48,0	66,2	84,7	104	123	142	179	278		
0,060	25,2	16,7	12,6	8,29	4,14	2,07	12,6	23,3	34,3	56,1	77,7	100	122	144	167	211	327	437	
0,070	28,8	19,0	14,3	9,42	4,70	2,34	14,4	26,6	39,2	64,0	89,1	114	140	165	191	244	376	508	**40** mm
0,080	32,1	21,3	16,0	10,6	5,24	2,62	16,1	29,8	43,7	72,0	100	128	158	186	214	274	424	575	
0,090	35,3	23,4	17,6	11,7	5,85	2,88	17,7	32,8	48,1	79,4	111	143	175	206	238	305	471	641	
0,100	38,4	25,5	19,1	12,7	6,30	3,14	19,2	35,7	52,5	86,8	121	156	191	226	262	335	518	705	
0,110	41,3	27,5	20,6	13,6	6,76	3,37	20,7	38,4	56,9	94,2	131	169	207	245	285	364	562	766	
0,120	44,2	29,4	22,0	14,6	7,23	3,59	22,1	41,2	61,2	101	141	182	223	264	307	393	605	826	
0,130	47,1	31,3	23,4	15,5	7,64	3,79	23,5	43,9	65,0	108	150	194	238	283	329	421	655	887	
0,140	50,0	33,1	24,8	16,4	8,07	4,00	24,9	46,5	68,8	115	160	206	254	301	350	448	696	950	
0,160	55,4	36,6	27,2	17,9	8,83	4,38	27,6	51,3	76,0	127	178	230	283	337	391	502	783	1070	
0,180	60,4	39,7	29,6	19,4	9,55	4,72	30,1	55,9	83,0	139	196	252	311	371	431	554	865	1190	
0,200	65,1	42,6	31,8	20,5	10,2	5,06	32,4	60,4	89,5	150	212	273	338	403	470	603	947	1300	

Umfang = 0,471 da/di = 2,143 ln da/di = 0,7621

Innerer Rohr ∅ = 60 mm **Äußerer Rohr ∅ = 70 mm**

Wärme-leitzahl λ	Rohrtemperatur in ° C (Lufttemp. = 20° C) -40	-20	-10	±0	+10	+25	+50	+75	+100	+150	+200	+250	+300	+350	+400	+500	+750	+1000	Isol.-Stärke
0,020	8,68	5,75	4,32	2,88	1,44	0,72	4,32	7,93	11,5	18,8	26,4	33,3	41,0	48,3	56,1	70,0			
0,025	10,6	7,14	5,33	3,54	1,77	0,88	5,33	9,80	14,2	23,2	32,5	41,3	50,3	59,8	69,0	86,8			
0,030	12,6	8,43	6,31	4,20	2,10	1,05	6,32	11,6	17,0	27,5	38,6	49,1	59,5	71,0	81,8	103			
0,035	14,6	9,70	7,27	4,85	2,42	1,21	7,29	13,4	19,6	31,7	44,5	56,9	69,0	82,0	94,3	120	181		
0,040	16,5	11,0	8,22	5,47	2,72	1,36	8,23	15,1	22,1	35,9	50,5	64,3	78,4	92,7	108	136	206		
0,045	18,3	12,2	9,12	6,05	3,02	1,51	9,14	16,8	24,8	39,9	56,2	71,8	87,7	104	120	152	231		
0,050	20,1	13,4	10,0	6,67	3,33	1,66	10,0	18,6	27,3	43,9	62,0	79,5	97,0	115	132	167	255		
0,060	23,6	15,7	11,7	7,85	3,92	1,95	11,8	21,8	32,1	52,0	72,2	93,5	115	136	156	198	304	411	
0,070	27,1	18,0	13,4	8,94	4,47	2,24	13,5	25,0	36,7	59,7	82,8	107	132	156	179	227	350	478	45 mm
0,080	30,5	20,2	15,1	10,0	5,00	2,49	15,1	28,0	41,2	66,8	93,5	120	148	175	203	257	394	540	
0,090	33,6	22,3	16,6	11,1	5,51	2,74	16,7	30,9	45,4	74,0	104	133	164	194	225	286	440	598	
0,100	36,6	24,3	18,1	12,1	6,00	2,99	18,2	33,7	49,7	81,1	114	146	180	213	246	314	485	659	
0,110	39,5	26,3	19,5	13,0	6,47	3,21	19,6	36,4	53,7	88,0	124	159	195	232	268	342	528	719	
0,120	42,4	28,2	20,9	13,9	6,92	3,43	21,0	39,2	57,6	94,6	134	172	210	250	289	369	572	776	
0,130	45,1	30,0	22,3	14,8	7,32	3,64	22,4	41,8	61,5	101	143	184	225	268	310	396	613	833	
0,140	47,8	31,8	23,7	15,6	7,72	3,84	23,8	44,4	65,3	108	152	196	239	285	331	424	654	889	
0,160	53,1	35,2	26,2	17,3	8,53	4,20	26,3	49,2	72,4	120	169	218	269	319	370	473	734	1000	
0,180	57,6	38,2	28,5	18,8	9,27	4,56	28,8	53,8	79,4	132	186	240	297	350	407	522	812	1020	
0,200	62,1	41,1	30,6	20,1	9,97	4,91	31,0	58,3	86,1	143	202	261	323	381	443	571	892	1230	

Umfang = 0,503 m da/di = 2,286 ln da/di = 0,8267

Wärme-leitzahl λ	Rohrtemperatur in ° C (Lufttemp. = 20° C) -40	-20	-10	±0	+10	+25	+50	+75	+100	+150	+200	+250	+300	+350	+400	+500	+750	+1000	Isol.-Stärke
0,020	8,14	5,43	4,04	2,70	1,35	0,67	4,05	7,41	10,8	17,7	24,5	31,3	38,1	44,5	52,0	65,0			
0,025	10,0	6,65	4,98	3,31	1,65	0,83	5,00	9,20	13,4	21,8	30,3	38,9	47,3	55,9	64,5	80,9			
0,030	11,8	7,86	5,90	3,92	1,96	0,99	5,95	10,9	16,0	26,0	36,1	46,1	56,2	66,4	76,8	96,1			
0,035	13,6	9,06	6,80	4,52	2,26	1,14	6,86	12,6	18,4	30,0	41,8	53,4	65,3	77,0	89,0	112	170		
0,040	15,4	10,3	7,70	5,11	2,55	1,29	7,76	14,3	20,9	34,0	47,6	60,7	74,0	87,6	102	127	194		
0,045	17,2	11,5	8,59	5,70	2,85	1,43	8,62	15,9	23,4	38,0	53,0	67,9	82,6	98,0	114	143	218		
0,050	18,9	12,6	9,47	6,29	3,14	1,58	9,50	17,5	25,6	41,9	58,2	74,8	91,1	108	125	157	240		
0,060	22,4	14,9	11,1	7,45	3,71	1,84	11,2	20,6	30,2	49,5	68,8	88,7	108	127	148	186	286	385	
0,070	25,8	17,2	12,8	8,52	4,25	2,10	12,8	23,7	34,8	56,7	79,0	102	124	147	170	214	331	445	50 mm
0,080	29,0	19,3	14,4	9,54	4,75	2,36	14,4	26,6	38,9	63,9	89,2	115	140	166	192	242	372	505	
0,090	32,1	21,4	15,9	10,6	5,25	2,61	15,9	29,5	43,1	71,0	99,2	127	155	184	213	270	414	564	
0,100	34,9	23,3	17,3	11,6	5,74	2,84	17,4	32,2	47,1	77,6	109	139	170	202	234	297	457	623	
0,110	37,6	25,2	18,7	12,5	6,18	3,07	18,8	34,8	51,2	84,3	118	151	185	219	254	324	500	680	
0,120	40,4	27,0	20,1	13,3	6,62	3,29	20,2	37,6	55,1	90,5	127	163	199	236	275	350	540	735	
0,130	43,1	28,7	21,4	14,2	7,03	3,50	21,6	40,1	59,0	96,9	136	175	213	253	294	375	579	788	
0,140	45,6	30,4	22,7	15,0	7,46	3,71	22,9	42,6	62,8	104	145	186	228	270	313	400	616	840	
0,160	51,0	33,7	25,1	16,7	8,25	4,08	25,4	47,2	70,0	115	162	208	256	303	352	449	692	949	
0,180	55,8	36,8	27,4	18,2	9,00	4,44	27,8	51,7	76,9	126	178	229	282	334	388	496	770	1050	
0,200	60,0	39,6	29,6	19,5	9,70	4,80	30,0	56,1	82,8	137	193	250	307	365	424	542	846	1160	

Umfang = 0,534 m da/di = 2,429 ln da/di = 0,8873

Innerer Rohr ⌀ = 60 mm **Äußerer Rohr ⌀ = 70 mm**

Wärmeleitzahl λ	Rohrtemperatur in ° C (Lufttemp. = 20° C)																		Isol.-Stärke
	−40	−20	−10	±0	+10	+25	+50	+75	+100	+150	+200	+250	+300	+350	+400	+500	+750	+1000	
0,020	7,29	4,84	3,64	2,41	1,22	0,61	3,65	6,71	9,68	15,7	22,0	28,0	33,9	40,3	46,0	58,6			
0,025	9,03	6,05	4,51	2,98	1,50	0,75	4,51	8,31	12,1	19,6	27,2	34,9	42,4	49,9	57,3	73,8			
0,030	10,8	7,16	5,35	3,55	1,78	0,89	5,35	9,80	14,4	23,4	32,5	41,7	50,6	59,2	68,4	87,9			
0,035	12,5	8,28	6,17	4,06	2,05	1,03	6,18	11,3	16,6	27,2	37,7	48,2	58,8	68,5	79,2	101	154		
0,040	14,2	9,40	7,97	4,60	2,31	1,16	6,99	12,8	18,8	30,8	42,9	54,7	67,0	77,5	90,1	115	175		
0,045	15,9	10,5	7,78	5,14	2,58	1,29	7,89	14,3	21,0	34,4	47,9	61,0	74,9	86,5	101	129	196		
0,050	17,5	11,6	8,59	5,66	2,84	1,43	8,60	15,8	23,2	37,8	52,7	67,2	82,7	95,4	111	142	216		
0,060	20,7	13,7	10,1	6,69	3,37	1,69	10,1	18,7	27,3	45,0	62,2	80,0	98,1	113	132	169	256	347	
0,070	23,8	15,7	11,7	7,72	3,88	1,94	11,7	21,5	31,5	51,8	71,7	92,1	112	132	153	194	296	400	**60** mm
0,080	26,8	17,7	13,2	8,72	4,36	2,19	13,2	24,3	35,6	58,5	81,1	104	127	149	173	220	334	452	
0,090	29,6	19,6	14,7	9,69	4,84	2,43	14,6	27,0	39,6	64,8	90,1	116	141	167	193	245	373	506	
0,100	32,3	21,5	16,0	10,6	5,28	2,65	16,0	29,6	43,5	71,1	98,8	128	155	183	212	270	411	558	
0,110	35,0	23,3	17,3	11,5	5,70	2,86	17,4	32,1	47,2	77,3	108	139	169	199	231	294	450	610	
0,120	37,6	25,0	18,6	12,3	6,12	3,07	18,7	34,6	50,8	83,3	116	150	183	216	250	318	488	662	
0,130	40,1	26,7	19,9	13,1	6,52	3,27	20,0	37,0	54,2	89,2	124	160	196	231	268	342	525	712	
0,140	42,6	28,3	21,1	14,0	6,91	3,48	21,2	39,4	57,7	95,2	132	170	209	247	286	366	561	762	
0,160	47,4	31,6	23,6	15,5	7,68	3,85	23,6	43,9	64,6	106	148	191	235	278	322	410	633	863	
0,180	52,1	34,5	25,8	17,0	8,42	4,22	25,9	48,4	71,3	118	165	211	260	307	355	454	702	957	
0,200	56,5	37,4	28,0	18,4	9,13	4,57	28,2	52,6	77,4	129	180	231	284	337	390	497	770	1050	

Umfang = 0,597 m da/di = 2,714 ln da/di = 0,9985

Wärmeleitzahl λ	Rohrtemperatur in ° C (Lufttemp. = 20° C)																		Isol.-Stärke
	−40	−20	−10	±0	+10	+25	+50	+75	+100	+150	+200	+250	+300	+350	+400	+500	+750	+1000	
0,020	6,72	4,44	3,30	2,19	1,10	0,55	3,30	6,14	8,71	14,5	20,3	25,7	31,2	36,9	42,5	53,7			
0,025	8,22	5,48	4,10	2,72	1,36	0,68	4,11	7,62	11,1	18,0	25,0	32,0	39,0	45,8	52,7	66,8			
0,030	9,79	6,54	4,90	3,27	1,63	0,81	4,92	9,06	13,2	21,5	29,8	38,1	46,6	54,7	63,0	79,9			
0,035	11,3	7,57	5,67	3,80	1,89	0,94	5,69	10,5	15,3	24,9	34,5	44,2	54,0	63,3	73,0	92,9	140		
0,040	12,9	8,58	6,42	4,30	2,15	1,07	6,43	11,9	17,4	28,3	39,2	50,2	61,3	71,9	82,8	105	161		
0,045	14,4	9,60	7,18	4,80	2,39	1,19	7,20	13,4	19,5	31,6	44,0	56,1	68,6	80,2	92,6	118	180		
0,050	15,9	10,6	7,93	5,32	2,64	1,31	7,95	14,7	21,5	35,0	48,7	62,1	75,8	88,9	102	130	198		
0,060	18,9	12,5	9,35	6,25	3,12	1,55	9,38	17,3	25,3	41,4	57,9	74,0	90,1	106	122	154	236	319	
0,070	21,9	14,4	10,8	7,22	3,60	1,80	10,9	20,0	29,0	47,6	66,5	85,2	104	122	141	178	272	369	**70** mm
0,080	24,7	16,3	12,2	8,17	4,07	2,04	12,3	22,6	32,9	53,8	75,0	96,4	118	138	160	202	310	419	
0,090	27,5	18,1	13,6	9,04	4,53	2,26	13,7	25,2	36,6	59,8	83,3	107	132	155	178	226	345	468	
0,100	30,2	19,9	15,0	9,90	4,94	2,47	15,0	27,7	40,2	65,7	91,5	118	145	171	196	250	380	515	
0,110	32,7	21,6	16,3	10,7	5,35	2,68	16,4	30,1	43,9	71,5	99,5	129	158	186	215	273	416	562	
0,120	35,1	23,3	17,6	11,5	5,76	2,88	17,7	32,6	47,5	77,3	107	140	171	202	232	295	452	610	
0,130	37,6	25,0	18,8	12,3	6,16	3,08	18,9	34,9	51,0	83,0	115	150	183	216	250	317	486	658	
0,140	40,0	26,6	20,0	13,1	6,56	3,28	20,1	37,1	54,6	88,5	123	159	195	230	267	340	519	704	
0,160	44,6	29,7	22,3	14,7	7,35	3,65	22,4	41,6	61,0	99,0	138	179	219	259	300	381	588	799	
0,180	49,1	32,6	24,4	16,2	8,05	4,00	24,6	45,9	67,3	110	153	198	243	287	332	422	653	891	
0,200	53,6	35,4	26,4	17,6	8,74	4,34	26,7	50,1	73,4	120	168	216	266	314	364	462	720	981	

Umfang = 0,660 m da/di = 3,000 ln da/di = 1,0986

Innerer Rohr ⌀ = 60 mm **Äußerer Rohr ⌀ = 70 mm**

Wärmeleitzahl λ	Rohrtemperatur in ° C (Lufttemp. = 20° C) -40	-20	-10	±0	+10	+25	+50	+75	+100	+150	+200	+250	+300	+350	+400	+500	+750	+1000	Isol.-Stärke
0,020	6,20	4,08	3,06	2,03	1,01	0,50	3,07	5,67	8,24	13,3	18,4	23,6	29,0	33,9	39,0	49,2			
0,025	7,61	5,07	3,81	2,51	1,25	0,63	3,82	7,05	10,2	16,4	23,1	29,2	36,1	42,0	48,5	61,8			
0,030	9,05	6,05	4,55	3,00	1,50	0,75	4,57	8,40	12,2	19,5	27,5	34,8	43,2	50,1	58,0	74,0			
0,035	10,5	7,02	5,27	3,48	1,74	0,87	5,31	9,74	14,2	22,8	32,0	40,4	50,1	58,1	67,2	85,6	130		
0,040	12,0	8,00	5,98	4,00	2,00	0,99	6,00	11,1	16,1	25,9	36,4	46,1	56,8	66,1	76,8	96,8	148		
0,045	13,5	8,96	6,67	4,48	2,24	1,11	6,70	12,4	18,0	29,0	40,8	51,5	63,5	74,0	86,1	108	166		
0,050	14,9	9,90	7,36	4,95	2,47	1,23	7,40	13,7	19,9	32,2	45,2	57,0	70,0	82,0	95,3	121	184		
0,060	17,7	11,7	8,73	5,81	2,92	1,46	8,80	16,1	23,6	38,4	53,4	67,9	83,5	97,0	113	144	218	292	
0,070	20,4	13,5	10,1	6,72	3,36	1,68	10,2	18,6	27,2	44,4	61,7	78,5	96,8	113	131	166	252	340	**80** mm
0,080	23,1	15,3	11,5	7,60	3,80	1,90	11,5	21,1	30,8	50,2	69,9	89,1	110	129	148	188	286	387	
0,090	25,7	17,0	12,8	8,47	4,23	2,12	12,8	23,5	34,2	56,0	77,8	100	122	144	166	210	320	432	
0,100	28,4	18,7	14,0	9,31	4,65	2,32	14,1	25,9	37,7	61,7	85,5	110	134	159	183	232	353	476	
0,110	30,9	20,3	15,3	10,6	5,04	2,52	15,3	28,2	41,1	67,2	93,0	120	147	174	200	254	386	524	
0,120	33,3	21,9	16,5	10,9	5,44	2,72	16,5	30,5	44,5	72,8	101	130	160	188	217	275	419	568	
0,130	35,5	23,6	17,7	11,7	5,85	2,92	17,7	32,7	47,9	78,0	108	140	172	202	234	296	450	612	
0,140	37,8	25,1	18,9	12,5	6,24	3,12	18,9	34,9	51,1	83,2	115	149	184	215	250	317	483	656	
0,160	42,4	28,2	21,1	13,9	6,93	3,46	21,3	39,2	57,5	93,5	130	168	206	242	281	355	545	742	
0,180	46,8	31,0	23,1	15,3	7,62	3,80	23,5	43,4	63,4	104	144	186	228	269	312	395	608	828	
0,200	51,1	33,8	25,0	16,6	8,29	4,14	25,7	47,5	69,2	114	158	204	249	295	341	434	670	912	

Umfang = 0,723 m da/di = 3,286 ln da/di = 1,1896

Wärmeleitzahl λ	Rohrtemperatur in ° C (Lufttemp. = 20° C) -40	-20	-10	±0	+10	+25	+50	+75	+100	+150	+200	+250	+300	+350	+400	+500	+750	+1000	Isol.-Stärke
0,020	5,80	3,81	2,87	1,93	0,95	0,48	2,90	5,27	7,61	12,5	17,4	22,2	27,2	32,0	36,6	46,2			
0,025	7,21	4,79	3,58	2,39	1,19	0,59	3,60	6,59	9,60	15,4	21,8	27,7	34,0	39,5	46,1	57,8			
0,030	8,61	5,75	4,29	2,85	1,43	0,71	4,30	7,81	11,5	18,4	26,0	33,0	40,8	47,1	55,0	68,9			
0,035	10,0	6,68	4,98	3,30	1,66	0,82	4,98	9,08	13,3	21,4	30,2	38,5	47,3	54,7	63,9	79,9	121		
0,040	11,4	7,60	5,65	3,76	1,88	0,93	5,65	10,3	15,1	24,4	34,3	43,9	53,6	62,3	72,4	91,0	138		
0,045	12,8	8,52	6,30	4,20	2,10	1,04	6,31	11,6	16,9	27,4	38,3	49,2	59,9	70,0	80,8	102	154		
0,050	14,1	9,41	6,95	4,63	2,32	1,15	7,00	12,8	18,6	30,3	42,1	54,2	66,2	77,4	89,0	112	172		
0,060	16,7	11,1	8,30	5,50	2,75	1,37	8,32	15,3	22,1	36,0	50,0	64,6	78,9	92,4	106	134	204	278	
0,070	19,3	12,8	9,60	6,35	3,17	1,58	9,64	17,7	25,6	41,6	57,8	74,6	91,4	107	123	156	237	322	**90** mm
0,080	21,9	14,5	10,9	7,20	3,59	1,79	10,9	20,0	29,0	47,1	65,5	84,5	104	121	139	177	270	364	
0,090	24,5	16,2	12,1	8,04	4,01	2,00	12,1	22,3	32,3	52,6	73,4	94,5	115	136	155	198	302	406	
0,100	26,8	17,8	13,4	8,87	4,41	2,19	13,3	24,6	35,6	58,0	81,0	105	127	150	171	219	334	447	
0,110	29,1	19,3	14,5	9,65	4,80	2,38	14,5	26,8	38,9	63,6	88,5	114	139	164	187	239	364	488	
0,120	31,6	20,8	15,7	10,4	5,18	2,57	15,8	29,0	42,2	68,6	95,8	123	150	178	204	259	395	530	
0,130	33,9	22,4	16,8	11,2	5,55	2,76	17,0	31,1	45,4	73,8	103	133	162	191	220	279	425	570	
0,140	36,2	23,9	17,8	11,9	5,91	2,94	18,7	33,2	48,4	78,9	110	142	174	204	236	298	455	609	
0,160	40,6	26,7	19,9	13,4	6,63	3,29	20,2	37,3	54,5	89,0	123	160	195	230	266	335	517	696	
0,180	44,8	29,5	21 9	14,8	7,32	3,63	22,4	41,4	60,6	98,4	137	178	217	256	296	373	577	781	
0,200	49,0	32,3	23,9	16,1	8,00	3,97	24,5	45,4	66,3	108	150	195	238	280	325	410	636	861	

Umfang = 0,785 m da/di = 3,571 ln da/di = 1,2730

Innerer Rohr ⌀ = 60 mm **Äußerer Rohr ⌀ = 70 mm**

Wärmeleitzahl λ	Rohrtemperatur in °C (Lufttemp. = 20° C) -40	-20	-10	±0	+10	+25	+50	+75	+100	+150	+200	+250	+300	+350	+400	+500	+750	+1000	Isol.-Stärke
0,020	5,44	3,65	2,75	1,85	0,92	0,46	2,76	5,00	7,31	11,9	16,4	21,0	25,5	29,9	35,0	43,8			
0,025	6,85	4,51	3,40	2,29	1,14	0,57	3,42	6,19	9,12	14,6	20,6	26,0	32,2	37,6	43,8	54,9			
0,030	8,20	5,43	4,05	2,73	1,35	0,68	4,08	7,39	10,9	17,5	24,7	31,0	38,6	45,3	52,3	66,1			
0,035	9,55	6,30	4,68	3,16	1,56	0,79	4,71	8,59	12,7	20,3	28,6	36,1	44,9	52,7	60,9	76,3	118		
0,040	10,8	7,15	5,34	3,58	1,78	0,89	5,40	9,80	14,5	23,2	32,6	41,2	50,9	59,9	69,4	87,2	133		
0,045	12,2	8,00	5,98	4,00	1,99	0,99	6,04	11,0	16,2	26,1	36,4	46,3	57,0	67,0	77,5	98,0	149		
0,050	13,4	8,85	6,63	4,41	2,20	1,10	6,70	12,1	17,9	28,9	40,2	51,2	63,0	74,1	85,4	108	165		
0,060	15,9	10,5	7,90	5,22	2,62	1,32	7,95	14,5	21,3	34,4	48,0	61,1	74,9	88,4	102	128	196	263	
0,070	18,4	12,1	9,12	6,07	3,04	1,52	9,17	16,9	24,5	40,0	55,3	71,0	86,8	103	118	148	228	304	**100** mm
0,080	20,8	13,8	10,4	6,90	3,44	1,72	10,4	19,2	27,7	45,4	62,7	80,8	98,6	117	133	168	258	347	
0,090	23,2	15,4	11,6	7,70	3,83	1,91	11,6	21,4	31,0	50,5	70,0	90,5	110	131	149	188	289	390	
0,100	25,6	16,9	12,7	8,50	4,22	2,10	12,8	23,6	34,2	55,8	77,1	99,9	122	145	165	208	319	432	
0,110	27,9	18,4	13,8	9,29	4,60	2,29	13,9	25,7	37,4	60,8	84,3	109	133	158	181	227	348	472	
0,120	30,1	20,0	15,0	10,1	4,97	2,48	15,1	27,7	40,5	66,0	91,5	118	144	171	197	246	378	512	
0,130	32,4	21,5	16,1	10,8	5,34	2,66	16,2	29,9	43,6	70,9	98,6	127	155	184	212	265	408	551	
0,140	34,6	23,1	17,2	11,6	5,72	2,84	17,3	31,9	46,7	75,7	105	135	166	196	227	284	438	591	
0,160	38,8	26,0	19,6	13,0	6,44	3,20	19,5	35,9	52,5	85,4	119	152	187	221	256	322	496	668	
0,180	43,0	28,7	21,5	14,3	7,12	3,53	21,6	39,8	58,2	95,0	132	170	208	246	285	359	553	746	
0,200	47,2	31,4	23,4	15,6	7,76	3,86	23,5	43,6	63,9	105	146	187	229	270	312	397	610	824	

Umfang = 0,848 m da/di = 3,857 ln da/di = 1,3499

Wärmeleitzahl λ	Rohrtemperatur in °C (Lufttemp. = 20° C) -40	-20	-10	±0	+10	+25	+50	+75	+100	+150	+200	+250	+300	+350	+400	+500	+750	+1000	Isol.-Stärke
0,020	5,01	3,35	2,50	1,66	0,85	0,42	2,51	4,58	6,70	10,8	15,2	19,3	23,7	28,0	32,0	40,5			
0,025	6,22	4,20	3,12	2,08	1,05	0,52	3,12	5,70	8,30	13,4	18,8	24,0	29,5	34,7	39,8	50,5			
0,030	7,44	5,01	3,73	2,50	1,25	0,62	3,73	6,82	9,90	16,0	22,4	28,7	35,1	41,3	47,6	60,3			
0,035	8,67	5,81	4,33	2,91	1,45	0,72	4,34	7,99	11,6	18,5	26,2	33,2	40,8	47,9	55,4	70,1	107		
0,040	9,90	6,61	4,93	3,30	1,65	0,82	4,94	9,10	13,2	21,1	30,0	37,9	46,4	54,4	63,1	79,9	122		
0,045	11,1	7,40	5,51	3,69	1,84	0,92	5,52	10,2	14,7	23,7	33,7	42,4	51,9	61,0	70,8	89,2	138		
0,050	12,4	8,20	6,11	4,09	2,04	1,01	6,13	11,3	16,3	26,3	37,2	46,9	57,0	67,8	78,5	98,6	152		
0,060	14,8	9,80	7,30	4,89	2,44	1,21	7,33	13,4	19,5	31,6	44,3	56,2	68,3	81,1	93,5	117	180	242	
0,070	17,0	10,4	8,48	5,67	2,83	1,40	8,50	15,6	22,7	36,7	51,3	65,3	79,8	94,6	109	136	209	284	**120** mm
0,080	19,2	13,0	9,64	6,45	3,20	1,59	9,61	17,7	25,9	42,0	58,4	74,2	91,0	108	124	155	238	324	
0,090	21,5	14,5	10,8	7,18	3,57	1,77	10,8	19,8	28,9	46,9	65,3	83,0	102	121	138	174	268	362	
0,100	23,8	15,9	11,9	7,90	3,92	1,95	11,9	21,8	32,0	51,9	71,9	91,9	113	134	153	193	297	400	
0,110	26,0	17,4	12,9	8,63	4,28	2,12	13,0	23,8	34,9	56,8	78,5	101	124	147	168	212	325	436	
0,120	28,2	18,8	13,9	9,34	4,64	2,30	14,2	25,8	37,9	61,5	85,1	109	134	159	183	230	353	473	
0,130	30,4	20,1	14,9	10,1	4,98	2,47	15,2	27,8	40,9	66,3	91,8	117	144	171	196	248	381	512	
0,140	32,5	21,5	16,0	10,8	5,32	2,64	16,2	29,7	43,8	71,0	98,1	126	153	183	210	265	408	550	
0,160	36,7	24,3	18,1	12,1	6,00	2,96	18,3	33,5	49,2	79,8	110	142	174	208	239	301	464	624	
0,180	40,7	27,0	20,1	13,4	6,67	3,30	20,3	37,3	54,5	88,8	123	158	194	232	267	335	518	698	
0,200	44,8	29,6	22,1	14,8	7,32	3,63	22,3	40,8	59,8	98,5	136	174	213	254	294	370	569	770	

Umfang = 0,974 m da/di = 4,429 ln da/di = 1,4881

Innerer Rohr ⌀ = 60 mm **Äußerer Rohr ⌀ = 70 mm**

Wärme-leitzahl λ	Rohrtemperatur in ° C (Lufttemp. = 20° C) -40	-20	-10	±0	+10	+25	+50	+75	+100	+150	+200	+250	+300	+350	+400	+500	+750	+1000	Isol.-Stärke
0,020	4,62	3,11	2,36	1,59	0,78	0,39	2,36	4,30	6,29	10,2	14,2	18,2	22,1	26,3	30,2	37,3			
0,025	5,78	3,88	2,92	1,95	0,97	0,49	2,93	5,36	7,80	12,7	17,6	22,9	27,5	32,6	37,8	46,9			
0,030	6,94	4,64	3,50	2,32	1,16	0,58	3,50	6,41	9,38	15,1	21,1	27,1	32,9	38,8	45,1	56,3			
0,035	8,10	5,41	4,07	2,68	1,35	0,68	4,07	7,46	10,9	17,6	24,5	31,5	38,2	45,0	52,4	65,7	99,8		
0,040	9,25	6,15	4,63	3,06	1,54	0,77	4,63	8,50	12,4	20,0	28,0	35,8	43,4	51,2	59,7	75,0	114		
0,045	10,4	6,89	5,20	3,44	1,73	0,87	5,21	9,54	13,9	22,4	31,4	40,1	48,5	57,3	66,8	84,0	127		
0,050	11,5	7,62	5,75	3,80	1,91	0,96	5,76	10,5	15,4	24,8	34,7	44,1	53,5	63,4	73,7	93,0	142		
0,060	13,7	9,11	6,87	4,56	2,28	1,14	6,88	12,6	18,4	29,7	41,3	52,7	64,0	75,9	87,6	111	169	226	
0,070	15,9	10,6	7,95	5,30	2,65	1,32	7,96	14,6	21,3	34,5	47,9	61,3	74,2	88,0	102	128	196	264	**140** mm
0,080	18,2	12,0	9,03	6,01	3,01	1,50	9,03	16,6	24,2	39,2	54,5	69,7	84,4	101	116	146	224	301	
0,090	20,3	13,4	10,1	6,73	3,36	1,67	10,1	18,6	27,1	43,9	61,0	78,0	95,0	113	129	164	251	336	
0,100	22,4	14,8	11,2	7,45	3,72	1,85	11,1	20,5	30,0	48,7	67,5	86,1	105	124	143	182	278	372	
0,110	24,5	16,2	12,2	8,13	4,05	2,02	12,2	22,4	32,9	53,4	74,2	94,0	115	136	157	200	305	408	
0,120	26,6	17,7	13,2	8,80	4,39	2,19	13,2	24,4	35,7	58,1	80,5	102	125	148	171	217	330	443	
0,130	28,6	19,1	14,2	9,46	4,72	2,35	14,2	26,3	38,4	62,7	87,1	110	136	159	184	233	356	478	
0,140	30,6	20,4	15,2	10,1	5,05	2,52	15,2	28,2	41,1	67,1	93,3	118	146	171	197	249	382	514	
0,160	34,6	23,0	17,2	11,5	5,76	2,84	17,2	31,8	46,5	75,6	105	135	164	194	223	284	432	581	
0,180	38,5	25,6	19,2	12,8	6,40	3,16	19,2	35,3	51,6	84,0	116	150	183	317	249	317	483	650	
0,200	42,4	28,1	21,1	14,0	6,97	3,47	21,1	38,8	56,7	92,4	127	165	202	338	275	349	433	718	

Umfang = 1,100 m da/di = 5,000 ln da/di = 1,6094

Wärme-leitzahl λ	Rohrtemperatur in ° C (Lufttemp. = 20° C) -40	-20	-10	±0	+10	+25	+50	+75	+100	+150	+200	+250	+300	+350	+400	+500	+750	+1000	Isol.-Stärke
0,020	4,33	2,93	2,18	1,48	0,73	0,36	2,18	4,07	5,88	9,60	13,2	17,1	21,0	24,8	28,3	36,4			
0,025	5,50	3,64	2,73	1,85	0,92	0,46	2,74	5,08	7,29	11,9	16,6	21,1	26,1	30,6	35,3	45,0			
0,030	6,59	4,37	3,30	2,21	1,10	0,55	3,31	6,07	8,73	14,2	19,9	25,1	31,1	36,4	42,4	53,2			
0,035	7,63	5,07	3,82	2,56	1,28	0,64	3,83	7,04	10,2	16,5	23,2	29,3	36,0	42,5	49,2	61,6	94,7		
0,040	8,65	5,78	4,35	2,91	1,45	0,73	4,34	7,99	11,6	18,8	26,6	33,6	40,9	48,5	56,0	70,2	108		
0,045	9,71	6,50	4,88	3,26	1,63	0,82	4,88	8,94	13,0	21,1	29,7	37,9	45,7	54,4	63,0	78,3	120		
0,050	10,8	7,21	5,42	3,61	1,80	0,90	5,43	10,0	14,4	23,4	32,6	42,0	50,2	60,2	69,9	86,6	132		
0,060	12,9	8,62	6,49	4,36	2,17	1,08	6,49	11,9	17,4	27,9	39,0	50,2	60,2	72,1	83,3	104	158	215	
0,070	15,0	10,1	7,53	5,04	2,52	1,26	7,54	13,9	20,2	32,5	45,3	58,2	70,1	83,7	96,4	122	185	249	**160** mm
0,080	17,1	11,5	8,56	5,68	2,85	1,43	8,59	15,8	23,0	37,0	51,5	66,2	80,0	95,2	110	139	212	283	
0,090	19,2	12,8	9,57	6,35	3,17	1,59	9,59	17,7	25,8	41,5	57,5	74,0	89,9	107	123	155	236	316	
0,100	21,2	14,1	10,6	7,02	3,50	1,76	10,6	19,6	28,6	45,8	63,8	81,8	98,8	118	136	171	262	352	
0,110	23,1	15,4	11,6	7,72	3,84	1,92	11,6	21,4	31,2	50,1	70,0	89,5	110	130	149	187	287	386	
0,120	25,0	16,7	12,6	8,42	4,18	2,08	12,6	23,2	34,0	54,5	76,3	97,2	119	141	161	204	312	418	
0,130	27,0	18,0	13,5	9,10	4,52	2,24	13,6	25,0	36,6	58,8	82,2	105	128	152	173	220	336	453	
0,140	29,0	19,4	14,4	9,73	4,83	2,40	14,6	26,9	39,1	63,0	88,0	112	137	163	185	236	360	485	
0,160	32,8	22,0	16,4	11,0	5,47	2,71	16,4	30,3	44,4	71,1	98,7	127	155	183	212	269	410	549	
0,180	36,6	24,5	18,2	12,2	6,08	3,02	18,2	33,5	49,1	79,0	110	142	173	204	237	301	459	612	
0,200	40,4	26,9	20,1	13,4	6,71	3,32	20,1	36,8	53,8	87,0	121	156	190	225	261	332	508	674	

Umfang = 1,225 m da/di = 5,571 ln da/di = 1,718

Innerer Rohr ⌀ = 70 mm **Äußerer Rohr ⌀ = 76 mm**

Wärme-leitzahl λ	Rohrtemperatur in ° C (Lufttemp. = 20° C)																		Isol.-Stärke
	−40	−20	−10	±0	+10	+25	+50	+75	+100	+150	+200	+250	+300	+350	+400	+500	+750	+1000	
0,020	38,3	25,4	19,0	12,5	6,15	3,05	19,4	36,5	54,2	90,6	128	166	205	245	285	372			
0,025	44,0	28,9	21,7	14,2	7,04	3,47	22,5	42,4	63,1	106	151	195	243	292	341	444			
0,030	48,8	32,1	23,9	15,8	7,79	3,83	25,1	47,6	71,0	119	171	222	277	335	390	508			
0,035	52,8	34,9	26,0	17,1	8,42	4,14	27,3	52,2	78,1	132	189	248	309	375	437	571	914		
0,040	56,3	37,3	27,8	18,3	8,97	4,40	29,2	56,0	84,5	144	206	272	339	405	482	630	1020		
0,045	59,3	39,3	29,3	19,3	9,44	4,63	30,9	59,9	90,3	155	223	294	366	442	522	687	1120		
0,050	61,9	41,0	30,5	20,1	9,86	4,84	32,5	63,2	95,3	164	237	314	392	477	563	740	1220		
0,060	66,6	44,1	32,8	21,6	10,6	5,18	35,2	68,7	104	181	263	350	440	537	637	841	1400		
0,070	70,4	46,6	34,5	22,8	11,1	5,47	37,5	73,4	112	195	285	382	485	592	703	936	1570		5
0,080	73,5	48,6	36,1	23,7	11,6	5,69	39,5	77,5	119	208	306	412	524	641	765	1020	1730		mm
0,090	76,2	50,4	37,5	24,6	12,0	5,89	41,2	81,0	124	220	325	437	560	687	822	1100	1890		
0,100	78,5	51,9	38,6	25,3	12,3	6,06	42,6	84,0	129	230	342	461	593	729	874	1180	2040		
0,110	80,2	53,0	39,4	25,9	12,6	6,21	43,9	86,7	134	238	356	482	622	769	922	1250	2180		
0,120	81,9	54,0	40,2	26,4	12,9	6,33	44,9	89,0	138	246	368	502	649	807	967	1320	2310		
0,130	83,3	54,8	40,8	26,8	13,1	6,44	45,8	91,0	142	253	381	521	674	841	1010	1380	2440		
0,140	84,5	55,7	41,4	27,2	13,3	6,54	46,6	92,9	145	260	392	538	698	872	1050	1440	2560		
0,160	86,6	57,2	42,4	27,9	13,6	6,71	47,9	96,5	150	272	411	568	741	922	1125	1560	2800		
0,180	88,3	58,5	43,3	28,5	13,9	6,84	49,1	99,3	155	282	428	595	778	968	1195	1660	3040		
0,200	89,8	59,5	44,0	29,0	14,1	6,95	50,1	102	159	291	444	619	814	1010	1260	1760	3270		

Umfang = 0,270 m da/di = 1,132 ln da/di = 0,1236

Wärme-leitzahl λ	Rohrtemperatur in ° C (Lufttemp. = 20° C)																		Isol.-Stärke
	−40	−20	−10	±0	+10	+25	+50	+75	+100	+150	+200	+250	+300	+350	+400	+500	+750	+1000	
0,020	25,2	16,7	12,5	8,26	4,09	2,03	12,6	23,4	34,3	56,6	79,4	102	125	148	171	218			
0,025	29,9	19,8	14,8	9,82	4,85	2,40	14,9	27,7	41,2	67,8	95,1	123	150	178	206	266			
0,030	34,2	22,6	16,9	11,2	5,50	2,72	17,1	31,9	47,6	78,2	110	142	174	207	240	310			
0,035	38,0	25,2	18,7	12,4	6,09	3,02	19,1	35,9	53,4	88,0	125	161	198	235	274	352	548		
0,040	41,4	27,5	20,4	13,5	6,64	3,29	20,9	39,4	58,4	97,3	138	178	220	262	306	392	618		
0,045	44,7	29,6	21,9	14,6	7,13	3,54	22,6	42,9	63,3	106	151	194	240	287	335	432	683		
0,050	47,8	31,5	23,4	15,5	7,59	3,76	24,2	46,0	68,0	114	163	210	260	312	364	470	746	1030	
0,060	53,1	34,8	25,9	17,2	8,41	4,17	27,1	51,5	76,6	129	184	240	298	357	419	543	870	1200	
0,070	57,8	37,7	28,2	18,6	9,13	4,51	29,5	56,2	84,3	143	204	268	333	401	470	611	985	1370	10
0,080	61,6	40,4	30,2	19,8	9,75	4,81	31,7	60,6	91,0	155	223	293	367	442	519	675	1095	1530	mm
0,090	65,0	42,7	31,9	21,0	10,3	5,07	33,6	64,6	97,3	167	240	316	400	480	564	736	1200	1690	
0,100	68,0	44,7	33,4	21,9	10,7	5,30	35,3	68,2	103	177	256	338	429	515	606	794	1300	1840	
0,110	70,7	46,6	34,7	22,8	11,1	5,50	36,9	71,6	108	187	271	359	456	548	646	851	1400	1990	
0,120	73,1	48,2	35,9	23,6	11,5	5,69	38,3	74,7	113	196	285	378	482	580	686	906	1500	2140	
0,130	75,3	49,6	36,9	24,3	11,8	5,85	39,6	77,5	118	204	298	396	505	609	722	957	1590	2280	
0,140	77,2	51,0	37,9	25,0	12,1	6,00	40,9	80,1	122	211	310	413	527	638	758	1010	1680	2420	
0,160	80,7	53,3	39,5	26,1	12,7	6,27	43,0	84,7	129	225	332	444	569	694	826	1100	1850	2680	
0,180	83 5	55,2	40,9	27,0	13,2	6,49	44,9	88,6	136	238	352	474	607	744	888	1190	2020	2940	
0,200	86,1	56,9	42,3	27,8	13,6	6,68	46,5	92,0	141	249	370	501	641	789	944	1270	2190	3190	

Umfang = 0,302 m da/di = 1,263 ln da/di = 0,2337

Innerer Rohr ∅ = 70 mm **Äußerer Rohr ∅ = 76 mm**

Wärme-leitzahl λ	Rohrtemperatur in ° C (Lufttemp. = 20° C)																		Isol.-Stärke
	−40	−20	−10	±0	+10	+25	+50	+75	+100	+150	+200	+250	+300	+350	+400	+500	+750	+1000	
0,020	19,1	12,7	9,45	6,32	3,11	1,55	9,62	17,8	26,0	42,5	59,1	76,1	93,2	109	126	160			
0,025	23,0	15,4	11,4	7,52	3,74	1,89	11,4	21,6	31,5	51,3	71,9	92,3	113	133	153	195			
0,030	26,6	17,8	13,2	8,72	4,34	2,17	13,3	25,0	36,5	60,0	84,0	108	132	157	180	231			
0,035	30,0	20,1	14,9	9,80	4,89	2,45	15,0	28,2	41,4	68,1	95,8	124	152	178	206	266	409		
0,040	33,2	22,2	16,5	10,9	5,42	2,71	16,0	31,3	46,0	75,8	106	138	170	200	232	298	460		
0,045	36,2	24,2	17,9	11,7	5,91	2,95	18,2	34,2	50,4	83,4	117	151	187	221	256	329	511		
0,050	39,2	26,0	19,3	12,7	6,36	3,17	19,6	37,0	54,5	90,5	127	164	202	240	279	360	562		
0,060	44,5	29,4	21,8	14,4	7,19	3,55	22,3	42,1	62,6	104	145	189	235	278	324	418	656	895	
0,070	49,1	32,4	24,1	16,0	7,92	3,88	24,8	46,8	69,8	116	163	213	265	314	367	472	748	1020	**15** mm
0,080	53,2	35,1	26,1	17,4	8,57	4,20	27,0	51,1	76,4	128	180	235	293	348	408	525	835	1150	
0,090	56,9	37,6	27,9	18,5	9,12	4,50	39,0	55,0	82,3	138	195	256	320	381	446	576	920	1270	
0,100	60,2	39,9	29,7	19,7	9,62	4,74	30,8	58,7	87,7	148	211	276	346	412	483	626	997	1390	
0,110	63,3	41,9	31,2	20,7	10,1	4,95	32,6	62,2	92,9	158	225	295	369	442	517	674	1080	1510	
0,120	65,9	43,7	32,6	21,7	10,5	5,14	34,1	65,3	98,1	167	239	313	392	471	553	720	1150	1630	
0,130	68,5	45,4	33,9	22,5	10,9	5,33	35,4	68,3	103	175	252	330	415	498	586	765	1230	1740	
0,140	71,0	47,0	34,9	23,3	11,3	5,51	36,6	71,1	107	183	263	347	435	524	617	809	1300	1850	
0,160	75,1	49,7	37,1	24,6	11,9	5,83	39,4	76,2	115	198	285	378	475	573	676	888	1440	2060	
0,180	78,8	52,1	38,9	25,7	12,5	6,13	41,7	80,6	122	211	305	405	512	619	733	965	1590	2270	
0,200	82,0	54,3	40,5	26,9	13,0	6,37	43,2	84,6	128	223	324	432	546	663	784	1040	1720	2470	

Umfang = 0,333 m da/di = 1,395 ln da/di = 0,3327

Wärme-leitzahl λ	Rohrtemperatur in ° C (Lufttemp. = 20° C)																		Isol.-Stärke
	−40	−20	−10	±0	+10	+25	+50	+75	+100	+150	+200	+250	+300	+350	+400	+500	+750	+1000	
0,020	15,7	10,4	7,79	5,18	2,58	1,28	7,82	14,4	21,1	34,4	47,8	61,4	75,1	88,6	102	128			
0,025	19,0	12,7	9,45	6,33	3,15	1,56	9,49	17,6	25,8	42,1	58,5	74,8	91,2	108	124	158			
0,030	22,3	14,9	11,1	7,38	3,66	1,83	11,1	20,6	30,1	49,4	68,7	88,1	108	127	147	188			
0,035	25,4	16,9	12,6	8,36	4,14	2,08	12,7	23,5	34,3	56,4	78,5	100	123	146	168	217	328		
0,040	28,2	18,8	14,0	9,29	4,60	2,31	14,1	26,2	38,3	63,1	88,0	113	138	164	190	244	370		
0,045	31,0	20,6	15,3	10,2	5,04	2,52	15,4	28,9	42,2	69,7	97,3	125	153	182	211	271	417		
0,050	33,7	22,2	16,6	11,0	5,43	2,71	16,8	31,4	46,1	76,0	106	137	168	199	231	297	455		
0,060	38,6	25,5	19,0	12,6	6,20	3,09	19,2	36,1	53,6	88,3	123	159	195	232	269	346	539	732	
0,070	43,2	28,4	21,2	14,0	6,90	3,44	21,6	40,4	60,2	99,6	139	180	222	263	307	394	615	841	**20** mm
0,080	47,7	31,0	23,2	15,3	7,55	3,75	23,8	44,6	66,3	110	154	200	247	294	342	438	688	948	
0,090	51,0	33,6	25,1	16,5	8,14	4,04	25,7	48,4	71,9	120	169	219	271	323	376	482	761	1050	
0,100	54,5	35,8	26,7	17,7	8,69	4,31	27,5	52,0	77,1	129	182	237	294	351	409	526	830	1150	
0,110	57,7	38,0	28,3	18,8	9,18	4,55	29,2	55,4	82,2	138	195	254	315	377	440	569	901	1250	
0,120	60,6	39,8	29,6	19,7	9,64	4,78	30,8	58,5	87,1	146	208	270	337	403	472	610	968	1350	
0,130	63,2	41,6	31,0	20,6	10,1	4,99	32,3	61,6	91,7	154	220	286	357	428	502	649	1040	1440	
0,140	65,8	43,4	32,3	21,4	10,5	5,19	33,7	64,4	96,0	162	231	301	376	452	530	687	1100	1530	
0,160	70,4	46,6	34,6	23,0	11,2	5,55	36,4	69,7	104	176	253	331	413	493	585	760	1220	1710	
0,180	74,6	49,4	36,6	24,3	11,9	5,86	38,8	74,4	112	190	273	358	448	542	635	831	1350	1890	
0,200	78,5	51,9	38,6	25,5	12,5	6,15	40,8	78,6	119	203	292	383	482	580	683	899	1460	2060	

Umfang = 0,364 m da/di = 1,526 ln da/di = 0,4248

Innerer Rohr ⌀ = 70 mm **Äußerer Rohr ⌀ = 76 mm**

Wärmeleitzahl λ	Rohrtemperatur in ° C (Lufttemp. = 20° C)																		Isol.-Stärke
	−40	−20	−10	±0	+10	+25	+50	+75	+100	+150	+200	+250	+300	+350	+400	+500	+750	+1000	
0,020	13,5	8,98	6,73	4,47	2,22	1,11	6,77	12,4	18,0	29,8	41,4	52,9	64,4	76,1	88,0	110			
0,025	16,5	11,0	8,20	5,46	2,71	1,35	8,20	15,1	22,4	36,6	50,4	64,3	78,6	93,1	107	135			
0,030	19,3	12,9	9,60	6,41	3,17	1,59	9,60	17,8	26,3	43,0	59,3	75,8	92,7	110	126	160			
0,035	22,0	14,7	11,0	7,32	3,62	1,81	11,0	20,4	30,1	49,2	68,0	87,2	107	126	146	185	283		
0,040	24,6	16,4	12,3	8,20	4,04	2,01	12,2	22,9	33,8	55,4	76,4	98,4	120	142	165	210	322		
0,045	27,3	18,1	13,5	9,01	4,45	2,21	13,5	25,3	37,3	61,2	84,7	110	133	158	184	234	362		
0,050	29,7	19,7	14,7	9,79	4,84	2,41	14,7	27,6	40,8	66,9	93,0	120	146	174	201	257	398		
0,060	34,0	22,7	16,9	11,3	5,58	2,77	17,0	32,0	47,6	78,0	108	141	171	203	236	302	470	633	
0,070	38,0	25,5	19,0	12,7	6,26	3,11	19,4	36,2	53,7	88,3	123	159	195	232	269	344	536	730	**25** mm
0,080	42,0	28,2	20,9	14,0	6,89	3,41	21,4	40,1	59,5	98,4	137	177	218	259	301	386	601	822	
0,090	46,0	30,6	22,8	15,2	7,48	3,70	23,3	43,8	64,9	108	151	195	239	286	332	424	665	915	
0,100	49,7	33,0	24,5	16,3	8,03	3,96	25,1	47,3	69,8	117	165	212	261	311	361	463	725	1000	
0,110	53,0	35,1	26,2	17,4	8,52	4,20	26,7	50,6	75,0	126	177	228	281	335	390	502	787	1090	
0,120	56,0	37,1	27,7	18,4	8,98	4,42	28,3	53,8	79,7	134	189	243	301	359	420	538	849	1175	
0,130	58,8	39,1	29,1	19,3	9,41	4,65	29,8	56,7	84,1	142	200	258	320	382	448	575	910	1255	
0,140	61,7	40,8	30,5	20,2	9,82	4,86	31,3	59,6	88,3	149	211	273	338	404	472	610	965	1335	
0,160	66,7	44,1	32,9	21,8	10,6	5,24	34,1	64,8	96,6	163	232	301	374	447	524	677	1080	1500	
0,180	71,5	46,9	35,0	23,2	11,3	5,60	36,6	69,6	104	177	252	328	406	487	574	742	1190	1660	
0,200	75,1	49,4	36,8	24,5	11,9	5,93	38,7	74,1	111	189	270	354	438	527	619	805	1290	1815	

Umfang = 0,396 m da/di = 1,658 ln da/di = 0,5056

Wärmeleitzahl λ	Rohrtemperatur in ° C (Lufttemp. = 20° C)																		Isol.-Stärke
	−40	−20	−10	±0	+10	+25	+50	+75	+100	+150	+200	+250	+300	+350	+400	+500	+750	+1000	
0,020	12,0	7,97	5,96	3,96	1,98	0,99	5,96	11,0	16,0	26,3	36,5	46,6	56,6	66,7	77,0	96,8			
0,025	14,6	9,80	7,28	4,86	2,42	1,21	7,30	13,5	19,7	32,2	44,7	57,0	69,4	82,2	94,3	120			
0,030	17,2	11,6	8,58	5,73	2,85	1,42	8,69	15,9	23,3	38,0	52,9	67,5	82,1	97,4	112	142			
0,035	19,6	13,2	9,78	6,54	3,25	1,62	9,80	18,3	26,7	43,8	60,8	77,4	94,5	112	129	165	252		
0,040	22,1	14,8	11,0	7,33	3,64	1,82	11,0	20,6	30,0	49,2	68,5	87,4	107	127	147	187	286		
0,045	24,5	16,4	12,2	8,10	4,02	2,01	12,2	22,7	33,3	54,5	76,0	97,0	119	141	164	208	319		
0,050	26,9	17,9	13,3	8,85	4,39	2,19	13,4	24,8	36,5	59,7	83,0	107	131	155	180	229	350		
0,060	31,3	20,7	15,4	10,3	5,09	2,54	15,5	28,8	42,8	69,6	97,2	125	153	182	211	269	415	560	
0,070	35,4	23,4	17,4	11,6	5,75	2,86	17,6	32,7	48,4	79,2	111	143	175	207	242	308	476	648	**30** mm
0,080	39,3	26,0	19,3	12,8	6,36	3,16	19,6	36,4	53,8	88,5	124	160	197	232	270	345	536	731	
0,090	43,0	28,4	21,1	14,0	6,94	3,44	21,4	39,9	59,0	97,3	137	177	217	257	298	381	595	814	
0,100	46,3	30,6	22,8	15,1	7,48	3,71	23,1	43,3	63,8	106	149	193	237	281	326	417	651	893	
0,110	49,5	32,8	24,4	16,2	8,00	3,96	24,7	46,5	68,6	114	161	208	255	304	352	453	707	971	
0,120	52,5	34,8	25,9	17,2	8,48	4,19	26,3	49,6	73,3	122	172	223	274	326	380	487	762	1050	
0,130	55,6	36,7	27,4	18,2	8,94	4,42	27,8	52,5	77,6	130	183	237	292	348	406	521	818	1120	
0,140	58,5	38,5	28,8	19,1	9,37	4,63	29,3	55,3	81,6	137	194	251	309	369	430	554	872	1190	
0,160	63,6	42,0	31,3	20,8	10,2	5,02	32,2	60,6	89,8	151	214	278	343	410	478	616	972	1340	
0,180	68,3	45,1	33,6	22,3	10,9	5,37	34,7	65,5	97,5	164	233	303	375	448	523	676	1075	1490	
0,200	72,8	48,0	35,7	23,6	11,5	5,70	36,9	70,1	104	177	251	327	405	485	567	736	1170	1630	

Umfang = 0,427 m da/di = 1,790 ln da/di = 0,5819

Innerer Rohr ⌀ = 70 mm **Äußerer Rohr ⌀ = 76 mm**

Wärmeleitzahl λ	Rohrtemperatur in ° C (Lufttemp. = 20° C)																		Isol.-Stärke
	−40	−20	−10	±0	+10	+25	+50	+75	+100	+150	+200	+250	+300	+350	+400	+500	+750	+1000	
0,020	10,8	7,18	5,38	3,58	1,78	0,89	5,39	9,89	14,4	23,6	32,8	41,8	50,9	60,1	69,3	87,2			
0,025	13,2	8,60	6,56	4,32	2,18	1,10	6,61	12,2	17,7	29,0	40,3	51,3	62,2	74,1	85,0	107			
0,030	15,5	10,4	7,71	5,08	2,56	1,30	7,78	14,3	21,1	34,3	47,7	60,8	74,0	87,9	101	128			
0,035	17,8	11,9	8,86	5,85	2,94	1,48	8,89	16,5	24,2	39,5	55,0	70,1	85,5	101	117	149	226		
0,040	20,1	13,4	10,0	6,69	3,30	1,66	10,0	18,6	27,3	44,6	62,1	79,4	96,6	115	133	168	258		
0,045	22,4	14,9	11,1	7,40	3,66	1,84	11,1	20,7	30,3	49,6	69,1	88,5	108	128	148	188	288		
0,050	24,4	16,3	12,1	8,15	4,00	2,01	12,2	22,7	33,3	54,4	75,7	97,3	119	141	163	207	317		
0,060	28,7	19,1	14,1	9,41	4,66	2,36	14,3	26,5	39,1	63,8	88,6	114	140	166	192	244	376	506	
0,070	32,7	21,6	16,0	10,7	5,29	2,67	16,3	30,0	44,4	72,8	102	131	160	190	220	280	431	585	**35** mm
0,080	36,4	24,1	17,9	11,9	5,90	2,95	18,1	33,5	49,5	81,5	114	146	180	213	246	314	486	660	
0,090	39,9	26,4	19,7	13,2	6,47	3,23	19,8	36,8	54,4	90,0	126	162	199	236	273	448	540	736	
0,100	43,3	28,7	21,4	14,2	7,03	3,49	21,5	40,0	59,1	98,0	137	177	217	258	298	381	591	810	
0,110	46,4	30,8	23,0	15,2	7,52	3,73	23,1	43,1	63,9	106	148	191	234	279	323	415	644	880	
0,120	49,4	32,8	24,5	16,2	8,00	3,96	24,6	46,0	68,4	114	159	207	252	300	348	446	694	952	
0,130	52,4	34,7	25,9	17,2	8,46	4,18	26,1	48,9	72,5	121	170	219	270	320	373	478	747	1020	
0,140	55,4	36,6	27,3	18,1	8,90	4,39	27,6	51,7	76,5	128	180	232	285	340	396	509	797	1080	
0,160	60,8	39,9	29,8	19,7	9,71	4,80	30,5	56,9	84,4	141	199	258	318	378	441	567	890	1220	
0,180	65,4	43,0	32,1	21,3	10,5	5,16	33,0	61,8	92,0	154	218	282	349	415	486	625	984	1360	
0,200	69,4	46,1	34,3	22,7	11,2	5,52	35,2	66,6	99,1	166	235	305	378	452	527	680	1080	1490	

Umfang = 0,459 m da/di = 1,921 ln da/di = 0,6529

Wärmeleitzahl λ	Rohrtemperatur in ° C (Lufttemp. = 20° C)																		Isol.-Stärke
	−40	−20	−10	±0	+10	+25	+50	+75	+100	+150	+200	+250	+300	+350	+400	+500	+750	+1000	
0,020	9,88	6,58	4,93	3,27	1,64	0,82	4,93	9,06	13,2	21,5	29,9	38,2	46,5	54,8	63,1	79,8			
0,025	12,4	8,19	6,03	4,00	2,00	1,01	6,10	11,2	16,3	26,5	37,0	47,1	57,3	67,9	78,0	98,2			
0,030	14,6	9,65	7,13	4,70	2,35	1,20	7,20	13,3	19,3	31,5	43,9	55,8	67,8	80,7	92,7	117			
0,035	16,8	11,1	8,23	5,42	2,71	1,37	8,30	15,3	22,2	36,4	50,8	64,5	78,3	93,4	107	136	208		
0,040	18,9	12,5	9,30	6,12	3,06	1,53	9,38	17,3	25,1	41,1	57,2	72,9	88,7	106	122	154	236		
0,045	21,0	13,9	10,3	6,82	3,40	1,71	10,4	19,2	28,0	45,8	63,7	81,3	99,0	118	136	172	264		
0,050	23,0	15,2	11,3	7,50	3,74	1,88	11,4	21,1	30,8	50,4	70,1	89,5	110	129	150	190	291		
0,060	26,8	17,7	13,3	8,77	4,38	2,19	13,3	24,7	36,2	59,2	82,3	106	129	153	177	224	345	465	
0,070	30,5	20,2	15,1	10,0	4,99	2,49	15,2	28,1	41,2	67,7	94,2	121	148	175	203	258	397	537	**40** mm
0,080	34,0	22,6	16,9	11,2	5,58	2,77	16,9	31,5	46,1	76,0	106	136	167	197	228	290	448	608	
0,090	37,4	24,8	18,6	12,3	6,14	3,04	18,6	34,7	50,8	83,9	117	151	185	218	252	322	498	677	
0,100	40,7	27,0	20,2	13,4	6,65	3,30	20,2	37,8	55,4	91,7	128	165	202	239	277	354	547	745	
0,110	43,8	29,1	21,8	14,4	7,14	3,54	21,8	40,7	60,0	99,5	139	179	219	260	301	384	595	812	
0,120	46,9	31,1	23,3	15,4	7,62	3,77	23,3	43,6	64,3	107	149	192	236	280	324	415	643	877	
0,130	49,9	33,0	24,7	16,3	8,07	3,99	24,8	46,4	68,4	114	159	205	252	299	347	444	690	940	
0,140	52,8	34,9	26,1	17,2	8,51	4,21	26,3	49,1	72,4	121	169	218	268	318	370	473	736	1005	
0,160	58,4	38,5	28,7	18,9	9,32	4,60	29,1	54,2	80,2	134	188	243	299	355	412	529	826	1130	
0,180	63,6	41,8	31,2	20,5	10,1	4,98	31,7	59,1	87,5	147	206	266	328	390	454	584	914	1260	
0,200	68,2	44,7	33,4	21,9	10,8	5,34	34,1	63,8	94,5	158	223	288	356	425	495	636	1000	1380	

Umfang = 0,490 m da/di = 2,053 ln da/di = 0,7191

Innerer Rohr ⌀ = 70 mm **Äußerer Rohr ⌀ = 76 mm**

Wärmeleitzahl λ	Rohrtemperatur in °C (Lufttemp. = 20° C)																		Isol.-Stärke
	-40	-20	-10	±0	+10	+25	+50	+75	+100	+150	+200	+250	+300	+350	+400	+500	+750	+1000	
0,020	9,20	6,12	4,58	3,04	1,52	0,76	4,59	8,40	12,2	19,9	27,7	35,4	43,1	50,9	58,7	74,0			
0,025	11,3	7,52	5,63	3,72	1,87	0,93	5,64	10,4	15,1	24,5	34,2	43,6	53,0	62,7	72,3	92,0			
0,030	13,4	8,90	6,70	4,39	2,21	1,10	6,68	12,3	18,0	29,1	40,6	51,8	63,0	74,5	86,1	109			
0,035	15,4	10,3	7,69	5,06	2,55	1,26	7,67	14,1	20,8	33,6	47,0	60,0	73,0	86,2	99,7	126	192		
0,040	17,4	11,6	8,68	5,72	2,88	1,42	8,66	16,0	23,5	37,9	53,2	67,9	82,8	97,8	113	144	218		
0,045	19,4	12,9	9,65	6,37	3,20	1,59	9,62	17,8	26,2	42,2	59,5	75,7	92,5	109	127	160	244		
0,050	21,2	14,2	10,6	7,00	3,52	1,75	10,6	19,6	28,8	46,5	65,5	83,5	102	121	139	176	270		
0,060	25,0	16,6	12,4	8,23	4,13	2,05	12,5	23,0	33,9	54,9	76,6	98,5	121	143	165	209	321	433	
0,070	28,7	19,0	14,2	9,44	4,71	2,35	14,0	26,4	38,7	63,0	87,8	113	139	164	190	240	369	500	**45**
0,080	32,2	21,3	15,9	10,6	5,27	2,62	16,0	29,6	43,4	70,7	99,0	127	156	185	214	271	417	566	mm
0,090	35,4	23,6	17,5	11,7	5,80	2,88	17,6	32,6	47,8	78,3	110	141	173	205	237	301	465	631	
0,100	38,6	25,7	19,1	12,7	6,30	3,14	19,2	35,6	52,3	85,7	120	155	190	225	260	331	511	694	
0,110	41,5	27,6	20,6	13,7	6,79	3,37	20,7	38,5	56,7	93,0	131	168	206	244	283	361	556	757	
0,120	44,5	29,7	22,1	14,7	7,26	3,60	22,2	41,4	61,0	100	141	181	222	264	305	390	610	819	
0,130	47,4	31,6	23,5	15,6	7,69	3,82	23,6	44,1	65,0	107	151	193	237	282	327	418	651	880	
0,140	50,2	33,5	24,9	16,5	8,12	4,03	25,1	46,7	68,9	114	160	206	252	300	349	446	691	940	
0,160	55,8	36,9	27,5	18,2	8,95	4,42	27,8	51,8	76,4	127	179	230	283	336	390	499	775	1060	
0,180	60,5	40,1	29,9	19,8	9,73	4,79	30,3	56,6	83,7	139	196	253	312	369	430	551	858	1180	
0,200	65,3	43,2	32,1	21,2	10,5	5,17	32,6	61,2	90,6	151	213	275	339	402	468	601	942	1300	

Umfang = 0,522 m da/di = 2,184 ln da/di = 0,7812

Wärmeleitzahl λ	Rohrtemperatur in °C (Lufttemp. = 20° C)																		Isol.-Stärke
	-40	-20	-10	±0	+10	+25	+50	+75	+100	+150	+200	+250	+300	+350	+400	+500	+750	+1000	
0,020	8,60	5,72	4,28	2,85	1,42	0,71	4,29	7,85	11,4	18,6	25,9	33,1	40,3	47,5	54,8	68,9			
0,025	10,6	7,07	5,28	3,50	1,75	0,88	5,28	9,71	14,1	23,0	32,0	40,8	49,7	58,8	67,7	85,2			
0,030	12,5	8,40	6,27	4,15	2,08	1,04	6,27	11,5	16,9	27,4	38,0	48,7	59,1	70,4	80,5	102			
0,035	14,4	9,69	7,23	4,77	2,38	1,19	7,25	13,3	19,5	31,6	43,9	56,4	68,5	81,4	93,3	118	180		
0,040	16,3	11,0	8,19	5,38	2,70	1,35	8,16	15,1	22,0	35,8	49,8	64,0	77,9	92,2	106	134	205		
0,045	18,2	12,2	9,10	6,00	3,01	1,51	9,04	16,8	24,5	40,0	55,8	71,6	87,0	103	119	150	229		
0,050	20,0	13,4	10,0	6,60	3,30	1,65	10,0	18,5	27,0	44,1	61,5	78,8	96,0	114	131	166	253		
0,060	23,6	15,8	11,8	7,85	3,90	1,94	11,8	21,8	31,8	52,0	72,2	93,2	114	135	155	197	301	406	
0,070	27,2	18,1	13,5	8,96	4,47	2,23	13,5	25,0	36,5	59,8	83,2	107	131	155	179	226	346	470	**50**
0,080	30,6	20,3	15,1	10,0	5,00	2,49	15,1	28,0	41,1	67,4	94,1	121	147	175	201	255	391	532	mm
0,090	33,7	22,4	16,7	11,1	5,52	2,75	16,7	31,0	45,5	74,6	105	134	163	194	224	284	437	593	
0,100	36,8	24,5	18,2	12,2	6,01	2,99	18,3	33,9	49,6	81,8	115	147	180	213	245	312	481	653	
0,110	39,6	26,4	19,7	13,2	6,48	3,23	19,8	36,7	53,9	88,8	124	159	195	231	267	341	523	711	
0,120	42,5	28,3	21,1	14,0	6,95	3,45	21,2	39,5	58,1	95,4	133	172	210	249	289	368	566	771	
0,130	45,4	30,2	22,5	14,9	7,40	3,67	22,6	42,1	62,0	102	143	184	225	267	309	395	610	830	
0,140	48,0	32,0	23,8	15,8	7,83	3,90	24,0	44,7	65,9	109	152	196	240	284	330	422	652	889	
0,160	53,5	35,4	26,4	17,5	8,65	4,28	26,7	49,7	73,5	121	170	219	269	319	370	472	730	1000	
0,180	58,4	38,6	28,7	19,1	9,42	4,65	29,2	54,5	80,5	133	187	241	297	352	408	522	811	1110	
0,200	62,9	41,6	31,0	20,5	10,2	5,03	31,5	59,0	87,0	144	203	263	323	384	446	570	890	1220	

Umfang = 0,553 m da/di = 2,316 ln da/di = 0,8398

Innerer Rohr ø = 70 mm **Äußerer Rohr ø = 76 mm**

Wärme-leitzahl λ	Rohrtemperatur in ° C (Lufttemp. = 20° C)																		Isol.-Stärke
	−40	−20	−10	±0	+10	+25	+50	+75	+100	+150	+200	+250	+300	+350	+400	+500	+750	+1000	
0,020	7,66	5,10	3,82	2,54	1,27	0,63	3,83	7,02	10,2	16,6	23,1	29,5	35,9	42,4	48,8	61,7			
0,025	9,50	6,31	4,72	3,14	1,57	0,79	4,76	8,70	12,7	20,6	28,6	36,7	44,6	52,5	60,6	76,7			
0,030	11,3	7,51	5,61	3,72	1,86	0,93	5,63	10,3	15,1	24,5	34,1	43,6	53,1	62,3	72,1	91,6			
0,035	13,1	8,69	6,48	4,29	2,15	1,08	6,48	11,9	17,5	28,4	39,5	50,4	61,6	72,1	83,6	106	162		
0,040	14,9	9,87	7,35	4,86	2,43	1,22	7,34	13,5	19,8	32,2	44,9	57,2	70,0	81,9	95,0	120	184		
0,045	16,6	11,0	8,19	5,42	2,71	1,36	8,16	15,1	22,2	36,0	50,1	64,0	78,2	91,6	106	135	206		
0,050	18,3	12,2	9,06	5,97	3,00	1,50	9,00	16,7	24,3	39,8	55,3	70,6	86,4	101	117	149	228		
0,060	21,7	14,4	10,7	7,07	3,54	1,76	10,7	19,7	28,7	47,2	65,4	83,7	103	120	139	177	270	364	
0,070	24,9	16,5	12,3	8,18	4,07	2,03	12,3	22,7	33,2	54,3	75,4	96,6	118	139	161	204	312	421	60
0,080	28,1	18,6	13,9	9,18	4,58	2,28	13,9	25,6	37,5	61,3	85,1	109	133	157	182	231	353	478	mm
0,090	31,0	20,6	15,4	10,2	5,07	2,52	15,4	28,4	41,6	68,1	94,9	122	148	175	203	257	394	533	
0,100	33,9	22,6	16,8	11,2	5,55	2,76	16,8	31,1	45,6	74,8	104	134	163	192	223	284	434	588	
0,110	36,7	24,4	18,2	12,1	6,00	2,99	18,3	33,8	49,6	81,3	113	146	178	210	243	309	474	642	
0,120	39,4	26,2	19,6	13,0	6,44	3,20	19,7	36,4	53,3	87,6	122	157	193	227	263	334	514	696	
0,130	42,1	28,0	20,9	13,8	6,86	3,41	21,0	38,9	57,0	93,9	131	168	206	243	282	359	552	749	
0,140	44,7	29,7	22,2	14,6	7,27	3,62	22,3	41,4	60,7	100	139	179	220	260	301	384	590	801	
0,160	49,8	33,1	24,7	16,4	8,09	4,01	24,8	46,1	67,8	112	156	201	247	292	338	431	666	905	
0,180	54,6	36,2	27,0	17,9	8,86	4,39	27,2	50,7	74,7	124	173	222	273	323	374	477	739	1008	
0,200	59,1	39,2	29,3	19,2	9,60	4,76	29,6	55,2	81,2	135	189	243	298	354	410	522	812	1110	

Umfang = 0,616 m da/di = 2,579 ln da/di = 0,9474

Wärme-leitzahl λ	Rohrtemperatur in ° C (Lufttemp. = 20° C)																		Isol.-Stärke
	−40	−20	−10	±0	+10	+25	+50	+75	+100	+150	+200	+250	+300	+350	+400	+500	+750	+1000	
0,020	7,03	4,67	3,49	2,32	1,16	0,58	3,50	6,42	9,35	15,2	21,1	27,0	32,9	38,6	44,4	56,0			
0,025	8,65	5,81	4,32	2,85	1,44	0,72	4,34	7,98	11,6	18,9	26,2	33,6	40,8	48,0	55,2	70,0			
0,030	10,3	6,91	5,15	3,37	1,71	0,86	5,19	9,50	13,9	22,5	31,3	40,1	48,7	57,2	66,1	83,7			
0,035	11,9	8,00	5,97	3,91	1,98	0,99	5,97	11,0	16,0	26,1	36,2	46,5	56,5	66,3	76,8	97,0	147		
0,040	13,5	9,07	6,77	4,44	2,25	1,12	6,75	12,5	18,2	29,7	41,2	52,8	64,1	75,2	87,3	110	168		
0,045	15,1	10,1	7,56	4,98	2,51	1,26	7,57	14,0	20,4	33,2	46,0	59,1	71,7	84,2	97,4	123	188		
0,050	16,7	11,2	8,35	5,49	2,77	1,38	8,35	15,4	22,5	36,7	51,0	65,4	79,3	93,1	108	136	208		
0,060	19,9	13,2	9,84	6,54	3,27	1,63	9,84	18,2	26,5	43,5	60,5	77,6	94,5	111	128	162	247	334	
0,070	23,0	15,2	11,3	7,56	3,77	1,89	11,3	21,0	30,6	50,2	69,7	89,2	109	128	148	187	286	387	70
0,080	25,9	17,1	12,8	8,55	4,24	2,13	12,8	23,7	34,6	56,5	78,7	101	124	145	167	212	325	439	mm
0,090	28,8	19,0	14,2	9,48	4,71	2,36	14,2	26,4	38,4	62,9	87,5	113	138	162	186	237	363	491	
0,100	31,6	20,9	15,7	10,4	5,17	2,58	15,7	29,0	42,2	69,1	96,2	124	152	178	206	262	401	540	
0,110	34,2	22,7	17,1	11,3	5,60	2,80	17,1	31,5	46,0	75,2	105	135	165	195	225	286	438	590	
0,120	36,8	24,5	18,4	12,1	6,04	3,01	18,4	34,0	49,8	81,1	113	146	178	211	244	309	474	640	
0,130	39,4	26,2	19,7	12,9	6,46	3,22	19,7	36,4	53,5	87,1	121	157	192	226	262	332	510	690	
0,140	41,9	27,8	20,9	13,7	6,88	3,42	21,0	38,8	57,1	93,0	129	167	205	242	280	356	546	739	
0,160	46,8	31,1	23,3	15,4	7,68	3,80	23,4	43,5	63,8	104	145	188	230	272	315	399	617	836	
0,180	51,5	34,2	25,5	17,0	8,42	4,17	25,9	47,9	70,4	115	161	208	255	301	348	443	687	934	
0,200	56,0	37,1	27,7	18,4	9,15	4,55	28,1	52,2	76,7	126	176	227	279	330	382	486	755	1030	

Umfang = 0,679 m da/di = 2,842 ln da/di = 1,0446

Innerer Rohr ⌀ = 70 mm **Äußerer Rohr ⌀ = 76 mm**

Wärmeleitzahl λ	Rohrtemperatur in ° C (Lufttemp. = 20° C)																		Isol.-Stärke
	−40	−20	−10	±0	+10	+25	+50	+75	+100	+150	+200	+250	+300	+350	+400	+500	+750	+1000	
0,020	6,48	4,30	3,22	2,14	1,07	0,54	3,24	5,94	8,64	14,0	19,4	24,9	30,3	35,6	41,0	51,6			
0,025	8,01	5,33	4,00	2,64	1,33	0,67	4,05	7,40	10,7	17,3	24,2	31,0	37,8	44,1	51,1	64,6			
0,030	9,51	6,35	4,76	3,15	1,58	0,79	4,81	8,78	12,8	20,6	28,8	36,8	45,2	52,7	61,0	77,3			
0,035	11,1	7,37	5,51	3,66	1,84	0,92	5,54	10,2	14,9	24,0	33,4	42,6	52,4	61,1	70,8	89,6	136		
0,040	12,6	8,39	6,26	4,17	2,09	1,04	6,29	11,6	16,9	27,3	38,1	48,5	59,3	69,5	80,6	102	155		
0,045	14,1	9,39	7,00	4,64	2,34	1,16	7,04	12,9	18,9	30,6	42,6	54,2	66,3	77,9	90,4	114	174		
0,050	15,6	10,4	7,75	5,12	2,58	1,28	7,77	14,3	20,8	33,9	47,2	60,0	73,4	86,2	100	126	193		
0,060	18,6	12,3	9,19	6,10	3,06	1,52	9,22	16,9	24,7	40,4	55,7	71,3	87,5	103	119	150	229	309	
0,070	21,4	14,2	10,6	7,06	3,53	1,76	10,6	19,5	28,5	46,7	64,4	82,5	101	119	138	174	265	358	
0,080	24,2	16,0	12,0	7,98	3,98	1,99	12,0	22,1	32,3	52,9	73,0	93,6	115	135	156	197	301	406	**80** mm
0,090	26,9	17,8	13,4	8,88	4,43	2,21	13,4	24,6	35,9	58,9	81,6	105	128	151	174	220	337	454	
0,100	29,6	19,6	14,7	9,78	4,87	2,42	14,7	27,0	39,5	64,7	89,6	115	141	166	192	243	372	501	
0,110	32,3	21,3	16,0	10,6	5,30	2,63	16,0	29,5	43,1	70,5	97,4	126	154	182	210	266	406	549	
0,120	34,8	23,0	17,3	11,4	5,71	2,84	17,4	31,9	46,7	76,2	106	136	167	197	228	288	440	596	
0,130	37,2	24,7	18,5	12,2	6,12	3,05	18,6	34,2	50,1	81,7	114	146	179	211	245	310	474	642	
0,140	39,6	26,3	19,7	13,0	6,52	3,25	19,8	36,5	53,5	87,1	121	156	192	226	261	332	507	689	
0,160	44,3	29,5	22,0	14,7	7,28	3,61	22,2	41,0	60,1	97,9	136	176	215	254	295	373	573	778	
0,180	49,0	32,5	24,2	16,1	8,01	3,97	24,5	45,4	66,5	109	151	195	239	282	327	414	639	869	
0,200	53,4	35,4	26,3	17,4	8,69	4,34	26,8	49,6	72,6	119	166	214	262	310	358	455	705	957	

Umfang = 0,741 m da/di = 3,105 ln da/di = 1,1331

Wärmeleitzahl λ	Rohrtemperatur in ° C (Lufttemp. = 20° C)																		Isol.-Stärke
	−40	−20	−10	±0	+10	+25	+50	+75	+100	+150	+200	+250	+300	+350	+400	+500	+750	+1000	
0,020	6,04	4,01	3,00	2,01	1,00	0,50	3,03	5,54	8,05	13,1	18,2	23,3	28,4	33,4	38,3	48,2			
0,025	7,55	5,01	3,72	2,50	1,25	0,62	3,73	6,87	10,0	16,2	22,7	29,0	35,4	41,5	48,0	60,4			
0,030	9,03	6,00	4,44	2,98	1,49	0,74	4,50	8,20	12,0	19,4	27,1	34,6	42,4	49,5	57,6	72,3			
0,035	10,5	6,98	5,17	3,46	1,73	0,86	5,20	9,51	14,0	22,5	31,4	40,2	49,3	57,5	66,6	84,0	127		
0,040	11,9	7,93	5,90	3,93	1,96	0,98	5,90	10,8	15,8	25,6	35,8	45,8	56,0	65,5	75,6	95,3	145		
0,045	13,3	8,88	6,60	4,39	2,20	1,09	6,61	12,1	17,7	28,7	40,0	51,2	62,6	73,4	84,6	107	162		
0,050	14,7	9,82	7,31	4,84	2,43	1,20	7,31	13,4	19,5	31,8	44,2	56,8	69,1	81,3	93,6	118	180		
0,060	17,5	11,6	8,70	5,75	2,88	1,43	8,70	16,0	23,2	37,7	52,4	67,6	82,4	96,9	112	141	215	291	
0,070	20,2	13,4	10,0	6,65	3,32	1,66	10,0	18,5	26,9	43,7	60,6	78,2	95,4	112	129	164	249	337	
0,080	23,0	15,2	11,4	7,53	3,76	1,87	11,3	20,9	30,5	49,5	68,8	88,6	108	127	146	186	283	382	**90** mm
0,090	25,6	16,9	12,7	8,42	4,19	2,08	12,6	23,3	33,9	55,2	77,0	99,0	121	142	164	208	317	427	
0,100	28,0	18,6	14,0	9,27	4,60	2,28	13,9	25,7	37,4	61,0	85,0	109	133	157	180	230	350	470	
0,110	30,5	20,2	15,2	10,1	5,01	2,48	15,2	28,0	40,8	66,6	92,5	119	145	172	197	251	382	513	
0,120	32,9	21,8	16,4	10,9	5,40	2,68	16,5	30,3	44,2	72,0	100	129	157	186	214	272	414	557	
0,130	35,4	23,4	17,6	11,7	5,79	2,88	17,7	32,6	47,5	77,4	108	139	169	200	231	293	446	600	
0,140	37,8	25,0	18,7	12,5	6,17	3,07	18,9	34,8	50,7	82,6	115	148	182	214	247	313	477	641	
0,160	42,4	28,0	20,9	14,0	6,92	3,44	21,2	39,0	57,1	93,4	129	167	204	241	279	352	542	732	
0,180	46,8	30,8	23,0	15,4	7,65	3,79	23,4	43,2	63,4	103	144	186	227	268	310	392	605	819	
0,200	51,2	33,7	25,1	16,8	8,36	4,14	25,6	47,4	69,3	113	158	204	249	294	340	431	667	902	

Umfang = 0,804 m da/di = 3,368 ln da/di = 1,2144

Innerer Rohr ⌀ = 70 mm **Äußerer Rohr ⌀ = 76 mm**

Wärme-leitzahl λ	Rohrtemperatur in ° C (Lufttemp. = 20° C)																		Isol.-Stärke
	−40	−20	−10	±0	+10	+25	+50	+75	+100	+150	+200	+250	+300	+350	+400	+500	+750	+1000	
0,020	5,73	3,82	2,86	1,91	0,96	0,48	2,86	5,24	7,63	12,4	17,2	22,0	26,8	31,6	36,4	46,0			
0,025	7,17	4,74	3,55	2,38	1,19	0,59	3,56	6,49	9,55	15,3	21,5	27,3	33,6	39,4	45,6	57,5			
0,030	8,58	5,67	4,23	2,84	1,42	0,71	4,26	7,72	11,4	18,3	25,7	32,6	40,1	47,1	54,4	68,9			
0,035	9,95	6,58	4,92	3,29	1,64	0,82	4,94	9,00	13,3	21,3	29,9	37,8	46,5	54,8	63,2	79,8	121		
0,040	11,3	7,48	5,60	3,74	1,87	0,93	5,62	10,3	15,1	24,3	34,0	43,1	53,0	62,4	72,0	90,8	138		
0,045	12,7	8,37	6,26	4,18	2,09	1,04	6,29	11,5	16,9	27,3	38,0	48,4	59,3	70,0	80,6	102	155		
0,050	14,0	9,25	6,94	4,62	2,31	1,15	6,96	12,7	18,7	30,2	42,1	53,5	65,5	77,5	89,0	113	172		
0,060	16,6	11,0	8,25	5,49	2,75	1,37	8,27	15,2	22,2	36,0	50,0	64,0	78,0	92,5	106	134	204	275	
0,070	19,2	12,7	9,52	6,35	3,17	1,58	9,54	17,6	25,6	41,7	57,9	74,2	90,2	107	123	155	237	319	**100**
0,080	21,7	14,4	10,8	7,20	3,59	1,79	10,8	20,0	29,0	47,3	65,6	84,1	102	122	139	176	270	363	mm
0,090	24,2	16,1	12,1	8,05	4,00	1,99	12,1	22,3	32,4	52,8	73,1	94,1	114	136	156	197	302	407	
0,100	26,7	17,7	13,3	8,88	4,41	2,20	13,3	24,6	35,7	58,2	80,7	104	126	150	172	218	333	450	
0,110	29,1	19,3	14,5	9,68	4,80	2,39	14,5	26,8	39,0	63,5	88,1	114	138	164	189	238	364	492	
0,120	31,4	20,9	15,7	10,5	5,19	2,58	15,7	29,0	42,3	68,8	95,4	123	150	178	205	258	395	534	
0,130	33,8	22,5	16,8	11,3	5,58	2,77	16,8	31,2	45,5	74,0	103	132	162	192	221	278	426	576	
0,140	36,1	24,0	18,0	12,0	5,96	2,96	18,0	33,3	48,6	79,2	110	141	173	205	236	298	457	617	
0,160	40,5	27,0	20,2	13,5	6,69	3,32	20,2	37,4	54,8	89,2	124	159	195	231	267	337	517	699	
0,180	44,9	29,9	22,4	14,9	7,39	3,67	22,4	41,5	60,7	99,1	139	177	217	257	297	376	577	780	
0,200	49,3	32,7	24,5	16,3	8,08	4,01	24,6	45,5	66,6	109	152	195	239	282	326	414	637	861	

Umfang = 0,867 m da/di = 3,632 ln da/di = 1,2897

Wärme-leitzahl λ	Rohrtemperatur in ° C (Lufttemp. = 20° C)																		Isol.-Stärke
	−40	−20	−10	±0	+10	+25	+50	+75	+100	+150	+200	+250	+300	+350	+400	+500	+750	+1000	
0,020	5,21	3,48	2,60	1,72	0,88	0,44	2,61	4,78	7,00	11,2	15,8	20,0	24,6	29,0	33,1	42,0			
0,025	6,51	4,35	3,25	2,16	1,09	0,55	3,25	5,97	8,70	14,0	19,6	24,9	30,8	36,0	41,5	52,4			
0,030	7,79	5,20	3,89	2,59	1,30	0,65	3,89	7,12	10,4	16,7	23,4	29,8	36,7	43,0	49,8	62,7			
0,035	9,07	6,01	4,52	3,01	1,51	0,75	4,53	8,28	12,0	19,4	27,2	34,6	42,4	49,8	57,8	72,5	110		
0,040	10,3	6,85	5,13	3,43	1,71	0,86	5,15	9,45	13,6	22,1	31,1	39,4	48,1	56,6	65,6	82,3	127		
0,045	11,6	7,70	5,74	3,84	1,92	0,96	5,74	10,6	15,2	24,9	35,0	44,0	53,9	63,5	73,5	92,2	143		
0,050	12,8	8,52	6,36	4,24	2,12	1,05	6,37	11,7	16,9	27,5	38,7	48,4	59,4	70,4	81,5	102	158		
0,060	15,3	10,2	7,59	5,08	2,54	1,26	7,59	13,9	20,3	33,0	46,1	58,4	71,2	84,3	97,1	122	188	253	
0,070	17,7	11,8	8,80	5,88	2,94	1,46	8,82	16,2	23,6	38,5	53,3	68,0	83,0	98,1	114	142	218	296	**120**
0,080	21,1	13,5	10,0	6,65	3,32	1,65	10,0	18,4	26,9	43,9	60,6	77,2	94,8	112	129	162	248	338	mm
0,090	22,4	15,0	11,2	7,43	3,71	1,84	11,2	20,6	30,0	49,0	67,6	86,3	106	126	144	182	279	378	
0,100	24,7	16,5	12,3	8,20	4,08	2,02	12,3	22,7	33,2	54,1	74,6	95,4	118	139	159	201	309	417	
0,110	27,0	18,0	13,4	8,95	4,45	2,20	13,5	24,7	36,3	59,2	81,6	104	129	152	175	220	339	456	
0,120	29,3	19,5	14,5	9,70	4,82	2,39	14,7	26,8	39,4	64,3	88,5	113	139	165	190	239	367	496	
0,130	31,5	20,9	15,6	10,5	5,17	2,57	15,8	28,9	42,5	69,3	95,3	122	149	177	204	258	395	536	
0,140	33,8	22,4	16,6	11,2	5,52	2,74	16,9	30,8	45,4	74,1	102	130	159	190	218	276	424	575	
0,160	38,0	25,2	18,8	12,6	6,24	3,09	19,0	34,8	51,0	83,5	115	147	180	215	248	312	482	652	
0,180	42,2	28,0	20,9	14,0	6,93	3,43	21,1	38,6	56,6	92,6	128	164	201	240	277	348	537	727	
0,200	46,4	30,8	23,0	15,3	7,62	3,77	23,2	42,3	62,1	102	141	181	221	264	305	384	590	804	

Umfang = 0,993 m da/di = 4,158 ln da/di = 1,4250

Innerer Rohr ⌀ = 70 mm **Äußerer Rohr ⌀ = 76 mm**

Wärmeleitzahl λ	Rohrtemperatur in ° C (Lufttemp. = 20° C)																		Isol.-Stärke
	−40	−20	−10	±0	+10	+25	+50	+75	+100	+150	+200	+250	+300	+350	+400	+500	+750	+1000	
0,020	4,81	3,22	2,43	1,64	0,81	0,41	2,43	4,46	6,50	10,5	14,7	19,0	23,0	27,2	31,2	39,1			
0,025	6,01	4,02	3,04	2,03	1,01	0,51	3,04	5,54	8,10	13,1	18,3	23,6	28,5	33,7	38,9	48,8			
0,030	7,20	4,81	3,64	2,41	1,20	0,61	3,65	6,61	9,69	15,7	21,9	28,1	34,0	40,2	46,6	58,3			
0,035	8,40	5,59	4,22	2,80	1,40	0,71	4,23	7,69	11,3	18,2	25,5	32,6	39,5	46,6	54,1	67,9	103		
0,040	9,60	6,37	4,80	3,19	1,59	0,81	4,81	8,76	12,8	20,8	29,0	37,1	45,0	53,0	61,7	77,5	118		
0,045	10,8	7,17	5,39	3,57	1,79	0,90	5,40	9,83	14,4	23,2	32,5	41,4	50,4	59,5	69,1	87,0	132		
0,050	11,9	7,96	5,97	3,95	1,98	0,99	5,97	10,9	16,0	25,7	36,0	45,8	55,7	66,0	76,2	96,3	147		
0,060	14,2	9,45	7,11	4,73	2,36	1,18	7,13	13,1	19,1	30,8	42,8	54,5	66,2	78,5	90,8	115	175	235	
0,070	16,5	11,0	8,27	5,49	2,74	1,37	8,28	15,2	22,1	35,8	49,6	63,5	77,0	91,1	105	133	204	274	
0,080	18,7	12,5	9,35	6,24	3,11	1,55	9,37	17,2	25,1	40,8	56,5	72,3	87,7	104	120	151	232	212	**140** mm
0,090	21,0	13,9	10,5	6,99	3,47	1,73	10,5	19,2	28,1	45,6	63,3	80,9	98,3	117	134	170	260	349	
0,100	23,2	15,4	11,6	7,72	3,84	1,91	11,6	21,2	31,0	50,4	70,0	89,1	109	129	148	188	288	386	
0,110	25,4	16,9	12,7	8,42	4,20	2,09	12,7	23,2	34,0	55,2	76,8	97,4	119	141	163	206	316	423	
0,120	27,5	18,3	13,7	9,11	4,55	2,27	13,7	25,2	36,9	60,0	83,3	106	130	153	177	224	342	459	
0,130	29,6	19,7	14,8	9,79	4,89	2,44	14,8	27,2	39,8	64,8	90,0	114	141	165	191	242	369	495	
0,140	31,6	21,1	15,8	10,5	5,23	2,61	15,8	29,1	42,5	69,5	96,5	122	151	177	205	259	396	532	
0,160	35,8	23,8	17,9	11,9	5,90	2,94	17,9	32,9	48,1	78,2	108	140	170	201	232	294	448	603	
0,180	39,9	26,5	19,9	13,3	6,57	3,27	19,9	36,6	53,5	87,0	120	156	190	224	258	328	501	674	
0,200	43,9	29,1	21,8	14,5	7,22	3,60	21,8	40,2	57,8	95,6	132	171	209	247	285	361	554	744	

Umfang = 1,118 m da/di = 4,684 ln da/di = 1,5442

Wärmeleitzahl λ	Rohrtemperatur in ° C (Lufttemp. = 20° C)																		Isol.-Stärke
	−40	−20	−10	±0	+10	+25	+50	+75	+100	+150	+200	+250	+300	+350	+400	+500	+750	+1000	
0,020	4,50	3,03	2,28	1,53	0,76	0,38	2,28	4,21	6,08	9,90	13,7	17,8	21,6	25,5	29,3	37,8			
0,025	5,70	3,76	2,84	1,92	0,96	0,48	2,82	5,27	7,58	12,4	17,1	22,0	26,9	31,6	36,5	46,4			
0,030	6,80	4,50	3,39	2,29	1,14	0,57	3,39	6,30	9,04	14,7	20,5	26,2	32,2	37,7	43,7	55,1			
0,035	7,89	5,24	3,94	2,65	1,32	0,66	3,94	7,30	10,5	17,1	24,0	30,5	37,4	43,9	51,0	63,8	98,0		
0,040	8,98	5,99	4,50	3,00	1,50	0,75	4,52	8,31	12,0	19,5	27,5	34,8	42,2	50,1	58,0	72,4	112		
0,045	10,1	6,72	5,05	3,37	1,68	0,84	5,06	9,31	13,5	21,9	30,7	39,0	47,0	56,2	65,1	80,8	125		
0,050	11,2	7,46	5,60	3,75	1,87	0,93	5,61	10,3	15,0	24,2	33,8	43,1	52,0	62,2	72,0	90,0	138		
0,060	13,4	8,92	6,68	4,47	2,23	1,11	6,70	12,3	18,0	28,9	40,4	51,9	62,1	74,4	86,0	108	164	220	
0,070	15,5	10,4	7,78	5,19	2,60	1,30	7,78	14,3	20,9	33,7	46,9	60,2	72,6	86,5	99,6	126	191	256	
0,080	17,6	11,8	8,86	5,93	2,97	1,48	8,88	16,3	23,7	38,4	53,2	68,4	82,8	98,5	113	143	218	292	**160** mm
0,090	19,8	13,2	9,86	6,65	3,32	1,65	9,90	18,3	27,6	42,9	59,4	76,6	93,0	111	127	160	244	328	
0,100	21,9	14,6	11,0	7,34	3,66	1,82	11,0	20,2	29,5	47,4	66,0	84,5	103	122	140	177	270	364	
0,110	23,9	15,9	12,0	8,02	4,00	1,98	12,0	22,1	32,3	51,9	72,5	92,5	113	134	154	194	296	399	
0,120	25,9	17,3	13,0	8,70	4,34	2,15	13,1	24,0	35,0	56,4	78,8	101	123	146	167	211	322	433	
0,130	27,9	18,6	13,9	9,37	4,68	2,32	14,1	25,9	37,7	60,9	85,0	109	132	157	179	228	348	468	
0,140	30,0	20,0	14,9	10,0	5,00	2,48	15,0	27,8	40,4	65,2	90,9	116	141	168	192	245	373	502	
0,160	33,9	22,7	16,9	11,3	5,64	2,80	16,9	31,4	45,8	73,6	102	131	160	190	219	279	424	569	
0,180	37,9	25,3	18,9	12,6	6,28	3,12	18,9	34,8	50,7	81,8	114	147	179	212	245	311	475	635	
0,200	41,9	27,9	20,8	13,9	6,90	3,43	20,8	38,1	55,6	90,2	125	162	197	233	270	344	525	698	

Umfang = 1,244 m da/di = 5,211 ln da/di = 1,651

Innerer Rohr ∅ = 80 mm **Äußerer Rohr ∅ = 89 mm**

Wärme-leitzahl λ	Rohrtemperatur in °C (Lufttemp. = 20° C) -40	-20	-10	±0	+10	+25	+50	+75	+100	+150	+200	+250	+300	+350	+400	+500	+750	+1000	Isol.-Stärke
0,020	44,4	39,3	22,0	14,5	7,12	3,53	22,5	42,1	62,4	105	148	192	238	284	331	427			
0,025	50,6	43,5	24,8	16,4	8,12	4,01	25,9	48,9	73,1	123	173	227	280	337	396	512			
0,030	56,2	47,2	27,2	18,2	8,97	4,43	28,9	54,8	82,0	139	197	259	320	386	454	588			
0,035	60,9	50,3	29,5	19,7	9,72	4,79	31,5	60,0	90,2	153	218	287	358	432	509	658	1060		
0,040	65,0	53,0	31,6	21,1	10,3	5,09	33,7	64,6	97,2	166	238	314	393	475	561	727	1180		
0,045	68,5	55,3	33,4	22,2	10,9	5,36	35,7	68,8	104	178	256	339	424	513	608	792	1300		
0,050	71,6	57,3	34,9	23,2	11,3	5,60	37,5	72,5	110	189	273	362	454	550	654	854	1410		
0,060	76,8	60,6	37,7	24,9	12,1	5,99	40,5	79,0	120	208	303	403	509	618	738	968	1630		
0,070	81,2	63,6	39,9	26,3	12,8	6,31	43,1	84,6	128	225	330	440	559	682	816	1080	1830		5
0,080	84,7	66,0	41,7	27,4	13,3	6,57	45,3	89,4	135	240	353	474	603	740	887	1180	2020		mm
0,090	87,6	68,0	43,3	28,3	13,8	6,80	47,2	93,4	142	253	373	504	645	793	955	1270	2190		
0,100	90,2	69,7	44,5	29,1	14,2	6,99	48,8	96,8	148	264	392	532	683	840	1010	1360	2350		
0,110	92,4	71,1	45,5	29,8	14,5	7,16	50,2	99,9	154	274	409	556	716	885	1070	1440	2510		
0,120	94,3	72,2	46,3	30,3	14,8	7,30	51,5	103	158	283	425	579	748	926	1130	1520	2660		
0,130	95,9	73,2	47,1	30,8	15,1	7,42	52,5	106	162	291	438	600	777	966	1180	1600	2810		
0,140	97,4	74,2	47,8	31,3	15,3	7,53	53,4	108	166	299	451	619	804	1000	1220	1660	2950		
0,160	99,9	75,8	48,9	32,1	15,6	7,72	55,1	111	172	312	475	654	853	1060	1300	1790	3230		
0,180	102	77,3	49,9	32,8	15,9	7,88	56,5	114	178	324	493	685	897	1110	1380	1910	3490		
0,200	104	78,5	50,7	33,4	16,2	8,02	57,6	117	183	335	512	714	939	1160	1460	2020	3750		

Umfang = 0,311 m da/di = 1,112 ln da/di = 0,1065

Wärme-leitzahl λ	Rohrtemperatur in °C (Lufttemp. = 20° C) -40	-20	-10	±0	+10	+25	+50	+75	+100	+150	+200	+250	+300	+350	+400	+500	+750	+1000	Isol.-Stärke
0,020	28,9	19,1	14,3	9,47	4,70	2,33	14,4	26,9	39,2	64,9	91,2	117	143	171	196	250			
0,025	34,2	22,7	16,9	11,3	5,56	2,74	17,1	31,8	47,1	77,5	109	141	172	205	237	305			
0,030	39,1	25,9	19,3	12,8	6,30	3,11	19,6	36,6	54,5	90,0	127	163	199	238	276	355			
0,035	43,5	28,8	21,4	14,2	6,97	3,46	21,9	41,0	61,0	101	144	185	227	271	314	403	629		
0,040	47,3	31,4	23,3	15,5	7,60	3,76	24,0	45,0	67,1	112	158	204	252	302	350	449	708		
0,045	51,0	33,8	25,1	16,7	8,16	4,05	25,9	48,9	72,5	122	173	223	275	331	384	495	785		
0,050	54,6	35,9	26,8	17,7	8,68	4,30	27,7	52,6	77,8	131	187	241	298	360	417	539	860		
0,060	60,6	39,7	29,6	19,6	9,60	4,77	31,0	58,8	87,5	148	211	276	342	412	480	622	1000	1380	
0,070	65,9	43,0	32,3	21,3	10,4	5,16	33,7	64,5	96,5	164	234	307	382	463	539	700	1130	1570	10
0,080	70,4	46,1	34,5	22,7	11,1	5,49	36,2	69,3	104	177	255	336	421	509	594	773	1250	1760	mm
0,090	74,2	48,8	36,4	24,0	11,7	5,78	38,4	73,8	111	191	275	362	457	553	646	843	1370	1940	
0,100	77,6	51,0	38,1	25,1	12,2	6,05	40,3	78,0	118	203	293	386	489	592	694	911	1490	2120	
0,110	80,6	53,1	39,6	26,0	12,6	6,27	42,1	81,7	123	214	310	410	520	631	739	978	1610	2290	
0,120	83,4	54,9	41,0	26,9	13,1	6,47	43,7	85,1	129	224	326	432	549	667	782	1040	1720	2460	
0,130	85,9	56,6	42,1	27,7	13,5	6,66	45,2	88,3	134	233	341	453	576	700	825	1100	1830	2620	
0,140	88,1	58,1	43,2	28,5	13,8	6,84	46,6	91,2	138	241	355	472	600	733	866	1160	1930	2780	
0,160	92,0	60,5	45,0	29,7	14,5	7,15	49,0	96,6	147	258	379	508	648	796	944	1260	2120	3070	
0,180	95,3	62,9	46,7	30,8	15,0	7,39	51,2	101	155	272	402	541	693	855	1010	1360	2310	3360	
0,200	98,4	65,1	48,2	31,7	15,5	7,61	53,9	105	162	284	423	572	731	908	1080	1460	2500	3650	

Umfang = 0,342 m da/di = 1,225 ln da/di = 0,2027

Innerer Rohr ⌀ = 80 mm **Äußerer Rohr ⌀ = 89 mm**

Wärme-leitzahl λ	Rohrtemperatur in ° C															(Lufttemp. = 20° C)			Isol.-Stärke
	−40	−20	−10	±0	+10	+25	+50	+75	+100	+150	+200	+250	+300	+350	+400	+500	+750	+1000	
0,020	21,8	14,5	10,7	7,18	3,57	1,77	10,9	20,1	29,5	48,0	67,5	86,6	105	124	144	183			
0,025	26,3	17,6	12,9	8,58	4,27	2,12	13,0	24,5	36,0	58,7	82,0	106	129	152	175	223			
0,030	30,5	20,3	15,0	10,0	4,94	2,45	15,1	28,3	42,0	68,1	96,1	124	151	178	205	263			
0,035	34,3	22,8	16,9	11,2	5,56	2,77	17,1	31,9	47,3	77,0	109	141	173	204	235	302	462		
0,040	38,0	25,2	18,7	12,4	6,13	3,06	18,9	35,4	52,5	86,0	121	157	193	228	264	339	525		
0,045	41,4	27,5	20,4	13,5	6,66	3,33	20,6	38,8	57,4	94,8	133	172	212	252	292	375	583		
0,050	44,4	29,6	21,9	14,5	7,16	3,60	22,3	41,9	62,0	103	144	187	231	273	317	410	640		
0,060	50,1	33,3	24,6	16,4	8,11	4,01	25,3	47,7	70,9	118	165	216	267	318	368	475	748	1020	
0,070	55,5	36,8	27,2	18,1	8,96	4,40	28,1	53,0	79,0	132	186	242	299	358	417	539	851	1170	**15** mm
0,080	60,0	39,8	29,6	19,7	9,68	4,76	30,6	58,0	86,5	145	205	267	330	396	464	599	950	1310	
0,090	64,1	42,6	31,6	21,0	10,3	5,09	32,8	62,2	93,2	157	223	290	360	433	507	656	1040	1450	
0,100	68,0	45,0	33,4	22,3	10,8	5,36	34,9	66,2	99,5	168	240	313	389	468	549	711	1130	1590	
0,110	71,5	47,3	35,1	23,4	11,4	5,61	36,9	70,1	106	179	256	334	416	502	588	765	1230	1720	
0,120	74,6	49,4	36,7	24,5	11,9	5,85	38,7	73,7	111	189	271	355	443	534	626	816	1320	1850	
0,130	77,6	51,3	38,2	25,4	12,3	6,05	40,1	77,1	116	199	285	375	469	565	666	865	1400	1980	
0,140	80,4	53,1	39,4	26,3	12,7	6,26	41,6	80,2	121	208	298	394	492	595	698	915	1480	2100	
0,160	85,1	56,1	41,8	27,7	13,5	6,64	44,6	86,0	130	224	323	428	537	650	768	1010	1640	2350	
0,180	89,0	58,9	43,8	29,0	14,1	6,95	47,0	91,0	138	239	346	460	579	701	833	1100	1800	2580	
0,200	92,8	61,2	45,7	30,3	14,7	7,21	49,0	95,4	145	253	366	490	618	752	890	1180	1950	2800	

Umfang = 0,374 m da/di = 1,337 ln da/di = 0,2904

Wärme-leitzahl λ	Rohrtemperatur in ° C															(Lufttemp. = 20° C)			Isol.-Stärke
	−40	−20	−10	±0	+10	+25	+50	+75	+100	+150	+200	+250	+300	+350	+400	+500	+750	+1000	
0,020	17,7	11,8	8,83	5,88	2,91	1,46	8,88	16,4	24,0	39,1	54,2	69,5	85,3	101	116	146			
0,025	21,6	14,4	10,7	7,15	3,57	1,76	10,8	20,1	29,2	48,0	66,3	85,2	104	124	142	180			
0,030	25,3	16,8	12,5	8,32	4,13	2,05	12,6	23,5	34,3	56,3	78,2	100	122	146	168	213			
0,035	28,7	19,2	14,2	9,47	4,67	2,34	14,3	26,6	39,2	64,0	89,4	115	140	168	193	246	372		
0,040	32,0	21,2	15,8	10,5	5,19	2,60	16,0	29,6	43,9	71,7	100	129	157	189	217	276	422		
0,045	35,1	23,1	17,3	11,5	5,68	2,84	17,6	32,7	48,0	79,1	110	142	174	208	240	305	470		
0,050	38,1	25,0	18,8	12,4	6,13	3,06	19,1	35,5	52,0	86,0	120	155	191	226	263	335	518		
0,060	43,7	28,7	21,4	14,2	7,00	3,48	21,8	40,8	60,0	100	139	180	222	263	307	392	610	831	
0,070	48,8	32,0	23,9	15,9	7,79	3,87	24,4	45,7	67,5	112	157	204	252	298	348	444	696	957	**20** mm
0,080	53,2	34,9	26,2	17,3	8,51	4,23	26,8	50,3	74,6	124	174	227	280	333	388	495	780	1080	
0,090	57,4	37,7	28,3	18,6	9,15	4,55	29,0	54,8	81,0	136	191	248	306	365	427	545	864	1190	
0,100	61,3	40,4	30,1	19,9	9,78	4,86	31,1	58,5	87,0	147	207	268	332	396	462	595	945	1310	
0,110	64,9	42,7	31,9	21,0	10,3	5,15	33,0	62,3	92,9	157	222	288	355	426	498	644	1020	1420	
0,120	68,2	44,9	33,4	22,1	10,8	5,39	34,7	65,9	97,9	166	236	306	380	456	532	690	1100	1530	
0,130	71,2	46,9	34,9	23,1	11,3	5,61	36,4	69,4	103	175	248	324	403	483	566	734	1170	1630	
0,140	74,0	48,8	36,4	24,0	11,8	5,83	37,9	72,4	108	184	260	342	426	511	598	776	1240	1730	
0,160	79,2	52,4	39,0	25,8	12,6	6,25	40,9	78,4	117	201	286	373	467	564	662	859	1390	1940	
0,180	83,8	55,5	41,2	27,3	13,3	6,60	43,6	83,8	126	216	308	404	506	613	721	939	1520	2140	
0,200	88,1	58,2	43,3	28,6	14,0	6,90	45,8	88,6	134	229	330	433	543	660	778	1010	1650	2330	

Umfang = 0,405 m da/di = 1,449 ln da/di = 0,3712

Innerer Rohr ⌀ = 80 mm **Äußerer Rohr ⌀ = 89 mm**

Wärme-leitzahl λ	Rohrtemperatur in ° C (Lufttemp. = 20° C)																		Isol.-Stärke
	−40	−20	−10	±0	+10	+25	+50	+75	+100	+150	+200	+250	+300	+350	+400	+500	+750	+1000	
0,020	15,2	10,2	7,59	5,05	2,52	1,24	7,62	14,0	20,4	33,4	46,6	59,7	72,7	86,0	99,0	125			
0,025	18,6	12,4	9,28	6,18	3,06	1,53	9,29	17,2	25,2	41,0	57,0	73,1	88,6	106	121	153			
0,030	21,8	14,5	10,9	7,25	3,59	1,79	10,9	20,2	29,6	48,4	67,1	86,3	105	125	143	181			
0,035	25,0	16,6	12,4	8,28	4,09	2,04	12,4	23,2	34,0	55,6	77,0	99,6	121	143	165	209	331		
0,040	28,0	18,5	13,9	9,26	4,55	2,27	13,9	26,0	38,0	62,5	86,5	111	136	161	186	236	365		
0,045	30,8	20,4	15,3	10,2	5,00	2,50	15,3	28,6	42,0	69,0	95,4	124	151	179	207	263	408		
0,050	33,5	22,0	16,6	11,0	5,45	2,72	16,7	31,3	45,9	75,1	104	134	165	196	228	290	450		
0,060	38,4	25,5	19,1	12,7	6,23	3,12	19,1	36,2	53,3	87,6	121	159	193	230	266	340	530	717	
0,070	42,9	28,7	21,4	14,3	7,00	3,49	21,8	41,0	60,1	99,2	139	179	220	262	304	387	604	823	25 mm
0,080	47,5	31,7	23,6	15,7	7,74	3,83	24,2	45,4	66,5	111	154	199	245	292	339	434	677	929	
0,090	51,8	34,4	25,6	17,1	8,39	4,15	26,2	49,6	72,5	121	169	219	268	322	374	479	751	1030	
0,100	55,9	37,0	27,5	18,4	9,01	4,46	28,2	53,5	78,3	131	185	238	292	350	407	523	820	1130	
0,110	59,5	39,4	29,3	19,5	9,55	4,72	30,0	57,2	84,0	141	199	256	316	377	440	566	890	1230	
0,120	62,8	41,7	31,0	20,6	10,1	4,96	31,7	60,7	89,1	150	212	274	338	404	472	607	960	1320	
0,130	66,0	43,8	32,6	21,6	10,6	5,21	33,4	63,9	94,0	159	224	291	360	430	503	646	1030	1410	
0,140	69,0	45,6	34,1	22,6	11,0	5,45	35,0	67,2	99,0	167	236	307	380	454	532	686	1090	1500	
0,160	74,8	49,3	36,8	24,3	11,9	5,85	38,1	73,2	109	183	260	339	420	502	588	760	1220	1690	
0,180	79,6	52,4	39,2	25,9	12,6	6,24	40,8	78,4	116	198	282	369	457	548	644	834	1340	1870	
0,200	84,0	55,2	41,1	27,4	13,3	6,61	43,2	82,5	124	211	302	399	493	594	698	905	1460	2040	

Umfang = 0,437 m da/di = 1,562 ln da/di = 0,4459

Wärme-leitzahl λ	Rohrtemperatur in ° C (Lufttemp. = 20° C)																		Isol.-Stärke
	−40	−20	−10	±0	+10	+25	+50	+75	+100	+150	+200	+250	+300	+350	+400	+500	+750	+1000	
0,020	13,4	8,92	6,68	4,45	2,22	1,11	6,68	12,2	17,9	29,3	40,8	52,6	63,9	73,9	86,7	109			
0,025	16,5	11,0	8,19	5,45	2,72	1,36	8,20	15,1	22,1	36,1	50,2	64,0	78,5	92,0	106	135			
0,030	19,3	13,0	9,60	6,42	3,20	1,59	9,60	17,9	26,0	42,6	59,5	75,4	92,7	109	126	160			
0,035	22,1	14,8	11,0	7,38	3,64	1,82	11,0	20,5	29,9	49,0	68,0	86,6	107	126	146	184	283		
0,040	24,9	16,6	12,4	8,25	4,07	2,04	12,4	22,9	33,6	55,5	76,9	97,8	121	143	165	208	320		
0,045	27,5	18,4	13,7	9,10	4,50	2,25	13,8	25,4	37,3	61,2	85,0	109	134	159	184	233	357		
0,050	30,3	20,1	14,9	9,90	4,90	2,44	15,0	27,8	40,9	66,9	93,0	120	147	174	202	256	392		
0,060	35,2	23,2	17,3	11,5	5,68	2,84	17,3	32,3	47,6	77,9	109	140	172	204	237	302	464	628	
0,070	39,6	26,2	19,5	13,0	6,43	3,20	19,6	36,6	54,0	88,8	124	160	197	232	271	347	535	727	30 mm
0,080	44,0	29,1	21,6	14,4	7,12	3,53	21,8	40,8	60,1	99,1	139	179	220	260	303	388	601	821	
0,090	48,1	31,7	23,6	15,7	7,75	3,84	23,7	44,7	65,9	109	153	198	243	288	334	427	666	912	
0,100	51,8	34,2	25,4	16,9	8,35	4,14	25,6	48,4	71,4	118	167	216	265	315	365	466	731	1000	
0,110	55,2	36,6	27,2	18,1	8,93	4,40	27,4	51,9	76,8	127	180	233	286	340	396	505	794	1090	
0,120	58,7	38,8	28,9	19,2	9,45	4,68	29,2	55,3	81,9	136	193	250	307	365	425	543	856	1180	
0,130	62,0	40,9	30,6	20,3	9,95	4,94	30,8	58,6	86,7	145	205	265	327	390	454	581	917	1260	
0,140	65,1	42,8	32,0	21,3	10,4	5,18	32,4	61,8	91,0	153	217	280	346	413	482	618	978	1340	
0,160	70,8	46,6	34,8	23,1	11,3	5,60	35,6	67,6	100	169	239	310	384	458	534	689	1090	1500	
0,160	76,2	50,1	37,3	24,8	12,1	5,93	38,3	73,0	109	183	259	338	419	501	585	758	1200	1660	
0,200	80,8	53,4	39,6	26,2	12,8	6,35	40,8	78,0	116	197	279	365	451	542	635	822	1300	1820	

Umfang = 0,468 m da/di = 1,674 ln da/di = 0,5153

Innerer Rohr ⌀ = 80 mm **Äußerer Rohr ⌀ = 89 mm**

Wärmeleitzahl λ	Rohrtemperatur in ° C (Lufttemp. = 20° C)																		Isol.-Stärke
	−40	−20	−10	±0	+10	+25	+50	+75	+100	+150	+200	+250	+300	+350	+400	+500	+750	+1000	
0,020	12,1	8,02	6,01	4,01	2,01	0,99	6,00	11,0	16,2	26,2	36,8	46,7	56,9	66,5	77,8	97,8			
0,025	14,8	9,90	7,39	4,92	2,46	1,23	7,40	13,6	19,9	32,7	45,1	57,6	69,8	83,5	95,8	121			
0,030	17,4	11,6	8,65	5,76	2,88	1,44	8,78	16,1	23,5	38,6	53,2	68,3	82,5	98,1	113	144			
0,035	20,0	13,3	9,93	6,60	3,30	1,65	10,0	18,5	27,0	44,3	61,3	78,7	95,3	114	131	166	254		
0,040	22,6	15,0	11,2	7,41	3,70	1,85	11,3	20,8	30,5	49,9	69,2	88,9	108	129	149	188	289		
0,045	25,0	16,7	12,4	8,22	4,11	2,05	12,6	23,2	33,9	55,5	77,0	99,0	121	144	166	210	321		
0,050	27,3	18,2	13,6	9,05	4,50	2,24	13,8	25,4	37,2	61,0	84,3	109	133	158	182	231	353		
0,060	31,9	21,2	15,8	10,5	5,23	2,61	16,0	29,6	43,5	71,1	99,1	128	156	184	214	272	420	570	
0,070	36,4	24,0	17,9	11,9	5,93	2,96	18,2	33,7	49,4	81,1	114	146	179	211	245	313	482	653	**35**
0,080	40,4	26,8	20,0	13,3	6,59	3,28	20,2	37,6	55,2	91,0	127	164	201	237	275	352	543	735	mm
0,090	44,3	29,3	22,0	14,6	7,20	3,58	22,1	41,5	60,7	101	140	181	222	263	305	388	603	822	
0,100	48,1	31,9	23,8	15,8	7,79	3,87	24,0	44,3	66,0	109	153	198	242	287	333	426	662	902	
0,110	51,5	34,2	25,5	16,9	8,34	4,14	25,8	48,0	71,1	118	165	214	261	312	361	463	720	981	
0,120	54,8	36,4	27,2	18,0	8,88	4,40	27,5	51,2	76,1	127	177	230	280	335	389	498	775	1060	
0,130	58,2	38,5	28,8	19,0	9,38	4,64	29,1	54,4	80,9	135	189	245	300	357	416	533	830	1140	
0,140	61,4	40,5	30,3	20,0	9,85	4,87	30,8	57,6	85,1	142	200	259	319	379	442	568	887	1210	
0,160	67,2	44,1	33,0	21,8	10,7	5,30	33,8	63,2	94,0	157	222	286	355	420	491	632	995	1360	
0,180	72,4	47,6	35,6	23,5	11,6	5,72	36,6	68,7	102	171	243	314	388	462	540	696	1090	1510	
0,200	76,8	51,9	38,0	25,1	12,4	6,12	39,2	72,0	110	185	263	340	421	502	588	758	1200	1660	

Umfang = 0,499 m da/di = 1,787 ln da/di = 0,5803

Wärmeleitzahl λ	Rohrtemperatur in ° C (Lufttemp. = 20° C)																		Isol.-Stärke
	−40	−20	−10	±0	+10	+25	+50	+75	+100	+150	+200	+250	+300	+350	+400	+500	+750	+1000	
0,020	11,1	7,36	5,50	3,66	1,82	0,92	5,50	10,1	14,7	24,1	33,3	42,7	52,1	61,4	71,0	89,0			
0,025	13,7	9,08	6,76	4,49	2,23	1,13	6,80	12,5	18,3	29,6	41,0	52,5	64,1	75,7	87,9	110			
0,030	16,2	10,7	8,00	5,30	2,64	1,33	8,06	14,8	21,6	35,2	49,7	62,1	76,0	90,1	104	131			
0,035	18,6	12,4	9,17	6,08	3,05	1,52	9,25	17,0	24,8	40,1	56,3	71,9	88,0	104	120	152	233		
0,040	21,0	13,9	10,4	6,86	3,43	1,71	10,5	19,2	28,1	45,9	63,7	81,4	99,0	118	136	172	264		
0,045	23,4	15,4	11,6	7,64	3,81	1,90	11,6	21,3	31,2	51,1	70,9	91,0	110	132	152	192	295		
0,050	25,6	16,9	12,7	8,40	4,18	2,09	12,7	23,4	34,3	56,3	78,0	100	122	145	168	211	326		
0,060	29,9	19,7	14,8	9,80	4,89	2,44	14,9	27,5	40,4	66,0	91,8	118	144	171	198	249	385	519	
0,070	34,1	22,5	16,8	11,2	5,55	2,76	17,0	31,3	46,1	75,5	105	135	165	196	227	287	442	600	**40**
0,080	38,0	25,1	18,8	12,4	6,20	3,06	19,0	35,0	51,4	84,7	118	152	186	220	256	323	500	679	mm
0,090	41,8	27,6	20,6	13,7	6,80	3,36	20,9	38,6	56,7	93,5	131	168	206	244	283	359	556	755	
0,100	45,5	30,0	22,5	14,9	7,39	3,66	22,7	42,1	61,7	102	143	184	225	267	310	394	612	830	
0,110	48,9	32,3	24,2	16,1	7,95	3,93	24,4	45,4	66,6	111	155	200	244	289	336	428	665	903	
0,120	52,2	34,5	25,9	17,1	8,45	4,19	26,0	48,5	71,4	119	166	214	263	311	362	462	718	975	
0,130	55,5	36,6	27,4	18,1	8,94	4,43	27,6	51,6	76,0	127	177	228	281	333	387	494	770	1050	
0,140	58,7	38,6	28,9	19,1	9,42	4,66	29,2	54,6	80,4	134	187	242	298	354	412	526	822	1120	
0,160	64,6	42,6	31,7	20,9	10,3	5,09	32,2	60,1	89,0	148	208	270	333	394	459	590	924	1260	
0,180	70,0	46,1	34,3	22,7	11,2	5,50	35,0	65,7	97,1	163	228	296	365	434	505	650	1020	1400	
0,200	75,1	49,3	36,7	24,1	12,0	5,90	37,6	71,0	105	176	247	320	396	472	550	708	1120	1540	

Umfang = 0,531 m da/di = 1,899 ln da/di = 0,6413

Wärme-leitzahl λ	Rohrtemperatur in ° C (Lufttemp. = 20° C) -40	-20	-10	±0	+10	+25	+50	+75	+100	+150	+200	+250	+300	+350	+400	+500	+750	+1000	Isol.-Stärke
0,020	10,2	6,78	5,11	3,39	1,68	0,85	5,11	9,38	13,6	22,2	30,9	39,4	48,1	56,5	66,0	82,2			
0,025	12,6	8,40	6,29	4,15	2,08	1,04	6,30	11,6	16,8	27,4	38,1	48,9	59,4	69,9	81,0	102			
0,030	14,9	9,91	7,45	4,90	2,46	1,23	7,45	13,7	20,0	32,5	45,2	57,9	70,5	83,2	96,0	122			
0,035	17,2	11,4	8,59	5,66	2,84	1,41	8,58	15,8	23,1	37,5	52,1	66,9	81,5	96,6	111	141	214		
0,040	19,4	12,9	9,71	6,41	3,19	1,59	9,72	17,8	26,1	42,4	59,0	75,8	92,2	109	126	160	242		
0,045	21,5	14,4	10,8	7,13	3,56	1,77	10,8	19,8	29,1	47,1	66,0	84,5	103	122	141	178	271		
0,050	23,6	15,8	11,8	7,85	3,92	1,95	11,8	21,9	32,0	51,9	72,8	93,2	114	135	155	196	300		
0,060	27,7	18,4	13,8	9,19	4,59	2,29	13,9	25,7	37,6	61,0	85,5	110	134	158	184	232	357	482	
0,070	31,7	21,1	15,8	10,5	5,22	2,61	15,8	29,4	42,9	70,1	98,1	126	154	182	211	267	411	556	**45**
0,080	35,6	23,6	17,7	11,7	5,84	2,90	17,8	32,9	48,2	78,8	110	142	173	205	238	302	464	628	mm
0,090	39,1	26,1	19,5	12,9	6,43	3,19	19,7	36,3	53,1	87,3	122	157	192	227	263	336	518	700	
0,100	42,6	28,4	21,2	14,1	6,98	3,47	21,4	39,6	58,2	95,7	134	172	210	249	290	368	571	770	
0,110	46,0	30,6	22,9	15,2	7,52	3,73	23,1	42,8	62,8	104	146	186	228	271	315	401	620	841	
0,120	49,3	32,8	24,5	16,3	8,02	3,98	24,6	45,9	67,6	111	157	201	246	292	338	432	670	909	
0,130	52,5	34,9	26,0	17,2	8,51	4,22	26,2	48,9	72,0	119	167	214	264	313	362	463	719	978	
0,140	55,6	36,9	27,5	18,2	8,99	4,46	27,8	51,8	76,1	126	177	228	281	334	386	494	766	1040	
0,160	61,2	40,6	30,3	20,1	9,88	4,89	30,7	57,5	84,6	140	197	254	313	372	432	553	861	1170	
0,180	66,6	44,2	32,9	21,8	10,7	5,31	33,5	62,6	92,7	154	216	279	346	409	476	611	954	1310	
0,200	71,7	47,7	35,4	23,3	11,5	5,71	36,1	67,6	100	167	235	304	366	444	517	667	1050	1440	

Umfang = 0,562 m da/di = 2,011 ln da/di = 0,6987

Wärme-leitzahl λ	Rohrtemperatur in ° C (Lufttemp. = 20° C) -40	-20	-10	±0	+10	+25	+50	+75	+100	+150	+200	+250	+300	+350	+400	+500	+750	+1000	Isol.-Stärke
0,020	9,53	6,37	4,74	3,18	1,58	0,78	4,77	8,68	12,6	20,7	28,7	36,7	44,6	52,2	61,0	76,2			
0,025	11,8	7,85	5,85	3,89	1,95	0,97	5,86	10,8	15,7	25,5	35,5	45,2	55,2	65,7	75,5	94,6			
0,030	13,9	9,35	6,95	4,60	2,30	1,15	6,99	12,8	18,7	30,4	42,1	53,9	66,0	78,0	89,6	113			
0,035	16,0	10,8	8,02	5,30	2,65	1,33	8,03	14,8	21,6	35,0	48,8	62,5	76,2	90,1	104	131	199		
0,040	18,1	12,2	9,05	6,01	2,99	1,50	9,07	16,8	24,4	39,8	55,4	70,8	86,2	102	119	149	227		
0,045	20,2	13,5	10,1	6,70	3,34	1,67	10,1	18,7	27,3	44,2	61,9	79,0	96,1	114	132	166	255		
0,050	22,2	14,8	11,1	7,39	3,67	1,84	11,2	20,5	30,0	48,8	68,2	87,0	106	126	146	183	280		
0,060	26,2	17,4	13,0	8,76	4,33	2,15	13,1	24,2	35,3	58,0	80,6	103	126	149	173	217	334	450	
0,070	30,0	20,0	14,9	9,92	4,95	2,46	15,0	27,7	40,6	66,3	92,1	119	145	172	199	250	386	520	**50**
0,080	33,7	22,4	16,7	11,1	5,52	2,75	16,8	31,0	45,5	74,6	104	134	163	194	224	283	435	590	mm
0,090	37,2	24,7	18,5	12,3	6,10	3,03	18,6	34,4	50,5	82,8	116	148	181	215	249	315	488	657	
0,100	40,6	27,0	20,2	13,5	6,65	3,30	20,3	37,6	55,2	91,0	127	162	198	236	273	347	536	723	
0,110	43,8	29,2	21,8	14,6	7,16	3,56	22,0	40,7	59,8	98,6	138	177	216	256	297	377	584	790	
0,120	47,0	31,3	23,3	15,5	7,66	3,81	23,6	43,7	64,2	106	148	190	232	276	320	408	629	855	
0,130	50,2	33,3	24,9	16,5	8,15	4,05	25,2	46,6	68,6	113	158	204	249	296	343	436	678	918	
0,140	53,3	35,2	26,4	17,5	8,62	4,29	26,6	49,4	72,8	121	168	217	265	315	365	466	723	982	
0,160	58,9	39,0	29,1	19,3	9,52	4,71	29,5	54,9	81,0	134	187	242	297	353	409	523	812	1110	
0,180	64,3	42,5	31,6	21,0	10,4	5,13	32,2	60,1	89,1	148	206	266	327	390	452	577	900	1230	
0,200	69,0	45,7	34,1	22,6	11,2	5,54	34,8	65,1	96,0	160	224	290	357	424	493	632	986	1350	

Umfang = 0,594 m da/di = 2,124 ln da/di = 0,7531

Innerer Rohr ⌀ = 80 mm **Äußerer Rohr ⌀ = 89 mm**

Wärme-leitzahl λ	Rohrtemperatur in °C (Lufttemp. = 20° C) -40	-20	-10	±0	+10	+25	+50	+75	+100	+150	+200	+250	+300	+350	+400	+500	+750	+1000	Isol.-Stärke
0,020	8,50	5,64	4,25	2,82	1,40	0,70	4,25	7,72	11,2	18,4	25,5	32,8	39,7	46,9	53,9	68,0			
0,025	10,6	6,99	5,22	3,46	1,74	0,88	5,23	9,62	14,0	22,8	31,6	40,4	49,2	58,0	67,0	85,0			
0,030	12,5	8,29	6,20	4,11	2,06	1,04	6,22	11,4	16,6	27,1	37,7	48,0	58,5	69,1	79,9	101			
0,035	14,4	9,58	7,17	4,76	2,38	1,20	7,19	13,1	19,2	31,2	43,7	55,6	67,9	80,0	92,4	117	178		
0,040	16,3	10,9	8,11	5,40	2,70	1,35	8,13	14,9	21,8	35,4	49,5	63,1	77,2	91,0	105	133	203		
0,045	18,2	12,2	9,07	6,03	3,02	1,51	9,10	16,6	24,3	39,6	55,2	70,5	86,4	102	118	149	228		
0,050	20,1	13,4	10,0	6,65	3,32	1,66	10,0	18,4	26,8	43,8	61,0	78,0	95,4	113	130	164	252		
0,060	23,8	15,8	11,8	7,85	3,91	1,95	11,8	21,7	31,7	52,0	72,3	92,5	113	133	154	195	299	403	
0,070	27,3	18,2	13,6	9,00	4,49	2,24	13,6	25,0	36,6	59,9	83,2	106	130	154	178	225	346	467	60 mm
0,080	30,7	20,5	15,4	10,1	5,05	2,52	15,4	28,2	41,3	67,8	94,1	120	147	174	201	255	392	529	
0,090	34,0	22,7	17,1	11,3	5,59	2,79	17,1	31,3	45,8	75,4	105	134	164	193	224	284	438	590	
0,100	37,2	24,9	18,6	12,4	6,11	3,05	18,6	34,3	50,2	82,8	115	148	180	213	247	313	482	650	
0,110	40,4	26,9	20,2	13,4	6,61	3,30	20,2	37,2	54,6	89,9	125	161	196	232	269	341	525	711	
0,120	43,4	28,9	21,6	14,3	7,11	3,54	21,7	40,1	58,8	96,8	135	174	212	251	290	369	568	767	
0,130	46,4	30,8	23,0	15,2	7,56	3,77	23,2	42,8	62,9	104	145	186	227	269	311	396	610	825	
0,140	49,3	32,7	24,4	16,2	8,02	4,00	24,6	45,4	67,0	110	154	198	243	287	332	423	653	882	
0,160	54,7	36,4	27,1	17,9	8,90	4,42	27,3	50,8	74,7	124	172	222	273	322	373	475	736	997	
0,180	59,9	39,7	29,7	19,7	9,76	4,83	29,9	55,7	82,1	136	190	245	301	357	413	526	815	1110	
0,200	64,9	43,0	32,2	21,3	10,6	5,23	32,5	60,5	89,3	148	207	267	328	389	452	577	895	1220	

Umfang = 0,657 m da/di = 2,348 ln da/di = 0,8537

Wärme-leitzahl λ	Rohrtemperatur in °C (Lufttemp. = 20° C) -40	-20	-10	±0	+10	+25	+50	+75	+100	+150	+200	+250	+300	+350	+400	+500	+750	+1000	Isol.-Stärke
0,020	7,73	5,10	3,84	2,53	1,28	0,64	3,87	7,11	10,3	16,7	23,3	29,9	36,1	42,7	49,1	62,1			
0,025	9,54	6,38	4,75	3,14	1,58	0,79	4,79	8,80	12,8	20,7	28,8	37,0	44,9	53,1	60,8	76,8			
0,030	11,4	7,57	5,65	3,74	1,88	0,94	5,70	10,5	15,2	24,6	34,3	44,1	53,7	63,4	72,6	91,7			
0,035	13,2	8,76	6,55	4,33	2,17	1,08	6,59	12,1	17,6	28,5	39,8	51,1	62,0	73,3	84,5	107	163		
0,040	14,9	9,93	7,45	4,92	2,46	1,23	7,46	13,8	20,0	32,5	45,2	58,0	70,4	83,1	96,3	121	186		
0,045	16,7	11,1	8,32	5,50	2,75	1,38	8,32	15,4	22,4	36,4	50,5	64,9	78,7	92,9	108	135	208		
0,050	18,5	12,3	9,20	6,08	3,04	1,52	9,20	17,0	24,7	40,2	56,0	71,7	87,0	103	119	150	229		
0,060	21,8	14,5	10,9	7,22	3,60	1,79	10,9	20,0	29,2	47,5	66,4	84,9	104	122	141	178	273	370	
0,070	25,2	16,7	12,6	8,30	4,14	2,06	12,6	23,0	33,7	54,8	76,4	97,9	120	141	163	206	316	428	70 mm
0,080	28,3	18,9	14,2	9,40	4,67	2,33	14,2	26,0	38,1	62,0	86,3	111	136	160	185	234	360	484	
0,090	31,4	20,9	15,7	10,5	5,20	2,58	15,7	28,9	42,4	69,1	96,1	123	151	179	206	261	402	541	
0,100	34,5	22,9	17,3	11,5	5,69	2,82	17,3	31,8	46,6	76,1	106	136	166	197	227	288	444	596	
0,110	37,6	24,9	18,7	12,4	6,16	3,06	18,8	34,7	50,7	82,6	115	148	181	214	248	314	484	650	
0,120	40,4	26,8	20,3	13,4	6,61	3,29	20,2	37,4	54,7	89,1	124	160	196	232	268	340	523	704	
0,130	43,3	28,7	21,7	14,3	7,07	3,52	21,6	40,0	58,7	95,5	133	172	210	249	288	365	562	760	
0,140	46,1	30,6	22,9	15,1	7,52	3,74	23,1	42,6	62,6	102	142	183	224	266	307	390	602	814	
0,160	51,3	34,1	25,5	16,9	8,40	4,15	25,6	47,6	70,0	114	160	206	252	299	345	439	680	920	
0,180	56,3	37,3	27,9	18,6	9,21	4,56	28,2	52,4	77,0	126	177	229	280	331	383	487	755	1030	
0,200	61,2	40,5	30,3	20,1	10,0	4,96	30,7	57,2	83,9	138	193	250	307	362	420	534	830	1130	

Umfang = 0,719 m da/di = 2,573 ln da/di = 0,9451

Innerer Rohr ⌀ = 80 mm **Äußerer Rohr ⌀ = 89 mm**

Wärme-leitzahl λ	Rohrtemperatur in ° C (Lufttemp. = 20° C)																		Isol.-Stärke
	−40	−20	−10	±0	+10	+25	+50	+75	+100	+150	+200	+250	+300	+350	+400	+500	+750	+1000	
0,020	7,08	4,71	3,54	2,35	1,18	0,59	3,56	6,54	9,53	15,4	21,3	27,5	33,5	39,2	45,0	57,0			
0,025	8,81	5,85	4,37	2,91	1,46	0,73	4,38	8,10	11,8	19,1	26,3	34,0	41,5	48,5	56,1	70,8			
0,030	10,6	6,98	5,20	3,48	1,74	0,87	5,23	9,60	14,0	22,8	31,3	40,5	49,4	57,8	67,1	84,5			
0,035	12,2	8,08	6,04	4,02	2,02	1,01	6,05	11,1	16,2	26,5	36,4	47,0	57,2	67,0	78,0	97,9	150		
0,040	13,8	9,15	6,85	4,58	2,30	1,15	6,90	12,8	18,4	30,1	41,5	53,5	65,0	76,2	88,9	112	171		
0,045	14,5	10,2	7,65	5,12	2,57	1,28	7,74	14,2	20,6	33,8	46,5	59,9	72,7	85,1	99,7	125	192		
0,050	17,1	11,4	8,47	5,65	2,83	1,42	8,55	15,7	22,8	37,2	51,5	66,3	80,4	94,8	110	139	212		
0,060	20,3	13,5	10,1	6,71	3,36	1,68	10,1	18,5	27,1	44,3	61,1	78,8	96,0	113	131	165	252	340	
0,070	23,4	15,6	11,6	7,76	3,86	1,93	11,6	21,4	31,4	51,2	70,8	91,0	111	131	152	191	292	395	
0,080	26,5	17,5	13,1	8,77	4,36	2,17	13,2	24,2	35,5	57,9	80,2	103	126	149	172	217	232	448	**80** mm
0,090	29,4	19,5	14,6	9,78	4,85	2,41	14,7	26,9	39,5	64,4	89,4	115	140	166	192	243	271	500	
0,100	32,3	21,4	16,1	10,7	5,32	2,64	16,2	29,6	43,5	71,0	98,6	127	154	183	212	268	310	552	
0,110	35,2	23,3	17,5	11,7	5,80	2,87	17,6	32,3	47,4	77,2	107	138	169	200	231	293	348	604	
0,120	38,0	25,1	18,9	12,6	6,25	3,09	19,0	34,9	51,2	83,4	116	149	183	216	250	317	384	656	
0,130	40,7	26,9	20,2	13,4	6,68	3,32	20,4	37,5	55,0	89,6	125	160	197	232	269	341	421	707	
0,140	43,4	28,6	21,5	14,3	7,12	3,53	21,7	39,9	58,7	95,6	133	171	210	248	287	365	458	758	
0,160	48,5	31,9	24,1	16,0	7,94	3,94	24,2	44,8	65,8	108	149	193	237	279	323	412	531	857	
0,180	53,4	35,2	26,5	17,6	8,73	4,33	26,8	49,5	72,8	119	166	214	262	310	360	456	603	955	
0,200	58,2	38,4	28,9	19,2	9,52	4,73	29,3	54,2	80,0	130	182	235	288	340	395	502	673	1050	

Umfang = 0,782 m da/di = 2,798 ln da/di = 1,0288

Wärme-leitzahl λ	Rohrtemperatur in ° C (Lufttemp. = 20° C)																		Isol.-Stärke
	−40	−20	−10	±0	+10	+25	+50	+75	+100	+150	+200	+250	+300	+350	+400	+500	+750	+1000	
0,020	6,62	4,40	3,30	2,21	1,10	0,55	3,30	6,08	8,81	14,4	19,9	25,4	31,1	36,9	42,0	53,0			
0,025	8,30	5,49	4,08	2,74	1,37	0,68	4,12	7,57	11,0	17,7	24,6	31,8	38,9	45,4	52,4	66,0			
0,030	9,88	6,55	4,87	3,27	1,64	0,82	4,95	8,94	13,1	21,2	29,5	37,9	46,3	54,1	62,8	78,8			
0,035	11,4	7,60	5,67	3,80	1,91	0,94	5,70	10,4	15,2	24,6	34,3	44,0	53,8	63,0	73,1	91,4	140		
0,040	13,0	8,65	6,45	4,31	2,16	1,06	6,48	11,8	17,2	28,0	39,0	50,0	61,0	71,9	83,3	105	159		
0,045	14,5	9,67	7,21	4,80	2,41	1,19	7,25	13,2	19,3	31,5	43,8	56,0	68,2	80,5	93,2	117	179		
0,050	16,1	10,7	8,00	5,28	2,66	1,32	8,00	14,6	21,3	34,9	48,5	61,9	75,5	89,0	103	129	198		
0,060	19,2	12,7	9,50	6,30	3,16	1,57	9,50	17,4	25,4	41,5	57,6	73,7	90,0	106	123	154	236	319	
0,070	22,1	14,6	11,0	7,29	3,64	1,81	10,9	20,2	29,4	48,1	66,5	85,3	104	123	142	179	274	371	
0,080	25,0	16,5	12,4	8,25	4,11	2,04	12,3	22,9	33,3	54,4	75,3	96,7	118	139	161	204	312	420	**90** mm
0,090	27,9	18,4	13,8	9,22	4,58	2,27	13,8	25,5	37,2	60,6	84,2	108	132	156	180	228	348	470	
0,100	30,6	20,3	15,2	10,2	5,03	2,49	15,2	28,2	41,0	66,9	93,0	119	145	172	198	252	385	519	
0,110	33,4	22,1	16,5	11,1	5,48	2,71	16,6	30,7	44,7	73,0	101	130	159	188	216	275	420	568	
0,120	36,0	23,9	17,9	11,9	5,90	2,93	18,0	33,2	48,4	79,0	110	141	172	204	235	298	456	616	
0,130	38,7	25,6	19,3	12,8	6,32	3,14	19,3	35,6	52,0	85,0	118	151	185	219	253	322	490	664	
0,140	41,3	27,3	20,5	13,6	6,73	3,34	26,0	38,0	55,5	90,6	126	162	198	234	271	346	524	710	
0,160	46,3	30,6	23,0	15,3	7,54	3,74	23,1	42,6	62,4	102	142	183	223	264	306	389	594	804	
0,180	51,0	33,8	25,2	16,8	8,34	4,13	25,5	47,1	69,2	113	157	203	249	294	339	431	662	898	
0,200	55,7	36,9	27,5	18,4	9,10	4,51	27,9	51,7	75,7	124	173	222	273	322	372	473	729	989	

Umfang = 0,845 m da/di = 3,023 ln da/di = 1,1061

Innerer Rohr ∅ = 80 mm **Äußerer Rohr ∅ = 89 mm**

Wärme-leitzahl λ	Rohrtemperatur in ° C (Lufttemp. = 20° C) -40	-20	-10	±0	+10	+25	+50	+75	+100	+150	+200	+250	+300	+350	+400	+500	+750	+1000	Isol.-Stärke
0,020	6,21	4,16	3,11	2,07	1,04	0,52	3,12	5,73	8,36	13,6	18,9	24,2	29,3	34,1	39,6	50,0			
0,025	7,80	5,16	3,88	2,56	1,30	0,65	3,90	7,11	10,4	16,8	23,4	30,0	36,5	42,9	49,6	62,2			
0,030	9,31	6,15	4,60	3,06	1,55	0,77	4,63	8,50	12,3	20,0	27,8	35,8	43,6	51,3	59,5	74,3			
0,035	10,8	7,14	5,34	3,56	1,79	0,89	5,37	9,89	14,3	23,2	32,3	41,5	50,4	59,5	69,2	86,3	131		
0,040	12,3	8,12	6,08	4,06	2,04	1,01	6,11	11,3	16,3	26,6	36,8	47,0	57,2	67,8	78,8	98,4	150		
0,045	13,7	9,10	6,81	4,55	2,28	1,13	6,83	12,6	18,3	29,7	41,2	52,7	64,0	76,0	88,1	110	168		
0,050	15,2	10,1	7,53	5,05	2,52	1,25	7,57	13,9	20,2	33,0	45,5	58,3	70,9	84,1	97,4	123	186		
0,060	18,0	12,0	8,98	5,99	2,98	1,48	9,02	16,6	24,1	39,1	54,6	69,8	84,5	100	115	145	222	302	
0,070	20,9	13,8	10,4	6,90	3,44	1,71	10,4	19,2	27,8	45,3	63,0	80,5	98,0	116	134	169	258	349	
0,080	23,6	15,7	11,8	7,82	3,90	1,94	11,8	21,8	31,6	51,5	71,8	91,4	112	132	152	192	294	396	**100** mm
0,090	26,4	17,5	13,1	8,75	4,34	2,16	13,1	24,3	35,3	57,5	79,9	102	125	148	170	215	328	444	
0,100	29,1	19,3	14,4	9,66	4,78	2,38	14,4	26,8	38,9	63,4	88,0	113	138	164	188	237	363	490	
0,110	31,7	21,0	15,8	10,5	5,22	2,60	15,8	29,2	42,5	69,2	96,1	123	151	179	206	259	396	536	
0,120	34,2	22,7	17,1	11,4	5,64	2,81	17,1	31,6	46,1	75,0	104	133	163	194	223	281	430	582	
0,130	36,8	24,4	18,3	12,2	6,05	3,01	18,4	34,0	49,6	80,6	112	143	175	209	240	303	464	628	
0,140	39,3	26,1	19,5	13,1	6,47	3,20	19,6	36,2	53,0	86,3	119	153	188	223	257	324	496	674	
0,160	44,2	29,3	21,9	14,7	7,25	3,60	22,0	40,7	59,5	97,2	135	172	212	251	291	367	564	763	
0,180	48,8	32,4	24,2	16,2	8,01	3,98	24,4	45,1	66,0	108	150	192	236	279	323	408	629	852	
0,200	53,4	35,5	26,5	17,6	8,76	4,36	26,7	49,5	72,3	119	165	212	259	307	356	450	693	940	

Umfang = 0,908 m da/di = 3,247 ln da/di = 1,1778

Wärme-leitzahl λ	Rohrtemperatur in ° C (Lufttemp. = 20° C) -40	-20	-10	±0	+10	+25	+50	+75	+100	+150	+200	+250	+300	+350	+400	+500	+750	+1000	Isol.-Stärke
0,020	5,63	3,78	2,82	1,86	0,96	0,47	2,83	5,17	7,59	12,1	17,0	21,7	26,5	31,3	35,9	45,4			
0,025	7,02	4,71	3,51	2,33	1,18	0,59	3,51	6,43	9,40	15,1	21,1	26,9	33,1	39,0	44,8	56,8			
0,030	8,40	5,62	4,20	2,80	1,40	0,71	4,20	7,66	11,2	18,0	25,3	32,2	39,6	46,6	53,6	68,0			
0,035	9,80	6,53	4,89	3,26	1,62	0,82	4,89	9,86	13,0	21,0	29,5	37,4	46,0	54,1	62,4	78,7	119		
0,040	11,2	7,44	5,58	3,72	1,84	0,93	5,57	10,2	14,8	23,9	33,6	42,6	52,3	61,5	71,0	89,5	137		
0,045	12,5	8,39	6,25	4,16	2,06	1,04	6,25	11,4	16,6	26,8	37,8	47,8	58,4	68,9	79,5	100	154		
0,050	13,8	9,21	6,90	4,60	2,29	1,14	6,91	12,6	18,4	29,6	41,8	52,9	64,3	76,5	88,1	111	171		
0,050	16,5	11,0	8,20	5,48	2,74	1,36	8,21	15,1	21,9	35,5	49,8	63,1	77,0	91,1	105	132	203	272	
0,070	19,1	12,8	9,51	6,33	3,17	1,58	9,51	17,5	25,5	41,3	57,6	73,3	89,8	106	123	153	235	318	
0,080	21,6	14,5	10,8	7,20	3,58	1,79	10,8	19,9	29,0	47,1	65,5	83,4	102	121	139	175	268	363	**120** mm
0,090	24,1	16,2	12,1	8,03	4,00	1,99	12,1	21,2	32,4	52,6	73,0	93,2	115	136	155	196	301	406	
0,100	26,6	17,8	13,3	8,85	4,41	2,19	13,3	24,5	35,8	58,1	80,6	103	127	150	172	217	333	448	
0,110	29,1	19,4	14,5	9,69	4,81	2,38	14,6	26,7	39,1	63,5	88,1	113	139	164	189	238	364	490	
0,120	31,6	21,0	15,7	10,4	5,20	2,58	15,8	28,9	42,4	68,9	95,6	123	150	178	205	258	395	532	
0,130	34,0	22,5	16,8	11,3	5,59	2,78	17,0	31,1	45,8	74,2	103	132	161	192	220	278	426	575	
0,140	36,4	24,1	18,0	12,1	5,97	2,97	18,2	33,3	49,0	79,5	110	141	172	205	235	298	458	617	
0,180	41,0	27,2	20,3	13,6	6,75	3,34	20,5	37,6	55,0	89,7	124	159	195	232	267	338	520	700	
0,180	45,6	30,2	22,5	15,1	7,48	3,71	22,7	41,8	61,0	99,5	138	178	218	259	299	376	580	783	
0,200	50,1	33,2	24,7	16,5	8,22	4,08	24,9	45,8	67,0	110	152	196	239	285	329	414	638	864	

Umfang = 1,034 m da/di = 3,697 ln da/di = 1,3074

Innerer Rohr ∅ = 80 mm **Äußerer Rohr ∅ = 89 mm**

Wärme-leitzahl λ	Rohrtemperatur in ° C (Lufttemp. = 20° C) -40	-20	-10	±0	+10	+25	+50	+75	+100	+150	+200	+250	+300	+350	+400	+500	+750	+1000	Isol.-Stärke
0,020	5,19	3,48	2,63	1,77	0,88	0,44	2,63	4,81	7,00	11,3	15,8	20,4	24,7	29,3	33,6	42,0			
0,025	6,48	4,32	3,25	2,18	1,09	0,55	3,25	5,96	8,70	14,1	19,7	25,3	30,6	36,1	41,8	52,2			
0,030	7,77	5,18	3,89	2,60	1,30	0,65	3,89	7,12	10,4	16,8	23,5	30,2	36,6	43,0	50,0	62,4			
0,035	9,04	6,01	4,53	3,02	1,51	0,76	4,54	8,30	12,2	19,6	27,4	35,1	42,5	50,1	58,1	72,6	111		
0,040	10,3	6,85	5,14	3,44	1,72	0,86	5,15	9,46	13,8	22,4	31,2	40,0	48,3	57,0	66,2	83,0	127		
0,045	11,6	7,70	5,77	3,85	1,93	0,97	5,17	10,6	15,5	25,0	35,0	44,8	54,1	64,0	74,2	93,5	142		
0,050	12,8	8,55	6,40	4,25	2,13	1,07	6,42	11,8	17,2	27,7	38,7	49,5	59,9	70,9	82,1	104	158		
0,060	15,3	10,2	7,64	5,09	2,54	1,27	7,65	14,0	20,5	33,2	46,1	58,9	71,4	84,5	97,6	124	188	252	
0,070	17,7	11,8	8,87	5,90	2,95	1,47	8,88	16,3	23,7	38,5	53,5	68,4	83,0	98,2	113	143	219	295	**140**
0,080	20,1	13,4	10,1	6,70	3,35	1,67	10,1	18,5	26,9	43,8	60,7	78,0	94,5	112	129	162	249	336	mm
0,090	22,5	15,0	11,2	7,49	3,73	1,86	11,2	20,7	30,1	49,0	68,1	87,0	106	126	144	182	280	375	
0,100	24,9	16,6	12,4	8,28	4,13	2,06	12,4	22,9	33,3	54,3	75,3	96,0	117	139	160	202	310	414	
0,110	27,2	18,1	13,6	9,05	4,51	2,25	13,6	25,0	36,5	59,4	82,5	105	128	151	175	222	339	455	
0,120	29,5	19,7	14,7	9,79	4,89	2,44	14,7	27,1	39,6	64,6	89,5	114	139	164	190	241	368	494	
0,130	31,8	21,2	15,8	10,5	5,25	2,62	15,9	29,2	42,6	69,6	96,5	123	151	177	205	260	397	533	
0,140	34,0	22,7	16,9	11,2	5,61	2,80	17,0	31,3	45,6	74,7	104	132	162	190	220	278	426	572	
0,160	38,4	25,6	19,2	12,8	6,35	3,16	19,2	35,4	51,6	83,8	117	150	183	316	249	316	482	648	
0,180	42,7	28,5	21,3	14,2	7,05	3,51	21,3	39,3	57,4	93,6	130	168	204	341	278	353	539	724	
0,200	47,0	31,3	23,4	15,6	7,75	3,86	23,5	43,1	63,1	103	142	184	224	365	306	388	596	800	

Umfang = 1,159 m da/di = 4,146 ln da/di = 1,4222

Wärme-leitzahl λ	Rohrtemperatur in ° C (Lufttemp. = 20° C) -40	-20	-10	±0	+10	+25	+50	+75	+100	+150	+200	+250	+300	+350	+400	+500	+750	+1000	Isol.-Stärke
0,020	4,83	3,25	2,42	1,64	0,81	0,40	2,42	4,52	6,52	10,6	14,7	19,0	23,0	27,3	31,4	40,1			
0,025	6,06	4,06	3,03	2,05	1,02	0,51	3,03	5,62	8,10	13,3	18,4	23,6	28,8	33,9	39,2	49,8			
0,030	7,29	4,85	3,63	2,45	1,22	0,61	3,63	6,72	9,64	15,8	22,0	28,0	34,4	40,3	47,0	59,0			
0,035	8,41	5,63	4,22	2,84	1,42	0,71	4,22	7,81	11,3	18,4	25,7	32,5	40,1	47,0	54,5	68,3	105		
0,040	9,62	6,43	4,81	3,22	1,61	0,81	4,81	8,88	12,9	21,0	29,4	37,1	45,4	53,7	62,0	77,9	120		
0,045	10,8	7,21	5,41	3,61	1,80	0,90	5,40	10,0	14,5	23,5	33,0	41,8	50,7	60,3	69,6	87,0	133		
0,050	12,0	8,00	6,00	4,00	2,00	1,00	6,02	11,1	16,0	26,0	36,2	46,2	55,8	66,7	77,2	96,3	146		
0,060	14,4	9,59	7,19	4,77	2,38	1,19	7,20	13,2	19,3	31,0	43,1	55,4	67,0	80,1	91,1	116	175	238	
0,070	16,7	11,2	8,33	5,55	2,78	1,39	8,35	15,4	22,4	36,1	50,1	64,3	78,0	93,2	106	135	204	275	**160**
0,080	18,9	12,7	9,48	6,31	3,16	1,58	9,48	17,5	25,4	41,1	57,0	73,2	88,9	106	121	154	234	313	mm
0,090	21,2	14,2	10,6	7,08	3,54	1,77	10,6	19,6	28,5	46,0	63,6	82,0	99,9	119	136	172	262	351	
0,100	23,5	15,6	11,7	7,84	3,91	1,95	11,7	21,7	31,5	50,8	71,2	90,5	110	131	150	190	290	389	
0,110	25,6	17,1	12,8	8,57	4,27	2,12	12,8	23,7	34,5	55,7	77,5	99,0	121	143	164	208	318	427	
0,120	27,8	18,6	13,9	9,28	4,62	2,30	13,9	25,7	37,4	60,6	84,5	108	132	156	178	226	345	464	
0,130	30,0	20,0	14,9	10,0	4,98	2,48	15,0	27,7	40,3	65,4	91,4	116	142	168	192	244	372	502	
0,140	32,2	21,4	15,9	10,7	5,33	2,65	16,1	29,7	43,2	70,1	97,3	124	151	180	207	262	400	537	
0,160	36,4	24,3	18,1	12,1	6,03	3,00	18,2	33,6	49,0	79,0	109	141	171	204	235	298	454	608	
0,180	40,6	27,1	20,2	13,5	6,72	3,34	20,2	37,2	54,3	88,0	122	157	191	227	263	333	509	680	
0,200	44,8	29,8	22,2	14,8	7,41	3,67	22,2	40,8	59,6	96,9	134	173	211	250	290	368	562	751	

Umfang = 1,285 m da/di = 4,596 ln da/di = 1,5251

Innerer Rohr ⌀ = 90 mm **Äußerer Rohr ⌀ = 95 mm**

Wärmeleitzahl λ	Rohrtemperatur in ° C (Lufttemp. = 20° C)																		Isol.-Stärke
	−40	−20	−10	±0	+10	+25	+50	+75	+100	+150	+200	+250	+300	+350	+400	+500	+750	+1000	
0,020	47,1	31,1	23,3	15,4	7,57	3,75	23,9	44,7	66,3	111	157	204	253	301	350	452			
0,025	53,7	35,6	26,3	17,5	8,64	4,26	27,5	51,9	77,9	131	184	242	297	359	418	542			
0,030	59,7	39,6	28,8	19,4	9,53	4,70	30,7	58,2	87,3	148	209	276	339	410	480	624			
0,035	64,7	42,9	31,2	21,0	10,3	5,08	33,4	63,7	95,9	163	232	306	379	459	538	701	1130		
0,040	69,0	45,7	33,4	22,4	11,0	5,40	35,7	68,5	103	176	253	334	416	503	592	774	1260		
0,045	72,8	48,2	35,3	23,6	11,5	5,69	37,9	72,9	110	189	272	360	450	545	641	843	1380		
0,050	76,0	50,3	36,9	24,7	12,0	5,95	39,8	76,9	116	200	290	384	482	585	688	910	1500		
0,060	81,6	54,0	40,0	26,4	12,9	6,37	43,0	83,8	127	221	322	428	541	657	779	1030	1740		
0,070	86,1	57,0	42,4	27,9	13,6	6,70	45,7	89,7	136	239	350	468	594	725	862	1150	1960		
0,080	89,8	59,4	44,4	29,0	14,1	6,97	48,0	94,8	144	254	374	504	640	787	938	1260	2150		**5** mm
0,090	92,9	61,6	45,9	30,0	14,6	7,21	50,0	99,2	151	268	396	536	684	843	1010	1360	2330		
0,100	95,6	63,4	47,3	30,8	15,0	7,41	51,7	103	158	280	416	565	724	894	1070	1450	2500		
0,110	97,9	64,8	48,3	31,5	15,4	7,59	53,2	106	163	291	434	592	760	941	1130	1540	2670		
0,120	99,9	66,1	49,2	32,1	15,7	7,74	54,5	109	168	301	451	616	794	984	1190	1620	2830		
0,130	102	67,2	50,0	32,7	16,0	7,86	55,6	112	172	310	465	637	825	1020	1240	1700	2990		
0,140	103	68,2	50,7	33,2	16,2	7,98	56,6	114	176	318	478	657	853	1060	1290	1770	3140		
0,160	106	69,9	51,9	34,0	16,6	8,18	58,4	118	183	332	502	694	905	1120	1380	1900	3430		
0,180	108	71,4	52,9	34,7	16,9	8,35	59,9	121	189	344	523	728	952	1180	1460	2030	3700		
0,200	110	72,7	53,8	35,4	17,2	8,50	61,2	124	194	356	543	759	996	1240	1540	2150	3970		

Umfang = 0,330 m da/di = 1,105 ln da/di = 0,0998

Wärmeleitzahl λ	Rohrtemperatur in ° C (Lufttemp. = 20° C)																		Isol.-Stärke
	−40	−20	−10	±0	+10	+25	+50	+75	+100	+150	+200	+250	+300	+350	+400	+500	+750	+1000	
0,020	30,2	20,0	14,8	9,89	4,90	2,44	15,1	28,2	41,4	68,0	95,0	123	151	179	207	263			
0,025	35,9	24,0	17,7	11,8	5,78	2,88	17,9	33,8	49,9	81,9	114	148	185	217	252	319			
0,030	40,8	27,4	20,3	13,5	6,56	3,28	20,5	38,9	57,7	94,5	133	172	215	252	292	373			
0,035	45,4	30,6	22,6	14,9	7,28	3,63	23,0	43,5	64,6	106	151	194	243	285	330	426	652		
0,040	49,6	33,4	24,7	16,2	7,94	3,95	25,1	47,7	70,7	118	166	216	268	317	368	474	738		
0,045	53,8	36,0	26,6	17,5	8,54	4,25	27,1	51,8	76,5	128	180	236	292	347	402	522	819		
0,050	57,5	38,4	28,4	18,7	9.09	4,52	29,2	55,4	82,2	138	192	255	316	376	438	568	897		
0,060	64,9	42,6	31,6	20,6	10,1	5,02	32,7	62,0	92,0	156	221	290	361	432	502	660	1050	1460	
0,070	70,6	46,1	34,2	22,5	11,0	5,43	35,5	67,8	101	173	245	322	401	482	564	733	1190	1660	
0,080	75,3	49,3	36,6	24,1	11,7	5,80	38,1	73,1	110	187	267	352	439	530	622	813	1330	1860	**10** mm
0,090	79,3	52,1	38,6	25,4	12,4	6,13	40,1	77,8	117	201	288	380	474	574	676	880	1450	2050	
0,100	82,9	54,6	40,5	26,7	13,0	6,41	42,6	82,2	124	214	307	406	507	616	727	955	1570	2240	
0,110	86,3	56,8	42,1	27,8	13,5	6,65	44,5	86,4	131	225	325	430	540	656	775	1020	1680	2420	
0,120	89,3	58,8	43,6	28,7	14,0	6,89	46,3	90,3	137	236	342	453	573	694	823	1090	1800	2600	
0,130	92,1	60,6	44,9	29,5	14,4	7,11	48,1	93,7	143	246	358	474	602	731	869	1150	1920	2770	
0,140	94,8	62,3	46,1	30,2	14,7	7,30	49,5	96,9	148	255	373	494	627	766	913	1210	2040	2940	
0,160	98,6	65,0	48,2	31,6	15,3	7,58	52,2	103	157	273	399	532	676	830	990	1330	2240	3250	
0,180	102	67,4	50,0	32,8	15,8	7,84	54,4	108	164	288	424	568	724	891	1070	1430	2440	3560	
0,200	106	69,6	51,7	33,9	16,3	8,04	56,5	112	171	302	447	603	770	951	1140	1540	2640	3860	

Umfang = 0,361 m da/di = 1,211 ln da/di = 0,1910

Innerer Rohr ∅ = 90 mm **Äußerer Rohr ∅ = 95 mm**

Wärme-leitzahl λ	Rohrtemperatur in ° C (Lufttemp. = 20° C) -40	-20	-10	±0	+10	+25	+50	+75	+100	+150	+200	+250	+300	+350	+400	+500	+750	+1000	Isol.-Stärke
0,020	23,1	15,3	11,4	7,60	3,77	1,88	11,5	21,3	31,1	51,0	71,1	91,4	112	132	153	194			
0,025	27,9	18,6	13,7	9,10	4,54	2,25	13,8	25,9	38,0	62,0	86,8	112	136	161	186	237			
0,030	32,2	21,3	15,9	10,6	5,24	2,60	16,0	30,0	44,4	72,2	102	131	160	189	218	279			
0,035	36,3	24,0	17,9	11,9	5,88	2,92	18,1	34,0	50,4	81,8	116	149	184	216	249	320	483		
0,040	40,2	26,5	19,7	13,1	6,48	3,22	20,0	37,8	55,8	91,2	128	166	205	241	279	359	554		
0,045	43,8	28,8	21,5	14,3	7,03	3,52	21,8	41,2	60,9	100	140	182	225	266	308	398	620		
0,050	47,0	31,0	23,2	15,4	7,55	3,79	23,6	44,5	65,8	109	152	198	245	290	336	434	682		
0,060	53,1	34,9	26,2	17,3	8,53	4,23	26,8	50,5	74,7	125	175	228	282	336	390	505	795	1080	
0,070	58,5	38,6	28,8	19,1	9,39	4,64	29,7	55,9	83,1	139	197	256	317	379	441	570	907	1230	**15**
0,080	63,3	41,8	31,2	20,7	10,1	5,02	32,3	60,9	90,8	153	216	282	350	420	489	632	1010	1380	mm
0,090	67,7	44,8	33,7	22,1	10,8	5,35	34,6	65,5	98,0	166	235	307	381	458	535	692	1110	1530	
0,100	71,7	47,4	35,3	23,5	11,4	5,66	36,8	69,8	105	178	253	331	412	495	579	752	1210	1670	
0,110	75,4	49,9	37,0	24,6	12,0	5,94	38,8	73,9	111	189	270	354	440	530	622	809	1310	1820	
0,120	78,8	52,1	38,7	25,7	12,5	6,19	40,7	77,7	117	199	286	376	468	564	662	864	1400	1960	
0,130	82,0	54,1	40,2	26,6	13,0	6,42	42,4	81,3	123	209	301	396	494	597	701	917	1490	2090	
0,140	84,8	56,0	41,6	27,6	13,4	6,63	43,8	84,6	128	219	315	415	519	628	739	968	1580	2220	
0,160	89,8	59,3	44,1	29,1	14,2	7,01	47,0	90,7	137	236	341	451	567	687	811	1070	1760	2480	
0,180	94,0	62,2	46,2	30,5	14,9	7,34	49,6	96,0	146	252	365	484	611	741	879	1160	1930	2720	
0,200	97,8	64,7	48,1	31,8	15,5	7,62	51,7	101	153	266	388	516	653	794	943	1250	2090	2960	

Umfang = 0,393 m da/di = 1,316 ln da/di = 0,2745

Wärme-leitzahl λ	Rohrtemperatur in ° C (Lufttemp. = 20° C) -40	-20	-10	±0	+10	+25	+50	+75	+100	+150	+200	+250	+300	+350	+400	+500	+750	+1000	Isol.-Stärke
0,020	18,8	12,5	9,34	6,21	3,09	1,54	9,38	17,3	25,2	41,2	57,4	73,7	90,1	106	123	157			
0,025	22,8	15,2	11,3	7,54	3,72	1,86	11,4	21,1	31,0	50,4	70,2	90,1	111	131	151	191			
0,030	26,6	17,7	13,2	8,78	4,33	2,17	13,3	24,6	36,3	59,1	82,8	106	130	154	177	227			
0,035	30,3	20,2	15,0	9,95	4,90	2,45	15,2	28,0	41,4	67,4	94,4	122	149	177	204	261	395		
0,040	33,8	22,4	16,7	11,0	5,44	2,72	16,9	31,3	46,4	75,4	106	136	167	199	229	294	446		
0,045	37,0	24,4	18,2	12,1	5,96	2,98	18,5	34,4	50,9	83,1	116	150	185	219	254	324	496		
0,050	40,2	26,4	19,8	13,1	6,45	3,22	20,1	37,3	55,3	90,5	127	163	202	239	278	354	546		
0,060	46,0	30,3	22,6	15,0	7,36	3,66	23,1	42,9	63,4	105	147	190	235	278	324	414	644	878	
0,070	51,4	33,7	25,2	16,7	8,20	4,08	25,7	48,1	71,2	118	166	215	266	315	367	472	738	1010	**20**
0,080	56,0	36,7	27,6	18,3	8,96	4,45	28,3	52,8	78,4	131	184	239	295	351	410	526	828	1140	mm
0,090	60,4	39,7	29,8	19,6	9,65	4,79	30,6	57,3	85,2	143	202	261	322	385	449	580	915	1260	
0,100	64,6	42,4	31,7	21,0	10,3	5,11	32,7	61,4	91,6	155	218	283	350	418	488	633	1000	1380	
0,110	68,2	44,8	33,6	22,2	10,9	5,40	34,7	65,4	97,6	166	234	304	376	449	525	685	1080	1490	
0,120	71,7	47,1	35,2	23,2	11,4	5,67	36,5	69,2	103	176	249	324	401	480	561	734	1160	1610	
0,130	74,9	49,2	36,8	24,3	11,9	5,91	38,2	72,7	109	186	262	343	425	508	596	780	1240	1720	
0,140	77,8	51,3	38,3	25,3	12,4	6,13	39,9	76,0	114	195	274	361	449	537	630	825	1310	1830	
0,160	83,4	55,1	41,0	27,1	13,2	6,55	42,9	82,2	123	212	301	395	492	593	696	910	1470	2040	
0,180	88,2	58,3	43,3	28,6	14,0	6,92	45,8	87,8	132	227	324	426	534	646	761	998	1610	2250	
0,200	92,6	61,2	45,5	30,0	14,7	7,27	48,2	93,0	140	241	347	457	574	697	825	1080	1750	2460	

Umfang = 0,424 m da/di = 1,421 ln da/di = 0,3514

Innerer Rohr ⌀ = 90 mm **Äußerer Rohr ⌀ = 95 mm**

Wärme-leitzahl λ	Rohrtemperatur in ° C (Lufttemp. = 20° C)																		Isol.-Stärke
	−40	−20	−10	±0	+10	+25	+50	+75	+100	+150	+200	+250	+300	+350	+400	+500	+750	+1000	
0,020	16,1	10,7	7,98	5,30	2,64	1,31	8,02	14,7	21,5	35,1	48,8	62,6	76,4	90,1	104	132			
0,025	19,7	13,0	9,71	6,50	3,21	1,60	9,78	18,1	26,6	43,2	59,9	77,0	93,8	111	128	161			
0,030	23,0	15,3	11,4	7,63	3,76	1,89	11,4	21,3	31,2	51,0	70,9	91,0	111	131	150	190			
0,035	26,3	17,4	13,0	8,70	4,28	2,15	13,0	24,4	35,8	58,4	81,2	105	128	151	175	219	338		
0,040	29,5	19,4	14,5	9,73	4,77	2,39	14,5	27,3	40,0	65,4	90,9	117	144	170	196	248	381		
0,045	32,5	21,4	16,0	10,7	5,23	2,63	16,1	30,1	44,2	72,4	100	131	159	189	218	277	424		
0,050	35,3	23,3	17,4	11,6	5,70	2,85	17,6	32,9	48,2	79,1	110	143	175	207	239	305	467		
0,060	40,4	26,8	20,0	13,4	6,54	3,27	20,4	38,2	56,0	92,0	128	167	204	242	281	358	553	753	
0,070	45,1	30,1	22,6	15,0	7,36	3,66	23,0	43,0	63,2	104	146	189	232	275	319	408	633	866	**25**
0,080	50,0	33,2	24,8	16,5	8,13	4,02	25,4	47,6	69,7	116	162	210	258	307	358	456	711	980	mm
0,090	54,4	36,1	26,9	17,9	8,80	4,35	27,6	52,0	76,2	127	178	231	283	338	393	503	790	1090	
0,100	58,7	38,8	28,8	19,2	9,42	4,65	29,7	56,2	82,4	138	194	251	309	368	428	550	866	1190	
0,110	62,5	41,3	30,8	20,5	10,0	4,94	31,6	60,2	88,2	148	210	270	333	397	462	595	934	1290	
0,120	65,9	43,7	32,5	21,6	10,6	5,21	33,4	63,7	93,6	158	222	288	356	425	496	637	1010	1390	
0,130	69,2	45,9	34,2	22,7	11,1	5,45	35,1	67,0	98,7	167	236	306	378	452	529	680	1070	1420	
0,140	72,3	47,9	35,8	23,8	11,5	5,68	36,8	70,5	104	175	247	323	401	478	558	722	1140	1580	
0,160	78,2	51,5	38,6	25,6	12,5	6,13	40,0	76,8	113	192	273	356	445	528	618	800	1280	1780	
0,180	83,7	54,7	41,0	27,2	13,3	6,56	42,9	82,2	122	208	296	388	480	577	677	876	1410	1970	
0,200	87,9	57,7	43,2	28,7	14,0	6,94	45,4	87,6	130	222	317	420	518	625	735	950	1530	2160	

Umfang = 0,456 m da/di = 1,526 ln da/di = 0,4228

Wärme-leitzahl λ	Rohrtemperatur in ° C (Lufttemp. = 20° C)																		Isol.-Stärke
	−40	−20	−10	±0	+10	+25	+50	+75	+100	+150	+200	+250	+300	+350	+400	+500	+750	+1000	
0,020	14,1	9,37	7,02	4,67	2,32	1,16	7,05	12,9	18,8	30,7	43,1	54,9	66,9	79,0	91,2	115			
0,025	17,4	11,5	8,59	5,70	2,84	1,42	8,62	15,9	23,3	37,6	52,8	67,2	82,7	97,2	112	143			
0,030	20,4	13,5	10,1	6,70	3,33	1,67	10,2	18,7	27,4	44,4	62,2	78,8	97,5	115	133	169			
0,035	23,3	15,4	11,6	7,66	3,81	1,91	11,6	21,5	31,5	51,1	71,7	91,6	112	132	154	194	300		
0,040	26,2	17,3	13,0	8,60	4,27	2,14	13,0	24,2	35,4	57,7	80,4	103	127	150	174	219	340		
0,045	28,9	19,1	14,3	9,52	4,72	2,37	14,4	26,8	39,2	63,9	89,3	115	141	167	193	244	373		
0,050	31,5	20,9	15,6	10,4	5,16	2,57	15,8	29,2	43,0	70,1	97,6	126	155	183	212	268	411		
0,060	36,5	24,2	18,1	12,1	5,96	2,96	18,3	34,0	49,9	82,0	115	148	181	215	249	315	488	662	
0,070	41,2	27,3	20,5	13,6	6,72	3,33	20,8	38,6	56,6	93,4	131	169	207	245	284	362	560	765	**30**
0,080	45,8	30,3	22,7	15,0	7,43	3,69	23,1	42,8	63,1	104	146	189	232	274	319	406	629	860	mm
0,090	50,0	33,1	24,0	16,4	8,10	4,03	25,1	46,8	69,2	115	161	208	255	302	352	448	700	960	
0,100	53,9	35,7	26,7	17,7	8,73	4,34	27,2	50,8	75,0	125	175	227	278	330	384	491	766	1050	
0,110	57,6	38,2	28,6	19,0	9,31	4,62	29,0	54,5	80,4	134	189	245	300	357	416	532	831	1140	
0,120	61,2	40,5	30,3	20,1	9,87	4,90	30,9	58,2	85,8	143	203	262	322	383	445	571	895	1230	
0,130	64,6	42,8	32,0	21,2	10,4	5,15	32,6	61,7	90,8	152	215	278	343	410	474	610	955	1320	
0,140	67,8	44,9	33,5	22,2	10,9	5,39	34,3	64,9	95,6	161	227	294	364	433	504	648	1020	1400	
0,160	74,1	48,8	36,4	24,2	11,8	5,84	37,5	71,0	105	177	250	325	403	481	561	721	1140	1570	
0,180	79,6	52,2	39,0	25,9	12,7	6,25	40,4	76,5	114	192	272	354	440	525	614	792	1260	1750	
0,200	84,4	55,3	41,4	27,4	13,4	6,64	43,0	81,8	122	206	293	382	474	569	667	862	1370	1910	

Umfang = 0,487 m da/di = 1,632 ln da/di = 0,4896

Innerer Rohr ⌀ = 90 mm **Äußerer Rohr ⌀ = 95 mm**

Wärmeleitzahl λ	Rohrtemperatur in °C (Lufttemp. = 20° C)																		Isol.-Stärke
	−40	−20	−10	±0	+10	+25	+50	+75	+100	+150	+200	+250	+300	+350	+400	+500	+750	+1000	
0,020	12,7	8,46	6,34	4,22	2,10	1,05	6,35	11,6	17,0	27,6	38,4	49,2	60,0	70,8	81,6	103			
0,025	15,7	10,4	7,76	5,15	2,60	1,28	7,79	14,3	21,0	34,2	47,2	61,0	74,1	88,1	101	127			
0,030	18,5	12,3	9,15	6,07	3,06	1,51	9,24	16,9	24,7	40,5	55,9	72,1	87,6	105	119	151			
0,035	21,2	14,1	10,5	6,96	3,50	1,73	10,6	19,5	28,4	46,6	64,4	83,0	101	121	138	175	268		
0,040	23,8	15,8	11,8	7,83	3,93	1,95	11,9	22,0	32,0	52,5	72,7	93,5	114	137	157	197	302		
0,045	26,3	17,5	13,0	8,68	4,34	2,16	13,3	24,4	35,6	58,2	80,8	104	127	152	175	219	336		
0,050	28,8	19,1	14,3	9,52	4,73	2,36	14,5	26,7	39,1	63,8	88,6	114	140	166	192	242	371		
0,060	33,5	22,2	16,7	11,1	5,50	2,74	16,8	31,2	45,6	74,8	105	134	164	195	227	285	440	597	
0,070	38,0	25,2	18,9	12,5	6,22	3,10	19,2	35,5	52,0	85,4	119	153	188	223	259	328	507	684	**35** mm
0,080	42,4	28,1	21,0	13,9	6,91	3,43	21,4	39,5	58,1	95,7	134	172	211	251	291	368	573	777	
0,090	46,5	30,9	23,1	15,3	7,56	3,75	23,4	43,4	64,0	106	148	190	233	277	322	408	637	862	
0,100	50,4	33,5	25,0	16,6	8,18	4,06	25,4	47,2	69,4	116	162	208	254	302	352	448	699	945	
0,110	53,9	36,0	26,8	17,7	8,75	4,34	27,2	50,7	74,6	124	175	225	275	328	381	486	757	1030	
0,120	57,5	38,2	28,5	18,8	9,30	4,62	29,0	54,1	79,8	133	187	241	296	352	408	523	814	1110	
0,130	60,9	40,5	30,1	19,9	9,82	4,87	30,7	57,4	84,7	141	198	257	316	376	435	559	871	1200	
0,140	64,1	42,5	31,6	21,0	10,3	5,11	32,3	60,5	89,4	149	210	272	335	399	463	596	928	1270	
0,160	70,4	46,3	34,5	22,9	11,2	5,56	35,5	66,6	98,7	165	233	301	372	444	516	664	1050	1430	
0,180	75,6	49,8	37,2	24,6	12,1	5,98	38,4	72,3	107	180	254	330	408	486	566	730	1150	1590	
0,200	80,3	53,1	39,7	26,2	12,9	6,40	41,1	77,5	115	194	275	358	442	528	616	796	1260	1740	

Umfang = 0,518 m da/di = 1,737 ln da/di = 0,5520

Wärmeleitzahl λ	Rohrtemperatur in °C (Lufttemp. = 20° C)																		Isol.-Stärke
	−40	−20	−10	±0	+10	+25	+50	+75	+100	+150	+200	+250	+300	+350	+400	+500	+750	+1000	
0,020	11,6	7,72	5,78	3,85	1,92	0,96	5,78	10,6	15,5	25,2	35,0	44,8	54,6	64,3	74,1	93,9			
0,025	14,3	9,50	7,10	4,70	2,35	1,18	7,13	13,1	19,1	31,0	43,0	55,1	67,2	79,5	91,9	117			
0,030	16,9	11,2	8,37	5,56	2,78	1,39	8,45	15,5	22,6	36,8	51,0	65,4	79,8	94,5	109	138			
0,035	19,4	13,0	9,64	6,40	3,20	1,60	9,73	17,8	26,0	42,5	59,0	75,6	92,3	109	126	159	244		
0,040	21,9	14,6	10,9	7,20	3,60	1,80	11,0	20,1	29,4	48,0	66,6	85,6	104	123	143	180	277		
0,045	24,3	16,2	12,1	8,04	4,00	1,99	12,2	22,4	32,7	53,5	74,2	95,3	116	138	159	201	310		
0,050	26,7	17,7	13,3	8,76	4,38	2,18	13,4	24,6	36,0	58,8	81,6	105	128	152	176	222	342		
0,060	31,2	20,7	15,5	10,3	5,14	2,55	15,6	28,9	42,2	69,2	96,1	123	151	179	208	262	403	545	
0,070	35,5	23,6	17,7	11,7	5,82	2,89	17,8	32,9	48,2	79,1	110	141	173	206	239	301	464	629	**40** mm
0,080	39,6	26,3	19,7	13,0	6,48	3,22	19,9	36,8	53,9	88,8	124	159	195	232	269	339	524	712	
0,090	43,5	28,9	21,6	14,3	7,12	3,53	21,9	40,6	59,4	98,0	137	176	216	256	297	376	583	791	
0,100	47,3	31,5	23,6	15,6	7,73	3,83	23,8	44,2	64,7	107	150	193	236	280	325	413	642	870	
0,110	50,9	33,9	25,4	16,8	8,30	4,11	25,6	47,6	69,8	116	162	209	256	304	353	449	698	949	
0,120	54,3	36,1	27,0	17,9	8,85	4,38	27,3	50,9	74,9	124	174	224	275	326	379	484	752	1020	
0,130	57,7	38,3	28,7	18,9	9,37	4,63	29,0	54,1	79,6	132	185	239	294	349	405	518	807	1100	
0,140	60,9	40,4	30,2	20,0	9,86	4,87	30,6	57,2	84,2	140	196	254	312	371	431	552	861	1170	
0,160	67,1	44,5	33,2	21,9	10,8	5,33	33,7	63,1	93,2	155	218	283	348	413	481	616	967	1320	
0,180	72,5	48,1	35,9	23,6	11,7	5,76	36,6	68,9	102	170	239	310	383	455	529	679	1070	1470	
0,200	77,6	51,4	38,3	25,3	12,5	6,17	39,3	74,5	110	184	259	336	415	494	576	741	1170	1610	

Umfang = 0,595 m da/di = 1,842 ln da/di = 0,6109

Innerer Rohr ∅ = 90 mm **Äußerer Rohr ∅ = 95 mm**

Wärmeleitzahl λ	Rohrtemperatur in ° C (Lufttemp. = 20° C)																		Isol.-Stärke
	−40	−20	−10	±0	+10	+25	+50	+75	+100	+150	+200	+250	+300	+350	+400	+500	+750	+1000	
0,020	10,7	7,13	5,34	3,56	1,78	0,89	5,35	9,78	14,2	23,2	32,2	41,2	50,3	59,3	68,3	86,1			
0,025	13,2	8,80	6,59	4,36	2,19	1,09	6,60	12,2	17,7	28,7	39,9	51,0	62,1	73,3	84,3	107			
0,030	15,7	10,4	7,80	5,16	2,59	1,29	7,82	14,4	21,0	34,0	47,4	60,7	73,7	87,1	100	127			
0,035	18,0	12,0	9,00	5,95	2,98	1,48	9,00	16,6	24,1	39,2	54,5	70,1	85,2	101	116	147	225		
0,040	20,3	13,6	10,2	6,72	3,37	1,67	10,1	18,7	27,2	44,4	61,7	79,3	96,4	115	132	167	255		
0,045	22,6	15,1	11,3	7,49	3,74	1,85	11,2	20,8	30,3	49,3	68,8	88,3	108	128	148	186	285		
0,050	24,8	16,6	12,4	8,23	4,10	2,04	12,4	22,9	33,4	54,3	75,9	97,3	119	141	163	205	314		
0,060	29,2	19,4	14,5	9,63	4,80	2,39	14,5	26,9	39,3	64,0	89,6	115	140	166	192	243	373	505	
0,070	33,2	22,1	16,5	11,0	5,47	2,72	16,6	30,7	45,0	73,5	103	132	161	191	221	280	430	585	**45**
0,080	37,2	24,7	18,5	12,3	6,11	3,02	18,7	34,4	50,5	82,9	116	149	182	215	249	315	486	661	mm
0,090	40,9	27,3	20,4	13,6	6,72	3,33	20,6	38,0	55,6	91,6	128	165	201	238	276	351	542	735	
0,100	44,6	29,6	22,2	14,7	7,31	3,62	22,5	41,5	60,6	100	141	180	220	261	303	386	598	808	
0,110	48,1	32,0	23,9	15,9	7,86	3,89	24,2	44,9	65,5	109	153	195	239	284	329	419	650	880	
0,120	51,5	34,3	25,6	17,0	8,39	4,15	25,8	48,1	70,5	117	164	210	258	306	354	451	700	951	
0,130	54,8	36,4	27,1	18,0	8,89	4,40	27,5	51,2	75,2	124	175	225	276	328	379	484	750	1020	
0,140	58,0	38,5	28,7	19,0	9,38	4,65	29,1	54,2	79,6	132	185	239	294	349	404	517	801	1090	
0,160	64,1	42,4	31,6	20,9	10,3	5,10	32,1	60,0	88,5	147	206	266	328	389	451	578	900	1230	
0,180	69,6	46,2	34,3	22,7	11,2	5,54	35,0	65,3	96,8	161	226	292	361	427	497	638	1000	1370	
0,200	74,8	49,7	36,9	24,3	12,0	5,95	37,7	70,5	104	174	246	318	392	465	541	697	1100	1500	

Umfang = 0,581 m da/di = 1,947 ln da/di = 0,6665

Wärmeleitzahl λ	Rohrtemperatur in ° C (Lufttemp. = 20° C)																		Isol.-Stärke
	−40	−20	−10	±0	+10	+25	+50	+75	+100	+150	+200	+250	+300	+350	+400	+500	+750	+1000	
0,020	9,98	6,64	4,97	3,31	1,65	0,82	4,99	9,14	13,3	21,6	30,0	38,5	46,9	55,2	63,6	80,2			
0,025	12,4	8,20	6,10	4,06	2,03	1,02	6,16	11,3	16,4	26,6	37,0	47,3	58,0	68,8	78,7	99,1			
0,030	14,6	9,73	7,23	4,82	2,41	1,21	7,31	13,4	19,5	31,7	44,0	56,3	68,9	82,0	93,7	118			
0,035	16,8	11,3	8,36	5,56	2,78	1,39	8,45	15,5	22,4	36,5	50,8	65,1	79,5	94,9	109	137	210		
0,040	19,1	12,7	9,45	6,30	3,14	1,57	9,52	17,6	25,4	41,4	57,7	73,9	90,2	107	124	157	238		
0,045	21,2	14,1	10,5	7,03	3,50	1,74	10,6	19,6	28,4	46,2	64,5	82,5	101	120	138	175	266		
0,050	23,4	15,5	11,6	7,74	3,85	1,92	11,7	21,5	31,3	51,0	71,2	91,0	111	132	152	193	293		
0,060	27,4	18,2	13,6	9,19	4,52	2,25	13,7	25,3	36,8	60,2	84,1	108	132	156	181	229	349	471	
0,070	31,4	20,9	15,6	10,4	5,17	2,57	15,7	29,0	42,3	69,4	96,5	124	152	180	208	262	403	544	**50**
0,080	35,1	23,4	17,5	11,6	5,77	2,87	17,6	32,5	47,6	78,1	109	140	171	203	234	296	456	616	mm
0,090	38,8	25,8	19,3	12,9	6,37	3,16	19,4	35,9	52,7	86,7	121	155	190	225	260	330	509	687	
0,100	42,4	28,1	21,1	14,1	6,94	3,44	21,3	39,3	57,6	95,0	133	170	207	247	285	363	561	756	
0,110	45,9	30,4	22,8	15,2	7,49	3,71	23,0	42,5	62,3	103	144	185	225	268	310	395	609	825	
0,120	49,2	32,6	24,4	16,2	8,02	3,97	24,6	45,7	67,0	111	155	199	243	289	334	426	658	893	
0,130	52,5	34,7	26,0	17,2	8,51	4,22	26,3	48,7	71,7	118	165	213	261	310	358	456	706	960	
0,140	55,6	36,8	27,5	18,3	8,99	4,46	27,8	51,7	75,9	126	176	227	278	330	382	487	756	1040	
0,160	61,5	40,7	30,3	20,1	9,93	4,92	30,8	57,4	84,5	140	196	253	311	369	427	547	849	1160	
0,180	66,9	44,3	33,0	21,9	10,8	5,36	33,6	62,7	92,6	154	215	278	342	407	471	603	941	1290	
0,200	71,8	47,6	35,5	23,6	11,7	5,77	36,3	67,8	100	167	234	303	373	443	514	656	1030	1410	

Umfang = 0,613 m da/di = 2,053 ln da/di = 0,7191

Innerer Rohr ∅ = 90 mm **Äußerer Rohr ∅ = 95 mm**

Wärme-leitzahl λ	Rohrtemperatur in ° C (Lufttemp. = 20° C)																		Isol.-Stärke
	−40	−20	−10	±0	+10	+25	+50	+75	+100	+150	+200	+250	+300	+350	+400	+500	+750	+1000	
0,020	8,86	5,90	4,43	2,95	1,47	0,73	4,44	8,11	11,8	19,2	26,7	34,1	41,6	49,0	56,5	71,4			
0,025	11,0	7,31	5,47	3,64	1,82	0,91	5,48	10,1	14,6	23,7	33,0	42,1	51,4	60,8	70,2	88,6			
0,030	13,0	8,64	6,48	4,32	2,16	1,08	6,52	11,9	17,4	28,2	39,3	50,0	61,0	72,2	83,7	105			
0,035	15,0	9,97	7,48	5,00	2,50	1,25	7,55	13,7	20,0	32,6	45,5	58,0	70,8	83,8	97,0	122	187		
0,040	17,0	11,3	8,47	5,65	2,82	1,41	8,52	15,6	22,8	36,9	51,6	65,8	80,5	95,2	110	138	213		
0,045	19,0	12,7	9,46	6,30	3,15	1,57	9,52	17,4	25,4	41,3	57,6	73,6	90,0	107	123	155	238		
0,050	21,0	14,0	10,4	6,95	3,47	1,73	10,5	19,2	28,0	45,6	63,5	81,3	99,4	118	136	171	263		
0,060	24,8	16,5	12,3	8,20	4,08	2,03	12,4	22,7	33,1	54,3	75,3	96,5	118	139	161	203	312	421	
0,070	28,5	19,0	14,2	9,42	4,69	2,34	14,2	26,1	38,1	62,7	87,0	111	136	161	186	235	361	488	**60 mm**
0,080	32,0	21,4	16,0	10,6	5,27	2,63	16,0	29,5	43,1	70,8	98,2	126	154	182	211	266	410	554	
0,090	35,5	23,7	17,8	11,7	5,82	2,91	17,7	32,7	47,8	78,9	109	140	171	202	234	296	458	617	
0,100	38,8	26,0	19,5	12,8	6,37	3,17	19,4	35,9	52,4	86,7	120	154	188	223	258	326	504	680	
0,110	42,1	28,1	21,1	13,9	6,91	3,43	21,1	38,9	56,9	94,1	131	167	204	243	281	356	549	742	
0,120	45,3	30,1	22,6	14,9	7,42	3,68	22,6	41,8	61,3	101	141	181	221	262	303	385	593	801	
0,130	48,4	32,1	24,0	15,9	7,90	3,92	24,2	44,8	65,7	108	151	194	237	281	325	413	638	861	
0,140	51,4	34,1	25,5	16,9	8,37	4,16	25,7	47,3	69,9	115	161	207	254	300	347	441	682	921	
0,160	57,1	37,9	28,3	18,7	9,30	4,60	28,5	53,0	77,9	129	180	232	285	336	389	496	768	1040	
0,180	62,4	41,4	30,9	20,5	10,2	5,02	31,2	58,1	85,6	142	198	256	315	372	431	549	852	1160	
0,200	67,5	44,8	33,5	22,2	11,0	5,43	33,9	63,1	93,1	154	216	279	342	406	471	602	935	1280	

Umfang = 0,675 m da/di = 2,263 ln da/di = 0,8168

Wärme-leitzahl λ	Rohrtemperatur in ° C (Lufttemp. = 20° C)																		Isol.-Stärke
	−40	−20	−10	±0	+10	+25	+50	+75	+100	+150	+200	+250	+300	+350	+400	+500	+750	+1000	
0,020	8,03	5,36	4,02	2,68	1,34	0,67	4,02	7,40	10,8	17,4	24,2	31,1	37,8	44,4	51,1	64,6			
0,025	10,0	6,63	4,97	3,30	1,66	0,83	4,99	9,17	13,3	21,6	29,9	38,6	46,8	55,2	63,6	80,0			
0,030	11,9	7,90	5,91	3,92	1,97	0,98	5,95	10,9	15,8	25,7	35,6	46,0	55,7	66,0	76,0	95,4			
0,035	13,8	9,15	6,85	4,55	2,28	1,14	6,86	12,7	18,2	29,7	41,4	53,3	64,5	76,4	88,3	111	169		
0,040	15,6	10,4	7,77	5,17	2,58	1,29	7,79	14,3	20,8	33,8	47,2	60,4	73,2	86,7	101	126	193		
0,045	17,4	11,6	8,69	5,77	2,88	1,43	8,69	16,0	23,3	37,9	52,7	67,5	81,9	97,0	113	141	217		
0,050	19,3	12,8	9,60	6,37	3,18	1,59	9,61	17,7	25,7	41,9	58,1	74,5	90,5	107	124	156	239		
0,060	22,8	15,2	11,4	7,54	3,77	1,88	11,4	20,9	30,5	49,6	69,1	88,1	108	127	147	185	284	385	
0,070	26,3	17,5	13,1	8,69	4,32	2,16	13,1	24,0	35,2	57,3	79,6	102	125	147	170	214	330	445	**70 mm**
0,080	29,5	19,7	14,8	9,81	4,85	2,42	14,8	27,1	39,8	64,9	90,2	115	142	167	193	244	375	505	
0,090	32,7	21,8	16,4	10,9	5,38	2,68	16,4	30,2	44,4	72,1	100	128	158	186	215	273	419	564	
0,100	35,9	23,9	18,0	12,0	5,90	2,93	18,1	33,2	48,6	79,4	110	141	174	205	237	300	462	622	
0,110	39,1	26,0	19,5	13,0	6,40	3,18	19,6	36,1	52,8	86,2	120	154	189	223	259	328	503	678	
0,120	42,1	28,0	21,0	14,0	6,90	3,43	21,1	38,9	57,0	93,0	130	167	204	241	280	354	544	735	
0,130	45,1	29,9	22,4	14,9	7,38	3,66	22,6	41,6	61,0	99,5	140	179	219	259	300	380	586	792	
0,140	48,1	31,8	23,8	15,8	7,84	3,88	24,1	44,3	65,0	107	149	191	234	277	320	405	628	849	
0,160	53,4	35,5	26,5	17,6	8,72	4,32	26,7	49,5	72,8	119	167	215	264	312	360	458	707	962	
0,180	58,6	38,9	29,0	19,3	9,58	4,74	29,4	54,5	80,2	132	184	238	292	345	400	508	786	1070	
0,200	63,7	42,2	31,5	20,9	10,4	5,16	32,0	59,4	87,3	144	202	260	320	378	438	558	865	1180	

Umfang = 0,738 m da/di = 2,474 ln da/di = 0,9057

Innerer Rohr ⌀ = 90 mm **Äußerer Rohr ⌀ = 95 mm**

Wärmeleitzahl λ	Rohrtemperatur in ° C (Lufttemp. = 20° C)																		Isol.-Stärke
	−40	−20	−10	±0	+10	+25	+50	+75	+100	+150	+200	+250	+300	+350	+400	+500	+750	+1000	
0,020	7,40	4,94	3,70	2,47	1,23	0,61	3,70	6,81	9,92	16,1	22,3	28,6	34,9	41,0	47,1	59,8			**80** mm
0,025	9,21	6,12	4,57	3,05	1,52	0,76	4,59	8,43	12,3	20,0	27,5	35,5	43,2	50,7	58,6	73,9			
0,030	11,0	7,30	5,44	3,63	1,81	0,91	5,47	10,0	14,6	23,9	32,9	42,4	51,4	60,3	70,1	88,0			
0,035	12,7	8,44	6,30	4,21	2,10	1,05	6,32	11,6	16,9	27,7	38,1	49,2	59,6	70,0	81,5	102	156		
0,040	14,4	9,55	7,15	4,78	2,39	1,19	7,20	13,2	19,2	31,5	43,3	56,0	67,7	79,8	92,8	116	178		
0,045	16,1	10,7	7,99	5,35	2,67	1,33	8,06	14,8	21,5	35,3	48,5	62,7	75,8	89,5	104	130	200		
0,050	17,8	11,8	8,81	5,92	2,95	1,47	8,90	16,3	23,7	39,0	53,8	69,3	83,9	99,0	115	144	221		
0,060	21,2	14,0	10,5	7,02	3,50	1,75	10,5	19,3	28,2	46,2	63,9	82,2	100	118	136	172	263	355	
0,070	24,4	16,2	12,1	8,10	4,03	2,01	12,1	22,3	32,7	53,3	73,9	95,0	116	137	158	199	305	412	
0,080	27,6	18,3	13,7	9,15	4,54	2,26	13,7	25,2	37,0	60,3	83,9	107	131	155	179	226	347	468	
0,090	30,6	20,4	15,2	10,2	5,05	2,50	15,3	28,0	41,2	67,2	93,5	120	146	173	200	253	388	522	
0,100	33,6	22,4	16,7	11,2	5,55	2,75	16,8	30,8	45,4	74,0	103	132	161	191	220	279	429	576	
0,110	36,6	24,4	18,2	12,2	6,03	2,98	18,3	33,6	49,4	80,6	112	144	176	208	241	305	468	630	
0,120	39,5	26,3	19,7	13,1	6,50	3,22	19,8	36,4	53,3	87,1	121	155	190	225	261	330	506	683	
0,130	42,4	28,2	21,1	14,0	6,96	3,45	21,3	39,0	57,3	93,4	130	167	205	242	280	355	544	736	
0,140	45,2	30,0	22,4	14,9	7,40	3,67	22,6	41,6	61,2	99,6	139	178	219	259	299	380	582	789	
0,160	50,5	33,5	25,1	16,7	8,26	4,09	25,2	46,6	68,4	112	156	201	247	291	336	429	658	895	
0,180	55,5	36,9	27,6	18,4	9,09	4,50	27,8	51,5	75,6	124	173	223	274	323	375	476	733	995	
0,200	60,4	40,2	30,1	20,0	9,90	4,91	30,4	56,3	82,7	136	190	245	300	355	411	523	807	1100	

Umfang = 0,801 m da/di = 2,684 ln da/di = 0,9874

Wärmeleitzahl λ	Rohrtemperatur in ° C (Lufttemp. = 20° C)																		Isol.-Stärke
	−40	−20	−10	±0	+10	+25	+50	+75	+100	+150	+200	+250	+300	+350	+400	+500	+750	+1000	
0,020	6,92	4,61	3,45	2,30	1,15	0,57	3,45	6,34	9,23	15,0	20,8	26,6	32,4	38,2	44,0	55,6			**90** mm
0,025	8,62	5,71	4,28	2,85	1,43	0,71	4,30	7,84	11,4	18,5	25,7	33,0	40,3	47,3	54,8	68,8			
0,030	10,3	6,81	5,11	3,39	1,71	0,85	5,12	9,31	13,6	22,1	30,7	39,4	48,1	56,5	65,5	82,0			
0,035	11,9	7,90	5,91	3,94	1,98	0,98	5,92	10,8	15,7	25,6	35,6	45,7	55,8	65,7	76,1	95,3	146		
0,040	13,5	8,98	6,72	4,48	2,24	1,12	6,73	12,3	17,9	29,2	40,6	52,0	63,5	74,8	86,6	109	166		
0,045	15,1	10,0	7,52	5,00	2,50	1,25	7,53	13,8	20,1	32,8	45,5	58,2	70,9	83,8	97,2	122	187		
0,050	16,7	11,1	8,31	5,52	2,76	1,38	8,32	15,2	22,2	36,3	50,4	64,4	78,4	92,7	108	135	207		
0,060	19,9	13,2	9,88	6,57	3,28	1,64	9,89	18,2	26,5	43,3	60,0	76,7	93,4	110	128	161	246	332	
0,070	22,9	15,2	11,4	7,60	3,79	1,89	11,4	21,0	30,7	50,1	69,5	88,7	108	128	148	187	286	386	
0,080	26,0	17,2	12,9	8,60	4,29	2,13	12,9	23,8	34,9	56,8	78,8	101	123	145	168	213	325	438	
0,090	28,9	19,2	14,4	9,62	4,77	2,36	14,4	26,6	38,9	63,3	87,7	113	137	162	188	238	363	490	
0,100	31,8	21,1	15,8	10,6	5,24	2,59	15,8	29,3	42,8	69,7	96,6	124	151	179	207	263	401	541	
0,110	34,7	23,0	17,2	11,5	5,70	2,82	17,3	31,9	46,6	76,0	106	135	165	195	226	287	438	592	
0,120	37,4	24,9	18,6	12,4	6,15	3,05	18,7	34,5	50,4	82,2	114	146	179	212	245	311	475	643	
0,130	40,2	26,6	20,0	13,3	6,58	3,28	20,1	37,0	54,2	88,4	123	157	193	228	264	335	512	693	
0,140	42,9	28,4	21,4	14,2	7,01	3,48	21,4	39,5	57,8	94,4	131	168	206	244	282	358	548	743	
0,160	48,1	31,9	23,9	15,9	7,85	3,90	24,0	44,3	64,9	106	148	190	233	275	318	404	620	839	
0,180	53,0	35,2	26,3	17,5	8,67	4,30	26,5	49,1	71,9	118	164	211	259	306	353	450	690	935	
0,200	57,9	38,4	28,7	19,1	9,47	4,70	29,0	53,7	78,7	129	180	231	284	335	388	494	760	1030	

Umfang = 0,864 m da/di = 2,895 ln da/di = 1,0629

Innerer Rohr ∅ = 90 mm **Äußerer Rohr ∅ = 95 mm**

Wärme-leitzahl λ	Rohrtemperatur in ° C (Lufttemp. = 20° C) -40	-20	-10	±0	+10	+25	+50	+75	+100	+150	+200	+250	+300	+350	+400	+500	+750	+1000	Isol.-Stärke
0,020	6,47	4,32	3,24	2,16	1,08	0,54	3,24	5,95	8,66	14,1	19,6	25,1	30,5	35,9	41,2	52,1			
0,025	8,08	5,37	4,03	2,68	1,35	0,67	4,03	7,41	10,8	17,5	24,2	31,2	37,9	44,6	51,4	64,8			
0,030	9,65	6,41	4,80	3,20	1,61	0,80	4,81	8,83	12,8	20,9	28,9	37,2	45,1	53,2	61,6	77,4			
0,035	11,2	7,43	5,58	3,71	1,87	0,93	5,59	10,3	14,8	24,2	33,6	43,2	52,2	61,8	71,7	89,9	136		
0,040	12,7	8,45	6,33	4,22	2,12	1,05	6,33	11,7	16,9	27,6	38,3	49,0	59,4	70,3	81,5	102	156		
0,045	14,3	9,46	7,11	4,73	2,37	1,18	7,13	13,1	18,9	30,9	42,9	54,9	66,5	78,9	91,3	115	175		
0,050	15,8	10,5	7,85	5,24	2,62	1,31	7,90	14,5	21,0	34,1	47,4	60,8	73,5	87,4	101	127	194		
0,060	18,7	12,5	9,33	6,22	3,11	1,55	9,37	17,3	25,0	40,6	56,8	72,3	87,7	104	120	151	231	314	
0,070	21,7	14,4	10,8	7,19	3,59	1,79	10,8	19,9	29,0	47,0	65,8	83,5	102	120	139	176	268	363	**100**
0,080	24,5	16,3	12,2	8,15	4,06	2,02	12,2	22,6	32,8	53,5	74,5	94,8	116	137	158	200	305	412	mm
0,090	27,4	18,2	13,6	9,10	4,52	2,25	13,6	25,2	36,7	59,7	82,9	106	129	154	177	224	341	461	
0,100	30,1	20,1	15,0	10,0	4,98	2,47	15,0	27,8	40,5	65,9	91,5	117	143	170	195	247	377	509	
0,110	32,9	21,9	16,4	10,9	5,42	2,69	16,4	30,3	44,2	72,0	100	128	156	185	214	270	412	557	
0,120	35,6	23,6	17,7	11,8	5,85	2,91	17,8	32,8	47,9	78,0	108	138	169	201	232	293	447	605	
0,130	38,2	25,4	19,0	12,7	6,28	3,12	19,1	35,2	51,6	83,8	116	148	182	216	249	315	482	653	
0,140	40,8	27,0	20,3	13,6	6,70	3,32	20,4	37,6	55,1	89,6	124	159	195	231	266	337	516	701	
0,160	45,8	30,4	22,7	15,2	7,52	3,73	22,9	42,2	61,8	101	140	179	220	261	302	382	585	794	
0,180	50,6	33,6	25,1	16,8	8,31	4,12	25,4	46,8	68,5	112	156	200	245	290	336	425	653	886	
0,200	55,4	36,8	27,5	18,3	9,10	4,52	27,8	51,3	75,0	123	171	220	269	319	370	468	720	978	

Umfang = 0,927 m da/di = 3,105 ln da/di = 1,1331

Wärme-leitzahl λ	Rohrtemperatur in ° C (Lufttemp. = 20° C) -40	-20	-10	±0	+10	+25	+50	+75	+100	+150	+200	+250	+300	+350	+400	+500	+750	+1000	Isol.-Stärke
0,020	5,85	3,90	2,92	1,95	0,98	0,49	2,92	5,38	7,83	12,7	17,7	22,7	27,6	32,4	37,3	47,1			
0,025	7,31	4,86	3,64	2,43	1,22	0,61	3,64	6,68	9,75	15,7	21,9	28,1	34,4	40,2	46,5	58,9			
0,030	8,74	5,82	4,35	2,90	1,45	0,73	4,35	7,97	11,6	18,7	26,2	33,5	41,0	48,1	55,8	70,4			
0,035	10,2	6,78	5,05	3,37	1,68	0,84	5,05	9,26	13,5	21,8	30,6	38,8	47,5	56,0	64,9	81,6	123		
0,040	11,6	7,71	5,76	3,84	1,92	0,96	5,76	10,6	15,3	24,8	34,9	44,2	54,0	63,8	73,7	92,7	142		
0,045	12,9	8,65	6,45	4,30	2,14	1,07	6,46	11,8	17,2	27,9	39,1	49,6	60,5	71,5	82,7	104	160		
0,050	14,4	9,58	7,14	4,76	2,37	1,18	7,15	13,1	19,1	30,9	43,3	54,9	66,9	79,3	91,5	115	177		
0,060	17,1	11,4	8,52	5,67	2,83	1,41	8,53	15,6	22,8	36,9	51,6	65,6	79,9	94,9	109	137	210	282	
0,070	19,8	13,2	9,86	6,56	3,28	1,64	9,88	18,1	26,4	42,9	59,8	76,1	93,0	110	127	159	244	329	**120**
0,080	22,4	15,0	11,2	7,45	3,71	1,85	11,2	20,6	30,0	48,7	67,7	86,3	106	125	144	181	278	375	mm
0,090	25,0	16,7	12,5	8,30	4,14	2,06	12,5	23,0	33,7	54,5	75,6	96,4	119	140	161	203	311	420	
0,100	27,6	18,4	13,7	9,16	4,56	2,26	13,8	25,3	37,1	60,2	83,5	107	132	155	178	225	345	463	
0,110	30,2	20,1	15,0	10,0	4,98	2,47	15,1	27,7	40,4	65,8	91,4	117	143	170	195	246	377	507	
0,120	32,7	21,7	16,2	10,8	5,38	2,68	16,4	30,0	43,9	71,4	99,1	127	155	184	212	267	409	551	
0,130	35,2	23,3	17,4	11,7	5,78	2,88	17,6	32,3	47,3	76,8	107	136	167	198	228	288	441	596	
0,140	37,7	25,0	18,6	12,5	6,18	3,07	18,8	34,5	50,5	82,2	114	146	179	212	244	308	474	640	
0,160	42,4	28,2	21,0	14,0	6,97	3,46	21,2	38,9	56,8	92,9	129	165	202	240	277	349	538	723	
0,180	47,1	31,3	23,3	15,6	7.73	3,84	23,5	43,2	63,1	103	144	184	225	267	309	389	600	808	
0,200	51,8	34,3	25,6	17,1	8,50	4,22	25,8	47,4	69,3	114	158	202	247	293	340	429	659	893	

Umfang = 1,052 m da/di = 3,526 ln da/di = 1,2603

Wärme-leitzahl λ	Rohrtemperatur in ° C (Lufttemp. = 20° C)																		Isol.-Stärke
	−40	−20	−10	±0	+10	+25	+50	+75	+100	+150	+200	+250	+300	+350	+400	+500	+750	+1000	
0,020	5,41	3,61	2,71	1,81	0,90	0,45	2,71	4,96	7,22	11,7	16,3	21,0	25,6	30,1	34,7	43,6			
0,025	6,73	4,48	3,36	2,25	1,12	0,56	3,36	6,15	9,00	14,6	20,3	26,2	31,7	37,4	43,2	54,3			
0,030	8,06	5,35	4,02	2,69	1,34	0,67	4,02	7,34	10,8	17,4	24,3	31,2	37,9	44,7	51,6	64,8			
0,035	9,36	6,22	4,67	3,12	1,56	0,78	4,67	8,52	12,6	20,3	28,3	36,2	44,0	51,8	60,0	75,6	115		
0,040	10,7	7,09	5,32	3,55	1,78	0,89	5,31	9,71	14,3	23,1	32,2	41,2	50,0	59,0	68,3	86,2	131		
0,045	12,0	7,95	5,96	3,98	1,99	1,00	5,96	10,9	16,0	25,9	36,1	46,1	56,0	66,1	76,7	96,7	147		
0,050	13,2	8,81	6,60	4,40	2,20	1,10	6,60	12,1	17,7	28,7	40,0	51,0	62,0	73,2	84,8	107	163		
0,060	15,8	10,5	7,89	5,25	2,63	1,31	7,87	14,5	21,2	34,3	47,6	60,8	74,0	87,4	101	128	194	260	
0,070	18,3	12,2	9,14	6,09	3,05	1,52	9,14	16,8	24,5	39,8	55,2	70,6	86,0	101	117	148	225	303	**140**
0,080	20,8	13,9	10,4	6,90	3,46	1,72	10,4	19,1	27,8	45,3	62,8	80,2	97,8	116	133	168	257	346	mm
0,090	23,3	15,5	11,6	7,72	3,87	1,92	11,6	21,4	31,2	50,7	70,3	89,6	110	129	149	189	288	387	
0,100	25,7	17,1	12,8	8,53	4,26	2,12	12,8	23,6	34,4	56,0	77,8	99,1	121	143	165	209	319	428	
0,110	28,1	18,7	14,0	9,32	4,65	2,32	14,0	25,8	37,7	61,4	85,1	108	133	156	181	229	349	469	
0,120	30,5	20,3	15,2	10,1	5,04	2,51	15,2	28,0	40,9	66,7	92,4	118	144	170	196	249	379	510	
0,130	32,8	21,9	16,4	10,9	5,42	2,70	16,4	30,2	44,0	71,8	99,6	127	156	184	212	268	409	550	
0,140	35,1	23,4	17,5	11,6	5,80	2,89	17,5	32,3	47,1	76,9	107	136	167	197	227	287	439	591	
0,160	39,7	26,4	19,8	13,2	6,57	3,26	19,8	36,5	53,3	86,6	120	155	189	223	257	326	498	669	
0,180	44,2	29,4	22,0	14,7	7,30	3,62	22,0	40,6	59,3	96,5	134	173	211	249	287	364	556	749	
0,200	48,6	32,3	24,2	16,1	8,02	3,98	24,2	44,6	65,2	106	147	190	232	274	317	401	614	828	

Umfang = 1,178 m da/di = 3,947 ln da/di = 1,3731

Wärme-leitzahl λ	Rohrtemperatur in ° C (Lufttemp. = 20° C)																		Isol.-Stärke
	−40	−20	−10	±0	+10	+25	+50	+75	+100	+150	+200	+250	+300	+350	+400	+500	+750	+1000	
0,020	5,03	3,35	2,51	1,68	0,84	0,42	2,52	4,65	6,77	11,0	15,3	19,6	23,9	28,1	32,3	40,9			
0,025	6,31	4,17	3,13	2,09	1,04	0,53	3,14	5,80	8,40	13,7	19,0	24,3	29,7	35,0	40,3	50,7			
0,030	7,55	5,00	3,74	2,49	1,24	0,63	3,75	6,92	10,0	16,3	22,7	29,0	35,4	41,7	48,3	60,5			
0,035	8,78	5,82	4,36	2,90	1,45	0,73	4,36	8,04	11,7	19,0	26,5	33,8	41,2	48,5	56,2	70,3	108		
0,040	9,96	6,65	4,98	3,31	1,65	0,83	4,99	9,14	13,3	21,6	30,2	38,5	46,8	55,3	63,9	80,1	123		
0,045	11,2	7,47	5,60	3,72	1,86	0,93	5,61	10,3	14,9	24,2	33,8	43,1	52,3	62,1	71,7	89,9	138		
0,050	12,4	8,27	6,20	4,14	2,06	1,03	6,21	11,4	16,6	26,8	37,3	47,7	57,7	68,8	79,4	99,7	151		
0,060	14,8	9,90	7,41	4,93	2,47	1,23	7,41	13,6	19,9	32,0	44,5	57,1	69,4	82,2	94,0	119	181	245	
0,070	17,2	11,5	8,61	5,72	2,87	1,43	8,60	15,8	23,0	37,2	51,7	66,3	80,9	95,4	110	139	211	284	**160**
0,080	19,5	13,1	9,79	6,50	3,26	1,63	9,80	18,0	26,2	42,5	58,8	75,4	91,5	109	125	158	241	323	mm
0,090	21,9	14,6	10,9	7,26	3,64	1,82	10,9	20,2	29,4	47,5	65,8	84,4	103	122	140	177	270	363	
0,100	24,3	16,1	12,1	8,01	4,01	2,00	12,1	22,3	32,5	52,5	72,9	93,2	114	135	155	195	299	402	
0,110	26,5	17,6	13,2	8,76	4,37	2,18	13,2	24,4	35,6	57,5	80,0	102	125	148	170	214	328	440	
0,120	28,7	19,1	14,3	9,51	4,74	2,37	14,4	26,5	38,7	62,6	87,0	111	136	161	184	233	356	480	
0,130	30,9	20,6	15,4	10,3	5,12	2,56	15,5	28,5	41,5	67,4	93,7	120	146	173	198	252	384	517	
0,140	33,1	22,1	16,5	11,0	5,48	2,74	16,6	30,6	44,4	72,2	100	128	156	185	213	270	412	554	
0,160	37,5	25,0	18,7	12,5	6,20	3,09	18,7	34,6	50,4	81,6	113	145	177	210	242	307	470	628	
0,180	41,8	27,9	20,8	13,9	6,92	3,44	20,8	38,4	56,0	90,8	126	162	198	234	271	343	526	702	
0,200	46,1	30,7	23,0	15,3	7,63	3,78	22,9	42,1	61,5	100	139	178	218	258	299	379	579	776	

Umfang = 1,304 m da/di = 4,368 ln da/di = 1,4744

Innerer Rohr ⌀ = 100 mm **Äußerer Rohr ⌀ = 108 mm**

Wärmeleitzahl λ	Rohrtemperatur in ° C (Lufttemp. = 20° C)																		Isol.-Stärke
	−40	−20	−10	±0	+10	+25	+50	+75	+100	+150	+200	+250	+300	+350	+400	+500	+750	+1000	
0,020	53,2	35,0	26,2	17,4	8,53	4,24	27,0	50,3	74,5	126	177	230	285	340	393	506			
0,025	60,2	40,1	29,4	19,7	9,72	4,80	30,9	58,3	87,6	148	207	274	336	404	466	610			
0,030	67,1	44,6	32,1	21,9	10,7	5,30	34,5	65,5	98,2	167	235	313	384	461	536	704			
0,035	72,7	48,3	34,7	23,6	11,5	5,72	37,5	71,5	108	184	261	346	430	516	600	790	1280		
0,040	77,6	51,4	37,2	25,2	12,3	6,09	40,2	76,9	116	198	285	376	473	567	660	871	1420		
0,045	82,0	54,2	39,4	26,6	12,9	6,42	42,7	81,8	123	212	306	405	510	613	715	948	1560		
0,050	85,7	56,6	41,3	27,8	13,5	6,71	44,8	86,2	130	225	326	432	544	656	767	1020	1690		
0,060	91,8	60,5	44,9	29,6	14,4	7,14	48,3	94,2	142	248	362	481	610	738	867	1160	1970		
0,070	96,8	63,9	47,8	31,4	15,2	7,53	51,3	101	152	268	394	526	668	815	959	1290	2220		**5 mm**
0,080	101	66,7	50,0	32,7	15,8	7,84	53,8	107	161	285	421	566	720	885	1040	1420	2440		
0,090	104	69,1	51,8	33,8	16,4	8,11	56,0	112	170	300	445	603	768	949	1120	1530	2630		
0,100	107	71,3	53,2	34,7	16,8	8,33	57,9	116	177	314	468	636	813	1000	1190	1630	2820		
0,110	110	73,0	54,4	35,5	17,2	8,54	59,6	119	183	327	488	665	855	1050	1260	1730	3010		
0,120	112	74,4	55,4	36,1	17,6	8,70	61,0	123	188	339	507	692	894	1100	1330	1820	3190		
0,130	114	75,6	56,3	36,8	17,9	8,84	62,3	126	192	349	523	716	929	1150	1390	1910	3360		
0,140	116	76,7	57,1	37,3	18,2	8,96	63,4	129	197	357	537	738	959	1190	1450	1990	3530		
0,160	119	78,6	58,4	38,2	18,6	9,19	65,5	133	205	373	565	779	1020	1260	1530	2140	3860		
0,180	122	80,3	59,6	39,1	19,0	9,38	67,3	136	212	386	588	818	1070	1320	1620	2280	4160		
0,200	124	81,7	60,5	39,8	19,3	9,55	68,8	139	218	400	610	853	1120	1390	1710	2410	4450		

Umfang = 0,371 m da/di = 1,093 ln da/di = 0,0886

Wärmeleitzahl λ	Rohrtemperatur in ° C (Lufttemp. = 20° C)																		Isol.-Stärke
	−40	−20	−10	±0	+10	+25	+50	+75	+100	+150	+200	+250	+300	+350	+400	+500	+750	+1000	
0,020	34,3	22,7	17,0	11,2	5,57	2,76	17,1	32,0	46,7	77,1	109	140	170	204	234	299			
0,025	40,7	27,0	20,1	13,3	6,60	3,25	20,3	37,7	56,0	92,2	130	168	205	246	282	363			
0,030	46,4	30,7	22,9	15,2	7,46	3,70	22,3	43,2	64,4	107	151	194	238	286	329	423			
0,035	51,6	34,1	25,4	16,8	8,30	4,10	26,0	48,6	72,3	120	170	220	270	324	374	480	748		
0,040	56,1	37,2	27,7	18,3	9,01	4,47	28,4	53,4	79,7	132	188	243	300	361	417	535	842		
0,045	60,4	40,0	29,7	19,7	9,69	4,81	30,7	57,9	86,4	144	205	265	328	395	457	588	937		
0,050	64,5	42,4	31,6	21,0	10,3	5,10	32,8	62,2	92,2	155	222	286	354	429	496	640	1020		
0,060	71,4	47,0	35,0	23,2	11,4	5,66	36,7	69,6	104	175	251	327	406	491	570	738	1190	1640	
0,070	77,9	51,0	38,1	25,2	12,3	6,10	40,0	76,4	114	194	278	364	454	550	640	831	1340	1870	**10 mm**
0,080	83,2	54,5	40,7	26,8	13,2	6,49	42,9	82,2	123	211	303	399	499	606	704	917	1490	2090	
0,090	87,6	57,6	43,0	28,3	13,9	6,84	45,5	87,3	131	226	326	430	541	660	766	1000	1630	2300	
0,100	91,6	60,4	45,0	29,6	14,5	7,15	47,7	92,1	139	240	347	459	579	707	824	1080	1770	2510	
0,110	95,2	62,7	46,8	30,8	15,0	7,41	49,8	96,6	146	253	367	487	616	752	879	1160	1910	2720	
0,120	98,5	64,8	48,4	31,8	15,5	7,65	51,7	100	153	265	386	512	650	795	931	1230	2040	2920	
0,130	101	66,8	49,7	32,7	15,9	7,88	53,5	104	159	276	403	536	681	834	979	1300	2160	3110	
0,140	104	68,6	51,0	33,6	16,3	8,08	55,1	108	164	286	420	559	710	874	1030	1370	2290	3300	
0,160	108	71,4	53,1	35,0	17,1	8,44	57,8	114	174	306	448	601	766	947	1120	1490	2520	2650	
0,180	112	74,1	55,1	36,2	17,7	8,72	60.5	119	183	323	475	640	819	1020	1200	1610	2750	3990	
0,200	116	76,5	56,8	37,3	18,2	8,96	62,6	123	191	337	500	676	865	1080	1280	1730	2970	4330	

Umfang = 0,402 m da/di = 1,185 ln da/di = 0,1699

Innerer Rohr ⌀ = 100 mm **Äußerer Rohr ⌀ = 108 mm**

Wärmeleitzahl λ	Rohrtemperatur in ° C (Lufttemp. = 20° C) -40	-20	-10	±0	+10	+25	+50	+75	+100	+150	+200	+250	+300	+350	+400	+500	+750	+1000	Isol.-Stärke
0,020	25,8	17,1	12,7	8,48	4,20	2,09	12,9	23,7	34,7	56,9	79,8	102	125	147	171	216			
0,025	31,0	20,7	15,2	10,1	5,02	2,49	15,3	28,9	42,3	69,2	96,7	124	152	180	207	264			
0,030	35,9	23,9	17,6	11,8	5,81	2,88	17,8	33,4	49,1	80,5	113	146	178	210	242	311			
0,035	40,5	26,9	19,9	13,2	6,53	3,25	20,1	37,6	55,6	91,1	128	166	204	240	277	356	547		
0,040	44,8	29,7	22,0	14,6	7,21	3,60	22,2	41,7	61,6	102	142	185	228	269	310	400	620		
0,045	48,9	32,4	24,0	15,9	7,86	3,93	24,3	45,6	67,4	112	156	203	251	297	343	442	690		
0,050	52,4	34,8	25,8	17,1	8,46	4,22	26,2	49,3	73,0	121	170	220	272	324	374	483	759		
0,060	59,0	39,2	29,0	19,3	9,52	4,71	29,8	56,0	83,3	139	195	254	314	374	435	560	880	1210	
0,070	65,1	43,2	32,0	21,3	10,5	5,16	33,0	62,4	92,8	155	219	285	352	422	492	635	1000	1380	
0,080	70,4	46,7	34,6	23,1	11,3	5,58	35,9	68,0	102	171	241	314	390	467	546	705	1120	1540	**15** mm
0,090	75,3	50,0	37,0	24,6	12,0	5,96	38,5	73,0	110	185	262	342	424	510	597	772	1230	1710	
0,100	79,6	52,8	39,2	26,1	12,7	6,30	40,9	77,8	117	198	282	368	458	551	646	837	1340	1870	
0,110	83,7	55,5	41,1	27,4	13,3	6,60	43,2	82,3	124	210	301	394	490	590	692	900	1450	2030	
0,120	87,5	57,9	43,0	28,6	13,9	6,86	45,2	86,6	131	222	319	417	521	628	738	961	1560	2190	
0,130	91,0	60,1	44,6	29,7	14,4	7,11	47,0	90,7	136	233	336	440	551	665	782	1020	1660	2340	
0,140	94,1	62,1	46,1	30,6	14,9	7,35	48,7	94,2	142	244	350	462	577	700	824	1080	1760	2490	
0,160	99,6	65,8	48,8	32,3	15,7	7,77	52,2	101	153	263	379	503	631	764	904	1190	1950	2770	
0,180	104	68,8	51,2	33,9	16,5	8,15	55,0	107	162	280	406	540	680	825	978	1290	2140	3040	
0,200	109	71,6	53,3	35,3	17,2	8,50	57,3	112	170	296	430	575	726	884	1050	1390	2310	3310	

Umfang = 0,434 m   da/di = 1,278   ln da/di = 0,2451

Wärmeleitzahl λ	Rohrtemperatur in ° C (Lufttemp. = 20° C) -40	-20	-10	±0	+10	+25	+50	+75	+100	+150	+200	+250	+300	+350	+400	+500	+750	+1000	Isol.-Stärke
0,020	20,8	13,9	10,4	6,89	3,44	1,72	10,4	19,2	28,1	46,0	63,8	81,5	100	119	136	172			
0,025	25,3	16,9	12,6	8,39	4,16	2,07	12,6	23,5	34,4	56,4	78,2	100	122	146	167	212			
0,030	29,5	19,7	14,7	9,78	4,84	2,41	14,8	27,5	40,5	66,0	92,2	118	144	172	197	251			
0,035	33,6	22,4	16,7	11,1	5,50	2,74	16,9	31,1	46,2	75,1	105	135	165	197	227	289	440		
0,040	37,5	24,9	18,5	12,3	6,09	3,04	18,8	34,8	51,5	84,0	118	151	185	221	255	325	498		
0,045	41,2	27,1	20,3	13,5	6,65	3,32	20,6	38,3	56,5	92,6	130	167	205	243	282	359	555		
0,050	44,6	29,3	22,0	14,6	7,19	3,57	22,4	41,6	61,4	101	141	182	224	266	309	393	609		
0,060	51,2	33,6	25,0	16,6	8,17	4,06	25,6	47,7	70,5	117	163	211	260	309	359	458	718	978	
0,070	57,0	37,3	27,9	18,5	9,10	4,52	28,5	53,5	79,1	131	184	239	294	350	408	521	819	1120	
0,080	62,1	40,8	30,6	20,2	9,94	4,93	31,3	59,1	87,2	145	204	265	327	390	455	581	918	1260	**20** mm
0,090	66,8	44,0	33,0	21,7	10,7	5,30	33,9	63,9	94,2	158	223	290	359	428	498	640	1020	1400	
0,100	71,4	47,0	35,1	23,2	11,4	5,65	36,2	68,4	101	172	241	314	388	464	540	699	1110	1530	
0,110	75,6	49,7	37,1	24,5	12,1	5,97	38,4	72,8	108	184	259	337	416	499	581	756	1200	1660	
0,120	79,4	52,2	39,0	25,7	12,6	6,26	40,4	76,9	114	195	276	359	444	533	622	809	1290	1790	
0,130	82,8	54,6	40,8	26,9	13,2	6,54	42,3	80,8	121	205	290	380	471	565	661	860	1380	1910	
0,140	86,1	56,8	42,6	28,0	13,7	6,79	44,2	84,3	126	215	304	400	498	596	700	909	1460	2030	
0,160	92,1	60,8	45,4	30,0	14,6	7,25	47,6	91,2	137	234	334	437	546	658	773	1010	1630	2270	
0,180	97,4	64,4	47,9	31,7	15,5	7,65	50,5	97,3	146	251	359	471	592	716	843	1100	1790	2510	
0,200	102	67,6	50,3	33,2	16,3	8,00	53,2	103	155	267	384	506	635	772	912	1190	1940	2730	

Umfang = 0,465 m   da/di = 1,370   ln da/di = 0,3152

Innerer Rohr ⌀ = 100 mm **Äußerer Rohr ⌀ = 108 mm**

Wärme-leitzahl λ	Rohrtemperatur in ° C (Lufttemp. = 20° C) −40	−20	−10	±0	+10	+25	+50	+75	+100	+150	+200	+250	+300	+350	+400	+500	+750	+1000	Isol.-Stärke
0,020	17,8	11,9	8,84	5,90	2,94	1,46	8,89	16,4	23,8	39,0	54,3	70,0	84,9	101	116	146			
0,025	21,8	14,5	10,8	7,20	3,56	1,78	10,8	20,1	29,4	48,1	66,3	85,7	104	124	142	179			
0,030	25,6	17,0	12,7	8,46	4,17	2,09	12,7	23,6	34,6	56,8	78,1	101	123	146	167	221			
0,035	29,3	19,4	14,5	9,62	4,76	2,38	14,5	27,0	39,6	65,0	89,9	117	141	168	192	244	376		
0,040	32,8	21,6	16,2	10,8	5,32	2,66	16,2	30,2	44,3	72,9	100	131	159	189	217	275	427		
0,045	36,0	23,8	17,8	11,8	5,83	2,91	17,9	33,3	48,9	80,3	111	145	176	210	242	306	477		
0,050	39,1	25,9	19,4	12,8	6,32	3,15	19,5	36,3	53,4	87,5	122	159	194	230	265	337	525		
0,060	44,6	29,7	22,2	14,8	7,26	3,62	22,5	42,1	61,9	102	142	185	226	268	310	396	619	835	
0,070	50,0	33,4	25,0	16,6	8,19	4,05	25,4	47,5	69,9	116	161	209	256	304	353	452	705	959	**25**
0,080	55,2	36,8	27,4	18,3	8,99	4,44	28,1	52,6	77,0	129	179	232	285	340	394	505	789	1080	mm
0,090	60,1	39,9	29,7	19,8	9,70	4,81	30,5	57,4	84,0	141	197	255	313	375	435	556	875	1200	
0,100	64,6	42,8	31,9	21,2	10,4	5,16	32,7	62,0	90,7	153	214	277	341	408	473	607	959	1320	
0,110	68,7	45,6	34,0	22,6	11,1	5,47	34,8	66,2	97,3	164	230	298	368	439	511	657	1040	1430	
0,120	72,6	48,2	35,9	23,8	11,7	5,76	36,8	70,1	104	174	245	318	394	470	548	705	1120	1540	
0,130	76,3	50,6	37,7	25,0	12,2	6,04	38,7	73,9	109	184	260	338	418	499	584	753	1190	1650	
0,140	79,8	52,7	39,4	26,1	12,7	6,30	40,6	77,6	114	193	274	357	442	528	618	800	1270	1760	
0,160	86,4	56,9	42,4	28,1	13,7	6,77	44,1	84,4	125	212	302	393	487	584	684	884	1420	1970	
0,180	92,0	60,4	45,2	29,9	14,6	7,22	47,2	90,5	134	229	327	429	530	638	748	969	1560	2180	
0,200	96,7	63,7	47,5	31,6	15,4	7,63	50,0	96,4	143	244	350	463	572	690	810	1050	1690	2380	

Umfang = 0,496 m da/di = 1,463 ln da/di = 0,3805

Wärme-leitzahl λ	Rohrtemperatur in ° C (Lufttemp. = 20° C) −40	−20	−10	±0	+10	+25	+50	+75	+100	+150	+200	+250	+300	+350	+400	+500	+750	+1000	Isol.-Stärke
0,020	15,6	10,4	7,76	5,18	2,58	1,29	7,78	14,1	20,8	34,0	47,4	61,2	74,1	87,0	101	126			
0,025	19,2	12,8	9,51	6,31	3,16	1,57	9,54	17,6	25,5	42,0	58,5	74,7	91,5	108	124	157			
0,030	22,5	15,1	11,2	7,45	3,70	1,84	11,2	20,9	30,2	49,5	69,0	88,0	107	127	147	186			
0,035	25,8	17,2	12,8	8,55	4,21	2,10	12,8	23,8	34,7	57,0	79,2	101	124	147	170	215	330		
0,040	29,0	19,3	14,4	9,54	4,71	2,35	14,4	26,7	39,0	64,2	89,0	114	140	166	192	243	375		
0,045	32,0	21,3	15,9	10,5	5,20	2,59	15,9	29,5	43,3	70,9	98,8	127	156	184	214	270	417		
0,050	35,0	23,2	17,3	11,5	5,68	2,83	17,4	32,2	47,4	77,6	108	140	171	202	235	297	456		
0,060	40,6	26,8	20,0	13,3	6,56	3,28	20,2	37,5	55,1	90,2	127	163	200	237	275	350	540	731	
0,070	45,8	30,3	22,6	15,0	7,42	3,70	22,9	42,5	62,5	103	145	186	228	270	314	402	620	845	**30**
0,080	50,8	33,6	25,0	16,6	8,20	4,08	25,4	47,1	69,4	115	161	208	255	302	351	450	698	953	mm
0,090	55,4	36,6	27,2	18,1	8,95	4,43	27,7	51,6	76,0	126	177	230	282	334	388	497	774	1060	
0,100	59,7	39,4	29,3	19,5	9,63	4,76	29,9	56,0	82,3	137	193	250	307	365	423	543	850	1160	
0,110	63,6	42,1	31,4	20,9	10,3	5,08	31,9	59,9	88,5	147	208	270	331	394	457	588	924	1260	
0,120	67,5	44,6	33,3	22,2	10,9	5,38	33,9	63,8	94,3	157	223	289	355	422	492	632	994	1360	
0,130	70,2	47,0	35,1	23,4	11,5	5,68	35,8	67,6	100	168	237	307	378	450	525	674	1060	1450	
0,140	74,8	49,3	36,8	24,5	12,0	5,96	37,7	71,2	105	177	250	325	400	477	558	716	1130	1550	
0,160	81,2	53,6	40,0	26,5	13,0	6,44	41,2	77,9	115	195	276	359	444	530	619	799	1270	1740	
0,180	87,1	57,4	42,8	28,3	13,9	6,87	44,4	84,0	125	211	299	391	484	578	678	878	1390	1930	
0,200	92,7	61,0	45,4	30,0	14,7	7,28	47,2	89,6	134	227	322	421	522	625	734	952	1510	2110	

Umfang = 0,528 m da/di = 1,556 ln da/di = 0,4419

Innerer Rohr ∅ = 100 mm **Äußerer Rohr ∅ = 108 mm**

Wärme-leitzahl λ	Rohrtemperatur in ° C (Lufttemp. = 20° C)																		Isol.-Stärke
	−40	−20	−10	±0	+10	+25	+50	+75	+100	+150	+200	+250	+300	+350	+400	+500	+750	+1000	
0,020	14,0	9,32	6,98	4,66	2,32	1,15	6,98	12,8	18,8	30,4	42,4	54,0	66,0	77,1	89,8	113			
0,025	17,2	11,4	8,51	5,67	2,83	1,41	8,53	15,7	23,0	37,6	52,1	66,8	80,8	96,3	111	140			
0,030	20,3	13,5	10,0	6,66	3,33	1,66	10,0	18,6	27,1	44,4	61,9	79,0	95,6	114	132	167			
0,035	23,2	15,4	11,5	7,64	3,82	1,90	11,5	21,5	31,2	51,1	71,3	91,0	110	132	152	192	294		
0,040	26,1	17,3	13,0	8,62	4,30	2,13	13,0	24,1	35,2	57,7	80,6	103	125	149	172	217	335		
0,045	29,0	19,2	14,4	9,59	4,75	2,36	14,5	26,8	39,1	64,0	89,3	115	139	166	191	242	372		
0,050	31,6	21,0	15,8	10,5	5,20	2,58	15,9	29,3	43,0	70,3	97,8	126	153	182	210	266	407		
0,060	36,8	24,6	18,3	12,1	6,02	3,00	18,5	34,2	50,0	82,1	115	148	180	213	248	315	481	655	
0,070	41,8	27,8	20,8	13,7	6,82	3,40	21,0	38,9	57,0	94,0	131	169	207	244	284	361	555	756	**35**
0,080	46,5	30,9	23,1	15,3	7,56	3,76	23,4	43,3	63,6	105	147	189	232	274	318	406	629	852	mm
0,090	51,1	33,8	25,3	16,8	8,26	4,12	25,6	47,5	70,0	116	162	209	256	303	352	448	698	949	
0,100	55,2	36,6	27,4	18,2	8,94	4,45	27,7	51,5	75,9	126	176	228	279	331	384	492	765	1040	
0,110	59,1	39,3	29,3	19,4	9,59	4,75	29,7	55,2	81,9	136	191	247	301	360	416	534	830	1130	
0,120	62,9	41,8	31,2	20,6	10,2	5,04	31,6	59,0	87,6	146	204	265	324	386	448	575	892	1230	
0,130	66,6	44,1	33,0	21,8	10,8	5,32	33,5	62,7	93,0	155	218	282	346	412	480	615	952	1320	
0,140	70,4	46,4	34,7	22,9	11,3	5,59	35,3	66,1	98,0	164	231	299	367	437	510	655	1020	1400	
0,160	77,0	50,5	37,8	25,0	12,3	6,08	38,8	72,7	108	181	255	330	408	484	566	730	1150	1580	
0,180	82,8	54,4	40,7	26,9	13,2	6,53	42,0	79,1	117	197	279	361	447	532	622	804	1270	1750	
0,200	87,8	58,2	43,4	28,6	14,1	6,98	44,9	84,8	126	212	301	391	485	576	676	873	1380	1920	

Umfang = 0,559 m da/di = 1,648 ln da/di = 0,4995

Wärme-leitzahl λ	Rohrtemperatur in ° C (Lufttemp. = 20° C)																		Isol.-Stärke
	−40	−20	−10	±0	+10	+25	+50	+75	+100	+150	+200	+250	+300	+350	+400	+500	+750	+1000	
0,020	12,8	8,50	6,35	4,23	2,11	1,06	6,38	10,7	17,0	27,7	38,4	49,3	60,1	70,9	82,1	103			
0,025	15,8	10,5	7,76	5,18	2,59	1,29	7,81	14,4	21,0	34,1	47,2	60,8	74,1	87,4	101	128			
0,030	18,7	12,4	9,18	6,11	3,06	1,53	9,26	17,0	24,9	40,5	56,1	72,0	87,9	104	120	151			
0,035	21,5	14,2	10,6	7,02	3,50	1,75	10,7	19,6	28,7	46,8	64,9	83,2	101	120	139	175	268		
0,040	24,2	16,0	12,0	7,91	3,95	1,97	12,1	22,1	32,4	52,9	73,6	94,0	114	136	157	198	305		
0,045	26,8	17,8	13,3	8,80	4,37	2,18	13,4	24,6	35,9	58,9	81,9	105	127	152	175	221	340		
0,050	29,4	19,5	14,6	9,69	4,80	2,39	14,7	27,0	39,5	64,8	90,0	115	140	167	193	244	376		
0,060	34,4	22,7	17,0	11,3	5,61	2,79	17,1	31,7	46,4	75,7	106	135	166	197	228	288	444	597	
0,070	39,2	25,8	19,3	12,8	6,36	3,16	19,5	36,0	52,8	86,6	121	155	190	226	262	331	509	690	**40**
0,080	43,7	28,8	21,5	14,2	7,11	3,52	21,8	40,3	59,0	97,6	136	174	214	254	294	372	575	781	mm
0,090	48,0	31,6	23,7	15,7	7,85	3,86	24,0	44,4	65,2	107	150	193	237	281	325	412	639	870	
0,100	52,2	34,4	25,8	17,0	8,45	4,19	26,1	48,3	70,9	117	164	211	259	307	356	453	703	955	
0,110	56,0	37,0	27,7	18,3	9,09	4,49	28,0	52,0	76,4	127	178	229	281	332	396	493	765	1040	
0,120	59,7	39,5	29,5	19,6	9,66	4,78	29,8	55,6	81,9	136	191	246	302	358	416	532	826	1130	
0,130	63,4	41,9	31,3	20,7	10,4	5,06	31,6	59,1	87,2	145	203	262	322	383	444	569	886	1210	
0,140	67,0	44,1	33,0	21,8	10,8	5,32	33,4	62,5	92,2	154	215	278	342	406	473	606	945	1290	
0,160	73,4	48,6	36,2	23,9	11,8	5,80	36,7	69,0	102	170	239	310	380	452	528	676	1060	1450	
0,180	79,5	52,4	39,1	25,8	12,7	6,27	39,9	75,1	111	186	261	339	417	498	579	745	1170	1610	
0,200	85,2	56,1	41,7	27,5	13,6	6,71	42,9	81,1	120	201	284	368	454	542	631	812	1280	1770	

Umfang = 0,591 m da/di = 1,741 ln da/di = 0,5543

Innerer Rohr ∅ = 100 mm **Äußerer Rohr ∅ = 108 mm**

Wärmeleitzahl λ	Rohrtemperatur in ° C (Lufttemp. = 20° C)																		Isol.-Stärke
	−40	−20	−10	±0	+10	+25	+50	+75	+100	+150	+200	+250	+300	+350	+400	+500	+750	+1000	
0,020	11,8	7,79	5,86	3,90	1,94	0,97	5,88	10,8	15,6	25,2	35,4	45,4	55,3	64,8	75,8	94,5			
0,025	14,5	9,65	7,22	4,79	2,39	1,19	7,25	13,3	19,3	31,5	43,8	56,0	68,4	80,4	92,9	118			
0,030	17,2	11,4	8,55	5,66	2,83	1,41	8,58	15,8	23,0	37,3	52,0	66,6	81,0	95,6	110	140			
0,035	19,7	13,2	9,86	6,54	3,26	1,62	9,88	18,1	26,5	43,0	60,0	77,0	93,9	111	128	162	247		
0,040	22,2	14,9	11,2	7,40	3,67	1,83	11,2	20,5	29,9	48,6	67,9	87,2	106	126	145	183	279		
0,045	24,7	16,6	12,4	8,23	4,08	2,03	12,4	22,8	33,3	54,0	75,6	97,0	118	140	162	204	312		
0,050	27,1	18,1	13,6	9,03	4,48	2,23	13,6	25,0	36,6	59,6	83,1	107	130	154	178	225	345		
0,060	31,8	21,2	15,9	10,5	5,24	2,61	16,0	29,4	43,0	70,0	98,0	126	153	182	211	266	410	555	
0,070	36,3	24,2	18,1	12,0	5,97	2,97	18,2	33,6	49,1	80,4	113	145	176	209	242	306	473	640	**45**
0,080	40,7	27,0	20,2	13,4	6,67	3,31	20,4	37,7	55,1	90,4	127	163	198	235	273	346	535	722	mm
0,090	44,8	29,8	22,3	14,8	7,33	3,64	22,5	41,6	60,9	100	140	181	220	260	303	385	596	804	
0,100	48,8	32,4	24,2	16,1	7,95	3,96	24,5	45,4	66,6	110	153	197	241	285	332	422	655	885	
0,110	52,6	35,0	26,1	17,4	8,55	4,25	26,4	49,0	72,0	119	166	213	262	310	360	458	712	965	
0,120	56,2	37,4	27,9	18,6	9,13	4,54	28,2	52,6	77,2	127	179	230	282	334	388	494	769	1040	
0,130	59,8	39,7	29,6	19,7	9,70	4,81	30,0	55,9	82,2	136	191	245	302	358	415	330	825	1120	
0,140	63,2	42,0	31,3	20,7	10,2	5,07	31,7	59,2	86,8	144	202	261	321	381	442	565	879	1200	
0,150	69,8	46,2	34,4	22,8	11,2	5,56	35,0	65,4	96,4	160	225	291	358	425	494	634	986	1350	
0,160	75,7	50,2	37,4	24,7	12,2	6,03	38,2	71,3	105	175	247	319	394	467	544	699	1090	1500	
0,200	81,5	54,0	40,2	26,5	13,1	6,47	41,1	77,0	114	190	269	347	428	508	592	762	1200	1650	

Umfang = 0,622 m da/di = 1,833 ln da/di = 0,6061

Wärmeleitzahl λ	Rohrtemperatur in ° C (Lufttemp. = 20° C)																		Isol.-Stärke
	−40	−20	−10	±0	+10	+25	+50	+75	+100	+150	+200	+250	+300	+350	+400	+500	+750	+1000	
0,020	10,9	7,25	5,42	3,63	1,80	0,90	5,42	9,95	16,5	23,7	32,9	42,0	51,3	60,0	69,9	87,9			
0,025	13,5	9,00	6,69	4,46	2,23	1,11	6,70	12,4	18,0	29,3	40,7	51,8	63,4	75,2	86,2	108			
0,030	15,9	10,7	7,94	5,29	2,65	1,32	7,98	14,7	21,4	34,6	48,2	61,7	75,4	89,5	103	129			
0,035	18,4	12,3	9,18	6,10	3,05	1,52	9,21	16,9	24,7	40,0	55,8	71,4	87,1	104	119	150	229		
0,040	20,8	13,9	10,4	6,90	3,44	1,71	10,4	19,2	27,9	45,3	63,4	81,0	99,0	117	135	170	260		
0,045	23,1	15,4	11,5	7,69	3,82	1,90	11,6	21,4	31,1	50,5	70,8	90,6	110	131	151	190	291		
0,050	25,4	16,9	12,7	8,48	4,20	2,09	12,8	23,5	34,1	55,8	77,9	99,4	122	144	166	209	321		
0,060	30,0	19,9	14,9	10,0	4,94	2,45	15,0	27,6	40,4	66,1	92,0	118	144	170	197	248	383	515	
0,070	34,2	22,8	17,0	11,4	5,64	2,80	17,1	31,6	46,4	75,9	105	136	166	196	227	286	441	595	**50**
0,080	38,3	25,5	19,1	12,7	6,29	3,13	19,2	35,4	52,0	85,2	119	153	187	221	256	324	498	673	mm
0,090	42,3	28,2	21,1	14,1	6,92	3,45	21,2	39,2	57,5	94,5	132	169	207	246	284	360	556	750	
0,100	46,2	30,7	23,0	15,4	7,54	3,75	23,2	42,8	62,8	104	145	185	227	270	312	395	613	825	
0,110	50,0	33,2	24,8	16,6	8,15	4,04	25,1	46,3	68,0	113	157	201	246	293	339	430	668	900	
0,120	53,5	35,5	26,6	17,7	8,72	4,33	26,8	49,7	73,2	121	169	217	265	316	365	465	721	971	
0,130	57,0	37,8	28,3	18,7	9,26	4,60	28,6	53,0	78,0	129	180	232	284	338	390	499	774	1050	
0,140	60,4	40,1	30,0	19,9	9,79	4,85	30,2	56,2	82,8	137	191	247	303	360	416	532	827	1140	
0,160	66,8	44,3	33,0	21,9	10,8	5,33	33,4	62,4	92,1	152	213	275	339	402	466	596	926	1280	
0,180	72,6	48,2	35,8	23,8	11,7	5,80	36,5	68,3	101	168	234	303	373	444	514	659	1030	1410	
0,200	78,2	51,8	38,5	25,6	12,7	6,27	39,4	73,7	109	182	255	330	406	484	561	720	1120	1540	

Umfang = 0,654 da/di = 1,926 ln da/di = 0,6555

Innerer Rohr ⌀ = 100 mm **Äußerer Rohr ⌀ = 108 mm**

Wärmeleitzahl λ	Rohrtemperatur in ° C (Lufttemp. = 20° C) -40	-20	-10	±0	+10	+25	+50	+75	+100	+150	+200	+250	+300	+350	+400	+500	+750	+1000	Isol.-Stärke
0,020	9,74	6,44	4,80	3,22	1,60	0,80	4,81	8,79	12,8	20,9	29,0	37,3	45,2	53,1	61,3	77,7			
0,025	12,0	7,99	5,95	3,96	1,98	0,99	5,97	10,9	15,9	25,9	36,0	46,0	56,1	65,1	76,2	96,6			
0,030	14,2	9,45	7,03	4,70	2,36	1,18	7,12	12,9	18,9	30,8	42,9	54,6	66,8	78,2	91,0	114			
0,035	16,4	10,9	8,11	5,43	2,72	1,36	8,20	14,9	21,9	35,6	49,7	63,1	77,4	91,2	105	133	203		
0,040	18,6	12,4	9,20	6,16	3,07	1,53	9,25	16,9	24,8	40,2	56,2	71,7	88,0	104	120	151	231		
0,045	20,8	13,9	10,3	6,87	3,43	1,71	10,4	18,9	27,7	45,1	62,8	80,2	98,5	117	134	169	259		
0,050	23,0	15,2	11,4	7,58	3,76	1,88	11,4	20,8	30,5	49,8	69,2	88,6	109	129	148	187	286		
0,060	27,1	17,9	13,4	8,92	4,43	2,21	13,5	24,6	36,1	59,2	82,1	105	129	151	175	221	340	458	
0,070	31,1	20,6	15,4	10,2	5,10	2,54	15,5	28,4	41,6	68,0	94,7	121	148	175	202	256	393	532	
0,080	35,0	23,2	17,4	11,5	5,78	2,85	17,4	32,0	46,9	77,0	107	137	167	198	229	290	446	604	**60 mm**
0,090	38,7	25,7	19,3	12,8	6,36	3,15	19,3	35,5	52,0	85,8	119	152	186	220	254	322	498	672	
0,100	42,4	28,2	21,1	14,0	6,92	3,44	21,1	38,9	57,0	94,0	131	167	204	242	280	354	548	740	
0,110	45,9	30,5	22,8	15,1	7,48	3,72	22,8	42,2	61,8	102	142	182	222	264	305	386	597	808	
0,120	49,4	32,6	24,5	16,2	8,03	3,99	24,6	45,4	66,6	110	153	197	240	285	329	418	646	872	
0,130	52,8	34,7	26,0	17,3	8,56	4,24	26,3	48,5	71,2	117	164	211	258	305	353	449	694	938	
0,140	56,0	36,8	27,5	18,3	9,07	4,50	27,9	51,6	75,9	125	175	225	275	326	376	479	742	1000	
0,160	62,1	41,0	30,5	20,2	10,0	4,97	30,9	57,4	84,3	140	195	252	309	365	423	539	836	1130	
0,180	67,9	45,0	33,4	22,1	11,0	5,43	33,8	62,8	92,7	154	215	278	341	404	468	596	926	1260	
0,200	73,6	48,8	36,3	24,0	11,9	5,87	36,7	68,3	101	167	234	303	375	441	511	654	1020	1390	

Umfang = 0,716 m da/di = 2,111 ln da/di = 0,7425

Wärmeleitzahl λ	Rohrtemperatur in ° C (Lufttemp. = 20° C) -40	-20	-10	±0	+10	+25	+50	+75	+100	+150	+200	+250	+300	+350	+400	+500	+750	+1000	Isol.-Stärke
0,020	8,72	5,80	4,35	2,90	1,45	0,72	4,38	8,02	11,7	18,9	26,3	34,0	41,0	48,2	55,9	70,7			
0,025	10,8	7,21	5,38	3,59	1,79	0,89	5,40	10,0	14,4	23,5	32,6	41,9	51,0	60,1	69,0	86,9			
0,030	12,9	8,55	6,40	4,26	2,13	1,06	6,42	11,9	17,2	27,9	38,8	49,9	60,8	72,0	82,1	104			
0,035	14,9	9,87	7,42	4,93	2,47	1,23	7,42	13,8	19,9	32,3	45,0	57,8	70,2	83,3	96,1	120	184		
0,040	16,9	11,2	8,42	5,59	2,80	1,39	8,41	15,6	22,6	36,7	51,2	65,7	79,8	94,1	109	136	209		
0,045	18,8	12,5	9,41	6,25	3,12	1,55	9,40	17,4	25,3	41,1	57,2	73,2	89,1	105	122	153	234		
0,050	20,8	13,8	10,4	6,90	3,43	1,71	10,4	19,2	27,9	45,4	63,1	81,0	98,7	116	135	169	259		
0,060	24,6	16,4	12,3	8,20	4,05	2,02	12,3	22,7	33,0	53,7	75,0	96,0	117	138	159	200	308	418	
0,070	28,4	18,9	14,2	9,38	4,67	2,32	14,2	26,1	38,1	62,1	86,3	111	135	160	184	232	358	484	
0,080	32,0	21,3	16,0	10,6	5,25	2,61	16,0	29,4	43,1	70,3	97,6	125	153	181	209	264	406	549	**70 mm**
0,090	35,4	23,6	17,7	11,8	5,81	2,90	17,8	32,7	48,0	78,0	109	139	171	202	233	295	454	612	
0,100	38,9	25,8	19,4	12,9	6,37	3,18	19,5	35,9	52,8	86,0	120	153	188	222	257	325	500	674	
0,110	42,3	28,0	21,1	14,0	6,92	3,44	21,2	39,0	57,3	93,4	130	167	205	242	280	354	547	734	
0,120	45,5	30,2	22,7	15,1	7,46	3,70	22,8	42,0	61,8	101	141	181	221	261	303	383	592	796	
0,130	48,7	32,3	24,2	16,1	7,98	3,95	24,4	44,9	66,2	108	151	194	237	280	325	412	636	858	
0,140	51,9	34,3	25,7	17,0	8,47	4,19	26,0	47,8	70,3	115	161	207	253	300	346	441	681	920	
0,160	57,7	38,3	28,6	19,0	9,41	4,66	28,8	53,5	78,7	129	180	232	285	337	390	496	767	1040	
0,180	63,3	42,0	31,3	20,8	10,3	5,11	31,6	58,9	86,5	142	199	257	316	373	432	550	852	1160	
0,200	68,7	45,5	34,0	22,6	11,2	5,56	34,4	64,2	94,3	155	218	281	346	408	474	603	936	1280	

Umfang = 0,779 m da/di = 2,296 ln da/di = 0,8313

Innerer Rohr ∅ = 100 mm **Äußerer Rohr ∅ = 108 mm**

Wärmeleitzahl λ	Rohrtemperatur in ° C (Lufttemp. = 20° C)																		Isol.-Stärke
	−40	−20	−10	±0	+10	+25	+50	+75	+100	+150	+200	+250	+300	+350	+400	+500	+750	+1000	
0,020	8,00	5,33	4,00	2,66	1,33	0,67	4,00	7,38	10,7	17,4	24,3	31,0	37,8	44,3	51,0	64,1			
0,025	10,0	6,60	4,93	3,30	1,65	0,83	4,97	9,13	13,3	21,6	30,0	38,4	46,9	45,9	63,5	80,0			
0,030	11,9	7,87	5,87	3,93	1,96	0,98	5,93	10,8	15,8	25,8	35,6	45,8	55,9	65,9	76,0	95,6			
0,035	13,8	9,09	6,80	4,55	2,27	1,13	6,85	12,5	18,3	29,9	41,2	53,1	64,8	76,3	88,0	110	168		
0,040	15,6	10,3	7,71	5,17	2,58	1,28	7,80	14,3	20,8	34,0	46,9	60,3	73,5	86,5	100	126	192		
0,045	17,4	11,6	8,62	5,80	2,89	1,44	8,72	15,9	23,3	38,0	52,5	67,6	82,0	96,6	112	141	215		
0,050	19,3	12,8	9,53	6,40	3,20	1,59	9,65	17,6	25,7	42,0	58,0	74,9	90,9	107	124	156	238		
0,060	22,9	15,1	11,3	7,59	3,78	1,87	11,4	20,9	30,5	49,8	69,0	89,0	108	128	147	186	284	384	
0,070	26,4	17,5	13,1	8,75	4,35	2,16	13,1	24,1	35,4	57,5	79,8	103	125	148	171	215	330	446	**80 mm**
0,080	29,8	19,8	14,8	9,89	4,92	2,44	14,8	27,3	40,0	65,0	90,5	116	142	168	194	245	375	506	
0,090	33,0	22,0	16,4	11,0	5,47	2,70	16,5	30,3	44,5	72,4	101	129	158	187	216	274	419	564	
0,100	36,3	24,2	18,0	12,1	5,99	2,96	18,1	33,3	48,9	79,8	111	142	174	206	238	302	463	622	
0,110	39,5	26,3	19,6	13,1	6,51	3,21	19,7	36,3	53,2	87,0	121	155	189	224	260	330	505	681	
0,120	42,6	28,6	21,2	14,1	7,00	3,47	21,3	39,2	57,6	94,1	131	168	205	243	281	357	545	738	
0,130	45,7	30,4	22,7	15,1	7,50	3,72	22,9	42,1	61,8	101	141	180	221	261	302	384	586	795	
0,140	48,7	32,3	24,2	16,0	7,99	3,96	24,4	44,9	66,0	108	150	192	236	279	323	410	627	852	
0,160	54,4	36,1	27,1	17,9	8,91	4,41	26,1	50,2	73,7	121	168	217	266	313	364	463	709	966	
0,180	59,8	39,7	29,7	19,8	9,78	4,85	29,9	55,5	81,2	134	187	241	295	348	405	514	790	1080	
0,200	65,1	43,2	32,4	21,5	10,7	5,29	32,7	60,6	88,4	147	205	264	324	382	444	564	869	1190	

Umfang = 0,842 m da/di = 2,482 ln da/di = 0,7889

Wärmeleitzahl λ	Rohrtemperatur in ° C (Lufttemp. = 20° C)																		Isol.-Stärke
	−40	−20	−10	±0	+10	+25	+50	+75	+100	+150	+200	+250	+300	+350	+400	+500	+750	+1000	
0,020	7,46	4,97	3,71	2,48	1,24	0,62	3,71	6,87	10,0	16,2	22,3	28,6	35,0	41,2	47,4	59,8			
0,025	9,31	6,17	4,61	3,08	1,54	0,77	4,62	8,48	12,3	20,0	27,7	35,8	43,7	51,1	59,2	74,1			
0,030	11,1	7,34	5,51	3,67	1,84	0,92	5,53	10,1	14,6	23,9	33,1	42,7	52,0	61,0	70,8	88,4			
0,035	12,8	8,51	6,39	4,25	2,13	1,06	6,40	11,7	17,0	27,7	38,4	49,5	60,2	70,9	82,3	103	158		
0,040	14,6	9,70	7,26	4,83	2,42	1,20	7,28	13,2	19,3	31,5	43,8	56,1	68,4	80,8	93,7	117	180		
0,045	16,3	10,8	8,12	5,40	2,70	1,34	8,15	14,8	21,6	35,3	49,2	62,7	76,6	90,6	104	131	202		
0,050	18,0	11,9	9,00	5,85	2,98	1,48	9,00	16,4	24,0	39,1	54,5	69,3	84,7	100	116	145	223		
0,060	21,4	14,2	10,7	7,07	3,56	1,77	10,7	19,5	28,6	46,6	64,9	82,6	101	119	138	174	265	358	
0,070	24,7	16,4	12,3	8,20	4,09	2,04	12,3	22,6	33,1	54,0	74,8	95,5	117	138	160	201	308	417	**90 mm**
0,080	27,9	18,5	13,9	9,26	4,62	2,29	13,9	25,7	37,6	61,1	84,7	109	133	156	181	229	350	474	
0,090	31,1	20,7	15,5	10,3	5,14	2,54	15,5	28,7	41,9	68,1	94,5	121	148	175	202	256	392	528	
0,100	34,2	22,7	17,0	11,4	5,63	2,79	17,1	31,6	46,1	75,1	104	133	163	193	223	282	432	584	
0,110	37,3	24,7	18,5	12,4	6,12	3,03	18,6	34,4	50,2	82,0	113	145	178	210	243	308	472	638	
0,120	40,3	26,7	20,0	13,4	6,62	3,28	20,1	37,1	54,2	88,7	123	157	193	228	263	334	512	693	
0,130	43,2	28,6	21,5	14,3	7,09	3,51	21,6	39,8	58,2	95,3	132	169	207	246	283	360	551	747	
0,140	46,1	30,5	23,0	15,2	7,53	3,73	23,0	42,4	62,1	102	141	181	222	263	303	384	590	800	
0,160	51,7	34,2	25,7	17,1	8,42	4,19	25,8	47,6	69,7	114	159	205	250	296	342	434	668	902	
0,180	56,9	37,8	28,2	18,9	9,31	4,62	28,5	52,7	77,2	127	176	227	278	329	380	484	744	1010	
0,200	62,1	41,2	30,8	20,5	10,2	5,05	31,1	57,6	84,5	139	194	248	305	360	417	532	817	1110	

Umfang = 0,905 m da/di = 2,667 ln da/di = 0,9808

Wärme-leitzahl λ	Rohrtemperatur in ° C (Lufttemp. = 20° C)																		Isol.-Stärke
	-40	-20	-10	±0	+10	+25	+50	+75	+100	+150	+200	+250	+300	+350	+400	+500	+750	+1000	
0,020	6,97	4,68	3,49	2,33	1,16	0,58	3,49	6,42	9,30	15,2	21,0	27,1	33,0	38,4	44,5	56,1			
0,025	8,74	5,80	4,34	2,90	1,45	0,72	4,34	8,00	11,6	18,9	26,1	33,7	40,9	48,0	55,5	69,9			
0,030	10,4	6,91	5,20	3,45	1,73	0,86	5,20	9,55	13,8	22,5	31,1	40,2	48,8	57,3	66,4	83,6			
0,035	12,1	8,03	6,00	3,99	2,01	1,00	6,01	11,1	16,0	26,1	36,2	46,5	56,5	66,6	77,3	96,3	146		
0,040	13,7	9,10	6,82	4,55	2,28	1,14	6,82	12,6	18,2	29,8	41,2	52,8	64,0	75,9	88,0	110	168		
0,045	15,4	10,2	7,65	5,10	2,54	1,27	7,68	14,1	20,4	33,4	46,0	59,1	71,5	85,0	98,5	123	189		
0,050	17,0	11,3	8,45	5,65	2,81	1,40	8,49	15,6	22,6	36,9	51,0	65,4	79,0	94,0	109	136	209		
0,060	20,2	13,5	10,1	6,71	3,34	1,67	10,1	18,6	26,9	43,8	61,0	78,0	94,3	112	129	162	248	338	
0,070	23,4	15,5	11,6	7,73	3,85	1,93	11,6	21,5	31,1	50,6	70,5	90,1	110	130	149	189	288	391	**100** mm
0,080	26,5	17,5	13,1	8,75	4,36	2,17	13,1	24,3	35,3	57,5	89,8	102	125	148	170	215	328	444	
0,090	29,5	19,6	14,7	9,77	4,86	2,41	14,7	27,1	39,4	64,3	89,0	114	139	165	190	241	367	496	
0,100	32,4	21,6	16,1	10,8	5,34	2,65	16,1	29,8	43,5	71,0	98,3	126	154	183	210	265	406	547	
0,110	35,3	23,5	17,6	11,8	5,82	2,89	17,6	32,5	47,5	77,5	108	138	168	199	230	290	443	599	
0,120	38,2	25,4	19,0	12,7	6,28	3,13	19,1	35,2	51,4	83,8	116	149	182	216	249	314	480	650	
0,130	41,0	27,3	20,4	13,6	6,74	3,36	20,5	37,8	55,3	90,0	125	160	196	233	268	338	517	701	
0,140	43,8	29,0	21,8	14,6	7,20	3,57	21,9	40,4	59,1	96,4	133	171	210	248	286	362	554	752	
0,160	49,2	32,6	24,4	16,3	8,08	4,00	24,6	45,5	66,2	108	150	193	237	281	324	410	630	852	
0,180	54,4	36,1	26,9	18,0	8,92	4,43	27,3	50,5	73,4	120	167	215	263	312	360	456	702	952	
0,200	59,4	39,5	29,4	19,6	9,76	4,85	29,9	55,1	80,4	132	184	236	289	342	397	502	775	1050	

Umfang = 0,967 da/di = 2,852 ln da/di = 1,0480

Wärme-leitzahl λ	Rohrtemperatur in ° C (Lufttemp. = 20° C)																		Isol.-Stärke
	-40	-20	-10	±0	+10	+25	+50	+75	+100	+150	+200	+250	+300	+350	+400	+500	+750	+1000	
0,020	6,25	4,19	3,13	2,08	1,05	0,52	3,15	5,72	8,40	13,5	18,9	24,0	29,5	34,8	39,9	50,3			
0,025	7,81	5,22	3,90	2,60	1,31	0,65	3,89	7,20	10,4	16,8	23,4	30,0	36,8	43,2	49,7	63,0			
0,030	9,34	6,25	4,67	3,21	1,55	0,78	4,67	8,57	12,4	20,1	28,0	35,9	44,0	51,7	59,5	75,6			
0,035	10,9	7,27	5,43	3,61	1,80	0,91	5,44	10,0	14,5	23,4	32,6	41,8	51,1	60,0	69,2	87,0	132		
0,040	12,4	8,27	6,17	4,10	2,05	1,03	6,18	11,4	16,5	26,6	37,2	47,5	58,0	68,2	78,9	99,3	152		
0,045	13,9	9,26	6,90	4,59	2,29	1,15	6,91	12,7	18,4	29,9	41,8	53,1	64,9	76,4	88,3	111	172		
0,050	15,4	10,2	7,61	5,08	2,54	1,27	7,62	14,1	20,4	33,0	46,3	58,7	71,6	84,5	98,0	123	190		
0,060	18,3	12,2	9,10	6,06	3,03	1,51	9,11	16,7	24,4	39,5	55,2	70,2	85,5	101	118	147	226	302	
0,070	21,2	14,1	10,5	7,01	3,52	1,75	10,5	19,4	28,3	46,0	63,9	81,5	99,3	118	136	170	261	352	**120** mm
0,080	24,0	16,0	12,0	7,97	3,98	1,98	12,0	22,0	32,2	52,3	72,5	92,7	113	134	154	194	297	402	
0,090	26,8	17,8	13,4	8,90	4,43	2,20	13,4	24,6	36,0	58,4	81,0	103	127	150	172	218	333	450	
0,100	29,5	19,6	14,7	9,80	4,88	2,42	14,8	27,2	39,7	64,4	89,3	114	141	166	190	241	369	497	
0,110	32,3	21,4	16,0	10,7	5,33	2,64	16,2	29,7	43,2	70,4	97,6	125	154	182	209	264	403	545	
0,120	35,0	23,2	17,3	11,6	5,76	2,87	17,5	32,1	46,8	76,3	106	136	166	197	227	286	437	592	
0,130	37,6	24,9	18,6	12,5	6,20	3,08	18,8	34,6	50,4	82,1	114	146	179	212	244	308	472	638	
0,140	40,2	26,7	19,9	13,4	6,62	3,29	20,1	36,9	53,9	87,9	122	156	191	227	261	330	508	685	
0,160	45,3	30,1	22,5	15,0	7,48	3,71	22,6	41,6	60,7	99,3	138	177	216	257	296	374	576	775	
0,180	50,3	33,4	24,9	16,6	8,28	4,12	25,1	46,2	67,4	110	153	197	241	287	330	417	643	866	
0,200	55,2	36,6	27,3	18,2	9,08	4,52	27,6	50,6	74,0	122	169	217	265	316	364	459	706	956	

Umfang = 1,093 da/di = 3,222 ln da/di = 1,1701

Innerer Rohr ∅ = 100 mm **Äußerer Rohr ∅ = 108 mm**

Wärmeleitzahl λ	Rohrtemperatur in ° C (Lufttemp. = 20° C)																		Isol.-Stärke
	−40	−20	−10	±0	+10	+25	+50	+75	+100	+150	+200	+250	+300	+350	+400	+500	+750	+1000	
0,020	5,74	3,84	2,90	1,94	0,96	0,48	2,90	5,27	7,72	12,4	17,4	22,5	27,2	32,2	37,0	46,1			
0,025	7,17	4,78	3,60	2,40	1,19	0,60	3,60	6,58	9,60	15,5	21,7	28,0	33,8	39,9	46,1	57,6			
0,030	8,60	5,71	4,30	2,87	1,42	0,72	4,31	7,83	11,5	18,6	26,0	33,4	40,4	47,5	55,1	68,9			
0,035	10,0	6,62	5,00	3,33	1,66	0,83	5,00	9,10	13,4	21,6	30,2	38,8	47,0	55,1	64,0	80,2	122		
0,040	11,4	7,59	5,70	3,79	1,89	0,95	5,71	10,4	15,2	24,6	34,4	44,1	53,5	62,7	73,0	91,5	140		
0,045	12,8	8,47	6,39	4,25	2,12	1,07	6,40	11,6	17,1	27,6	38,5	49,4	59,9	70,5	81,9	103	157		
0,050	14,1	9,34	7,07	4,70	2,35	1,18	7,08	12,9	18,9	30,6	42,6	54,5	66,1	78,2	90,7	114	174		
0,060	16,8	11,2	8,43	5,60	2,80	1,40	8,43	15,4	22,6	36,6	50,7	65,0	79,0	93,2	108	136	207	278	
0,070	19,5	13,0	9,78	6,48	3,24	1,62	9,78	17,9	26,2	42,5	58,8	75,5	91,9	108	125	158	241	325	**140**
0,080	22,2	14,8	11,1	7,36	3,68	1,83	11,1	20,4	29,7	48,4	66,9	86,0	104	124	142	179	274	369	mm
0,090	24,8	16,5	12,4	8,23	4,12	2,05	12,4	22,8	33,2	54,1	75,0	96,0	117	138	159	201	308	413	
0,100	27,4	18,2	13,7	9,10	4,54	2,26	13,7	25,2	36,6	59,8	83,0	106	130	152	176	223	340	457	
0,110	30,0	19,9	15,0	9,95	4,96	2,47	15,0	27,5	40,1	65,5	90,8	116	142	166	193	244	373	501	
0,120	32,5	21,6	16,2	10,7	5,37	2,68	16,2	29,8	43,5	71,1	98,4	126	154	181	210	265	406	544	
0.130	35,0	23,3	17,5	11,6	5,78	2,88	17,5	32,2	46,8	76,5	106	136	166	196	226	286	437	587	
0,140	37,4	25,0	18,7	12,4	6,18	3,08	18,7	34,4	50,1	82,0	114	145	178	210	242	306	468	630	
0,160	42,3	28,1	21,0	14,1	7,00	3,47	21,1	38,9	56,7	92,3	128	165	202	238	274	347	532	714	
0,180	47,0	31,2	23,4	15,6	7,78	3,86	23,5	43,2	63,1	103	143	184	225	265	306	388	594	799	
0,200	51,6	34,3	25,8	17,1	8,54	4,24	25,8	47,5	69,4	113	157	203	247	292	337	427	655	883	

Umfang = 1,219 m da/di = 3,593 ln da/di = 1,2789

Wärmeleitzahl λ	Rohrtemperatur in ° C (Lufttemp. = 20° C)																		Isol.-Stärke
	−40	−20	−10	±0	+10	+25	+50	+75	+100	+150	+200	+250	+300	+350	+400	+500	+750	+1000	
0,020	5,38	3,59	2,67	1,80	0,89	0,44	2,67	4,98	7,20	11,7	16,2	20,9	25,3	30,0	34,5	44,0			
0,025	6,70	4,48	3,34	2,25	1,12	0,56	3,33	6,19	8,92	14,6	20,2	26,0	31,5	37,1	43,0	54,3			
0,030	8,00	5,36	3,99	2,68	1,34	0,67	3,99	7,40	10,6	17,4	24,1	30,9	37,8	44,2	51,5	64,7			
0,035	9,29	6,22	4,63	3,11	1,55	0,78	4,63	8,59	12,4	20,2	28,1	35,9	44,0	51,6	59,9	75,0	115		
0,040	10,6	7,07	5,29	3,54	1,76	0,88	5,29	9,72	14,2	23,0	32,1	40,9	49,9	58,8	68,1	85,5	131		
0,045	11,9	7,92	5,93	3,97	1,98	0,99	5,94	10,9	15,9	25,8	35,9	45,8	55,6	66,0	76,3	95,8	146		
0,050	13,2	8,80	6,59	4,40	2,20	1,10	6,61	12,1	17,6	28,5	39,8	50,7	61,3	73,1	84,6	106	161		
0,060	15,8	10,5	7,89	5,24	2,62	1,31	7,90	14,5	21,2	34,1	47,4	60,6	73,5	87,5	100	127	192	261	
0,070	18,3	12,2	9,15	6,08	3,05	1,52	9,16	16,8	24,5	39,7	55,0	70,5	85,7	102	117	148	224	302	**160**
0,080	20,8	13,9	10,4	6,91	3,46	1,73	10,4	19,1	27,8	45,2	62,5	80,2	97,6	116	133	168	256	344	mm
0,090	23,3	15,5	11,6	7,72	3,86	1,93	11,6	21,4	31,2	50,6	70,0	90,5	109	130	149	188	287	385	
0,100	25,8	17,1	12,8	8,53	4,26	2,13	12,8	23,7	34,5	55,9	77,5	99,0	121	144	165	208	318	427	
0,110	28,2	18,8	14,0	9,35	4,66	2,32	14,0	26,0	37,7	61,2	85,0	109	133	157	181	228	349	468	
0,120	30,5	20,3	15,2	10,1	5,05	2,52	15,2	28,2	40,9	66,6	92,5	118	145	171	196	248	379	509	
0,130	32,9	21,9	16,4	10,9	5,45	2,72	16,4	30,3	44,1	72,0	99,8	127	156	184	211	268	409	550	
0,140	35,2	23,5	17,5	11,7	5,84	2,91	17,6	32,5	47,2	77,0	107	136	166	198	226	288	438	589	
0,160	39,8	26,6	19,9	13,3	6,61	3,28	19,9	36,7	53,5	87,0	120	154	188	223	257	327	499	668	
0,180	44,5	29,6	22,1	14,8	7,36	3,65	22,1	40,8	59,6	96,8	134	172	210	249	288	365	557	748	
0,200	49,0	32,6	24,4	16,2	8,07	4,01	24,3	44,8	65,5	107	148	190	231	274	318	403	615	826	

Umfang = 1,345 m da/di = 3,963 ln da/di = 1,3770

Innerer Rohr ∅ = 110 mm **Äußerer Rohr ∅ = 121 mm**

Wärmeleitzahl λ	Rohrtemperatur in °C (Lufttemp. = 20° C) −40	−20	−10	±0	+10	+25	+50	+75	+100	+150	+200	+250	+300	+350	+400	+500	+750	+1000	Isol.-Stärke
0,020	59,1	38,9	29,1	19,4	9,50	4,72	30,1	56,0	82,8	140	198	257	319	379	430	560			5 mm
0,025	66,9	44,7	32,5	22,0	10,8	5,34	34,3	64,8	96,6	165	230	306	374	450	513	676			
0,030	74,1	49,6	35,6	24,4	11,9	5,89	38,3	72,7	109	187	261	350	428	515	591	784			
0,035	80,8	53,8	38,3	26,3	12,8	6,36	41,8	79,4	120	205	291	386	480	575	662	878	1430		
0,040	86,3	57,2	41,0	28,0	13,6	6,76	44,7	85,3	129	221	317	419	527	631	728	968	1590		
0,045	91,0	60,3	43,5	29,5	14,4	7,13	47,4	90,7	137	236	340	451	568	683	788	1060	1740		
0,050	95,2	63,0	45,7	31,0	15,0	7,47	49,8	95,6	144	250	362	480	606	734	842	1140	1880		
0,060	102	67,2	49,9	33,0	16,0	8,00	53,6	104	158	275	403	535	679	821	956	1290	2200		
0,070	107	70,9	53,2	34,9	16,9	8,37	56,9	112	169	298	439	585	743	904	1060	1440	2490		
0,080	112	74,1	55,7	36,3	17,6	8,71	59,5	119	179	317	467	629	801	984	1150	1580	2730		
0,090	116	76,8	57,6	37,5	18,2	9,01	61,9	124	188	333	493	670	855	1060	1240	1710	2930		
0,100	119	79,2	59,2	38,5	18,7	9,27	64,0	129	196	349	519	707	904	1120	1320	1820	3130		
0,110	122	81,1	60,5	39,3	19,1	9,48	65,9	133	203	364	542	739	950	1170	1390	1930	3340		
0,120	125	82,7	61,6	40,0	19,5	9,66	67,6	136	208	376	562	769	993	1220	1470	2040	3540		
0,130	127	84,0	62,6	40,7	19,8	9,80	69,0	140	213	387	580	795	1030	1270	1530	2130	3740		
0,140	129	85,2	63,4	41,3	20,2	9,94	70,3	143	218	397	596	820	1070	1320	1590	2210	3930		
0,160	132	87,3	64,9	42,4	20,6	10,2	72,7	147	228	414	627	865	1130	1390	1690	2370	4280		
0,180	135	89,1	66,2	43,3	21,0	10,4	74,6	151	235	429	654	908	1190	1470	1790	2530	4610		
0,200	137	90,8	67,2	44,1	21,4	10,6	76,3	154	242	445	678	949	1250	1550	1880	2680	4920		

Umfang = 0,412 m da/di = 1,083 ln da/di = 0,0794

Wärmeleitzahl λ	Rohrtemperatur in °C (Lufttemp. = 20° C) −40	−20	−10	±0	+10	+25	+50	+75	+100	+150	+200	+250	+300	+350	+400	+500	+750	+1000	Isol.-Stärke
0,020	38,0	25,2	18,9	12,5	6,17	3,06	19,9	35,4	51,8	85,5	120	157	189	228	260	331			10 mm
0,025	45,1	29,8	22,3	14,7	7,30	3,60	22,5	41,8	62,0	102	144	186	227	273	313	404			
0,030	51,4	34,0	25,3	16,8	8,26	4,09	25,8	48,0	71,1	118	167	215	264	317	365	470			
0,035	57,0	37,7	28,1	18,6	9,19	4,54	28,8	53,8	80,0	133	188	243	299	360	414	532	830		
0,040	62,1	41,1	30,6	20,3	10,0	4,94	31,6	59,2	88,2	147	208	270	332	401	461	592	935		
0,045	66,9	44,2	32,9	21,8	10,7	5,32	34,0	64,1	95,2	160	227	294	363	439	506	650	1040		
0,050	71,3	47,0	35,1	23,2	11,4	5,65	36,4	68,8	102	172	245	317	392	477	550	706	1140		
0,060	79,9	52,0	38,8	25,7	12,6	6,26	40,6	77,0	115	194	277	362	449	546	631	816	1320	1820	
0,070	86,0	56,3	42,2	27,8	13,6	6,74	44,2	84,6	126	215	307	403	501	612	709	921	1490	2070	
0,080	92,0	60,2	45,0	29,7	14,5	7,18	47,4	91,0	136	233	335	442	552	674	780	1020	1660	2320	
0,090	96,9	63,7	47,5	31,3	15,3	7,56	50,3	96,5	145	250	361	476	599	732	848	1110	1810	2560	
0,100	101	66,6	49,8	32,7	16,0	7,90	52,8	102	154	266	384	508	642	786	912	1200	1970	2790	
0,110	105	69,3	51,6	34,0	16,6	8,19	55,0	107	162	280	406	539	681	835	971	1290	2120	3010	
0,120	109	71,5	53,4	35,1	17,1	8,45	57,1	111	169	293	427	567	718	882	1030	1370	2260	3230	
0,130	112	73,6	54,9	36,2	17,6	8,70	59,0	115	176	306	446	593	753	925	1090	1440	2400	3440	
0,140	115	75,6	56,4	37,1	18,1	8,93	60,8	119	182	317	464	618	785	964	1140	1520	2530	3650	
0,160	120	78,7	58,8	38,7	18,9	9,32	63,8	126	192	339	496	664	847	1050	1240	1650	2790	4040	
0,180	124	81,7	60,9	40,0	19,5	9,64	66,7	131	201	357	525	707	906	1130	1330	1790	3040	4420	
0,200	128	84,4	62,7	41,2	20,1	9,90	69,1	136	210	372	552	748	956	1200	1420	1910	3290	4790	

Umfang = 0,443 m da/di = 1,163 ln da/di = 0,1530

Innerer Rohr ⌀ = 110 mm **Äußerer Rohr ⌀ = 121 mm**

Wärme-leitzahl λ	Rohrtemperatur in ° C (Lufttemp. = 20° C) -40	-20	-10	±0	+10	+25	+50	+75	+100	+150	+200	+250	+300	+350	+400	+500	+750	+1000	Isol.-Stärke
0,020	28,5	18,9	14,1	9,36	4,65	2,31	14,2	26,2	38,5	62,9	88,1	113	138	163	189	239			
0,025	34,1	22,7	16,9	11,2	5,55	2,76	16,9	31,8	46,6	76,5	107	138	168	199	229	292			
0,030	39,4	26,2	19,6	13,0	6,41	3,18	19,6	36,9	54,3	89,0	125	161	197	233	268	343			
0,035	44,6	29,5	22,0	14,6	7,20	3,58	22,1	41,6	61,6	101	142	183	225	266	307	393	607		
0,040	49,4	32,6	24,3	16,1	7,95	3,95	24,5	46,0	68,4	112	157	204	252	297	344	441	686		
0,045	53,9	35,5	26,4	17,6	8,67	4,31	26,8	50,3	74,5	123	172	224	277	327	379	488	763		
0,050	57,8	38,4	28,4	18,8	9,33	4,65	28,9	54,4	80,4	134	187	243	301	357	413	534	837		
0,060	65,0	43,2	32,0	21,2	10,5	5,19	32,8	61,8	91,8	153	215	280	347	415	480	619	972	1340	
0,070	71,7	47,6	35,3	23,4	11,6	5,69	36,3	68,8	102	171	241	314	389	466	544	700	1110	1520	**15**
0,080	77,6	51,5	38,1	25,4	12,5	6,15	39,5	74,9	112	188	266	347	430	516	604	777	1240	1710	mm
0,090	83,0	55,0	40,7	27,1	13,3	6,56	42,4	80,5	121	204	289	378	468	564	659	850	1360	1890	
0,100	87,8	58,1	43,1	28,7	14,0	6,91	45,1	85,7	129	218	312	407	505	608	713	922	1480	2070	
0,110	92,3	61,1	45,3	30,1	14,7	7,25	47,6	90,6	137	232	332	434	540	652	764	991	1600	2240	
0,120	96,4	63,7	47,3	31,5	15,3	7,55	49,9	95,3	144	245	351	460	574	693	813	1060	1720	2410	
0,130	100	66,1	49,1	32,6	15,9	7,84	51,8	100	150	257	370	485	607	733	861	1130	1830	2580	
0,140	104	68,2	50,7	33,7	16,4	8,10	53,6	104	156	269	387	509	637	771	908	1190	1940	2750	
0,160	110	72,2	53,6	35,5	17,3	8,55	57,4	111	168	289	418	554	695	842	996	1310	2150	3060	
0,180	115	75,7	56,2	37,2	18,1	8,95	60,4	117	178	308	447	595	749	910	1080	1420	2360	3360	
0,200	119	78,7	58,5	38,8	18,8	9,26	63,0	123	187	325	474	632	800	975	1150	1530	2550	3660	

Umfang = 0,474 m da/di = 1,248 ln da/di = 0,2215

Wärme-leitzahl λ	Rohrtemperatur in ° C (Lufttemp. = 20° C) -40	-20	-10	±0	+10	+25	+50	+75	+100	+150	+200	+250	+300	+350	+400	+500	+750	+1000	Isol.-Stärke
0,020	23,0	15,2	11,4	7,59	3,78	1,89	11,5	21,2	31,0	50,6	70,1	90,0	111	131	150	190			
0,025	27,8	18,6	13,8	9,21	4,59	2,28	14,0	25,8	37,9	62,1	86,2	110	135	161	184	233			
0,030	32,5	21,7	16,2	10,8	5,33	2,65	16,4	30,3	44,5	72,5	102	130	159	190	218	276			
0,035	37,0	24,7	18,4	12,2	6,03	3,00	18,6	34,4	51,0	82,7	116	149	182	217	250	318	484		
0,040	41,2	27,4	20,4	13,5	6,69	3,33	20,7	38,2	57,0	92,5	130	167	204	244	281	357	549		
0,045	45,3	29,8	22,3	14,8	7,31	3,63	22,6	42,0	62,5	102	143	184	226	269	312	395	611		
0,050	49,1	32,3	24,2	16,0	7,90	3,91	24,5	45,6	67,5	111	156	200	248	293	340	433	670		
0,060	56,2	36,9	27,5	18,2	9,00	4,46	28,1	52,4	77,4	128	180	232	287	340	395	506	789	1080	
0,070	62,6	41,1	30,6	20,3	10,0	4,96	31,3	58,8	87,0	144	203	263	324	385	448	574	900	1240	**20**
0,080	68,2	44,8	33,5	22,1	10,9	5,41	34,4	64,6	95,8	159	225	292	361	430	500	640	1010	1390	mm
0,090	73,3	48,3	36,2	23,8	11,7	5,81	37,2	70,0	103	174	246	319	396	471	548	705	1120	1540	
0,100	78,2	51,6	38,6	25,4	12,5	6,19	39,7	75,0	111	188	265	345	428	510	595	770	1220	1690	
0,110	82,8	54,7	40,8	26,9	13,2	6,55	42,1	79,9	119	201	285	371	458	548	640	832	1320	1830	
0,120	87,0	57,5	42,7	28,2	13,9	6,87	44,4	84,4	126	214	303	394	488	586	684	891	1420	1970	
0,130	90,8	60,0	44,7	29,5	14,5	7,15	46,5	88,8	132	226	319	417	517	622	727	947	1510	2100	
0,140	94,3	62,3	46,6	30,7	15,1	7,44	48,4	92,4	139	236	335	440	545	656	768	1000	1600	2230	
0,160	101	66,7	49,7	32,8	16,1	7,95	52,1	100	150	257	367	480	600	723	849	1100	1790	2490	
0,180	107	70,5	52,4	34,6	17,0	8,37	55,3	107	160	275	395	518	651	786	926	1200	1960	2750	
0,200	112	74,0	55,0	36,3	17,8	8,75	58,3	117	170	292	422	555	697	848	1000	1300	2130	3000	

Umfang = 0,506 m da/di = 1,331 ln da/di = 0,2856

Innerer Rohr ∅ = 110 mm **Äußerer Rohr ∅ = 121 mm**

Wärmeleitzahl λ	Rohrtemperatur in °C (Lufttemp. = 20° C)																		Isol.-Stärke
	-40	-20	-10	±0	+10	+25	+50	+75	+100	+150	+200	+250	+300	+350	+400	+500	+750	+1000	
0,020	19,5	13,0	9,71	6,49	3,22	1,60	9,78	18,0	26,1	42,9	59,9	76,8	93,2	111	127	161			
0,025	23,9	15,9	11,9	7,91	3,90	1,96	11,9	22,0	32,3	52,8	72,8	94,1	114	136	155	197			
0,030	28,1	18,6	14,0	9,28	4,57	2,30	14,0	25,9	38,0	62,0	85,6	111	135	160	183	233			
0,035	32,2	21,3	16,0	10,6	5,22	2,61	16,0	29,7	43,5	71,0	98,3	128	155	184	211	269	412		
0,040	36,0	23,7	17,8	11,8	5,82	2,90	17,8	33,2	48,6	79,9	110	143	174	207	238	303	468		
0,045	39,7	26,1	19,6	13,0	6,40	3,18	19,6	36,5	53,5	88,0	122	159	193	230	266	336	523		
0,050	43,1	28,4	21,3	14,1	6,95	3,46	21,4	39,9	58,5	96,1	134	174	212	252	292	369	577		
0,060	49,4	32,6	24,4	16,2	7,95	3,96	24,7	46,1	67,7	112	156	202	248	294	340	435	678	919	
0,070	55,2	36,6	27,3	18,1	8,94	4,44	27,8	52,0	76,5	127	177	229	282	334	388	496	772	1050	**25**
0,080	60,6	40,3	30,0	19,9	9,85	4,87	30,7	57,6	84,5	141	196	254	313	373	433	554	865	1190	mm
0,090	66,0	43,7	32,5	21,6	10,6	5,27	33,4	62,8	92,0	154	215	280	344	410	477	610	959	1320	
0,100	71,0	46,9	34,9	23,2	11,4	5,65	35,8	67,8	99,1	167	234	304	374	446	519	667	1050	1440	
0,110	75,5	49,8	37,2	24,6	12,1	5,98	38,1	72,3	106	179	252	327	403	481	560	723	1140	1570	
0,120	79,5	52,6	39,3	26,1	12,7	6,28	40,3	76,7	113	190	269	349	431	515	600	772	1230	1690	
0,130	83,4	55,3	41,2	27,3	13,3	6,60	42,4	80,8	119	201	285	370	458	547	639	825	1310	1810	
0,140	87,1	57,7	43,0	28,5	13,9	6,90	44,4	84,8	125	211	300	391	485	579	676	876	1390	1920	
0,160	94,1	62,0	46,3	30,6	15,0	7,40	48,2	92,0	137	231	330	430	534	640	749	969	1550	2160	
0,180	100	66,0	49,2	32,6	15,9	7,88	51,5	98,8	147	250	357	467	580	698	819	1060	1710	2390	
0,200	105	69,6	51,8	34,4	16,8	8,32	54,5	105	157	267	382	505	626	754	888	1150	1860	2610	

Umfang = 0,537 m da/di = 1,413 ln da/di = 0,3459

Wärmeleitzahl λ	Rohrtemperatur in °C (Lufttemp. = 20° C)																		Isol.-Stärke
	-40	-20	-10	±0	+10	+25	+50	+75	+100	+150	+200	+250	+300	+350	+400	+500	+750	+1000	
0,020	17,1	11,4	8,47	5,66	2,82	1,41	8,49	15,7	22,8	37,4	52,0	66,8	81,3	95,8	110	138			
0,025	21,0	14,0	10,4	6,92	3,45	1,72	10,4	19,2	28,1	46,0	64,1	82,1	100	118	136	173			
0,030	24,7	16,5	12,3	8,15	4,05	2,00	12,2	22,6	33,1	54,2	75,7	96,2	117	139	161	204			
0,035	28,2	18,8	14,1	9,35	4,61	2,30	14,0	26,0	38,0	62,3	86,8	110	135	160	186	235	361		
0,040	31,7	21,1	15,8	10,4	5,16	2,57	15,8	29,2	42,7	70,3	97,8	125	153	181	210	266	409		
0,045	35,0	23,3	17,4	11,5	5,70	2,83	17,5	32,2	47,4	77,8	108	140	170	202	234	296	456		
0,050	38,2	25,5	18,9	12,6	6,21	3,09	19,1	35,2	51,8	85,0	119	153	187	222	257	325	500		
0,060	44,4	29,4	21,9	14,6	7,19	3,58	22,1	40,9	60,5	99,0	139	178	219	259	301	383	590	802	
0,070	50,0	33,1	24,6	16,4	8,11	4,04	25,0	46,4	68,4	113	158	203	250	295	343	440	678	925	**30**
0,080	55,4	36,6	27,3	18,1	8,94	4,45	27,7	51,4	76,0	126	176	227	279	331	384	491	763	1040	mm
0,090	60,4	39,9	29,7	19,8	9,75	4,83	30,2	56,3	83,0	138	194	251	307	366	424	540	846	1160	
0,100	65,1	43,0	32,0	21,3	10,5	5,20	32,6	61,0	89,8	150	211	274	335	399	463	590	930	1270	
0,110	69,5	45,9	34,2	22,8	11,2	5,52	34,8	65,3	96,5	161	228	295	362	431	500	640	1010	1380	
0,120	73,6	48,6	36,3	24,2	11,9	5,86	37,0	69,6	103	172	243	316	388	462	538	689	1090	1490	
0,130	77,6	51,2	38,2	25,5	12,5	6,18	39,1	73,6	109	183	258	335	414	692	574	736	1160	1600	
0,140	81,4	53,7	40,0	26,7	13,1	6,49	41,1	77,5	115	193	273	355	437	521	610	782	1240	1700	
0,160	88,4	58,3	43,5	28,9	14,1	7,00	44,9	84,8	126	212	301	392	484	577	677	873	1380	1900	
0,180	94,7	62,5	46,6	30,9	15,1	7,47	48,3	91,5	136	230	327	427	528	631	741	960	1520	2110	
0,200	101	66,2	49,4	32,7	16,0	7,92	51,4	97,6	146	248	352	460	570	681	802	1040	1650	2310	

Umfang = 0,569 m da/di = 1,496 ln da/di = 0,4028

Innerer Rohr ∅ = 110 mm **Äußerer Rohr ∅ = 121 mm**

Wärme-leitzahl λ	Rohrtemperatur in ° C (Lufttemp. = 20° C) -40	-20	-10	±0	+10	+25	+50	+75	+100	+150	+200	+250	+300	+350	+400	+500	+750	+1000	Isol.-Stärke
0,020	15,2	10,1	7,56	5,10	2,54	1,26	7,62	14,0	20,5	33,2	46,3	59,0	72,1	84,3	97,9	124			
0,025	18,8	12,5	9,30	6,20	3,12	1,54	9,37	17,2	25,1	41,0	57,0	73,0	88,1	105	121	153			
0,030	22,1	14,8	11,0	7,29	3,67	1,81	11,1	20,3	29,6	48,6	67,6	86,5	104	124	144	181			
0,035	25,4	16,9	12,7	8,35	4,20	2,07	12,8	23,4	34,0	55,9	78,0	99,5	120	144	166	209	321		
0,040	28,5	19,0	14,3	9,41	4,70	2,32	14,3	26,4	38,5	63,1	88,0	113	136	163	188	236	367		
0,045	31,6	21,0	15,8	10,5	5,19	2,57	15,9	29,3	42,7	70,0	97,6	125	152	181	209	264	407		
0,050	34,4	23,0	17,3	11,5	5,66	2,81	17,4	32,1	46,9	76,8	107	137	167	198	230	291	445		
0,060	40,0	26,8	20,0	13,3	6,56	3,27	20,2	37,3	54,6	89,9	125	161	197	232	270	344	531	718	
0,070	45,4	30,3	22,6	15,0	7,44	3,70	22,9	42,4	62,1	103	143	184	226	266	309	394	611	826	**35** mm
0,080	50,7	33,7	25,1	16,7	8,25	4,09	25,5	47,3	69,5	115	160	206	253	299	347	443	686	932	
0,090	55,6	36,8	27,6	18,3	9,00	4,48	27,9	51,8	76,4	126	177	228	279	331	384	490	761	1040	
0,100	60,2	39,9	29,8	19,8	9,71	4,84	30,2	56,1	82,8	137	192	249	304	362	420	536	834	1140	
0,110	64,3	42,7	31,9	21,1	10,4	5,16	32,4	60,2	89,2	148	208	269	328	392	455	582	905	1240	
0,120	68,4	45,4	33,9	22,4	11,1	5,48	34,5	64,3	95,5	159	223	289	353	421	489	628	974	1340	
0,130	72,5	48,0	35,8	23,7	11,7	5,78	36,5	68,2	101	169	237	307	377	450	523	672	1050	1440	
0,140	76,4	50,5	37,6	24,9	12,3	6,07	38,4	72,0	107	179	251	325	400	477	557	716	1120	1530	
0,160	83,6	54,8	41,0	27,1	13,3	6,61	42,2	79,0	118	197	278	360	445	529	617	796	1250	1720	
0,180	89,8	59,0	44,2	29,2	14,3	7,10	45,6	85,8	128	215	304	393	487	580	678	876	1380	1910	
0,200	95,1	63,1	47,1	31,1	15,3	7,57	48,8	92,1	137	231	327	426	528	629	737	954	1510	2090	

Umfang = 0,600 m da/di = 1,579 ln da/di = 0,4565

Wärme-leitzahl λ	Rohrtemperatur in ° C (Lufttemp. = 20° C) -40	-20	-10	±0	+10	+25	+50	+75	+100	+150	+200	+250	+300	+350	+400	+500	+750	+1000	Isol.-Stärke
0,020	14,0	9,27	6,93	4,62	2,30	1,15	6,94	12,7	18,5	30,3	41,9	53,9	65,8	77,2	89,5	112			
0,025	17,2	11,4	8,47	5,65	2,82	1,41	8,53	15,7	23,0	37,2	51,7	66,2	81,0	95,2	110	139			
0,030	20,3	13,5	10,0	6,66	3,33	1,66	10,1	18,6	27,2	44,2	61,3	78,6	95,9	113	131	165			
0,035	23,4	15,5	11,6	7,65	3,81	1,90	11,6	21,4	31,2	51,0	70,9	90,9	111	131	151	190	293		
0,040	26,3	17,4	13,1	8,63	4,29	2,14	13,1	24,1	35,2	57,7	80,2	103	125	148	171	215	332		
0,045	29,2	19,3	14,5	9,60	4,76	2,37	14,6	26,8	39,1	64,2	89,3	114	139	165	191	240	370		
0,050	32,0	21,2	15,9	10,5	5,23	2,60	16,0	29,4	43,0	70,6	98,0	125	153	182	210	265	409		
0,060	37,4	24,7	18,5	12,3	6,11	3,04	18,7	34,4	50,5	82,5	115	148	180	214	248	313	484	651	
0,070	42,6	28,1	21,0	14,0	6,92	3,44	21,3	39,2	57,5	94,3	132	169	207	246	285	361	556	752	**40** mm
0,080	47,6	31,3	23,4	15,5	7,72	3,83	23,7	43,8	64,3	106	148	190	232	276	320	406	626	851	
0,090	52,1	34,4	25,7	17,0	8,48	4,20	26,1	48,3	70,9	117	163	210	258	306	354	450	696	948	
0,100	56,6	37,4	28,0	18,5	9,18	4,55	28,3	52,5	77,2	128	179	230	282	334	388	493	766	1040	
0,110	60,8	40,2	30,1	19,9	9,85	4,87	30,4	56,6	83,2	138	193	249	305	362	421	536	834	1130	
0,120	64,8	42,8	32,1	21,2	10,5	5,19	32,4	60,4	89,2	148	208	267	328	390	453	578	900	1220	
0,130	68,7	45,4	34,0	22,5	11,1	5,48	34,3	64,2	94,8	158	221	285	350	417	484	619	965	1310	
0,140	72,6	47,8	35,8	23,7	11,7	5,77	36,2	67,8	100	167	234	302	372	442	515	660	1030	1400	
0,160	79,7	52,4	39,2	25,9	12,8	6,30	39,8	74,8	111	185	260	337	414	492	573	736	1150	1580	
0,180	86,1	56,8	42,4	27,9	13,8	6,79	43,2	81,4	121	202	284	368	454	541	630	811	1270	1750	
0,200	92,1	60,7	45,2	29,8	14,7	7,26	46,4	87,8	130	218	307	399	494	589	687	885	1390	1920	

Umfang = 0,632 m da/di = 1,661 ln da/di = 0,5075

Innerer Rohr ∅ = 110 mm **Äußerer Rohr ∅ = 121 mm**

Wärmeleitzahl λ	Rohrtemperatur in ° C (Lufttemp. 20° C)																		Isol.-Stärke
	−40	−20	−10	±0	+10	+25	+50	+75	+100	+150	+200	+250	+300	+350	+400	+500	+750	+1000	
0,020	12,8	8,48	6,40	4,25	2,11	1,06	6,40	11,8	17,0	27,7	38,4	49,4	60,2	70,4	82,3	103			
0,025	15,7	10,5	7,88	5,21	2,60	1,30	7,89	14,5	21,0	34,3	47,6	61,1	74,5	87,7	101	128			
0,030	18,6	12,4	9,33	6,17	3,07	1,54	9,34	17,2	25,0	40,6	56,5	72,7	88,2	104	120	152			
0,035	21,4	14,3	10,7	7,11	3,53	1,76	10,7	19,7	28,8	46,9	65,1	83,9	102	121	139	176	273		
0,040	24,2	16,2	12,1	8,04	3,98	1,99	12,1	22,3	32,6	53,0	73,8	94,6	116	137	158	199	307		
0,045	26,9	18,0	13,5	8,90	4,43	2,20	13,5	24,8	36,3	58,9	82,3	106	129	152	176	222	341		
0,050	29,5	19,7	14,7	9,82	4,87	2,42	14,8	27,2	39,8	65,0	90,5	116	142	168	194	244	375		
0,060	34,6	23,0	17,2	11,4	5,68	2,84	17,3	32,0	46,7	76,2	107	137	167	198	229	290	446	604	
0,070	39,4	26,3	19,6	13,0	6,47	3,23	19,8	36,5	53,3	87,5	123	157	192	227	264	334	514	698	45 mm
0,080	44,2	29,4	21,9	14,6	7,22	3,59	22,2	41,0	59,8	98,3	138	177	216	256	297	376	580	784	
0,090	48,6	32,4	24,2	16,1	7,95	3,95	24,5	45,1	65,9	109	152	196	239	283	329	418	648	875	
0,100	52,9	35,1	26,3	17,4	8,64	4,29	26,6	49,2	72,1	119	167	214	262	310	361	459	712	961	
0,110	57,0	37,8	28,3	18,8	9,30	4,61	28,6	53,1	78,1	129	181	232	285	337	392	498	773	1050	
0,120	61,0	40,5	30,2	20,1	9,92	4,92	30,5	57,0	83,7	138	195	250	307	363	421	537	838	1140	
0,130	64,8	43,0	32,0	21,3	10,5	5,21	32,4	60,7	89,2	147	207	266	328	389	451	576	898	1220	
0,140	68,5	45,4	33,8	22,5	11,1	5,49	34,3	64,1	94,2	156	219	283	349	414	480	614	956	1300	
0,160	75,5	49,9	37,2	24,7	12,2	6,01	37,9	70,9	105	174	244	315	388	462	536	688	1070	1470	
0,190	82,0	54,2	40,4	26,7	13,2	6,51	41,3	77,2	114	190	268	346	427	507	590	758	1190	1630	
0,200	88,1	58,4	43,5	28,7	14,1	6,99	44,5	83,3	123	206	291	377	465	551	642	827	1300	1790	

Umfang = 0,663 m da/di = 1,744 ln da/di = 0,5561

Wärmeleitzahl λ	Rohrtemperatur in ° C (Lufttemp. 20° C)																		Isol.-Stärke
	−40	−20	−10	±0	+10	+25	+50	+75	+100	+150	+200	+250	+300	+350	+400	+500	+750	+1000	
0,020	11,9	7,89	5,90	3,95	1,96	0,98	5,91	10,8	15,8	25,8	35,8	45,7	55,8	65,1	75,9	95,1			
0,025	14,6	9,80	7,26	4,83	2,43	1,21	7,29	13,4	19,6	31,8	44,3	56,2	69,0	81,8	93,9	118			
0,030	17,3	11,6	8,62	5,72	2,87	1,43	8,63	15,9	23,3	37,7	52,5	66,8	82,0	96,7	111	140			
0,035	20,0	13,4	9,95	6,60	3,31	1,65	10,0	18,4	26,8	43,5	60,6	77,5	94,9	112	129	163	249		
0,040	22,6	15,1	11,2	7,48	3,73	1,86	11,3	20,8	30,3	49,2	68,6	88,0	108	127	146	185	283		
0,045	25,1	16,7	12,5	8,35	4,14	2,06	12,6	23,2	33,8	54,9	76,5	98,3	120	142	164	206	317		
0,050	27,6	18,3	13,7	9,20	4,55	2,27	13,9	25,4	37,1	60,5	84,3	108	132	157	181	227	349		
0,060	32,5	21,6	16,1	10,8	5,35	2,66	16,3	29,9	43,8	71,6	100	128	157	184	214	269	416	561	
0,070	37,1	24,7	18,5	12,3	6,11	3,04	18,6	34,4	50,4	82,2	114	147	180	212	246	311	478	648	50 mm
0,080	41,6	27,7	20,7	13,7	6,80	3,39	20,8	38,5	56,4	92,5	129	165	203	239	278	350	540	733	
0,090	45,8	30,5	22,8	15,2	7,49	3,73	23,0	42,4	62,4	103	143	183	224	266	308	390	602	814	
0,100	50,0	33,2	24,9	16,6	8,16	4,06	25,1	46,3	68,1	113	157	201	246	292	338	429	664	895	
0,110	54,1	35,9	26,9	17,9	8,81	4,37	27,1	50,1	73,7	122	170	218	267	317	368	467	724	976	
0,120	57,8	38,4	28,8	19,1	9,42	4,68	29,0	53,9	79,2	131	183	235	288	342	396	504	782	1060	
0,130	61,6	41,0	30,6	20,3	10,0	4,96	30,9	57,4	84,5	140	195	251	308	367	424	540	840	1140	
0,140	65,3	43,3	32,4	21,5	10,6	5,24	32,6	60,8	89,6	149	207	268	328	390	452	576	896	1230	
0,160	72,1	47,9	35,7	23,6	11,7	5,76	36,1	67,4	99,6	165	231	298	367	436	506	646	1010	1370	
0,180	78,6	52,1	38,8	25,7	12,7	6,26	39,4	73,7	109	181	254	328	403	481	558	713	1110	1530	
0,200	84,3	56,0	41,7	27,7	13,7	6,76	42,6	79,7	118	197	276	357	439	523	609	780	1220	1670	

Umfang = 0,694 m da/di = 1,826 ln da/di = 0,6023

Innerer Rohr ⌀ = 110 mm **Äußerer Rohr ⌀ = 121 mm**

Wärme-leitzahl λ	Rohrtemperatur in ° C (Lufttemp. = 20° C) -40	-20	-10	±0	+10	+25	+50	+75	+100	+150	+200	+250	+300	+350	+400	+500	+750	+1000	Isol.-Stärke
0,020	10,5	6,98	5,22	3,48	1,73	0,87	5,23	9,50	13,9	22,7	31,5	40,4	49,0	57,7	66,4	84,0			
0,025	12,9	8,65	6,42	4,29	2,14	1,07	6,43	11,8	17,2	28,0	39,0	49,9	60,9	71,4	82,6	105			
0,030	15,3	10,2	7,61	5,10	2,54	1,27	7,62	14,0	20,5	33,3	46,4	59,1	72,3	85,1	98,3	124			
0,035	17,7	11,8	8,79	5,89	2,93	1,47	8,82	16,2	23,7	38,5	53,8	68,4	83,5	98,8	114	144	220		
0,040	20,1	13,4	9,96	6,67	3,32	1,66	10,0	18,4	26,9	43,6	61,0	77,6	95,2	112	130	163	250		
0,045	22,4	15,0	11,1	7,44	3,70	1,85	11,2	20,5	30,0	48,8	68,0	86,9	107	126	145	182	280		
0,050	24,7	16,5	12,3	8,20	4,07	2,03	12,4	22,6	33,0	53,7	75,0	95,9	118	139	160	201	310		
0,060	29,1	19,4	14,5	9,65	4,78	2,39	14,6	26,7	39,0	64,0	88,9	114	139	164	189	239	368	496	
0,070	33,4	22,2	16,6	11,1	5,48	2,74	16,7	30,7	45,0	73,5	102	131	160	189	218	276	425	577	
0,080	37,5	25,0	18,7	12,4	6,17	3,08	18,8	34,6	50,7	83,2	116	148	181	214	247	313	482	655	60 mm
0,090	41,6	27,7	20,8	13,8	6,85	3,40	20,8	38,3	56,2	92,7	128	165	201	237	275	348	538	730	
0,100	45,5	30,3	22,7	15,1	7,47	3,71	22,7	42,0	61,6	102	141	181	221	262	303	383	592	803	
0,110	49,2	32,8	24,5	16,3	8,08	4,01	24,6	45,5	66,8	110	153	197	240	285	330	418	646	874	
0,120	52,9	35,1	26,3	17,5	8,67	4,30	26,4	49,0	71,9	118	165	213	259	307	356	452	698	944	
0,130	56,5	37,4	28,0	18,6	9,24	4,58	28,3	52,3	76,8	127	177	228	278	329	381	485	751	1010	
0,140	60,0	39,7	29,6	19,7	9,76	4,86	30,0	55,6	81,8	135	188	243	297	352	407	517	803	1080	
0,160	66,5	44,1	32,8	21,8	10,8	5,36	33,3	62,0	91,0	151	210	272	333	394	457	582	905	1230	
0,180	72,7	48,2	36,0	23,9	11,8	5,85	36,4	67,9	100	166	232	300	368	436	505	644	1000	1360	
0,200	78,8	52,2	39,1	25,8	12,8	6,32	39,5	73,5	109	180	253	326	401	476	551	706	1100	1500	

Umfang = 0,757 m da/di = 1,992 ln da/di = 0,6890

Wärme-leitzahl λ	Rohrtemperatur in ° C (Lufttemp. = 20° C) -40	-20	-10	±0	+10	+25	+50	+75	+100	+150	+200	+250	+300	+350	+400	+500	+750	+1000	Isol.-Stärke
0,020	9,41	6,23	4,71	3,12	1,56	0,78	4,71	8,66	12,6	20,4	28,4	36,7	44,2	52,0	60,1	76,1			
0,025	11,7	7,77	5,81	3,87	1,93	0,96	5,82	10,8	15,6	25,3	35,2	45,1	55,0	65,0	74,4	93,9			
0,030	13,9	9,25	6,92	4,60	2,29	1,14	6,93	12,8	18,6	30,1	41,9	53,7	65,5	77,6	88,6	112			
0,035	16,1	10,7	8,02	5,32	2,66	1,32	8,01	14,8	21,5	34,9	48,5	62,2	75,9	89,9	104	130	198		
0,040	18,2	12,2	9,09	6,02	3,01	1,50	9,12	16,8	24,4	39,6	55,2	70,7	86,2	102	118	147	226		
0,045	20,3	13,5	10,2	6,73	3,36	1,68	10,2	18,8	27,3	44,3	61,7	79,0	96,3	114	132	165	252		
0,050	22,4	14,9	11,2	7,44	3,71	1,85	11,2	20,7	30,1	49,0	68,2	87,2	107	125	146	182	279		
0,060	26,5	17,7	13,3	8,82	4,36	2,17	13,3	24,4	35,6	58,0	80,9	103	126	149	172	216	332	451	
0,070	30,6	20,4	15,3	10,1	5,01	2,50	15,3	28,1	41,1	67,0	93,0	119	146	172	199	250	385	520	
0,080	34,4	22,9	17,2	11,4	5,65	2,81	17,2	31,6	46,5	75,9	106	135	165	195	226	284	438	589	70 mm
0,090	38,1	25,4	19,1	12,7	6,26	3,12	19,1	35,1	51,8	84,3	117	150	184	217	252	317	489	658	
0,100	41,9	27,8	20,9	13,9	6,87	3,41	21,0	38,6	56,8	92,5	129	165	202	239	277	350	539	727	
0,110	45,5	30,2	22,7	15,1	7,45	3,70	22,8	42,0	61,7	100	140	180	220	260	302	381	588	794	
0,120	48,9	32,5	24,4	16,2	8,02	3,98	24,5	45,2	66,5	108	151	195	238	281	326	412	637	859	
0,130	52,3	34,7	26,0	17,3	8,59	4,25	26,2	48,3	71,2	116	162	209	255	302	350	443	686	925	
0,140	55,6	36,9	27,6	18,3	9,11	4,50	27,9	51,4	75,7	124	173	223	273	323	373	474	734	992	
0,160	62,0	41,1	30,7	20,4	10,1	5,01	30,9	57,4	84,6	139	194	250	306	363	420	534	824	1120	
0,180	68,0	45,0	33,7	22,4	11,1	5,50	34,0	63,2	93,0	153	215	277	339	401	465	592	915	1250	
0,200	73,8	48,9	36,5	24,2	12,0	5,98	37,0	68,9	101	167	234	302	372	439	510	649	1010	1380	

Umfang = 0,820 m da/di = 2,157 ln da/di = 0,7687

Innerer Rohr ∅ = 110 mm **Äußerer Rohr ∅ = 121 mm**

Wärme-leitzahl λ	Rohrtemperatur in ° C (Lufttemp. 20° C)																		Isol.-Stärke
	−40	−20	−10	±0	+10	+25	+50	+75	+100	+150	+200	+250	+300	+350	+400	+500	+750	+1000	
0,020	8,60	5,74	4,31	2,87	1,43	0,72	4,31	7,92	11,6	18,7	26,2	33,4	40,6	47,8	55,0	69,2			
0,025	10,7	7,10	5,32	3,55	1,77	0,89	5,35	9,80	14,3	23,2	32,4	41,3	50,3	59,0	68,3	86,0			
0,030	12,8	8,45	6,32	4,23	2,11	1,06	6,38	11,6	17,0	27,7	38,5	49,2	60,0	70,2	81,6	103			
0,035	14,8	9,78	7,32	4,90	2,45	1,22	7,39	13,5	19,7	32,1	44,6	57,0	69,6	81,3	94,9	119	182		
0,040	16,8	11,1	8,30	5,56	2,78	1,39	8,37	15,3	22,4	36,5	50,4	64,8	79,0	92,4	108	135	207		
0,045	18,7	12,4	9,29	6,22	3,11	1,55	9,34	17,2	25,1	40,8	56,0	72,6	88,3	104	121	151	232		
0,050	20,7	13,7	10,3	6,88	3,44	1,71	10,4	19,0	27,7	45,2	62,5	80,4	97,6	115	134	168	256		
0,060	24,5	16,3	12,2	8,15	4,06	2,02	12,2	22,5	32,8	53,6	74,2	95,5	116	137	159	200	306	413	
0,070	28,3	18,9	14,1	9,40	4,66	2,32	14,1	26,0	38,0	61,8	85,8	110	135	159	184	231	354	479	**80**
0,080	32,0	21,3	15,9	10,6	5,24	2,61	15,9	29,4	43,0	69,9	97,2	125	153	180	208	263	402	544	mm
0,090	35,5	23,6	17,6	11,8	5,89	2,90	17,7	32,6	47,8	77,8	108	139	170	201	232	294	450	608	
0,100	39,0	26,0	19,4	13,0	6,44	3,18	19,5	35,9	52,5	85,7	119	153	187	221	256	324	497	670	
0,110	42,4	28,2	21,0	14,1	6,99	3,45	21,2	39,0	57,1	93,4	130	167	204	241	279	354	542	733	
0,120	45,8	30,4	22,7	15,2	7,52	3,72	22,9	42,2	61,8	101	141	181	220	260	302	383	586	795	
0,130	49,1	32,6	24,4	16,2	8,06	3,99	24,6	45,3	66,3	108	151	194	237	279	325	412	630	856	
0,140	52,2	34,7	25,9	17,2	8,56	4,24	26,1	48,2	70,7	116	161	207	253	299	347	440	675	916	
0,160	58,4	38,7	29,0	19,2	9,55	4,73	29,1	53,9	78,7	130	181	233	286	336	391	497	762	1020	
0,180	64,1	42,6	31,9	21,2	10,5	5,20	32,1	59,5	86,3	144	200	259	317	374	434	552	848	1150	
0,200	69,8	46,3	34,7	23,0	11,4	5,67	35,0	64,9	95,8	157	220	283	347	410	476	606	932	1270	

Umfang = 0,946 m da/di = 2,322 ln da/di = 0,8426

Wärme-leitzahl λ	Rohrtemperatur in ° C (Lufttemp. = 20° C)																		Isol.-Stärke
	−40	−20	−10	±0	+10	+25	+50	+75	+100	+150	+200	+250	+300	+350	+400	+500	+750	+1000	
0,020	8,00	5,34	4,00	2,67	1,33	0,67	4,01	7,18	10,7	17,3	24,0	30,8	37,6	44,2	50,9	64,2			
0,025	10,0	6,62	4,98	3,30	1,66	0,82	4,99	9,10	13,2	21,5	29,7	38,2	47,0	55,0	63,7	79,7			
0,030	11,9	7,90	5,94	3,94	1,98	0,98	5,95	10,8	15,7	25,6	35,5	45,5	56,0	65,8	76,1	95,0			
0,035	13,8	9,16	6,89	4,56	2,30	1,13	6,89	12,6	18,2	29,8	41,2	53,0	64,7	76,1	88,4	110	169		
0,040	15,7	10,4	7,80	5,18	2,60	1,28	7,80	14,3	20,8	33,9	46,9	60,3	73,5	86,9	100	126	193		
0,045	17,5	11,6	8,73	5,80	2,90	1,44	8,75	16,0	23,3	38,0	52,7	67,5	82,2	97,4	112	141	216		
0,050	19,3	12,9	9,64	6,38	3,20	1,60	9,66	17,6	25,8	42,1	58,6	74,5	91,0	108	124	156	239		
0,060	23,0	15,2	11,4	7,58	3,78	1,89	11,5	21,0	30,8	50,0	69,5	88,6	108	128	148	186	284	384	
0,070	26,5	17,6	13,2	8,77	4,37	2,18	13,2	24,3	35,5	57,9	80,5	103	125	148	171	216	330	447	**90**
0,080	30,0	19,9	14,9	9,94	4,95	2,45	14,9	27,5	40,3	65,5	90,5	117	142	168	194	245	375	508	mm
0,090	33,3	22,2	16,6	11,1	5,50	2,72	16,7	30,7	44,9	73,0	101	130	159	187	217	274	420	567	
0,100	36,7	24,4	18,2	12,2	6,04	2,99	18,3	33,8	49,4	80,5	112	143	175	206	239	303	464	626	
0,110	40,0	26,5	19,8	13,3	6,56	3,25	19,9	36,8	53,7	87,9	122	156	191	225	261	331	506	684	
0,120	43,2	28,6	21,4	14,3	7,07	3,51	21,5	39,7	58,0	95,0	132	169	207	244	282	358	548	742	
0,130	46,3	30,7	23,0	15,3	7,56	3,76	23,1	42,6	62,3	102	142	182	222	263	303	385	590	800	
0,140	49,4	32,7	24,6	16,3	8,06	4,00	24,6	45,4	66,4	109	151	195	238	281	324	412	632	858	
0,160	55,3	36,6	27,4	18,2	9,02	4,48	27,5	50,9	74,4	122	170	219	268	317	365	465	716	968	
0,180	60,9	40,4	30,2	20,1	10,0	4,95	30,5	56,3	82,4	136	189	243	298	352	406	518	796	1080	
0,200	66,4	44,1	33,0	21,9	10,9	5,40	33,3	61,6	90,3	149	207	266	327	386	446	569	875	1190	

Umfang = 0,946 m da/di = 2,488 ln da/di = 0,9113

Innerer Rohr ∅ = 110 mm **Äußerer Rohr ∅ = 121 mm**

Wärmeleitzahl λ	Rohrtemperatur in ° C (Lufttemp. = 20° C)																		Isol.-Stärke
	−40	−20	−10	±0	+10	+25	+50	+75	+100	+150	+200	+250	+300	+350	+400	+500	+750	+1000	
0,020	7,47	5,00	3,74	2,50	1,25	0,62	3,74	6,90	10,0	16,3	22,5	29,0	35,3	41,2	47,9	60,2			
0,025	9,40	6,20	4,67	3,10	1,55	0,77	4,69	8,60	12,4	20,2	28,0	36,0	43,8	51,3	59,5	74,6			
0,030	11,2	7,41	5,55	3,69	1,86	0,92	5,59	10,3	14,8	24,1	33,3	43,0	52,2	61,3	71,2	89,7			
0,035	13,0	8,60	6,43	4,29	2,15	1,07	6,44	11,9	17,2	28,0	38,7	49,8	60,5	71,2	82,9	104	157		
0,040	14,7	9,78	7,32	4,88	2,44	1,21	7,32	13,6	19,5	32,0	44,1	56,6	68,9	81,1	94,0	118	180		
0,045	16,5	10,9	8,21	5,46	2,73	1,36	8,21	15,2	21,9	35,8	49,4	63,4	77,0	91,0	106	132	202		
0,050	18,2	12,1	9,09	6,05	3,01	1,50	9,09	16,8	24,3	39,6	54,6	70,2	85,0	101	117	146	224		
0,060	21,6	14,4	10,8	7,20	3,57	1,78	10,8	20,0	28,8	47,0	65,5	83,5	101	120	138	174	266	362	
0,070	25,0	16,6	12,5	8,29	4,12	2,06	12,5	23,0	33,3	54,4	75,5	96,8	118	139	160	202	309	418	**100**
0,080	28,3	18,8	14,1	9,39	4,67	2,32	14,1	26,0	37,8	61,7	85,5	110	134	158	182	230	352	474	mm
0,090	31,5	21,0	15,7	10,5	5,20	2,58	15,7	29,0	42,2	68,8	95,4	122	149	177	204	258	393	530	
0,100	34,7	23,1	17,3	11,6	5,72	2,84	17,3	31,9	46,5	76,0	105	135	165	196	225	284	434	585	
0,110	37,8	25,2	18,9	12,6	6,23	3,10	18,9	34,8	50,8	83,0	115	147	180	214	246	310	474	640	
0,120	40,9	27,1	20,3	13,6	6,72	3,35	20,4	37,6	54,9	89,8	124	159	195	231	267	336	515	695	
0,130	43,9	29,1	21,8	14,6	7,21	3,59	21,9	40,4	59,1	96,5	134	171	210	248	286	362	556	750	
0,140	46,8	31,0	23,3	15,5	7,68	3,82	23,4	43,1	63,2	103	143	183	225	265	306	388	595	805	
0,160	52,6	34,8	26,1	17,4	8,62	4,28	26,3	48,4	70,8	116	161	206	253	300	347	439	675	912	
0,180	58,1	38,6	28,8	19,2	9,52	4,73	29,1	53,6	78,4	129	179	229	281	333	386	488	752	1020	
0,200	63,4	42,1	31,4	20,9	10,4	5,18	31,9	58,8	85,8	141	197	252	309	366	425	537	830	1120	

Umfang = 1,009 m da/di = 2,653 ln da/di = 0,9757

Wärmeleitzahl λ	Rohrtemperatur in ° C (Lufttemp. = 20° C)																		Isol.-Stärke
	−40	−20	−10	±0	+10	+25	+50	+75	+100	+150	+200	+250	+300	+350	+400	+500	+750	+1000	
0,020	6,70	4,45	3,35	2,24	1,12	0,56	3,36	6,12	8,99	14,4	20,2	25,7	31,5	37,0	42,5	53,8			
0,025	8,39	5,61	4,19	2,79	1,39	0,70	4,20	7,69	11,2	18,0	25,0	32,0	39,2	46,1	53,0	67,3			
0,030	10,0	6,70	5,00	3,32	1,66	0,84	5,01	9,19	13,3	21,5	29,8	38,3	46,9	55,1	63,5	80,5			
0,035	11,6	7,77	5,80	3,85	1,92	0,97	5,80	10,4	15,5	25,1	34,7	44,5	54,6	64,0	74,0	92,9	141		
0,040	13,2	8,84	6,60	4,38	2,19	1,10	6,62	11,2	17,6	28,5	39,7	50,8	62,1	73,0	84,2	106	163		
0,045	14,8	9,92	7,39	4,90	2,44	1,23	7,40	13,6	19,7	32,0	44,6	56,9	69,4	81,9	94,4	119	183		
0,050	16,4	11,0	8,19	5,42	2,70	1,36	8,20	15,0	21,8	35,4	49,5	62,9	76,5	90,9	105	132	202		
0,060	19,5	13,0	9,72	6,46	3,23	1,62	9,74	17,9	26,1	42,2	59,0	75,0	91,5	108	125	157	240	323	
0,070	22,6	15,0	11,3	7,48	3,75	1,87	11,3	20,7	30,2	49,0	68,2	87,0	106	125	145	182	279	376	**120**
0,080	25,6	17,0	12,8	8,50	4,23	2,11	12,8	23,5	34,3	55,8	77,4	99,0	121	143	165	207	318	428	mm
0,090	28,6	19,0	14,3	9,50	4,72	2,35	14,3	26,3	38,3	62,2	86,4	111	136	160	184	232	355	480	
0,100	31,5	20,9	15,7	10,5	5,20	2,59	15,7	29,0	42,2	68,6	95,3	122	150	177	203	257	392	530	
0,110	34,4	22,8	17,1	11,4	5,68	2,83	17,2	31,6	46,0	75,0	104	133	164	194	223	281	428	580	
0,120	37,3	24,7	18,5	12,3	6,15	3,06	18,6	34,2	49,9	81,3	113	145	177	210	242	305	466	631	
0,130	40,1	26,6	19,9	13,3	6,61	3,30	20,0	36,8	53,7	87,5	122	156	190	226	260	329	502	681	
0,140	42,9	28,5	21,3	14,2	7,06	3,52	21,4	39,3	57,4	93,5	130	167	203	242	278	352	538	732	
0,160	48,3	32,1	23,9	16,0	7,96	3,96	24,1	44,3	64,6	106	147	189	230	274	316	399	610	828	
0,180	53,6	35,6	26,5	17,7	8,84	4,40	26,7	49,2	71,8	118	163	210	257	305	352	444	681	924	
0,200	58,8	39,0	29,1	19,4	9,68	4,82	29,3	54,0	78,8	130	180	231	282	336	387	490	752	1020	

Umfang = 1,134 m da/di = 2,984 ln da/di = 1,0931

Innerer Rohr ⌀ = 110 mm **Äußerer Rohr ⌀ = 121 mm**

Wärme-leitzahl λ	Rohrtemperatur in ° C (Lufttemp. = 20° C) -40	-20	-10	±0	+10	+25	+50	+75	+100	+150	+200	+250	+300	+350	+400	+500	+750	+1000	Isol.-Stärke
0,020	6,12	4,10	3,08	2,06	1,02	0,51	3,08	5,63	8,21	13,2	18,5	24,0	29,0	34,1	39,2	49,2			
0,025	7,65	5,09	3,82	2,55	1,27	0,64	3,83	7,00	10,2	16,5	23,0	29,8	36,0	42,3	48,9	61,5			
0,030	9,17	6,08	4,56	3,04	1,52	0,76	4,58	8,38	12,2	19,8	27,5	35,5	43,0	50,5	58,5	73,6			
0,035	10,6	7,06	5,31	3,53	1,77	0,88	5,32	9,74	14,2	23,0	32,0	41,2	50,0	58,7	68,0	85,8	131		
0,040	12,2	8,04	6,04	4,02	2,02	1,01	6,07	11,1	16,2	26,2	36,5	47,0	56,8	67,0	77,5	97,9	149		
0,045	13,6	9,01	6,80	4,51	2,26	1,13	6,80	12,4	18,2	29,4	40,9	52,6	63,6	75,1	87,0	110	167		
0,050	15,0	10,0	7,51	5,00	2,49	1,25	7,51	13,8	20,1	32,6	45,3	58,0	70,4	83,2	96,3	122	185		
0,060	17,9	11,9	8,92	5,94	2,98	1,49	8,94	16,4	24,0	39,0	54,0	69,3	84,1	99,2	115	145	220	296	
0,070	20,7	13,8	10,4	6,88	3,46	1,72	10,4	19,1	27,8	45,2	62,7	80,4	97,9	115	133	168	256	345	**140**
0,080	23,6	15,7	11,8	7,82	3,92	1,95	11,8	21,6	31,6	51,4	71,1	91,5	111	131	151	191	292	393	mm
0,090	26,4	17,5	13,2	8,76	4,38	2,18	13,2	24,2	35,3	57,6	79,6	102	125	147	169	214	327	440	
0,100	29,1	19,3	14,6	9,67	4,82	2,40	14,5	26,7	39,0	63,6	88,1	113	138	162	187	236	362	486	
0,110	31,8	21,2	15,9	10,6	5,26	2,63	15,9	29,2	42,6	69,6	96,4	124	151	177	205	259	396	532	
0,120	34,5	23,0	17,2	11,4	5,70	2,85	17,3	31,7	46,2	75,5	104	134	164	193	223	282	430	579	
0,130	37,2	24,8	18,5	12,3	6,14	3,06	18,6	34,1	49,7	81,2	113	144	177	208	240	303	464	624	
0,140	39,7	26,5	19,8	13,1	6,56	3,27	19,9	36,5	53,2	87,0	121	154	190	223	257	324	498	670	
0,160	44,9	29,9	22,3	14,9	7,43	3,68	22,4	41,3	60,2	98,0	136	175	214	252	291	368	566	760	
0,180	49,9	33,2	24,9	16,6	8,25	4,09	24,9	45,9	67,0	109	152	195	238	282	325	412	631	849	
0,200	54,8	36,4	27,3	18,2	9,06	4,50	27,4	50,4	73,7	120	167	215	262	310	358	454	696	940	

Umfang = 1,260 m da/di = 3,314 ln da/di = 1,1982

Wärme-leitzahl λ	Rohrtemperatur in ° C (Lufttemp. = 20° C) -40	-20	-10	±0	+10	+25	+50	+75	+100	+150	+200	+250	+300	+350	+400	+500	+750	+1000	Isol.-Stärke
0,020	5,70	3,80	2,84	1,91	0,94	0,47	2,85	5,26	7,61	12,4	17,2	22,1	26,9	31,7	36,5	46,4			
0,025	7,13	4,75	3,54	2,38	1,18	0,59	3,55	6,53	9,48	15,5	21,5	27,5	33,4	39,5	45,5	58,0			
0,030	8,52	5,69	4,24	2,84	1,42	0,71	4,23	7,82	11,3	18,4	25,6	32,8	40,0	47,2	54,4	68,8			
0,035	9,89	6,59	4,92	3,30	1,64	0,82	4,92	9,10	13,2	21,4	29,8	38,0	46,5	54,8	63,3	79,4	122		
0,040	11,3	7,51	5,60	3,75	1,87	0,93	5,60	10,3	15,1	24,4	34,0	43,5	52,9	62,5	72,1	89,9	139		
0,045	12,7	8,43	6,30	4,20	2,10	1,05	6,29	11,6	16,9	27,4	38,0	48,7	59,1	70,1	81,0	101	155		
0,050	14,0	9,33	6,99	4,66	2,33	1,16	7,00	12,9	18,7	30,3	42,0	53,9	65,1	77,6	89,8	112	170		
0,060	16,7	11,2	8,37	5,58	2,78	1,39	8,38	15,4	22,5	36,2	50,2	64,4	78,1	93,2	106	134	204	277	
0,070	19,4	13,0	9,70	6,47	3,22	1,61	9,70	17,8	26,0	42,1	58,4	74,8	90,9	108	124	156	238	321	**160**
0,080	22,1	14,8	11,0	7,33	3,66	1,83	11,0	20,3	29,6	48,0	66,4	85,1	104	123	141	178	272	365	mm
0,090	24,8	16,5	12,3	8,19	4,10	2,05	12,3	22,7	33,2	53,7	74,4	95,1	116	138	158	200	304	408	
0,100	27,4	18,2	13,6	9,04	4,52	2,26	13,6	25,1	36,6	59,4	82,3	105	129	152	175	221	337	452	
0,110	29,9	19,9	14,9	9,90	4,94	2,46	14,9	27,5	40,0	65,1	90,2	115	141	167	192	242	370	495	
0,120	32,4	21,5	16,1	10,8	5,36	2,67	16,2	29,8	43,4	70,7	98,1	125	153	181	208	263	402	540	
0,130	34,8	23,2	17,4	11,6	5,78	2,88	17,4	32,1	46,7	76,3	106	135	165	195	224	284	434	583	
0,140	37,3	24,9	18,6	12,4	6,18	3,08	18,7	34,4	50,0	81,9	113	144	176	209	240	305	465	625	
0,160	42,2	28,2	21,0	14,0	6,97	3,47	21,1	38,8	56,7	92,4	128	163	200	237	273	346	529	710	
0,180	47,1	31,4	23,4	15,6	7,76	3,86	23,5	43,2	63,1	103	142	182	223	264	306	386	591	794	
0,200	51,9	34,5	25,8	17,2	8,54	4,24	25,8	47,5	69,4	113	157	201	245	299	338	426	651	876	

Umfang = 1,385 m da/di = 3,645 ln da/di = 1,2932

Innerer Rohr ⌀ = 120 mm **Äußerer Rohr ⌀ = 127 mm**

Wärmeleitzahl λ	Rohrtemperatur in ° C (Lufttemp. = 20° C) -40	-20	-10	±0	+10	+25	+50	+75	+100	+150	+200	+250	+300	+350	+400	+500	+750	+1000	Isol.-Stärke
0,020	39,7	26,3	19,7	13,0	6,45	3,20	19,7	37,0	54,1	89,3	126	162	197	238	271	347			
0,025	47,1	31,2	23,3	15,4	7,60	3,77	23,5	43,7	64,8	107	150	194	238	286	327	421			
0,030	53,8	35,5	26,5	17,5	8,65	4,28	26,9	50,1	74,2	124	174	225	276	332	382	491			
0,035	59,6	39,4	29,4	19,4	9,60	4,74	30,0	56,2	83,7	139	197	255	312	377	433	557	868		
0,040	64,9	43,0	32,0	21,1	10,4	5,16	32,9	61,8	92,1	153	218	282	346	420	483	620	980		
0,045	69,8	46,2	34,4	22,7	11,2	5,56	35,5	67,0	99,5	167	237	307	378	460	530	681	1090		
0,050	74,5	49,0	36,6	24,2	11,9	5,92	37,9	71,9	107	180	255	332	410	498	574	741	1190		
0,060	82,8	54,3	40,5	26,8	13,1	6,54	42,4	80,4	120	203	290	379	470	572	660	854	1380	1900	
0,070	89,9	58,8	44,0	29,1	14,2	7,05	46,2	88,4	132	225	321	422	525	642	741	963	1560	2160	**10** mm
0,080	96,0	62,8	47,0	31,0	15,2	7,50	49,5	95,0	143	244	350	461	577	707	818	1060	1730	2420	
0,090	101	66,5	49,6	32,7	16,0	7,89	52,5	101	152	262	377	497	624	767	892	1160	1890	2670	
0,100	106	69,6	51,9	34,2	16,7	8,25	55,1	106	161	278	402	531	668	822	961	1250	2050	2910	
0,110	110	72,3	53,9	35,5	17,3	8,55	57,5	111	169	293	424	563	710	873	1020	1340	2210	3150	
0,120	114	74,7	55,8	36,7	17,9	8,82	59,7	116	177	307	446	593	750	922	1080	1430	2360	3380	
0,130	117	76,8	57,4	37,7	18,4	9,08	61,6	120	184	319	465	620	787	968	1130	1510	2510	3600	
0,140	120	78,7	58,9	38,6	18,9	9,32	63,3	124	190	331	484	645	820	1010	1180	1590	2650	3820	
0,160	125	82,1	61,3	40,4	19,7	9,74	66,6	131	201	354	518	693	884	1100	1290	1730	2920	4220	
0,180	130	85,2	63,6	41,8	20,4	10,1	69,6	137	211	373	549	738	944	1180	1390	1870	3180	4620	
0,200	134	88,0	65,4	43,0	21,0	10,3	72,1	142	220	389	577	781	999	1250	1480	2000	3440	5000	

Umfang = 0,462 m da/di = 1,158 ln da/di = 0,1463

Wärmeleitzahl λ	Rohrtemperatur in ° C (Lufttemp. = 20° C) -40	-20	-10	±0	+10	+25	+50	+75	+100	+150	+200	+250	+300	+350	+400	+500	+750	+1000	Isol.-Stärke
0,020	29,7	19,7	14,6	9,77	4,85	2,41	14,6	27,4	40,0	65,7	92,0	118	144	170	197	250			
0,025	35,6	23,8	17,6	11,7	5,80	2,87	17,6	33,2	48,7	79,8	112	144	175	208	239	305			
0,030	41,4	27,6	20,4	13,6	6,69	3,31	20,5	38,5	56,6	93,0	130	168	205	243	280	359			
0,035	46,7	31,0	23,0	15,2	7,51	3,74	23,2	43,4	64,0	105	148	191	235	277	320	411	632		
0,040	51,6	34,2	25,4	16,8	8,30	4,14	25,6	48,0	71,0	117	164	213	263	311	358	460	715		
0,045	56,1	37,2	27,6	18,3	9,03	4,51	27,9	52,5	77,6	129	180	234	289	343	395	509	796		
0,050	60,1	40,0	29,6	19,6	9,65	4,84	30,1	56,7	83,9	140	196	254	314	373	432	556	872		
0,060	67,9	45,2	33,2	22,2	10,9	5,41	34,2	64,4	95,7	160	225	292	362	433	501	646	1020	1390	
0,070	74,8	49,6	36,6	24,4	12,0	5,92	38,0	71,6	107	179	252	328	406	487	567	731	1160	1590	**15** mm
0,080	81,0	53,6	39,7	26,5	13,0	6,40	41,2	78,1	117	196	278	362	449	540	630	812	1290	1780	
0,090	86,5	57,3	42,5	28,2	13,8	6,85	44,2	83,9	126	212	302	394	489	588	688	889	1420	1970	
0,100	91,5	60,6	45,0	29,9	14,6	7,21	47,0	89,4	134	227	325	424	527	635	744	965	1550	2150	
0,110	96,1	63,6	47,2	31,4	15,3	7,55	49,7	94,5	142	242	346	452	564	680	796	1040	1680	2340	
0,120	100	66,4	49,3	32,8	15,9	7,87	52,0	99,2	150	255	367	479	599	724	848	1110	1800	2520	
0,130	104	68,9	51,2	34,0	16,5	8,16	54,0	104	157	268	386	506	632	765	898	1180	1910	2690	
0,140	108	71,2	52,8	35,1	17,1	8,43	55,9	108	163	280	403	531	664	804	947	1240	2020	2860	
0,160	114	75,3	55,9	37,0	18,0	8,90	59,8	115	175	302	436	576	724	879	1040	1370	2240	3190	
0,180	119	78,8	58,5	38,7	18,9	9,33	63,0	122	186	321	466	618	780	948	1130	1490	2460	3510	
0,200	124	81,9	60,9	40,3	19,6	9,70	65,6	128	196	339	493	658	833	1020	1200	1600	2660	3820	

Umfang = 0,493 m da/di = 1,236 ln da/di = 0,2121

Innerer Rohr ∅ = 120 mm **Äußerer Rohr ∅ = 127 mm**

Wärmeleitzahl λ	Rohrtemperatur in ° C (Lufttemp. = 20° C) -40	-20	-10	±0	+10	+25	+50	+75	+100	+150	+200	+250	+300	+350	+400	+500	+750	+1000	Isol.-Stärke
0,020	23,9	15,9	11,9	7,90	3,92	1,97	12,0	22,1	32,3	52,8	73,2	93,8	116	136	156	198			
0,025	29,0	19,4	14,4	9,61	4,78	2,37	14,6	26,9	39,5	64,9	90,0	115	141	168	192	244			
0,030	34,0	22,6	16,9	11,2	5,55	2,76	17,1	31,5	46,4	75,6	106	136	166	198	227	288			
0,035	38,6	25,7	19,1	12,7	6,26	3,13	19,4	35,7	53,0	86,1	121	145	189	226	261	330	514		
0,040	43,0	28,5	21,2	14,1	6,94	3,47	21,6	39,9	58,9	96,6	135	174	212	254	293	372	573		
0,045	47,2	31,1	23,2	15,4	7,59	3,79	23,6	43,7	64,7	106	149	192	235	281	325	412	632		
0,050	51,1	33,6	25,1	16,7	8,20	4,08	25,6	47,6	70,3	115	162	209	257	306	355	450	690		
0,060	59,0	38,4	28,6	19,0	9,34	4,65	29,3	54,6	80,6	133	187	242	299	354	412	526	816	1120	
0,070	65,6	42,8	31,9	21,1	10,4	5,16	32,8	61,2	90,6	150	211	274	338	401	468	599	937	1290	**20**
0,080	71,5	46,7	34,9	23,0	11,3	5,65	35,8	67,5	100	166	234	304	376	447	521	667	1050	1450	mm
0,090	76,8	50,4	37,6	24,8	12,2	6,00	38,7	73,0	108	181	256	332	411	490	572	735	1160	1610	
0,100	82,0	53,7	40,0	26,5	13,0	6,41	41,4	78,1	116	196	276	360	445	532	620	802	1270	1760	
0,110	86,8	56,8	42,3	28,0	13,7	6,79	43,9	83,0	124	210	296	386	477	572	667	866	1380	1910	
0,120	91,1	59,8	44,5	29,4	14,4	7,14	46,2	87,8	131	223	315	410	509	610	713	927	1480	2050	
0,130	95,1	62,5	46,5	30,7	15,1	7,46	48,4	92,4	138	235	332	435	539	647	757	986	1570	2190	
0,140	98,7	64,8	48,4	31,9	15,7	7,75	50,4	96,4	144	246	348	458	571	684	801	1040	1670	2330	
0,160	106	69,4	51,7	34,1	16,7	8,25	54,2	104	156	267	381	500	624	752	884	1150	1860	2600	
0,180	112	73,4	54,5	36,0	17,6	8,70	57,5	111	167	286	411	540	675	818	964	1260	2050	2870	
0,200	117	77,0	57,3	37,8	18,5	9,11	60,6	117	177	304	439	578	725	882	1040	1350	2220	3130	

Umfang = 0,525 m da/di = 1,315 ln da/di = 0,2739

Wärmeleitzahl λ	Rohrtemperatur in ° C (Lufttemp. = 20° C) -40	-20	-10	±0	+10	+25	+50	+75	+100	+150	+200	+250	+300	+350	+400	+500	+750	+1000	Isol.-Stärke
0,020	20,3	13,6	10,1	6,74	3,37	1,67	10,2	18,8	27,2	44,5	62,2	79,9	97,0	115	132	167			
0,025	24,9	16,6	12,4	8,20	4,02	2,03	12,4	22,9	33,6	54,9	75,9	98,0	119	141	162	205			
0,030	29,3	19,4	14,5	9,58	4,75	2,38	14,5	26,9	39,5	64,5	89,3	116	141	167	192	242			
0,035	33,6	22,1	16,6	11,0	5,41	2,72	16,6	30,8	45,1	74,0	102	133	162	192	221	279	431		
0,040	37,5	24,7	18,6	12,3	6,06	3,03	18,6	34,5	50,5	83,1	115	150	182	216	249	315	488		
0,045	41,3	27,1	20,4	13,5	6,65	3,32	20,4	38,0	55,8	91,8	127	166	201	240	277	350	544		
0,050	44,9	29,5	22,2	14,6	7,22	3,60	22,3	41,6	60,9	100	139	181	221	262	304	385	599		
0,060	51,2	33,9	25,4	16,9	8,27	4,12	25,6	48,0	70,5	116	162	210	258	306	355	453	705	955	
0,070	57,2	38,1	28,4	18,8	9,30	4,61	28,8	54,0	79,4	132	184	238	293	347	403	516	803	1100	**25**
0,080	63,1	42,0	31,2	20,7	10,2	5,06	31,9	59,8	87,5	146	204	265	326	388	450	576	900	1240	mm
0,090	68,7	45,5	33,8	22,5	11,0	5,48	34,7	65,2	95,5	160	224	291	358	428	496	635	999	1380	
0,100	73,9	48,7	36,3	24,1	11,8	5,87	37,2	70,4	103	173	244	316	389	465	540	694	1090	1510	
0,110	78,5	51,7	38,6	25,6	12,6	6,22	39,6	75,2	111	186	263	340	420	500	583	752	1190	1640	
0,120	82,6	54,8	40,8	27,1	13,3	6,55	41,9	79,6	118	198	280	363	448	535	625	807	1280	1760	
0,130	86,6	57,4	42,8	28,4	13,9	6,87	44,1	83,8	124	209	297	385	476	569	666	860	1360	1880	
0,140	90,5	59,8	44,7	29,7	14,5	7,17	46,1	88,0	130	220	312	406	504	603	704	911	1450	2000	
0,160	97,9	64,6	48,1	31,9	15,5	7,69	50,0	95,6	142	240	343	448	555	666	780	1010	1620	2240	
0,180	104	68,5	51,1	33,9	16,5	8,19	53,5	103	153	259	371	488	602	726	853	1100	1780	2480	
0,200	110	72,2	53,8	35,7	17,4	8,65	56,6	109	163	277	397	525	650	784	923	1200	1930	2720	

Umfang = 0,556 m da/di = 1,394 ln da/di = 0,3319

Innerer Rohr ∅ = 120 mm **Äußerer Rohr ∅ = 127 mm**

Wärmeleitzahl λ	Rohrtemperatur in ° C (Lufttemp. = 20° C) -40	-20	-10	±0	+10	+25	+50	+75	+100	+150	+200	+250	+300	+350	+400	+500	+750	+1000	Isol.-Stärke
0,020	17,8	11,8	8,80	5,89	2,94	1,47	8,83	16,3	23,7	39,0	53,9	69,7	84,6	99,6	115	144			
0,025	21,8	14,5	10,8	7,20	3,60	1,78	10,8	20,0	29,1	47,8	66,9	85,8	104	123	142	179			
0,030	25,7	17,1	12,7	8,49	4,21	2,09	12,7	23,6	34,4	56,5	78,9	100	122	145	168	212			
0,035	29,4	19,6	14,6	9,71	4,79	2,39	14,6	27,1	39,5	65,0	90,0	116	140	167	194	244	375		
0,040	33,0	22,0	16,4	10,9	5,36	2,68	16,4	30,3	44,4	73,0	102	131	159	189	219	276	425		
0,045	36,5	24,3	18,1	12,0	5,91	2,95	18,2	33,6	49,2	80,8	113	146	177	210	244	308	475		
0,050	40,0	26,5	19,7	13,1	6,45	3,22	19,8	36,7	53,9	88,4	123	160	195	230	267	338	521		
0,060	46,1	30,5	22,8	15,1	7,45	3,72	23,0	42,6	62,9	103	144	186	228	270	312	398	614	835	
0,070	51,9	34,4	25,6	17,0	8,41	4,19	26,0	48,2	71,2	117	164	212	260	308	357	456	704	961	30 mm
0,080	57,5	38,1	28,3	18,8	9,30	4,62	28,8	53,5	78,9	130	183	237	290	344	400	511	793	1080	
0,090	62,8	41,5	30,9	20,5	10,1	5,02	31,4	58,5	86,2	143	201	261	319	380	441	565	880	1200	
0,100	67,6	44,7	33,3	22,1	10,9	5,40	33,9	63,2	93,1	156	219	284	348	415	481	618	968	1320	
0,110	72,2	47,6	35,5	23,6	11,6	5,75	36,2	67,8	100	168	236	306	376	448	520	669	1050	1440	
0,120	76,4	50,5	37,6	25,1	12,3	6,08	38,5	72,3	107	179	253	328	403	480	559	718	1130	1550	
0,130	80,5	53,2	39,7	26,4	13,0	6,41	40,6	76,5	113	190	269	348	430	512	597	766	1210	1660	
0,140	84,4	55,8	41,6	27,7	13,6	6,73	42,7	80,4	119	200	284	368	455	542	634	813	1290	1760	
0,160	91,7	60,5	45,2	30,0	14,7	7,27	46,6	88,1	131	220	313	407	504	600	703	908	1440	1980	
0,180	98,5	64,8	48,3	32,1	15,7	7,75	50,0	94,8	142	239	340	443	549	655	770	998	1580	2190	
0,200	105	68,7	51,2	33,9	16,6	8,21	53,3	101	152	257	366	477	593	708	835	1080	1720	2400	

Umfang = 0,588 m da/di = 1,472 ln da/di = 0,3869

Wärmeleitzahl λ	Rohrtemperatur in ° C (Lufttemp. = 20° C) -40	-20	-10	±0	+10	+25	+50	+75	+100	+150	+200	+250	+300	+350	+400	+500	+750	+1000	Isol.-Stärke
0,020	15,8	10,6	7,84	5,30	2,64	1,31	7,93	14,5	21,3	34,5	48,1	61,5	75,0	87,8	102	128			
0,025	19,5	13,0	9,68	6,45	3,21	1,60	9,72	17,9	26,1	42,7	59,2	76,0	91,8	109	126	159			
0,030	22,9	15,3	11,4	7,59	3,78	1,88	11,5	21,1	30,8	50,5	70,1	89,9	108	130	149	189			
0,035	26,3	17,5	13,1	8,69	4,32	2,15	13,2	24,4	35,4	58,1	81,0	104	125	150	173	218	335		
0,040	29,6	19,6	14,8	9,78	4,85	2,42	14,8	27,4	40,0	65,5	91,5	117	142	169	196	246	381		
0,045	32,9	21,8	16,4	10,9	5,39	2,68	16,5	30,4	44,5	72,7	101	130	158	188	218	275	424		
0,050	36,0	23,9	17,9	11,9	5,88	2,92	18,1	33,2	48,6	79,9	111	143	174	206	239	302	465		
0,060	41,6	27,8	20,8	13,7	6,81	3,40	21,0	38,8	56,7	93,2	130	168	204	242	281	357	546	744	
0,070	47,3	31,4	23,5	15,5	7,71	3,84	23,8	44,1	64,5	107	149	191	234	276	321	410	625	859	35 mm
0,080	52,6	35,0	26,1	17,3	8,55	4,25	26,4	49,1	72,1	119	167	214	263	310	360	460	704	970	
0,090	57,9	38,2	28,6	19,0	9,34	4,65	29,0	53,8	79,2	131	184	237	290	343	399	509	782	1080	
0,100	62,5	41,4	30,9	20,5	10,1	5,02	31,4	58,2	86,0	143	200	258	316	375	436	558	860	1190	
0,110	66,7	44,3	33,1	21,9	10,8	5,36	33,6	62,5	92,6	154	216	279	341	408	472	605	936	1290	
0,120	71,1	47,1	35,2	23,3	11,5	5,68	35,8	66,7	99,0	165	231	300	367	438	508	651	1010	1400	
0,130	75,2	49,8	37,2	24,6	12,1	5,99	37,9	70,8	105	175	246	319	392	467	544	696	1080	1500	
0,140	79,2	52,4	39,0	25,8	12,7	6,30	39,9	74,7	111	185	261	338	416	496	578	740	1160	1590	
0,160	86,7	56,8	42,6	28,1	13,8	6,85	43,7	82,0	122	204	289	374	462	549	641	827	1300	1790	
0,180	93,1	61,2	45,8	30,2	14,9	7,36	47,2	89,0	132	222	315	408	505	610	704	911	1430	1980	
0,200	98,5	65,4	48,8	32,2	15,9	7,84	50,6	95,6	142	240	339	442	548	650	765	990	1570	2170	

Umfang = 0,619 m da/di = 1,551 ln da/di = 0,4390

Innerer Rohr ⌀ = 120 mm **Äußerer Rohr ⌀ = 127 mm**

Wärmeleitzahl λ	Rohrtemperatur in °C (Lufttemp. = 20° C)																		Isol.-Stärke
	−40	−20	−10	±0	+10	+25	+50	+75	+100	+150	+200	+250	+300	+350	+400	+500	+750	+1000	
0,020	14,5	9,62	7,20	4,80	2,39	1,19	7,20	13,2	19,2	31,3	43,5	55,9	68,1	80,2	92,9	117			
0,025	17,8	11,8	8,80	5,86	2,93	1,46	8,85	16,3	23,8	38,7	53,8	68,9	84,2	99,0	114	144			
0,030	21,1	14,0	10,4	6,92	3,45	1,72	10,5	19,3	28,2	46,0	63,9	81,7	99,9	118	136	171			
0,035	24,2	16,1	12,0	7,95	3,96	1,98	12,1	22,2	32,5	53,0	73,7	94,4	115	136	157	198	304		
0,040	27,3	18,1	13,6	8,96	4,46	2,22	13,6	25,0	36,7	59,8	83,3	107	130	154	178	224	344		
0,045	30,3	20,1	15,1	9,95	4,94	2,46	15,1	27,7	40,6	66,6	92,9	119	145	172	198	250	384		
0,050	33,2	22,0	16,5	10,9	5,41	2,70	16,6	30,5	44,6	73,3	102	130	159	189	218	275	423		
0,060	38,8	25,6	19,3	12,7	6,33	3,15	19,4	35,7	52,4	85,6	120	153	187	222	257	325	501	676	
0,070	44,2	29,2	21,9	14,5	7,18	3,57	22,0	40,7	59,7	98,0	137	175	215	255	296	374	576	781	
0,080	49,2	32,5	24,3	16,1	8,00	3,97	24,6	45,5	66,8	110	154	197	241	287	332	420	650	885	**40** mm
0,090	54,0	35,7	26,7	17,7	8,79	4,36	27,0	50,1	73,6	121	170	218	267	318	367	466	722	984	
0,100	58,6	38,8	29,0	19,2	9,52	4,72	29,4	54,5	80,1	132	185	239	292	347	403	511	794	1080	
0,110	63,0	41,7	31,2	20,6	10,2	5,06	31,6	58,6	86,3	143	200	258	317	376	437	556	865	1180	
0,120	67,2	44,4	33,2	22,0	10,9	5,37	33,6	62,6	92,3	154	215	277	340	404	470	600	934	1270	
0,130	71,3	47,0	35,2	23,3	11,5	5,68	35,6	66,5	98,2	164	229	295	363	432	502	643	1000	1370	
0,140	75,3	49,6	37,1	24,5	12,1	5,98	37,5	70,3	104	173	243	313	386	459	534	684	1070	1460	
0,160	82,6	54,4	40,6	26,8	13,2	6,53	41,2	77,5	115	192	270	349	429	510	595	764	1200	1640	
0,180	89,0	58,8	43,8	28,9	14,3	7,04	44,8	84,3	125	210	295	382	471	561	653	842	1320	1820	
0,200	95,3	62,8	46,8	30,9	15,3	7,52	48,1	90,9	135	226	318	414	512	610	712	918	1450	2000	

Umfang = 0,650 m da/di = 1,630 ln da/di = 0,4885

Wärmeleitzahl λ	Rohrtemperatur in °C (Lufttemp. = 20° C)																		Isol.-Stärke
	−40	−20	−10	±0	+10	+25	+50	+75	+100	+150	+200	+250	+300	+350	+400	+500	+750	+1000	
0,020	13,3	8,80	6,62	4,41	2,19	1,10	6,64	12,2	17,7	28,8	40,1	51,3	62,5	73,2	85,5	107			
0,025	16,3	10,9	8,18	5,41	2,70	1,35	8,19	15,0	21,8	35,5	49,7	63,3	77,2	90,8	105	133			
0,030	19,3	12,9	9,66	6,40	3,19	1,59	9,68	17,8	25,9	42,2	59,0	75,2	91,6	108	124	158			
0,035	22,2	14,9	11,1	7,38	3,67	1,83	11,1	20,5	29,8	48,7	68,0	87,0	106	125	144	182	280		
0,040	25,1	16,8	12,6	8,34	4,14	2,06	12,5	23,1	33,7	55,0	76,9	98,1	120	142	164	206	317		
0,045	27,9	18,7	14,0	9,26	4,60	2,29	13,9	25,7	37,6	61,2	85,8	109	134	158	183	230	354		
0,050	30,6	20,5	15,3	10,2	5,04	2,52	15,3	28,3	41,3	67,2	94,5	120	147	174	202	254	390		
0,060	35,9	23,9	17,9	11,9	5,89	2,94	18,0	33,1	48,4	79,0	111	142	173	205	238	301	461	627	
0,070	40,9	27,2	20,4	13,5	6,70	3,34	20,5	37,9	55,2	90,7	128	163	199	236	273	346	531	722	
0,080	45,7	30,4	22,8	15,1	7,48	3,72	23,0	42,5	62,0	102	143	184	224	266	308	390	600	815	**45** mm
0,090	50,3	33,5	25,1	16,7	8,24	4,09	25,4	46,9	68,6	113	159	203	249	294	341	433	668	907	
0,100	54,8	36,4	27,2	18,1	8,95	4,44	27,6	51,1	75,0	124	174	222	272	322	374	475	735	997	
0,110	59,0	39,2	29,3	19,5	9,62	4,78	29,7	55,2	81,1	134	189	240	295	350	406	517	801	1090	
0,120	63,0	41,9	31,3	20,8	10,3	5,10	31,7	59,1	86,7	143	203	259	318	377	437	557	867	1180	
0,130	67,0	44,5	33,2	22,1	10,9	5,40	33,6	62,9	92,4	153	216	276	340	403	468	597	932	1270	
0,140	70,8	47,0	35,0	23,3	11,5	5,69	35,6	66,5	97,6	162	229	293	362	429	498	636	993	1350	
0,160	78,0	51,7	38,5	25,5	12,6	6,23	39,2	73,4	108	180	255	327	402	478	556	713	1110	1520	
0,180	84,8	56,1	41,8	27,7	13,7	6,74	42,7	80,0	118	197	279	359	442	525	611	786	1230	1690	
0,200	91,2	60,4	44,9	29,7	14,6	7,23	46,0	86,3	127	213	303	390	481	572	664	857	1350	1850	

Umfang = 0,682 m da/di = 1,709 ln da/di = 0,5357

Innerer Rohr ∅ = 120 mm **Äußerer Rohr ∅ = 127 mm**

Wärme-leitzahl λ	Rohrtemperatur in ° C (Lufttemp. = 20° C)																		Isol.-Stärke
	−40	−20	−10	±0	+10	+25	+50	+75	+100	+150	+200	+250	+300	+350	+400	+500	+750	+1000	
0,020	12,3	8,19	6,12	4,05	2,03	1,01	6,12	11,2	16,4	26,8	37,0	47,3	57,8	67,8	78,6	98,9			
0,025	15,2	10,1	7,53	5,00	2,51	1,25	7,54	13,9	20,3	33,0	46,0	58,3	71,6	84,3	97,1	122			
0,030	18,0	12,0	8,93	5,94	2,97	1,48	8,98	16,5	24,1	39,1	54,5	69,3	85,0	100	115	146			
0,035	20,7	13,8	10,3	6,86	3,42	1,71	10,4	19,1	27,8	45,1	62,9	80,2	98,1	116	134	169	258		
0,040	23,4	15,6	11,6	7,75	3,86	1,92	11,8	21,6	31,4	51,0	71,4	91,1	112	132	152	192	294		
0,045	26,0	17,3	12,9	8,64	4,29	2,13	13,1	24,1	35,0	56,9	79,5	102	124	147	170	214	329		
0,050	28,6	19,0	14,2	9,52	4,72	2,34	14,4	26,4	38,4	62,8	87,4	112	136	162	187	235	361		
0,060	33,7	22,4	16,7	11,2	5,54	2,75	16,9	31,0	45,3	74,2	103	133	162	191	222	279	430	581	
0,070	38,4	25,6	19,1	12,7	6,33	3,14	19,2	35,5	52,1	85,1	119	153	187	220	255	322	496	669	50 mm
0,080	43,1	28,6	21,4	14,2	7,07	3,51	21,5	39,8	58,5	95,7	134	172	210	248	288	364	560	756	
0,090	47,5	31,5	23,6	15,7	7,78	3,86	23,8	43,9	64,6	106	148	190	232	276	320	404	624	842	
0,100	51,8	34,4	25,8	17,2	8,46	4,20	26,0	48,0	70,5	116	162	208	254	303	350	444	688	928	
0,110	56,0	37,1	27,9	18,5	9,12	4,52	28,1	52,0	76,2	126	176	226	276	329	380	483	750	1010	
0,120	59,9	39,8	29,8	19,8	9,75	4,84	30,0	55,8	81,9	135	189	244	298	355	410	522	810	1100	
0,130	63,8	42,4	31,6	21,0	10,4	5,14	32,0	59,4	87,4	145	202	261	319	380	439	559	869	1180	
0,140	67,6	44,8	33,5	22,2	11,0	5,42	33,8	62,9	92,8	154	215	278	340	404	468	596	928	1260	
0,160	74,6	49,5	37,3	24,4	12,1	5,96	37,4	69,8	103	171	239	309	380	451	523	669	1040	1420	
0,180	81,1	53,9	40,2	26,6	13,1	6,49	40,8	76,3	113	188	263	340	418	498	577	739	1150	1580	
0,200	87,2	57,9	43,1	28,6	14,1	7,00	44,1	82,4	122	203	286	370	455	542	630	808	1260	1730	

Umfang = 0,713 m da/di = 1,787 ln da/di = 0,5808

Wärme-leitzahl λ	Rohrtemperatur in ° C (Lufttemp. = 20° C)																		Isol.-Stärke
	−40	−20	−10	±0	+10	+25	+50	+75	+100	+150	+200	+250	+300	+350	+400	+500	+750	+1000	
0,020	10,8	7,22	5,41	3,60	1,79	0,90	5,40	9,84	14,4	23,4	32,6	41,8	50,7	59,7	68,7	87,0			
0,025	13,4	8,95	6,67	4,43	2,22	1,11	6,67	12,2	17,8	29,0	40,3	51,6	63,0	74,0	85,4	108			
0,030	15,9	10,6	7,90	5,27	2,63	1,31	7,90	14,5	21,2	34,4	48,0	61,2	74,9	88,1	102	128			
0,035	18,3	12,3	9,10	6,10	3,03	1,52	9,12	16,8	24,5	39,8	55,6	70,9	86,8	102	118	149	228		
0,040	20,8	13,9	10,3	6,90	3,44	1,72	10,4	19,0	27,8	45,2	63,0	80,3	98,7	116	134	169	259		
0,045	23,1	15,5	11,5	7,69	3,83	1,91	11,6	21,2	31,0	50,4	70,4	89,8	110	130	150	189	290		
0,050	25,5	17,0	12,7	8,47	4,21	2,10	12,8	23,2	34,2	55,6	77,8	99,2	122	144	165	208	320		
0,060	30,1	20,0	15,0	9,97	4,95	2,47	15,1	27,6	40,4	66,3	92,0	118	144	170	196	248	380	513	
0,070	34,6	23,0	17,2	11,4	5,66	2,83	17,3	31,8	46,6	76,1	106	136	166	196	226	286	440	598	60 mm
0,080	38,8	25,9	19,4	12,8	6,36	3,18	19,5	35,8	52,4	86,0	120	153	187	221	256	324	499	678	
0,090	43,0	28,6	21,5	14,2	7,05	3,52	21,5	39,6	58,1	95,9	133	170	208	246	285	360	557	756	
0,100	47,0	31,3	23,5	15,6	7,72	3,83	23,5	43,4	63,7	105	146	187	229	271	313	396	613	832	
0,110	50,9	33,9	25,4	16,8	8,35	4,14	25,4	47,0	69,1	114	159	204	249	295	340	432	668	907	
0,120	54,7	36,3	27,2	18,1	8,96	4,45	27,3	50,6	74,4	123	171	220	269	318	367	468	722	978	
0,130	58,4	38,7	28,9	19,3	9,53	4,73	29,2	54,1	79,5	131	183	235	288	341	393	502	777	1050	
0,140	62,0	41,1	30,6	20,4	10,1	5,01	31,0	57,5	84,6	139	195	251	307	364	420	535	831	1120	
0,160	68,7	45,6	33,9	22,5	11,2	5,53	34,4	64,0	94,0	156	218	281	345	307	472	602	935	1270	
0,180	75,1	49,8	37,2	24,6	12,2	6,04	37,6	70,1	103	171	240	310	380	350	522	667	1040	1410	
0,200	81,5	53,9	40,4	26,7	13,2	6,54	40,8	76,0	113	186	261	337	414	392	570	731	1130	1550	

Umfang = 0,776 m da/di = 1,945 ln da/di = 0,6652

Wärme-leitzahl λ	Rohrtemperatur in °C (Lufttemp. = 20° C) -40	-20	-10	±0	+10	+25	+50	+75	+100	+150	+200	+250	+300	+350	+400	+500	+750	+1000	Isol.-Stärke
0,020	9,71	6,45	4,87	3,23	1,61	0,80	4,87	8,95	13,0	21,1	29,3	37,9	45,8	53,9	62,1	78,6			
0,025	12,1	8,04	6,02	4,00	2,00	0,99	6,01	11,1	16,1	26,1	36,5	46,7	56,9	67,2	76,9	96,8			
0,030	14,4	9,52	7,16	4,75	2,39	1,18	7,17	13,3	19,2	31,1	43,4	55,4	67,8	80,1	91,7	116			
0,035	16,6	11,0	8,29	5,50	2,75	1,37	8,30	15,4	22,2	36,0	50,2	64,2	78,5	92,9	107	134	206		
0,040	18,8	12,5	9,39	6,22	3,11	1,55	9,39	17,4	25,2	41,0	57,0	73,0	89,1	105	122	152	234		
0,045	21,0	14,0	10,5	6,95	3,47	1,73	10,5	19,4	28,1	45,8	63,8	81,7	99,6	117	137	170	262		
0,050	23,2	15,4	11,6	7,66	3,82	1,90	11,6	21,4	31,0	50,6	70,5	90,0	110	129	151	188	290		
0,060	27,4	18,2	13,7	9,11	4,53	2,25	13,7	25,3	36,8	60,0	83,5	107	131	154	178	223	346	466	
0,070	31,6	21,0	15,8	10,5	5,20	2,59	15,7	29,0	42,5	69,3	96,1	123	151	178	206	258	400	538	
0,080	35,5	23,6	17,8	11,8	5,85	2,91	17,7	32,7	48,0	78,5	109	139	171	201	233	293	454	610	**70** mm
0,090	39,4	26,2	19,7	13,1	6,48	3,23	19,7	36,4	53,5	87,2	121	155	190	224	260	328	508	682	
0,100	43,2	28,7	21,6	14,4	7,10	3,53	21,6	39,9	58,8	95,6	133	171	209	247	286	362	560	751	
0,110	47,0	31,2	23,4	15,6	7,70	3,82	23,5	43,3	63,8	104	145	186	228	269	312	394	612	820	
0,120	50,6	33,6	25,2	16,8	8,30	4,11	25,3	46,6	68,7	112	157	201	246	291	337	426	662	888	
0,130	54,1	35,9	26,9	17,9	8,86	4,39	27,0	49,8	73,5	120	168	216	264	312	362	458	712	959	
0,140	57,6	38,1	28,5	18,9	9,40	4,65	28,7	53,0	78,1	128	179	230	282	333	386	490	760	1030	
0,160	64,0	42,3	31,7	21,0	10,4	5,17	31,9	59,3	87,1	143	200	258	316	375	434	551	858	1160	
0,180	70,1	46,4	34,7	23,0	11,4	5,67	35,1	65,3	96,0	158	221	286	350	414	481	611	952	1290	
0,200	76,1	50,4	37,7	25,0	12,4	6,16	38,2	71,1	105	173	241	312	384	453	527	670	1050	1420	

Umfang = 0,839 m   da/di = 2,102   ln da/di = 0,7431

Wärme-leitzahl λ	Rohrtemperatur in °C (Lufttemp. = 20° C) -40	-20	-10	±0	+10	+25	+50	+75	+100	+150	+200	+250	+300	+350	+400	+500	+750	+1000	Isol.-Stärke
0,020	8,88	5,93	4,46	2,96	1,48	0,74	4,45	8,20	11,9	19,3	27,1	34,4	42,0	49,2	56,8	71,7			
0,025	11,1	7,34	5,48	3,67	1,84	0,92	5,49	10,1	14,8	24,0	33,3	42,7	52,1	61,0	70,6	88,9			
0,030	13,2	8,73	6,52	4,37	2,19	1,09	6,54	12,0	17,5	28,6	39,6	50,9	62,1	72,7	84,3	106			
0,035	15,3	10,1	7,57	5,06	2,53	1,26	7,60	13,9	20,3	33,2	45,8	59,0	72,0	84,2	98,0	123	188		
0,040	17,3	11,5	8,59	5,75	2,88	1,43	8,65	15,8	23,1	37,7	52,0	67,0	81,8	95,5	111	140	214		
0,045	19,4	12,9	9,60	6,43	3,22	1,60	9,67	17,7	25,9	42,1	58,3	75,0	91,5	107	125	157	240		
0,050	21,4	14,2	10,6	7,10	3,56	1,76	10,7	19,6	28,6	46,5	64,6	83,0	101	119	138	174	265		
0,060	25,4	16,8	12,6	8,40	4,20	2,09	12,6	23,2	34,0	55,2	76,9	98,5	120	141	164	206	316	426	
0,070	29,2	19,4	14,5	9,70	4,83	2,41	14,5	26,8	39,3	63,8	88,9	114	139	164	189	239	366	494	
0,080	33,0	21,9	16,4	11,0	5,45	2,70	16,4	30,3	44,4	72,1	101	128	158	186	214	271	416	562	**80** mm
0,090	36,6	24,4	18,2	12,2	6,05	3,00	18,3	33,7	49,3	80,3	112	143	176	207	239	303	465	627	
0,100	40,2	26,8	20,0	13,4	6,64	3,28	20,1	37,0	54,2	88,4	123	158	193	228	264	334	513	692	
0,110	43,7	29,1	21,7	14,5	7,21	3,56	21,9	40,3	59,0	96,4	134	172	210	249	288	365	560	757	
0,120	47,2	31,4	23,4	15,6	7,76	3,84	23,6	43,5	63,7	104	145	186	227	269	311	395	605	819	
0,130	50,6	33,7	25,1	16,7	8,30	4,11	25,3	46,7	68,4	112	156	200	245	288	335	425	651	881	
0,140	53,9	35,8	26,7	17,7	8,84	4,37	26,9	49,8	73,0	120	166	213	261	308	358	454	697	945	
0,160	60,1	40,0	29,9	19,8	9,84	4,88	30,0	55,6	81,4	134	186	240	294	347	403	513	786	1070	
0,180	66,1	43,9	32,8	21,8	10,8	5,36	33,1	61,4	89,7	148	206	267	327	385	448	570	874	1190	
0,200	72,0	47,8	35,7	23,7	11,8	5,84	36,1	66,9	97,8	162	226	292	358	423	491	625	962	1310	

Umfang = 0,902 m   da/di = 2,260   ln da/di = 0,8153

Innerer Rohr ∅ = 120 mm **Äußerer Rohr ∅ = 127 mm**

Wärme-leitzahl λ	Rohrtemperatur in ° C (Lufttemp. = 20° C) -40	-20	-10	±0	+10	+25	+50	+75	+100	+150	+200	+250	+300	+350	+400	+500	+750	+1000	Isol.-Stärke
0,020	8,28	5,51	4,12	2,75	1,37	0,68	4,11	7,60	11,0	18,0	24,8	31,8	38,8	45,6	52,3	64,2			
0,025	10,3	6,84	5,12	3,41	1,71	0,85	5,12	9,40	13,7	22,2	30,7	39,4	48,4	56,9	65,5	82,2			
0,030	12,3	8,14	6,10	4,07	2,04	1,02	6,10	11,2	16,3	26,5	36,5	47,0	57,6	67,9	78,2	98,0			
0,035	14,3	9,44	7,07	4,71	2,35	1,17	7,08	13,0	18,9	30,8	42,4	54,6	66,9	78,8	91,2	114	174		
0,040	16,2	10,7	8,04	5,35	2,67	1,33	8,05	14,8	21,5	35,0	48,3	62,1	76,0	89,5	104	130	199		
0,045	18,1	11,9	9,00	5,98	2,99	1,49	9,01	16,5	24,1	39,2	54,2	69,5	85,0	101	116	146	223		
0,050	19,9	13,2	10,0	6,58	3,30	1,64	10,0	18,2	26,6	43,4	60,1	76,9	93,9	111	128	161	246		
0,060	23,7	15,7	11,8	7,82	3,91	1,95	11,8	21,6	31,7	51,5	71,8	91,3	112	132	152	192	293	396	
0,070	27,3	18,1	13,6	9,08	4,52	2,25	13,6	25,0	36,6	59,6	82,8	106	129	153	176	223	340	460	**90**
0,080	30,8	20,5	15,4	10,2	5,10	2,53	15,4	28,4	41,5	67,5	93,6	120	147	173	200	253	386	522	mm
0,090	34,3	22,9	17,1	11,4	5,67	2,81	17,2	31,6	46,3	75,3	105	134	164	193	223	283	432	584	
0,100	37,8	25,1	18,8	12,6	6,22	3,08	18,9	34,8	50,9	83,0	115	148	181	213	246	312	478	645	
0,110	41,2	27,3	20,5	13,7	6,76	3,35	20,5	37,9	55,4	90,5	125	161	197	233	269	341	522	705	
0,120	44,5	29,5	22,1	14,7	7,30	3,62	22,2	41,0	59,8	97,9	136	174	213	252	291	369	566	765	
0,130	47,7	31,6	23,7	15,7	7,82	3,88	23,8	43,9	64,2	105	146	187	229	271	313	397	610	825	
0,140	50,8	33,7	25,3	16,8	8,31	4,12	25,4	46,8	68,4	112	156	201	245	290	335	424	652	884	
0,160	56,9	37,7	28,2	18,8	9,30	4,61	28,4	52,4	76,6	126	176	226	277	327	378	479	738	1000	
0,180	62,7	41,6	31,1	20,7	10,3	5,10	31,4	58,0	84,9	140	195	250	307	363	419	534	821	1110	
0,200	68,4	45,4	34,0	22,6	11,2	5,56	34,3	63,5	93,0	153	214	274	337	398	460	586	902	1220	

Umfang = 0,965 m da/di = 2,417 ln da/di = 0,8827

Wärme-leitzahl λ	Rohrtemperatur in ° C (Lufttemp. = 20° C) -40	-20	-10	±0	+10	+25	+50	+75	+100	+150	+200	+250	+300	+350	+400	+500	+750	+1000	Isol.-Stärke
0,020	7,70	5,14	3,86	2,59	1,28	0,64	3,87	7,11	10,3	16,8	23,2	30,0	36,3	42,5	49,3	62,1			
0,025	9,67	6,39	4,80	3,20	1,60	0,80	4,81	8,85	12,8	20,9	28,9	37,1	45,0	53,0	61,4	77,4			
0,030	11,5	7,65	5,74	3,80	1,92	0,95	5,75	10,6	15,2	24,9	34,5	44,2	53,8	63,4	73,5	92,4			
0,035	13,4	8,89	6,65	4,41	2,22	1,10	6,63	12,3	17,7	29,0	40,1	51,3	62,5	73,6	85,2	108	162		
0,040	15,2	10,1	7,59	5,02	2,52	1,25	7,58	14,0	20,2	33,0	45,5	58,3	71,0	83,8	97,0	122	186		
0,045	17,0	11,3	8,49	5,63	2,81	1,40	8,49	15,7	22,6	36,9	50,9	65,3	79,5	94,0	109	136	209		
0,050	18,8	12,5	9,35	6,23	3,10	1,54	9,35	17,3	25,0	40,9	56,2	72,2	87,8	104	121	150	231		
0,060	22,2	14,9	11,1	7,40	3,68	1,84	11,1	20,6	29,7	48,5	67,5	86,1	105	124	143	179	275	373	
0,070	25,7	17,1	12,8	8,54	4,25	2,13	12,9	23,8	34,4	56,0	78,0	100	122	143	165	208	319	431	**100**
0,080	29,1	19,4	14,5	9,65	4,81	2,40	14,5	26,9	39,0	63,4	88,3	113	138	163	187	237	363	489	mm
0,070	32,5	21,7	16,2	10,8	5,36	2,67	16,2	29,9	43,5	70,8	98,3	126	154	182	210	265	405	547	
0,100	35,8	23,9	17,8	11,9	5,89	2,93	17,8	32,9	47,9	78,2	109	139	170	201	232	293	448	604	
0,110	39,0	26,0	19,4	13,0	6,41	3,19	19,4	35,8	52,3	85,4	119	152	185	220	254	320	489	661	
0,120	42,1	28,0	21,0	14,0	6,92	3,45	21,0	38,7	56,6	92,5	128	164	201	238	275	347	530	717	
0,130	45,2	30,0	22,5	15,0	7,43	3,70	22,6	41,6	60,8	99,3	138	176	216	256	295	373	572	772	
0,140	48,2	31,9	24,0	16,0	7,92	3,93	24,1	44,4	65,0	106	147	188	231	273	315	400	612	826	
0,160	54,2	35,9	26,8	17,9	8,88	4,40	27,1	49,8	72,9	120	166	212	261	309	357	452	693	940	
0,180	59,8	39,7	29,6	19,8	9,80	4,88	30,0	55,2	80,7	133	184	236	290	343	397	503	774	1050	
0,200	65,2	43,4	32,4	21,6	10,7	5,34	32,9	60,6	88,3	145	203	260	318	377	437	553	854	1160	

Umfang = 1,027 m da/di = 2,575 ln da/di = 0,9458

Innerer Rohr ⌀ = 120 mm **Äußerer Rohr ⌀ = 127 mm**

Wärmeleitzahl λ	Rohrtemperatur in °C (Lufttemp. = 20° C) −40	−20	−10	±0	+10	+25	+50	+75	+100	+150	+200	+250	+300	+350	+400	+500	+750	+1000	Isol.-Stärke
0,020	6,90	4,60	3,45	2,29	1,15	0,57	3,45	6,31	9,23	14,9	20,9	26,4	32,4	38,1	43,9	55,1			
0,025	8,61	5,79	4,30	2,85	1,43	0,72	4,32	7,92	11,4	18,6	25,9	33,0	40,3	47,5	54,6	69,3			
0,030	10,3	6,90	5,15	3,41	1,70	0,86	5,16	9,43	13,7	22,2	30,9	39,4	48,2	57,0	65,2	83,0			
0,035	12,0	8,02	5,98	3,96	1,98	1,00	6,00	11,0	16,0	25,8	36,0	45,8	56,1	66,2	76,0	96,2	146		
0,040	13,6	9,12	6,80	4,50	2,25	1,14	6,82	12,5	18,2	29,4	41,0	52,2	63,9	75,2	86,7	109	168		
0,045	15,2	10,2	7,60	5,04	2,52	1,27	7,62	13,9	20,4	33,0	46,1	58,5	71,5	84,2	97,2	122	188		
0,050	16,9	11,2	8,41	5,58	2,78	1,40	8,41	15,4	22,6	36,4	51,1	64,7	79,0	93,1	108	135	208		
0,060	20,1	13,3	10,0	6,65	3,32	1,66	10,0	18,4	26,9	43,5	60,9	67,1	94,1	111	128	162	248	332	
0,070	23,2	15,4	11,6	7,70	3,85	1,92	11,6	21,3	31,1	50,5	70,5	89,5	110	129	149	188	287	387	**120**
0,080	26,3	17,5	13,2	8,74	4,35	2,17	13,1	24,2	35,3	57,3	80,0	102	125	147	169	213	326	440	mm
0,090	29,4	19,5	14,7	9,76	4,85	2,42	14,7	27,0	39,4	64,0	89,3	114	140	165	189	239	365	494	
0,100	32,4	21,5	16,2	10,7	5,35	2,67	16,2	29,8	43,5	70,7	98,5	126	154	182	209	264	404	546	
0,110	35,4	23,5	17,6	11,7	5,85	2,91	17,7	32,5	49,4	77,3	108	138	168	199	229	289	441	596	
0,120	38,3	25,4	19,0	12,7	6,32	3,15	19,2	35,2	51,3	83,7	117	149	182	216	248	314	480	648	
0,130	41,2	27,3	20,5	13,6	6,80	3,39	20,6	37,8	55,2	90,0	126	160	196	232	267	338	518	700	
0,140	44,1	29,2	21,9	14,6	7,27	3,62	22,6	40,4	59,0	96,3	135	172	209	249	286	362	556	751	
0,160	49,7	33,0	24,6	16,4	8,20	4,08	24,8	45,6	66,4	109	151	194	237	282	325	410	632	852	
0,180	55,1	36,6	27,2	18,2	9,08	4,53	27,5	50,6	73,8	121	169	216	264	314	362	457	705	951	
0,200	60,4	40,1	29,8	19,9	9,95	4,97	30,1	55,5	81,0	133	186	238	290	345	398	504	774	1050	

Umfang = 1,153 m da/di = 2,890 ln da/di = 1,0612

Wärmeleitzahl λ	Rohrtemperatur in °C (Lufttemp. = 20° C) −40	−20	−10	±0	+10	+25	+50	+75	+100	+150	+200	+250	+300	+350	+400	+500	+750	+1000	Isol.-Stärke
0,020	6,29	4,20	3,15	2,10	1,05	0,53	3,15	5,79	8,43	13,6	19,0	24,6	29,8	35,1	40,4	50,8			
0,025	7,86	5,22	3,91	2,61	1,30	0,66	3,93	7,21	10,5	17,0	23,7	30,6	36,9	43,5	50,3	63,0			
0,030	9,41	6,23	4,67	3,12	1,56	0,78	4,69	8,62	12,6	20,3	28,3	36,5	44,1	51,9	60,1	75,4			
0,035	11,0	7,24	5,43	3,63	1,82	0,90	5,45	10,0	14,7	23,6	33,0	42,3	51,3	60,4	69,9	87,8	134		
0,040	12,5	8,26	6,20	4,13	2,07	1,03	6,21	11,4	16,7	27,0	37,5	48,1	58,3	68,9	79,5	100	153		
0,045	14,0	9,28	6,95	4,63	2,32	1,16	6,97	12,8	18,7	30,2	42,0	54,0	65,3	77,2	89,2	113	172		
0,050	15,4	10,3	7,70	5,12	2,56	1,29	7,74	14,2	20,6	33,5	46,5	59,7	72,3	85,6	98,8	125	190		
0,060	18,4	12,3	9,21	6,11	3,06	1,53	9,21	16,9	24,6	40,0	55,5	71,0	87,5	102	118	149	226	304	
0,070	21,3	14,2	10,7	7,08	3,54	1,77	10,7	19,6	28,6	46,4	64,4	82,5	101	118	136	172	263	355	**140**
0,080	24,2	16,1	12,1	8,03	4,02	2,00	12,1	22,3	32,5	52,9	73,1	94,0	114	135	155	196	299	404	mm
0,090	27,1	18,0	13,5	8,99	5,50	2,24	13,5	24,9	36,3	59,2	81,9	105	128	151	174	220	336	452	
0,100	29,9	19,9	14,9	9,91	4,96	2,47	14,9	27,4	40,1	65,4	90,6	116	142	167	192	243	371	500	
0,110	32,7	21,8	16,3	10,8	5,40	2,70	16,3	30,0	43,8	71,6	99,0	127	155	182	211	266	407	547	
0,120	35,5	23,6	17,7	11,7	5,85	2,92	17,7	32,6	47,5	77,6	107	137	168	198	229	289	442	594	
0,130	38,2	25,4	19,1	12,6	6,30	3,14	19,1	35,1	51,1	83,5	116	148	182	214	246	312	477	641	
0,140	40,8	27,2	20,4	13,5	6,74	3,36	20,4	37,5	54,7	89,3	124	159	195	229	264	334	512	688	
0,160	46,1	30,7	22,9	15,3	7,63	3,78	23,0	42,4	61,8	101	140	180	220	259	299	378	581	781	
0,180	51,2	34,1	25,5	17,0	8,50	4,20	25,6	47,1	68,8	112	156	201	245	289	334	423	648	873	
0,200	56,3	37,4	28,0	18,7	9,34	4,62	28,1	51,7	75,7	123	171	221	270	318	368	466	715	965	

Umfang = 1,279 m da/di = 3,205 ln da/di = 1,1646

Innerer Rohr ⌀ = 120 mm **Äußerer Rohr ⌀ = 127 mm**

Wärme-leitzahl λ	Rohrtemperatur in ° C (Lufttemp. = 20° C)																		Isol.-Stärke
	−40	−20	−10	±0	+10	+25	+50	+75	+100	+150	+200	+250	+300	+350	+400	+500	+750	+1000	
0,020	5,88	3,91	2,91	1,96	0,97	0,49	2,92	5,40	7,82	12,7	17,7	22,7	27,5	32,4	37,4	47,9			
0,025	7,32	4,85	3,63	2,44	1,22	0,61	3,63	6,71	9,73	15,8	22,0	28,2	34,3	40,4	46,6	59,2			
0,030	8,76	5,80	4,35	2,91	1,46	0,73	4,34	8,02	11,6	18,9	26,2	33,7	41,0	48,4	56,0	70,3			
0,035	10,2	6,75	5,05	3,38	1,69	0,85	5,06	9,34	13,6	22,0	30,6	39,2	47,7	56,3	65,0	81,5	125		
0,040	11,6	7,70	5,76	3,85	1,92	0,96	5,77	10,6	15,5	25,1	34,8	44,6	54,2	64,2	74,0	93,0	142		
0,045	13,0	8,64	6,47	4,32	2,16	1,08	6,48	11,9	17,4	28,1	39,0	50,0	60,7	72,0	83,0	105	159		
0,050	14,4	9,58	7,18	4,78	2,39	1,20	7,19	13,2	19,2	31,1	43,1	55,1	67,0	79,7	92,0	116	175		
0,060	17,2	11,5	8,60	5,70	2,85	1,42	8,60	15,8	23,0	37,1	51,5	65,9	80,2	95,7	109	138	210		
0,070	20,0	13,3	9,98	6,62	3,31	1,65	9,98	18,3	26,7	43,2	60,0	76,7	93,8	111	127	161	245		**160 mm**
0,080	22,7	15,1	11,3	7,52	3,76	1,88	11,3	20,8	30,4	49,2	68,3	87,2	106	126	145	183	279		
0,090	25,4	16,9	12,6	8,40	4,20	2,10	12,7	23,3	34,0	55,1	76,4	97,8	119	141	162	205	312		
0,100	28,1	18,7	14,0	9,27	4,63	2,31	14,0	25,8	37,5	61,0	84,4	108	132	156	179	227	345		
0,110	30,7	20,4	15,3	10,2	5,07	2,52	15,3	28,2	41,0	66,9	92,6	118	145	171	197	249	379		
0,120	33,2	22,1	16,6	11,1	5,51	2,74	16,6	30,6	44,5	72,7	101	128	157	186	213	271	412		
0,130	35,7	23,8	17,8	11,9	5,93	2,95	17,9	33,0	48,0	78,5	109	138	169	200	230	292	445		
0,140	38,3	25,5	19,1	12,7	6,33	3,16	19,2	35,3	51,3	84,1	116	148	181	214	247	313	477		
0,160	43,3	28,9	21,6	14,4	7,16	3,56	21,6	39,9	58,2	94,9	131	168	205	243	280	355	543		
0,180	48,3	32,2	24,0	16,0	7,95	3,96	24,0	44,3	64,7	106	146	187	229	271	314	396	607		
0,200	53,2	35,4	26,4	17,6	8,75	4,35	26,4	48,7	71,1	116	161	206	252	298	346	437	668		

Umfang = 1,404 m da/di = 3,520 ln da/di = 1,2584

Innerer Rohr ⌀ = 125 mm **Äußerer Rohr ⌀ = 133 mm**

Wärmeleitzahl λ	Rohrtemperatur in °C (Lufttemp. = 20° C)																		Isol.-Stärke
	−40	−20	−10	±0	+10	+25	+50	+75	+100	+150	+200	+250	+300	+350	+400	+500	+750	+1000	
0,020	41,4	27,5	20,6	13,6	6,72	3,34	20,6	38,6	56,5	93,2	131	169	206	249	283	361			
0,025	49,1	32,5	24,3	16,1	7,96	3,93	24,5	45,6	67,5	112	157	203	248	299	341	440			
0,030	56,1	37,1	27,6	18,3	9,02	4,46	28,1	52,3	77,4	129	182	235	288	348	398	513			
0,035	62,2	41,1	30,6	20,3	10,0	4,94	31,3	58,7	87,1	145	205	266	327	393	452	581	906		
0,040	67,6	44,8	33,3	22,1	10,9	5,39	34,3	64,4	96,1	160	227	294	362	438	504	646	1020		
0,045	72,7	48,1	35,8	23,8	11,7	5,80	37,0	69,8	104	174	248	320	395	479	553	711	1130		
0,050	77,6	51,1	38,1	25,3	12,4	6,16	39,6	74,9	111	187	267	346	427	520	599	774	1240		
0,060	86,7	56,6	42,3	28,0	13,7	6,82	44,2	83,8	125	212	302	395	490	597	688	891	1440	1980	
0,070	93,6	61,2	45,9	30,4	14,8	7,36	48,1	92,1	138	235	335	440	547	670	773	1000	1630	2260	
0,080	100	65,5	49,0	32,4	15,8	7,82	51,6	99,0	149	254	365	480	601	736	850	1110	1800	2530	**10** mm
0,090	105	69,3	51,7	34,1	16,7	8,22	54,7	105	159	272	393	518	651	800	924	1210	1970	2790	
0,100	110	72,5	54,1	35,6	17,4	8,60	57,5	111	168	289	419	554	697	858	994	1310	2140	3040	
0,110	114	75,3	56,2	37,0	18,0	8,92	59,9	116	176	305	443	588	740	912	1060	1400	2310	3290	
0,120	118	77,8	58,1	38,2	18,6	9,20	62,2	121	184	319	465	618	781	963	1120	1490	2470	3530	
0,130	122	80,1	59,7	39,3	19,2	9,47	64,2	125	191	333	485	646	820	1010	1180	1570	2620	3760	
0,140	125	82,2	61,3	40,3	19,7	9,72	66,1	129	198	346	504	673	854	1060	1240	1650	2760	3980	
0,160	130	85,5	63,9	42,0	20,5	10,1	69,4	136	209	369	540	723	922	1150	1350	1800	3040	4400	
0,180	135	88,8	66,2	43,5	21,2	10,5	72,5	142	220	390	572	770	986	1230	1450	1950	3320	4820	
0,200	139	91,6	68,1	44,8	21,8	10,8	75,2	148	229	406	601	814	1040	1310	1540	2090	3590	5220	

Umfang 0,481 m da/di = 1,150 ln da/di = 0,1401

Wärmeleitzahl λ	Rohrtemperatur in °C (Lufttemp. = 20° C)																		Isol.-Stärke
	−40	−20	−10	±0	+10	+25	+50	+75	+100	+150	+200	+250	+300	+350	+400	+500	+750	+1000	
0,020	31,0	20,6	15,3	10,2	5,05	2,50	15,4	28,5	41,7	68,3	95,9	123	150	177	205	260			
0,025	37,1	24,8	18,4	12,2	6,04	2,99	18,4	34,6	50,6	83,1	116	150	182	216	249	318			
0,030	43,0	28,7	21,2	14,1	6,96	3,45	21,3	40,1	59,0	97,0	135	175	214	253	292	374			
0,035	48,5	32,2	23,9	15,9	7,81	3,89	24,1	45,2	66,7	110	153	199	245	289	334	428	660		
0,040	53,7	35,6	26,4	17,5	8,64	4,30	26,6	50,0	74,0	122	171	222	274	324	373	480	745		
0,045	58,5	38,8	28,7	19,1	9,40	4,69	29,1	54,7	81,0	134	188	244	301	358	412	530	829		
0,050	62,7	41,6	30,8	20,5	10,0	5,04	31,4	59,1	87,5	146	204	264	328	389	450	580	911		
0,060	70,6	47,0	34,7	23,1	11,4	5,63	35,6	67,1	100	167	234	304	377	452	522	673	1060	1450	
0,070	77,9	51,7	38,3	25,4	12,5	6,16	39,5	74,7	111	186	262	342	423	509	591	761	1210	1660	
0,080	84,2	55,9	41,4	27,6	13,5	6,66	42,9	81,3	121	204	289	378	467	563	656	846	1350	1860	**15** mm
0,090	90,0	59,6	44,2	29,4	14,4	7,12	46,0	87,3	131	221	315	411	508	612	716	923	1480	2050	
0,100	95,2	63,0	46,8	31,1	15,2	7,50	48,9	93,0	140	237	338	442	548	660	774	1000	1610	2240	
0,110	100	66,2	49,0	32,7	15,9	7,86	51,6	98,3	148	252	360	471	587	708	830	1080	1740	2430	
0,120	104	69,1	51,2	34,1	16,6	8,20	54,1	104	156	266	381	499	624	753	884	1150	1870	2620	
0,130	108	71,7	53,2	35,4	17,2	8,50	56,2	108	163	279	401	527	658	797	936	1220	1990	2800	
0,140	112	74,0	55,0	36,5	17,8	8,78	58,2	112	170	292	419	553	691	838	986	1290	2110	2980	
0,160	118	78,4	58,1	38,5	18,7	9,26	62,1	120	182	313	454	602	753	915	1080	1420	2340	3320	
0,180	124	82,0	60,9	40,3	19,6	9,70	65,6	127	193	334	485	646	812	988	1170	1550	2570	3650	
0,200	129	85,2	63,4	41,9	20,4	10,0	68,2	133	203	353	513	685	868	1060	1250	1670	2770	3980	

Umfang = 0,512 m da/di = 1,226 ln da/di = 0,2034

Innerer Rohr ∅ = 125 mm **Äußerer Rohr ∅ = 133 mm**

Wärmeleitzahl λ	Rohrtemperatur in °C (Lufttemp. = 20° C) -40	-20	-10	±0	+10	+25	+50	+75	+100	+150	+200	+250	+300	+350	+400	+500	+750	+1000	Isol.-Stärke
0,020	24,9	16,6	12,4	8,22	4,09	2,05	12,5	23,0	33,6	55,0	76,2	97,8	120	142	163	207			
0,025	30,2	20,2	15,0	10,0	4,97	2,47	15,2	28,0	41,3	67,5	93,8	120	146	175	200	253			
0,030	35,3	23,5	17,5	11,7	5,76	2,87	17,8	32,8	48,2	78,8	110	141	172	206	236	300			
0,035	40,1	26,6	19,9	13,2	6,50	3,25	20,2	37,3	54,8	89,8	126	161	197	236	272	345	528		
0,040	44,7	29,6	22,1	14,6	7,22	3,61	22,4	41,5	61,1	100	141	180	221	264	305	388	597		
0,045	49,2	32,4	24,2	16,0	7,90	3,94	24,6	45,5	67,1	110	155	199	245	291	338	429	664		
0,050	53,2	35,0	26,2	17,4	8,55	4,24	26,7	49,4	73,0	120	169	217	268	318	369	469	727		
0,060	61,0	39,9	29,8	19,8	9,72	4,83	30,5	56,8	83,9	139	195	252	311	369	428	548	855	1170	
0,070	67,7	44,5	33,2	22,0	10,8	5,36	34,0	63,6	94,2	156	220	285	351	418	486	622	974	1340	
0,080	73,8	48,6	36,3	24,0	11,8	5,86	37,3	70,0	104	173	244	316	390	466	542	694	1090	1510	**20** mm
0,090	79,3	52,4	39,1	25,8	12,7	6,30	40,3	75,9	112	189	266	346	427	511	594	765	1210	1670	
0,100	84,6	55,8	41,7	27,5	13,5	6,70	43,0	81,2	120	204	287	374	463	553	644	835	1320	1830	
0,110	89,6	59,0	44,2	29,1	14,3	7,07	45,6	86,3	128	218	308	401	496	595	693	903	1430	1980	
0,120	94,0	62,1	46,4	30,5	15,0	7,40	48,0	91,2	136	231	328	427	528	635	742	966	1540	2140	
0,130	98,1	64,8	48,4	31,9	15,7	7,72	50,2	96,0	143	243	346	452	560	674	788	1030	1640	2280	
0,140	102	67,2	50,3	33,2	16,3	8,02	52,5	100	150	255	362	476	590	712	834	1090	1740	2420	
0,160	109	72,0	53,6	35,5	17,3	8,59	56,4	108	162	278	395	520	647	783	919	1190	1940	2710	
0,180	115	76,1	56,6	37,4	18,3	9,05	59,8	115	174	298	426	561	701	852	1000	1300	2130	2990	
0,200	121	79,9	59,5	39,2	19,2	9,45	63,0	122	184	316	456	601	754	918	1080	1410	2310	3250	

Umfang = 0,054 da/di = 1,301 ln da/di = 0,2630 m

Wärmeleitzahl λ	Rohrtemperatur in °C (Lufttemp. = 20° C) -40	-20	-10	±0	+10	+25	+50	+75	+100	+150	+200	+250	+300	+350	+400	+500	+750	+1000	Isol.-Stärke
0,020	21,1	14,1	10,5	7,01	3,50	1,74	10,5	19,5	28,3	46,3	64,7	83,2	101	120	137	174			
0,025	25,9	17,2	12,9	8,58	4,23	2,12	12,9	23,8	35,0	57,0	79,5	102	124	147	168	214			
0,030	30,5	20,2	15,1	10,0	4,95	2,48	15,1	28,0	41,1	67,0	93,0	120	146	173	199	253			
0,035	34,9	23,0	17,3	11,4	5,64	2,82	17,3	32,0	47,0	76,8	106	138	168	199	230	291	448		
0,040	39,0	25,7	19,3	12,8	6,30	3,13	19,3	35,8	52,6	86,2	119	155	189	224	259	327	508		
0,045	43,0	28,3	21,2	14,0	6,90	3,44	21,2	39,5	58,0	95,1	132	172	209	249	288	364	567		
0,050	46,7	30,8	23,0	15,2	7,50	3,73	23,2	43,1	63,1	104	145	188	229	273	316	401	624		
0,060	53,4	35,3	26,4	17,5	8,59	4,28	26,7	49,8	73,0	121	168	219	268	318	369	470	733	992	
0,070	59,6	39,6	29,6	19,6	9,66	4,79	30,0	56,2	82,5	137	191	247	305	361	419	535	835	1140	
0,080	65,5	43,5	32,4	21,5	10,6	5,26	33,2	62,1	90,8	152	212	275	339	403	468	599	935	1290	**25** mm
0,090	71,2	47,2	35,1	23,3	11,4	5,68	36,0	67,8	99,1	167	233	302	373	444	516	660	1040	1430	
0,100	76,7	50,6	37,7	25,0	12,3	6,07	38,6	73,1	107	180	253	328	405	482	561	720	1140	1560	
0,110	81,5	53,8	40,1	26,6	13,0	6,43	41,1	78,0	115	193	272	353	436	520	605	781	1230	1690	
0,120	85,8	56,8	42,3	28,1	13,7	6,78	43,5	82,7	122	205	290	377	466	556	650	838	1320	1820	
0,130	90,0	59,6	44,4	29,5	14,4	7,12	45,8	87,0	129	217	308	400	495	590	692	895	1410	1950	
0,140	94,0	62,2	46,4	30,8	15,0	7,44	47,9	91,3	135	228	324	423	524	626	731	948	1500	2080	
0,160	101	66,8	49,9	33,1	16,1	7,98	51,9	99,2	148	249	356	465	576	691	810	1050	1680	2330	
0,180	108	71,0	53,0	35,1	17,1	8,49	55,5	106	159	269	385	505	626	753	885	1150	1850	2580	
0,200	114	74,8	55,8	37,0	18,1	8,97	58,7	113	169	287	413	544	675	814	958	1250	2010	2820	

Umfang = 0,575 da/di = 1,376 ln da/di = 0,3191

Innerer Rohr ⌀ = 125 mm **Äußerer Rohr ⌀ = 133 mm**

Wärmeleitzahl λ	Rohrtemperatur in ° C (Lufttemp. = 20° C) -40	-20	-10	±0	+10	+25	+50	+75	+100	+150	+200	+250	+300	+350	+400	+500	+750	+1000	Isol.-Stärke
0,020	18,4	12,2	9,16	6,11	3,05	1,52	9,20	16,8	24,6	40,4	56,0	72,2	87,9	104	120	150			
0,025	22,7	15,1	11,2	7,48	3,74	1,85	11,3	20,8	30,3	49,5	69,3	98,9	108	128	147	186			
0,030	26,7	17,8	13,3	8,80	4,37	2,16	13,2	24,6	35,7	58,3	81,9	104	127	151	174	220			
0,035	30,5	20,3	15,2	10,1	4,97	2,47	15,1	28,1	41,0	67,0	93,9	120	146	174	201	254	390		
0,040	34,3	22,8	17,0	11,3	5,56	2,77	17,0	31,5	46,1	75,5	106	136	165	196	227	287	442		
0,045	37,9	25,2	18,8	12,5	6,14	3,05	18,9	34,8	51,1	83,9	117	151	184	218	252	319	492		
0,050	41,5	27,5	20,4	13,6	6,70	3,33	20,6	38,0	55,9	92,0	128	166	202	239	277	351	541		
0,060	47,8	31,7	23,6	15,7	7,72	3,86	23,9	44,2	65,1	107	150	193	237	280	324	414	636	869	
0,070	53,9	35,7	26,6	17,7	8,72	4,35	27,0	50,0	73,6	122	171	220	270	320	370	474	730	998	**30** mm
0,080	59,6	39,5	29,4	19,5	9,63	4,80	29,9	55,4	81,9	136	190	246	301	358	414	530	823	1120	
0,090	65,1	43,0	32,0	21,3	10,5	5,20	32,6	60,7	89,5	149	209	271	332	395	458	584	914	1250	
0,100	70,1	46,3	34,5	23,0	11,3	5,59	35,1	65,8	96,6	162	227	295	362	430	500	640	1000	1370	
0,110	74,8	49,4	36,8	24,5	12,1	5,95	37,6	70,4	104	174	245	318	390	465	540	694	1090	1490	
0,120	79,2	52,4	39,0	26,0	12,8	6,30	39,9	75,0	111	186	262	340	418	498	580	747	1170	1600	
0,130	83,5	55,2	41,1	27,4	13,5	6,64	42,2	79,3	118	197	278	361	446	531	619	796	1250	1720	
0,140	87,5	57,8	43,1	28,7	14,1	6,99	44,3	83,4	124	208	295	383	472	562	658	844	1340	1830	
0,160	95,0	62,7	46,8	31,1	15,2	7,52	48,2	91,3	135	229	324	422	522	624	729	942	1490	2050	
0,180	102	67,2	50,0	33,2	16,2	8,03	51,9	98,3	146	248	352	459	569	681	799	1040	1640	2270	
0,200	108	71,1	53,0	35,1	17,1	8,51	55,3	105	157	267	379	495	615	734	865	1120	1780	2490	

Umfang = 0,606 m da/di = 1,451 ln da/di = 0,3723

Wärmeleitzahl λ	Rohrtemperatur in ° C (Lufttemp. = 20° C) -40	-20	-10	±0	+10	+25	+50	+75	+100	+150	+200	+250	+300	+350	+400	+500	+750	+1000	Isol.-Stärke
0,020	16,5	11,0	8,14	5,50	2,74	1,36	8,21	15,1	22,1	35,9	50,0	63,9	78,0	90,9	106	133			
0,025	20,2	13,5	10,0	6,70	3,35	1,66	10,1	18,5	27,0	44,1	61,6	78,9	95,0	114	131	164			
0,030	23,8	15,9	11,8	7,89	3,95	1,95	12,0	21,9	31,9	52,2	73,0	93,3	112	135	155	195			
0,035	27,4	18,2	13,6	9,02	4,53	2,24	13,7	25,3	36,7	60,1	84,1	107	129	156	179	226	347		
0,040	30,8	20,4	15,4	10,2	5,07	2,51	15,4	28,4	41,5	68,0	94,8	121	147	176	203	255	396		
0,045	34,1	22,6	17,1	11,3	5,60	2,77	17,1	31,6	46,0	75,6	105	135	164	195	226	284	440		
0,050	37,2	24,8	18,7	12,4	6,10	3,03	18,8	34,6	50,5	82,9	115	148	180	213	248	313	480		
0,060	43,1	28,8	21,6	14,3	7,06	3,52	21,8	40,2	58,9	96,8	135	174	212	250	292	370	572	771	
0,070	48,9	32,6	24,4	16,1	8,00	3,97	24,7	45,8	66,9	110	154	198	242	286	333	425	657	890	**35** mm
0,080	54,5	36,2	27,0	17,9	8,85	4,40	27,4	51,2	74,7	123	173	222	272	322	374	478	740	1010	
0,090	59,8	39,6	29,6	19,7	9,67	4,82	30,1	55,5	82,0	136	190	246	300	356	414	528	820	1120	
0,100	64,8	42,9	32,0	21,2	10,4	5,20	32,6	60,3	89,1	148	207	268	328	389	452	578	898	1230	
0,110	69,5	45,9	34,2	22,6	11,2	5,55	34,9	64,8	96,0	160	224	290	354	422	490	628	976	1340	
0,120	73,9	48,8	36,4	24,1	11,9	5,88	37,1	69,1	103	171	240	311	380	454	527	676	1050	1450	
0,130	78,0	51,6	38,4	25,5	12,5	6,20	39,2	73,3	109	182	256	330	406	484	564	723	1130	1550	
0,140	82,0	54,2	40,4	26,8	13,1	6,52	41,3	77,3	115	192	270	349	431	513	600	770	1200	1650	
0,160	89,3	58,8	44,1	29,1	14,3	7,07	45,2	84,9	126	211	299	387	479	568	665	857	1350	1860	
0,180	96,3	63,4	47,4	31,3	15,4	7,60	48,9	92,2	137	230	326	423	524	622	730	944	1490	2060	
0,200	102	67,7	50,5	33,3	16,4	8,12	52,4	98,8	147	248	352	458	568	676	792	1030	1630	2250	

Umfang = 0,638 m da/di = 1,526 ln da/di = 0,4228

Innerer Rohr ∅ = 125 mm **Äußerer Rohr ∅ = 133 mm**

Wärmeleitzahl λ	Rohrtemperatur in ° C (Lufttemp. = 20° C)																		Isol.-Stärke
	−40	−20	−10	±0	+10	+25	+50	+75	+100	+150	+200	+250	+300	+350	+400	+500	+750	+1000	
0,020	15,0	10,0	7,47	4,96	2,47	1,24	7,48	13,7	19,9	32,6	45,1	58,0	70,8	83,3	96,2	121			
0,025	18,5	12,3	9,11	6,09	3,05	1,51	9,18	16,9	24,7	40,1	55,7	71,4	87,3	103	118	150			
0,030	21,9	14,5	10,8	7,18	3,58	1,78	10,8	20,0	29,2	47,6	66,2	84,8	103	122	141	178			
0,035	25,2	16,7	12,5	8,25	4,10	2,05	12,5	23,0	33,6	55,0	76,3	97,9	119	141	163	205	315		
0,040	28,3	18,8	14,1	9,30	4,62	2,30	14,2	25,9	38,0	62,2	86,3	110	134	160	184	232	358		
0,045	31,4	20,8	15,6	10,3	5,12	2,55	15,7	28,8	42,1	69,1	96,1	123	150	178	205	259	399		
0,050	34,4	22,8	17,1	11,3	5,61	2,80	17,2	31,6	46,2	76,0	105	135	165	196	226	286	440		
0,060	40,2	26,6	20,0	13,2	6,56	3,26	20,1	37,0	54,2	88,8	124	159	194	230	267	337	520	702	
0,070	45,8	30,2	22,7	15,0	7,45	3,69	22,8	42,2	61,8	101	142	182	223	264	306	388	597	810	**40 mm**
0,080	51,0	33,7	25,2	16,7	8,30	4,11	25,4	47,1	69,2	114	159	204	250	297	344	436	673	916	
0,090	56,0	37,0	27,6	18,3	9,10	4,51	28,0	51,8	76,3	126	175	226	277	329	381	483	748	1020	
0,100	60,7	40,1	30,0	19,9	9,85	4,88	30,4	56,4	83,0	137	192	247	303	360	417	530	822	1120	
0,110	65,2	43,1	32,3	21,4	10,6	5,23	32,6	60,7	89,6	148	208	267	328	390	452	576	894	1220	
0,120	69,5	46,0	34,4	22,8	11,3	5,56	34,7	64,8	96,0	159	223	287	353	419	486	622	968	1320	
0,130	73,7	48,7	36,5	24,1	11,9	5,88	36,8	68,9	102	170	237	306	377	448	521	667	1040	1410	
0,140	77,7	51,3	38,4	25,4	12,5	6,18	38,9	72,8	108	180	252	325	400	475	556	709	1110	1510	
0,160	85,4	56,3	42,0	27,8	13,7	6,75	42,7	80,2	119	199	279	362	445	529	618	791	1240	1700	
0,180	92,1	60,8	45,4	29,9	14,8	7,27	46,3	87,2	130	217	305	396	488	582	678	862	1370	1890	
0,200	98,5	65,0	48,4	32,0	15,8	7,77	49,7	94,0	140	234	330	429	530	632	731	952	1500	2070	

Umfang = 0,670 m da/di = 1,602 ln da/di = 0,4709

Wärmeleitzahl λ	Rohrtemperatur in ° C (Lufttemp. = 20° C)																		Isol.-Stärke
	−40	−20	−10	±0	+10	+25	+50	+75	+100	+150	+200	+250	+300	+350	+400	+500	+750	+1000	
0,020	13,8	9,11	6,86	4,58	2,27	1,14	6,88	12,7	18,4	29,8	41,2	53,3	64,9	75,9	88,6	111			
0,025	16,9	11,3	8,49	5,61	2,79	1,39	8,49	15,6	22,6	36,8	51,1	65,7	80,1	94,0	109	138			
0,030	20,0	13,4	10,0	6,63	3,30	1,65	10,0	18,5	26,9	43,7	60,9	78,0	95,0	112	129	163			
0,035	23,0	15,4	11,5	7,64	3,80	1,89	11,5	21,2	30,9	50,5	70,0	90,2	110	130	149	188	290		
0,040	26,0	17,4	13,0	8,62	4,28	2,13	13,0	24,0	34,9	57,0	79,1	102	124	147	169	213	328		
0,045	28,9	19,3	14,5	9,58	4,75	2,37	14,5	26,7	39,0	63,4	88,2	113	138	164	189	238	366		
0,050	31,8	21,2	15,8	10,5	5,22	2,61	15,9	29,3	42,8	69,9	97,1	124	152	181	208	263	404		
0,060	37,2	24,8	18,5	12,3	6,10	3,04	18,6	34,3	50,1	81,9	115	147	179	212	246	311	479	649	
0,070	42,4	28,2	21,1	14,0	6,93	3,45	21,3	39,2	57,2	94,0	132	169	205	244	283	358	552	748	**45 mm**
0,080	47,4	31,4	23,5	15,7	7,74	3,85	23,8	44,0	64,1	106	148	190	231	275	319	404	623	844	
0,090	52,1	34,6	25,9	17,3	8,52	4,23	26,3	48,5	70,7	117	164	211	257	304	354	448	694	940	
0,100	56,7	37,6	28,2	18,7	9,25	4,60	28,5	52,9	77,2	128	179	230	281	333	388	492	763	1030	
0,110	61,1	40,5	30,3	20,1	9,95	4,94	30,7	57,1	83,6	139	195	249	305	362	421	534	831	1130	
0,120	65,3	43,4	32,4	21,5	10,6	5,27	32,8	61,2	89,8	149	209	268	329	390	453	576	899	1220	
0,130	69,4	46,0	34,3	22,8	11,3	5,58	34,8	65,0	95,6	158	222	285	352	417	484	618	965	1310	
0,140	73,3	48,6	36,2	24,1	11,9	5,88	36,8	68,7	101	168	235	303	375	444	515	659	1030	1400	
0,160	80,6	53,4	39,9	26,4	13,0	6,44	40,5	75,8	112	186	262	337	417	495	575	739	1150	1580	
0,180	87,5	58,0	43,2	28,6	14,1	6,97	44,1	82,8	122	204	287	371	458	544	633	815	1270	1750	
0,200	94,2	62,4	46,4	30,7	15,1	7,47	47,5	89,5	132	221	312	404	498	592	688	887	1400	1920	

Umfang = 0,701 m da/di = 1,677 ln da/di = 0,5168

Innerer Rohr ∅ = 125 mm **Äußerer Rohr ∅ = 133 mm**

Wärme-leitzahl λ	Rohrtemperatur in ° C (Lufttemp. = 20° C)																		Isol.-Stärke
	−40	−20	−10	±0	+10	+25	+50	+75	+100	+150	+200	+250	+300	+350	+400	+500	+750	+1000	
0,020	12,7	8,47	6,34	4,23	2,10	1,05	6,34	11,6	17,0	27,7	38,4	49,0	59,8	70,0	81,5	103			
0,025	15,7	10,5	7,80	5,20	2,60	1,29	7,81	14,4	21,0	34,1	47,5	60,5	74,0	87,5	101	126			
0,030	18,6	12,4	9,25	6,16	3,08	1,53	9,28	17,1	25,0	40,5	56,3	71,8	88,0	104	119	150			
0,035	21,4	14,3	10,7	7,10	3,54	1,76	10,7	19,7	28,8	46,8	65,0	83,3	102	121	138	174	267		
0,040	24,2	16,2	12,1	8,02	3,98	1,99	12,1	22,3	32,5	53,0	73,7	94,1	115	137	157	198	304		
0,045	27,0	18,0	13,4	8,94	4,43	2,21	13,5	24,9	36,2	59,1	82,2	105	128	152	176	221	340		
0,050	29,6	19,7	14,7	9,85	4,87	2,43	14,9	27,3	39,8	65,0	90,5	116	142	168	194	244	374		
0,060	34,8	23,1	17,3	11,6	5,73	2,84	17,4	32,1	46,9	76,8	107	137	168	198	229	289	443	602	
0,070	39,8	26,5	19,8	13,2	6,55	3,25	19,9	36,7	53,8	88,1	123	158	193	228	264	333	511	693	
0,080	44,6	29,6	22,2	14,7	7,31	3,63	22,3	41,2	60,4	99,0	138	178	217	257	298	376	580	783	**50** mm
0,090	49,1	32,7	24,5	16,2	8,04	3,99	24,6	45,5	66,9	110	153	197	241	285	331	418	648	872	
0,100	53,5	35,5	26,7	17,7	8,74	4,34	26,9	49,7	72,8	120	168	216	264	313	363	460	712	960	
0,110	57,8	38,4	28,8	19,1	9,43	4,68	29,0	53,7	78,8	130	182	234	286	340	394	500	774	1050	
0,120	62,0	41,1	30,8	20,4	10,1	5,00	31,1	57,6	84,7	140	196	252	308	367	424	540	836	1130	
0,130	66,0	43,8	32,7	21,7	10,7	5,31	33,1	61,4	90,5	150	209	269	330	393	454	578	900	1220	
0,140	69,8	46,4	34,6	23,0	11,3	5,60	34,9	65,0	95,9	159	222	287	351	418	484	617	960	1320	
0,160	77,0	51,2	38,1	25,2	12,5	6,16	38,6	72,0	107	177	247	320	393	466	541	692	1080	1480	
0,180	83,8	55,7	41,4	27,4	13,5	6,70	42,1	78,8	117	194	272	352	432	514	597	764	1190	1640	
0,200	90,1	59,8	44,6	29,6	14,6	7,23	45,5	85,1	126	210	295	382	470	560	651	836	1310	1790	

Umfang = 0,732 m da/di = 1,752 ln da/di = 0,5606

Wärme-leitzahl λ	Rohrtemperatur in ° C (Lufttemp. = 20° C)																		Isol.-Stärke
	−40	−20	−10	±0	+10	+25	+50	+75	+100	+150	+200	+250	+300	+350	+400	+500	+750	+1000	
0,020	11,2	7,48	5,60	3,72	1,85	0,93	5,59	10,2	14,9	24,2	33,8	43,2	52,4	61,6	71,0	90,1			
0,025	13,9	9,27	6,89	4,59	2,29	1,15	6,90	12,6	18,4	30,0	41,7	53,3	65,1	76,5	88,3	112			
0,030	16,5	11,0	8,18	5,45	2,72	1,36	8,19	15,0	21,9	35,6	49,6	63,2	77,5	91,2	105	133			
0,035	19,0	12,7	9,41	6,30	3,13	1,57	9,43	17,3	25,3	41,2	57,4	73,1	89,9	106	122	154	235		
0,040	21,5	14,4	10,7	7,15	3,55	1,77	10,7	19,6	28,7	46,6	65,1	83,0	102	120	139	175	268		
0,045	23,9	16,0	11,9	7,95	3,96	1,98	12,0	21,9	32,1	52,0	72,8	92,9	114	134	155	195	300		
0,050	26,4	17,6	13,1	8,75	4,35	2,17	13,2	24,2	35,4	57,4	80,4	103	126	148	171	215	331		
0,060	31,2	20,7	15,5	10,3	5,11	2,55	15,6	28,6	41,8	68,3	95,1	122	149	175	203	256	393	532	
0,070	35,7	23,8	17,8	11,8	5,84	2,92	17,9	32,9	48,1	78,9	110	140	171	202	234	295	455	618	
0,080	40,1	26,7	20,0	13,3	6,56	3,28	20,1	37,0	54,2	89,0	124	158	193	228	265	334	515	702	**60** mm
0,090	44,4	29,5	22,2	14,7	7,28	3,63	22,2	41,0	60,0	99,1	138	176	215	254	295	372	575	782	
0,100	48,6	32,3	24,2	16,1	7,96	3,96	24,3	44,9	65,7	109	151	194	236	280	324	409	633	860	
0,110	52,6	35,0	26,2	17,3	8,62	4,28	26,3	48,6	71,3	118	164	211	257	304	352	446	690	938	
0,120	56,5	37,5	28,1	18,6	9,26	4,59	28,2	52,3	76,9	127	177	227	278	328	380	483	746	1010	
0,130	60,3	39,9	29,9	19,9	9,84	4,88	30,1	55,9	82,2	135	189	243	298	352	406	518	802	1090	
0,140	64,0	42,4	31,6	21,1	10,4	5,17	32,0	59,5	87,3	144	201	258	318	376	432	553	858	1160	
0,160	71,0	47,0	35,0	23,3	11,5	5,71	35,5	66,1	97,0	161	225	290	356	421	485	622	966	1310	
0,180	77,6	51,4	38,4	25,4	12,6	6,23	38,8	72,3	107	177	248	320	493	466	536	689	1070	1460	
0,200	84,1	55,7	41,7	27,5	13,6	6,74	42,1	78,4	116	192	270	348	428	508	586	755	1170	1600	

Umfang = 0,795 m da/di = 1,902 ln da/di = 0,6436

Innerer Rohr ⌀ = 125 mm **Äußerer Rohr ⌀ = 133 mm**

Wärme-leitzahl λ	Rohrtemperatur in °C (Lufttemp. = 20° C)																		Isol.-Stärke
	−40	−20	−10	±0	+10	+25	+50	+75	+100	+150	+200	+250	+300	+350	+400	+500	+750	+1000	
0,020	10,0	6,68	5,01	3,34	1,66	0,83	5,01	9,24	13,5	21,8	30,2	38,8	47,2	55,6	64,3	81,2			
0,025	12,5	8,26	6,21	4,12	2,06	1,02	6,22	11,5	16,7	27,0	37,5	48,0	58,8	69,5	79,7	100			
0,030	14,8	9,82	7,40	4,90	2,46	1,22	7,42	13,7	19,8	32,2	44,8	57,1	70,0	82,9	94,9	120			
0,035	17,1	11,4	8,56	5,69	2,85	1,41	8,57	15,9	22,9	37,3	51,9	66,2	81,0	96,0	111	139	212		
0,040	19,4	12,9	9,69	6,42	3,23	1 59	9,70	18,0	26,0	42,3	59,0	75,3	92,0	108	126	157	241		
0,045	21,6	14,4	10,8	7,18	3,59	1,78	10,8	20,1	29,1	47,3	65,9	84,3	103	121	141	176	269		
0,050	23,9	15,9	12,0	7,94	3,95	1,96	12,0	22,1	32,1	52,2	72,9	93,1	114	133	155	195	298		
0,060	28,3	18,9	14,2	9,40	4,66	2,32	14,1	26,1	38,0	61,9	86,3	110	135	158	184	231	355	480	
0,070	32,6	21,7	16,3	10,8	5,35	2,67	16,2	30,0	43,9	71,5	99,2	127	156	183	213	267	412	555	**70** mm
0,080	36,6	24,4	18,3	12,2	6,03	3,00	18,3	33,8	49,7	81,0	112	144	176	208	241	303	467	630	
0,090	40,6	27,0	20,3	13,5	6,69	3,33	20,4	37,5	55,3	90,0	125	160	196	232	269	339	521	704	
0,100	44,6	29,6	22,2	14,8	7,33	3,64	22,4	41,2	60,6	98,7	138	176	216	255	296	373	574	775	
0,110	48,4	32,2	24,1	16,1	7,94	3,94	24,3	44,7	65,9	107	150	192	235	277	322	406	626	826	
0,120	52,0	34,6	25,9	17,3	8,55	4,24	26,1	48,1	70,9	115	162	207	254	300	348	440	678	917	
0,130	55,7	36,9	27,7	18,4	9,14	4,53	27,9	51,4	75,8	124	174	223	272	322	373	474	730	990	
0,140	59,4	39,2	29,4	19,5	9,71	4,80	29,7	54,7	80,6	132	185	238	291	344	398	507	782	1060	
0,160	66,0	43,6	32,7	21,6	10,7	5,33	32,9	61,1	90,1	148	207	267	326	387	448	569	879	1200	
0,180	72,3	47,8	35,8	23,7	11,8	5,84	36,2	67,4	99,0	163	229	295	361	428	496	631	978	1330	
0,200	78,4	52,0	38,9	25,8	12,8	6,35	39,4	73,4	108	178	249	322	396	468	544	692	1070	1460	

Umfang = 0,858 m da/di = 2,053 ln da/di = 0,7191

Wärme-leitzahl λ	Rohrtemperatur in °C (Lufttemp. = 20° C)																		Isol.-Stärke
	−40	−20	−10	±0	+10	+25	+50	+75	+100	+150	+200	+250	+300	+350	+400	+500	+750	+1000	
0,020	9,18	6,12	4,60	3,06	1,53	0,77	4,62	8,43	12,3	20,1	27,8	35,5	43,4	50,9	58,5	73,9			
0,025	11,4	7,58	5,68	3,79	1,89	0,95	5,70	10,4	15,2	24,8	34,4	44,0	53,8	62,9	73,0	91,9			
0,030	13,6	9,00	6,75	4,51	2,25	1,12	6,76	12,4	18,1	29,5	40,9	52,4	64,1	74,8	87,0	109			
0,035	15,7	10,4	7,79	5,23	2,61	1,30	7,80	14,4	21,0	34,2	47,3	60,8	74,2	86,5	101	127	194		
0,040	17,8	11,8	8,84	5,94	2,97	1,47	8,84	16,3	23,9	38,8	53,8	69,0	84,2	98,4	115	144	221		
0,045	20,0	13,2	9,89	6,63	3,32	1,65	9,90	18,3	26,7	43,4	60,2	77,2	94,2	110	129	161	247		
0,050	22,1	14,6	10,9	7,32	3,65	1,82	11,0	20,2	29,5	48,0	66,7	85,4	104	122	142	179	273		
0,060	26,2	17,4	13,0	8,66	4,32	2,16	13,0	23,9	35,0	57,0	79,1	102	124	146	169	213	326	440	
0,070	30,1	20,1	15,0	10,0	4,98	2,48	15,0	27,6	40,5	65,7	91,2	118	143	169	195	246	378	510	**80** mm
0,080	34,0	22,6	16,9	11,3	5,63	2,78	16,9	31,3	45,7	74,3	103	133	162	191	221	280	429	580	
0,090	37,8	25,1	18,8	12,6	6,25	3,09	18,8	34,8	50,8	82,8	115	148	181	213	247	313	479	647	
0,100	41,5	27,6	20,6	13,8	6,84	3,38	20,7	38,2	55,8	91,2	127	163	199	235	272	345	529	714	
0,110	45,1	30,0	22,4	14,9	7,42	3,67	22,5	41,6	60,7	99,6	139	178	217	256	297	376	577	780	
0,120	48,6	32,4	24,2	16,1	8,00	3,96	24,3	44,9	65,6	108	150	192	234	277	321	407	624	845	
0,130	52,1	34,7	25,9	17,2	8,56	4,24	26,1	48,1	70,5	115	161	206	253	297	345	438	671	909	
0,140	55,5	36,9	27,6	18,2	9,10	4,51	27,8	51,3	75,2	123	172	220	270	318	369	468	719	974	
0,160	61,9	41,1	30,8	20,4	10,1	5,02	30,9	57,4	83,9	138	192	248	304	357	416	529	811	1100	
0,180	68,1	45,3	33,8	22,5	11,2	5,52	34,0	63,3	92,4	153	213	275	337	397	462	587	902	1230	
0,200	74,1	49,4	36,8	24,4	12,2	6,02	37,1	68,9	102	167	234	301	369	435	506	644	991	1350	

Umfang = 0,921 m da/di = 2,203 ln da/di = 0,7898

Innerer Rohr ∅ = 125 mm **Äußerer Rohr ∅ = 133 mm**

Wärme-leitzahl λ	Rohrtemperatur in ° C (Lufttemp. = 20° C) -40	-20	-10	±0	+10	+25	+50	+75	+100	+150	+200	+250	+300	+350	+400	+500	+750	+1000	Isol.-Stärke
0,020	8,53	5,69	4,25	2,84	1,42	0,71	4,26	7,82	11,4	18,5	25,5	32,8	40,0	47,0	54,1	68,2			
0,025	10,6	7,05	5,29	3,52	1,76	0,88	5,28	9,68	14,1	22,8	31,7	40,6	49,8	58,5	67,3	84,8			
0,030	12,7	8,40	6,31	4,20	2,10	1,05	6,32	11,5	16,8	27,3	37,8	48,4	59,2	70,0	80,5	101			
0,035	14,7	9,74	7,30	4,86	2,43	1,21	7,30	13,4	19,4	31,7	43,9	56,2	68,9	81,2	93,8	118	180		
0,040	16,7	11,0	8,28	5,52	2,75	1,37	8,27	15,2	22,1	36,1	50,0	64,0	78,2	92,3	107	134	205		
0,045	18,6	12,3	9,25	6,16	3,07	1,53	9,24	17,0	24,8	40,5	56,1	72,7	87,5	104	120	150	230		
0,050	20,5	13,6	10,2	6,79	3,39	1,69	10,3	18,8	27,4	44,7	62,1	79,4	96,8	115	132	166	254		
0,060	24,4	16,2	12,1	8,08	4,03	2,01	12,2	22,3	32,7	53,1	74,0	94,1	115	136	157	198	302	408	
0,070	28,1	18,7	14,0	9,36	4,66	2,32	14,0	25,8	37,8	61,5	85,3	109	133	157	182	230	351	474	**90** mm
0,080	31,8	21,1	15,8	10,6	5,26	2,61	15,8	29,2	42,8	69,6	96,3	124	151	178	206	261	398	538	
0,090	35,4	23,6	17,6	11,8	5,84	2,89	17,7	32,6	47,7	77,6	108	139	169	199	230	292	445	602	
0,100	39,0	25,9	19,4	12,9	6,41	3,18	19,5	35,9	52,4	85,5	119	153	186	219	254	322	492	665	
0,110	42,5	28,1	21,1	14,1	6,97	3,46	21,2	39,1	57,0	93,3	129	166	203	239	277	351	538	727	
0,120	45,8	30,4	22,8	15,1	7,50	3,73	22,9	42,2	61,5	101	140	180	219	260	299	380	583	789	
0,130	49,1	32,5	24,5	16,2	8,03	4,00	24,5	45,2	66,0	108	151	194	236	279	322	409	628	850	
0,140	52,4	34,6	26,1	17,3	8,56	4,25	26,1	48,2	70,4	116	161	207	253	298	344	437	672	911	
0,160	58,6	38,8	29,1	19,3	9,58	4,75	29,2	54,0	78,9	130	181	233	285	346	389	494	760	1030	
0,180	64,6	42,8	32,0	21,3	10,6	5,25	32,2	59,7	87,4	144	200	258	416	374	432	550	846	1150	
0,200	70,4	46,7	35,0	23,2	11,5	5,73	35,3	65,3	95,6	158	220	282	446	410	474	604	930	1260	

Umfang = 0,983 m da/di = 2,353 ln da/di = 0,8559

Wärme-leitzahl λ	Rohrtemperatur in ° C (Lufttemp. = 20° C) -40	-20	-10	±0	+10	+25	+50	+75	+100	+150	+200	+250	+300	+350	+400	+500	+750	+1000	Isol.-Stärke
0,020	7,96	5,31	3,98	2,65	1,32	0,66	4,00	7,31	10,6	17,3	24,0	30,8	37,5	43,9	50,9	64,1			
0,025	10,0	6,58	4,95	3,28	1,65	0,82	4,98	9,12	13,2	21,5	29,7	38,2	46,5	54,7	63,3	79,7			
0,030	11,9	7,89	5,92	3,91	1,97	0,98	5,92	10,9	15,7	25,6	35,3	45,6	55,5	65,2	75,7	95,2			
0,035	13,8	9,15	6,84	4,54	2,28	1,13	6,84	12,7	18,2	29,8	40,8	53,0	64,3	75,8	88,0	110	167		
0,040	15,6	10,4	7,78	5,17	2,59	1,29	7,80	14,4	20,8	34,0	47,3	60,2	73,1	86,5	100	125	191		
0,045	17,4	11,6	8,70	5,79	2,90	1,44	8,74	16,1	23,3	38,0	52,6	67,4	82,0	96,8	112	140	215		
0,050	19,3	12,8	9,61	6,42	3,20	1,59	9,65	17,8	25,8	41,8	58,0	74,6	90,7	107	124	154	238		
0,060	22,9	15,2	11,5	7,61	3,79	1,89	11,5	21,2	30,6	50,0	69,7	88,8	108	128	147	184	283	384	
0,070	26,5	17,6	13,3	8,80	4,37	2,19	13,3	24,4	35,4	57,8	80,2	103	125	148	170	214	328	444	**100** mm
0,080	30,0	20,0	15,0	9,96	4,95	2,47	15,0	27,6	40,2	65,3	91,0	117	142	168	193	244	373	503	
0,090	33,4	22,3	16,7	11,1	5,51	2,74	16,7	30,8	44,8	73,0	102	130	159	188	216	273	417	562	
0,100	36,8	24,6	18,3	12,3	6,07	3,02	18,3	33,8	49,3	80,5	112	143	175	207	239	302	460	621	
0,110	40,1	26,7	20,0	13,4	6,60	3,29	20,0	36,8	53,8	87,9	122	156	191	226	261	329	503	680	
0,120	43,3	28,8	21,6	14,4	7,12	3,55	21,7	39,8	58,2	95,2	132	169	207	245	283	357	546	738	
0,130	46,4	30,9	23,1	15,4	7,64	3,81	23,2	42,7	62,6	102	142	182	223	264	304	384	589	796	
0,140	49,6	32,9	24,7	16,5	8,15	4,05	24,8	45,6	66,9	109	151	194	238	282	325	411	630	854	
0,160	55,7	36,9	27,6	18,4	9,13	4,53	27,9	51,2	75,0	123	171	219	269	318	368	465	716	968	
0,180	61,5	40,8	30,5	20,3	10,1	5,01	30,9	56,7	83,0	137	190	244	298	353	409	517	798	1080	
0,200	67,0	44,6	33,3	22,1	11,0	5,49	33,8	62,2	90,8	150	209	268	327	388	450	569	880	1190	

Umfang = 1,046 m da/di = 2,504 ln da/di = 0,9178

Wärme-leitzahl λ	Rohrtemperatur in ° C (Lufttemp. = 20° C)																		Isol.-Stärke
	−40	−20	−10	±0	+10	+25	+50	+75	+100	+150	+200	+250	+300	+350	+400	+500	+750	+1000	
0,020	7,09	4,72	3,55	2,35	1,18	0,59	3,55	6,49	9,48	15,3	21,2	27,2	33,4	39,1	45,0	56,8			
0,025	8,85	5,95	4,42	2,93	1,47	0,74	4,44	8,17	11,8	19,1	26,5	34,0	41,6	48,9	56,2	71,2			
0,030	10,6	7,10	5,28	3,51	1,75	0,88	5,28	9,72	14,1	22,8	31,8	40,7	49,7	58,6	67,4	85,3			
0,035	12,3	8,23	6,14	4,08	2,03	1,03	6,15	11,3	16,4	26,5	37,0	47,3	57,9	68,0	78,2	98,2	150		
0,040	14,0	9,36	6,99	4,64	2,32	1,17	7,02	12,8	18,7	30,2	42,1	53,8	65,8	77,4	89,1	112	172		
0,045	15,7	10,5	7,82	5,18	2,59	1,30	7,82	14,3	20,9	33,9	47,2	60,1	73,4	86,8	100	126	194		
0,050	17,3	11,6	8,65	5,73	2,86	1,43	8,62	15,9	23,2	37,5	52,3	66,3	81,1	96,1	111	140	214		
0,060	20,7	13,7	10,3	6,81	3,42	1,71	10,2	18,9	27,6	44,7	62,3	79,3	97,0	114	132	167	255	342	
0,070	23,9	15,9	11,9	7,90	3,96	1,98	11,9	21,9	32,0	52,0	72,1	92,1	113	133	153	193	296	398	**120**
0,080	27,0	18,0	13,6	8,99	4,48	2,23	13,5	24,9	36,3	59,1	82,0	105	129	151	174	219	337	453	mm
0,090	30,2	20,1	15,1	10,0	4,99	2,49	15,1	27,8	40,6	65,9	91,6	117	144	169	195	246	376	508	
0,100	33,3	22,1	16,6	11,0	5,50	2,74	16,7	30,7	44,7	72,7	101	129	159	187	215	272	415	561	
0,110	36,4	24,1	18,1	12,0	6,02	2,99	18,2	33,5	48,7	79,5	110	141	173	204	235	297	453	614	
0,120	39,4	26,1	19,6	13,0	6,50	3,24	19,7	36,2	52,7	86,0	120	153	187	222	255	322	492	668	
0,130	42,3	28,1	21,0	14,0	7,00	3,49	21,1	39,0	56,6	92,5	129	165	201	239	275	347	531	720	
0,140	45,3	30,0	22,5	15,0	7,48	3,72	22,6	41,6	60,6	99,0	138	177	215	256	294	372	570	774	
0,160	51,0	33,9	25,3	16,8	8,43	4,20	25,4	46,8	68,2	112	155	200	243	289	333	422	648	876	
0,180	56,6	37,6	28,0	18,7	9,34	4,66	28,2	52,0	75,8	125	172	222	271	322	372	470	724	978	
0,200	62,0	41,2	30,7	20,5	10,2	5,10	31,0	57,0	83,2	137	190	244	298	355	409	518	795	1080	

Umfang = 1,172 m da/di = 2,805 ln da/di = 1,0312

Wärme-leitzahl λ	Rohrtemperatur in ° C (Lufttemp. = 20° C)																		Isol.-Stärke
	−40	−20	−10	±0	+10	+25	+50	+75	+100	+150	+200	+250	+300	+350	+400	+500	+750	+1000	
0,020	6,47	4,33	3,25	2,17	1,08	0,54	3,25	5,94	8,66	13,9	19,5	25,3	30,5	35,9	41,3	52,0			
0,025	8,08	5,38	4,03	2,69	1,34	0,67	4,03	7,42	10,8	17,4	24,3	31,6	37,9	44,7	51,7	64,8			
0,030	9,68	6,42	4,81	3,21	1,60	0,80	4,82	8,87	12,9	20,8	29,1	37,7	45,3	53,4	61,9	77,5			
0,035	11,2	7,45	5,59	3,73	1,86	0,93	5,59	10,3	15,0	24,3	33,8	43,7	52,7	62,1	71,9	90,0	138		
0,040	12,8	8,49	6,37	4,25	2,12	1,06	6,37	11,7	17,1	27,7	38,5	49,5	60,0	70,7	81,8	108	157		
0,045	14,4	9,52	7,14	4,76	2,38	1,19	7,14	13,1	19,2	31,0	43,1	55,5	67,1	79,3	91,8	116	176		
0,050	15,8	10,6	7,91	5,27	2,63	1,32	7,90	14,6	21,3	34,4	47,7	61,3	74,2	88,0	101	128	194		
0,060	18,9	12,6	9,47	6,27	3,14	1,57	9,47	17,4	25,4	41,2	57,0	73,1	89,0	105	121	153	232	312	
0,070	21,9	14,6	11,0	7,26	3,64	1,82	11,0	20,2	29,4	47,8	66,2	84,9	103	122	140	197	270	364	**140**
0,080	24,9	16,6	12,5	8,23	4,12	2,06	12,5	22,9	33,4	54,4	75,3	96,5	118	139	159	201	307	414	mm
0,090	27,8	18,5	13,9	9,21	4,60	2,29	13,9	25,6	37,3	60,8	84,3	107	132	155	178	226	344	463	
0,100	30,7	20,4	15,3	10,2	5,08	2,53	15,3	28,2	41,1	67,2	93,3	119	146	171	197	250	381	512	
0,110	33,6	22,3	16,7	11,1	5,55	2,77	16,8	30,8	44,9	73,5	102	130	159	187	216	274	418	561	
0,120	36,4	24,2	18,1	12,0	6,00	3,00	18,2	33,4	48,7	79,6	111	141	173	203	235	297	454	610	
0,130	39,2	26,1	19,5	12,9	6,46	3,22	19,6	36,0	52,4	83,6	119	152	187	219	253	320	490	659	
0,140	41,9	28,0	20,9	13,8	6,92	3,44	20,9	38,5	56,1	91,6	127	163	200	235	271	343	525	707	
0,160	47,3	31,5	23,6	15,7	7,84	3,89	23,6	43,5	63,4	103	144	185	226	266	307	389	597	801	
0,180	52,6	35,0	26,2	17,5	8,70	4,32	26,3	48,4	70,6	115	160	206	252	297	343	434	666	896	
0,200	57,8	38,4	28,8	19,2	9,55	4,74	28,9	53,1	77,7	127	176	227	277	327	378	478	734	991	

Umfang = 1,298 m da/di = 3,105 ln da/di = 1,1331

Innerer Rohr ⌀ = 125 mm **Äußerer Rohr ⌀ = 133 mm**

Wärme-leitzahl λ	Rohrtemperatur in ° C (Lufttemp. = 20° C)																		Isol.-Stärke
	−40	−20	−10	±0	+10	+25	+50	+75	+100	+150	+200	+250	+300	+350	+400	+500	+750	+1000	
0,020	6,03	4,01	3,00	2,01	1,00	0,50	3,00	5,51	8,01	13,1	18,2	23,2	28,2	33,5	38,3	49,0			
0,025	7,50	4,97	3,74	2,50	1,25	0,63	3,74	6,88	10,0	16,3	22,6	29,0	35,2	41,6	47,9	60,8			
0,030	8,96	5,94	4,48	2,98	1,49	0,75	4,48	8,25	11,9	19,5	27,0	34,6	42,2	49,7	57,4	72,5			
0,035	10,4	6,92	5,20	3,47	1,73	0,87	5,20	9,60	13,9	22,6	31,4	40,2	49,0	57,8	66,9	84,1	128		
0,040	11,9	7,90	5,92	3,95	1,97	0,98	5,90	10,9	15,9	25,7	35,7	45,7	55,7	65,9	76,1	95,6	146		
0,045	13,4	8,87	6,64	4,43	2,21	1,10	6,64	12,2	17,8	28,9	40,0	51,1	62,3	73,8	85,3	107	163		
0,050	14,8	9,83	7,36	4,91	2,45	1,22	7,36	13,5	19,7	32,0	44,2	56,5	68,9	81,6	94,2	119	180		
0,060	17,6	11,8	8,81	5,85	2,92	1,46	8,83	16,2	23,6	38,1	53,0	67,5	82,5	98,0	112	142	216	291	
0,070	20,5	13,7	10,2	6,77	3,38	1,69	10,2	18,8	27,4	44,3	61,5	78,5	96,1	114	130	165	251	338	**160**
0,080	23,3	15,5	11,6	7,70	3,84	1,92	11,6	21,3	31,2	50,5	70,0	89,5	109	130	148	187	286	384	mm
0,090	26,1	17,3	13,0	8,61	9,30	2,15	13,0	23,9	34,9	56,6	78,4	100	123	145	166	210	320	430	
0,100	28,8	19,1	14,4	9,50	4,74	2,37	14,4	26,4	38,5	62,6	86,7	111	136	160	184	233	354	476	
0,110	31,5	20,9	15,7	10,4	5,19	2,59	15,7	28,9	42,1	68,6	95,0	121	149	175	202	256	389	522	
0,120	34,1	22,7	17,0	11,3	5,63	2,81	17,0	31,4	45,7	74,6	104	132	162	190	219	278	423	568	
0,130	36,7	24,4	18,3	12,2	6,06	3,03	18,3	33,8	49,2	80,5	112	142	174	205	236	300	457	614	
0,140	39,3	26,2	19,6	13,0	6,49	3,24	19,6	36,2	52,6	86,4	119	152	186	220	253	321	490	658	
0,160	44,4	29,6	22,1	14,8	7,36	3,65	22,2	40,9	59,5	97,4	135	172	210	249	287	364	557	746	
0,180	49,5	33,0	24,6	16,5	8,18	4,06	24,7	45,5	66,3	108	150	192	230	278	322	406	622	835	
0,200	54,5	36,3	27,0	18,1	9,00	4,46	27,1	50,0	72,9	119	165	211	258	306	355	448	685	924	

Umfang = 1,423 m da/di = 3,406 ln da/di = 1,2255

Innerer Rohr ∅ = 130 mm **Äußerer Rohr ∅ = 140 mm**

Wärmeleitzahl λ	Rohrtemperatur in °C (Lufttemp. = 20° C)																		Isol.-Stärke
	−40	−20	−10	±0	+10	+25	+50	+75	+100	+150	+200	+250	+300	+350	+400	+500	+750	+1000	
0,020	43,4	28,8	21,5	14,2	7,05	3,50	21,5	40,4	59,3	98,0	138	177	216	261	297	379			
0,025	51,5	34,1	25,4	16,8	8,35	4,12	25,7	47,8	70,9	117	164	213	260	314	358	461			
0,030	58,8	38,8	28,9	19,2	9,45	4,68	29,4	54,8	81,0	135	190	246	302	365	418	537			
0,035	65,2	43,0	32,1	21,3	10,5	5,18	32,8	61,5	91,4	152	215	279	342	413	474	610	950		
0,040	70,8	46,9	35,0	23,1	11,4	5,65	36,0	67,5	101	168	238	308	380	460	528	678	1070		
0,045	76,3	50,4	37,5	24,9	12,2	6,08	38,8	73,1	109	182	259	336	414	503	578	745	1190		
0,050	81,2	53,6	40,0	26,5	13,0	6,46	41,5	78,4	117	196	270	363	448	546	628	800	1300		
0,060	90,8	59,3	44,3	29,3	14,4	7,13	46,3	87,8	131	222	313	414	511	626	721	934	1510	2080	
0,070	98,1	64,3	48,0	31,8	15,6	7,70	50,4	96,5	144	246	351	461	572	704	810	1050	1710	2370	**10**
0,080	105	68,6	51,3	33,9	16,6	8,18	54,1	104	156	266	382	504	630	771	892	1160	1890	2650	mm
0,090	110	72,5	54,2	35,7	17,5	8,61	57,3	110	166	285	411	544	683	837	968	1270	2070	2920	
0,100	115	75,9	56,7	37,3	18,2	9,00	60,2	116	176	303	438	581	730	900	1040	1370	2240	3180	
0,110	120	78,8	58,8	38,8	18,9	9,33	62,7	121	185	320	464	616	776	956	1110	1470	2420	3440	
0,120	124	81,4	60,8	40,0	19,5	9,62	65,1	126	193	335	487	648	817	1010	1180	1560	2590	3690	
0,130	128	83,9	62,5	41,2	20,1	9,91	67,2	131	200	349	508	677	858	1060	1240	1650	2740	3940	
0,140	131	86,0	64,1	42,2	20,6	10,2	69,2	135	207	362	529	705	894	1110	1300	1730	2890	4170	
0,160	136	89,6	66,9	44,0	21,5	10,6	72,7	143	219	387	565	757	965	1200	1410	1890	3190	4610	
0,180	141	93,0	69,3	45,5	22,2	11,0	76,0	149	230	408	598	806	1030	1290	1520	2040	3470	5050	
0,200	146	95,8	71,3	46,8	22,9	11,3	78,7	155	240	425	629	852	1090	1370	1620	2190	3750	5470	

Umfang = 0,503 m da/di = 1,143 ln da/di = 0,1336

Wärmeleitzahl λ	Rohrtemperatur in °C (Lufttemp. = 20° C)																		Isol.-Stärke
	−40	−20	−10	±0	+10	+25	+50	+75	+100	+150	+200	+250	+300	+350	+400	+500	+750	+1000	
0,020	32,4	21,5	16,0	10,6	5,30	2,62	16,1	29,9	43,7	71,6	100	128	156	185	215	272			
0,025	38,9	26,0	19,2	12,8	6,33	3,13	19,2	36,2	53,0	87,0	122	156	191	226	260	333			
0,030	45,1	30,1	22,2	14 8	7,29	3,61	22,3	42,0	61,7	101	142	183	224	265	305	391			
0,035	50,6	33,7	25,0	16,6	8,19	4,06	25,2	47,3	69,8	115	161	208	256	303	349	447	691		
0,040	56,2	37,2	27,6	18,5	9,03	4,49	27,8	52,3	77,3	128	179	232	286	339	391	502	780		
0,045	61,3	40,6	30,0	19,9	9,82	4,90	30,4	57,2	84,6	141	196	255	315	374	431	555	867		
0,050	65,7	43,6	32,2	21,4	10,5	5,27	32,8	61,8	91,5	153	213	276	343	408	471	606	952		
0,060	74,0	49,2	36,3	24,0	11,9	5,89	37,3	70,2	104	174	245	318	394	472	547	704	1110	1520	
0,070	81,4	54,2	40,0	26,6	13,1	6,44	41,3	78,1	116	194	274	357	443	531	618	796	1260	1730	**15**
0,080	88,0	58,4	43,3	28,8	14,1	6,97	44,8	85,0	127	213	302	395	488	587	685	885	1410	1940	mm
0,090	94,1	62,4	46,3	30,7	15,0	7,45	48,0	91,3	137	231	328	430	532	640	749	965	1550	2150	
0,100	99,5	65,9	48,9	32,5	15,9	7,85	51,1	97,2	146	248	354	462	574	692	810	1050	1690	2350	
0,110	105	69,2	51,3	34,2	16,7	8,22	54,0	103	155	264	376	493	613	740	868	1130	1830	2550	
0,120	109	72,1	53,6	35,6	17,3	8,56	56,5	108	163	278	398	522	652	788	924	1210	1960	2740	
0,130	113	74,8	55,6	36,9	18,0	8,87	58,7	113	170	291	419	551	688	833	979	1280	2090	2930	
0,140	117	77,3	57,4	38,2	18,6	9,15	60,8	117	177	305	438	578	722	876	1030	1350	2210	3120	
0,160	124	81,9	60,6	40,2	19,6	9,68	65,0	125	190	328	474	629	788	956	1130	1490	2450	3480	
0,180	130	85,7	63,6	42,1	20,5	10,1	68,5	133	202	350	507	675	850	1030	1220	1620	2680	3830	
0,200	135	89,1	66,2	43,8	21,3	10,5	71,3	139	212	369	537	716	907	1110	1310	1740	2900	4160	

Umfang = 0,534 m da/di = 1,214 ln da/di = 0,1942

Innerer Rohr ∅ = 130 mm **Äußerer Rohr ∅ = 140 mm**

Wärme-leitzahl λ	Rohrtemperatur in °C (Lufttemp. = 20° C)																		Isol.-Stärke
	−40	−20	−10	±0	+10	+25	+50	+75	+100	+150	+200	+250	+300	+350	+400	+500	+750	+1000	
0,020	26,0	17,3	13,0	8,60	4,28	2,14	13,1	24,0	35,1	57,4	79,8	102	126	148	170	216			
0,025	31,6	21,1	15,7	10,4	5,20	2,58	15,9	29,3	43,1	70,5	97,9	125	153	183	209	265			
0,030	36,8	24,6	19,3	12,2	6,02	3,00	18,6	34,3	50,5	82,5	115	147	181	215	248	314			
0,035	42,0	27,9	20,8	13,8	6,80	3,40	21,1	38,9	57,5	93,9	131	169	206	246	285	360	551		
0,040	46,7	31,0	23,1	15,3	7,58	3,77	23,5	43,4	64,0	105	147	189	232	276	319	405	623		
0,045	51,3	33,8	25,2	16,7	8,30	4,11	25,7	47,5	70,1	116	162	208	256	304	354	448	693		
0,050	55,6	36,6	27,3	18,1	8,96	4,43	27,9	51,6	76,0	126	176	227	281	333	386	491	760		
0,060	63,6	41,7	31,1	20,7	10,2	5,05	31,8	59,3	87,5	145	204	264	325	385	448	574	894	1220	
0,070	70,7	46,5	34,6	23,0	11,3	5,60	35,4	66,4	98,4	163	230	298	368	436	508	651	1020	1400	**20** mm
0,080	77,1	50,6	37,9	25,0	12,3	6,12	38,8	73,2	108	181	254	330	408	487	567	726	1140	1580	
0,090	82,8	54,6	40,8	26,9	13,2	6,57	42,0	79,2	117	197	278	361	446	533	620	800	1260	1750	
0,100	88,4	58,3	43,4	28,7	14,1	7,00	44,8	84,9	126	213	300	391	484	578	674	873	1380	1920	
0,110	93,5	61,6	46,1	30,4	14,9	7,37	47,5	90,3	134	228	322	420	519	622	724	944	1500	2070	
0,120	98,2	64,9	48,3	31,8	15,6	7,73	50,1	95,3	142	242	342	446	554	664	775	1010	1610	2230	
0,130	102	67,7	50,5	33,3	16,3	8,07	52,4	100	149	255	361	472	588	704	823	1070	1710	2380	
0,140	106	70,0	52,5	34,6	17,0	8,39	54,7	104	156	267	379	496	620	744	872	1130	1820	2540	
0,160	113	75,2	56,0	36,9	18,1	8,94	58,8	113	169	290	419	544	678	818	960	1250	2030	2830	
0,180	120	79,3	59,1	39,0	19,1	9,43	62,4	120	181	311	446	588	733	889	1050	1360	2220	3120	
0,200	126	83,3	62,0	40,9	20,0	9,86	65,7	127	192	330	476	628	787	958	1130	1470	2410	3400	

Umfang = 0,566 m da/di = 1,286 ln da/di = 0,2513

Wärme-leitzahl λ	Rohrtemperatur in °C (Lufttemp. = 20° C)																		Isol.-Stärke
	−40	−20	−10	±0	+10	+25	+50	+75	+100	+150	+200	+250	+300	+350	+400	+500	+750	+1000	
0,020	22,1	14,7	11,0	7,31	3,64	1,81	11,0	20,4	29,5	48,3	67,5	86,8	105	125	143	182			
0,025	27,0	18,0	13,4	8,95	4,40	2,21	13,4	24,8	36,5	59,4	82,6	106	129	154	176	223			
0,030	31,8	21,0	15,8	10,5	5,16	2,59	15,8	29,2	43,0	70,0	97,0	126	152	181	208	264			
0,035	36,5	24,0	18,1	11,9	5,90	2,95	18,1	33,4	49,0	80,3	111	145	175	208	240	304	467		
0,040	40,8	26,8	20,2	13,3	6,57	3,28	20,2	37,4	54,9	90,0	125	162	197	234	270	341	530		
0,045	44,9	29,5	22,1	14,6	7,20	3,59	22,2	41,2	60,5	99,2	138	179	218	260	300	380	591		
0,050	48,8	32,2	24,0	15,9	7,83	3,90	24,2	45,0	66,0	107	151	196	239	285	329	419	651		
0,060	55,9	36,8	27,5	18,3	8,95	4,47	27,9	52,0	76,4	126	176	228	279	332	385	491	765	1040	
0,070	62,4	41,4	30,8	20,4	10,1	5,00	31,3	58,6	86,0	143	200	258	317	377	437	558	871	1190	**25** mm
0,080	68,5	45,5	33,8	22,4	11,0	5,48	34,6	64,8	94,7	158	222	287	354	420	488	625	977	1340	
0,090	74,4	49,2	36,6	24,3	11,9	5,93	37,6	70,7	103	174	243	315	389	463	538	687	1080	1490	
0,100	80,0	52,8	39,3	26,1	12,8	6,34	40,3	76,1	111	188	264	343	422	504	585	749	1190	1630	
0,110	85,0	56,0	41,8	27,7	13,6	6,71	42,9	81,2	119	201	284	369	455	542	631	810	1290	1770	
0,120	89,5	59,2	44,1	29,3	14,3	7,07	45,4	86,1	127	214	303	393	486	580	678	871	1390	1910	
0,130	93,8	62,1	46,3	30,7	15,0	7,42	47,7	90,6	134	226	321	418	516	617	722	931	1480	2040	
0,140	97,9	64,6	48,4	32,0	15,7	7,76	49,9	95,0	141	238	338	441	546	653	762	989	1570	2170	
0,160	106	69,6	52,0	34,4	16,8	8,32	54,1	103	154	260	372	485	602	722	845	1090	1750	2430	
0,180	113	74,0	55,2	36,6	17,9	8,85	57,8	111	165	281	402	526	653	785	923	1200	1930	2690	
0,200	118	78,0	58,1	38,6	18,8	9,35	61,2	118	176	299	430	567	704	848	1000	1300	2090	2950	

Umfang = 0,597 m da/di = 1,357 ln da/di = 0,3054

Innerer Rohr ⌀ = 130 mm **Äußerer Rohr ⌀ = 140 mm**

Wärme-leitzahl λ	Rohrtemperatur in ° C (Lufttemp. = 20° C) -40	-20	-10	±0	+10	+25	+50	+75	+100	+150	+200	+250	+300	+350	+400	+500	+750	+1000	Isol.-Stärke
0,020	19,3	12,8	9,54	6,38	3,18	1,59	9,60	17,6	25,7	42,1	58,5	75,1	92,0	108	125	166			
0,025	23,7	15,7	11,7	7,81	3,90	1,93	11,8	21,7	31,6	51,7	72,3	92,9	113	132	153	194			
0,030	27,8	18,5	13,8	9,18	4,56	2,25	13,8	25,6	37,3	60,9	85,2	109	132	157	181	230			
0,035	31,8	21,2	15,8	10,5	5,18	2,58	15,8	29,3	42,8	70,2	97,1	126	152	181	209	265	407		
0,040	35,8	23,8	17,7	11,8	5,80	2,88	17,8	32,8	48,0	79,0	110	142	172	205	236	299	461		
0,045	39,5	26,2	19,6	13,0	6,40	3,18	19,7	36,3	53,1	87,5	122	158	192	228	263	333	515		
0,050	43,3	28,7	21,3	14,2	7,00	3,47	21,5	39,7	58,2	95,9	134	172	211	249	289	366	564		
0,060	49,9	33,0	24,6	16,4	8,05	4,03	24,9	46,1	68,0	111	156	201	247	292	338	431	665	906	
0,070	56,1	37,2	27,7	18,4	9,05	4,53	28,1	52,2	76,7	127	178	230	281	333	386	494	761	1040	30 mm
0,080	62,1	41,1	30,6	20,3	10,0	5,00	31,2	57,7	85,2	141	198	256	314	373	432	556	858	1170	
0,090	67,8	44,8	33,4	22,1	10,9	5,42	34,0	63,2	93,2	155	218	282	346	412	477	618	951	1300	
0,100	73,0	48,3	36,0	23,9	11,8	5,83	36,6	68,5	101	169	237	308	377	448	521	668	1050	1430	
0,110	78,0	51,4	38,4	25,5	12,6	6,20	39,1	73,3	109	181	256	332	407	484	562	726	1140	1550	
0,120	82,5	54,4	40,6	27,1	13,3	6,56	41,6	78,1	116	193	273	354	436	519	604	779	1220	1670	
0,130	86,8	57,3	42,8	28,5	14,0	6,91	43,9	82,5	122	205	290	377	464	554	645	831	1310	1800	
0,140	91,0	60,1	44,8	29,9	14,6	7,23	46,1	86,8	129	216	307	399	492	586	686	880	1400	1910	
0,160	98,9	65,2	48,6	32,4	15,8	7,83	50,2	95,1	141	238	338	440	545	650	760	983	1550	2140	
0,180	106	69,9	52,0	34,6	16,9	8,38	54,0	102	153	259	367	478	593	702	832	1080	1710	2370	
0,200	113	74,0	55,2	36,5	17,8	8,85	57,5	109	164	278	395	515	640	763	900	1170	1860	2590	

Umfang = 0,628 m da/di = 1,429 ln da/di = 0,3567

Wärme-leitzahl λ	Rohrtemperatur in ° C (Lufttemp. = 20° C) -40	-20	-10	±0	+10	+25	+50	+75	+100	+150	+200	+250	+300	+350	+400	+500	+750	+1000	Isol.-Stärke
0,020	17,2	11,5	8,48	5,73	2,85	1,41	8,59	15,8	23,1	37,3	52,1	66,5	81,3	94,7	110	139			
0,025	21,1	14,1	10,5	7,00	3,50	1,73	10,5	19,4	28,2	46,0	64,1	82,1	99,0	119	136	172			
0,030	24,8	16,6	12,4	8,23	4,12	2,03	12,4	22,8	33,3	54,6	76,0	97,2	117	140	162	204			
0,035	28,6	19,0	14,2	9,40	4,70	2,32	14,3	26,3	38,2	62,8	87,7	112	135	162	187	235	362		
0,040	32,0	21,3	16,0	10,6	5,27	2,60	16,1	29,6	43,1	70,9	99,0	127	153	183	212	265	412		
0,045	35,4	23,6	17,8	11,8	5,83	2,88	17,9	32,9	48,0	78,6	110	141	171	203	235	296	459		
0,050	38,8	25,8	19,5	12,9	6,35	3,15	19,6	36,0	52,6	86,1	120	154	188	222	259	326	501		
0,060	44,9	30,0	22,5	14,9	7,35	3,67	22,7	41,9	61,3	101	141	181	221	261	304	386	595	804	
0,070	51,0	33,9	25,4	16,8	8,32	4,13	25,7	47,7	69,5	115	161	207	253	299	347	443	683	928	35 mm
0,080	56,8	37,7	28,2	18,6	9,23	4,59	28,6	53,1	77,6	129	180	232	284	336	389	497	770	1050	
0,090	62,3	41,2	30,8	20,4	10,1	5,02	31,4	58,1	85,3	142	198	256	313	371	431	549	855	1170	
0,100	67,4	44,6	33,3	22,1	10,9	5,41	34,0	62,8	92,8	154	216	279	341	405	472	602	939	1280	
0,110	71,8	47,8	35,6	23,6	11,6	5,77	36,4	67,4	100	166	233	302	368	441	510	651	1020	1390	
0,120	76,2	50,8	37,9	25,2	12,4	6,12	38,6	72,0	107	178	249	324	396	473	549	704	1100	1510	
0,130	81,1	53,6	40,0	26,5	13,1	6,46	40,8	76,4	114	189	266	345	423	505	588	752	1180	1620	
0,140	85,2	56,4	42,0	27,8	13,7	6,79	43,0	80,5	120	200	282	365	449	535	625	801	1250	1720	
0,160	93,2	61,2	45,8	30,2	14,9	7,39	47,1	88,4	132	220	311	403	498	592	698	892	1400	1930	
0,180	100	65,8	49,3	32,5	16,0	7,94	50,8	96,0	143	240	339	440	545	650	760	984	1550	2140	
0,200	106	70,4	52,5	34,6	17,1	8,44	54,4	103	153	258	366	477	591	704	825	1070	1700	2350	

Umfang = 0,660 m da/di = 1,500 ln da/di = 0,4055

Innerer Rohr ⌀ = 130 mm **Äußerer Rohr ⌀ = 140 mm**

Wärmeleitzahl λ	Rohrtemperatur in ° C (Lufttemp. = 20° C)																		Isol.-Stärke
	−40	−20	−10	±0	+10	+25	+50	+75	+100	+150	+200	+250	+300	+350	+400	+500	+750	+1000	
0,020	15,7	10,4	7,79	5,18	2,58	1,29	7,80	14,3	20,8	34,0	46,9	60,4	83,9	86,8	100	126			
0,025	19,2	12,8	9.50	6,34	3,16	1,58	9,56	17,6	25,7	41,8	58,0	74,4	91,0	107	123	156			
0,030	22,8	15,1	11,3	7,48	3,72	1,86	11,3	20,8	30,4	49,6	69,0	88,0	108	127	146	185			
0,035	26,2	17,4	13,0	8,59	4,28	2,13	13,0	24,0	34,9	57,2	79,6	102	124	147	169	213	328		
0,040	29,5	19,6	14,6	9,69	4,82	2,39	14,7	27,0	39,6	64,6	90,0	115	140	166	192	241	372		
0,045	32,7	21,7	16,2	10,8	5,33	2,66	16,3	30,0	43,8	72,0	100	128	156	185	214	269	415		
0,050	35,8	23,7	17,8	11,8	5,85	2,91	17,9	32,9	48,0	79,1	110	141	171	204	236	297	458		
0,060	41,9	27,6	20,7	13,7	6,84	3,39	20,9	38,5	56,4	92,4	129	166	202	240	278	351	542	731	
0,070	47,6	31,5	23,6	15,6	7,75	3,84	23,8	43,9	64,3	106	147	189	232	275	319	404	622	844	**40** mm
0,080	53,0	35,1	26,2	17,3	8,61	4,28	26,5	49,0	72,0	118	165	213	260	309	359	454	700	955	
0,090	58,2	38,5	28,7	19,0	9,45	4,69	29,1	53,9	79,4	131	182	236	288	342	396	503	779	1060	
0,100	63,1	41,7	31,2	20,6	10,3	5,07	31,6	58,7	86,4	143	199	258	315	375	434	552	858	1170	
0,110	67,8	44,9	33,6	22,2	11,0	5,44	33,9	63,1	93,2	155	216	279	342	406	471	600	934	1270	
0,120	72,2	47,8	35,8	23,7	11,7	5,78	36,2	67,4	99,8	166	232	299	367	437	507	647	1010	1370	
0,130	76,6	50,6	37,9	25,0	12,4	6,10	38,3	71,7	106	177	247	319	392	466	542	694	1080	1470	
0,140	81,0	53,3	39,9	26,4	13,0	6,42	40,4	75,6	112	187	262	338	416	495	576	735	1150	1570	
0,160	88,6	58,4	43,6	28,8	14,2	7,01	44,3	83,3	124	207	191	376	462	550	643	823	1290	1770	
0,180	95,7	63,1	47,1	31,1	15,3	7,55	48,1	90,6	135	226	317	412	507	605	705	909	1430	1960	
0,200	102	67,4	50,2	33,2	16,4	8,07	51,7	97,7	145	243	343	446	551	658	767	990	1560	2150	

Umfang = 0,691 m da/di = 1,571 ln da/di = 0,4520

Wärmeleitzahl λ	Rohrtemperatur in ° C (Lufttemp. = 20° C)																		Isol.-Stärke
	−40	−20	−10	±0	+10	+25	+50	+75	+100	+150	+200	+250	+300	+350	+400	+500	+750	+1000	
0,020	14,4	9,48	7,14	4,75	2,36	1,18	7,17	13,2	19,1	31,0	43,0	55,5	67,4	78,9	92,1	115			
0,025	17,6	11,7	8,82	5,84	2,90	1,45	8,82	16,3	23,5	38,4	53,2	68,3	83,2	98,0	113	143			
0,030	20,8	13,9	10,4	6,91	3,44	1,72	10,4	19,3	28,0	45,5	63,0	81,1	98,9	116	134	170			
0,035	24,0	16,0	12,0	7,96	3,95	1,96	12,0	22,1	32,2	52,5	72,8	93,6	114	135	155	196	302		
0,040	27,1	18,1	13,6	9,00	4,45	2,22	13,5	24,9	36,4	59,3	82,3	106	130	153	176	222	341		
0,045	30,1	20,1	15,1	9,97	4,94	2,46	15,0	27,7	40,6	66,0	92,0	118	144	170	197	248	381		
0,050	33,0	22,0	16,5	11,0	5,43	2,71	16,5	30,4	44,4	72,7	101	129	158	188	217	273	420		
0,060	38,6	25,3	19,2	12,8	6,33	3,15	19,4	35,7	52,2	85,2	119	153	186	221	256	324	497	676	
0,070	44,1	29,6	21,9	14,5	7,20	3,59	22,1	40,8	59,5	97,6	137	175	214	254	294	372	572	777	**45** mm
0,080	49,2	32,7	24,5	16,3	8,04	4,00	24,7	45,7	66,6	110	154	197	241	286	332	420	648	877	
0,090	54,1	36,0	27,0	17,9	8,85	4,40	27,3	50,4	73,5	121	170	219	268	317	368	466	722	976	
0,100	58,9	39,1	29,3	19,4	9,61	4,78	29,6	55,0	80,3	133	186	240	292	346	403	511	794	1070	
0,110	63,5	42,1	31,5	20,9	10,3	5,13	31,9	59,3	87,1	144	202	259	318	376	437	556	865	1170	
0,120	67,8	45,0	33,7	22,4	11,0	5,48	34,0	63,6	93,7	155	217	279	342	405	470	599	935	1270	
0,130	72,0	47,8	35,7	23,7	11,7	5,79	36,1	67,6	99,3	165	231	297	366	434	503	643	1000	1370	
0,140	76,0	50,5	37,6	25,0	12,3	6,11	38,2	71,4	107	175	245	315	390	462	536	686	1070	1460	
0,160	83,7	55,4	41,4	27,4	13,5	6,69	42,1	78,9	117	193	272	351	433	515	598	768	1200	1640	
0,180	90,9	60,2	44,8	29,7	14,6	7,23	45,8	86,0	127	212	298	385	476	565	658	847	1330	1820	
0,200	97,8	64,8	48,1	31,8	15,7	7,75	49,4	92,6	136	229	324	420	518	615	715	922	1450	2000	

Umfang = 0,723 m da/di = 1,643 ln da/di = 0,4965

Innerer Rohr ∅ = 130 mm **Äußerer Rohr ∅ = 140 mm**

Wärmeleitzahl λ	Rohrtemperatur in °C (Lufttemp. = 20° C)																		Isol.-Stärke
	−40	−20	−10	±0	+10	+25	+50	+75	+100	+150	+200	+250	+300	+350	+400	+500	+750	+1000	
0,020	13,2	8,80	6,59	4,40	2,19	1,09	6,59	12,1	17,6	28,8	40,0	51,0	62,3	71,8	84,7	107			
0,025	16,3	10,9	8,10	5,40	2,70	1,34	8,12	15,0	21,8	35,5	49,5	62,9	76,8	90,8	105	132			
0,030	19,3	12,9	9,61	6,39	3,20	1,59	9,64	17,8	26,0	42,0	58,7	74,6	91,2	108	124	156			
0,035	22,3	14,9	11,1	7,37	3,69	1,83	11,2	20,5	29,8	48,5	67,8	86,4	106	125	144	182	278		
0,040	25,2	16,8	12,5	8,34	4,15	2,06	12,6	23,2	33,7	55,0	76,7	98,1	120	142	163	206	316		
0,045	28,0	18,6	13,9	9,30	4,61	2,29	14,0	25,9	37,6	61,1	85,6	109	134	159	182	230	354		
0,050	30,8	20,4	15,3	10,2	5,06	2,52	15,4	28,3	41,4	67,5	94,1	120	147	175	201	253	389		
0,060	36,2	24,0	18,0	12,0	5,95	2,95	18,1	33,4	48,8	79,9	111	142	175	206	238	300	461	625	
0,070	41,3	27,5	20,5	13,7	6,80	3,38	20,7	38,2	56,0	91,5	127	164	201	237	274	346	532	720	**50** mm
0,080	46,3	30,8	23,0	15,3	7,59	3,77	23,2	42,8	62,8	103	144	185	226	267	309	391	603	816	
0,090	51,0	34,0	25,4	16,9	8,35	4,14	25,6	47,2	69,5	114	159	204	250	296	344	435	673	907	
0,100	55,6	36,9	27,7	18,4	9,08	4,50	28,0	51,6	75,8	125	174	224	274	325	376	478	740	1000	
0,110	60,1	39,9	29,9	19,9	9,79	4,86	30,2	55,8	82,0	135	189	243	297	353	409	520	872	1090	
0,120	64,3	42,7	32,0	21,2	10,5	5,20	32,3	59,9	88,1	145	203	262	320	381	441	561	868	1180	
0,130	68,4	45,5	34,0	22,5	11,1	5,51	34,3	63,7	94,0	155	217	280	343	408	472	601	935	1270	
0,140	72,4	48,1	35,9	23,8	11,8	5,82	36,2	67,4	99,6	165	231	298	365	434	503	641	998	1360	
0,160	79,9	53,0	39,6	26,2	12,9	6,39	40,0	74,8	111	183	257	332	408	484	562	719	1120	1530	
0,180	86,9	57,8	43,0	28,5	14,0	6,96	43,7	81,9	121	201	282	365	449	534	620	795	1240	1700	
0,200	93,5	62,0	46,3	30,6	15,1	7,49	47,2	88,2	131	218	307	397	488	582	677	868	1360	1860	

Umfang = 0,754 m da/di = 1,714 ln da/di = 0,5390

Wärmeleitzahl λ	Rohrtemperatur in °C (Lufttemp. = 20° C)																		Isol.-Stärke
	−40	−20	−10	±0	+10	+25	+50	+75	+100	+150	+200	+250	+300	+350	+400	+500	+750	+1000	
0,020	11,6	7,76	5,81	3,84	1,92	0,96	5,80	10,6	15,5	25,2	35,1	44,9	54,5	64,0	73,8	93,7			
0,025	14,4	9,61	7,18	4,75	2,38	1,19	7,20	13,1	19,1	31,1	43,4	55,4	67,7	79,3	91,8	116			
0,030	17,0	11,4	8,52	5,66	2,82	1,41	8,60	15,6	22,8	36,9	51,7	65,8	80,5	94,9	109	138			
0,035	19,6	13,2	9,83	6,54	3,25	1,63	9,85	18,0	26,3	42,8	59,8	76,1	93,2	110	127	160	244		
0,040	22,3	14,9	11,1	7,41	3,68	1,84	11,1	20,4	29,8	48,4	67,7	86,3	106	125	144	181	278		
0,045	24,8	16,6	12,4	8,25	4,11	2,05	12,4	22,7	33,3	54,1	75,5	96,4	119	140	161	202	311		
0,050	27,4	18,3	13,7	9,10	4,52	2,25	13,7	25,1	36,7	59,6	83,3	106	131	154	178	224	344		
0,060	32,3	21,5	16,1	10,7	5,30	2,65	16,2	29,6	43,4	71,1	98,9	126	154	182	210	266	408	552	
0,070	37,0	24,6	18,4	12,3	6,06	3,03	18,5	34,1	49,9	81,9	114	145	178	210	242	307	472	642	
0,080	41,6	27,7	20,7	13,8	6,81	3,40	20,8	38,4	56,2	92,4	128	164	201	237	274	347	534	729	**60** mm
0,090	46,0	30,6	23,0	15,2	7,56	3,76	23,1	42,5	62,2	103	142	183	223	264	305	386	597	813	
0,100	50,4	33,5	25,1	16,7	8,28	4,10	25,2	46,5	68,1	113	156	201	245	290	336	425	657	894	
0,110	54,5	36,2	27,1	18,0	8,94	4,44	27,3	50,4	74,0	122	170	219	267	316	365	463	716	975	
0,120	58,5	38,9	29,0	19,3	9,60	4,76	29,3	54,2	79,8	131	184	236	288	340	394	501	774	1050	
0,130	62,5	41,4	30,9	20,5	10,2	5,06	31,3	57,9	85,3	140	197	252	309	365	421	538	832	1130	
0,140	66,4	43,9	32,8	21,8	10,8	5,36	33,2	61,6	90,4	149	209	269	330	390	450	574	890	1210	
0,160	73,5	48,7	36,3	24,1	11,9	5,92	36,8	68,4	101	167	233	301	369	436	506	645	1000	1360	
0,180	80,4	53,2	39,8	26,3	13,0	6,45	40,2	74,9	111	183	257	331	407	483	559	714	1110	1520	
0,200	87,2	57,7	43,1	28,4	14,1	6,98	43,7	81,2	120	199	280	361	444	527	611	783	1220	1670	

Umfang = 0,817 m da/di = 1,857 ln da/di = 0,6190

Innerer Rohr ∅ = 125 mm **Äußerer Rohr ∅ = 140 mm**

Wärmeleitzahl λ	Rohrtemperatur in ° C (Lufttemp. = 20° C)																		Isol.-Stärke
	−40	−20	−10	±0	+10	+25	+50	+75	+100	+150	+200	+250	+300	+350	+400	+500	+750	+1000	
0,020	10,4	6,93	5,21	3,47	1,73	0,86	5,21	9,60	13,9	22,6	31,3	40,1	49,0	57,8	67,0	84,0			
0,025	12,9	8,61	6,44	4,30	2,15	1,06	6,45	11,9	17,2	28,0	39,0	49,7	60,9	72,0	82,8	104			
0,030	15,3	10,2	7,67	5,11	2,56	1,26	7,68	14,2	20,6	33,3	46,4	59,3	72,5	85,9	98,3	124			
0,035	17,7	11,8	8,88	5,90	2,96	1,46	8,89	16,4	23,8	39,1	53,7	68,9	84,0	99,5	115	144	220		
0,040	20,1	13,4	10,0	6,68	3,35	1,65	10,1	18,6	27,0	43,9	61,2	78,2	95,4	113	131	163	249		
0,045	22,4	15,0	11,2	7,44	3,72	1,85	11,3	20,8	30,2	49,0	68,3	87,4	107	126	146	182	279		
0,050	24,8	16,5	12,4	8,22	4,10	2,04	12,4	22,9	33,2	54,1	75,5	96,4	118	139	161	202	309		
0,060	29,3	19,5	14,7	9,75	4,84	2,40	14,6	27,0	39,4	64,1	89,4	114	140	164	191	239	368	498	
0,070	33,8	22,4	16,8	11,2	5,56	2,76	16,8	31,0	45,4	74,0	103	132	162	190	221	277	426	576	**70** mm
0,080	38,0	25,2	19,0	12,6	6,25	3,10	18,9	34,9	51,3	83,9	117	149	183	215	250	314	484	653	
0,090	42,1	28,0	21,0	14,0	6,92	3,44	21,1	38,8	57,2	93,0	130	166	203	240	279	351	540	730	
0,100	46,2	30,7	23,0	15,3	7,60	3,76	23,2	42,6	62,8	102	143	183	223	264	307	387	595	805	
0,110	50,2	33,3	25,0	16,6	8,24	4,08	25,1	46,3	68,2	111	155	199	243	288	334	421	651	879	
0,120	54,0	35,9	26,9	17,9	8,85	4,39	27,0	49,8	73,5	120	168	215	263	311	361	456	703	951	
0,130	57,7	38,2	28,6	19,1	9,46	4,69	28,9	53,2	78,5	128	180	231	282	334	387	489	757	1030	
0,140	61,5	40,6	30,4	20,2	10,0	4,97	30,8	56,7	83,4	137	192	246	301	356	412	522	810	1100	
0,160	68,3	45,1	33,8	22,4	11,1	5,52	34,1	63,3	93,3	153	214	276	338	400	464	589	913	1240	
0,180	74,8	49,5	37,1	24,6	12,2	6,05	37,4	69,7	103	169	237	305	374	443	514	654	1020	1380	
0,200	81,2	53,8	40,2	26,7	13,3	6,57	40,7	75,9	112	184	258	333	410	485	564	717	1110	1520	

Umfang = 0,880 m da/di = 2,000 ln da/di = 0,6932

Wärmeleitzahl λ	Rohrtemperatur in ° C (Lufttemp. = 20° C)																		Isol.-Stärke
	−40	−20	−10	±0	+10	+25	+50	+75	+100	+150	+200	+250	+300	+350	+400	+500	+750	+1000	
0,020	9,48	6,34	4,75	3,16	1,58	0,79	4,76	8,76	12,7	20,6	28,9	36,9	44,8	52,8	60,7	76,6			
0,025	11,9	7,84	5,89	3,92	1,96	0,98	5,90	10,8	15,8	25,6	35,6	45,5	55,7	65,0	75,4	95,1			
0,030	14,1	9,32	7,01	4,66	2,33	1,17	7,05	12,8	18,7	30,5	42,3	54,1	66,5	77,2	90,0	113			
0,035	16,3	10,8	8,10	5,41	2,70	1,34	8,14	14,8	21,7	35,4	49,0	62,7	77,3	89,4	105	131	200		
0,040	18,5	12,3	9,20	6,15	3,08	1,53	9,24	16,9	24,7	40,1	55,8	71,3	88,0	102	119	149	228		
0,045	20,7	13,7	10,2	6,88	3,44	1,71	10,3	18,9	27,6	44,9	62,4	79,9	98,6	114	133	167	256		
0,050	22,8	15,2	11,3	7,59	3,80	1,88	11,4	20,9	30,5	49,6	69,1	88,4	108	127	147	186	283		
0,060	27,0	18,0	13,5	8,97	4,47	2,23	13,5	24,8	36,2	59,0	82,0	105	129	151	175	220	337	456	
0,070	31,2	20,8	15,5	10,4	5,16	2,57	15,5	28,6	41,9	68,0	94,6	122	149	175	202	255	391	528	**80** mm
0,080	35,2	24,4	17,5	11,7	5,82	2,88	17,5	32,4	47,4	76,8	107	137	168	198	229	290	444	600	
0,090	39,1	26,0	19,4	13,0	6,46	3,20	19,5	36,0	52,6	85,6	119	153	187	221	255	324	495	671	
0,100	42,9	28,6	21,3	14,3	7,08	3,50	21,4	39,6	57,8	94,4	132	168	206	243	281	357	547	740	
0,110	46,6	31,0	23,2	15,5	7,68	3,80	23,3	43,1	62,9	103	143	184	224	265	307	390	597	808	
0,120	50,3	33,5	25,0	16,6	8,28	4,10	25,2	46,5	67,9	111	155	199	242	286	332	422	646	874	
0,130	54,0	35,9	26,8	17,8	8,86	4,39	27,0	49,8	72,9	119	166	213	261	307	357	453	695	941	
0,140	57,4	38,2	28,5	18,9	9,41	4,67	28,7	53,1	77,7	128	177	227	279	329	382	484	744	1010	
0,160	64,0	42,6	31,9	21,1	10,5	5,20	32,0	59,4	86,7	143	199	257	314	370	430	547	839	1140	
0,180	70,4	46,8	35,0	23,2	11,6	5,71	35,2	65,4	95,6	158	221	284	348	411	478	608	934	1270	
0,200	76,6	50,9	38,0	25,2	12,6	6,22	38,4	71,2	105	173	242	311	381	451	524	666	1030	1400	

Umfang = 0,943 m da/di = 2,143 ln da/di = 0,7621

Innerer Rohr ⌀ = 130 mm **Äußerer Rohr ⌀ = 140 mm**

Wärmeleitzahl λ	Rohrtemperatur in ° C (Lufttemp. = 20° C) –40	–20	–10	±0	+10	+25	+50	+75	+100	+150	+200	+250	+300	+350	+400	+500	+750	+1000	Isol.-Stärke
0,020	8,84	5,89	4,40	2,94	1,46	0,73	4,39	8,09	11,7	19,1	26,5	33,9	41,3	48,5	56,1	70,7			
0,025	11,0	7,30	5,46	3,64	1,82	0,91	5,46	10,0	14,5	23,6	32,7	42,0	51,3	60,5	69,8	87,9			
0,030	13,1	8,69	6,51	4,34	2,18	1,08	6,52	11,9	17,3	28,3	39,0	50,0	61,2	72,3	83,5	105			
0,035	15,2	10,1	7,55	5,02	2,51	1,25	7,55	13,8	20,1	32,9	45,3	58,2	71,1	84,0	97,0	122	186		
0,040	17,3	11,4	8,57	5,71	2,84	1,41	8,59	15,7	22,9	37,4	51,6	66,3	81,0	95,6	110	139	212		
0,045	19,3	12,7	9,62	6,37	3,18	1,58	9,61	17,6	25,7	41,9	58,0	74,2	90,8	107	123	155	238		
0,050	21,3	14,1	10,6	7,02	3,51	1,75	10,6	19,4	28,4	46,3	64,3	82,0	100	119	136	172	262		
0,060	25,2	16,8	12,6	8,35	4,18	2,09	12,6	23,1	33,8	55,0	76,2	97,4	119	141	162	205	312	423	
0,070	29,0	19,3	14,5	9,68	4,82	2,40	14,5	26,7	39,0	63,5	88,0	113	138	163	188	238	362	491	**90**
0,080	32,8	21,8	16,4	10,9	5,44	2,70	16,4	30,3	44,2	72,0	100	128	156	184	213	270	412	557	mm
0,090	36,6	24,3	18,2	12,2	6,04	2,99	18,3	33,7	49,3	80,2	111	143	174	206	238	301	461	623	
0,100	40,3	26,7	20,0	13,4	6,63	3,28	20,1	37,1	54,2	88,5	123	158	192	227	262	332	509	688	
0,110	43,9	29,1	21,8	14,6	7,20	3,57	21,9	40,4	59,0	96,5	134	172	210	248	286	363	556	752	
0,120	47,3	31,4	23,5	15,7	7,76	3,85	23,6	43,6	63,6	104	145	186	227	269	310	393	603	816	
0,130	50,7	33,6	25,2	16,8	8,30	4,12	25,3	46,7	68,2	112	156	200	244	289	333	422	649	879	
0,140	54,1	35,8	26,9	17,9	8,85	4,39	27,0	49,8	72,8	120	166	214	261	309	356	452	695	942	
0,160	60,5	40,0	30,0	20,0	9,90	4,91	30,2	55,8	81,4	134	187	240	294	348	402	510	787	1070	
0,180	66,7	44,2	33,1	22,0	10,9	5,42	33,4	61,6	90,2	149	207	266	327	386	446	568	875	1190	
0,200	72,7	48,2	36,1	24,0	11,9	5,92	36,5	67,4	98,8	163	227	291	358	423	490	624	960	1300	

Umfang = 1,005 m da/di = 2,286 ln da/di = 0,8270

Wärmeleitzahl λ	Rohrtemperatur in ° C (Lufttemp. = 20° C) –40	–20	–10	±0	+10	+25	+50	+75	+100	+150	+200	+250	+300	+350	+400	+500	+750	+1000	Isol.-Stärke
0,020	8,21	5,50	4,12	2,74	1,37	0,68	4,12	7,58	11,0	17,9	24,8	31,9	38,9	45,3	52,5	66,3			
0,025	10,3	6,79	5,12	3,39	1,70	0,85	5,13	9,44	13,6	22,2	30,7	39,5	48,1	56,5	65,3	82,4			
0,030	12,3	8,18	6,10	4,05	2,04	1,01	6,13	11,3	16,2	26,5	36,6	47,1	57,4	67,4	78,1	98,4			
0,035	14,2	9,46	7,09	4,70	2,36	1,17	7,11	13,1	18,8	30,9	42,5	54,7	66,5	78,3	90,9	114	173		
0,040	16,1	10,7	8,02	5,34	2,68	1,33	8,07	14,9	21,4	35,1	48,4	62,1	75,7	89,3	103	129	198		
0,045	18,1	12,0	9,00	5,99	3,00	1,49	9,05	16,7	24,0	39,3	54,2	69,6	84,6	100	116	144	223		
0,050	20,0	13,3	10,0	6,62	3,30	1,64	10,0	18,4	26,6	43,5	60,0	77,0	93,5	111	128	159	247		
0,060	23,7	15,8	11,9	7,88	3,92	1,95	11,9	21,9	31,6	51,7	72,0	91,8	111	132	152	191	294	397	
0,070	27,4	18,2	13,7	9,10	4,52	2,26	13,7	25,3	36,6	59,7	83,1	106	129	153	176	222	340	459	**100**
0,080	31,0	20,6	15,5	10,3	5,11	2,55	15,5	28,6	41,5	67,5	94,2	121	147	174	200	253	386	520	mm
0,090	34,6	23,0	17,2	11,5	5,69	2,83	17,2	31,8	46,3	75,4	105	134	164	194	224	283	431	581	
0,100	38,0	25,4	18,9	12,7	6,26	3,12	19,0	34,9	51,0	83,2	116	148	181	214	247	312	476	642	
0,110	41,4	27,6	20,7	13,8	6,82	3,39	20,7	38,0	55,6	90,8	126	162	197	234	270	340	520	703	
0,120	44,8	29,8	22,4	14,9	7,36	3,66	22,4	41,0	60,1	98,5	136	175	213	253	292	369	564	762	
0,130	48,0	32,0	23,9	15,9	7,89	3,93	24,0	44,1	64,6	106	147	188	230	272	314	397	608	822	
0,140	51,2	34,0	25,5	17,0	8,41	4,18	25,6	47,1	69,1	113	157	201	246	291	336	425	652	882	
0,160	57,5	38,1	28,5	19,0	9,44	4,68	28,8	52,9	77,5	127	177	226	277	329	380	480	740	1000	
0,180	63,5	42,1	31,5	21,0	10,4	5,17	31,9	58,6	85,7	141	196	251	308	365	422	535	825	1120	
0,200	69,2	46,0	34,4	22,8	11,4	5,67	34,9	64,3	93,7	155	216	276	338	401	464	588	910	1230	

Umfang = 1,068 m da/di = 2,429 ln da/di = 0,8873

Innerer Rohr ⌀ = 130 mm **Äußerer Rohr ⌀ = 140 mm**

Wärme-leitzahl λ	Rohrtemperatur in ° C (Lufttemp. = 20° C)																		Isol.-Stärke
	−40	−20	−10	±0	+10	+25	+50	+75	+100	+150	+200	+250	+300	+350	+400	+500	+750	+1000	
0,020	7,33	4,88	3,67	2,42	1,22	0,61	3,67	6,70	9,80	15,8	22,0	28,1	34,5	40,5	46,5	58,5			
0,025	9,17	6,13	4,56	3,02	1,52	0,77	4,58	8,41	12,2	19,7	27,4	35,0	43,0	50,5	58,0	73,4			
0,030	10,9	7,31	5,46	3,62	1,81	0,91	5,48	10,0	14,5	23,6	32,6	41,9	51,3	60,4	69,5	88,0			
0,035	12,7	8,49	6,34	4,20	2,10	1,06	6,36	11,6	16,9	27,5	38,0	48,8	59,7	70,2	81,0	102	154		
0,040	14,4	9,66	7,22	4,78	2,38	1,20	7,23	13,2	19,3	31,3	43,4	55,6	68,0	80,0	92,2	116	178		
0,045	16,1	10,8	8,07	5,35	2,67	1,34	8,08	14,8	21,6	35,0	48,7	62,2	76,0	89,7	103	130	200		
0,050	17,9	12,0	8,90	5,92	2,96	1,48	8,90	16,4	24,0	38,7	54,0	68,8	83,8	99,4	114	144	221		
0,060	21,3	14,2	10,6	7,05	3,52	1,76	10,6	19,5	28,5	46,1	64,3	82,0	100	118	136	172	262	353	
0,070	24,7	16,4	12,3	8,15	4,08	2,04	12,3	22,6	33,0	53,6	74,5	95,1	116	137	158	199	304	410	**120** mm
0,080	27,9	18,6	14,0	9,25	4,61	2,30	13,9	25,7	37,5	61,0	84,5	108	132	156	180	226	346	467	
0,090	31,2	20,7	15,6	10,3	5,15	2,57	15,6	28,7	41,8	68,0	94,4	121	148	175	201	254	388	523	
0,100	34,4	22,8	17,1	11,4	5,68	2,83	17,2	31,6	46,1	75,0	104	133	164	193	222	280	428	579	
0,110	37,6	24,9	18,7	12,4	6,21	3,09	18,8	34,5	50,2	82,0	114	146	179	211	243	307	468	633	
0,120	40,6	27,0	20,2	13,4	6,71	3,35	20,3	37,3	54,4	88,8	123	158	194	229	264	333	508	688	
0,130	43,6	29,0	21,7	14,4	7,22	3,60	21,8	40,2	58,5	95,5	133	170	208	246	284	359	548	744	
0,140	46,6	31,0	23,2	15,5	7,71	3,85	23,3	42,9	62,5	102	142	182	222	264	303	384	589	800	
0,160	52,6	34,9	26,1	17,4	8,70	4,33	26,2	48,3	70,4	115	160	206	251	298	344	434	670	904	
0,180	58,4	38,7	28,8	19,3	9,63	4,81	29,0	53,6	78,2	128	178	229	280	332	383	484	747	1010	
0,200	64,0	42,4	31,6	21,1	10,5	5,27	31,9	58,8	85,7	141	196	252	307	366	422	534	820	1110	

Umfang = 1,194 m da/di = 2,714 ln da/di = 0,9985

Wärme-leitzahl λ	Rohrtemperatur in ° C (Lufttemp. = 20° C)																		Isol.-Stärke
	−40	−20	−10	±0	+10	+25	+50	+75	+100	+150	+200	+250	+300	+350	+400	+500	+750	+1000	
0,020	6,68	4,46	3,34	2,23	1,11	0,56	3,35	6,11	8,95	14,3	20,2	26,0	31,5	37,1	42,6	53,7			
0,025	8,32	5,54	4,15	2,77	1,38	0,69	4,16	7,62	11,1	18,0	25,0	32,4	39,1	46,0	53,1	66,8			
0,030	10,0	6,61	4,95	3,30	1,65	0,83	4,97	9,10	13,3	21,5	29,9	38,7	46,7	54,9	63,7	79,9			
0,035	11,6	7,67	5,75	3,83	1,92	0,96	5,76	10,6	15,5	25,0	34,8	45,0	54,4	63,9	74,0	92,9	142		
0,040	13,2	8,73	6,54	4,36	2,18	1,09	6,56	12,1	17,6	28,5	39,6	51,1	61,8	72,9	84,3	106	162		
0,045	14,8	9,80	7,35	4,90	2,46	1,23	7,35	13,5	19,8	31,9	44,5	57,2	69,2	81,8	94,5	119	182		
0,050	16,3	10,9	8,14	5,42	2,71	1,36	8,15	15,0	21,9	35,3	49,2	63,1	76,6	90,6	105	132	201		
0,060	19,5	13,0	9,75	6,47	3,24	1,62	9,74	17,9	26,2	42,4	58,8	75,3	91,9	108	125	157	240	322	
0,070	22,5	15,0	11,3	7,48	3,75	1,87	11,2	20,8	30,3	49,2	68,3	87,4	107	125	144	182	278	374	**140** mm
0,080	25,6	17,1	12,8	8,49	4,25	3,12	12,8	23,6	34,4	56,0	77,5	99,5	121	143	164	207	317	426	
0,090	28,6	19,1	14,3	9,50	4,76	3,36	14,3	26,3	38,4	62,7	86,5	111	136	160	184	232	355	477	
0,100	31,6	21,1	15,8	10,5	5,24	3,60	15,8	29,0	42,4	69,2	95,4	122	150	177	203	257	393	528	
0,110	34,6	23,0	17,2	11,5	5,72	3,85	17,3	31,7	46,3	75,7	105	134	164	193	223	282	430	578	
0,120	37,5	24,9	18,7	12,4	6,18	4,09	18,7	34,4	50,2	82,0	113	145	178	209	242	306	467	629	
0,130	40,4	26,8	20,1	13,3	6,66	4,32	20,2	37,0	54,0	88,1	122	156	192	226	261	330	504	678	
0,140	43,2	28,7	21,5	14,2	7,12	4,56	21,6	39,6	57,8	94,4	131	167	206	242	279	353	541	728	
0,160	48,8	32,5	24,2	16,2	8,06	5,00	24,3	44,8	65,3	106	148	190	232	274	316	400	615	826	
0,180	54,1	36,0	27,0	18,0	8,96	5,44	27,0	49,8	72,7	118	165	212	259	306	353	447	686	924	
0,200	59,4	39,5	29,6	19,7	9,84	5,87	29,7	54,7	80,0	130	181	233	285	337	389	492	756	1020	

Umfang = 1,320 m da/di = 3,000 da/di = 1,0986

Innerer Rohr ⌀ = 130 mm **Äußerer Rohr ⌀ = 140 mm**

Wärme-leitzahl λ	Rohrtemperatur in ° C (Lufttemp. = 20° C) -40	-20	-10	±0	+10	+25	+50	+75	+100	+150	+200	+250	+300	+350	+400	+500	+750	+1000	Isol.-Stärke
0,020	6,22	4,13	3,09	2,07	1,03	0,52	3,10	5,70	8,24	13,5	18,7	24,0	29,0	34,5	39,4	50,2			
0,025	7,72	5,14	3,84	2,57	1,28	0,64	3,85	7,08	10,3	16,8	23,2	29,7	36,1	42,9	49,1	62,4			
0,030	9,22	6,15	4,60	3,06	1,53	0,77	4,60	8,46	12,3	20,0	27,7	35,5	43,3	50,6	59,0	74,3			
0,035	10,8	7,14	5,33	3,56	1,77	0,89	5,35	9,85	14,4	23,2	32,3	41,3	50,3	59,4	68,6	86,2	132		
0,040	12,3	8,13	6,08	4,05	2,02	1,01	6,09	11,2	16,4	26,5	36,8	47,0	57,2	67,9	78,1	98,0	150		
0,045	13,8	9,12	6,82	4,55	2,28	1,14	6,82	12,6	18,3	29,7	41,3	52,6	64,0	76,0	87,9	110	168		
0,050	15,2	10,1	7,57	5,05	2,52	1,26	7,58	13,9	20,3	32,9	45,5	58,1	71,0	84,0	97,2	122	186		
0,060	18,2	12,1	9,06	6,03	3,02	1,50	9,06	16,6	24,3	39,3	54,5	69,5	85,0	101	115	146	222	299	
0,070	21,1	14,1	10,5	7,00	3,48	1,74	10,5	19,3	28,2	45,7	63,2	81,0	99,0	117	134	170	259	348	**160** mm
0,080	24,0	16,0	12,0	7,95	3,96	1,98	12,0	22,0	32,0	52,1	72,0	92,1	113	133	153	193	294	395	
0,090	26,9	17,8	13,4	8,87	4,43	2,21	13,4	24,6	35,8	58,3	80,5	103	127	149	171	216	330	442	
0,100	29,7	19,7	14,8	9,80	4,89	2,44	14,8	27,2	39,6	64,5	89,0	114	140	165	189	240	365	490	
0,110	32,4	21,5	16,2	10,7	5,33	2,66	16,2	29,7	43,3	70,6	97,4	125	153	181	207	263	400	538	
0,120	35,1	23,3	17,5	11,6	5,79	2,89	17,5	32,2	47,0	76,8	106	136	166	196	225	286	435	585	
0,130	37,8	25,1	18,8	12,5	6,23	3,11	18,9	34,7	50,6	82,8	114	146	179	211	242	308	470	632	
0,140	40,4	26,9	20,1	13,4	6,68	3,33	20,2	37,2	54,1	89,6	122	156	191	226	260	330	504	677	
0,160	45,7	30,4	22,8	15,2	7,56	3,76	22,8	42,0	61,3	101	138	177	216	256	296	374	573	770	
0,180	51,0	33,9	25,4	16,9	8,40	4,18	25,4	46,7	68,2	112	154	198	241	286	331	418	640	861	
0,200	56,0	37,3	27,9	18,6	9,25	4,58	27,9	51,4	75,0	123	171	217	266	315	365	460	705	951	

Umfang = 1,445 m da/di = 3,286 ln da/di = 1,1896

Wärme-leitzahl λ	Rohrtemperatur in ° C (Lufttemp. = 20° C)																		Isol.-Stärke
	−40	−20	−10	±0	+10	+25	+50	+75	+100	+150	+200	+250	+300	+350	+400	+500	+750	+1000	
0,020	46,8	31,1	23,2	15,4	7,61	3,78	23,5	43,7	64,0	106	148	190	234	282	321	408			
0,025	55,6	36,8	27,4	18,2	9,00	4,45	27,7	51,5	76,4	126	177	229	281	340	386	498			
0,030	63,4	41,9	31,2	20,7	10,2	5,04	31,7	59,1	87,8	146	205	266	326	395	449	580			
0,035	70,2	46,4	34,6	22,9	11,3	5,58	35,4	66,3	98,5	164	231	300	370	446	511	658	1030		
0,040	76,4	50,6	37,7	24,9	12,3	6,08	38,8	72,8	109	181	256	332	410	495	570	733	1160		
0,045	82,2	54,3	40,5	26,8	13,2	6,55	41,9	78,8	117	197	279	362	447	544	624	805	1280		
0,050	87,5	57,8	43,2	28,6	14,0	6,96	44,8	84,6	126	212	301	391	483	590	677	876	1400		
0,060	97,6	63,7	47,8	31,6	15,5	7,70	49,9	94,6	141	239	341	447	554	677	777	1010	1620	2250	
0,070	106	69,0	51,7	34,3	16,7	8,30	54,4	104	155	264	378	497	618	760	874	1140	1840	2550	**10** mm
0,080	113	73,8	55,2	36,5	17,8	8,82	58,2	112	168	287	412	544	680	836	960	1260	2040	2850	
0,090	119	78,1	58,3	38,5	18,8	9,28	61,8	119	179	308	443	587	736	907	1040	1370	2230	3150	
0,100	124	81,8	61,0	40,2	19,6	9,70	64,9	125	189	327	472	626	786	972	1120	1480	2420	3440	
0,110	129	84,8	63,4	41,7	20,3	10,1	67,6	131	198	344	500	664	834	1030	1200	1580	2610	3720	
0,120	133	87,6	65,5	43,1	21,0	10,4	70,2	136	207	360	525	698	881	1090	1270	1680	2790	3990	
0,130	137	90,3	67,3	44,3	21,6	10,7	72,4	141	216	376	548	729	924	1150	1340	1770	2960	4250	
0,140	141	92,7	69,1	45,4	22,2	11,0	74,5	146	224	390	570	759	964	1200	1400	1860	3120	4500	
0,160	147	96,4	72,0	47,4	23,1	11,4	78,2	154	236	416	609	816	1040	1300	1520	2030	3440	4980	
0,180	152	100	74,7	49,0	23,9	11,8	81,7	161	247	440	645	868	1110	1390	1640	2200	3750	5440	
0,200	157	103	76,8	50,4	24,6	12,1	84,8	167	258	458	678	918	1170	1480	1750	2360	4050	5900	

Umfang = 0,540 m da/di = 1,132 ln da/di = 0,1236

Wärme-leitzahl λ	Rohrtemperatur in ° C (Lufttemp. = 20° C)																		Isol.-Stärke
	−40	−20	−10	±0	+10	+25	+50	+75	+100	+150	+200	+250	+300	+350	+400	+500	+750	+1000	
0,020	34,8	23,2	17,2	11,4	5,69	2,82	17,4	32,2	47,0	77,1	108	138	169	200	231	293			
0,025	41,9	28,0	20,7	13,7	6,81	3,37	20,8	39,0	57,0	93,8	131	168	205	246	281	359			
0,030	48,5	32,4	24,0	15,9	7,81	3,89	24,1	45,2	66,5	109	152	197	241	286	329	421			
0,035	54,6	36,4	27,0	17,8	8,79	4,36	27,2	51,0	75,0	124	173	224	275	326	375	481	747		
0,040	60,4	40,1	29,7	19,6	9,71	4,82	30,0	56,3	83,2	138	192	250	308	365	420	540	841		
0,045	66,0	43,6	32,3	21,3	10,6	5,25	32,8	61,4	91,0	151	211	274	339	403	464	598	933		
0,050	70,6	46,9	34,7	22,9	11,3	5,66	35,3	66,2	98,3	164	230	297	369	439	507	652	1030		
0,060	79,6	52,9	39,0	25,8	12,8	6,32	40,0	75,5	112	188	264	342	425	508	588	757	1190	1640	
0,070	87,5	58,0	43,0	28,4	14,1	6,93	44,4	84,0	125	209	296	385	476	573	664	856	1360	1870	**15** mm
0,080	94,6	62,8	46,5	30,8	15,2	7,50	48,2	91,4	137	230	326	425	525	634	736	952	1520	2100	
0,090	101	67,1	49,7	32,8	16,1	8,00	51,6	98,1	147	249	354	462	571	690	806	1040	1670	2320	
0,100	107	70,8	52,6	34,7	17,0	8,42	54,9	105	157	266	381	497	616	744	873	1130	1820	2540	
0,110	112	74,4	55,1	36,5	17,9	8,83	58,0	111	166	283	405	530	660	796	935	1210	1970	2750	
0,120	117	77,6	57,5	38,1	18,6	9,20	60,8	116	175	299	429	561	701	846	994	1300	2110	2960	
0,130	122	80,5	59,7	39,4	19,3	9,55	63,2	121	183	314	451	592	740	896	1050	1380	2250	3160	
0,140	126	83,0	61,6	40,7	19,9	9,85	65,4	126	191	328	472	621	777	943	1110	1460	2380	3360	
0,160	133	88,0	65,2	42,9	21,0	10,4	69,8	134	205	352	510	676	848	1030	1220	1600	2630	3740	
0,180	139	92,7	68,2	44,9	22,0	10,9	73,5	142	217	375	544	725	916	1110	1320	1740	2880	4120	
0,200	145	95,6	71,0	46,7	22,9	11,3	76,6	149	228	396	577	770	975	1190	1410	1870	3120	4480	

Umfang = 0,572 m da/di = 1,197 ln da/di = 0,1802

Innerer Rohr ∅ = 140 mm **Äußerer Rohr ∅ = 152 mm**

Wärmeleitzahl λ	Rohrtemperatur in ° C (Lufttemp. = 20° C)																		Isol.-Stärke
	−40	−20	−10	±0	+10	+25	+50	+75	+100	+150	+200	+250	+300	+350	+400	+500	+750	+1000	
0,020	28,0	18,6	13,9	9,24	4,60	2,30	14,0	25,8	37,7	61,8	86,0	110	135	160	183	232			
0,025	34,0	22,6	16,9	11,2	5,56	2,77	17,1	31,5	46,4	75,9	105	135	165	197	225	285			
0,030	39,7	26,4	19,7	13,1	6,46	3,22	20,0	36,9	54,6	89,2	123	158	194	232	266	337			
0,035	45,1	30,0	22,4	14,9	7,30	3,65	22,7	41,8	62,0	101	141	181	222	265	306	388	593		
0,040	50,2	33,4	24,8	16,5	8,09	4,04	25,2	46,6	69,0	113	158	203	249	296	344	436	671		
0,045	55,1	36,4	27,1	18,0	8,85	4,41	27,6	51,0	75,6	124	174	224	276	327	380	482	747		
0,050	59,1	39,3	29,4	19,5	9,59	4,75	30,0	55,5	82,0	135	190	244	302	358	415	528	819		
0,060	68,3	44,8	33,6	22,2	10,9	5,40	34,2	63,7	94,0	156	219	283	349	415	480	616	961	1310	
0,070	75,9	49,8	37,2	24,6	12,1	6,00	38,0	71,3	105	175	247	320	395	469	545	700	1100	1510	
0,080	82,8	54,4	40,6	26,8	13,2	6,56	41,7	78,5	115	194	273	355	438	522	608	780	1230	1700	**20** mm
0,090	88,8	58,7	43,9	28,8	14,2	7,05	45,1	85,1	125	212	299	388	480	573	667	860	1360	1880	
0,100	94,7	62,6	46,6	30,8	15,1	7,50	48,1	91,2	135	228	323	420	520	621	724	940	1490	2060	
0,110	100	66,1	49,4	32,6	16,0	7,90	51,0	96,9	144	244	346	450	557	667	779	1010	1610	2230	
0,120	105	69,4	51,8	34,2	16,8	8,29	53,7	102	152	259	368	478	593	712	833	1080	1720	2400	
0,130	110	72,5	54,1	35,8	17,5	8,65	56,3	107	160	273	387	506	628	756	885	1150	1840	2560	
0,140	114	75,2	56,3	37,1	18,2	8,99	58,6	112	168	286	406	534	662	798	936	1220	1950	2720	
0,160	122	80,5	60,0	39,6	19,4	9,59	63,0	121	181	311	445	583	726	878	1030	1340	2180	3040	
0,180	129	85,0	63,3	41,8	20,5	10,1	66,9	129	194	333	478	629	787	955	1120	1460	2390	3350	
0,200	135	89,2	66,4	43,8	21,5	10,6	70,4	137	205	353	510	673	844	1030	1210	1580	2590	3660	

Umfang = 0,603 m da/di = 1,263 ln da/di = 0,2337

Wärmeleitzahl λ	Rohrtemperatur in ° C (Lufttemp. = 20° C)																		Isol.-Stärke
	−40	−20	−10	±0	+10	+25	+50	+75	+100	+150	+200	+250	+300	+350	+400	+500	+750	+1000	
0,020	23,7	15,8	11,8	7,84	3,92	1,94	11,8	21,8	31,7	51,9	72,2	93,1	113	134	154	195			
0,025	29,0	19,3	14,4	9,62	4,73	2,37	14,4	26,9	39,2	63,9	88,0	114	139	164	189	240			
0,030	34,1	22,6	16,9	11,2	5,53	2,77	16,9	31,2	46,1	75,0	104	135	164	194	223	283			
0,035	39,1	25,8	19,4	12,8	6,33	3,16	19,4	35,8	52,6	86,0	119	155	188	223	257	326	503		
0,040	43,8	28,8	21,6	14,3	7,03	3,51	21,6	40,1	58,9	96,5	134	174	211	252	290	367	568		
0,045	48,2	31,7	23,7	15,7	7,72	3,85	23,8	44,2	64,9	106	148	192	234	279	322	408	633		
0,050	52,3	34,6	25,8	17,1	8,40	4,18	26,0	48,2	70,6	116	162	210	257	306	353	449	698		
0,060	59,5	39,5	29,4	19,6	9,60	4,79	30,0	55,8	81,7	135	188	245	299	356	412	524	821	1110	
0,070	66,5	44,3	32,9	21,8	10,8	5,36	33,6	62,7	92,1	153	214	277	340	404	468	598	937	1280	
0,080	73,3	48,7	36,2	24,0	11,8	5,88	37,0	69,3	101	170	238	308	379	450	522	670	1050	1440	**25** mm
0,090	79,6	52,8	39,2	26,1	12,8	6,36	40,2	75,6	110	186	261	338	416	496	576	740	1160	1600	
0,100	85,5	56,6	42,1	27,9	13,7	6,79	43,1	81,3	119	201	283	367	452	540	628	808	1270	1750	
0,110	91,0	60,0	44,7	29,6	14,5	7,18	45,9	86,8	128	215	305	395	487	581	678	876	1380	1890	
0,120	95,7	63,4	47,2	31,3	15,3	7,56	48,6	92,1	136	229	324	422	521	621	727	933	1490	2040	
0,130	100	66,4	49,5	32,9	16,1	7,94	51,1	96,8	143	242	344	447	554	660	773	1000	1590	2190	
0,140	105	69,1	51,6	34,3	16,8	8,31	53,4	102	151	254	363	473	586	700	817	1060	1680	2330	
0,160	113	74,4	55,5	36,8	18,0	8,90	57,9	111	165	278	398	519	644	773	906	1170	1880	2610	
0,180	120	79,1	59,0	39,1	19,1	9,46	61,8	119	177	300	430	563	699	842	988	1280	2070	2880	
0,200	127	83,4	62,2	41,2	20,1	9,98	65,4	126	188	321	461	607	754	910	1070	1390	2250	3150	

Umfang = 0,635 m da/di = 1,329 ln da/di = 0,2844

Innerer Rohr ∅ = 140 mm **Äußerer Rohr ∅ = 152 mm**

Wärmeleitzahl λ	Rohrtemperatur in ° C (Lufttemp. = 20° C)																	Isol.-Stärke
	−40	−20	−10	±0	+10	+25	+50	+75	+100	+150	+200	+250	+300	+350	+400	+500	+750	+1000	
0,020	20,6	13,7	10,2	6,83	3,41	1,70	10,3	18,8	27,6	45,1	62,8	80,7	98,2	116	134	168			
0,025	25,3	16,8	12,6	8,38	4,16	2,07	12,6	23,2	33,9	55,3	77,5	99,6	111	142	164	208			
0,030	29,8	19,8	14,8	9,82	4,87	2,42	14,8	27,4	39,9	65,3	91,3	117	142	168	194	246			
0,035	34,1	22,7	17,0	11,3	5,55	2,76	17,0	31,4	45,7	75,1	105	135	163	194	224	284	436		
0,040	38,4	25,5	19,0	12,6	6,20	3,08	19,1	35,1	51,5	84,8	118	152	184	220	253	320	495		
0,045	42,4	28,2	20,9	13,9	6,85	3,40	21,1	38,8	57,1	93,6	131	169	205	244	282	356	551		
0,050	46,3	30,7	22,8	15,2	7,47	3,71	23,0	42,5	62,6	103	143	185	226	267	310	392	605		
0,060	53,2	35,4	26,4	17,5	8,60	4,30	26,7	49,3	72,7	120	168	216	264	312	362	461	711	970	
0,070	60,0	39,8	29,6	19,7	9,73	4,84	30,1	55,9	82,0	136	191	246	301	357	413	528	815	1110	**30**
0,080	66,4	44,0	32,8	21,8	10,7	5,34	33,4	62,0	91,1	151	212	274	336	399	462	592	918	1260	mm
0,090	72,4	47,9	35,6	23,7	11,7	5,80	36,4	67,6	99,6	166	233	302	370	441	511	655	1020	1400	
0,100	78,1	51,6	38,4	25,5	12,6	6,23	39,2	73,2	108	180	253	329	403	480	558	715	1120	1530	
0,110	83,3	55,0	41,0	27,3	13,4	6,61	41,9	78,4	116	194	273	355	435	518	604	775	1220	1660	
0,120	88,0	58,2	43,4	29,0	14,2	7,00	44,4	83,5	123	207	292	379	466	555	648	834	1310	1790	
0,130	92,7	61,3	45,7	30,5	14,9	7,37	47,0	88,3	131	219	310	403	497	592	691	888	1400	1920	
0,140	97,2	64,2	47,9	32,0	15,6	7,76	49,3	92,8	138	231	328	427	526	627	734	941	1490	2040	
0,160	106	69,6	52,0	34,5	16,9	8,36	53,6	102	151	255	361	470	582	694	814	1050	1660	2290	
0,180	113	74,6	55,5	36,9	18,0	8,92	57,6	110	163	276	392	512	634	757	890	1150	1830	2540	
0,200	120	79,4	58,8	39,0	19,0	9,44	61,4	117	175	297	422	551	685	817	964	1250	1990	2780	

Umfang = 0,666 m da/di = 1,395 ln da/di = 0,3327

Wärmeleitzahl λ	Rohrtemperatur in ° C (Lufttemp. = 20° C)																	Isol.-Stärke
	−40	−20	−10	±0	+10	+25	+50	+75	+100	+150	+200	+250	+300	+350	+400	+500	+750	+1000	
0,020	18,4	12,3	9,09	6,15	3,05	1,53	9,19	16,8	24,6	40,0	55,9	71,2	86,8	101	118	149			
0,025	22,5	15,1	11,2	7,49	3,75	1,87	11,3	20,7	30,2	49,1	68,6	88,0	106	127	146	184			
0,030	26,6	17,8	13,2	8,81	4,40	2,20	13,3	24,4	35,6	58,1	81,4	104	125	151	173	218			
0,035	30,5	20,4	15,2	10,1	5,03	2,51	15,3	28,2	40,9	67,0	93,9	120	144	174	200	252	387		
0,040	34,3	22,8	17,1	11,4	5,65	2,82	17,2	31,8	46,1	75,8	106	136	163	196	226	284	440		
0,045	38,0	25,2	19,0	12,6	6,23	3,12	19,1	35,2	51,3	84,0	117	151	182	217	251	316	490		
0,050	41,6	27,6	20,8	13,8	6,79	3,40	20,9	38,5	56,1	92,1	128	165	200	238	277	348	536		
0,060	48,0	32,1	24,1	15,9	7,86	3,93	24,3	44,8	65,5	108	150	193	236	279	325	411	636	861	
0,070	54,4	36,2	27,2	17,9	8,90	4,42	27,5	50,9	74,3	123	172	221	271	319	371	472	729	992	**35**
0,080	60,7	40,2	30,1	19,9	9,95	4,90	30,6	56,6	83,1	137	193	248	303	358	416	532	824	1120	mm
0,090	66,5	44,0	32,9	21,8	10,7	5,36	33,5	61,9	91,1	151	212	274	334	396	461	589	915	1250	
0,100	72,0	47,6	35,7	23,6	11,6	5,77	36,2	67,0	99,0	165	231	298	364	433	504	644	996	1370	
0,110	76,9	51,0	38,0	25,2	12,4	6,15	38,8	72,0	107	178	249	322	394	470	545	698	1090	1490	
0,120	81,6	54,2	40,4	26,7	13,2	6,52	41,2	76,8	114	190	267	346	423	505	586	752	1170	1610	
0,130	86,4	57,2	42,6	28,2	13,9	6,88	43,6	81,5	121	202	284	368	452	540	627	804	1250	1730	
0,140	90,8	60,1	44,8	29,7	14,6	7,24	45,9	85,9	128	214	301	389	480	572	668	856	1340	1840	
0,160	99,3	65,2	48,8	32,2	15,8	7,88	50,2	94,3	140	235	332	430	532	632	739	953	1500	2070	
0,180	107	70,1	52,5	34,6	17,0	8,43	54,2	102	152	256	362	470	582	692	810	1050	1660	2290	
0,200	113	75,0	55,9	36,8	18,1	8,98	58,0	110	163	276	390	509	631	751	880	1140	1810	2510	

Umfang = 0,697 m; da/di = 1,461; ln da/di = 0,3788

Innerer Rohr ∅ = 140 mm **Äußerer Rohr ∅ = 152 mm**

Wärmeleitzahl λ	Rohrtemperatur in ° C (Lufttemp. = 20° C)																		Isol.-Stärke
	−40	−20	−10	±0	+10	+25	+50	+75	+100	+150	+200	+250	+300	+350	+400	+500	+750	+1000	
0,020	16,7	11,1	8,32	5,54	2,76	1,37	8,36	15,3	22,2	36,3	50,1	64,4	79,0	92,7	107	135			
0,025	20,5	13,6	10,2	6,76	3,37	1,68	10,2	18,8	27,5	44,6	62,0	79,5	97,3	114	132	167			
0,030	24,3	16,1	12,0	7,96	3,98	1,98	12,1	22,2	32,5	53,0	73,6	94,4	115	136	156	198			
0,035	28,0	18,6	13,8	9,13	4,56	2,27	13,9	25,6	37,2	61,1	85,0	109	133	157	181	228	351		
0,040	31,5	20,9	15,6	10,4	5,15	2,55	15,7	28,8	42,2	69,0	96,2	123	149	178	205	258	398		
0,045	34,9	23,1	17,3	11,5	5,70	2,83	17,4	32,0	46,8	76,9	107	137	166	198	228	288	444		
0,050	38,3	25,3	19,0	12,6	6,25	3,10	19,1	35,1	51,3	84,5	117	150	183	218	252	317	489		
0,060	44,7	29,5	22,2	14,7	7,28	3,61	22,3	41,1	60,2	98,6	138	177	216	256	296	375	579	781	
0,070	50,7	33,6	25,2	16,6	8,25	4,09	25,3	46,8	68,6	113	158	202	248	294	340	431	663	902	**40** mm
0,080	56,5	37,4	28,0	18,5	9,19	4,56	28,2	52,3	76,9	127	177	227	277	330	382	485	748	1020	
0,090	62,0	41,0	30,7	20,3	10,1	5,00	31,0	57,5	84,8	140	195	252	307	366	423	537	832	1130	
0,100	67,3	44,5	33,3	22,0	10,9	5,40	33,7	62,6	92,2	153	213	275	336	400	463	589	916	1240	
0,110	72,2	47,8	35,8	23,6	11,7	5,79	36,2	67,3	99,2	165	231	297	365	434	502	640	1000	1360	
0,120	77,0	50,9	38,1	25,2	12,5	6,15	38,5	71,9	107	177	248	319	392	466	540	691	1080	1470	
0,130	81,6	53,9	40,4	26,7	13,2	6,50	40,8	76,4	113	188	264	340	418	497	577	741	1150	1580	
0,140	86,1	56,8	42,5	28,1	13,9	6,84	43,0	80,6	119	199	280	361	444	528	615	787	1230	1680	
0,160	94,3	62,1	46,5	30,7	15,1	7,46	47,2	88,8	132	220	310	401	493	587	687	878	1380	1890	
0,180	102	67,1	50,1	33,1	16,3	8,03	51,2	96,4	143	240	338	439	541	645	748	970	1520	2100	
0,200	109	71,6	53,5	35,3	17,5	8,58	55,0	104	154	259	366	476	588	702	819	1060	1660	2290	

Umfang = 0,729 m da/di = 1,526 ln da/di = 0,4228

Wärmeleitzahl λ	Rohrtemperatur in ° C (Lufttemp. = 20° C)																		Isol.-Stärke
	−40	−20	−10	±0	+10	+25	+50	+75	+100	+150	+200	+250	+300	+350	+400	+500	+750	+1000	
0,020	15,3	10,2	7,61	5,08	2,52	1,26	7,63	14,1	20,4	33,1	45,9	59,2	72,0	84,9	98,2	123			
0,025	18,8	12,6	9,41	6,23	3,10	1,54	9,43	17,3	25,1	41,0	56,9	73,0	89,0	105	121	153			
0,030	22,3	14,9	11,1	7,38	3,66	1,82	11,1	20,5	29,8	48,6	67,5	86,8	106	125	144	181			
0,035	25,6	17,1	12,8	8,50	4,21	2,10	12,8	23,6	34,3	56,0	77,7	100	122	144	166	209	322		
0,040	28,9	19,3	14,5	9,60	4,75	2,36	14,5	26,6	38,7	63,4	87,9	113	138	163	188	237	365		
0,045	32,1	21,4	16,1	10,6	5,27	2,62	16,1	29,6	43,2	70,5	98,0	126	154	182	210	264	408		
0,050	35,3	23,5	17,6	11,7	5,78	2,89	17,7	32,5	47,4	77,6	108	138	169	201	232	292	449		
0,060	41,2	27,4	20,5	13,6	6,75	3,36	20,7	38,0	55,6	90,9	127	163	199	236	273	345	532	721	
0,070	47,0	31,2	23,4	15,5	7,68	3,82	23,6	43,5	63,4	104	146	187	228	271	314	397	612	831	**45** mm
0,080	52,5	34,8	26,1	17,3	8,56	4,27	26,4	48,7	71,0	117	164	211	257	304	354	448	691	937	
0,090	57,7	38,4	28,7	19,1	9,42	4,68	29,1	53,7	78,5	129	181	233	285	337	392	497	770	1040	
0,100	62,8	41,6	31,2	20,7	10,2	5,07	31,6	58,5	85,8	142	198	255	312	369	430	546	848	1150	
0,110	67,6	44,9	33,5	22,3	11,0	5,45	33,9	63,2	92,8	154	215	276	339	401	466	593	924	1250	
0,120	72,2	48,0	35,8	23,8	11,7	5,81	36,3	67,8	99,3	165	231	297	365	432	501	640	998	1350	
0,130	76,6	50,8	37,9	25,2	12,5	6,16	38,5	72,0	106	176	246	316	390	462	537	686	1070	1460	
0,140	80,9	53,6	40,0	26,6	13,1	6,50	40,7	76,0	112	186	261	335	415	492	570	730	1140	1560	
0,160	89,0	58,8	44,0	29,2	14,4	7,10	44,8	83,9	124	206	290	373	461	548	637	819	1280	1750	
0,180	96,6	63,9	47,6	31,6	15,6	7,69	48,7	91,5	135	225	318	410	507	602	701	904	1410	1940	
0,200	104	68,7	51,1	33,8	16,7	8,23	52,5	98,5	145	244	345	447	551	655	762	982	1550	2130	

Umfang = 0,760 m da/di = 1,592 ln da/di = 0,4651

Innerer Rohr ⌀ = 140 mm **Äußerer Rohr ⌀ = 152 mm**

Wärme-leitzahl λ	Rohrtemperatur in ° C (Lufttemp. = 20° C)																		Isol.-Stärke
	−40	−20	−10	±0	+10	+25	+50	+75	+100	+150	+200	+250	+300	+350	+400	+500	+750	+1000	
0,020	14,1	9,40	7,00	4,69	2,33	1,16	7,01	12,9	18,8	30,7	42,5	54,3	66,3	77,9	90,2	114			
0,025	17,4	11,6	8,64	5,75	2,88	1,43	8,66	16,0	23,2	37,9	52,6	67,3	82,1	96,7	111	140			
0,030	20,6	13,8	10,3	6,83	3,41	1,70	10,3	19,0	27,6	44,8	62,4	80,1	97,8	115	132	167			
0,035	23,7	15,9	11,8	7,86	3,92	1,95	11,9	21,9	31,8	51,7	72,2	92,6	103	133	153	194	296		
0,040	26,8	17,9	13,3	8,88	4,41	2,20	13,5	24,7	36,0	58,5	81,9	105	128	151	174	220	337		
0,045	29,9	19,9	14,8	9,89	4,90	2,44	15,0	27,5	40,1	65,3	91,2	117	142	169	194	245	377		
0,050	32,8	21,8	16,3	10,9	5,39	2,68	16,5	30,2	44,1	72,0	100	128	157	186	214	270	415		
0,060	38,6	25,6	19,1	12,8	6,33	3,14	19,3	35,5	52,0	85,0	118	152	186	219	254	320	494	666	
0,070	44,0	29,3	21,9	14,6	7,23	3,59	22,1	40,6	59,8	97,5	136	175	214	252	292	369	568	768	**50** mm
0,080	49,3	32,7	24,5	16,3	8,05	4,01	24,7	45,5	67,2	110	153	196	240	284	329	416	642	870	
0,090	54,3	36,1	27,0	18,0	8,87	4,40	27,2	50,2	74,0	122	169	217	266	315	366	463	715	966	
0,100	59,2	39,3	29,4	19,6	9,65	4,79	29,7	54,9	80,6	133	185	238	292	347	401	508	787	1060	
0,110	64,0	42,4	31,8	21,1	10,4	5,16	32,0	59,4	87,2	144	201	258	316	376	436	554	858	1160	
0,120	68,4	45,4	34,0	22,5	11,1	5,53	34,3	63,7	93,8	155	216	279	341	406	469	596	925	1260	
0,130	72,7	48,3	36,1	23,9	11,8	5,86	36,4	67,7	100	166	231	298	365	434	502	640	996	1350	
0,140	76,9	51,1	38,2	25,3	12,5	6,16	38,4	71,6	106	176	245	317	388	462	535	682	1060	1450	
0,160	84,9	56,4	42,0	27,8	13,7	6,77	42,5	79,4	118	195	273	353	433	515	598	765	1190	1630	
0,180	92,3	61,3	45,7	30,2	14,9	7,37	46,4	86,9	129	214	300	388	477	568	659	844	1320	1810	
0,200	99,2	65,9	49,1	32,5	16,0	7,85	50,1	93,8	139	232	326	422	519	618	720	924	1450	1980	

Umfang = 0,792 m da/di = 1,658 ln da/di = 0,5056

Wärme-leitzahl λ	Rohrtemperatur in ° C (Lufttemp. = 20° C)																		Isol.-Stärke
	−40	−20	−10	±0	+10	+25	+50	+75	+100	+150	+200	+250	+300	+350	+400	+500	+750	+1000	
0,020	12,4	8,26	6,19	4,11	2,05	1,02	6,17	11,3	16,4	26,8	37,3	47,7	58,0	68,0	78,3	99,2			
0,025	15,3	10,2	7,60	5,06	2,53	1,26	7,60	14,0	20,3	33,1	46,0	59,0	71,9	84,4	97,4	123			
0,030	18,1	12,1	9,00	6,01	3,00	1,49	9,02	16,6	24,2	39,2	54,9	70,2	85,6	101	116	147			
0,035	20,9	14,0	10,4	6,93	3,46	1,72	10,5	19,1	28,0	45,7	63,4	81,0	99,3	117	135	170	260		
0,040	23,7	15,9	11,8	7,85	3,92	1,95	11,8	21,6	31,7	51,5	71,9	92,2	113	133	153	193	296		
0,045	26,4	17,6	13,2	8,76	4,38	2,18	13,2	24,1	35,4	57,5	80,4	103	126	148	171	216	331		
0,050	29,0	19,4	14,5	9,64	4,80	2,39	14,6	26,7	39,0	63,3	88,8	113	139	164	189	238	365		
0,060	34,3	22,8	17,1	11,3	5,64	2,81	17,2	31,5	46,1	75,6	105	134	164	193	224	282	434	587	
0,070	39,3	26,2	19,6	13,0	6,44	3,22	19,7	36,3	53,0	87,0	121	154	189	223	258	326	502	682	**60** mm
0,080	44,1	29,4	22,0	14,6	7,24	3,61	22,1	40,8	59,7	98,2	136	174	214	252	292	369	568	776	
0,090	48,8	32,5	24,4	16,2	8,02	4,00	24,5	45,2	66,1	109	151	194	238	280	325	410	634	866	
0,100	53,5	35,5	26,6	17,7	8,76	4,35	26,7	49,4	72,4	120	166	213	261	308	357	451	698	952	
0,110	57,8	38,4	28,7	19,1	9,48	4,70	28,9	53,5	78,6	130	181	232	283	335	388	492	761	1040	
0,120	62,0	41,2	30,8	20,5	10,2	5,04	31,1	57,6	84,7	140	195	250	306	361	418	532	822	1120	
0,130	66,3	43,9	32,8	21,8	10,8	5,37	33,2	61,4	90,3	149	209	268	328	387	447	571	884	1200	
0,140	70,4	46,6	34,7	23,1	11,6	5,68	35,2	65,2	95,8	158	222	285	350	413	478	609	945	1280	
0,160	78,0	51,6	38,4	25,5	12,7	6,27	39,0	72,6	107	176	248	319	392	463	537	685	1070	1450	
0,180	85,3	56,4	42,1	27,8	13,8	6,84	42,6	79,4	117	194	273	352	432	512	593	759	1180	1610	
0,200	92,6	61,1	45,7	30,0	14,9	7,39	46,2	86,0	127	211	297	383	471	559	648	831	1290	1770	

Umfang = 0,855 m da/di = 1,790 ln da/di = 0,5819

Innerer Rohr ∅ = 140 mm **Äußerer Rohr ∅ = 152 mm**

Wärmeleitzahl λ	Rohrtemperatur in ° C (Lufttemp. = 20° C)																		Isol.-Stärke
	−40	−20	−10	±0	+10	+25	+50	+75	+100	+150	+200	+250	+300	+350	+400	+500	+750	+1000	
0,020	11,1	7,38	5,52	3,69	1,83	0,91	5,52	10,2	14,8	24,0	33,2	42,9	52,0	61,2	71,1	89,2			
0,025	13,7	9,17	6,84	4,55	2,27	1,12	6,85	12,6	18,3	29,7	41,4	53,0	64,6	76,5	87,2	110			
0,030	16,3	10,8	8,11	5,40	2,71	1,34	8,11	15,0	21,8	35,4	49,2	63,0	77,0	91,0	104	131			
0,035	18,8	12,5	9,37	6,25	3,13	1,55	9,38	17,4	25,2	41,0	57,0	73,0	89,1	105	122	152	234		
0,040	21,3	14,2	10,7	7,08	3,55	1,76	10,7	19,8	28,6	46,6	64,8	82,9	101	119	139	172	265		
0,045	23,8	15,9	11,9	7,90	3,95	1,96	12,0	22,1	32,0	52,0	72,5	92,7	113	133	155	193	296		
0,050	26,3	17,5	13,1	8,71	4,35	2,16	13,2	24,3	35,2	57,5	80,1	102	125	147	171	213	328		
0,060	31,1	20,7	15,5	10,3	5,12	2,55	15,5	28,7	41,8	68,0	95,0	121	148	174	203	253	390	528	
0,070	35,8	23,8	17,9	11,9	5,88	2,93	17,8	33,0	48,2	78,7	109	140	171	201	234	293	452	610	**70** mm
0,080	40,2	26,8	20,1	13,4	6,62	3,30	20,1	37,1	54,5	88,4	124	158	194	228	265	332	513	691	
0,090	44,6	29,6	22,2	14,8	7,34	3,65	22,4	41,1	60,7	99,0	138	176	216	254	296	371	573	772	
0,100	49,0	32,4	24,3	16,2	8,05	3,99	24,6	45,1	66,6	108	151	194	237	280	325	410	631	852	
0,110	53,2	35,2	26,4	17,6	8,72	4,32	26,7	49,0	72,3	118	164	211	258	305	354	447	691	928	
0,120	57,0	38,0	28,4	18,9	9,39	4,65	28,6	52,8	78,0	127	177	228	279	329	392	483	747	1010	
0,130	61,0	40,6	30,3	20,2	10,0	4,96	30,5	56,4	83,4	136	190	245	299	353	410	519	804	1090	
0,140	65,0	43,0	32,2	21,3	10,6	5,26	32,5	60,0	88,4	145	203	261	320	377	437	555	860	1160	
0,160	72,2	47,7	35,8	23,7	11,7	5,84	36,1	66,9	98,7	163	227	292	358	424	492	625	968	1320	
0,180	79,2	52,3	39,2	26,0	12,9	6,40	39,6	73,7	109	179	250	324	396	469	545	693	1080	1470	
0,200	85,8	56,9	42,6	28,2	14,0	6,96	43,1	80,3	118	195	273	353	434	513	597	760	1180	1610	

Umfang = 0,917 m da/di = 1,921 ln da/di = 0,6529

Wärmeleitzahl λ	Rohrtemperatur in ° C (Lufttemp. = 20° C)																		Isol.-Stärke
	−40	−20	−10	±0	+10	+25	+50	+75	+100	+150	+200	+250	+300	+350	+400	+500	+750	+1000	
0,020	10,1	6,71	5,04	3,36	1,68	0,84	5,04	9,26	13,5	21,8	30,7	39,0	47,5	55,8	64,3	81,3			
0,025	12,6	8,30	6,20	4,16	2,08	1,04	6,22	11,4	16,7	27,0	37,8	48,2	59,0	68,9	80,0	101			
0,030	15,0	9,87	7,37	4,95	2,47	1,23	7,38	13,6	19,9	32,3	44,9	57,3	70,3	81,9	95,4	120			
0,035	17,3	11,4	8,54	5,74	2,85	1,42	8,56	15,8	23,0	37,4	52,0	66,4	81,6	94,8	111	139	212		
0,040	19,6	13,0	9,70	6,50	3,25	1,62	9,73	17,9	26,2	42,5	59,0	75,5	92,7	108	126	158	242		
0,045	21,9	14,6	10,8	7,28	3,63	1,81	10,9	20,0	29,3	47,5	66,0	84,5	104	121	141	177	271		
0,050	24,2	16,1	12,0	8,02	4,03	2,00	12,1	22,1	32,4	52,5	73,0	93,4	115	134	156	196	300		
0,060	28,6	19,0	14,2	9,50	4,75	2,36	14,3	26,3	38,4	62,4	86,9	111	136	160	185	233	357	483	
0,070	33,0	22,0	16,4	11,0	5,46	2,71	16,4	30,3	44,4	72,0	100	129	157	185	214	270	414	560	**80** mm
0,080	37,3	24,8	18,5	12,4	6,12	3,05	18,5	34,3	50,1	81,5	113	146	178	209	242	307	470	635	
0,090	41,4	27,5	20,6	13,8	6,80	3,38	20,6	38,2	55,7	90,6	126	162	198	233	270	342	524	710	
0,100	45,4	30,3	22,6	15,1	7,46	3,70	22,7	41,9	61,1	100	139	178	218	257	298	377	579	784	
0,110	49,3	32,9	24,5	16,3	8,12	4,02	24,7	45,6	66,4	109	152	194	237	280	325	412	632	856	
0,120	53,2	35,4	26,5	17,6	8,76	4,34	26,6	49,2	71,8	118	164	210	256	303	351	446	684	926	
0,130	57,0	38,0	28,4	18,8	9,36	4,63	28,5	52,7	77,0	127	176	226	276	325	378	480	735	996	
0,140	60,7	40,4	30,2	20,0	9,95	4,93	30,3	56,3	82,2	135	188	241	295	347	404	512	787	1070	
0,160	67,6	45,0	33,7	22,3	11,1	5,49	33,8	62,8	91,6	151	210	271	332	391	454	579	888	1210	
0,180	74,4	49,5	36,9	24,6	12,2	6,03	37,2	69,1	101	167	233	300	368	434	505	642	988	1350	
0,200	81,0	53,7	40,2	26,7	13,3	6,58	40,5	75,2	111	183	255	329	403	476	554	704	1080	1480	

Umfang = 0,980 m da/di = 2,053 ln da/di = 0,7191

Innerer Rohr ⌀ = 140 mm **Äußerer Rohr ⌀ = 152 mm**

Wärmeleitzahl λ	Rohrtemperatur in ° C (Lufttemp. = 20° C)																		Isol.-Stärke
	−40	−20	−10	±0	+10	+25	+50	+75	+100	+150	+200	+250	+300	+350	+400	+500	+750	+1000	
0,020	9,36	6,23	4,64	3,11	1,55	0,77	4,64	8,58	12,4	20,2	28,0	35,9	43,8	51,2	59,7	74,8			
0,025	11,6	7,72	5,78	3,85	1,93	0,96	5,78	10,6	15,4	25,0	34,6	44,4	54,3	64,1	73,9	92,8			
0,030	13,9	9,20	6,90	4,58	2,29	1,14	6,91	12,6	18,4	29,9	41,2	53,0	64,8	76,7	88,1	111			
0,035	16,1	10,7	8,00	5,31	2,65	1,32	7,99	14,6	21,3	34,8	47,9	61,6	75,2	89,0	103	128	197		
0,040	18,3	12,1	9,06	6,04	3,02	1,50	9,08	16,6	24,2	39,5	54,6	70,1	85,6	101	117	146	224		
0,045	20,4	13,5	10,1	6,74	3,36	1,68	10,2	18,6	27,1	44,3	61,3	78,6	95,9	114	130	164	251		
0,050	22,5	14,9	11,2	7,43	3,71	1,85	11,2	20,5	30,0	49,0	68,0	86,7	106	126	144	182	278		
0,060	26,7	17,7	13,3	8,84	4,41	2,20	13,3	24,4	35,8	58,1	80,9	103	126	149	172	217	330	447	
0,070	30,7	20,4	15,3	10,2	5,09	2,53	15,3	28,2	41,4	67,1	93,1	119	146	172	199	251	383	518	**90**
0,080	34,7	23,1	17,3	11,5	5,74	2,84	17,4	32,0	46,8	76,0	105	136	165	195	225	285	435	588	mm
0,090	38,6	25,7	19,2	12,8	6,38	3,15	19,4	35,6	52,1	84,8	118	151	184	218	251	318	487	657	
0,100	42,5	28,2	21,1	14,1	7,00	3,46	21,3	39,2	57,2	93,4	130	166	203	240	277	351	538	727	
0,110	46,4	30,7	23,0	15,4	7,60	3,77	23,1	42,7	62,2	102	141	181	222	262	302	383	588	795	
0,120	50,0	33,2	24,8	16,5	8,19	4,07	24,9	46,0	67,2	110	153	196	240	284	327	415	636	862	
0,130	53,6	35,5	26,6	17,6	8,77	4,37	26,7	49,3	72,1	118	165	211	258	305	352	446	686	929	
0,140	57,2	37,8	28,4	18,8	9,34	4,64	28,5	52,5	76,9	126	176	226	276	326	376	477	734	996	
0,160	63,9	42,2	31,7	21,0	10,4	5,19	31,8	58,8	86,0	142	198	254	311	367	425	538	830	1130	
0,180	70,4	46,6	34,9	23,2	11,5	5,72	35,2	65,0	95,1	157	219	281	345	408	471	600	924	1260	
0,200	76,6	50,8	38,1	25,3	12,6	6,24	38,4	71,2	104	172	240	307	378	447	518	659	1020	1380	

Umfang = 1,043 m da/di = 2,184 ln da/di = 0,7812

Wärmeleitzahl λ	Rohrtemperatur in ° C (Lufttemp. = 20° C)																		Isol.-Stärke
	−40	−20	−10	±0	+10	+25	+50	+75	+100	+150	+200	+250	+300	+350	+400	+500	+750	+1000	
0,020	8,69	5,81	4,35	2,90	1,45	0,72	4,35	8,00	11,6	19,0	26,1	33,7	41,0	48,0	55,5	70,1			
0,025	10,9	7,22	5,41	3,60	1,80	0,90	5,44	9,99	14,4	23,5	32,4	41,8	50,9	59,7	69,0	86,7			
0,030	13,0	8,61	6,47	4,29	2,14	1,07	6,50	11,9	17,2	28,0	38,7	49,9	60,7	71,3	82,5	104			
0,035	15,1	10,0	7,50	4,96	2,48	1,24	7,53	13,9	19,9	32,6	44,9	57,9	70,4	83,0	96,0	120	182		
0,040	17,1	11,4	8,52	5,64	2,82	1,41	8,55	15,8	22,7	37,2	51,1	65,8	80,0	94,7	110	136	209		
0,045	19,1	12,7	9,54	6,31	3,15	1,57	9,57	17,6	25,5	41,6	57,2	73,6	89,6	106	123	152	235		
0,050	21,0	14,1	10,6	6,97	3,47	1,73	10,6	19,4	28,2	46,0	63,3	81,5	99,0	117	136	168	260		
0,060	25,0	16,7	12,5	8,30	4,14	2,06	12,5	23,0	33,4	54,6	75,7	97,0	118	139	161	201	309	420	
0,070	28,9	19,2	14,4	9,60	4,77	2,38	14,5	26,6	38,6	63,2	87,9	112	137	161	186	234	359	484	**100**
0,080	32,7	21,8	16,3	10,9	5,40	2,69	16,4	30,1	43,8	71,5	99,8	127	155	183	211	267	408	548	mm
0,090	36,4	24,3	18,2	12,2	6,01	2,98	18,2	33,4	48,9	79,8	111	142	173	205	236	299	455	613	
0,100	40,1	26,8	20,0	13,4	6,61	3,28	20,0	36,7	53,8	88,0	122	156	191	226	260	329	502	677	
0,110	43,7	29,1	21,8	14,6	7,20	3,58	21,8	39,9	58,6	95,9	133	170	208	247	284	359	548	742	
0,120	47,2	31,4	23,5	15,7	7,76	3,87	23,6	43,1	63,4	104	144	184	225	267	308	389	596	804	
0,130	50,6	33,7	25,2	16,8	8,32	4,15	25,3	46,2	68,2	112	155	198	243	288	331	419	642	868	
0,140	54,0	35,9	26,9	17,9	8,88	4,41	27,0	49,4	72,8	119	165	212	260	307	354	448	688	930	
0,160	60,6	40,2	30,1	20,0	9,96	4,94	30,4	55,5	81,7	134	186	239	293	347	401	507	781	1050	
0,180	66,9	44,4	33,2	22,1	11,0	5,46	33,6	61,5	90,4	149	207	265	325	385	445	564	870	1170	
0,200	72,9	48,5	36,2	24,0	12,0	5,98	36,8	67,4	98,7	163	228	291	357	424	489	620	960	1290	

Umfang = 1,106 m da/di = 2,316 ln da/di = 0,8402

Innerer Rohr ⌀ = 140 mm **Äußerer Rohr ⌀ = 152 mm**

Wärme-leitzahl λ	Rohrtemperatur in °C (Lufttemp. = 20° C) -40	-20	-10	±0	+10	+25	+50	+75	+100	+150	+200	+250	+300	+350	+400	+500	+750	+1000	Isol.-Stärke
0,020	7,73	5,13	3,87	2,57	1,29	0,64	3,87	7,08	10,4	16,7	23,2	29,7	36,3	42,6	49,0	61,8			
0,025	9,65	6,43	4,81	3,20	1,60	0,80	4,81	8,88	12,9	20,8	28,8	37,0	45,2	53,1	61,2	77,6			
0,030	11,5	7,72	5,76	3,83	1,91	0,96	5,76	10,6	15,3	24,9	34,4	44,1	54,0	63,6	73,4	92,8			
0,035	13,4	8,98	6,70	4,45	2,21	1,12	6,73	12,3	17,9	29,0	40,1	51,3	62,7	74,0	85,2	107	163		
0,040	15,2	10,2	7,61	5,04	2,52	1,27	7,62	14,0	20,4	33,0	45,6	58,5	71,3	84,2	97,0	122	187		
0,045	17,0	11,4	8,51	5,63	2,82	1,42	8,52	15,7	22,8	37,0	51,3	65,5	80,0	94,3	109	137	210		
0,050	18,9	12,6	9,41	6,21	3,12	1,57	9,43	17,3	25,3	40,9	56,9	72,4	88,4	105	121	152	233		
0,060	22,5	14,9	11,2	7,40	3,71	1,86	11,2	20,6	30,1	48,6	67,6	86,3	106	124	144	181	276	372	
0,070	26,0	17,2	13,0	8,59	4,30	2,15	13,0	23,8	34,8	56,5	78,3	100	123	144	167	210	321	432	**120**
0,080	29,4	19,5	14,7	9,76	4,86	2,43	14,7	27,1	39,5	64,2	89,0	114	139	164	190	238	365	492	mm
0,090	32,8	21,7	16,4	10,9	5,42	2,70	16,4	30,2	44,0	71,5	99,5	127	156	184	212	267	408	551	
0,100	36,2	23,9	18,1	12,0	5,97	2,98	18,1	33,3	48,5	78,9	110	140	172	203	234	296	450	610	
0,110	39,5	26,1	19,7	13,1	6,52	3,26	19,8	36,4	52,8	86,2	120	153	188	222	256	324	494	668	
0,120	42,8	28,3	21,3	14,2	7,06	3,53	21,4	39,3	57,2	93,5	130	166	204	241	278	350	537	726	
0,130	46,0	30,5	22,8	15,2	7,60	3,80	22,9	42,3	61,5	100	140	179	219	259	299	377	579	783	
0,140	49,2	32,6	24,4	16,2	8,12	4,05	24,5	45,1	65,8	107	150	192	234	277	319	404	621	841	
0,160	55,3	36,6	27,4	18,3	9,15	4,56	27,5	50,8	74,0	121	169	217	264	314	362	458	705	952	
0,180	61,3	40,6	30,3	20,3	10,1	5,07	30,5	56,4	82,2	135	188	241	294	350	403	510	786	1060	
0,200	67,2	44,6	33,2	22,2	11,1	5,55	33,5	61,9	90,2	149	207	265	324	385	444	562	863	1170	

Umfang = 1,232 m da/di = 2,579 ln da/di = 0,9474

Wärme-leitzahl λ	Rohrtemperatur in °C (Lufttemp. = 20° C) -40	-20	-10	±0	+10	+25	+50	+75	+100	+150	+200	+250	+300	+350	+400	+500	+750	+1000	Isol.-Stärke
0,020	7,03	4,70	3,52	2,34	1,17	0,59	3,52	6,43	9,40	15,2	21,1	27,3	33,0	39,0	44,8	56,3			
0,025	8,78	5,82	4,36	2,90	1,45	0,73	4,36	8,02	11,7	18,9	26,3	34,1	41,0	48,4	55,9	70,1			
0,030	10,5	6,94	5,20	3,47	1,73	0,87	5,21	9,6	14,0	22,6	31,5	40,7	49,0	57,9	66,9	83,9			
0,035	12,2	8,06	6,05	4,04	2,02	1,00	6,06	11,2	16,3	26,3	36,6	47,2	57,0	67,3	77,8	97,4	150		
0,040	13,9	9,19	6,89	4,60	2,30	1,15	6,90	12,7	18,6	30,0	41,6	53,8	64,9	76,7	88,5	111	170		
0,045	15,6	10,3	7,73	5,16	2,58	1,29	7,74	14,2	20,8	33,6	46,7	60,1	72,7	86,0	99,3	125	190		
0,050	17,1	11,5	8,57	5,70	2,85	1,43	8,58	15,8	23,0	37,2	51,7	66,5	80,5	95,2	110	139	211		
0,060	20,4	13,6	10,2	6,80	3,40	1,70	10,2	18,8	27,5	44,6	61,8	79,1	96,5	114	131	165	252	338	
0,070	23,7	15,8	11,8	7,85	3,94	1,97	11,8	21,8	31,9	51,7	71,5	91,6	112	132	152	191	292	394	**140**
0,080	26,9	18,0	13,4	8,90	4,46	2,23	13,4	24,7	36,1	59,0	81,2	104	128	150	173	217	332	448	mm
0,090	30,0	20,2	15,0	9,96	4,98	2,48	15,0	27,6	40,3	65,9	91,0	117	143	168	193	244	372	501	
0,100	33,2	22,1	16,6	11,0	5,49	2,74	16,6	30,5	44,4	72,8	101	129	158	185	214	270	412	555	
0,110	36,3	24,2	18,0	12,0	6,00	3,00	18,1	33,4	48,5	79,6	110	141	173	202	234	296	451	608	
0,120	39,4	26,2	19,6	13,0	6,49	3,24	19,7	36,2	52,6	86,2	119	153	188	220	254	321	490	661	
0,130	42,4	28,2	21,1	14,0	6,98	3,48	21,2	38,9	56,6	92,6	128	165	202	238	274	346	529	712	
0,140	45,3	30,2	22,6	15,0	7,47	3,72	22,6	41,6	60,6	99,1	137	176	216	255	293	370	568	765	
0,160	51,2	34,0	25,4	17,0	8,46	4,20	25,5	47,0	68,5	112	156	200	244	288	332	420	646	867	
0,180	56,8	37,8	28,3	18,9	9,40	4,68	28,4	52,3	76,3	125	174	223	273	321	371	469	720	970	
0,200	62,4	41,5	31,1	20,7	10,3	5,12	31,2	57,4	84,0	137	191	245	299	354	409	517	793	1070	

Umfang = 1,357 m da/di = 2,842 ln da/di = 1,0446

Innerer Rohr ⌀ = 140 mm **Äußerer Rohr ⌀ = 152 mm**

Wärme-leitzahl λ	Rohrtemperatur in ° C (Lufttemp. = 20° C)																		Isol.-Stärke
	−40	−20	−10	±0	+10	+25	+50	+75	+100	+150	+200	+250	+300	+350	+400	+500	+750	+1000	
0,020	6,54	4,34	3,24	2,17	1,08	0,54	3,24	5,95	8,67	14,1	19,6	25,1	30,5	36,1	41,3	52,6			
0,025	8,10	5,39	4,04	2,69	1,35	0,68	4,04	7,41	10,8	17,6	24,4	31,3	38,0	45,0	51,7	65,8			
0,030	9,71	6,45	4,82	3,21	1,60	0,80	4,82	8,86	13,0	21,0	29,2	37,2	45,5	53,0	61,9	78,0			
0,035	11,3	7,50	5,60	3,73	1,86	0,93	5,61	10,3	15,1	24,4	33,9	43,1	52,8	62,1	72,0	90,1	138		
0,040	12,9	8,54	6,38	4,26	2,12	1,06	6,39	11,8	17,2	27,8	38,5	49,2	60,1	71,0	81,9	102	157		
0,045	14,5	9,58	7,16	4,76	2,38	1,19	7,17	13,2	19,3	31,2	43,2	55,2	67,3	79,8	91,9	116	176		
0,050	16,0	10,6	7,95	5,28	2,65	1,32	7,95	14,6	21,3	34,5	47,6	61,0	74,5	88,3	102	129	195		
0,060	19,1	12,7	9,51	6,32	3,16	1,58	9,52	17,4	25,5	41,3	57,1	72,9	89,1	106	121	152	233	314	
0,070	22,2	14,7	11,0	7,34	3,66	1,83	11,0	20,2	29,6	48,0	66,5	84,7	104	123	141	178	271	365	**160**
0,080	25,2	16,7	12,5	8,35	4,15	2,07	12,5	23,0	33,6	54,7	75,7	96,4	118	139	160	202	309	416	mm
0,090	28,2	18,7	14,0	9,35	4,64	2,31	14,0	25,7	37,6	61,2	84,7	108	133	156	179	227	346	464	
0,100	31,2	20,6	15,5	10,3	5,12	2,55	15,5	28,4	41,5	67,5	93,5	120	147	173	198	252	382	514	
0,110	34,0	22,6	16,9	11,3	5,60	2,79	16,9	31,1	45,4	74,1	103	131	160	189	217	276	420	564	
0,120	36,8	24,5	18,3	12,2	6,08	3,03	18,4	33,8	49,2	80,6	112	142	174	206	235	300	457	613	
0,130	39,6	26,4	19,7	13,1	6,53	2,26	19,8	36,4	53,0	87,0	120	153	187	222	254	323	493	662	
0,140	42,4	28,3	21,1	14,0	6,99	3,49	21,2	39,0	56,7	93,5	128	164	200	237	273	346	529	710	
0,160	47,9	31,9	23,9	15,9	7,92	3,94	23,9	44,0	64,2	105	145	186	227	268	310	392	602	808	
0,180	53,4	35,5	26,6	17,7	8,80	4,38	26,6	49,0	71,5	117	162	208	253	300	347	438	670	903	
0,200	58,8	39,0	29,3	19,5	9,68	4,80	29,3	53,9	78,6	129	179	228	279	330	383	482	737	998	

Umfang = 1,483 m da/di = 3,105 ln da/di = 1,1331

Wärme-leitzahl λ	Rohrtemperatur in ° C (Lufttemp. = 20° C) -40	-20	-10	±0	+10	+25	+50	+75	+100	+150	+200	+250	+300	+350	+400	+500	+750	+1000	Isol.-Stärke
0,020	48,8	32,4	24,2	16,0	7,93	3,94	24,2	45,6	66,7	110	155	199	244	294	334	426			
0,025	57,9	38,3	28,6	18,9	9,40	4,64	28,9	53,8	79,6	131	185	239	293	354	403	519			
0,030	66,1	43,7	32,5	21,6	10,6	5,26	33,1	61,6	91,8	152	214	277	340	412	471	605			
0,035	73,2	48,3	36,0	23,9	11,8	5,82	36,9	69,1	103	171	241	314	385	465	533	686	1070		
0,040	79,6	52,6	39,3	26,0	12,9	6,34	40,5	75,9	113	189	267	346	427	519	594	763	1210		
0,045	85,7	56,6	42,2	27,9	13,8	6,82	43,6	82,0	122	205	291	378	465	568	650	839	1340		
0,050	91,2	60,2	45,0	29,8	14,7	7,28	46,6	88,1	131	221	314	408	504	616	706	911	1460		
0,060	102	66,6	49,8	32,9	16,1	8,03	52,0	98,6	147	249	356	466	578	707	810	1050	1690	2340	
0,070	110	71,9	53,9	35,7	17,4	8,65	56,6	108	162	275	394	518	644	794	910	1180	1920	2660	
0,080	118	76,9	57,5	38,0	18,6	9,19	60,7	116	175	299	430	567	708	868	1000	1300	2130	2980	**10** mm
0,090	124	81,4	60,8	40,1	19,6	9,66	64,3	123	187	321	462	611	766	946	1090	1430	2330	3290	
0,100	129	85,2	63,5	41,9	20,4	10,1	67,6	130	198	341	493	653	820	1010	1170	1550	2520	3590	
0,110	134	88,4	66,0	43,5	21,2	10,5	70,5	136	207	359	521	692	872	1080	1250	1650	2720	3870	
0,120	139	91,3	68,2	44,9	21,9	10,8	73,2	142	216	376	547	727	918	1140	1320	1750	2900	4150	
0,130	143	94,1	70,1	46,2	22,5	11,1	75,4	147	225	392	571	760	963	1200	1390	1850	3080	4430	
0,140	147	96,6	71,9	47,4	23,1	11,4	77,6	152	233	407	594	791	1000	1250	1460	1940	3250	4690	
0,160	153	100	75,0	49,3	24,0	11,9	81,5	160	246	435	634	850	1080	1360	1590	2120	3580	5190	
0,180	158	104	77,8	51,0	24,9	12,3	85,2	167	258	459	671	904	1160	1460	1710	2290	3910	5670	
0,200	163	107	80,0	52,5	25,6	12,6	88,3	174	269	477	707	957	1220	1550	1820	2460	4230	6150	

Umfang 0,562 m da/di = 1,126 ln da/di = 0,1185

Wärme-leitzahl λ	Rohrtemperatur in ° C (Lufttemp. = 20° C) -40	-20	-10	±0	+10	+25	+50	+75	+100	+150	+200	+250	+300	+350	+400	+500	+750	+1000	Isol.-Stärke
0,020	36,3	24,1	18,0	11,9	5,93	2,94	18,1	33,5	49,0	80,3	112	144	176	208	241	305			
0,025	43,6	29,1	21,6	14,3	7,10	3,51	21,6	40,6	59,5	97,5	136	176	214	254	292	374			
0,030	50,6	33,7	25,0	16,5	8,16	4,05	25,0	47,0	69,0	114	159	205	251	297	343	440			
0,035	57,0	37,8	28,1	18,6	9,16	4,54	28,3	53,1	78,0	129	180	232	288	339	392	503	779		
0,040	63,0	41,7	30,9	20,5	10,1	5,01	31,2	58,5	86,5	143	200	260	321	380	438	562	876		
0,045	68,6	45,5	33,6	22,3	11,0	5,46	34,0	64,0	94,8	158	220	286	353	420	483	622	973		
0,050	73,5	48,8	36,1	24,0	11,8	5,90	36,7	69,2	102	171	239	309	384	457	528	680	1070		
0,060	82,9	55,1	40,6	27,0	13,3	6,59	41,7	78,6	117	195	275	357	442	530	612	789	1240	1710	
0,070	91,0	60,5	44,8	29,8	14,6	7,21	46,2	87,4	130	218	308	400	496	595	692	893	1410	1950	
0,080	98,5	65,1	48,4	32,3	15,8	7,80	50,1	95,1	142	239	340	443	548	660	770	992	1580	2180	**15** mm
0,090	105	69,5	51,7	34,4	16,8	8,32	53,8	102	153	259	368	481	595	718	839	1080	1740	2410	
0,100	111	73,6	54,6	36,3	17,7	8,80	57,2	109	164	277	396	518	643	774	906	1180	1900	2640	
0,110	117	77,3	57,3	38,1	18,6	9,23	60,4	115	173	295	422	552	687	828	972	1270	2060	2860	
0,120	122	80,7	59,8	39,8	19,4	9,60	63,2	121	182	311	446	584	730	881	1020	1350	2210	3080	
0,130	127	83,8	62,1	41,2	20,1	9,94	65,7	126	190	326	470	616	770	931	1100	1430	2350	3290	
0,140	131	86,4	64,2	42,6	20,7	10,2	68,0	131	198	341	491	647	808	980	1160	1510	2480	3500	
0,160	138	91,3	67,8	44,9	21,8	10,8	72,6	140	213	366	530	704	882	1070	1270	1670	2740	3900	
0,180	145	95,6	70,9	47,0	22,9	11,3	76,5	148	226	390	567	755	951	1160	1370	1810	3000	4290	
0,200	150	99,3	73,8	48,8	23,8	11,7	79,7	155	237	412	600	800	1010	1240	1460	1950	3250	4670	

Umfang = 0,594 m da/di = 1,189 ln da/di = 0,1729

Innerer Rohr ⌀ = 150 mm **Äußerer Rohr ⌀ = 159 mm**

Wärmeleitzahl λ	Rohrtemperatur in °C (Lufttemp. = 20° C)																		Isol.-Stärke
	−40	−20	−10	±0	+10	+25	+50	+75	+100	+150	+200	+250	+300	+350	+400	+500	+750	+1000	
0,020	29,2	19,4	14,5	9,61	4,79	2,40	14,6	26,9	39,2	64,2	89,3	114	141	166	190	242			
0,025	35,3	23,5	17,6	11,7	5,80	2,88	17,8	32,8	48,3	78,9	110	140	172	205	235	297			
0,030	41,3	27,4	20,5	13,6	6,72	3,35	20,8	38,4	56,4	92,6	129	165	202	242	277	351			
0,035	46,8	31,2	23,2	15,4	7,60	3,80	23,6	43,5	64,1	105	147	189	231	276	318	403	619		
0,040	52,2	34,6	25,8	17,1	8,45	4,20	26,2	48,5	71,4	117	164	211	259	308	357	453	699		
0,045	57,4	37,8	28,2	18,7	9,22	4,59	28,7	53,2	78,3	129	181	233	287	340	396	501	777		
0,050	62,2	40,8	30,6	20,3	9,96	4,95	31,1	57,7	85,2	140	197	254	314	372	432	548	851		
0,060	71,0	46,5	34,8	23,1	11,4	5,63	35,5	66,2	97,7	162	228	294	363	432	500	641	1000	1370	
0,070	78,9	51,9	38,7	25,6	12,6	6,25	39,5	74,1	110	182	257	332	411	489	568	728	1140	1570	**20**
0,080	86,0	56,5	42,2	27,9	13,7	6,83	43,3	81,6	121	201	284	369	456	544	633	811	1280	1770	mm
0,090	92,4	61,0	45,6	30,0	14,8	7,35	46,8	88,5	131	220	311	404	498	596	694	895	1420	1960	
0,100	98,4	65,0	48,6	32,0	15,7	7,80	50,0	94,6	140	238	335	436	540	646	752	977	1550	2140	
0,110	104	68,8	51,3	33,9	16,6	8,21	53,0	101	149	254	360	468	579	694	809	1060	1670	2320	
0,120	109	72,2	53,9	35,5	17,4	8,60	55,8	106	158	269	382	497	618	741	865	1130	1790	2500	
0,130	114	75,4	56,3	37,1	18,2	8,95	58,5	111	166	283	403	527	654	785	920	1200	1910	2670	
0,140	118	78,2	58,4	38,6	18,9	9,30	61,0	116	174	297	423	556	690	830	974	1270	2020	2840	
0,160	126	83,6	62,3	41,1	20,2	9,95	65,4	125	189	323	462	606	756	912	1070	1400	2260	3170	
0,180	134	88,2	65,7	43,4	21,3	10,5	69,5	134	202	346	499	653	817	992	1170	1520	2490	3490	
0,200	141	92,8	68,9	45,5	22,3	11,0	73,2	142	214	367	530	699	878	1070	1260	1640	2700	3800	

Umfang = 0,625 m da/di = 1,252 ln da/di = 0,2244

Wärmeleitzahl λ	Rohrtemperatur in °C (Lufttemp. = 20° C)																		Isol.-Stärke
	−40	−20	−10	±0	+10	+25	+50	+75	+100	+150	+200	+250	+300	+350	+400	+500	+750	+1000	
0,020	24,6	16,4	12,3	8,17	4,04	2,02	12,3	22,7	33,0	53,9	75,3	96,8	118	140	160	203			
0,025	30,2	20,1	15,0	10,0	4,91	2,46	15,0	27,7	40,8	66,3	91,7	119	144	171	197	249			
0,030	35,5	23,5	17,6	11,7	5,77	2,88	17,6	32,6	47,9	78,0	108	140	170	202	232	294			
0,035	40,8	26,8	20,1	13,3	6,58	3,28	20,2	37,2	54,7	89,6	124	161	195	232	269	339	522		
0,040	45,5	29,9	22,5	14,8	7,31	3,64	22,5	41,6	61,2	100	139	181	220	261	302	381	591		
0,045	50,0	32,9	24,7	16,3	8,02	3,99	24,8	45,9	67,5	111	154	200	244	290	336	424	659		
0,050	54,4	35,9	26,8	17,7	8,71	4,34	27,0	50,0	73,4	121	169	219	267	318	368	466	725		
0,060	62,4	41,0	30,6	20,3	9,96	4,97	31,1	57,7	85,0	140	196	254	311	370	429	547	852	1160	
0,070	69,5	45,9	34,3	22,7	11,2	5,56	34,8	65,2	95,7	159	222	288	354	420	487	625	970	1330	**25**
0,080	76,2	50,6	37,6	25,0	12,3	6,10	38,5	71,9	105	176	247	320	394	468	543	700	1090	1500	mm
0,090	82,6	54,8	40,8	27,1	13,3	6,60	41,8	78,4	115	193	271	351	431	516	600	772	1210	1660	
0,100	88,8	58,7	43,7	29,0	14,2	7,07	44,8	84,6	124	209	294	382	470	561	652	840	1320	1810	
0,110	94,5	62,3	46,4	30,8	15,1	7,48	47,6	90,2	133	224	316	411	507	604	704	906	1430	1970	
0,120	99,3	65,8	49,0	32,5	15,9	7,86	50,4	95,5	141	238	337	438	542	646	754	970	1540	2120	
0,130	104	68,9	51,4	34,1	16,7	8,24	53,0	101	149	252	357	465	574	686	803	1040	1650	2270	
0,140	109	71,7	53,6	35,6	17,4	8,61	55,4	106	157	264	377	491	608	725	849	1100	1750	2420	
0,160	117	77,2	57,6	38,2	18,7	9,24	60,1	115	171	289	413	539	670	801	940	1220	1950	2710	
0,180	125	82,0	61,2	40,5	19,8	9,80	64,2	123	183	312	446	585	727	874	1030	1330	2150	3000	
0,200	131	86,6	64,5	42,8	20,9	10,4	67,9	131	195	333	478	630	784	944	1110	1450	2330	3280	

Umfang = 0,657 m da/di = 1,315 ln da/di = 0,2735

Innerer Rohr ⌀ = 150 mm **Äußerer Rohr ⌀ = 159 mm**

Wärme-leitzahl λ	Rohrtemperatur in °C (Lufttemp. = 20° C) -40	-20	-10	±0	+10	+25	+50	+75	+100	+150	+200	+250	+300	+350	+400	+500	+750	+1000	Isol.-Stärke
0,020	21,4	14,2	10,6	7,10	3,55	1,77	10,7	19,5	28,6	46,9	65,1	81,8	102	120	139	174			
0,025	26,3	17,5	13,1	8,70	4,33	2,15	13,1	24,1	35,1	57,4	80,5	103	125	148	171	216			
0,030	31,0	20,6	15,4	10,2	5,06	2,51	15,4	28,5	41,5	67,9	94,9	122	147	175	202	256			
0,035	35,6	23,5	17,6	11,8	5,75	2,87	17,7	32,6	47,5	78,1	108	140	169	202	233	295	454		
0,040	39,9	26,4	19,7	13,2	6,44	3,20	19,8	36,4	53,4	88,0	122	158	191	228	264	332	515		
0,045	44,0	29,2	21,7	14,5	7,11	3,52	21,9	40,3	59,2	97,3	136	176	213	254	293	369	574		
0,050	48,1	31,9	23,6	15,7	7,76	3,85	23,9	44,1	64,8	107	149	193	234	278	322	406	628		
0,060	55,3	36,7	27,4	18,1	8,93	4,47	27,7	51,2	75,4	124	174	224	274	325	376	480	740	1010	
0,070	62,3	41,4	30,8	20,4	10,1	5,03	31,2	58,0	85,1	141	198	255	312	371	429	551	848	1160	**30**
0,080	68,8	45,6	34,0	22,6	11,1	5,54	34,6	64,3	94,5	157	220	284	349	415	480	619	953	1300	mm
0,090	75,2	49,7	37,0	24,6	12,1	6,01	37,8	70,4	103	172	242	313	384	458	530	684	1060	1450	
0,100	81,1	53,5	39,9	26,5	13,0	6,46	40,7	76,0	112	187	263	342	418	498	579	747	1170	1590	
0,110	86,4	57,0	42,5	28,3	13,9	6,87	43,4	81,6	120	201	284	368	452	538	625	808	1270	1730	
0,120	91,3	60,4	45,0	30,1	14,7	7,27	46,1	86,7	128	214	303	394	484	576	672	866	1360	1870	
0,130	96,1	63,6	47,4	31,6	15,5	7,65	48,7	91,4	136	227	322	418	516	614	717	923	1450	2000	
0,140	101	66,6	49,6	33,1	16,2	8,03	51,1	96,0	143	240	340	443	546	650	762	977	1550	2120	
0,160	109	72,2	53,9	35,7	17,5	8,67	55,6	105	157	264	375	488	604	719	844	1090	1730	2380	
0,180	117	77,2	57,6	38,2	18,7	9,24	59,7	113	169	287	407	531	658	785	924	1200	1900	2630	
0,200	125	81,7	61,0	40,4	19,7	9,79	63,6	121	181	308	438	572	711	849	1000	1300	2070	2890	

Umfang = 0,688 m da/di = 1,377 ln da/di = 0,3202

Wärme-leitzahl λ	Rohrtemperatur in °C (Lufttemp. = 20° C) -40	-20	-10	±0	+10	+25	+50	+75	+100	+150	+200	+250	+300	+350	+400	+500	+750	+1000	Isol.-Stärke
0,020	19,1	12,8	9,43	6,39	3,16	1,56	9,52	17,5	25,6	41,4	57,9	74,0	90,2	106	122	154			
0,025	23,4	15,7	11,6	7,79	3,88	1,92	11,7	21,6	31,4	51,0	71,2	91,4	110	131	151	190			
0,030	27,6	18,4	13,7	9,17	4,58	2,26	13,8	25,3	37,0	60,6	84,4	108	130	156	179	225			
0,035	31,7	21,1	15,8	10,5	5,23	2,57	15,9	29,2	42,4	69,8	97,2	124	150	180	207	261	402		
0,040	35,6	23,7	17,8	11,8	5,86	2,88	17,8	32,8	47,9	78,5	110	141	170	203	234	294	458		
0,045	39,5	26,2	19,7	13,1	6,46	3,19	19,8	36,5	53,2	87,2	122	157	189	225	261	328	510		
0,050	43,2	28,6	21,6	14,3	7,04	3,49	21,7	40,0	58,2	95,6	133	172	208	246	288	362	556		
0,060	50,2	33,3	25,0	16,5	8,15	4,06	25,2	46,8	68,4	112	156	201	246	290	337	428	660	892	
0,070	56,8	37,6	28,2	18,6	9,23	4,58	28,5	53,1	77,2	127	178	229	281	331	385	491	759	1030	**35**
0,080	62,9	41,8	31,2	20,6	10,2	5,08	31,7	58,8	86,1	142	199	257	315	372	432	552	855	1160	mm
0,090	68,9	45,6	34,1	22,6	11,1	5,56	34,7	64,1	94,5	157	220	284	347	411	478	610	949	1290	
0,100	74,4	49,4	36,8	24,4	12,0	5,98	37,6	69,5	103	171	240	310	378	449	523	668	1040	1420	
0,110	79,4	52,8	39,4	26,1	12,9	6,37	40,3	74,6	111	184	259	335	408	489	566	724	1130	1550	
0,120	84,6	56,1	41,8	27,7	13,7	6,76	42,8	79,6	119	197	276	359	438	525	608	780	1210	1670	
0,130	89,6	59,2	44,2	29,2	14,4	7,13	45,2	84,4	126	209	295	381	468	560	651	834	1300	1790	
0,140	94,1	62,3	46,4	30,7	15,1	7,51	47,6	89,1	132	221	312	403	497	594	693	887	1390	1910	
0,160	103	67,5	50,6	33,4	16,4	8,16	52,0	97,7	146	243	344	446	552	656	767	989	1560	2140	
0,180	110	72,7	54,4	35,9	17,7	8,73	56,2	106	158	265	376	487	503	719	841	1090	1720	2370	
0,200	117	77,7	57,9	38,2	18,8	9,30	60,1	114	169	286	405	528	554	779	912	1180	1880	2600	

Umfang = 0,719 m da/di = 1,440 ln da/di = 0,3649

Innerer Rohr ⌀ = 150 mm **Äußerer Rohr ⌀ = 159 mm**

Wärme-leitzahl λ	Rohrtemperatur in ° C (Lufttemp. = 20° C) -40	-20	-10	±0	+10	+25	+50	+75	+100	+150	+200	+250	+300	+350	+400	+500	+750	+1000	Isol.-Stärke
0,020	17,4	11,5	8,62	5,75	2,86	1,43	8,62	15,8	23,0	37,6	52,0	66,9	81,9	96,2	111	140			
0,025	21,3	14,2	10,5	7,02	3,51	1,75	10,6	19,5	28,5	46,3	64,4	82,5	101	119	137	173			
0,030	25,2	16,8	12,5	8,28	4,13	2,06	12,5	23,1	33,7	55,0	76,5	98,0	119	142	153	205			
0,035	29,0	19,3	14,4	9,51	4,74	2,36	14,4	26,6	38,6	63,5	88,1	113	137	164	188	237	364		
0,040	32,6	21,7	16,2	10,7	5,35	2,65	16,3	29,9	43,6	71,6	100	128	155	185	212	268	412		
0,045	36,2	24,0	18,0	11,9	5,90	2,94	18,1	33,2	48,5	79,7	111	142	172	206	237	299	460		
0,050	39,7	26,2	19,7	13,1	6,46	3,22	19,9	36,4	53,2	87,5	122	156	190	226	261	329	508		
0,060	46,4	30,6	23,0	15,2	7,56	3,74	23,1	42,6	62,5	102	143	184	224	266	307	389	600	810	
0,070	52,6	34,8	26,1	17,3	8,55	4,24	26,3	48,6	71,2	117	163	210	257	304	353	447	687	936	**40**
0,080	58,5	38,8	29,0	19,2	9,52	4,72	29,2	54,2	79,7	131	183	236	288	342	396	503	774	1060	mm
0,090	64,2	42,5	31,7	21,0	10,4	5,18	32,2	59,6	88,0	145	202	261	319	379	438	557	861	1180	
0,100	69,7	46,1	34,5	22,8	11,3	5,60	35,0	64,8	95,4	158	221	285	349	415	480	610	949	1290	
0,110	74,8	49,5	37,0	24,5	12,1	6,00	37,5	69,7	103	171	239	308	378	459	521	663	1030	1410	
0,120	79,7	52,7	39,4	26,1	12,9	6,37	39,9	74,4	110	183	257	331	406	483	560	716	1110	1520	
0,130	84,5	55,8	41,7	27,6	13,7	6,73	42,2	79,0	117	195	273	353	433	516	599	766	1190	1630	
0,140	89,2	58,8	44,0	29,1	14,4	7,08	44,6	83,5	124	206	290	374	460	548	638	815	1270	1740	
0,160	97,6	64,3	48,1	31,8	15,7	7,72	48,9	91,9	136	228	321	415	511	608	708	910	1430	1960	
0,180	105	69,4	51,9	34,2	16,9	8,33	53,0	100	148	249	350	455	561	669	778	1000	1580	2170	
0,200	112	74,1	55,4	36,6	18,0	8,88	57,0	108	160	269	379	493	609	727	848	1090	1720	2380	

Umfang = 0,751 m da/di = 1,503 ln da/di = 0,4075

Wärme-leitzahl λ	Rohrtemperatur in ° C (Lufttemp. = 20° C) -40	-20	-10	±0	+10	+25	+50	+75	+100	+150	+200	+250	+300	+350	+400	+500	+750	+1000	Isol.-Stärke
0,020	15,9	10,5	7,90	5,27	2,62	1,31	7,93	14,6	21,1	34,3	47,6	61,4	74,8	87,3	102	128			
0,025	19,5	13,0	9,76	6,47	3,21	1,60	9,78	17,9	26,0	42,5	58,9	75,8	92,3	108	125	158			
0,030	23,1	15,4	11,6	7,64	3,80	1,89	11,6	21,2	30,9	50,3	70,0	90,0	109	129	148	188			
0,035	26,6	17,7	13,3	8,81	4,36	2,17	13,3	24,4	35,6	58,1	80,6	104	127	149	172	217	334		
0,040	30,0	20,0	15,0	9,94	4,92	2,45	15,0	27,5	40,2	65,6	91,0	117	144	169	195	246	378		
0,045	33,3	22,2	16,7	11,0	5,46	2,72	16,7	30,6	44,8	73,0	102	130	159	188	218	274	423		
0,050	36,5	24,4	18,2	12,1	5,98	2,99	18,3	33,6	49,1	80,5	112	143	175	208	240	302	465		
0,060	42,7	28,4	21,3	14,2	6,99	3,48	21,4	39,4	57,6	94,0	132	169	206	245	283	358	551	748	
0,070	48,7	32,3	24,2	16,1	7,94	3,95	24,4	45,1	65,7	108	151	194	236	281	325	412	633	861	**45**
0,080	54,4	36,1	27,0	18,0	8,86	4,42	27,3	50,5	73,5	121	170	218	265	316	366	464	716	971	mm
0,090	59,8	39,7	29,7	19,8	9,76	4,85	30,1	55,6	81,2	134	188	242	295	350	406	515	778	1080	
0,100	65,0	43,1	32,3	21,4	10,6	5,26	32,7	60,7	88,7	147	205	265	323	383	445	566	879	1190	
0,110	70,0	46,4	34,7	23,1	11,4	5,65	35,2	65,5	96,0	159	223	286	351	416	483	614	955	1300	
0,120	74,8	49,7	37,1	24,7	12,1	6,03	37,6	70,2	103	171	239	308	378	447	520	662	1030	1410	
0,130	79,3	52,6	39,3	26,2	12,9	6,38	39,8	74,6	109	182	254	327	404	479	556	710	1110	1510	
0,140	83,7	55,5	41,4	27,6	13,6	6,73	42,1	78,7	116	192	270	347	430	510	591	756	1180	1610	
0,160	92,1	61,0	45,5	30,2	14,9	7,35	46,3	86,9	128	213	300	386	478	568	660	848	1320	1810	
0,180	100	66,1	49,2	32,7	16,1	7,95	50,4	94,7	140	233	329	424	525	624	726	935	1460	2010	
0,200	107	71,0	52,6	35,0	17,2	8,51	54,3	102	151	252	357	463	571	679	789	1020	1600	2200	

Umfang = 0,782 m da/di = 1,566 ln da/di = 0,4490

Wärme-leitzahl λ	Rohrtemperatur in ° C (Lufttemp. = 20° C) -40	-20	-10	±0	+10	+25	+50	+75	+100	+150	+200	+250	+300	+350	+400	+500	+750	+1000	Isol.-Stärke
0,020	14,6	9,73	7,26	4,85	2,41	1,20	7,27	13,4	19,4	31,9	44,0	56,2	68,7	80,3	93,5	118			
0,025	18,0	12,1	8,94	5,96	2,98	1,48	8,97	16,5	24,1	39,2	54,6	69,4	85,3	100	115	146			
0,030	21,3	14,3	10,6	7,09	3,53	1,76	10,6	19,6	28,8	46,4	64,9	82,6	101	119	137	173			
0,035	24,6	16,4	12,2	8,13	4,06	2,02	12,3	22,6	33,0	53,5	74,9	95,7	117	138	159	201	307		
0,040	27,8	18,5	13,8	9,20	4,57	2,27	14,0	25,6	37,3	60,6	84,6	108	132	156	180	228	349		
0,045	30,9	20,6	15,4	10,3	5,08	2,52	15,6	28,5	41,5	67,5	94,3	121	147	174	201	254	391		
0,050	34,0	22,6	16,9	11,3	5,58	2,78	17,1	31,2	45,6	74,5	104	133	162	192	222	280	430		
0,060	39,9	26,5	19,8	13,2	6,55	3,26	20,0	36,8	53,8	88,0	123	157	192	227	263	332	512	690	
0,070	45,6	30,3	22,6	15,0	7,46	3,72	22,8	42,1	61,8	101	141	181	221	261	302	382	588	795	**50** mm
0,080	51,0	33,9	25,3	16,8	8,34	4,15	25,5	47,1	69,6	113	159	203	249	294	341	431	665	901	
0,090	56,2	37,4	27,9	18,5	9,19	4,56	28,2	52,0	77,1	125	175	225	276	327	379	479	742	1000	
0,100	61,2	40,6	30,5	20,3	10,0	4,96	30,8	56,8	84,3	137	192	247	302	359	416	526	814	1100	
0,110	66,1	43,8	32,9	21,8	10,8	5,34	33,2	61,4	91,1	149	208	268	328	389	451	573	886	1200	
0,120	70,7	46,9	35,1	23,3	11,5	5,71	35,5	65,9	97,7	160	224	289	353	420	486	618	957	1300	
0,130	75,2	50,0	37,3	24,8	12,2	6,06	37,7	70,1	104	171	239	309	378	450	520	663	1030	1400	
0,140	79,5	52,9	39,5	26,2	12,9	6,39	39,8	74,1	110	181	254	328	402	478	554	706	1100	1500	
0,160	87,8	58,4	43,5	28,7	14,2	7,02	44,0	82,1	122	202	283	366	450	533	619	791	1240	1690	
0,180	95,6	63,4	47,2	31,2	15,4	7,61	47,9	89,7	133	221	310	402	495	588	683	874	1370	1880	
0,200	103	68,1	50,8	33,6	16,6	8,21	51,8	97,0	144	240	337	437	537	640	745	956	1490	2060	

Umfang = 0,814 m da/di = 1,629 ln da/di = 0,4879

Wärme-leitzahl λ	Rohrtemperatur in ° C (Lufttemp. = 20° C) -40	-20	-10	±0	+10	+25	+50	+75	+100	+150	+200	+250	+300	+350	+400	+500	+750	+1000	Isol.-Stärke
0,020	12,8	8,54	6,40	4,25	2,12	1,06	6,40	11,7	17,0	27,7	38,5	49,4	59,9	70,4	81,0	103			
0,025	15,8	10,6	7,90	5,24	2,62	1,31	7,92	14,5	21,0	34,2	47,7	61,0	74,5	87,2	101	128			
0,030	18,7	12,6	9,38	6,23	3,10	1,54	9,40	17,2	25,0	40,6	56,7	72,4	88,6	104	120	152			
0,035	21,6	14,5	10,8	7,20	3,57	1,78	10,8	19,8	28,9	47,1	65,6	83,8	103	121	139	176	269		
0,040	24,5	16,4	12,2	8,16	4,05	2,02	12,2	22,4	32,8	53,2	74,4	94,9	117	137	158	199	306		
0,045	27,3	18,3	13,6	9,09	4,52	2,25	14,7	25,0	36,6	59,5	83,1	106	131	153	177	223	342		
0,050	30,1	20,1	15,0	10,0	4,96	2,47	15,1	27,6	40,4	65,5	91,9	117	144	169	195	246	378		
0,060	35,4	23,6	17,6	11,8	5,82	2,91	17,8	32,6	47,7	77,1	109	139	170	200	231	292	448	607	
0,070	40,6	27,0	20,2	13,5	6,68	3,33	20,4	37,5	54,8	89,6	125	160	195	231	267	337	519	706	**60** mm
0,080	45,6	30,3	22,7	15,1	7,51	3,74	22,9	42,2	61,7	101	141	180	220	261	302	381	587	804	
0,090	50,4	33,5	25,2	16,7	8,32	4,13	25,3	46,7	68,3	113	157	201	245	290	336	424	655	896	
0,100	55,2	36,7	27,5	18,2	9,08	4,49	27,6	51,1	74,8	124	172	221	269	318	369	467	722	987	
0,110	59,8	39,7	29,7	19,7	9,80	4,86	30,0	55,4	81,3	134	187	240	293	347	400	508	787	1070	
0,120	64,3	42,5	31,8	21,1	10,5	5,22	32,2	59,5	87,4	144	202	259	316	374	432	550	850	1160	
0,130	68,5	45,3	33,9	22,5	11,2	5,55	34,3	63,5	93,3	154	216	277	339	401	463	591	914	1250	
0,140	72,7	48,1	35,9	23,9	11,8	5,87	36,3	67,4	99,0	164	229	295	361	428	494	629	977	1330	
0,160	80,4	53,2	39,7	26,3	13,1	6,48	40,2	75,0	110	183	255	330	405	479	555	708	1100	1500	
0,180	88,0	58,3	43,5	28,7	14,3	7,07	44,0	82,0	121	201	281	363	446	530	613	785	1220	1670	
0,200	95,7	63,2	47,2	31,1	15,4	7,64	47,8	88,9	132	218	306	396	487	578	670	859	1330	1830	

Umfang = 0,877 m da/di = 1,755 ln da/di = 0,5622

Innerer Rohr ∅ = 150 mm **Äußerer Rohr ∅ = 159 mm**

Wärmeleitzahl λ	Rohrtemperatur in ° C (Lufttemp. = 20° C) -40	-20	-10	±0	+10	+25	+50	+75	+100	+150	+200	+250	+300	+350	+400	+500	+750	+1000	Isol.-Stärke
0,020	11,5	7,61	5,70	3,80	1,90	0,94	5,70	10,5	15,3	24,8	34,2	44,2	53,7	63,2	73,7	92,0			
0,025	14,2	9,45	7,08	4,70	2,35	1,16	7,08	13,1	19,0	30,7	42,7	54,6	66,9	78,8	90,7	114			
0,030	16,8	11,2	8,41	5,59	2,80	1,38	8,42	15,6	22,6	36,5	51,0	65,0	79,6	94,0	108	136			
0,035	19,4	13,0	9,71	6,46	3,23	1,60	9,73	18,0	26,1	42,3	59,0	75,3	92,1	109	126	157	241		
0,040	22,0	14,7	11,0	7,31	3,66	1,82	11,1	20,5	29,6	48,1	67,1	85,5	105	124	143	178	274		
0,045	24,6	16,4	12,3	8,16	4,08	2,03	12,4	22,9	33,1	53,8	75,0	95,8	117	138	160	200	306		
0,050	27,1	18,1	13,6	9,02	4,50	2,24	13,6	25,2	36,4	59,4	82,9	106	129	152	177	221	338		
0,060	32,1	21,4	16,0	10,7	5,30	2,64	16,0	29,6	43,1	70,3	98,0	125	153	180	210	262	403	546	
0,070	37,0	24,6	18,4	12,3	6,08	3,02	18,4	34,0	49,8	81,3	113	144	177	208	242	303	468	630	
0,080	41,6	27,6	20,7	13,8	6,85	3,40	20,8	38,3	56,3	92,0	128	163	200	236	274	344	530	714	**70** mm
0,090	46,1	30,6	23,0	15,3	7,58	3,77	23,1	42,5	62,7	102	142	182	223	263	305	384	592	797	
0,100	50,6	33,5	25,2	16,7	8,32	4,12	25,4	46,6	68,8	112	156	200	245	289	336	423	652	879	
0,110	54,9	36,4	27,3	18,2	8,99	4,46	27,5	50,6	74,7	122	170	218	266	315	366	461	711	958	
0,120	59,1	39,2	29,3	19,5	9,66	4,80	29,6	54,4	80,5	131	183	235	288	340	395	499	769	1040	
0,130	63,0	41,7	31,3	20,8	10,4	5,13	31,6	58,1	86,2	140	196	253	309	365	424	536	828	1120	
0,140	67,1	44,4	33,2	22,0	11,0	5,43	33,6	61,9	91,1	150	209	270	330	390	452	573	888	1200	
0,160	74,7	49,2	36,9	24,5	12,2	6,03	37,2	69,0	102	168	234	302	370	438	508	645	1000	1360	
0,180	81,7	54,0	40,5	26,9	13,3	6,61	40,9	76,1	112	185	259	334	409	484	563	716	1110	1520	
0,200	88,6	58,7	44,0	29,1	14,4	7,18	44,5	82,9	122	202	282	365	448	530	617	785	1220	1660	

Umfang = 0,939 m da/di = 1,881 ln da/di = 0,6316

Wärmeleitzahl λ	Rohrtemperatur in ° C (Lufttemp. = 20° C) -40	-20	-10	±0	+10	+25	+50	+75	+100	+150	+200	+250	+300	+350	+400	+500	+750	+1000	Isol.-Stärke
0,020	10,4	6,95	5,20	3,46	1,73	0,87	5,20	9,55	13,9	22,6	31,5	40,1	49,0	57,5	66,5	84,0			
0,025	13,0	8,59	6,44	4,28	2,14	1,07	6,47	11,8	17,2	28,0	39,0	49,7	61,0	71,0	82,5	104			
0,030	15,4	10,2	7,66	5,11	2,55	1,27	7,70	14,0	20,5	33,4	46,5	59,1	72,8	84,5	98,4	124			
0,035	17,8	11,8	8,86	5,91	2,96	1,47	8,90	16,2	23,8	38,6	53,8	68,5	84,3	97,7	114	144	219		
0,040	20,2	13,4	10,0	6,71	3,36	1,67	10,1	18,5	27,0	43,8	61,0	78,0	95,7	111	130	163	250		
0,045	22,6	15,0	11,2	7,50	3,74	1,86	11,3	20,7	30,2	49,0	68,2	87,2	107	125	145	182	280		
0,050	25,0	16,6	12,4	8,30	4,14	2,06	12,5	22,8	33,4	54,2	75,4	96,5	118	138	160	202	309		
0,060	29,6	19,7	14,7	9,81	4,92	2,45	14,7	27,1	39,6	64,4	89,9	115	141	165	191	241	369	499	
0,070	34,1	22,7	16,9	11,3	5,64	2,81	17,0	31,3	45,8	74,2	103	133	163	191	221	279	427	578	
0,080	38,5	25,6	19,1	12,8	6,36	3,15	19,2	35,4	51,7	84,0	117	150	184	216	250	317	485	656	**80** mm
0,090	42,7	28,4	21,2	14,2	7,06	3,49	21,3	39,4	57,4	93,6	131	167	205	241	279	354	542	733	
0,100	46,8	31,2	23,3	15,5	7,75	3,82	23,4	43,3	63,1	103	144	184	225	265	307	390	598	810	
0,110	50,9	33,9	25,3	16,8	8,40	4,15	25,5	47,1	68,7	113	157	201	245	289	335	425	652	884	
0,120	54,9	36,6	27,3	18,1	9,03	4,47	27,5	50,8	74,1	122	169	217	265	312	363	460	705	956	
0,130	58,8	39,2	29,3	19,4	9,66	4,78	29,4	54,4	79,5	131	182	233	285	335	390	494	759	1030	
0,140	62,6	41,7	31,2	20,6	10,3	5,08	31,3	58,0	84,8	140	194	248	304	358	417	529	813	1100	
0,160	69,8	46,4	34,7	23,0	11,4	5,66	34,8	64,8	94,5	156	217	280	342	403	469	597	916	1240	
0,180	76,8	51,0	38,1	25,3	12,6	6,22	38,4	71,3	104	172	240	310	380	448	521	663	1020	1390	
0,200	83,5	55,4	41,5	27,5	13,7	6,79	41,8	77,5	114	188	263	340	416	492	571	727	1120	1530	

Umfang = 1,002 m da/di = 2,006 ln da/di = 0,6963

Innerer Rohr ⌀ = 150 mm **Äußerer Rohr ⌀ = 159 mm**

Wärme-leitzahl λ	Rohrtemperatur in ° C (Lufttemp. = 20° C) -40	-20	-10	±0	+10	+25	+50	+75	+100	+150	+200	+250	+300	+350	+400	+500	+750	+1000	Isol.-Stärke
0,020	9,65	6,43	4,81	3,21	1,60	0,80	4,81	8,82	12,8	20,9	29,0	37,0	45,1	53,0	61,3	77,2			
0,025	12,0	7,98	5,97	3,97	1,99	0,99	5,98	10,9	15,9	25,9	35,8	45,9	56,0	66,1	76,0	95,9			
0,030	14,3	9,49	7,11	4,73	2,37	1,18	7,12	13,0	19,0	30,9	42,5	54,6	66,9	79,0	90,6	114			
0,035	16,6	11,0	8,23	5,48	2,74	1,37	8,25	15,1	22,0	36,0	49,3	63,5	77,8	91,9	106	133	203		
0,040	18,9	12,5	9,35	6,22	3,11	1,55	9,36	17,2	25,0	40,9	56,2	72,3	88,5	104	120	151	231		
0,045	21,1	13,9	10,5	6,94	3,46	1,73	10,5	19,3	28,0	45,8	63,2	81,1	99,1	117	134	169	259		
0,050	23,2	15,3	11,6	7,64	3,82	1,90	11,6	21,3	31,0	50,6	70,1	89,4	109	130	148	187	286		
0,060	27,5	18,3	13,7	9,11	4,54	2,27	13,8	25,2	36,9	60,0	83,2	106	130	154	177	224	340	461	
0,070	31,6	21,1	15,8	10,6	5,24	2,61	15,8	29,1	42,6	69,2	96,0	123	150	178	205	259	395	534	**90**
0,080	35,8	23,8	17,9	11,9	5,92	2,94	17,9	33,0	48,2	78,5	109	140	170	201	232	294	448	606	mm
0,090	39,8	26,5	19,9	13,2	6,58	3,26	20,0	36,8	53,7	87,4	122	156	190	224	259	328	502	678	
0,100	43,8	29,1	21,8	14,5	7,22	3,58	21,9	40,5	59,0	96,2	134	172	210	247	286	362	554	749	
0,110	47,7	31,7	23,7	15,8	7,84	3,89	23,8	44,0	64,2	105	146	187	229	270	311	395	605	820	
0,120	51,5	34,2	25,6	17,0	8,45	4,20	25,7	47,4	69,2	114	158	202	248	292	337	428	656	890	
0,130	55,2	36,6	27,5	18,2	9,04	4,50	27,6	50,8	74,3	122	170	218	266	314	362	460	706	958	
0,140	58,9	38,9	29,3	19,4	9,64	4,78	29,4	54,1	79,2	130	181	233	285	336	388	491	756	1030	
0,160	65,8	43,5	32,7	21,7	10,8	5,35	32,8	60,6	88,6	146	204	262	320	379	438	555	856	1160	
0,180	72,4	48,0	36,0	23,9	11,9	5,90	36,2	67,0	98,1	162	226	290	355	421	486	618	954	1290	
0,200	79,0	52,4	39,3	26,1	13,0	6,44	39,6	73,3	107	178	248	317	389	461	534	678	1050	1420	

Umfang = 1,065 m da/di = 2,132 ln da/di = 0,7571

Wärme-leitzahl λ	Rohrtemperatur in ° C (Lufttemp. = 20° C) -40	-20	-10	±0	+10	+25	+50	+75	+100	+150	+200	+250	+300	+350	+400	+500	+750	+1000	Isol.-Stärke
0,020	8,97	5,99	4,50	3,00	1,50	0,75	4,51	8,26	12,0	19,5	27,0	34,8	42,1	49,4	57,3	72,5			
0,025	11,2	7,43	5,59	3,71	1,86	0,92	5,61	10,3	14,9	24,2	33,4	43,0	52,4	61,6	71,1	89,4			
0,030	13,4	8,89	6,66	4,42	2,22	1,10	6,70	12,3	17,7	28,9	39,9	51,3	62,5	73,6	84,8	107			
0,035	15,5	10,3	7,72	5,12	2,57	1,28	7,75	14,3	20,6	33,6	46,2	59,6	72,7	85,5	98,3	124	188		
0,040	17,6	11,7	8,77	5,82	2,92	1,45	8,80	16,3	23,4	38,3	52,8	67,8	82,8	97,4	102	141	216		
0,045	19,7	13,1	9,82	6,51	3,26	1,62	9,83	18,2	26,2	43,0	59,0	76,0	92,7	109	126	157	242		
0,050	21,7	14,5	10,9	7,20	3,60	1,78	10,9	20,1	29,0	47,5	65,4	84,1	102	120	140	173	268		
0,060	25,8	17,3	12,9	8,56	4,26	2,12	12,9	23,9	34,5	56,5	78,1	100	121	144	166	207	318	432	
0,070	29,8	19,9	14,9	9,90	4,92	2,46	14,9	27,5	39,9	65,1	90,4	116	141	166	192	242	370	500	**100**
0,080	33,7	22,5	16,8	11,2	5,56	2,77	16,9	31,1	45,2	73,6	103	131	160	189	217	275	420	566	mm
0,090	37,5	25,1	18,7	12,5	6,20	3,08	18,8	34,6	50,4	82,0	115	146	179	211	243	308	469	632	
0,100	41,3	27,6	20,6	13,8	6,81	3,39	20,6	38,0	55,4	90,5	126	161	197	233	268	339	517	698	
0,110	45,0	30,0	22,5	15,0	7,41	3,69	22,5	41,3	60,4	98,9	137	176	215	254	293	370	565	763	
0,120	48,6	32,4	24,2	16,2	8,01	3,99	24,3	44,6	65,3	107	148	190	232	275	318	401	614	828	
0,130	52,2	34,8	26,0	17,3	8,59	4,27	26,1	47,9	70,2	115	159	205	250	296	342	432	662	894	
0,140	55,6	37,0	27,7	18,4	9,14	4,55	27,8	51,1	75,0	123	170	219	268	316	365	462	709	959	
0,160	62,4	41,4	31,0	20,6	10,2	5,08	31,3	57,4	84,1	138	192	246	301	357	413	522	804	1090	
0,180	68,9	45,7	34,2	22,8	11,3	5,62	34,7	63,6	93,1	153	213	273	334	397	459	580	898	1210	
0,200	75,0	49,9	37,3	24,8	12,4	6,16	37,9	69,8	102	168	234	300	367	436	505	639	990	1330	

Umfang = 1,128 m da/di = 2,258 ln da/di = 0,8145

Innerer Rohr ⌀ = 150 mm **Äußerer Rohr ⌀ = 159 mm**

Wärme-leitzahl λ	Rohrtemperatur in ° C (Lufttemp. = 20° C) -40	-20	-10	±0	+10	+25	+50	+75	+100	+150	+200	+250	+300	+350	+400	+500	+750	+1000	Isol.-Stärke
0,020	7,99	5,29	3,99	2,66	1,33	0,66	3,98	7,29	10,6	17,2	24,0	30,5	37,4	44,0	50,5	63,7			
0,025	9,98	6,67	4,96	3,30	1,65	0,83	4,98	9,18	13,2	21,5	29,7	38,1	46,5	54,8	63,1	79,9			
0,030	11,9	7,99	5,92	3,93	1,96	0,99	5,95	10,9	15,8	25,7	35,5	45,5	55,7	65,5	75,7	95,8			
0,035	13,8	9,21	6,88	4,56	2,28	1,15	6,90	12,7	18,4	29,9	41,3	52,9	64,9	76,2	88,0	110	168		
0,040	15,7	10,5	7,83	5,17	2,58	1,31	7,86	14,4	21,0	34,0	47,0	60,3	73,8	86,9	100	126	192		
0,045	17,6	11,7	8,77	5,79	2,89	1,46	8,79	16,1	23,5	38,1	52,8	67,6	82,4	97,3	112	141	216		
0,050	19,4	12,9	9,70	6,41	3,20	1,61	9,72	17,8	26,0	42,1	58,5	74,8	91,0	108	124	156	239		
0,060	23,1	15,3	11,6	7,63	3,82	1,92	11,6	21,2	31,0	50,1	69,6	89,0	109	128	148	186	284	383	
0,070	26,7	17,7	13,4	8,82	4,42	2,21	13,4	24,5	35,8	58,2	80,7	103	126	148	172	216	330	445	**120**
0,080	30,2	20,0	15,2	10,0	5,00	2,50	15,2	27,9	40,6	66,0	91,6	117	143	169	195	246	375	506	mm
0,090	33,7	22,3	16,9	11,2	5,58	2,79	16,9	31,1	45,4	73,6	102	131	160	189	218	275	420	567	
0,100	37,2	24,6	18,6	12,3	6,15	3,07	18,6	34,3	50,0	81,2	113	145	177	209	240	304	463	628	
0,110	40,7	26,9	20,3	13,4	6,71	3,35	20,3	37,4	54,4	88,7	123	158	193	228	263	333	506	688	
0,120	44,0	29,1	21,9	14,5	7,27	3,63	22,0	40,5	58,8	96,1	134	172	209	248	286	361	550	747	
0,130	47,2	31,3	23,5	15,6	7,82	3,91	23,6	43,5	63,3	103	144	185	225	267	307	389	593	806	
0,140	50,6	33,5	25,1	16,7	8,36	4,17	25,2	46,4	67,6	110	154	198	241	286	329	417	636	864	
0,160	56,9	37,8	28,2	18,8	9,42	4,70	28,3	52,3	76,1	124	174	224	272	323	372	471	723	980	
0,180	63,0	41,8	31,2	20,9	10,4	5,22	31,4	58,0	84,6	137	193	249	303	360	415	525	808	1090	
0,200	69,1	45,8	34,2	22,8	11,4	5,71	34,5	63,6	92,8	148	212	273	333	396	457	579	889	1200	

Umfang = 1,254 m da/di = 2,509 ln da/di = 0,9200

Wärme-leitzahl λ	Rohrtemperatur in ° C (Lufttemp. = 20° C) -40	-20	-10	±0	+10	+25	+50	+75	+100	+150	+200	+250	+300	+350	+400	+500	+750	+1000	Isol.-Stärke
0,020	7,24	4,82	3,61	2,41	1,20	0,60	3,61	6,61	9,65	15,4	21,7	28,1	34,0	40,1	46,1	58,0			
0,025	9,00	5,99	4,49	2,99	1,49	0,75	4,49	8,27	12,0	19,4	27,1	35,0	42,3	49,7	57,4	72,1			
0,030	10,8	7,14	5,36	3,57	1,78	0,89	5,37	9,89	14,4	23,2	32,4	41,9	50,4	59,3	68,8	86,0			
0,035	12,6	8,30	6,22	4,14	2,07	1,03	6,23	11,4	16,8	27,0	37,6	48,6	58,7	69,0	79,9	100	154		
0,040	14,3	9,45	7,08	4,71	2,36	1,18	7,10	13,0	19,1	30,8	42,8	55,3	66,9	78,7	91,0	114	175		
0,045	16,0	10,6	7,94	5,29	2,65	1,33	7,96	14,6	21,4	34,5	48,0	62,0	74,9	88,3	102	129	196		
0,050	17,6	11,8	8,81	5,86	2,93	1,47	8,83	16,2	23,6	38,3	53,1	68,4	82,9	98,0	113	143	217		
0,060	21,0	14,0	10,6	7,00	3,49	1,75	10,5	19,4	28,3	45,8	63,5	81,5	99,1	117	135	170	258	348	
0,070	24,3	16,2	12,2	8,07	4,05	2,02	12,2	22,4	32,8	53,2	73,6	94,6	115	136	156	197	300	405	**140**
0,080	27,6	18,4	13,8	9,14	4,59	2,29	13,8	25,4	37,2	60,6	83,5	108	131	154	177	224	342	461	mm
0,090	30,8	20,6	15,4	10,3	5,13	2,55	15,5	28,4	41,5	67,7	93,4	120	147	172	199	251	383	516	
0,100	34,1	22,8	17,0	11,3	5,64	2,81	17,1	31,3	45,7	74,8	103	132	162	190	220	278	424	571	
0,110	37,3	24,9	18,6	12,4	6,17	3,08	18,7	34,2	50,0	81,7	113	144	178	208	241	304	464	625	
0,120	40,5	27,0	20,1	13,4	6,68	3,33	20,2	37,1	54,1	88,5	123	156	193	226	262	330	504	680	
0,130	43,6	29,0	21,7	14,4	7,18	3,58	21,8	39,9	58,2	95,2	132	169	208	244	282	356	544	734	
0,140	46,6	31,0	23,2	15,4	7,68	3,83	23,3	42,7	62,3	102	141	181	222	261	301	381	584	687	
0,160	52,6	35,0	26,2	17,5	8,70	4,31	26,3	48,3	70,4	115	160	206	251	296	341	432	664	891	
0,180	58,4	38,8	29,1	19,4	9,66	4,79	29,2	53,7	78,4	128	178	229	279	330	381	483	741	997	
0,200	64,0	42,6	32,0	21,3	10,6	5,25	32,0	59,0	86,3	131	196	252	307	363	420	532	815	1100	

Umfang = 1,379 m da/di = 2,761 ln da/di = 1,0156

Innerer Rohr ⌀ = 150 mm **Äußerer Rohr ⌀ = 159 mm**

Wärme-leitzahl λ	Rohrtemperatur in ° C (Lufttemp. = 20° C)																		Isol.-Stärke
	−40	−20	−10	±0	+10	+25	+50	+75	+100	+150	+200	+250	+300	+350	+400	+500	+750	+1000	
0,020	6,72	4,46	3,33	2,23	1,11	0,56	3,33	6,17	8,91	14,5	20,2	25,9	31,3	36,9	42,5	54,0			
0,025	8,33	5,54	4,14	2,76	1,38	0,69	4,14	7,61	11,1	18,0	25,0	32,1	39,0	46,0	53,0	67,5			
0,030	10,0	6,62	4,96	3,30	1,65	0,83	4,96	9,12	13,2	21,5	29,8	38,3	46,6	55,0	63,5	80,0			
0,035	11,6	7,70	5,77	3,83	1,92	0,96	5,78	10,6	15,4	25,0	34,7	44,4	54,2	64,0	73,9	92,5	142		
0,040	13,2	8,77	6,57	4,36	2,18	1,09	6,57	12,0	17,6	28,5	39,5	50,6	61,8	73,0	84,1	106	162		
0,045	14,8	9,84	7,37	4,88	2,44	1,22	7,38	13,5	19,8	32,0	44,4	56,9	69,1	81,9	94,3	119	181		
0,050	16,4	10,9	8,17	5,42	2,70	1,35	8,17	15,0	21,9	35,5	49,2	62,8	76,5	90,7	104	132	200		
0,060	19,6	13,0	9,74	6,47	3,24	1,62	9,76	17,9	26,2	42,4	58,6	74,9	91,8	109	124	157	239	322	
0,070	22,8	15,1	11,3	7,52	3,76	1,88	11,3	20,8	30,4	49,2	68,2	87,1	107	126	145	182	278	375	**160**
0,080	25,9	17,2	12,9	8,53	4,26	2,13	12,9	23,6	34,5	56,2	77,5	99,0	121	143	165	208	317	427	mm
0,090	29,0	19,2	14,4	9,52	4,76	2,38	14,4	26,4	38,6	62,9	86,2	111	136	160	184	233	355	476	
0,100	32,0	21,2	15,9	10,5	5,24	2,62	15,9	29,2	42,6	69,5	96,0	123	151	177	203	259	393	528	
0,110	34,9	23,2	17,4	11,5	5,74	2,87	17,4	32,0	46,6	76,2	105	135	165	194	223	284	432	579	
0,120	37,7	25,1	18,8	12,5	6,23	3,11	18,9	34,7	50,5	82,9	114	146	179	211	242	308	469	630	
0,130	40,6	27,1	20,3	13,4	6,71	3,35	20,3	37,4	54,4	89,5	123	157	192	227	261	332	506	681	
0,140	43,5	29,0	21,7	14,3	7,16	3,58	21,8	40,0	58,2	96,0	132	168	206	243	280	356	543	729	
0,160	49,2	32,7	24,5	16,2	8,09	4,04	24,6	45,2	65,9	108	149	191	233	276	318	402	618	829	
0,180	54,8	36,4	27,3	18,1	9,01	4,49	27,4	50,3	73,4	120	167	213	260	308	356	448	688	928	
0,200	60,4	40,1	30,1	19,9	9,90	4,93	30,1	55,4	80,8	132	184	234	286	339	393	494	757	1030	

Umfang = 1,505 m da/di = 3,013 ln da/di = 1,1028

Wärme-leitzahl λ	Rohrtemperatur in ° C (Lufttemp. = 20° C)																		Isol.-Stärke
	−40	−20	−10	±0	+10	+25	+50	+75	+100	+150	+200	+250	+300	+350	+400	+500	+750	+1000	
0,020	6,41	4,25	3,16	2,11	1,04	0,52	3,18	5,89	8,61	14,0	19,3	24,6	30,0	35,0	39,9	50,4			
0,025	8,01	5,33	3,97	2,64	1,31	0,65	4,01	7,40	10,6	17,3	23,9	30,5	37,2	43,5	50,1	63,7			
0,030	9,61	6,40	4,77	3,15	1,57	0,78	4,80	8,77	12,7	20,6	28,5	36,4	44,4	52,0	60,2	76,0			
0,035	11,2	7,43	5,54	3,65	1,82	0,91	5,56	10,2	14,8	23,9	33,0	42,3	51,6	60,6	70,0	88,2	134		
0,040	12,7	8,43	6,30	4,16	2,08	1,04	6,32	11,6	16,8	27,1	37,5	48,1	58,7	69,3	79,8	101	154		
0,045	14,2	9,43	7,06	4,67	2,33	1,17	7,07	13,0	18,8	30,3	42,1	54,1	65,7	77,8	89,6	113	173		
0,050	15,7	10,5	7,82	5,17	2,59	1,30	7,84	14,4	20,8	33,5	46,7	60,0	72,6	86,2	99,3	126	191		
0,060	18,6	12,5	9,32	6,20	3,10	1,55	9,33	17,1	24,8	39,9	55,8	71,7	87,1	103	108	150	227	303	
0,070	21,5	14,5	10,8	7,17	3,58	1,79	10,8	19,8	28,9	46,4	64,8	83,3	101	120	137	174	264	355	**180**
0,080	24,6	16,4	12,3	8,15	4,06	2,03	12,3	22,5	32,8	52,7	73,7	95,0	115	137	155	198	300	405	mm
0,090	27,4	18,3	13,8	9,08	4,53	2,26	13,8	25,2	36,8	59,0	82,6	106	129	153	173	223	336	452	
0,100	30,2	20,2	15,2	9,97	4,99	2,49	15,3	27,8	40,5	65,3	91,4	117	143	169	192	248	372	500	
0,110	33,1	22,1	16,6	10,9	5,45	2,73	16,7	30,4	44,3	71,6	100	129	157	185	211	272	409	549	
0,120	36,0	24,0	18,0	11,9	5,91	2,96	18,0	33,0	48,1	77,8	108	140	170	201	230	296	445	596	
0,130	38,8	25,8	19,3	12,8	6,38	3,19	19,3	35,6	51,9	84,0	116	151	184	216	248	319	481	643	
0,140	41,6	27,7	20,6	13,7	6,84	3,41	20,6	38,0	55,8	90,2	124	162	198	231	267	341	515	690	
0,160	47,1	31,3	23,4	15,5	7,76	3,84	23,3	42,8	63,1	102	142	182	222	262	304	382	583	786	
0,180	52,8	34,9	26,1	17,3	8,64	4,27	26,1	47,7	70,4	114	159	202	246	292	339	425	650	877	
0,200	58,2	38,6	28,9	19,0	9,44	4,68	28,9	52,7	77,5	125	175	223	270	321	374	467	712	969	

Umfang = 1,631 m da/di = 3,264 ln da/di = 1,1830

Innerer Rohr ⌀ = 150 mm **Äußerer Rohr ⌀ = 159 mm**

Wärme-leitzahl λ	Rohrtemperatur in °C (Lufttemp. 20° C) – 40	– 20	– 10	± 0	+ 10	+ 25	+ 50	+ 75	+ 100	+ 150	+ 200	+ 250	+ 300	+ 350	+ 400	+ 500	+ 750	+ 1000	Isol.-Stärke
0,020	6,01	4,00	2,95	1,97	0,98	0,49	2,96	5,49	8,20	13,3	18,4	23,4	28,4	33,2	38,5	48,6			**200** mm
0,025	7,44	4,98	3,70	2,46	0,22	0,61	3,70	6,87	10,2	16,5	22,7	29,0	35,1	41,3	48,0	60,3			
0,030	8,88	5,93	4,44	2,94	1,46	0,73	4,44	8,25	12,1	19,7	27,0	34,3	41,9	49,2	57,4	71,8			
0,035	10,4	6,90	5,17	3,42	1,71	0,85	5,18	9,61	14,1	22,9	31,2	39,9	48,7	57,1	66,6	83,1	126		
0,040	11,9	7,87	5,90	3,91	1,95	0,97	5,92	11,1	16,1	26,0	35,7	45,5	55,4	65,0	75,6	94,4	144		
0,045	13,4	8,85	6,62	4,38	2,19	1,09	6,64	12,4	18,0	29,1	39,9	50,8	62,0	72,7	84,5	106	162		
0,050	14,9	9,82	7,33	4,87	2,44	1,22	7,35	13,7	20,0	32,2	44,1	56,3	68,6	80,4	93,3	118	180		
0,060	17,7	11,8	8,75	5,84	2,91	1,45	8,78	16,3	23,7	38,2	52,8	67,3	82,2	95,1	112	141	215	290	
0,070	20,5	13,6	10,2	6,78	3,38	1,68	10,2	18,8	27,4	44,3	61,3	78,2	94,9	111	130	164	249	336	
0,080	23,4	15,3	11,5	7,68	3,83	1,91	11,6	21,3	31,4	50,1	69,6	88,6	108	126	147	186	283	382	
0,090	26,1	17,1	12,8	8,56	4,28	2,14	13,0	23,8	34,9	56,1	77,8	98,4	121	141	164	209	317	429	
0,100	28,8	18,9	14,2	9,47	4,74	2,37	14,3	26,3	38,6	61,9	85,7	110	134	156	181	232	352	473	
0,110	31,4	20,7	15,5	10,4	5,18	2,58	15,6	28,7	42,2	67,8	93,6	121	147	172	199	254	386	521	
0,120	34,1	22,6	16,9	11,2	5,60	2,80	17,0	31,2	46,0	73,7	102	131	160	188	217	276	421	567	
0,130	36,7	24,4	18,2	12,1	6,05	3,02	18,3	33,6	49,6	79,6	111	140	173	204	235	298	454	613	
0,140	39,3	26,2	19,5	13,0	6,48	3,24	19,5	36,2	53,1	86,3	119	150	186	220	253	320	487	660	
0,160	44,6	29,6	22,1	14,7	7,35	3,68	22,2	40,9	60,4	98,2	135	172	211	249	288	364	555	748	
0,180	49,8	32,9	24,6	16,4	8,20	4,07	24,8	45,8	67,4	110	151	192	235	278	322	407	621	837	
0,200	54,8	36,4	27,1	18,1	9,03	4,46	27,3	50,6	74,6	122	167	213	259	307	354	449	683	928	

Umfang = 1,756 m da/di = 3,516 ln da/di = 0,2573

Innerer Rohr ⌀ = 175 mm **Äußeres Rohr ⌀ = 191 mm**

Wärme-leitzahl λ	Rohrtemperatur in °C (Lufttemp. = 20° C) -40	-20	-10	±0	+10	+25	+50	+75	+100	+150	+200	+250	+300	+350	+400	+500	+750	+1000	Isol.-Stärke
0,020	58,0	38,5	28,7	19,0	9,42	4,67	28,8	54,1	79,3	131	183	236	290	351	397	507			
0,025	68,8	45,5	33,9	22,4	11,1	5,50	34,3	63,8	94,5	156	219	284	349	423	479	617			
0,030	78,5	51,8	38,5	25,6	12,6	6,23	39,2	73,1	108	180	253	329	404	490	558	720			
0,035	86,8	57,5	42,8	28,3	14,1	6,90	43,8	81,9	122	203	286	372	457	554	633	816	1270		
0,040	94,4	62,6	46,6	30,8	15,3	7,52	48,1	90,0	134	224	317	411	507	618	706	906	1430		
0,045	102	67,0	50,1	33,1	16,4	8,10	51,7	97,1	145	243	345	449	552	675	774	1000	1580		
0,050	108	71,4	53,3	35,3	17,4	8,61	55,3	104	156	262	373	484	598	733	838	1090	1730		
0,060	120	78,7	59,0	39,0	19,1	9,53	61,7	117	175	296	422	552	685	842	961	1250	2020	2780	
0,070	130	85,1	63,8	42,3	20,7	10,2	67,1	128	192	328	467	614	764	945	1080	1410	2280	3160	10 mm
0,080	139	91,0	68,0	45,1	22,0	10,9	71,9	138	207	355	509	672	840	1040	1190	1550	2530	3530	
0,090	146	96,3	71,9	47,5	23,2	11,5	76,2	146	221	381	547	724	908	1130	1290	1690	2770	3900	
0,100	153	101	75,1	49,6	24,2	12,0	80,0	154	234	404	584	774	970	1210	1390	1830	3000	4260	
0,110	159	105	78,0	51,5	25,1	12,4	83,5	161	246	426	617	820	1030	1280	1480	1960	3230	4600	
0,120	164	108	80,7	53,2	25,9	12,8	86,6	168	256	446	648	862	1090	1350	1570	2090	3450	4930	
0,130	169	111	82,9	54,6	26,7	13,2	89,3	174	266	465	676	900	1140	1420	1650	2200	3660	5250	
0,140	173	114	85,0	56,0	27,4	13,5	91,9	179	275	483	703	937	1190	1490	1730	2310	3860	5570	
0,160	181	119	88,8	58,3	28,5	14,1	96,4	189	291	517	750	1010	1280	1610	1880	2520	4250	6160	
0,180	187	123	91,9	60,3	29,4	14,5	101	197	305	545	794	1070	1370	1730	2020	2720	4640	6740	
0,200	193	127	94,6	62,1	30,3	14,9	104	205	318	565	836	1130	1450	1840	2150	2910	5020	7300	

Umfang = 0,663 m da/di = 1,105 ln da/di = 0,0956

Wärme-leitzahl λ	Rohrtemperatur in °C (Lufttemp. = 20° C) -40	-20	-10	±0	+10	+25	+50	+75	+100	+150	+200	+250	+300	+350	+400	+500	+750	+1000	Isol.-Stärke
0,020	43,0	28,5	21,2	14,1	7,01	3,48	21,4	39,6	58,0	95,1	133	170	208	246	285	361			
0,025	51,5	34,4	25,5	17,0	8,39	4,15	25,6	48,0	70,1	115	161	207	253	300	346	441			
0,030	59,8	39,7	29,6	19,6	9,61	4,77	29,5	55,6	81,5	134	188	242	297	352	405	517			
0,035	67,1	44,6	33,2	22,0	10,8	5,35	33,3	62,7	92,3	152	213	275	340	401	463	594	922		
0,040	74,4	49,3	36,6	24,2	11,9	5,90	36,8	69,1	102	170	237	307	380	450	518	665	1040		
0,045	81,1	53,7	39,7	26,3	12,0	6,45	40,1	75,4	112	187	260	338	418	498	570	735	1150		
0,050	86,9	57,6	42,6	28,3	12,9	6,93	43,3	81,4	121	202	282	366	454	540	627	804	1260		
0,060	97,9	64,9	48,0	31,9	15,7	7,76	49,1	92,7	138	231	324	422	522	624	724	931	1470	2020	
0,070	108	71,2	52,8	35,1	17,2	8,50	54,4	103	153	257	363	474	586	702	818	1050	1670	2310	15 mm
0,080	116	77,0	57,0	38,0	18,6	9,19	59,1	112	167	282	401	524	647	777	908	1170	1870	2590	
0,090	124	82,1	60,9	40,5	19,8	9,80	63,3	120	181	305	435	568	703	848	992	1280	2060	2860	
0,100	131	86,7	64,4	42,7	20,9	10,3	67,3	128	193	327	468	611	759	916	1070	1390	2250	3130	
0,110	138	91,0	67,5	44,8	21,9	10,8	71,1	135	204	348	497	651	810	979	1150	1490	2430	3390	
0,120	144	95,0	70,4	46,8	22,8	11,3	74,4	142	215	367	526	690	860	1040	1220	1590	2600	3650	
0,130	149	98,5	73,1	48,5	23,6	11,7	77,4	149	225	385	554	727	908	1100	1290	1690	2770	3890	
0,140	154	102	75,5	50,0	24,4	12,1	80,2	155	234	402	579	762	952	1160	1360	1780	2930	4140	
0,160	163	107	79,7	52,8	25,7	12,7	85,4	165	251	432	624	830	1040	1260	1490	1970	3240	4610	
0,180	170	112	83,3	55,2	26,9	13,3	89,8	174	266	460	668	889	1120	1360	1620	2140	3550	5070	
0,200	177	117	86,6	57,3	27,9	13,8	93,8	183	279	486	707	943	1200	1460	1730	2300	3840	5520	

Umfang = 0,694 m da/di = 1,157 ln da/di = 0,1459

Innerer Rohr ⌀ = 175 mm **Äußerer Rohr ⌀ = 191 mm**

Wärme-leitzahl λ	Rohrtemperatur in ° C (Lufttemp. = 20° C)																		Isol.-Stärke
	−40	−20	−10	±0	+10	+25	+50	+75	+100	+150	+200	+250	+300	+350	+400	+500	+750	+1000	
0,020	34,4	22,9	17,1	11,3	5,62	2,81	17,2	31,7	46,2	75,9	105	135	166	195	225	286			
0,025	41,7	27,7	20,7	13,8	6,82	3,40	21,0	38,6	56,9	93,0	129	165	202	241	277	351			
0,030	48,7	32,3	24,2	16,1	7,90	3,94	24,6	45,2	66,3	108	151	194	238	285	328	414			
0,035	55,2	36,6	27,4	18,2	8,94	4,45	27,8	51,2	75,8	123	173	222	273	325	375	475	730		
0,040	61,5	40,7	30,4	20,1	9,93	4,93	31,0	57,1	84,0	138	193	249	306	363	421	534	826		
0,045	67,6	44,4	33,2	22,0	10,8	5,39	33,8	62,6	92,1	152	213	274	338	400	465	591	917		
0,050	73,2	48,0	35,9	23,8	11,7	5,81	36,6	67,8	100	165	232	298	370	439	508	647	1000		
0,060	83,4	54,7	40,8	27,1	13,3	6,60	41,8	77,8	115	191	268	346	428	509	589	755	1180	1610	
0,070	92,7	60,9	45,4	30,1	14,8	7,34	46,4	87,2	129	215	302	392	484	575	668	856	1350	1850	
0,080	101	66,4	49,6	32,8	16,2	8,00	50,8	96,0	142	237	334	434	536	640	744	955	1510	2090	**20** mm
0,090	108	71,6	53,4	35,2	17,4	8,59	55,0	103	153	259	365	475	586	701	816	1050	1670	2310	
0,100	115	76,3	56,7	37,5	18,5	9,14	58,6	111	164	279	394	513	635	760	886	1150	1820	2520	
0,110	122	80,6	60,1	39,7	19,5	9,63	62,1	118	175	298	422	550	681	818	952	1240	1970	2730	
0,120	128	84,6	63,2	41,6	20,4	10,1	65,5	125	185	316	448	584	725	872	1020	1330	2110	2940	
0,130	134	88,4	65,9	43,4	21,3	10,5	68,6	131	195	332	473	619	768	925	1080	1410	2250	3140	
0,140	139	91,7	68,4	45,2	22,1	10,9	71,4	137	204	347	496	652	810	976	1150	1490	2390	3340	
0,160	148	98,0	72,9	48,1	23,6	11,7	76,7	147	221	378	543	712	888	1070	1260	1640	2660	3730	
0,180	156	104	77,0	50,8	24,9	12,3	81,2	157	236	405	583	768	960	1170	1370	1790	2920	4110	
0,200	164	104	80,7	53,2	26,1	12,9	85,6	166	250	430	621	822	1030	1250	1480	1930	3170	4490	

Umfang = 0,726 m da/di = 1,209 ln da/di = 0,1901

Wärme-leitzahl λ	Rohrtemperatur in ° C (Lufttemp. = 20° C)																		Isol.-Stärke
	−40	−20	−10	±0	+10	+25	+50	+75	+100	+150	+200	+250	+300	+350	+400	+500	+750	+1000	
0,020	28,9	19,3	14,4	9,60	4,77	2,38	14,4	26,6	38,8	63,5	88,4	114	139	164	188	237			
0,025	35,5	23,6	17,6	11,7	5,79	2,88	17,7	32,5	48,0	78,0	108	140	170	201	231	292			
0,030	41,8	27,6	20,8	13,7	6,78	3,37	20,8	38,2	56,3	91,7	127	165	200	238	273	346			
0,035	47,8	31,5	23,6	15,6	7,71	3,84	23,7	43,6	64,1	105	145	189	229	273	316	399	614		
0,040	53,5	35,2	26,4	17,4	8,60	4,27	26,4	48,8	71,7	118	163	212	258	307	355	448	693		
0,045	58,7	38,7	29,0	19,1	9,41	4,68	29,1	53,8	79,0	130	181	234	286	340	394	496	772		
0,050	63,9	42,2	31,4	20,8	10,2	5,08	31,7	58,6	86,0	142	198	256	313	373	432	544	850		
0,060	73,1	48,0	35,9	23,8	11,7	5,82	36,5	67,6	99,5	164	230	298	365	434	503	641	1000	1360	
0,070	81,5	54,0	40,2	26,5	13,1	6,51	40,8	76,1	112	186	261	337	415	492	570	730	1140	1560	
0,080	89,5	59,2	44,0	29,2	14,3	7,13	45,0	84,0	123	206	290	374	462	549	636	816	1280	1760	**25** mm
0,090	97,0	64,2	47,7	31,6	15,5	7,72	48,9	91,6	134	226	317	411	506	605	702	899	1420	1950	
0,100	104	68,7	51,2	33,9	16,6	8,26	52,4	98,7	145	244	344	447	550	657	764	980	1550	2130	
0,110	110	72,9	54,3	36,0	17,6	8,75	55,7	105	155	261	370	481	593	708	825	1070	1680	2310	
0,120	116	76,8	57,2	38,0	18,6	9,20	59,0	112	165	278	394	513	634	757	884	1150	1810	2490	
0,130	121	80,4	60,0	39,8	19,5	9,62	62,0	118	174	294	418	544	672	804	941	1220	1930	2670	
0,140	127	83,7	62,6	41,5	20,3	10,1	64,8	123	183	309	441	574	712	852	994	1290	2050	2840	
0,160	137	90,0	67,2	44,6	21,8	10,8	70,1	134	200	337	483	630	783	942	1100	1420	2290	3180	
0,180	145	95,6	71,3	47,3	23,1	11,5	74,9	143	215	364	522	682	850	1020	1200	1560	2510	3510	
0,200	153	101	75,2	49,9	24,3	12,1	79,1	152	228	389	558	734	916	1100	1300	1690	2730	3840	

Umfang = 0,757 m da/di = 1,262 ln da/di = 0,2325

Wärmeleitzahl λ	Rohrtemperatur in ° C (Lufttemp. = 20° C)																		Isol.-Stärke
	−40	−20	−10	±0	+10	+25	+50	+75	+100	+150	+200	+250	+300	+350	+400	+500	+750	+1000	
0,020	25,0	16,6	12,4	8,30	4,15	2,07	12,5	22,8	33,6	55,0	76,3	98,1	120	142	163	203			
0,025	30,8	20,4	15,3	10,2	5,05	2,51	15,3	28,2	41,3	67,1	94,2	121	147	174	200	253			
0,030	36,3	24,1	18,1	12,0	5,93	2,94	18,0	33,2	48,5	79,3	111	143	172	206	237	300			
0,035	41,6	27,6	20,7	13,7	6,74	3,35	20,7	38,0	55,5	91,4	127	164	198	237	273	345	531		
0,040	46,6	31,0	23,2	15,3	7,53	3,74	23,2	42,6	62,5	103	143	185	224	268	308	389	603		
0,045	51,4	34,2	25,5	16,9	8,30	4,12	25,7	47,2	69,3	114	159	206	250	298	343	432	672		
0,050	56,2	37,3	27,7	18,4	9,06	4,50	28,0	51,6	75,7	125	174	225	275	326	377	474	736		
0,060	64,6	42,9	32,0	21,2	10,4	5,20	32,4	59,8	88,0	145	203	262	322	380	439	560	863	1180	
0,070	72,7	48,2	36,0	23,8	11,8	5,86	36,5	67,6	99,4	165	231	298	366	435	501	642	988	1350	**30**
0,080	80,3	53,2	39,7	26,3	13,0	6,46	40,4	74,8	110	183	257	332	408	486	562	720	1120	1520	mm
0,090	87,6	57,9	43,2	28,7	14,1	7,00	44,1	81,8	120	201	282	366	448	536	620	796	1240	1700	
0,100	94,4	62,4	46,5	30,9	15,2	7,52	47,5	88,6	130	218	307	399	488	585	677	868	1360	1860	
0,110	101	66,4	49,6	33,0	16,2	8,00	50,7	94,7	140	235	331	430	527	628	731	940	1480	2020	
0,120	107	70,2	52,4	35,0	17,1	8,46	53,8	101	149	250	354	459	565	673	785	1010	1590	2180	
0,130	112	74,0	55,2	36,8	18,0	8,88	56,8	106	158	265	376	488	602	718	837	1080	1700	2340	
0,140	117	77,5	57,7	38,5	18,8	9,30	59,5	112	167	280	397	517	638	760	890	1140	1810	2490	
0,160	127	83,8	62,6	41,5	20,3	10,0	64,6	122	183	308	437	569	704	843	986	1270	2020	2790	
0,180	136	89,8	66,8	44,3	21,7	10,7	69,4	132	197	334	475	618	768	919	1080	1400	2220	3080	
0,200	145	95,7	70,7	46,9	22,9	11,4	74,0	141	210	359	510	666	830	989	1170	1520	2410	3370	

Umfang = 0,789 m   da/di = 1,314   ln da/di = 0,2732

Wärmeleitzahl λ	Rohrtemperatur in ° C (Lufttemp. = 20° C)																		Isol.-Stärke
	−40	−20	−10	±0	+10	+25	+50	+75	+100	+150	+200	+250	+300	+350	+400	+500	+750	+1000	
0,020	22,3	14,9	11,0	7,47	3,69	1,82	11,1	20,4	30,0	48,2	67,7	86,5	106	123	142	180			
0,025	27,4	18,4	13,6	9,11	4,53	2,24	13,7	25,1	36,5	59,5	83,2	107	129	153	177	223			
0,030	32,4	21,6	16,1	10,7	5,32	2,63	16,2	29,7	43,0	70,5	98,7	126	152	182	210	265			
0,035	37,2	24,7	18,5	12,3	6,09	3,00	18,6	34,1	49,4	81,1	113	145	175	210	242	304	470		
0,040	41,8	27,7	20,8	13,8	6,83	3,36	20,9	38,4	55,9	91,6	128	164	198	237	273	344	533		
0,045	46,1	30,6	23,1	15,3	7,54	3,71	23,2	42,6	62,1	102	142	183	221	263	304	383	595		
0,050	50,4	33,4	25,3	16,7	8,20	4,06	25,4	46,6	68,0	111	156	201	242	287	335	422	655		
0,060	58,1	38,8	29,2	19,2	9,50	4,72	29,4	54,1	79,1	130	182	235	286	338	392	500	771	1040	
0,070	65,6	43,8	32,9	21,6	10,7	5,32	33,2	61,3	89,7	148	208	267	328	386	449	572	883	1200	**35**
0,080	72,9	48,6	36,4	24,0	11,9	5,91	36,9	68,2	100	166	232	300	367	433	503	643	995	1360	mm
0,090	79,7	53,1	39,7	26,3	13,0	6,46	40,5	74,7	110	183	256	331	404	479	558	709	1110	1510	
0,100	86,3	57,4	42,8	28,3	14,0	6,95	43,8	80,9	120	199	279	361	440	524	610	778	1210	1660	
0,110	92,4	61,4	45,7	30,2	14,9	7,40	46,8	86,8	129	214	301	390	476	568	659	844	1310	1810	
0,120	98,1	65,2	48,5	32,1	15,8	7,85	49,8	92,6	138	229	322	418	511	611	708	908	1410	1950	
0,130	104	68,8	51,2	33,9	16,7	8,28	52,6	98,3	146	243	343	444	546	652	759	972	1510	2090	
0,140	109	72,3	53,7	35,7	17,5	8,72	55,3	103	154	257	363	470	580	692	806	1040	1620	2230	
0,160	119	78,3	58,6	38,7	19,0	9,48	60,4	113	169	283	401	519	642	768	894	1150	1820	2500	
0,180	128	84,2	63,0	41,5	20,4	10,1	65,1	123	183	308	437	566	701	838	979	1270	2000	2770	
0,200	136	89,9	67,0	44,2	21,7	10,8	69,7	132	196	332	470	614	760	906	1060	1380	2180	3030	

Umfang = 0,820 m   da/di = 1,367   ln da/di = 0,3123

Innerer Rohr ∅ = 175 mm **Äußerer Rohr ∅ = 191 mm**

Wärme-leitzahl λ	Rohrtemperatur in ° C (Lufttemp. = 20° C) -40	-20	-10	±0	+10	+25	+50	+75	+100	+150	+200	+250	+300	+350	+400	+500	+750	+1000	Isol.-Stär-ke
0,020	20,2	13,4	10,1	6,70	3,34	1,66	10,1	18,5	26,8	43,8	60,8	77,9	95,5	112	130	164			
0,025	24,8	16,5	12,3	8,17	4,07	2,03	12,3	22,7	33,2	53,9	75,0	96,1	118	139	159	201			
0,030	29,3	19,5	14,6	9,62	4,80	2,39	14,5	26,8	39,2	64,0	89,0	114	139	165	188	239			
0,035	33,7	22,4	16,8	11,1	5,51	2,74	16,7	30,9	45,2	73,8	103	131	160	190	208	275	424		
0,040	38,0	25,2	18,9	12,5	6,21	3,07	18,9	34,8	50,9	83,5	116	149	181	215	247	311	481		
0,045	42,1	27,9	20,9	13,9	6,85	3,42	21,0	38,6	56,3	93,0	129	165	201	239	276	347	536		
0,050	46,1	30,6	22,9	15,2	7,51	3,73	23,1	42,4	61,8	102	141	181	220	263	304	392	590		
0,060	53,9	35,6	26,7	17,7	8,76	4,34	26,9	49,5	72,5	119	166	214	260	309	357	452	697	944	
0,070	61,0	40,4	30,3	20,0	9,92	4,93	30,5	56,4	82,6	136	190	244	299	354	409	521	800	1090	
0,080	67,8	45,0	33,6	22,2	11,0	5,48	33,9	63,0	92,7	152	212	274	334	398	460	585	901	1230	**40** mm
0,090	74,5	49,3	36,8	24,3	12,1	6,00	37,4	69,2	102	169	234	303	370	441	509	648	1000	1370	
0,100	80,8	53,4	40,0	26,4	13,1	6,48	40,5	75,3	111	184	256	331	405	483	558	710	1100	1500	
0,110	86,5	57,3	42,9	28,4	14,0	6,94	43,4	81,0	119	199	278	358	439	523	606	771	1200	1640	
0,120	92,2	61,0	45,6	30,2	14,9	7,37	46,2	86,4	128	213	298	384	472	561	651	830	1300	1770	
0,130	97,7	64,6	48,3	32,0	15,8	7,78	48,9	91,8	136	227	318	409	504	599	696	888	1390	1900	
0,140	103	68,0	50,8	33,7	16,6	8,20	51,5	96,8	143	240	337	434	534	635	741	946	1480	2030	
0,160	113	74,2	55,5	36,7	18,1	8,92	56,5	107	158	265	373	482	594	706	828	1060	1660	2280	
0,180	122	80,1	59,9	39,6	19,5	9,58	61,3	116	172	288	405	527	651	776	902	1170	1830	2520	
0,200	130	85,5	63,9	42,3	20,8	10,3	65,8	124	185	311	439	571	706	844	994	1270	2000	2760	

Umfang = 0,851 m da/di = 1,419 ln da/di = 0,3499

Wärme-leitzahl λ	Rohrtemperatur in ° C (Lufttemp. = 20° C) -40	-20	-10	±0	+10	+25	+50	+75	+100	+150	+200	+250	+300	+350	+400	+500	+750	+1000	Isol.-Stär-ke
0,020	18,5	12,2	9,20	6,12	3,04	1,52	9,20	17,0	24,6	39,8	55,3	71,3	86,9	102	118	148			
0,025	22,6	15,1	11,4	7,52	3,72	1,86	11,4	20,9	30,3	49,4	68,2	88,0	107	126	145	184			
0,030	26,7	17,9	13,4	8,90	4,39	2,19	13,4	24,8	35,9	58,6	81,1	104	127	149	172	218			
0,035	30,8	20,6	15,4	10,2	5,06	2,52	15,4	28,5	41,2	67,5	93,9	120	147	173	199	252	388		
0,040	34,8	23,3	17,4	11,6	5,69	2,84	17,4	32,1	46,5	76,4	106	136	166	196	226	285	440		
0,045	38,6	25,8	19,3	12,9	6,32	3,15	19,3	35,6	51,9	85,0	118	151	185	219	252	318	492		
0,050	42,4	28,3	21,1	14,1	6,93	3,46	21,2	39,0	56,9	93,6	130	165	202	241	279	350	541		
0,060	49,6	33,0	24,7	16,4	8,09	4,02	24,9	45,7	66,7	109	153	196	238	284	328	415	640	870	
0,070	56,7	37,5	28,1	18,6	9,18	4,57	28,3	52,3	76,2	125	175	225	274	326	377	478	737	1000	
0,080	63,2	41,8	31,3	20,8	10,2	5,10	31,6	58,6	85,4	141	197	253	307	366	425	539	833	1130	**45** mm
0,090	69,5	45,9	34,4	22,9	11,3	5,60	34,9	64,5	94,0	156	218	280	344	405	472	597	929	1260	
0,100	75,5	49,9	37,3	24,8	12,2	6,08	37,8	70,2	103	170	238	307	375	443	516	655	1020	1390	
0,110	81,3	53,7	40,1	26,7	13,1	6,52	40,7	75,8	111	184	258	333	407	481	560	711	1110	1510	
0,120	86,7	57,3	42,9	28,5	14,0	6,97	43,4	81,3	119	198	277	357	438	517	602	767	1200	1630	
0,130	91,9	60,7	45,4	30,2	14,9	7,37	46,0	86,3	127	211	295	379	468	555	644	824	1290	1750	
0,140	97,0	64,0	47,8	31,8	15,7	7,76	48,6	91,0	134	223	313	402	497	590	685	876	1370	1870	
0,160	107	70,2	52,5	34,8	17,2	8,48	53,3	100	148	247	347	447	553	657	765	983	1530	2100	
0,180	116	76,1	56,7	37,6	18,6	9,16	58,1	109	161	270	381	491	607	722	841	1080	1700	2330	
0,200	124	81,6	60,9	40,4	19,8	9,78	62,6	118	174	292	413	536	660	786	913	1180	1850	2560	

Umfang = 0,883 da/di = 1,471 ln da/di = 0,3861

Innerer Rohr ⌀ = 175 mm **Äußerer Rohr ⌀ = 191 mm**

Wärme-leitzahl λ	Rohrtemperatur in ° C (Lufttemp. = 20° C)																		Isol.-Stärke
	−40	−20	−10	±0	+10	+25	+50	+75	+100	+150	+200	+250	+300	+350	+400	+500	+750	+1000	
0,020	16,9	11,3	8,42	5,62	2,80	1,40	8,41	15,5	22,6	37,0	51,1	65,1	79,8	93,4	108	136			
0,025	20,8	13,9	10,4	6,90	3,45	1,71	10,4	19,1	27,9	45,5	63,1	80,5	98,5	116	134	168			
0,030	24,7	16,5	12,3	8,17	4,09	2,02	12,3	22,7	33,1	53,8	75,0	95,7	117	138	159	200			
0,035	28,5	18,9	14,2	9,41	4,70	2,33	14,2	26,2	38,2	62,0	86,6	111	136	160	184	232	356		
0,040	32,2	21,4	16,0	10,6	5,29	2,62	16,1	29,6	43,2	70,0	98,2	126	154	181	208	264	405		
0,045	35,8	23,8	17,8	11,8	5,87	2,91	17,9	33,0	48,0	78,0	109	140	171	202	233	294	452		
0,050	39,3	26,1	19,5	13,0	6,45	3,20	19,7	36,2	52,9	86,0	120	154	188	223	257	324	499		
0,060	46,5	30,6	23,0	15,2	7,56	3,76	23,1	42,6	62,4	102	142	182	222	263	304	384	594	800	
0,070	52,7	35,0	26,2	17,4	8,62	4,29	26,4	48,6	71,6	117	163	209	255	302	349	442	685	920	**50**
0,080	59,0	39,2	29,3	19,4	9,64	4,79	29,5	54,5	80,0	131	183	235	287	340	394	498	772	1040	mm
0,090	64,9	43,2	32,2	21,4	10,6	5,26	32,6	60,1	88,2	145	202	260	318	378	438	554	857	1160	
0,100	70,6	46,9	35,1	23,3	11,5	5,72	35,5	65,6	96,3	159	222	285	349	415	480	608	941	1280	
0,110	76,1	50,6	37,9	25,1	12,4	6,15	38,2	71,0	104	172	241	309	379	450	522	662	1030	1390	
0,120	81,4	54,2	40,5	26,8	13,2	6,58	40,8	76,0	112	185	259	333	408	485	562	714	1110	1510	
0,130	86,6	57,6	42,9	28,5	14,1	6,97	43,4	80,8	120	198	276	355	437	520	601	766	1190	1630	
0,140	91,5	61,0	45,5	30,1	14,9	7,35	45,8	85,3	127	210	293	378	465	553	640	815	1270	1740	
0,160	101	67,1	50,1	33,0	16,3	8,07	50,6	94,4	140	233	326	422	519	616	715	914	1430	1950	
0,180	110	73,0	54,3	35,8	17,7	8,75	55,1	103	153	255	358	463	570	679	788	1010	1580	2160	
0,200	118	78,4	58,4	38,6	19,0	9,44	59,6	111	166	276	389	503	619	739	860	1100	1730	2370	

Umfang = 0,914 m da/di = 1,524 ln da/di = 0,4211

Wärme-leitzahl λ	Rohrtemperatur in ° C (Lufttemp. = 20° C)																		Isol.-Stärke
	−40	−20	−10	±0	+10	+25	+50	+75	+100	+150	+200	+250	+300	+350	+400	+500	+750	+1000	
0,020	14,8	9,86	7,37	4,90	2,45	1,22	7,38	13,5	19,7	31,9	44,6	56,9	69,2	81,1	93,4	119			
0,025	18,2	12,2	9,15	6,05	3,02	1,50	9,17	16,7	24,3	39,4	55,0	70,5	86,0	101	116	147			
0,030	21,6	14,5	10,8	7,19	3,56	1,78	10,9	19,8	28,9	46,8	65,4	83,7	102	120	138	175			
0,035	25,0	16,7	12,5	8,30	4,12	2,05	12,5	22,9	33,3	54,1	75,8	96,8	119	139	161	202	310		
0,040	28,3	18,9	14,1	9,41	4,66	2,32	14,1	25,9	37,8	61,5	85,9	109	135	158	183	229	353		
0,045	31,4	21,0	15,7	10,5	5,20	2,59	15,8	28,8	42,3	68,5	96,0	122	151	177	204	256	394		
0,050	34,5	23,1	17,3	11,5	5,72	2,85	17,4	31,8	46,6	75,5	106	135	166	195	225	283	435		
0,060	40,7	27,1	20,3	13,5	6,70	3,35	20,5	37,5	55,0	90,0	125	160	195	230	266	337	517	700	
0,070	46,7	31,0	23,2	15,5	7,67	3,83	23,5	43,2	63,1	103	144	184	225	265	307	388	598	817	**60**
0,080	52,4	34,8	26,0	17,4	8,63	4,29	26,4	48,6	71,0	117	162	208	254	300	347	439	676	930	mm
0,090	58,0	38,5	28,8	19,1	9,55	4,74	29,2	53,8	78,7	130	180	231	282	334	387	489	754	1040	
0,100	63,5	42,1	31,4	20,9	10,4	5,15	31,9	58,8	86,1	142	198	254	310	366	425	537	830	1140	
0,110	68,6	45,5	34,0	22,6	11,3	5,58	34,5	63,6	93,6	154	215	276	337	399	461	584	906	1240	
0,120	73,6	48,8	36,5	24,3	12,1	5,99	36,9	68,3	101	166	232	297	364	430	497	633	979	1330	
0,130	78,5	52,0	38,9	25,9	12,8	6,36	39,3	72,9	108	177	248	218	390	461	533	680	1050	1430	
0,140	83,3	55,1	41,1	27,4	13,6	6,72	41,7	77,4	114	188	263	239	415	492	569	723	1150	1530	
0,160	92,2	60,9	45,4	30,1	15,0	7,42	46,1	86,0	126	210	294	279	465	551	637	814	1270	1730	
0,180	101	66,7	49,8	33,0	16,4	8,09	50,4	94,0	139	230	323	317	513	608	704	907	1400	1920	
0,200	110	72,4	54,0	35,6	17,7	8,73	54,7	102	151	250	352	354	559	664	769	988	1530	2110	

Umfang = 0,977 m da/di = 1,628 ln da/di = 0,4876

Innerer Rohr ⌀ = 175 mm **Äußerer Rohr ⌀ = 191 mm**

Wärme-leitzahl λ	Rohrtemperatur in ° C (Lufttemp. = 20° C)																		Isol.-Stärke
	−40	−20	−10	±0	+10	+25	+50	+75	+100	+150	+200	+250	+300	+350	+400	+500	+750	+1000	
0,020	13,1	8,79	6,59	4,40	2,18	1,08	6,59	12,1	17,5	28,5	39,4	50,7	61,7	72,6	84,7	105			
0,025	16,2	10,9	8,12	5,40	2,70	1,34	8,13	15,0	21,7	35,3	49,0	62,8	76,6	90,9	104	131			
0,030	19,3	12,9	9,64	6,40	3,20	1,60	9,65	17,9	25,9	42,0	58,5	74,7	91,5	108	124	156			
0,035	22,3	14,9	11,2	7,39	3,68	1,84	11,2	20,7	30,0	48,7	67,9	86,3	106	125	144	180	278		
0,040	25,3	16,9	12,6	8,37	4,17	2,08	12,7	23,5	34,0	55,2	77,0	98,0	121	142	164	204	314		
0,045	28,2	18,8	14,1	9,34	4,66	2,32	14,2	26,2	38,0	61,8	86,1	110	135	158	184	229	352		
0,050	31,1	20,8	15,6	10,4	5,16	2,56	15,6	28,9	41,8	68,1	95,2	122	149	174	203	253	389		
0,060	36,8	24,5	18,4	12,3	6,08	3,02	18,4	34,0	49,5	80,8	112	143	176	207	241	301	463	626	
0,070	42,4	28,2	21,1	14,1	7,00	3,47	21,2	39,0	57,1	93,4	130	165	203	239	278	348	536	722	**70** mm
0,080	47,6	31,6	23,7	15,8	7,85	3,91	23,8	43,9	64,5	105	147	187	229	270	314	394	608	819	
0,090	52,8	35,1	26,2	17,5	8,71	4,32	26,4	48,7	71,8	117	163	209	255	301	351	441	679	916	
0,100	58,0	38,4	28,7	19,1	9,50	4,72	29,0	53,4	78,9	128	179	230	280	331	386	484	748	1010	
0,110	62,8	41,7	31,2	20,7	10,3	5,11	31,5	57,8	85,7	139	195	250	305	361	419	527	817	1100	
0,120	67,5	44,8	33,5	22,3	11,1	5,49	33,8	62,3	92,3	150	210	270	330	390	453	572	885	1200	
0,130	72,0	47,8	35,7	23,8	11,8	5,86	36,0	66,5	98,8	161	225	290	354	418	486	613	953	1290	
0,140	76,7	50,8	37,9	25,2	12,6	6,20	38,3	70,7	105	172	240	309	378	446	518	656	1020	1380	
0,160	85,1	56,2	42,1	27,9	13,9	6,89	42,5	78,9	117	192	268	346	423	501	583	739	1150	1560	
0,180	93,3	61,7	46,2	30,6	15,2	7,55	46,6	87,0	128	211	296	382	468	554	646	820	1270	1730	
0,200	101	67,0	50,2	33,2	16,5	8,20	50,7	94,7	139	230	322	417	513	607	707	898	1390	1910	

Umfang = 1,040 m da/di = 1,733 ln da/di = 0,5499

Wärme-leitzahl λ	Rohrtemperatur in ° C (Lufttemp. = 20° C)																		Isol.-Stärke
	−40	−20	−10	±0	+10	+25	+50	+75	+100	+150	+200	+250	+300	+350	+400	+500	+750	+1000	
0,020	11,9	7,95	5,96	3,98	1,99	1,00	5,96	10,9	15,9	25,8	36,0	46,0	56,0	65,9	76,1	96,4			
0,025	14,8	9,81	7,37	4,92	2,46	1,23	7,40	13,5	19,7	32,0	44,4	56,8	69,9	81,1	94,5	120			
0,030	17,6	11,6	8,76	5,84	2,93	1,47	8,80	16,1	23,5	38,1	52,8	67,5	83,1	96,3	113	143			
0,035	20,4	13,5	10,1	6,79	3,40	1,69	10,2	18,6	27,2	44,1	61,2	78,0	96,4	112	131	165	251		
0,040	23,1	15,3	11,5	7,69	3,85	1,92	11,6	21,1	31,0	50,0	69,5	89,0	110	127	149	187	286		
0,045	25,8	17,2	12,8	8,60	4,30	2,14	12,9	23,6	34,6	56,0	77,8	99,5	123	143	166	209	320		
0,050	28,5	19,0	14,1	9,50	4,74	2,35	14,3	26,0	38,2	61,9	86,0	110	136	158	183	232	354		
0,060	33,8	22,5	16,8	11,2	5,59	2,78	16,9	31,0	45,4	73,4	102	131	161	188	218	276	422	570	
0,070	38,9	26,0	19,4	12,9	6,42	3,20	19,4	35,8	52,3	84,7	118	152	186	218	252	320	489	660	**80** mm
0,080	43,9	29,3	21,9	14,6	7,25	3,59	21,9	40,5	59,1	95,7	134	171	210	246	286	362	555	750	
0,090	48,8	32,5	24,3	16,2	8,06	3,99	24,3	45,1	65,6	107	149	190	234	275	319	404	619	839	
0,100	53,5	35,6	26,6	17,7	8,80	4,37	26,7	49,5	72,0	118	164	210	257	303	351	445	682	928	
0,110	58,0	38,7	28,9	19,2	9,54	4,73	29,0	53,8	78,2	128	179	229	280	330	383	485	745	1010	
0,120	62,6	41,7	31,2	20,7	10,3	5,10	31,3	58,0	84,5	139	194	248	303	356	414	524	806	1090	
0,130	67,0	44,7	33,4	22,1	11,0	5,45	33,5	62,2	90,6	149	208	266	325	383	445	564	867	1170	
0,140	71,3	47,5	35,5	23,5	11,7	5,80	35,6	66,4	96,6	160	221	283	347	408	475	603	928	1260	
0,160	79,4	52,9	39,5	26,2	13,0	6,45	39,6	74,0	108	179	248	319	391	460	535	681	1050	1420	
0,180	87,4	58,1	43,3	28,8	14,3	7,09	43,6	81,3	119	197	274	354	433	510	594	756	1170	1580	
0,200	95,0	63,0	47,1	31,3	15,6	7,73	47,5	88,2	130	215	300	387	474	560	651	829	1280	1740	

Umfang = 1,103 m da/di = 1,838 ln da/di = 0,6085

Innerer Rohr ∅ = 175 mm **Äußerer Rohr ∅ = 191 mm**

Wärme-leitzahl λ	Rohrtemperatur in ° C (Lufttemp. = 20° C)																		Isol.-Stärke
	-40	-20	-10	±0	+10	+25	+50	+75	+100	+150	+200	+250	+300	+350	+400	+500	+750	+1000	
0,020	11,0	7,34	5,50	3,66	1,82	0,91	5,48	10,1	14,6	23,8	33,1	42,2	51,5	60,8	70,0	88,3			
0,025	13,7	9,10	6,80	4,52	2,27	1,13	6,80	12,5	18,1	29,4	40,8	52,3	64,1	75,8	86,8	109			
0,030	16,4	10,9	8,14	5,40	2,70	1,35	8,14	14,9	21,6	35,3	48,6	62,4	76,5	90,6	104	130			
0,035	19,0	12,6	9,41	6,25	3,12	1,56	9,40	17,3	25,1	41,0	56,3	72,5	88,8	105	121	151	231		
0,040	21,6	14,2	10,6	7,08	3,54	1,77	10,7	19,7	28,6	46,7	64,2	82,5	101	120	138	172	263		
0,045	24,0	15,8	11,9	7,92	3,96	1,98	12,0	22,0	32,0	52,3	72,1	92,5	113	134	154	193	295		
0,050	26,4	17,5	13,1	8,76	4,38	2,18	13,2	24,3	35,3	57,7	80,0	102	125	148	170	214	326		
0,060	31,3	20,8	15,7	10,4	5,19	2,58	15,7	28,8	42,1	68,3	95,0	121	148	175	202	257	388	525	
0,070	36,0	24,0	18,0	12,0	5,98	2,97	18,1	33,2	48,6	78,9	110	140	171	202	234	296	450	608	**90**
0,080	40,7	27,1	20,3	13,6	6,74	3,34	20,4	37,6	54,8	89,3	125	159	194	229	265	335	511	689	mm
0,090	45,3	30,2	22,6	15,1	7,49	3,70	22,7	41,8	61,1	99,5	139	178	217	256	295	374	572	772	
0,100	49,9	33,1	24,8	16,6	8,21	4,07	24,9	46,0	67,0	110	153	196	239	282	325	412	631	854	
0,110	54,4	36,0	27,0	18,0	8,92	4,43	27,1	50,0	73,0	120	167	213	261	307	354	449	690	934	
0,120	58,7	38,8	29,1	19,4	9,60	4,78	29,2	53,9	78,7	129	180	231	282	333	383	486	748	1010	
0,130	62,8	41,5	31,2	20,7	10,3	5,11	31,3	57,7	84,4	139	193	248	303	357	412	522	806	1090	
0,140	66,9	44,2	33,2	22,0	10,9	5,44	33,3	61,4	90,0	148	206	266	324	382	441	558	862	1170	
0,160	74,7	49,3	37,1	24,6	12,2	6,08	37,2	68,7	100	166	232	297	364	430	498	630	976	1320	
0,180	82,3	54,4	40,8	27,1	13,5	6,70	41,1	76,0	111	184	257	329	404	478	552	702	1080	1470	
0,200	89,5	59,4	44,6	29,6	14,7	7,31	44,9	83,1	122	202	281	360	443	524	607	771	1190	1620	

Umfang = 1,666 m da/di = 1,942 ln da/di = 0,6639

Wärme-leitzahl λ	Rohrtemperatur in ° C (Lufttemp. = 20° C)																		Isol.-Stärke
	-40	-20	-10	±0	+10	+25	+50	+75	+100	+150	+200	+250	+300	+350	+400	+500	+750	+1000	
0,020	10,2	6,82	5,11	3,41	1,70	0,85	5,11	9,41	13,7	22,2	30,7	39,5	48,0	56,4	65,2	82,5			
0,025	12,8	8,47	6,35	4,24	2,12	1,05	6,35	11,7	17,0	27,6	38,1	49,0	59,7	70,1	81,0	102			
0,030	15,3	10,1	7,57	5,05	2,52	1,25	7,57	14,0	20,2	32,9	45,6	58,4	71,2	83,8	97,0	122			
0,035	17,7	11,7	8,77	5,83	2,91	1,45	8,78	16,3	23,4	38,3	53,0	67,8	83,0	97,4	112	141	214		
0,040	20,1	13,3	10,0	6,62	3,32	1,65	10,1	18,5	26,6	43,6	60,3	77,1	94,5	111	128	160	245		
0,045	22,4	14,9	11,2	7,40	3,70	1,84	11,3	20,7	29,8	48,8	67,6	86,6	106	124	144	179	276		
0,050	24,7	16,5	12,4	8,18	4,09	2,03	12,5	22,8	33,0	54,0	74,9	96,0	117	137	159	197	305		
0,060	29,3	19,6	14,7	9,70	4,84	2,42	14,8	27,1	39,2	64,2	89,5	114	138	163	189	238	362	492	
0,070	33,8	22,6	16,9	11,3	5,59	2,79	17,0	31,3	45,4	74,2	103	132	160	189	218	275	420	567	**100**
0,080	38,3	25,6	19,1	12,8	6,32	3,15	19,2	35,4	51,4	83,6	117	150	182	215	248	313	477	642	mm
0,090	42,6	28,5	21,3	14,3	7,04	3,50	21,3	39,2	57,2	93,2	130	167	203	240	277	350	533	716	
0,100	46,9	31,4	23,4	15,7	7,74	3,85	23,5	43,0	62,9	103	143	184	224	265	305	385	588	792	
0,110	51,2	34,1	25,5	17,0	8,42	4,19	25,6	46,8	68,5	112	156	200	244	289	333	420	642	868	
0,120	55,2	36,8	27,5	18,3	9,08	4,52	27,6	50,5	74,0	121	169	216	264	312	361	456	698	941	
0,130	59,2	39,4	29,5	19,6	9,74	4,84	29,6	54,2	79,5	130	182	233	284	337	388	489	752	1010	
0,140	63,1	41,9	31,4	20,8	10,4	5,16	31,5	57,8	85,0	139	194	249	304	359	415	525	806	1090	
0,160	70,7	47,0	35,1	23,3	11,6	5,76	35,5	65,0	95,3	157	218	280	342	405	469	592	914	1230	
0,180	77,9	51,8	38,7	25,7	12,8	6,37	39,3	72,0	105	174	242	311	380	450	521	659	1020	1370	
0,200	84,9	56,4	42,2	28,0	14,0	6,98	43,0	78,9	115	190	266	341	417	495	573	725	1120	1510	

Umfang = 1,228 da/di = 1,047 ln da/di = 0,7164

Innerer Rohr ∅ = 175 mm **Äußerer Rohr ∅ = 191 mm**

Wärmeleitzahl λ	Rohrtemperatur in ° C (Lufttemp. = 20° C)																		Isol.-Stärke
	−40	−20	−10	±0	+10	+25	+50	+75	+100	+150	+200	+250	+300	+350	+400	+500	+750	+1000	
0,020	9,02	6,00	4,51	2,99	1,50	0,75	4,51	8,28	11,1	19,5	27,1	34,6	42,4	49,6	57,2	72,0			
0,025	11,3	7,53	5,61	3,71	1,86	0,94	5,63	10,4	15,0	24,4	33,6	43,3	52,8	62,0	71,5	90,4			
0,030	13,5	9,01	6,71	4,45	2,22	1,12	6,74	12,4	17,9	29,3	40,1	51,7	63,0	74,4	85,7	108			
0,035	15,7	10,5	7,81	5,19	2,59	1,31	7,84	14,4	20,8	34,0	46,6	60,0	73,3	86,4	99,8	125	191		
0,040	17,8	11,9	8,90	5,91	2,96	1,48	8,92	16,3	23,7	38,5	53,1	68,3	83,3	98,4	113	142	218		
0,045	19,9	13,3	10,0	6,61	3,31	1,66	10,0	18,2	26,6	43,2	59,7	76,5	93,2	110	127	160	245		
0,050	22,0	14,6	11,0	7,30	3,65	1,83	11,0	20,2	29,5	47,7	66,1	84,7	103	122	141	177	270		
0,060	26,1	17,3	13,1	8,68	4,34	2,17	13,1	24,0	35,1	56,7	78,8	101	123	145	167	211	321	434	
0,070	30,2	20,0	15,1	10,0	5,00	2,50	15,1	27,8	40,6	65,6	91,4	117	143	168	194	245	373	504	**120 mm**
0,080	34,2	22,6	17,1	11,3	5,65	2,82	17,1	31,6	46,0	74,5	104	133	162	191	221	278	424	572	
0,090	38,1	25,2	19,1	12,6	6,30	3,15	19,1	35,2	51,2	83,3	115	148	181	214	247	312	474	641	
0,100	42,1	27,8	21,0	13,9	6,95	3,47	21,0	38,8	56,4	91,8	127	164	200	236	272	344	522	710	
0,110	46,0	30,3	22,9	15,2	7,61	3,80	22,9	42,3	61,4	100	139	179	219	258	297	377	572	777	
0,120	49,7	32,8	24,7	16,4	8,21	4,11	24,8	45,7	66,3	109	151	194	237	280	322	408	621	845	
0,130	53,4	35,4	26,6	17,6	8,82	4,42	26,8	49,2	71,3	117	163	209	255	302	347	440	670	912	
0,140	57,1	37,9	28,4	18,8	9,42	4,72	28,4	52,5	76,2	125	174	223	272	323	371	471	721	980	
0,160	64,2	42,6	31,9	21,2	10,6	5,32	31,9	59,0	85,7	141	196	253	307	365	420	533	820	1110	
0,180	71,1	47,2	35,1	23,5	11,8	5,91	35,4	65,5	95,3	157	218	281	342	406	468	594	912	1240	
0,200	77,8	51,6	38,5	25,6	12,9	6,46	38,8	71,8	105	173	240	308	376	446	515	654	1000	1360	

Umfang = 1,354 m da/di = 2.257 ln da/di = 0,8138

Wärmeleitzahl λ	Rohrtemperatur in ° C (Lufttemp. = 20° C)																		Isol.-Stärke
	−40	−20	−10	±0	+10	+25	+50	+75	+100	+150	+200	+250	+300	+350	+400	+500	+750	+1000	
0,020	8,20	5,46	4,09	2,71	1,35	0,68	4,09	7,48	10,9	17,4	24,5	31,7	38,2	45,0	51,8	65,4			
0,025	10,2	6,75	5,06	3,37	1,68	0,84	5,06	9,35	13,6	21,8	30,5	39,5	47,5	55,7	64,5	81,9			
0,030	12,2	8,05	6,04	4,03	2,01	1,00	6,04	11,2	16,2	26,2	36,5	47,1	56,8	66,3	77,2	97,1			
0,035	14,2	9,34	7,01	4,68	2,33	1,16	7,02	13,0	18,9	30,5	42,3	54,7	66,1	77,5	89,8	113	174		
0,040	16,1	10,7	7,97	5,32	2,65	1,32	7,99	14,8	21,5	34,8	48,1	62,2	75,1	88,5	102	129	198		
0,045	18,0	12,0	8,95	5,97	2,98	1,49	8,97	16,5	24,1	39,0	54,0	69,7	84,2	99,3	115	145	222		
0,050	19,9	13,2	9,93	6,61	3,30	1,65	9,93	18,2	26,6	43,2	59,8	77,1	93,3	110	127	161	245		
0,060	23,6	15,8	11,9	7,86	3,92	1,97	11,9	21,8	31,7	51,6	71,6	92,0	112	131	152	191	291	392	
0,070	27,4	18,3	13,7	9,07	4,55	2,27	13,7	25,3	36,9	59,9	82,9	107	130	152	176	221	337	456	**140 mm**
0,080	31,1	20,7	15,5	10,3	5,16	2,57	15,5	28,6	41,8	68,3	93,9	121	148	173	200	252	384	518	
0,090	34,6	23,2	17,4	11,5	5,75	2,86	17,4	31,9	46,7	76,4	105	135	165	194	224	282	430	580	
0,100	38,3	25,6	19,2	12,7	6,34	3,16	19,2	35,2	51,4	84,2	116	149	183	214	248	312	476	642	
0,110	42,0	27,9	20,9	13,9	6,92	3,46	21,0	38,5	56,1	92,0	127	163	200	234	271	342	522	702	
0,120	45,5	30,2	22,6	15,0	7,49	3,74	22,7	41,7	60,7	99,4	137	177	217	254	294	371	566	763	
0,130	48,9	32,5	24,3	16,1	8,05	4,02	24,4	44,9	65,4	107	148	191	233	274	316	400	612	823	
0,140	52,3	34,8	26,1	17,3	8,60	4,30	26,1	48,0	70,0	114	158	204	249	294	338	428	656	883	
0,160	59,0	39,3	29,3	19,6	9,76	4,84	29,5	54,2	79,0	129	180	231	282	332	383	485	748	1000	
0,180	65,5	43,6	32,6	21,8	10,8	5,37	32,7	60,3	88,0	144	201	257	314	370	428	542	832	1120	
0,200	71,9	47,8	35,8	23,9	11,9	5,89	35,9	66,2	96,8	158	221	283	345	408	472	597	915	1240	

Umfang = 1,480 m da/di = 2,466 ln da/di = 0,9026

Innerer Rohr ⌀ = 175 mm **Äußerer Rohr ⌀ = 191 mm**

Wärme-leitzahl λ	Rohrtemperatur in ° C (Lufttemp. = 20° C) -40	-20	-10	±0	+10	+25	+50	+75	+100	+150	+200	+250	+300	+350	+400	+500	+750	+1000	Isol.-Stärke
0,020	7,60	5,00	3,75	2,50	1,24	0,62	3,74	6,89	10,0	16,4	22,7	29,0	35,1	41,6	47,5	60,1			
0,025	9,38	6,22	4,66	3,10	1,54	0,77	4,67	8,51	12,5	20,3	28,2	36,1	43,7	51,7	59,5	75,2			
0,030	11,2	7,44	5,56	3,70	1,84	0,92	5,59	10,2	14,9	24,2	33,5	43,1	52,5	61,7	71,2	90,0			
0,035	13,1	8,65	6,48	4,30	2,14	1,07	6,50	11,9	17,4	28,1	39,0	50,0	61,0	71,8	82,5	104	159		
0,040	14,9	9,83	7,35	4,90	2,45	1,22	7,39	13,5	19,8	32,0	44,2	56,9	69,3	81,8	94,0	119	181		
0,045	16,7	11,1	8,25	5,50	2,75	1,37	8,27	15,1	22,2	36,0	49,6	63,8	77,8	91,7	106	134	203		
0,050	18,4	12,3	9,16	6,10	3,05	1,52	9,16	16,7	24,6	39,9	54,8	70,5	86,0	101	117	148	224		
0,060	22,0	14,6	10,9	7,28	3,64	1,82	10,9	20,0	29,4	47,5	65,7	84,0	103	121	140	176	268	360	
0,070	25,5	16,9	12,6	8,44	4,21	2,10	12,6	23,2	34,1	55,2	76,4	97,5	120	141	162	204	313	421	**160** mm
0,080	29,0	19,2	14,4	9,60	4,78	2,38	14,4	26,4	38,7	63,0	86,9	111	137	160	184	232	355	479	
0,090	32,5	21,5	16,1	10,7	5,33	2,66	16,1	29,6	43,2	70,5	97,0	124	153	180	206	261	398	534	
0,100	35,9	23,8	17,8	11,8	5,90	2,94	17,8	32,7	47,6	78,0	108	137	169	199	228	290	440	592	
0,110	39,1	26,0	19,5	12,9	6,43	3,21	19,5	35,7	52,1	85,5	118	150	184	218	250	319	483	649	
0,120	42,3	28,2	21,1	14,0	6,98	3,48	21,1	38,8	56,5	93,0	128	163	200	236	272	346	525	706	
0,130	45,5	30,4	22,7	15,0	7,49	3,74	22,7	41,8	60,9	100	138	176	216	254	293	372	566	762	
0,140	48,7	32,5	24,3	16,1	8,02	4,00	24,3	44,8	65,2	108	148	188	231	272	314	399	608	816	
0,160	55,0	36,6	27,4	18,2	9,06	4,51	27,5	50,5	73,7	122	167	214	261	309	357	450	690	930	
0,180	61,3	40,7	30,5	20,3	10,1	5,02	30,6	56,3	82,1	135	187	239	291	345	399	503	770	1040	
0,200	67,5	44,8	33,6	22,3	11,1	5,51	33,7	62,0	90,4	148	206	263	320	380	440	553	848	1150	

Umfang = 1,605 m da/di = 2,675 ln da/di = 0,9841

Wärme-leitzahl λ	Rohrtemperatur in ° C (Lufttemp. = 20° C) -40	-20	-10	±0	+10	+25	+50	+75	+100	+150	+200	+250	+300	+350	+400	+500	+750	+1000	Isol.-Stärke
0,020	7,19	4,71	3,50	2,32	1,16	0,58	3,50	6,49	9,48	15,3	21,2	27,1	33,2	38,7	44,3	56,1			
0,025	8,81	5,90	4,39	2,90	1,44	0,72	4,40	8,13	11,9	19,0	26,3	33,7	41,0	48,2	55,5	70,1			
0,030	11,5	7,07	5,27	3,47	1,72	0,86	5,28	9,67	14,2	22,7	31,4	40,3	49,1	57,6	66,6	84,0			
0,035	12,2	8,20	6,12	4,04	2,01	1,01	6,12	11,2	16,4	26,4	36,5	46,9	57,2	67,2	77,8	97,5	149		
0,040	13,9	9,31	6,96	4,60	2,29	1,15	6,97	12,8	18,6	30,1	41,6	53,4	65,0	76,6	88,0	112	170		
0,045	15,7	10,4	7,77	5,15	2,58	1,29	7,79	14,3	20,8	33,7	46,7	59,8	72,7	86,0	99,1	126	190		
0,050	17,4	11,5	8,61	5,73	2,86	1,43	8,65	15,9	23,0	37,3	51,8	66,1	80,5	95,3	110	139	211		
0,060	20,7	13,8	10,3	6,84	3,42	1,71	10,3	18,9	27,5	44,4	61,8	79,3	96,5	114	131	166	252	337	
0,070	24,0	16,0	12,0	7,93	3,95	1,98	12,0	21,9	32,0	51,7	71,7	92,3	112	133	152	193	293	393	**180** mm
0,080	27,2	18,2	13,6	9,02	4,49	2,24	13,6	24,9	36,4	58,8	81,6	105	127	151	172	220	334	448	
0,090	30,4	20,3	15,2	10,1	5,01	2,50	15,2	27,9	40,7	65,8	91,5	117	143	169	192	247	374	502	
0,100	33,5	22,4	16,8	11,1	5,53	2,76	16,9	30,8	44,8	72,8	101	130	158	187	312	274	413	554	
0,110	36,6	24,5	18,3	12,1	6,06	3,02	18,4	33,6	49,0	79,8	110	142	173	204	334	301	453	607	
0,120	39,7	26,5	19,8	13,2	6,57	3,28	19,9	36,5	53,2	86,6	119	154	188	222	355	327	493	660	
0,130	42,8	28,5	21,4	14,2	7,08	3,54	21,4	39,4	57,4	93,3	129	166	204	240	376	353	532	712	
0,140	45,9	30,6	23,0	15,1	7,58	3,79	23,0	42,2	61,5	100	138	178	219	257	396	377	571	765	
0,160	52,1	34,6	26,0	17,2	8,60	4,26	26,0	47,6	69,6	114	157	202	246	290	436	425	648	873	
0,180	58,3	38,6	28,9	19,2	9,57	4,74	28,9	53,0	77,8	127	176	225	273	323	476	472	723	974	
0,200	64,2	42,6	31,8	21,1	10,5	5,20	31,9	58,4	85,7	140	194	247	300	357	515	520	793	1070	

Umfang = 1,731 m da/di = 2,885 ln da/di = 1,0595

Innerer Rohr ⌀ = 175 mm **Äußerer Rohr ⌀ = 191 mm**

Wärme-leitzahl λ	Rohrtemperatur in ° C (Lufttemp. = 20° C)																		Isol.-Stärke
	−40	−20	−10	±0	+10	+25	+50	+75	+100	+150	+200	+250	+300	+350	+400	+500	+750	+1000	
0,020	6,63	4,41	3,28	2,19	1,09	0,55	3,30	6,12	9,0	14,6	20,2	25,8	31,3	36,8	42,4	52,8			
0,025	8,21	5,50	4,11	2,73	1,36	0,68	4,12	7,63	11,2	18,1	24,9	32,0	38,8	45,5	52,8	65,9			
0,030	9,81	6,57	4,91	3,26	1,62	0,81	4,92	9,12	13,3	21,6	29,7	38,0	46,2	54,3	63,0	79,0			
0,035	11,5	7,63	5,71	3,78	1,89	0,95	5,73	10,6	15,5	25,1	34,5	44,0	53,6	63,2	73,2	91,8	139		
0,040	13,1	8,70	6,50	4,32	2,16	1,08	6,53	12,1	17,6	28,6	39,3	50,3	61,1	71,9	83,2	105	159		
0,045	14,7	9,76	7,30	4,85	2,42	1,21	7,33	13,6	19,8	32,2	44,1	56,2	68,5	80,5	93,4	118	179		
0,050	16,4	10,9	8,10	5,38	2,69	1,34	8,12	15,1	22,0	35,6	48,8	62,5	76,0	89,0	103	130	199		
0,060	19,6	13,0	9,67	6,44	3,22	1,61	9,69	17,9	26,1	42,3	58,5	74,5	91,0	106	124	156	238	320	
0,070	22,7	15,0	11,2	7,48	3,74	1,86	11,2	20,7	30,2	49,0	67,7	86,6	105	123	143	181	276	372	**200** mm
0,080	25,8	16,9	12,7	8,49	4,24	2,11	12,8	23,5	34,4	55,5	77,1	98,6	120	140	162	206	313	422	
0,090	28,8	18,9	14,2	9,47	4,73	2,36	14,3	26,3	38,5	62,1	86,1	110	134	156	182	231	352	472	
0,100	31,8	20,9	15,7	10,5	5,24	2,61	15,8	29,1	42,6	68,5	94,7	122	149	173	202	256	390	524	
0,110	34,8	22,9	17,2	11,5	5,73	2,85	17,3	31,8	46,6	75,1	104	134	163	191	222	281	428	576	
0,120	37,8	25,0	18,7	12,5	6,22	3,10	18,8	34,5	50,7	81,6	113	145	176	208	242	306	466	627	
0,130	40,7	27,0	20,1	13,4	6,69	3,34	20,2	37,2	54,7	88,1	123	156	191	226	261	330	503	676	
0,140	43,6	29,0	21,6	14,4	7,19	3,59	21,6	39,9	58,6	95,1	131	167	205	243	280	354	540	730	
0,160	49,3	32,7	24,4	16,2	8,13	4,06	24,5	45,2	66,6	108	149	191	233	276	318	402	614	826	
0,180	55,0	36,4	27,2	18,1	9,04	4,51	27,4	50,4	74,2	121	167	214	260	308	355	450	687	925	
0,200	60,5	40,2	30,0	20,0	9,97	4,96	30,2	55,7	82,0	134	184	236	287	340	391	496	759	1020	

Umfang = 1,857 m da/di = 3,094 ln da/di = 1,1295

Innerer Rohr ⌀ = 200 mm **Äußerer Rohr ⌀ = 216 mm**

Wärme-leitzahl λ	Rohrtemperatur in °C (Lufttemp. = 20° C) -40	-20	-10	±0	+10	+25	+50	+75	+100	+150	+200	+250	+300	+350	+400	+500	+750	+1000	Isol.-Stärke
0,020	65,2	43,3	32,3	21,4	10,6	5,25	32,4	60,8	89,2	147	206	265	326	386	447	570			
0,025	77,3	51,2	38,1	25,2	12,5	6,19	38,6	71,8	106	176	246	319	394	465	539	696			
0,030	87,9	58,2	43,2	28,8	14,2	7,01	44,1	82,1	122	203	285	370	455	540	630	810			
0,035	97,4	64,3	48,0	31,8	15,8	7,75	49,2	91,9	137	228	321	418	514	611	712	919	1430		
0,040	106	70,2	52,3	34,6	17,1	8,45	53,9	101	151	252	356	462	570	680	793	1020	1610		
0,045	114	75,2	56,2	37,2	18,4	9,09	58,1	109	163	274	388	504	621	743	868	1120	1780		
0,050	121	80,1	59,8	39,6	19,5	9,67	62,1	117	175	294	418	544	673	807	941	1220	1950		
0,060	134	88,4	66,2	43,8	21,5	10,7	69,2	131	196	332	474	620	770	927	1080	1400	2260	3130	
0,070	146	95,8	71,6	47,5	23,2	11,5	75,3	144	216	367	525	690	860	1040	1210	1580	2560	3550	10 mm
0,080	156	102	76,3	50,6	24,7	12,2	80,7	155	233	397	571	755	942	1140	1330	1740	2840	3970	
0,090	164	108	80,6	53,2	25,9	12,8	85,5	165	249	426	614	814	1020	1240	1450	1900	3110	4380	
0,100	171	113	84,3	55,6	27,1	13,4	89,8	174	263	452	655	870	1090	1330	1560	2060	3370	4790	
0,110	178	117	87,5	57,7	28,1	13,9	93,6	182	276	476	692	921	1160	1410	1660	2200	3630	5170	
0,120	184	121	90,4	59,6	29,1	14,3	97,1	189	288	498	727	968	1220	1490	1760	2340	3880	5550	
0,130	189	125	93,0	61,2	29,9	14,7	100	196	299	520	758	1010	1280	1560	1850	2470	4110	5910	
0,140	194	128	95,3	62,8	30,7	15,1	103	202	309	540	788	1050	1330	1640	1940	2590	4340	6260	
0,160	203	133	99,4	65,5	31,9	15,8	108	213	327	579	842	1130	1440	1770	2110	2820	4780	6930	
0,180	210	138	103	67,6	33,0	16,3	113	222	342	610	891	1200	1540	1900	2270	3050	5210	7570	
0,200	216	142	106	69,6	33,9	16,7	117	231	356	632	938	1270	1630	2020	2420	3270	5640	8200	

Umfang = 0,741 m da/di = 1,093 ln da/di = 0,0886

Wärme-leitzahl λ	Rohrtemperatur in °C (Lufttemp. = 20° C) -40	-20	-10	±0	+10	+25	+50	+75	+100	+150	+200	+250	+300	+350	+400	+500	+750	+1000	Isol.-Stärke
0,020	48,1	32,0	23,8	15,8	7,87	3,89	24,0	44,4	65,0	107	149	191	233	276	320	405			
0,025	57,8	38,5	28,6	19,0	9,39	4,64	28,6	53,7	78,5	129	181	233	284	336	389	495			
0,030	67,0	44,5	33,2	22,0	10,8	5,34	33,1	62,2	91,4	150	210	272	333	395	455	580			
0,035	75,3	50,0	37,2	24,7	12,1	5,99	37,4	70,2	103	170	238	308	381	450	519	665	1030		
0,040	83,3	55,2	40,9	27,1	13,4	6,60	41,2	77,3	114	190	265	344	426	504	580	745	1160		
0,045	90,9	60,0	44,4	29,5	14,5	7,20	44,9	84,4	125	209	291	378	468	556	639	825	1290		
0,050	97,2	64,4	47,7	31,7	15,5	7,76	48,5	91,3	135	227	316	410	509	606	700	900	1420		
0,060	109	72,7	53,7	35,6	17,5	8,68	55,0	104	154	258	363	473	585	703	812	1040	1650	2270	
0,070	120	79,6	59,0	39,3	19,2	9,50	61,0	115	171	288	407	531	656	788	916	1180	1870	2590	15 mm
0,080	130	86,0	63,7	42,5	20,8	10,3	65,7	125	188	316	450	587	724	870	1020	1310	2100	2900	
0,090	139	91,9	68,1	45,3	22,1	10,9	70,8	135	202	342	488	636	786	950	1110	1430	2310	3210	
0,100	147	96,9	71,9	47,7	23,3	11,6	75,4	143	216	367	524	684	849	1030	1200	1550	2520	3510	
0,110	154	102	75,4	50,1	24,5	12,1	79,6	151	228	389	556	728	908	1100	1290	1670	2720	3800	
0,120	161	106	78,7	52,3	25,5	12,6	83,2	159	240	411	589	771	963	1170	1370	1790	2910	4090	
0,130	167	110	81,8	54,1	26,4	13,1	86,6	166	251	431	620	813	1020	1230	1450	1900	3090	4370	
0,140	172	113	84,4	55,8	27,2	13,5	89,7	173	261	450	648	852	1070	1290	1530	2000	3280	4640	
0,160	181	120	89,0	58,9	28,7	14,2	95,4	184	280	483	699	929	1160	1420	1670	2200	3630	5160	
0,180	190	125	93,0	61,7	30,0	14,8	101	195	297	514	747	994	1250	1530	1810	2390	3970	5680	
0,200	197	130	96,7	63,9	31,2	15,3	105	204	312	543	790	1060	1340	1640	1930	2580	4300	6180	

Umfang = 0,773 m da/di = 1,139 ln da/di = 0,1301

Innerer Rohr ∅ = 200 mm **Äußerer Rohr ∅ = 216 mm**

Wärmeleitzahl λ	Rohrtemperatur in ° C (Lufttemp. = 20° C) -40	-20	-10	±0	+10	+25	+50	+75	+100	+150	+200	+250	+300	+350	+400	+500	+750	+1000	Isol.-Stärke
0,020	38,5	25,6	19,1	12,7	6,32	3,15	19,2	35,5	51,8	84,9	118	151	185	218	252	320			
0,025	46,6	31,1	23,2	15,4	7,67	3,79	23,5	43,0	63,5	104	144	185	227	270	311	394			
0,030	54,4	36,1	27,0	18,0	8,88	4,38	27,5	50,1	74,0	121	169	217	268	318	367	464			
0,035	61,8	40,9	30,6	20,4	10,0	4,94	31,2	57,0	84,2	138	193	248	306	364	420	532	818		
0,040	68,8	45,5	34,0	22,5	11,1	5,50	34,6	63,5	93,8	155	216	278	345	406	472	598	925		
0,045	75,5	49,7	37,1	24,6	12,1	6,00	37,8	69,7	103	170	238	307	381	448	522	661	1030		
0,050	81,9	53,7	40,1	26,7	13,1	6,48	41,0	75,7	112	185	259	335	416	491	569	724	1130		
0,060	93,4	61,2	45,7	30,3	14,9	7,39	46,7	86,9	128	214	300	388	480	569	660	844	1320	1800	
0,070	104	68,0	50,8	33,6	16,6	8,20	51,9	97,3	144	240	338	438	541	643	745	959	1500	2070	**20**
0,080	112	74,2	55,3	36,6	18,1	8,93	56,8	107	158	265	373	486	600	715	829	1070	1680	2330	mm
0,090	121	80,0	59,7	39,3	19,4	9,59	61,3	116	170	289	408	531	655	784	909	1180	1860	2580	
0,100	129	85,1	63,2	41,9	20,6	10,2	65,4	124	183	311	440	574	710	849	989	1290	2030	2820	
0,110	136	89,9	67,0	44,3	21,8	10,7	69,3	132	195	332	471	615	762	913	1060	1390	2200	3050	
0,120	143	94,4	70,4	46,5	22,8	11,2	73,1	139	207	351	500	652	812	973	1140	1480	2360	3290	
0,130	149	98,6	73,4	48,5	23,8	11,7	76,5	146	218	370	528	692	859	1030	1210	1580	2520	3520	
0,140	155	102	76,2	50,4	24,7	12,2	79,7	152	228	387	555	728	905	1090	1280	1670	2680	3740	
0,160	165	109	81,3	53,7	26,4	13,0	85,6	164	247	421	605	796	993	1200	1410	1840	2980	4180	
0,180	174	115	85,7	56,6	27,8	13,7	90,6	175	264	451	650	858	1070	1300	1530	2000	3270	4600	
0,200	183	121	89,9	59,3	29,1	14,3	95,4	185	279	480	693	917	1150	1400	1650	2160	3550	5020	

Umfang = 0,804 m da/di = 1,185 ln da/di = 0,1699

Wärmeleitzahl λ	Rohrtemperatur in ° C (Lufttemp. = 20° C) -40	-20	-10	±0	+10	+25	+50	+75	+100	+150	+200	+250	+300	+350	+400	+500	+750	+1000	Isol.-Stärke
0,020	32,3	21,5	16,1	10,7	5,33	2,66	16,1	29,7	43,4	70,9	98,5	127	155	183	211	265			
0,025	39,6	26,4	19,7	13,1	6,48	3,21	19,8	36,2	53,5	87,0	121	156	190	225	259	327			
0,030	46,6	31,0	23,2	15,3	7,59	3,74	23,2	42,7	62,8	102	142	184	224	266	306	387			
0,035	53,5	35,6	26,4	17,4	8,62	4,25	26,6	48,8	71,6	117	163	211	256	306	353	445	685		
0,040	59,7	39,2	29,5	19,4	9,60	4,74	29,6	54,4	80,2	131	183	236	288	344	397	500	774		
0,045	65,6	43,2	32,4	21,3	10,5	5,20	32,6	59,9	88,1	145	202	261	320	381	440	555	863		
0,050	71,3	47,2	35,1	23,2	11,4	5,66	35,4	65,3	96,0	158	221	286	350	417	482	610	946		
0,060	80,8	53,6	40,0	26,5	13,0	6,48	40,7	75,2	111	183	257	332	407	485	560	714	1120	1520	
0,070	90,5	60,0	44,9	29,5	14,6	7,25	45,5	84,8	125	207	291	376	463	550	636	814	1270	1740	**25**
0,080	99,8	66,0	49,1	32,5	16,0	7,94	50,1	93,4	137	230	322	418	516	612	710	912	1430	1960	mm
0,090	108	71,5	53,2	35,2	17,3	8,59	54,5	102	150	252	353	459	565	674	782	1000	1580	2180	
0,100	116	76,5	57,0	37,7	18,5	9,19	58,3	110	162	272	383	498	614	732	852	1100	1730	2370	
0,110	123	81,1	60,4	40,0	19,6	9,68	62,0	117	173	291	412	536	662	789	920	1190	1880	2570	
0,120	129	85,4	63,6	42,3	20,7	10,2	65,7	124	184	309	440	572	707	844	986	1270	2020	2780	
0,130	135	89,5	66,7	44,3	21,7	10,7	69,1	130	194	327	466	606	750	897	1050	1360	2150	2980	
0,140	141	93,0	69,6	46,2	22,6	11,2	72,1	137	204	343	491	640	793	950	1110	1440	2290	3170	
0,160	152	100	74,6	49,6	24,2	12,0	78,0	149	223	375	538	702	873	1050	1230	1590	2550	3540	
0,180	161	106	79,2	52,5	25,7	12,7	83,1	159	239	405	581	760	946	1140	1340	1740	2800	3910	
0,200	170	112	83,5	55,4	27,1	13,4	88,1	169	254	432	622	817	1020	1230	1450	1890	3050	4280	

Umfang = 0,836 m da/di = 1,232 ln da/di = 0,2082

Innerer Rohr ⌀ = 200 mm **Äußerer Rohr ⌀ = 216 mm**

Wärmeleitzahl λ	Rohrtemperatur in ° C (Lufttemp. = 20° C)																		Isol.-Stärke
	−40	−20	−10	±0	+10	+25	+50	+75	+100	+150	+200	+250	+300	+350	+400	+500	+750	+1000	
0,020	28,0	18,6	13,9	9,25	4,63	2,31	14,0	25,7	37,4	61,2	85,1	110	134	158	182	229			
0,025	34,4	22,8	17,1	11,3	5,64	2,80	17,2	31,5	46,0	75,1	105	136	163	194	223	283			
0,030	40,5	26,9	20,2	13,3	6,60	3,27	20,3	37,1	54,1	88,8	124	160	192	230	264	334			
0,035	46,4	30,8	23,1	15,2	7,50	3,73	23,2	42,4	61,8	102	142	184	220	265	305	385	593		
0,040	52,0	34,5	25,8	17,0	8,38	4,17	25,9	47,5	69,5	115	160	207	250	299	343	434	671		
0,045	57,2	38,1	28,4	18,8	9,24	4,59	28,7	52,5	77,0	127	178	229	278	332	382	481	748		
0,050	62,3	41,5	30,9	20,5	10,1	5,01	31,3	57,6	84,2	139	194	251	306	363	420	529	822		
0,060	72,0	47,8	35,6	23,6	11,6	5,80	36,2	66,6	97,8	162	227	292	359	424	489	624	965	1320	
0,070	80,8	53,7	40,0	26,5	13,1	6,52	40,6	75,1	110	184	258	332	407	485	558	716	1100	1510	
0,080	89,3	59,2	44,2	29,3	14,4	7,18	45,0	83,2	122	204	286	370	455	542	625	802	1240	1700	30 mm
0,090	97,3	64,4	48,0	31,9	15,7	7,80	49,2	91,0	134	224	314	407	499	597	691	886	1380	1890	
0,100	105	69,3	51,7	34,3	16,9	8,37	52,9	98,4	145	243	342	443	544	649	754	967	1520	2070	
0,110	112	73,8	55,0	36,6	18,0	8,87	56,4	105	156	261	369	479	588	701	814	1050	1650	2250	
0,120	118	78,1	58,2	38,9	19,0	9,38	59,8	112	166	278	394	511	629	750	874	1120	1770	2430	
0,130	124	82,1	61,2	40,8	20,0	9,86	63,2	118	176	295	418	544	670	799	933	1200	1890	2610	
0,140	130	86,0	64,4	42,8	20,9	10,4	66,1	124	185	311	442	575	710	846	992	1270	2020	2770	
0,160	141	93,1	69,4	46,1	22,6	11,2	71,8	136	203	343	486	633	784	937	1100	1420	2250	3100	
0,180	150	99,6	74,1	49,1	24,1	11,9	77,1	146	219	372	528	688	854	1020	1200	1560	2480	3430	
0,200	160	105	78,4	52,0	25,4	12,6	82,1	156	234	399	567	741	922	1100	1300	1690	2690	3760	

Umfang = 0,867 m da/di = 1,278 ln da/di = 0,2451

Wärmeleitzahl λ	Rohrtemperatur in ° C (Lufttemp. = 20° C)																		Isol.-Stärke
	−40	−20	−10	±0	+10	+25	+50	+75	+100	+150	+200	+250	+300	+350	+400	+500	+750	+1000	
0,020	24,9	16,6	12,4	8,30	4,10	2,04	12,4	22,7	33,1	54,0	75,0	96,3	118	139	160	201			
0,025	30,5	20,4	15,1	10,1	5,02	2,48	15,2	27,8	40,7	66,5	92,6	119	144	171	197	249			
0,030	36,0	24,0	17,8	11,9	5,91	2,92	17,8	32,8	48,0	78,8	110	141	169	203	233	296			
0,035	41,4	27,5	20,6	13,6	6,77	3,34	20,4	37,7	55,0	90,7	126	162	194	235	269	340	524		
0,040	46,5	30,8	23,2	15,2	7,60	3,75	23,0	42,5	62,0	102	142	183	220	265	304	383	598		
0,045	51,4	34,1	25,6	16,8	8,39	4,14	25,6	47,2	68,8	113	157	204	245	292	338	426	662		
0,050	56,1	37,2	28,1	18,4	9,10	4,52	28,1	51,7	75,5	124	173	224	270	320	373	469	725		
0,060	64,9	43,1	32,4	21,3	10,6	5,24	32,6	60,0	87,9	145	203	262	320	375	436	556	856	1170	
0,070	73,4	48,8	36,5	24,0	12,0	5,92	36,8	68,0	99,7	165	231	299	365	430	499	636	980	1340	
0,080	81,4	54,1	40,4	26,5	13,2	6,57	40,9	75,6	111	184	258	334	408	482	560	715	1100	1510	35 mm
0,090	89,0	59,0	44,0	29,1	14,4	7,17	44,9	82,9	122	203	284	368	449	532	621	791	1230	1680	
0,100	96,3	63,7	47,5	31,3	15,5	7,72	48,5	89,8	133	221	310	401	490	580	679	866	1350	1840	
0,110	102	68,2	50,8	33,4	16,6	8,21	51,8	96,4	143	238	335	433	530	630	733	937	1460	2000	
0,120	109	72,4	53,9	35,5	17,6	8,70	55,1	103	153	254	358	464	569	678	788	1010	1570	2170	
0,130	115	76,4	56,8	37,5	18,5	9,18	58,2	109	162	270	381	493	607	725	843	1080	1680	2330	
0,140	121	80,1	59,7	39,4	19,4	9,65	61,1	115	171	286	403	522	644	770	898	1150	1800	2480	
0,160	132	86,8	64,9	42,8	21,1	10,5	66,7	126	187	314	445	576	713	852	991	1280	2010	2780	
0,180	141	93,3	69,8	45,7	22,6	11,2	71,9	136	203	342	485	629	780	931	1090	1410	2220	3080	
0,200	150	99,5	74,2	48,6	24,1	11,9	77,0	146	217	368	522	681	844	1010	1180	1530	2430	3370	

Umfang = 0,899 m da/di = 1,324 ln da/di = 0,2807

Innerer Rohr ⌀ = 200 mm **Äußerer Rohr ⌀ = 216 mm**

Wärmeleitzahl λ	Rohrtemperatur in ° C (Lufttemp. = 20° C)																		Isol.-Stärke
	−40	−20	−10	±0	+10	+25	+50	+75	+100	+150	+200	+250	+300	+350	+400	+500	+750	+1000	
0,020	22,5	14,9	11,2	7,44	3,70	1,84	11,2	20,5	29,8	48,6	67,6	86,7	106	125	143	182			
0,025	27,5	18,4	13,7	9,11	4,53	2,25	13,7	25,2	36,8	60,1	83,4	108	131	154	176	224			
0,030	32,5	21,7	16,2	10,7	5,34	2,65	16,2	29,8	43,5	71,2	99,1	127	155	183	209	265			
0,035	37,4	24,9	18,6	12,3	6,12	3,04	18,6	34,3	49,8	82,0	114	146	178	211	242	306	472		
0,040	42,1	28,0	21,0	13,9	6,88	3,42	21,0	38,6	56,4	92,7	129	165	201	239	274	346	535		
0,045	46,7	31,0	23,2	15,4	7,61	3,78	23,3	42,8	62,5	103	144	183	223	266	306	385	598		
0,050	51,1	33,9	25,4	16,9	8,34	4,13	25,6	46,9	68,6	113	157	201	245	292	337	424	657		
0,060	59,6	39,5	29,6	19,6	9,72	4,81	29,9	54,9	80,3	132	185	237	289	343	396	503	775	1050	
0,070	67,6	44,9	33,6	22,2	11,0	5,46	33,8	62,6	91,6	151	211	271	332	393	454	578	886	1210	**40**
0,080	75,2	49,9	37,3	24,7	12,2	6,07	37,7	69,8	103	169	236	304	372	442	510	650	1000	1370	mm
0,090	82,5	54,6	40,8	27,0	13,4	6,65	41,5	76,7	114	187	260	337	411	490	565	719	1110	1520	
0,100	89,4	59,2	44,2	29,3	14,5	7,18	44,8	83,4	124	204	284	367	450	536	619	787	1220	1670	
0,110	95,7	63,5	47,4	31,4	15,5	7,67	48,1	89,7	133	220	308	397	487	580	671	855	1330	1820	
0,120	102	67,6	50,5	33,5	16,5	8,16	51,2	95,7	142	236	330	426	524	623	722	924	1440	1960	
0,130	108	71,5	53,4	35,4	17,5	8,62	54,2	102	151	251	352	454	559	664	772	992	1540	2110	
0,140	114	75,2	56,2	37,3	18,4	9,07	57,0	107	159	266	373	481	593	704	822	1050	1640	2250	
0,160	124	82,0	61,4	40,7	20,0	9,87	62,5	118	175	293	413	534	658	783	911	1170	1840	2530	
0,180	134	88,5	66,2	43,8	21,5	10,6	67,7	128	190	319	450	584	722	860	1000	1290	2030	2800	
0,200	143	94,3	70,5	46,7	23,0	11,3	72,8	137	204	344	487	633	782	934	1090	1410	2220	3060	

Umfang = 0,930 m da/di = 1,370 ln da/di = 0,3152

Wärmeleitzahl λ	Rohrtemperatur in ° C (Lufttemp. = 20° C)																		Isol.-Stärke
	−40	−20	−10	±0	+10	+25	+50	+75	+100	+150	+200	+250	+300	+350	+400	+500	+750	+1000	
0,020	20,5	13,6	10,2	5,80	3,38	1,68	10,2	18,7	27,2	44,3	61,6	79,1	96,7	113	131	165			
0,025	25,1	16,8	12,6	8,33	4,14	2,06	12,6	23,0	33,6	54,7	75,8	97,7	119	140	161	204			
0,030	29,7	19,9	14,9	9,85	4,88	2,43	14,9	27,3	39,8	65,0	90,2	116	141	167	191	242			
0,035	34,2	22,9	17,1	11,3	5,61	2,78	17,1	31,4	45,6	75,0	103	134	163	193	221	280	431		
0,040	38,5	25,8	19,3	12,8	6,32	3,14	19,2	35,2	51,7	84,8	117	151	185	218	251	316	489		
0,045	42,8	28,6	21,4	14,2	7,00	3,48	21,5	39,2	57,6	94,3	131	168	206	242	280	353	547		
0,050	47,0	31,4	23,4	15,6	7,67	3,83	23,6	43,0	63,2	104	144	184	224	264	309	389	601		
0,060	54,8	36,6	27,3	18,2	8,97	4,44	27,6	50,2	74,0	122	170	217	264	314	364	461	711	965	
0,070	62,3	41,6	31,1	20,6	10,1	5,05	31,4	57,5	84,5	139	194	249	303	361	418	531	817	1110	**45**
0,080	64,8	46,3	34,6	23,0	11,3	5,64	35,0	64,2	94,8	156	218	280	340	405	471	597	921	1250	mm
0,090	76,7	50,9	38,1	25,3	12,5	6,18	38,6	70,8	104	172	241	310	378	449	523	661	1030	1390	
0,100	83,3	55,2	41,3	27,4	13,5	6,72	41,9	77,2	114	188	264	340	416	491	572	726	1130	1530	
0,110	89,7	59,4	44,4	29,5	14,5	7,20	45,0	83,2	123	204	286	368	451	533	620	788	1230	1670	
0,120	95,5	63,4	47,4	31,5	15,5	7,72	48,1	89,4	132	219	307	395	485	574	667	850	1330	1810	
0,130	101	67,1	50,1	33,4	16,5	8,13	50,9	94,9	140	233	327	420	518	614	714	912	1430	1950	
0,140	107	70,8	52,8	35,2	17,3	8,57	53,6	100	148	247	346	445	551	653	760	970	1520	2080	
0,160	117	77,6	57,9	38,5	19,0	9,36	59,0	110	164	274	385	497	612	728	846	1090	1700	2330	
0,180	127	83,9	62,5	41,6	20,5	10,1	64,1	120	178	299	421	546	672	799	930	1200	1880	2590	
0,200	136	90,0	67,1	44,5	21,9	10,7	69,1	129	192	323	456	593	730	870	1010	1300	2050	2830	

Umfang = 0,961 m da/di = 1,417 ln da/di = 0,3484

Innerer Rohr ⌀ = 200 mm **Äußerer Rohr ⌀ = 216 mm**

Wärmeleitzahl λ	Rohrtemperatur in °C (Lufttemp. = 20° C) -40	-20	-10	±0	+10	+25	+50	+75	+100	+150	+200	+250	+300	+350	+400	+500	+750	+1000	Isol.-Stärke
0,020	18,8	12,5	9,35	6,22	3,09	1,54	9,35	17,2	25,1	40,8	56,5	72,3	88,1	104	120	152			
0,025	23,1	15,4	11,5	7,65	3,80	1,89	11,5	21,2	30,8	50,3	69,9	89,4	109	128	148	187			
0,030	27,4	18,2	13,6	9,06	4,50	2,24	13,6	25,1	36,6	59,7	83,0	106	130	152	175	222			
0,035	31,5	20,9	15,7	10,4	5,18	2,58	15,7	28,9	42,1	68,9	95,9	123	150	176	203	258	395		
0,040	35,6	23,6	17,7	11,8	5,84	2,90	17,9	32,6	47,6	78,1	109	139	170	200	230	292	449		
0,045	39,6	26,3	19,7	13,1	6,48	3,22	19,8	36,4	52,9	86,9	121	155	189	223	257	325	502		
0,050	43,5	28,8	21,6	14,4	7,13	3,54	21,8	40,0	58,3	95,5	133	170	208	246	283	358	553		
0,060	51,1	33,9	25,4	16,8	8,36	4,16	25,6	47,1	68,6	113	157	201	246	291	336	425	654	890	
0,070	58,3	38,7	28,9	19,2	9,54	4,74	29,2	53,8	78,6	129	180	231	282	334	386	490	753	1020	**50**
0,080	65,2	43,3	32,4	21,5	10,6	5,29	32,7	60,3	88,2	145	203	260	318	377	436	551	851	1160	mm
0,090	71,8	47,7	35,6	23,6	11,7	5,81	36,0	66,5	97,4	160	224	288	352	418	484	612	947	1290	
0,100	78,1	51,8	38,6	25,7	12,7	6,31	39,2	72,5	106	175	245	315	386	459	531	672	1040	1410	
0,110	84,2	55,8	41,7	27,7	13,7	6,79	42,2	78,4	115	190	266	342	419	497	576	732	1140	1540	
0,120	90,0	59,8	44,7	29,6	14,6	7,25	45,1	84,0	124	204	286	369	452	537	620	790	1230	1670	
0,130	95,6	63,5	47,4	31,4	15,5	7,68	47,9	89,5	131	218	305	393	483	575	664	846	1320	1800	
0,140	101	67,3	50,2	33,2	16,4	8,10	50,5	94,1	139	231	324	418	513	610	707	901	1410	1920	
0,160	111	74,0	55,3	36,4	18,0	8,88	55,7	104	154	257	360	466	573	681	790	1010	1580	2160	
0,180	121	80,4	59,9	39,5	19,5	9,63	60,7	114	168	281	395	512	629	749	870	1115	1750	2400	
0,200	130	86,3	64,3	42,5	20,9	10,4	65,6	123	182	305	429	556	684	816	949	1220	1910	2630	

Umfang = 0,993 m da/di = 1,463 ln da/di = 0,3805

Wärmeleitzahl λ	Rohrtemperatur in °C (Lufttemp. = 20° C) -40	-20	-10	±0	+10	+25	+50	+75	+100	+150	+200	+250	+300	+350	+400	+500	+750	+1000	Isol.-Stärke
0,020	16,3	10,9	8,14	5,42	2,71	1,35	8,15	14,9	21,7	35,3	49,2	62,9	76,4	89,8	103	131			
0,025	20,1	13,5	10,0	6,70	3,35	1,66	10,2	18,4	26,8	43,7	60,8	78,0	95,1	112	128	162			
0,030	23,9	16,0	11,9	7,95	3,96	1,96	12,0	21,9	31,9	52,0	72,3	92,5	113	133	153	193			
0,035	27,6	18,5	13,7	9,17	4,56	3,26	13,8	25,3	36,8	60,0	83,6	107	131	154	178	223	343		
0,040	31,3	20,9	15,5	10,4	5,15	2,56	15,6	28,6	41,8	67,8	94,8	121	149	175	202	253	390		
0,045	34,8	23,2	17,3	11,5	5,74	2,86	17,4	31,9	46,7	75,6	106	135	166	195	225	313	436		
0,050	38,1	25,5	19,1	12,7	6,31	3,14	19,2	35,1	51,5	83,4	117	149	183	215	248	293	480		
0,060	45,0	29,9	22,4	14,9	7,40	3,69	22,6	41,4	60,8	99,5	138	177	216	254	294	372	571	773	
0,070	51,5	34,2	25,6	17,1	8,49	4,22	25,9	47,7	69,6	114	159	203	248	293	339	429	660	904	**60**
0,080	57,8	38,3	28,7	19,2	9,50	4,73	29,1	53,6	78,3	129	179	229	280	331	383	484	746	1030	mm
0,090	63,9	42,4	31,7	21,1	10,5	5,22	32,2	59,3	86,7	143	198	255	312	368	427	540	832	1150	
0,100	70,0	46,2	34,6	23,0	11,5	5,68	35,0	64,8	94,8	157	218	280	342	404	468	592	916	1260	
0,110	75,6	50,0	37,4	24,9	12,4	6,14	38,0	70,2	103	170	237	304	372	440	508	644	1000	1370	
0,120	81,0	53,7	40,1	26,7	13,3	6,59	40,7	75,4	111	183	255	328	401	474	548	697	1080	1470	
0,130	86,5	57,2	42,7	28,4	14,1	7,00	43,3	80,4	118	195	273	351	430	508	584	748	1160	1580	
0,140	91,7	60,6	45,2	30,1	14,9	7,40	45,9	85,2	125	207	291	373	458	542	627	797	1240	1690	
0,160	101	67,0	50,0	33,2	16,5	8,16	50,7	94,7	139	231	324	417	512	607	704	898	1400	1910	
0,180	111	73,4	54,7	36,3	18,0	8,89	55,4	103	153	253	356	559	564	670	776	998	1550	2120	
0,200	121	79,7	59,3	39,2	19,4	9,60	60,2	112	166	275	387	500	615	731	848	1090	1690	2320	

Umfang = 1,056 m da/di = 1,556 ln da/di = 0,4419

Innerer Rohr ⌀ = 200 mm **Äußerer Rohr ⌀ = 216 mm**

Wärmeleitzahl λ	Rohrtemperatur in ° C (Lufttemp. = 20° C)																		Isol.-Stärke
	−40	−20	−10	±0	+10	+25	+50	+75	+100	+150	+200	+250	+300	+350	+400	+500	+750	+1000	
0,020	14,5	9,67	7,25	4,84	2,41	1,20	7,25	13,3	19,3	31,5	43,7	55,9	68,0	80,1	92,2	116			
0,025	18,0	12,0	8,97	5,97	2,98	1,48	8,99	16,5	23,9	38,9	54,0	69,1	84,5	100	114	144			
0,030	21,3	14,2	10,6	7,07	3,53	1,76	10,6	19,7	28,5	46,3	64,2	82,1	101	119	136	172			
0,035	24,6	16,4	12,3	8,17	4,08	2,03	12,3	22,8	32,9	53,7	74,4	95,1	117	138	158	198	305		
0,040	27,9	18,6	13,9	9,26	4,62	2,30	14,0	25,9	37,5	60,9	84,5	108	133	156	180	225	347		
0,045	31,1	20,8	15,5	10,3	5,16	2,57	15,6	28,9	41,9	68,0	94,5	121	149	174	201	253	388		
0,050	34,2	22,9	17,1	11,4	5,68	2,82	17,2	31,8	46,0	75,1	105	134	164	192	222	280	428		
0,060	40,6	27,0	20,2	13,5	6,70	3,33	20,3	37,4	54,6	88,9	124	158	194	228	264	331	508	689	
0,070	46,6	31,0	23,2	15,5	7,70	3,82	23,3	43,0	62,8	103	143	182	223	263	304	383	589	793	**70**
0,080	52,4	34,8	26,0	17,4	8,64	4,30	26,2	48,3	71,0	116	162	206	252	297	344	434	668	900	mm
0,090	58,1	38,6	28,8	19,2	9,56	4,75	29,1	53,5	79,0	128	180	230	280	331	384	485	746	1010	
0,100	63,8	42,2	31,5	21,0	10,5	5,20	31,9	58,6	86,7	141	197	253	308	364	422	534	823	1110	
0,110	69,1	45,7	34,2	22,8	11,3	5,62	34,6	63,5	94,2	153	214	275	336	397	458	582	900	1210	
0,120	74,3	49,2	36,8	24,5	12,2	6,04	37,1	68,4	101	165	231	297	363	429	496	630	975	1320	
0,130	79,2	52,5	39,2	26,1	13,0	6,44	39,6	73,0	108	177	247	319	390	460	532	677	1050	1420	
0,140	84,3	55,7	41,6	27,6	13,8	6,82	42,1	77,6	115	189	263	340	416	490	566	721	1120	1520	
0,160	93,4	61,8	46,2	30,6	15,2	7,56	46,6	86,6	128	211	295	380	465	551	637	813	1260	1720	
0,180	103	67,8	50,7	33,6	16,7	8,29	51,2	95,4	141	232	325	420	514	609	704	903	1400	1910	
0,200	111	73,6	55,0	36,5	18,2	8,99	55,7	104	153	253	355	458	562	667	772	988	1530	2100	

Umfang = 1,118 m da/di = 1,648 ln da/di = 0,4995

Wärmeleitzahl λ	Rohrtemperatur in ° C (Lufttemp. = 20° C)																		Isol.-Stärke
	−40	−20	−10	±0	+10	+20	+50	+75	+100	+150	+200	+250	+300	+350	+400	+500	+750	+1000	
0,020	13,2	8,73	6,56	4,38	2,18	1,09	6,55	12,0	17,5	28,5	39,5	50,6	61,6	72,6	83,7	106			
0,025	16,3	10,8	8,06	5,42	2,70	1,35	8,13	14,8	21,7	35,1	49,0	62,5	76,8	89,5	104	131			
0,030	19,4	12,8	9,56	6,44	3,22	1,60	9,70	17,6	25,8	41,8	58,2	74,2	91,3	106	124	156			
0,035	22,4	14,8	11,1	7,44	3,71	1,85	11,2	20,4	29,9	48,4	67,6	86,0	106	123	144	181	277		
0,040	25,4	16,9	12,6	8,45	4,21	2,10	12,7	23,2	34,0	54,9	76,8	97,5	121	140	163	205	315		
0,045	28,4	18,9	14,1	9,42	4,70	2,35	14,2	25,9	38,0	61,4	86,0	109	135	157	182	230	353		
0,050	31,3	20,8	15,5	10,4	5,18	2,58	15,7	28,6	42,0	67,9	95,5	121	149	174	201	255	390		
0,060	37,1	24,7	18,5	12,3	6,13	3,05	18,5	34,0	49,8	80,8	113	144	177	207	240	303	464	627	
0,070	42,7	28,5	21,3	14,2	7,08	3,51	21,3	39,3	57,4	93,5	130	167	204	240	277	351	538	726	**80**
0,080	48,2	32,1	24,0	16,1	8,00	3,95	24,0	44,5	64,8	105	147	188	231	271	314	398	610	823	mm
0,090	53,5	35,6	26,7	17,8	8,87	4,37	26,7	49,5	72,0	117	164	209	257	302	350	443	680	919	
0,100	58,7	39,1	29,2	19,4	9,68	4,80	29,3	54,4	79,0	129	181	230	282	333	385	488	749	1020	
0,110	63,7	42,4	31,7	21,0	10,5	5,20	31,8	59,1	85,8	141	197	251	307	363	420	532	818	1110	
0,120	68,6	45,8	34,2	22,6	11,3	5,59	34,3	63,8	92,6	153	212	272	332	392	454	575	886	1200	
0,130	73,4	49,0	36,6	24,2	12,1	5,97	36,7	68,3	99,3	164	228	292	357	421	488	618	953	1290	
0,140	78,2	52,1	39,0	25,7	12,8	6,35	39,0	73,0	106	175	243	311	381	449	521	661	1020	1380	
0,160	87,0	58,0	43,3	28,6	14,3	7,07	43,5	81,2	118	196	272	350	428	506	586	747	1150	1560	
0,180	95,8	63,7	47,5	31,4	15,7	7,77	47,8	89,2	130	216	301	388	474	561	650	829	1280	1740	
0,200	104	69,1	51,7	34,2	17,0	8,45	52,0	97,0	142	236	329	424	519	615	713	908	1400	1910	

Umfang = 1,181 m da/di = 1,741 ln da/di = 0,5543

Innerer Rohr ⌀ = 200 mm **Äußerer Rohr ⌀ = 216 mm**

Wärme-leitzahl λ	Rohrtemperatur in ° C (Lufttemp. = 20° C)																		Isol.-Stärke
	−40	−20	−10	±0	+10	+25	+50	+75	+100	+150	+200	+250	+300	+350	+400	+500	+750	+1000	
0,020	12,1	8,06	6,04	4,02	2,00	1,00	6,03	11,0	16,1	26,2	36,4	46,4	56,5	66,6	76,7	96,8			
0,025	15,0	10,0	7,48	4,97	2,48	1,24	7,47	13,7	19,9	32,4	44,9	57,5	70,1	83,0	95,1	120			
0,030	17,9	11,9	8,90	5,91	2,95	1,47	8,90	16,4	23,8	38,6	53,4	68,6	83,6	99,1	114	143			
0,035	20,8	13,8	10,3	6,84	3,42	1,70	10,3	19,0	27,6	44,8	62,1	79,9	97,1	115	133	166	253		
0,040	23,7	15,6	11,7	7,77	3,89	1,93	11,7	21,6	31,5	51,0	70,5	90,9	111	131	151	189	289		
0,045	26,4	17,4	13,0	8,70	4,34	2,16	13,1	24,2	35,2	57,1	79,1	102	124	147	169	212	324		
0,050	28,9	19,2	14,4	9,60	4,80	2,39	14,5	26,7	38,8	63,2	87,7	112	137	162	186	235	358		
0,060	34,3	22,8	17,1	11,4	5,70	2,83	17,2	31,6	46,2	75,0	104	133	163	192	221	280	426	575	
0,070	39,5	26,3	19,7	13,2	6,55	3,25	19,8	36,4	53,3	86,4	120	154	188	222	256	324	493	666	**90**
0,080	44,6	29,7	22,2	14,9	7,38	3,66	22,4	41,2	60,1	97,8	136	175	213	251	290	367	559	755	mm
0,090	49,7	33,0	24,7	16,5	8,20	4,06	24,9	45,8	66,9	109	152	195	238	280	323	410	626	845	
0,100	54,7	36,3	27,1	18,1	8,99	4,46	27,3	50,4	73,6	120	167	215	262	308	356	451	692	935	
0,110	59,5	39,4	29,5	19,7	9,76	4,85	29,7	54,8	80,0	131	182	234	286	336	388	492	756	1020	
0,120	64,1	42,5	31,8	21,2	10,5	5,23	32,0	59,0	86,2	141	197	253	309	364	420	533	820	1110	
0,130	68,7	45,5	34,0	22,7	11,3	5,60	34,3	63,2	92,3	152	211	272	332	391	452	574	883	1190	
0,140	73,2	48,4	36,2	24,1	12,0	5,96	36,5	67,3	98,5	162	226	292	355	418	483	614	945	1280	
0,160	81,5	54,0	40,4	26,9	13,4	6,65	40,7	75,2	110	182	254	326	399	471	545	692	1070	1450	
0,180	89,8	59,5	44,5	29,7	14,8	7,33	44,9	83,0	122	202	281	360	442	523	605	768	1190	1610	
0,200	97,7	64,9	48,6	32,4	16,1	8,00	49,1	90,8	133	221	308	394	484	574	665	844	1300	1770	

Umfang = 1,244 m da/di = 1,833 ln da/di = 0,6061

Wärme-leitzahl λ	Rohrtemperatur in ° C (Lufttemp. = 20° C)																		Isol.-Stärke
	−40	−20	−10	±0	+10	+25	+50	+75	+100	+150	+200	+250	+300	+350	+400	+500	+750	+1000	
0,020	11,2	7,48	5,61	3,74	1,87	0,93	5,62	10,3	15,0	24,4	33,8	43,2	52,6	62,0	71,4	90,2			
0,025	14,0	9,30	6,98	4,63	2,31	1,15	7,00	12,9	18,6	30,3	41,9	53,6	65,4	77,0	88,5	112			
0,030	16,7	11,1	8,32	5,51	2,75	1,37	8,35	15,4	22,2	36,2	49,9	64,0	78,1	92,0	106	134			
0,035	19,4	12,9	9,66	6,39	3,19	1,59	9,69	17,9	25,7	42,1	57,8	74,3	90,8	107	123	155	236		
0,040	22,0	14,6	11,0	7,23	3,62	1,81	11,1	20,3	29,3	48,0	65,7	84,6	104	122	140	175	270		
0,045	24,5	16,4	12,3	8,07	4,04	2,02	12,4	22,7	32,8	53,7	73,6	94,9	116	136	157	195	302		
0,050	27,0	18,1	13,6	8,92	4,46	2,23	13,7	25,0	36,2	59,5	81,4	105	128	150	174	215	334		
0,060	32,1	21,5	16,1	10,6	5,31	2,65	16,2	29,7	43,0	70,6	98,0	125	152	179	207	258	397	537	
0,070	37,0	24,8	18,6	12,3	6,13	3,05	18,7	34,3	49,7	81,4	113	145	176	207	239	301	461	620	**100**
0,080	41,9	28,0	21,0	14,0	6,92	3,44	21,1	38,7	56,3	92,1	128	164	199	235	271	343	522	702	mm
0,090	46,6	31,2	23,3	15,6	7,70	3,82	23,4	42,9	62,6	102	142	183	222	262	303	384	583	787	
0,100	51,3	34,3	25,6	17,1	8,46	4,21	25,7	47,1	68,7	113	157	201	245	289	333	422	643	867	
0,110	56,0	37,3	27,9	18,6	9,20	4,58	27,9	51,1	74,8	123	171	219	267	315	364	461	703	950	
0,120	60,3	40,2	30,1	20,0	9,94	4,94	30,1	55,2	80,8	133	185	237	289	341	394	499	764	1030	
0,130	64,7	43,1	32,2	21,3	10,6	5,29	32,4	59,2	86,8	143	199	255	311	368	423	537	822	1110	
0,140	69,0	45,9	34,3	22,7	11,3	5,64	34,5	63,1	92,8	152	212	272	333	393	453	575	881	1190	
0,160	77,2	51,3	38,4	25,4	12,7	6,30	38,8	72,0	104	171	238	306	374	443	512	648	1000	1350	
0,180	85,0	56,5	42,3	28,1	14,0	6,96	43,0	78,6	115	190	265	340	415	492	569	721	1120	1500	
0,200	92,6	61,6	46,1	30,7	15,3	7,62	47,0	86,2	125	208	291	373	456	541	626	794	1230	1650	

Umfang = 1,307 m da/di = 1,926 ln da/di = 0,6554

Innerer Rohr ∅ = 200 mm **Äußerer Rohr ∅ = 216 mm**

Wärme-leitzahl λ	Rohrtemperatur in ° C (Lufttemp. = 20° C) -40	-20	-10	±0	+10	+25	+50	+75	+100	+150	+200	+250	+300	+350	+400	+500	+750	+1000	Isol.-Stärke
0,020	9,89	6,57	4,92	3,28	1,64	0,82	4,93	9,06	13,2	21,4	29,7	37,9	46,2	54,4	62,7	79,3			
0,025	12,4	8,25	6,15	4,08	2,04	1,02	6,16	11,4	16,4	26,8	36,8	47,3	57,7	67,9	78,2	98,7			
0,030	14,8	9,84	7,34	4,87	2,43	1,22	7,35	13,5	19,6	32,0	43,9	56,6	69,0	81,2	93,6	118			
0,035	17,1	11,4	8,54	5,65	2,82	1,41	8,55	15,7	22,8	37,1	51,0	65,8	80,1	94,5	109	137	209		
0,040	19,4	13,0	9,70	6,41	3,26	1,60	9,71	17,8	26,0	42,3	58,0	75,0	91,3	108	124	156	239		
0,045	21,7	14,5	10,9	7,16	3,58	1,79	10,9	19,9	29,2	47,3	65,1	83,8	102	121	139	175	268		
0,050	24,0	16,0	12,1	7,90	3,95	1,97	12,1	22,0	32,3	52,2	72,2	92,7	113	133	154	194	296		
0,060	28,5	18,9	14,3	9,40	4,70	2,34	14,3	26,2	38,4	62,1	86,0	110	135	158	183	231	352	474	
0,070	33,0	21,8	16,5	10,9	5,45	2,72	16,5	30,4	44,3	72,0	99,7	128	156	183	212	268	408	549	**120** mm
0,080	37,3	24,6	18,7	12,3	6,16	3,08	18,7	34,5	50,2	81,6	113	145	177	208	241	304	464	624	
0,090	41,6	27,4	20,8	13,8	6,87	3,44	20,8	38,5	55,9	90,8	126	162	198	233	269	340	517	699	
0,100	45,9	30,2	22,9	15,2	7,58	3,79	22,9	42,4	61,5	100	139	178	218	257	297	376	570	774	
0,110	50,2	33,0	25,0	16,5	8,30	4,15	25,0	46,2	66,9	110	152	195	238	281	325	411	624	848	
0,120	54,2	35,8	27,0	17,9	8,96	4,49	27,0	49,9	72,3	119	165	212	258	305	352	445	678	922	
0,130	58,2	38,6	29,0	19,2	9,66	4,83	29,0	53,6	77,7	127	178	228	278	328	379	479	732	995	
0,140	62,2	41,3	30,9	20,5	10,3	5,16	30,9	57,2	83,0	136	190	244	297	352	405	514	786	1070	
0,160	69,9	46,6	34,8	23,1	11,6	5,81	34,7	64,4	93,3	154	214	276	335	397	458	581	893	1210	
0,180	77,4	51,4	38,5	25,5	12,8	6,45	38,5	71,4	104	171	238	305	373	442	510	647	995	1350	
0,200	84,7	56,2	41,9	27,9	14,0	7,02	42,2	78,1	114	188	262	336	410	486	561	713	1090	1480	

Umfang = 1,433 m da/di = 2,111 ln da/di = 0,7425

Wärme-leitzahl λ	Rohrtemperatur in ° C (Lufttemp. = 20° C) -40	-20	-10	±0	+10	+25	+50	+75	+100	+150	+200	+250	+300	+350	+400	+500	+750	+1000	Isol.-Stärke
0,020	8,95	5,94	4,44	2,95	1,48	0,74	4,44	8,17	11,9	18,9	26,6	34,3	41,8	49,0	56,3	71,0			
0,025	11,1	7,36	5,51	3,66	1,83	0,92	5,51	10,2	14,8	23,7	33,2	43,0	51,9	61,0	70,2	89,0			
0,030	13,3	8,79	6,60	4,37	2,19	1,09	6,60	12,2	17,7	28,5	39,8	51,4	62,0	73,0	84,1	106			
0,035	15,5	10,2	7,64	5,08	2,54	1,26	7,65	14,1	20,5	33,2	46,3	59,6	72,1	84,9	97,7	123	189		
0,040	17,6	11,6	8,70	5,76	2,89	1,44	8,70	16,0	23,4	37,8	52,8	67,9	82,0	96,6	111	140	215		
0,045	19,6	13,0	9,73	6,50	3,24	1,62	9,75	18,0	26,2	42,4	59,0	76,0	91,9	108	125	158	241		
0,050	21,6	14,4	10,8	7,20	3,58	1,80	10,8	19,9	29,0	47,1	65,0	84,0	102	120	138	175	267		
0,060	25,7	17,2	12,9	8,55	4,27	2,14	12,9	23,7	34,6	56,2	78,0	100	122	143	165	208	317	427	
0,070	29,8	19,9	14,9	9,87	4,94	2,47	14,9	27,5	40,1	65,2	90,2	116	142	166	191	241	368	490	**140** mm
0,080	33,8	22,6	16,9	11,2	5,60	2,79	16,9	31,2	45,6	74,3	102	132	161	189	217	274	418	563	
0,090	37,6	25,3	18,9	12,5	6,25	3,11	18,9	34,7	50,8	83,2	114	147	180	211	243	307	468	630	
0,100	41,7	27,9	20,8	13,8	6,89	3,43	20,9	38,3	55,9	91,6	126	162	199	233	269	340	517	699	
0,110	45,6	30,4	22,7	15,1	7,52	3,75	22,8	41,9	61,0	100	138	177	217	255	295	372	568	764	
0,120	49,4	32,9	24,5	16,3	8,14	4,06	24,7	45,3	66,0	108	149	192	236	277	320	403	617	831	
0,130	53,2	35,4	26,4	17,5	8,74	4,37	26,5	48,7	71,0	116	160	207	253	299	344	434	665	895	
0,140	56,9	37,9	28,3	18,8	9,34	4,67	28,4	52,1	76,0	124	172	222	271	320	368	465	714	961	
0,160	64,1	42,7	31,8	21,3	10,6	5,25	32,0	58,9	85,8	140	195	251	306	361	416	527	813	1090	
0,180	71,1	47,4	35,4	23,6	11,8	5,83	35,5	65,5	95,6	156	218	279	341	403	465	589	905	1220	
0,200	78,0	51,9	38,9	25,9	12,9	6,39	39,0	71,9	105	172	240	307	375	444	513	649	994	1350	

Umfang = 1,558 m da/di = 2,296 ln da/di = 0,8313

Innerer Rohr ∅ = 200 mm **Äußerer Rohr ∅ = 216 mm**

Wärme-leitzahl λ	Rohrtemperatur in ° C (Lufttemp. = 20° C)																		Isol.-Stärke
	−40	−20	−10	±0	+10	+25	+50	+75	+100	+150	+200	+250	+300	+350	+400	+500	+750	+1000	
0,020	8,24	5,46	4,08	2,71	1,35	0,68	4,07	7,48	10,9	17,8	24,7	31,5	38,2	45,0	51,9	65,1			
0,025	10,2	6,79	5,05	3,36	1,68	0,84	5,05	9,26	13,6	22,1	30,6	39,1	47,5	56,0	64,7	81,4			
0,030	12,2	8,10	6,03	4,01	2,01	1,00	6,03	11,1	16,2	26,4	36,4	46,6	56,8	67,0	77,5	97,5			
0,035	14,2	9,41	7,01	4,66	2,33	1,16	7,02	12,9	18,9	30,6	42,3	54,2	66,1	77,8	89,9	113	172		
0,040	16,2	10,7	7,99	5,31	2,65	1,32	8,00	14,6	21,5	34,8	48,0	61,8	75,1	88,6	102	129	196		
0,045	18,1	12,0	8,97	5,96	2,98	1,49	8,98	16,4	24,1	39,0	53,6	69,1	84,3	99,4	115	145	220		
0,050	20,0	13,3	9,95	6,62	3,31	1,65	9,97	18,2	26,7	43,2	59,5	76,3	93,5	110	127	160	244		
0,060	23,8	15,9	11,9	7,90	3,94	1,97	11,8	21,7	31,9	51,6	71,4	91,0	112	132	152	190	293	391	
0,070	27,7	18,4	13,8	9,15	4,56	2,27	13,7	25,2	37,0	59,9	83,0	106	130	153	176	221	340	457	**160**
0,080	31,5	20,9	15,7	10,4	5,16	2,57	15,6	28,6	42,0	68,3	94,3	120	148	174	200	252	385	520	mm
0,090	35,2	23,3	17,5	11,6	5,77	2,87	17,5	32,0	46,9	76,6	106	135	166	195	224	283	431	582	
0,100	38,9	25,8	19,3	12,8	6,38	3,18	19,3	35,4	51,6	84,7	117	149	183	216	248	315	477	643	
0,110	42,4	28,2	21,1	14,0	6,98	3,48	21,2	38,7	56,4	92,9	128	163	200	236	272	345	524	704	
0,120	45,9	30,5	22,8	15,2	7,59	3,78	22,9	42,0	61,2	101	139	177	217	256	295	376	570	765	
0,130	49,4	32,9	24,6	16,3	8,17	4,06	24,6	45,3	66,0	109	149	191	234	276	318	404	615	826	
0,140	52,8	35,2	26,3	17,4	8,72	4,34	26,4	48,5	70,5	117	160	204	250	296	341	432	660	885	
0,160	59,6	39,6	29,7	19,7	9,83	4,89	29,8	54,7	79,8	132	182	232	283	335	387	487	751	1010	
0,180	66,3	44,1	33,0	22,0	10,9	5,44	33,2	61,0	89,0	147	203	258	315	374	433	545	835	1130	
0,200	73,0	48,5	36,3	24,2	12,0	5,96	36,5	67,2	98,1	162	224	285	347	412	478	598	918	1250	

Umfang = 1,684 m da/di = 2,482 ln da/di = 0,8677

Wärme-leitzahl λ	Rohrtemperatur in ° C (Lufttemp. = 20° C)																		Isol.-Stärke
	−40	−20	−10	±0	+10	+25	+50	+75	+100	+150	+200	+250	+300	+350	+400	+500	+750	+1000	
0,020	7,66	5,08	3,79	2,51	1,25	0,63	3,78	6,99	10,2	16,6	22,9	29,2	35,6	41,8	48,0	60,4			
0,025	9,47	6,31	4,72	3,13	1,56	0,78	4,73	8,71	12,6	20,6	28,4	36,2	44,1	52,0	59,9	75,6			
0,030	11,3	7,55	5,65	3,75	1,86	0,93	5,66	10,4	15,1	24,5	33,9	43,4	52,9	62,1	71,5	90,5			
0,035	13,1	8,79	6,56	4,35	2,17	1,08	6,58	12,1	17,6	28,5	39,3	50,4	61,4	72,2	83,2	105	160		
0,040	15,0	10,0	7,48	4,95	2,47	1,24	7,47	13,7	20,0	32,4	44,7	57,5	69,9	82,3	94,8	120	183		
0,045	16,9	11,2	8,37	5,55	2,77	1,39	8,38	15,4	22,4	36,2	50,2	64,5	78,5	92,3	107	135	205		
0,050	18,7	12,4	9,29	6,16	3,07	1,54	9,31	17,1	24,8	40,1	55,3	71,4	87,0	103	118	150	227		
0,060	22,2	14,8	11,1	7,35	3,66	1,84	11,1	20,4	29,6	47,8	66,5	85,3	104	123	141	179	272	364	
0,070	25,8	17,2	12,9	8,53	4,26	2,13	12,9	23,6	34,4	55,6	77,2	99,1	121	143	164	208	316	424	**180**
0,080	29,3	19,5	14,6	9,70	4,84	2,42	14,6	26,8	39,2	63,1	87,9	113	137	162	186	237	358	482	mm
0,090	32,7	21,8	16,3	10,8	5,40	2,70	16,4	30,0	43,8	70,7	98,7	126	154	182	208	266	402	540	
0,100	36,1	24,0	18,0	11,9	5,97	2,98	18,1	33,1	48,2	78,2	109	139	170	201	230	295	446	597	
0,110	39,4	26,3	19,7	13,1	6,53	3,25	19,8	36,2	52,8	85,6	119	153	186	220	253	324	490	656	
0,120	42,9	28,5	21,3	14,2	7,09	3,54	21,4	39,3	57,3	93,0	129	166	203	239	275	352	532	712	
0,130	46,1	30,7	23,0	15,3	7,64	3,81	23,0	42,4	61,8	100	139	179	219	258	297	379	571	770	
0,140	49,4	32,9	24,7	16,3	8,18	4,07	24,6	45,4	66,2	108	150	192	235	276	319	405	615	825	
0,160	56,0	37,2	27,9	18,5	9,27	4,59	27,9	51,4	74,9	122	170	217	265	313	362	457	700	904	
0,180	62,6	41,5	31,1	20,6	10,3	5,12	31,1	57,3	83,6	136	190	242	295	349	404	509	781	1050	
0,200	69,0	45,8	34,2	22,7	11,3	5,61	34,4	63,2	92,2	150	209	267	325	386	447	561	860	1160	

Umfang = 1,810 m da/di = 2,667 ln da/di = 0,9808

Innerer Rohr ⌀ = 200 mm **Äußerer Rohr ⌀ = 216 mm**

Wärme-leitzahl λ	Rohrtemperatur in ° C (Lufttemp. = 20° C)																		Isol.-Stärke
	−40	−20	−10	±0	+10	+25	+50	+75	+100	+150	+200	+250	+300	+350	+400	+500	+750	+1000	
0,020	7,14	4,74	3,54	2,36	1,18	0,59	3,56	6,57	9,60	15,6	21,6	27,5	33,5	39,5	45,4	56,8			
0,025	8,85	5,91	4,42	2,94	1,47	0,73	4,42	8,20	11,9	19,4	26,8	34,3	41,6	49,0	56,7	71,0			
0,030	10,6	7,07	5,29	3,51	1,75	0,87	5,30	9,80	14,2	23,2	31,9	40,9	49,7	58,5	67,8	85,0			
0,035	12,4	8,21	6,14	4,09	2,04	1,02	6,17	11,4	16,5	27,0	37,0	47,4	57,8	68,0	78,7	99,0	150		
0,040	14,1	9,36	7,01	4,66	2,32	1,16	7,02	13,0	18,8	30,8	42,2	54,1	65,8	77,4	89,5	113	171		
0,045	15,8	10,5	7,85	5,22	2,60	1,30	7,87	14,6	21,1	34,5	47,4	60,6	73,7	86,8	101	127	192		
0,050	17,6	11,7	8,73	5,80	2,88	1,44	8,73	16,1	23,4	38,1	52,5	67,2	81,6	96,0	111	140	214		
0,060	21,0	13,9	10,4	6,92	3,45	1,73	10,4	19,2	27,8	45,5	62,9	80,1	97,9	114	133	168	256	344	
0,070	24,3	16,1	12,1	8,05	4,02	2,00	12,1	22,3	32,3	52,7	72,9	93,1	113	133	154	195	297	400	**200** mm
0,080	27,7	18,2	13,7	9,14	4,56	2,27	13,8	25,3	36,8	59,8	82,7	106	129	151	175	222	338	455	
0,090	30,9	20,4	15,3	10,2	5,11	2,54	15,4	28,3	41,1	66,9	92,5	118	144	169	196	249	379	510	
0,100	34,2	22,5	16,9	11,3	5,64	2,82	17,0	31,3	45,5	73,9	102	131	160	187	217	276	420	565	
0,110	37,4	24,7	18,5	12,4	6,17	3,08	18,6	34,2	49,8	80,9	112	144	175	206	239	302	460	620	
0,120	40,6	26,9	20,1	13,4	6,69	3,34	20,2	37,1	54,1	88,0	122	156	191	225	260	329	501	674	
0,130	43,7	29,0	21,7	14,4	7,22	3,60	21,8	40,0	58,4	94,9	132	168	206	243	280	355	541	728	
0,140	46,8	31,1	23,2	15,5	7,73	3,86	23,3	42,9	62,6	102	141	180	221	261	301	381	581	782	
0,160	53,0	35,2	26,3	17,5	8,74	4,37	26,4	48,6	71,0	116	160	205	251	296	342	432	660	888	
0,180	59,1	39,2	29,3	19,5	9,74	4,86	29,5	54,2	79,1	130	179	229	280	331	382	483	738	994	
0,200	65,1	43,2	32,3	21,5	10,7	5,34	32,5	59,8	87,3	143	198	253	309	365	421	533	814	1100	

Umfang = 1,935 m da/di = 2,852 ln da/di = 1,0480

Innerer Rohr ⌀ = 225 mm **Äußerer Rohr ⌀ = 241 mm**

Wärme-leitzahl λ	Rohrtemperatur in ° C (Lufttemp. = 20° C)																		Isol.-Stärke
	−40	−20	−10	±0	+10	+25	+50	+75	+100	+150	+200	+250	+300	+350	+400	+500	+750	+1000	
0,020	72,3	48,0	35,8	23,7	11,8	5,82	36,0	67,4	99,0	163	228	294	362	439	496	632			
0,025	85,6	56,7	42,2	27,9	13,9	6,86	42,8	79,5	117	195	273	354	436	529	598	780			
0,030	97,7	64,6	47,9	31,7	15,7	7,76	48,9	91,0	134	225	316	410	505	614	699	898			
0,035	108	71,5	53,2	35,2	17,5	8,59	54,5	102	152	252	356	463	570	695	789	1020	1590		
0,040	117	77,8	58,0	38,3	19,0	9,36	59,8	112	168	279	395	512	632	773	877	1130	1790		
0,045	126	83,4	62,3	41,2	20,4	10,1	64,4	121	181	304	430	559	689	846	962	1240	1980		
0,050	134	88,8	66,2	43,9	21,6	10,7	68,8	130	194	326	464	603	746	917	1040	1350	2160		
0,060	149	97,8	73,3	48,5	23,8	11,8	76,7	145	217	368	526	688	854	1050	1190	1550	2510	3480	
0,070	162	106	79,3	52,6	25,7	12,7	83,4	159	239	408	582	765	953	1180	1340	1750	2840	3940	**10** mm
0,080	173	113	84,5	56,1	27,3	13,5	89,5	172	258	442	633	835	1040	1300	1470	1930	3150	4400	
0,090	182	119	89,1	59,0	28,8	14,2	94,7	182	276	474	680	902	1130	1410	1600	2110	3450	4860	
0,100	190	125	93,2	61,6	30,0	14,8	99,4	191	292	503	726	964	1210	1510	1730	2290	3740	5310	
0,110	197	130	96,9	63,9	31,1	15,4	104	200	306	530	767	1020	1290	1600	1840	2440	4030	5740	
0,120	204	134	100	65,9	32,3	15,9	108	208	319	555	806	1070	1350	1690	1950	2590	4310	6160	
0,130	209	138	103	67,7	33,1	16,3	111	215	331	579	840	1120	1420	1770	2050	2730	4570	6560	
0,140	215	142	105	69,5	34,0	16,7	114	222	342	602	873	1160	1480	1860	2150	2870	4820	6950	
0,160	224	148	110	72,4	35,3	17,5	120	234	362	641	932	1250	1600	2010	2330	3130	5300	7680	
0,180	231	153	114	74,9	36,5	18,1	125	244	379	678	987	1330	1710	2160	2510	3380	5750	8400	
0,200	237	157	117	77,0	37,5	18,5	129	254	395	704	1040	1400	1810	2290	2680	3620	6250	9080	

Umfang = 0,820 m da/di = 1,083 ln da/di = 0,0797

241

Wärme-leitzahl λ	Rohrtemperatur in ° C (Lufttemp. = 20° C)																		Isol.-Stärke
	−40	−20	−10	±0	+10	+25	+50	+75	+100	+150	+200	+250	+300	+350	+400	+500	+750	+1000	
0,020	53,3	35,4	26,4	17,5	8,71	4,31	26,4	49,2	72,0	118	165	212	258	307	355	449			
0,025	63,9	42,6	31,7	21,1	10,4	5,14	31,8	59,5	86,9	143	200	258	314	373	432	550			
0,030	74,1	49,1	36,7	24,4	11,9	5,90	36,7	68,9	101	167	233	300	368	438	504	645			
0,035	83,3	55,2	41,2	27,3	13,4	6,62	41,3	77,8	114	189	264	341	422	499	575	737	1150		
0,040	92,2	61,0	45,4	30,0	14,8	7,30	45,6	85,9	126	210	293	381	472	559	643	825	1290		
0,045	100	66,4	49,2	32,6	16,0	7,96	49,7	93,3	138	231	322	420	520	618	710	915	1430		
0,050	108	71,2	52,8	35,0	17,1	8,59	53,7	101	149	251	350	456	564	672	776	997	1570		
0,060	121	80,1	59,4	39,4	19,4	9,60	60,9	115	171	286	402	524	648	779	899	1160	1820	2510	
0,070	133	88,0	65,4	43,4	21,2	10,5	67,6	128	190	318	450	588	727	873	1020	1310	2070	2870	**15** mm
0,080	144	95,1	70,6	47,0	23,0	11,3	73,0	139	208	349	497	650	800	963	1130	1460	2320	3220	
0,090	154	102	75,2	50,1	24,5	12,1	78,4	149	224	378	540	706	871	1050	1230	1590	2560	3550	
0,100	162	107	79,5	52,7	25,8	12,8	83,2	159	239	405	579	757	940	1130	1330	1720	2790	3880	
0,110	170	112	83,4	55,3	27,0	13,4	87,8	168	252	431	615	806	1000	1210	1420	1850	3010	4210	
0,120	177	117	87,0	57,7	28,1	13,9	92,1	176	265	455	652	853	1060	1290	1510	1980	3220	4530	
0,130	183	121	90,4	59,7	29,2	14,4	95,7	184	277	477	687	900	1120	1360	1600	2100	3420	4840	
0,140	190	125	93,2	61,6	30,1	14,9	99,2	191	289	498	717	944	1180	1430	1690	2220	3620	5140	
0,160	201	132	98,3	65,1	31,7	15,7	105	204	310	535	772	1030	1290	1560	1850	2440	4010	5720	
0,180	210	139	103	68,0	33,1	16,4	111	216	328	568	824	1100	1390	1690	2000	2650	4400	6300	
0,200	218	144	107	70,6	34,4	17,0	116	226	345	600	874	1170	1480	1810	2140	2850	4760	6850	

Umfang = 0,851 m da/di = 1,125 ln da/di = 0,1173

Innerer Rohr ∅ = 225 mm **Äußerer Rohr ∅ = 241 mm**

Wärme-leitzahl λ	Rohrtemperatur in ° C (Lufttemp. = 20° C)																		Isol.-Stärke
	-40	-20	-10	±0	+10	+25	+50	+75	+100	+150	+200	+250	+300	+350	+400	+500	+750	+1000	
0,020	42,5	28,3	21,1	14,0	6,98	3,47	21,3	39,3	57,3	93,8	130	167	204	242	278	354			
0,025	51,5	34,3	25,6	17,0	8,44	4,18	25,9	47,7	70,4	115	159	204	251	298	344	435			
0,030	60,1	39,9	29,9	19,8	9,75	4,85	30,3	55,7	81,8	134	187	240	295	350	405	512			
0,035	68,2	45,2	33,9	22,5	11,0	5,49	34,3	63,3	93,0	153	214	274	337	400	464	588	907		
0,040	75,8	50,3	37,6	24,9	12,2	6,08	38,1	70,5	104	171	239	307	377	448	521	661	1020		
0,045	83,2	54,9	41,0	27,1	13,4	6,65	41,7	77,0	114	188	263	339	417	494	576	732	1130		
0,050	90,1	59,2	44,4	29,4	14,5	7,16	45,2	83,6	124	205	287	369	457	541	628	800	1240		
0,060	103	67,5	50,5	33,4	16,5	8,15	51,5	96,0	142	236	331	427	528	628	728	935	1460	1990	
0,070	114	75,1	56,0	37,0	18,3	9,03	57,3	107	159	265	373	482	596	710	826	1060	1660	2290	**20** mm
0,080	124	82,0	61,0	40,4	19,9	9,83	62,6	118	175	293	412	536	662	790	920	1180	1860	2580	
0,090	133	88,3	65,8	43,4	21,4	10,6	67,5	128	189	319	450	586	724	867	1010	1300	2050	2860	
0,100	142	94,0	69,9	46,2	22,7	11,2	72,1	137	202	343	486	633	784	937	1090	1420	2240	3130	
0,110	150	99,2	73,8	48,8	24,0	11,8	76,4	146	215	367	520	679	842	1010	1170	1530	2430	3390	
0,120	157	104	77,5	51,2	25,1	12,4	80,6	154	228	389	552	722	896	1080	1260	1640	2610	3640	
0,130	164	109	80,9	53,4	26,2	12,9	84,5	161	241	408	583	763	948	1140	1340	1740	2780	3890	
0,140	170	113	84,0	55,5	27,2	13,4	87,9	168	252	427	612	804	1000	1200	1410	1840	2950	4130	
0,160	182	120	89,5	59,1	29,0	14,3	94,3	181	272	464	668	877	1090	1320	1550	2030	3290	4610	
0,180	192	127	94,4	62,3	30,6	15,1	99,9	193	291	498	717	946	1180	1440	1690	2210	3610	5080	
0,200	201	133	99,0	65,2	32,0	15,7	105	204	308	529	764	1010	1270	1540	1820	2390	3920	5540	

Umfang = 0,883 m da/di = 1,166 ln da/di = 0,1097

Wärme-leitzahl λ	Rohrtemperatur in ° C (Lufttemp. = 20° C)																		Isol.-Stärke
	-40	-20	-10	±0	+10	+25	+50	+75	+100	+150	+200	+250	+300	+350	+400	+500	+750	+1000	
0,020	35,6	23,8	17,7	11,8	5,87	2,92	17,7	32,8	47,8	78,0	109	140	171	202	232	292			
0,025	43,6	29,0	21,7	14,4	7,11	3,54	21,8	40,0	59,1	96,1	133	171	209	247	286	361			
0,030	51,3	34,0	25,5	16,8	8,33	4,14	25,6	47,0	69,4	113	156	202	246	292	338	427			
0,035	58,7	38,7	29,1	19,1	9,50	4,71	29,2	53,7	79,0	129	179	232	282	336	389	491	755		
0,040	65,5	43,2	32,4	21,4	10,6	5,24	32,6	60,0	88,2	144	201	260	317	378	437	552	854		
0,045	72,0	47,6	35,6	23,5	11,6	5,74	35,7	66,1	97,1	159	222	288	351	418	486	612	952		
0,050	78,3	51,8	38,6	25,6	12,5	6,24	39,0	72,0	106	174	243	315	384	458	531	672	1040		
0,060	89,8	59,0	44,0	29,2	14,3	7,14	44,8	83,0	122	202	282	366	448	534	618	789	1220	1670	
0,070	100	66,0	49,3	32,5	16,0	7,98	50,0	93,4	137	228	320	414	510	605	701	899	1400	1920	**25** mm
0,080	110	72,6	54,0	35,8	17,6	8,75	55,1	103	151	253	355	460	568	675	782	1000	1570	2160	
0,090	119	78,6	58,5	38,8	19,0	9,45	59,9	112	165	277	389	505	622	743	861	1100	1740	2400	
0,100	127	84,1	62,6	41,5	20,3	10,1	64,1	121	178	300	421	548	676	808	958	1210	1910	2620	
0,110	135	89,2	66,4	44,0	21,5	10,7	68,2	129	190	321	453	591	730	870	1010	1310	2070	2840	
0,120	142	94,0	69,9	46,4	22,7	11,2	72,3	137	202	341	484	629	779	931	1090	1400	2230	3060	
0,130	149	98,4	73,3	48,7	23,8	11,8	76,0	144	213	360	513	668	826	987	1160	1490	2370	3280	
0,140	155	102	76,4	50,8	24,8	12,3	79,4	151	224	378	540	705	873	1050	1220	1580	2520	3490	
0,160	167	110	82,0	54,5	26,6	13,2	85,8	163	245	413	591	773	962	1150	1350	1750	2810	3910	
0,180	177	117	87,0	57,8	28,2	14,0	91,6	175	262	445	639	836	1040	1250	1470	1920	3090	4320	
0,200	187	123	91,8	60,9	29,7	14,7	96,8	186	279	475	685	899	1120	1350	1590	2080	3350	4720	

Umfang = 0,914 m da/di = 1,208 ln da/di = 0,1886

Innerer Rohr ⌀ = 225 mm **Äußerer Rohr ⌀ = 241 mm**

Wärme-leitzahl λ	Rohrtemperatur in ° C (Lufttemp. = 20° C)																		Isol.-Stärke
	−40	−20	−10	±0	+10	+25	+50	+75	+100	+150	+200	+250	+300	+350	+400	+500	+750	+1000	
0,020	30,8	20,4	15,3	10,2	5,09	2,54	15,4	28,2	41,3	67,3	93,8	121	147	174	199	250			
0,025	37,8	25,0	18,9	12,4	6,18	3,08	18,9	34,7	50,7	82,7	115	149	180	213	246	310			
0,030	44,5	29,5	22,2	14,6	7,26	3,60	22,2	41,0	59,5	97,5	136	175	211	252	291	368			
0,035	50,8	33,8	25,3	16,7	8,24	4,11	25,4	46,7	68,0	112	156	201	242	290	336	423	652		
0,040	57,0	38,0	28,3	18,7	9,22	4,58	28,3	52,4	76,5	126	176	226	274	327	378	476	740		
0,045	62,9	41,9	31,1	20,6	10,2	5,04	31,6	57,6	84,7	139	195	251	305	364	420	529	824		
0,050	68,7	45,6	33,9	22,5	11,1	5,51	34,4	63,2	92,5	153	213	275	335	398	461	583	903		
0,060	79,0	52,5	39,1	25,9	12,7	6,36	39,9	73,2	108	178	249	321	393	464	538	688	1060	1450	
0,070	88,8	59,0	44,0	29,2	14,4	7,14	44,8	82,8	122	202	283	364	447	531	614	788	1210	1660	**30**
0,080	98,1	65,0	48,6	32,1	15,8	7,88	49,4	91,6	135	224	315	406	500	594	683	880	1360	1870	mm
0,090	107	70,8	52,8	35,0	17,2	8,54	53,9	100	147	246	345	447	550	654	758	968	1520	2080	
0,100	115	76,2	56,8	37,7	18,5	9,18	58,0	108	159	267	375	488	598	711	828	1060	1680	2280	
0,110	123	81,2	60,4	40,2	19,8	9,74	61,9	116	171	287	405	526	646	768	896	1150	1820	2480	
0,120	130	85,8	64,0	42,6	20,9	10,3	65,6	123	182	305	433	562	691	822	961	1240	1950	2680	
0,130	136	90,1	67,2	44,7	22,0	10,8	69,3	130	193	324	459	598	736	876	1030	1320	2080	2870	
0,140	142	94,3	70,0	46,9	22,9	11,4	72,7	137	204	342	485	632	779	929	1090	1400	2220	3050	
0,160	154	102	76,2	50,5	24,8	12,3	79,0	149	223	376	533	696	861	1030	1210	1560	2470	3420	
0,180	165	109	81,1	53,9	26,4	13,1	84,6	161	240	407	579	756	937	1120	1320	1710	2720	3780	
0,200	176	115	86,0	57,0	27,8	13,8	90,0	172	257	437	622	812	1010	1210	1430	1860	2960	4140	

Umfang = 0,955 m da/di = 1,249 ln da/di = 0,2223

Wärme-leitzahl λ	Rohrtemperatur in ° C (Lufttemp. = 20° C)																		Isol.-Stärke
	−40	−20	−10	±0	+10	+25	+50	+75	+100	+150	+200	+250	+300	+350	+400	+500	+750	+1000	
0,020	27,4	18,3	13,7	9,11	4,51	2,24	13,7	25,1	36,6	59,3	83,7	106	130	151	174	221			
0,025	33,6	22,5	16,8	11,2	5,52	2,73	16,8	30,7	44,6	73,0	102	131	158	188	217	274			
0,030	39,6	26,5	19,8	13,1	6,47	3,21	19,8	36,1	52,5	86,3	120	155	186	223	257	326			
0,035	45,4	30,2	22,6	15,0	7,40	3,67	22,7	41,6	60,4	99,3	138	178	214	257	296	374	575		
0,040	50,8	33,8	25,4	16,8	8,31	4,10	25,5	46,8	68,2	112	156	201	242	290	335	421	654		
0,045	56,4	37,4	28,2	18,6	9,20	4,52	28,3	52,0	75,8	124	173	223	270	321	373	469	729		
0,050	61,5	40,8	31,0	20,3	10,0	4,94	30,9	56,9	83,0	136	190	245	296	351	410	516	796		
0,060	70,7	47,4	35,7	23,4	11,6	5,75	35,9	66,1	96,7	159	223	287	350	413	479	610	942	1280	
0,070	80,1	53,5	40,2	26,4	13,1	6,49	40,5	75,0	110	181	254	326	400	472	548	699	1080	1470	**35**
0,080	89,1	59,3	44,4	29,2	14,5	7,19	45,0	83,7	123	202	284	366	448	529	614	785	1220	1660	mm
0,090	97,8	64,8	48,4	32,0	15,8	7,84	49,4	91,1	135	223	313	403	493	584	680	868	1360	1840	
0,100	106	69,9	52,0	34,5	17,0	8,44	53,4	98,5	146	242	341	439	537	638	744	949	1480	2020	
0,110	113	74,8	55,6	36,8	18,1	8,99	57,0	106	157	261	368	474	581	692	804	1030	1600	2200	
0,120	119	79,3	59,0	39,1	19,2	9,52	60,6	113	168	279	394	509	624	746	863	1110	1730	2380	
0,130	126	83,7	62,2	41,2	20,3	10,1	64,0	120	178	296	419	541	666	795	924	1190	1850	2560	
0,140	133	87,9	65,2	43,3	21,3	10,6	67,2	126	187	313	443	572	706	844	984	1260	1970	2730	
0,160	145	95,1	71,1	47,0	23,1	11,5	73,3	138	205	344	489	632	782	935	1090	1410	2210	3060	
0,180	155	102	76,4	50,4	24,8	12,3	78,9	149	222	374	533	689	856	1020	1190	1550	2440	3380	
0,200	164	109	81,2	53,5	26,4	13,0	84,5	160	238	403	574	747	926	1100	1290	1680	2670	3700	

Umfang = 0,977 m da/di = 1,291 ln da/di = 0,2550

Innerer Rohr ∅ = 225 mm **Äußerer Rohr ∅ = 241 mm**

Wärmeleitzahl λ	Rohrtemperatur in ° C (Lufttemp. = 20° C)																		Isol.-Stärke
	−40	−20	−10	±0	+10	+25	+50	+75	+100	+150	+200	+250	+300	+350	+400	+500	+750	+1000	
0,020	24,6	16,4	12,3	8,16	4,06	2,02	12,3	22,5	32,9	53,5	74,0	95,0	116	137	158	199			
0,025	30,1	20,1	15,0	9,95	4,98	2,47	15,0	27,7	40,5	65,7	91,0	117	143	169	194	246			
0,030	35,6	23,7	17,7	11,8	5,86	2,91	17,7	32,8	47,8	78,0	109	139	169	201	230	291			
0,035	41,0	27,2	20,4	13,5	6,71	3,33	20,5	37,7	54,7	90,1	125	160	195	232	266	336	518		
0,040	46,2	30,7	23,0	15,2	7,55	3,74	23,1	42,4	61,8	102	141	181	220	262	301	380	587		
0,045	52,2	34,0	25,5	16,9	8,35	4,15	25,6	47,0	68,7	113	157	201	245	291	336	424	656		
0,050	56,0	37,2	27,8	18,5	9,13	4,53	28,1	51,6	75,4	124	172	220	268	320	370	466	721		
0,060	65,2	43,3	32,4	21,5	10,6	5,26	32,7	60,2	88,4	145	202	260	317	376	435	551	850	1150	
0,070	74,0	49,2	36,7	24,3	12,1	5,96	37,0	68,6	101	165	231	297	364	431	499	634	974	1330	**40** mm
0,080	82,4	54,6	40,8	27,0	13,4	6,65	41,2	76,5	113	185	259	333	407	484	559	712	1100	1500	
0,090	90,2	59,8	44,6	29,6	14,7	7,28	45,2	84,0	124	205	285	369	450	536	619	789	1220	1670	
0,100	97,7	64,8	48,4	32,1	15,9	7,86	49,0	91,4	135	223	311	402	492	587	678	864	1340	1830	
0,110	105	69,5	51,9	34,4	17,0	8,41	52,7	98,3	145	241	337	434	533	634	736	939	1460	2000	
0,120	112	73,9	55,2	36,6	18,1	8,93	56,1	105	155	258	362	467	573	682	790	1010	1570	2150	
0,130	118	78,1	58,4	38,7	19,1	9,43	59,3	111	165	274	385	497	612	727	845	1090	1690	2310	
0,140	125	82,2	61,5	40,7	20,1	9,91	62,4	117	174	291	408	527	649	772	900	1150	1800	2470	
0,160	136	89,7	67,0	44,4	21,9	10,8	68,5	129	192	321	452	585	720	858	1000	1280	2010	2770	
0,180	146	96,8	72,3	47,7	23,5	11,6	74,1	140	208	349	493	638	789	941	1100	1410	2220	3070	
0,200	156	103	77,1	51,0	25,1	12,4	79,5	150	223	376	532	691	855	1020	1190	1540	2430	3360	

Umfang = 1,009 m da/di = 1,332 ln da/di = 0,2867

Wärmeleitzahl λ	Rohrtemperatur in ° C (Lufttemp. = 20° C)																		Isol.-Stärke
	−40	−20	−10	±0	+10	+25	+50	+75	+100	+150	+200	+250	+300	+350	+400	+500	+750	+1000	
0,020	22,5	14,9	11,2	7,44	3,70	1,84	11,2	20,6	29,8	48,5	67,4	86,6	105	124	143	181			
0,025	27,5	18,4	13,8	9,11	4,53	2,26	13,8	25,3	36,9	60,0	83,1	107	130	153	176	224			
0,030	32,4	21,7	16,3	10,8	5,35	2,67	16,3	30,1	43,7	71,2	98,8	127	155	182	209	265			
0,035	37,3	25,0	18,7	12,4	6,15	3,06	18,8	34,5	50,1	82,0	113	146	179	210	242	306	471		
0,040	42,1	28,2	21,1	14,0	6,92	3,44	21,1	38,9	56,6	92,7	128	165	203	238	275	346	535		
0,045	46,8	31,2	23,4	15,5	7,67	3,81	23,6	43,3	63,1	103	143	183	225	265	306	386	597		
0,050	51,5	34,2	25,6	17,0	8,40	4,19	25,8	47,5	69,2	113	157	201	246	292	338	426	658		
0,060	60,1	40,0	29,9	19,9	9,78	4,86	30,2	55,4	81,0	133	185	237	289	344	399	504	778	1060	
0,070	68,2	45,4	33,9	22,5	11,1	5,53	34,3	63,4	92,4	152	212	272	332	395	457	580	891	1220	**45** mm
0,080	76,2	50,6	37,8	25,2	12,4	6,16	38,2	70,9	103	170	238	306	374	444	514	653	1010	1380	
0,090	83,9	55,6	41,6	27,7	13,6	6,75	42,1	78,0	114	188	264	339	415	492	571	724	1130	1530	
0,100	91,1	60,3	45,1	30,0	14,8	7,33	45,8	85,1	125	206	288	372	456	539	626	794	1240	1680	
0,110	98,2	64,8	48,5	32,3	15,9	7,88	49,2	91,9	135	223	312	401	493	583	678	863	1350	1830	
0,120	104	69,3	51,8	34,4	16,9	8,42	52,6	98,4	144	239	335	430	531	627	729	931	1460	1980	
0,130	111	73,3	54,8	36,5	17,9	8,90	55,7	104	153	255	357	459	566	671	781	997	1560	2130	
0,140	117	77,2	57,7	38,4	18,9	9,37	58,7	110	162	270	378	486	603	714	829	1060	1660	2270	
0,160	128	84,7	63,3	42,0	20,7	10,2	64,5	121	179	299	420	541	669	796	927	1190	1860	2550	
0,180	139	91,6	68,3	45,4	22,4	11,0	70,0	132	195	327	460	594	734	875	1020	1310	2050	2830	
0,200	149	98,4	73,2	48,6	23,9	11,8	75,4	142	209	352	498	647	798	951	1110	1420	2240	3100	

Umfang = 1,040 m da/di = 1,373 ln da/di = 0,3183

Innerer Rohr ⌀ = 225 mm **Äußerer Rohr ⌀ = 241 mm**

Wärme-leitzahl λ	Rohrtemperatur in ° C (Lufttemp. = 20° C) -40	-20	-10	±0	+10	+25	+50	+75	+100	+150	+200	+250	+300	+350	+400	+500	+750	+1000	Isol.-Stärke
0,020	20,5	13,7	10,2	6,83	3,39	1,69	10,2	18,8	27,4	44,7	62,0	79,0	96,5	114	132	166			
0,025	25,3	16,9	12,6	8,36	4,18	2,07	12,6	23,2	34,0	55,1	76,6	97,6	119	140	162	204			
0,030	30,0	19,9	14,9	9,91	4,95	2,45	14,9	27,6	40,4	65,4	90,9	115	143	166	192	243			
0,035	34,6	22,9	17,2	11,4	5,69	2,82	17,3	31,8	46,4	75,2	105	134	165	193	222	282	433		
0,040	39,0	25,8	19,4	12,9	6,40	3,17	19,6	35,9	52,4	85,1	119	152	186	219	252	320	492		
0,045	43,4	28,7	21,6	14,3	7,10	3,52	21,7	40,0	58,3	94,5	132	170	207	244	281	356	548		
0,050	47,6	31,6	23,6	15,7	7,81	3,87	23,8	43,8	64,1	104	146	186	227	269	310	392	606		
0,060	55,9	37,1	27,8	18,4	9,16	4,54	27,9	51,5	75,5	123	172	220	269	318	367	465	720	968	
0,070	63,8	42,4	31,6	21,0	10,4	5,18	31,9	58,9	86,4	141	197	253	309	365	422	536	827	1110	**50**
0,080	71,2	47,4	35,4	23,5	11,6	5,78	35,7	66,0	96,8	159	222	285	348	412	477	604	931	1260	**mm**
0,090	78,4	52,2	39,0	25,8	12,8	6,35	39,3	72,7	107	175	245	315	384	456	530	671	1040	1410	
0,100	85,3	56,7	42,5	28,1	13,9	6,90	42,8	79,2	116	191	268	345	422	501	580	736	1140	1550	
0,110	92,0	61,1	45,8	30,2	15,0	7,42	46,1	85,6	126	207	291	374	458	544	630	801	1240	1690	
0,120	98,3	65,4	48,9	32,3	16,0	7,93	49,3	91,8	135	223	313	403	494	587	678	863	1340	1830	
0,130	105	69,4	51,9	34,3	17,0	8,40	52,3	97,6	144	239	334	431	527	629	726	926	1440	1970	
0,140	110	73,3	54,9	36,2	17,9	8,85	55,2	103	152	253	354	457	561	667	773	986	1530	2100	
0,160	121	80,6	60,4	39,8	19,7	9,74	60,9	114	169	281	394	509	626	744	863	1100	1730	2360	
0,180	132	87,5	65,4	43,1	21,3	10,5	66,3	125	184	307	432	559	688	819	951	1220	1910	2620	
0,200	142	94,1	70,3	46,3	22,8	11,3	71,5	134	199	333	468	607	747	891	1040	1330	2090	2870	

Umfang = 1,071 m da/di = 1,415 ln da/di = 0,3471

Wärme-leitzahl λ	Rohrtemperatur in ° C (Lufttemp. = 20° C) -40	-20	-10	±0	+10	+25	+50	+75	+100	+150	+200	+250	+300	+350	+400	+500	+700	+1000	Isol.-Stärke
0,020	17,8	11,9	8,90	5,93	2,95	1,48	8,89	16,3	23,7	38,6	53,7	68,4	83,3	98,1	113	144			
0,025	22,0	14,7	11,0	7,30	3,64	1,82	11,1	20,1	29,4	47,6	66,2	85,2	104	122	140	178			
0,030	26,1	17,4	13,0	8,67	4,32	2,15	13,1	23,9	34,9	56,5	79,0	101	124	145	167	211			
0,035	30,2	20,1	15,0	10,0	4,97	2,48	15,1	27,6	40,2	65,3	91,2	117	143	168	194	244	375		
0,040	34,2	22,8	17,0	11,3	5,62	2,80	17,0	31,2	45,6	74,1	103	132	162	191	220	277	426		
0,045	38,0	25,3	18,9	12,6	6,26	3,12	19,0	34,8	51,1	82,5	115	148	181	213	246	310	476		
0,050	41,7	27,7	20,8	13,8	6,88	3,42	20,9	38,3	56,3	91,2	127	163	200	235	271	342	525		
0,060	49,0	32,6	24,4	16,2	8,07	4,02	24,6	45,2	66,2	108	151	193	236	278	321	406	624	845	
0,070	56,2	37,3	27,9	18,6	9,26	4,60	28,2	52,0	75,9	125	173	222	271	320	370	469	720	987	**60**
0,080	63,0	41,8	31,3	20,9	10,4	5,15	31,7	58,4	85,4	141	195	250	306	361	418	530	815	1120	**mm**
0,090	69,6	46,2	34,6	23,0	11,4	5,69	35,0	64,6	94,6	156	217	278	340	401	465	591	907	1250	
0,100	76,2	50,5	37,7	25,1	12,5	6,18	38,2	70,6	103	171	238	305	373	441	510	649	998	1380	
0,110	82,4	54,6	40,8	27,1	13,5	6,67	41,3	76,4	112	186	258	331	405	480	554	707	1090	1500	
0,120	88,4	58,6	43,7	29,0	14,4	7,15	44,2	82,0	121	200	278	356	436	517	598	764	1180	1610	
0,130	94,2	62,4	46,5	30,9	15,3	7,62	47,1	87,4	129	213	297	381	468	553	641	820	1260	1730	
0,140	99,9	66,0	49,2	32,7	16,2	8,05	50,0	92,7	136	226	316	406	498	591	684	871	1350	1840	
0,160	110	73,0	54,4	36,1	17,9	8,89	55,3	103	152	251	353	454	557	661	767	981	1530	2090	
0,180	121	79,9	59,5	39,4	19,6	9,69	60,4	112	166	276	388	500	615	729	846	1090	1690	2310	
0,200	131	86,5	64,5	42,6	21,1	10,4	65,4	122	180	300	421	545	670	796	924	1190	1840	2530	

Umfang = 1,134 m da/di = 1,498 ln da/di = 0,4041

Innerer Rohr ⌀ = 225 mm **Äußerer Rohr ⌀ = 241 mm**

Wärme-leitzahl λ	Rohrtemperatur in ° C (Lufttemp. = 20° C)																		Isol.-Stärke
	−40	−20	−10	±0	+10	+25	+50	+75	+100	+150	+200	+250	+300	+350	+400	+500	+750	+1000	
0,020	13,8	10,4	7,85	5,29	2,62	1,31	7,85	14,6	21,1	34,1	47,2	60,8	74,0	87,5	101	126			
0,025	19,6	13,0	9,73	6,50	3,23	1,61	9,73	18,1	26,1	42,3	58,8	75,4	92,0	109	125	157			
0,030	23,2	15,5	11,6	7,70	3,85	1,91	11,6	21,5	31,1	50,3	70,2	89,5	109	130	149	187			
0,035	26,9	17,9	13,4	8,89	4,45	2,20	13,4	24,8	35,9	58,2	81,3	104	127	150	173	216	330		
0,040	30,4	20,3	15,1	10,1	5,04	2,50	15,2	28,1	40,8	66,1	92,4	118	144	170	197	246	376		
0,045	33,9	22,6	16,9	11,3	5,61	2,79	16,9	31,4	45,6	74,0	103	132	161	190	220	276	422		
0,050	37,2	24,9	18,6	12,4	6,17	3,07	18,7	34,6	50,3	81,5	114	146	178	209	243	305	468		
0,060	44,2	29,4	22,0	14,7	7,30	3,62	22,0	40,7	59,4	96,6	135	172	211	248	288	361	556	751	
0,070	50,7	33,7	25,2	16,8	8,37	4,15	25,3	46,8	68,3	112	155	198	243	286	333	417	642	867	
0,080	56,9	37,8	28,3	18,9	9,40	4,66	28,5	52,5	77,1	126	175	224	274	323	376	472	728	984	**70** mm
0,090	63,0	42,0	31,3	20,9	10,4	5,16	31,6	58,3	85,7	140	195	250	305	360	420	528	812	1100	
0,100	69,2	45,9	34,3	22,8	11,4	5,65	34,6	63,8	94,1	154	214	275	335	396	461	581	896	1210	
0,110	75,1	49,7	37,2	24,7	12,3	6,12	37,5	69,1	102	167	233	299	365	431	501	632	979	1320	
0,120	80,6	53,5	40,0	26,5	13,2	6,57	40,3	74,4	110	180	251	322	394	467	542	684	1060	1430	
0,130	86,0	57,0	42,6	28,3	14,1	7,02	43,0	79,6	118	193	269	346	423	500	582	734	1140	1540	
0,140	91,5	60,5	45,2	30,0	15,0	7,44	45,7	84,6	125	205	286	370	452	533	620	785	1220	1650	
0,160	101	67,1	50,2	33,3	16,5	8,23	50,7	94,2	139	229	320	413	505	599	696	885	1370	1870	
0,180	111	73,5	55,0	36,5	18,1	9,02	55,6	104	153	252	353	456	558	662	770	982	1520	2080	
0,200	120	79,9	59,7	39,5	19,7	9,78	60,4	113	166	274	385	497	611	725	844	1070	1670	2280	

Umfang = 1,197 m da/di = 1,581 ln da/di = 0,4580

Wärme-leitzahl λ	Rohrtemperatur in ° C (Lufttemp. = 20° C)																		Isol.-Stärke
	−40	−20	−10	±0	+10	+25	+50	+75	+100	+150	+200	+250	+300	+350	+400	+500	+750	+1000	
0,020	14,3	9,52	7,12	4,76	2,37	1,18	7,12	13,1	19,0	31,0	43,0	55,0	67,0	78,8	91,0	115			
0,025	17,7	11,7	8,75	5,87	2,93	1,46	8,76	16,2	23,6	38,2	53,2	67,9	83,4	97,0	113	143			
0,030	21,1	13,9	10,4	7,00	3,49	1,74	10,5	19,2	28,1	45,6	63,3	80,7	99,0	115	135	170			
0,035	24,4	16,1	12,1	8,09	4,05	2,01	12,2	22,2	32,5	52,6	73,4	93,4	115	134	156	197	301		
0,040	27,6	18,3	13,7	9,16	4,60	2,28	13,8	25,2	37,0	59,8	83,2	106	131	152	177	224	342		
0,045	30,9	20,5	15,3	10,2	5,12	2,55	15,4	28,2	41,4	66,8	93,1	119	147	171	198	250	383		
0,050	34,1	22,6	16,8	11,3	5,60	2,80	17,1	31,2	45,7	74,0	103	131	162	189	219	277	424		
0,060	40,3	26,8	20,0	13,4	6,66	3,32	20,1	37,0	54,3	87,5	122	156	192	225	260	329	504	682	
0,070	46,4	30,9	23,0	15,4	7,69	3,81	23,1	42,7	62,4	101	141	181	221	260	301	382	583	788	
0,080	52,3	34,8	26,0	17,2	8,65	4,32	26,1	48,3	70,4	114	160	204	250	294	341	432	662	895	**80** mm
0,090	58,0	38,6	28,9	19,3	9,60	4,79	29,0	53,7	78,3	127	178	227	279	328	380	481	738	996	
0,100	63,6	42,3	31,7	21,1	10,5	5,22	31,8	59,0	85,8	140	196	250	306	361	419	530	814	1110	
0,110	69,0	46,0	34,3	22,8	11,4	5,66	34,5	64,1	93,1	153	213	273	333	393	457	578	890	1210	
0,120	74,4	49,6	37,0	24,5	12,3	6,09	37,2	69,1	100	166	230	295	360	425	493	625	962	1310	
0,130	79,7	53,1	39,7	26,3	13,1	6,50	39,8	74,0	108	178	247	317	387	456	530	672	1040	1400	
0,140	84,8	56,4	42,2	27,9	13,9	6,90	42,3	78,9	115	190	263	338	414	487	566	718	1110	1500	
0,160	94,2	62,8	46,9	31,0	15,5	7,69	47,1	87,8	128	212	295	380	464	548	637	811	1250	1700	
0,180	104	68,9	51,4	34,1	17,0	8,45	51,8	96,5	141	234	326	420	514	607	706	900	1390	1890	
0,200	113	74,8	55,9	37,0	18,5	9,21	56,4	105	154	256	357	460	563	665	774	987	1520	2080	

Umfang = 1,260 m da/di = 1,664 ln da/di = 0,5092

Innerer Rohr ⌀ = 225 mm **Äußerer Rohr ⌀ = 241 mm**

Wärme-leitzahl λ	Rohrtemperatur in °C (Lufttemp. = 20° C) -40	-20	-10	±0	+10	+25	+50	+75	+100	+150	+200	+250	+300	+350	+400	+500	+750	+1000	Isol.-Stärke
0,020	13,1	8,75	6,56	4,38	2,17	1,09	6,53	12,0	17,4	28,3	39,3	50,2	61,2	71,6	83,0	105			
0,025	16,3	10,9	8,13	5,39	2,70	1,35	8,10	14,9	21,6	35,1	48,5	62,3	76,0	90,0	103	130			
0,030	19,4	12,9	9,71	6,41	3,20	1,60	9,71	17,8	25,8	42,0	57,9	74,3	90,7	108	123	155			
0,035	22,5	15,0	11,2	7,42	3,69	1,85	11,2	20,6	29,9	48,9	67,0	86,3	105	125	144	180	275		
0,040	25,6	17,0	12,7	8,42	4,19	2,09	12,7	23,4	34,0	55,6	76,3	98,3	120	142	164	205	314		
0,045	28,6	18,9	14,2	9,41	4,68	2,33	14,2	26,2	38,1	62,1	85,6	110	134	159	183	229	351		
0,050	31,4	20,8	15,6	10,4	5,18	2,58	15,7	28,9	42,1	68,5	94,6	121	148	176	202	254	388		
0,060	37,2	24,7	18,6	12,4	6,17	3,07	18,6	34,2	50,0	81,2	112	144	176	208	240	303	461	624	
0,070	42,8	28,5	21,4	14,3	7,10	3,53	21,4	39,5	57,7	93,6	130	166	204	240	278	351	535	722	
0,080	48,2	32,2	24,1	16,1	7,99	3,97	24,2	44,6	65,0	106	147	189	231	272	315	398	605	819	**90** mm
0,090	53,7	35,8	26,8	17,8	8,87	4,41	26,9	49,6	72,4	118	164	211	257	303	350	444	679	917	
0,100	59,0	39,2	29,4	19,6	9,74	4,85	29,6	54,5	79,4	130	181	232	283	334	386	490	750	1010	
0,110	64,3	42,7	32,0	21,3	10,6	5,28	32,1	59,2	86,3	142	197	253	309	364	421	534	820	1110	
0,120	69,3	46,0	34,5	22,9	11,4	5,68	34,7	63,8	93,2	153	213	274	334	394	455	578	889	1200	
0,130	74,3	49,2	36,9	24,5	12,2	6,08	37,1	68,3	100	164	229	294	359	424	490	620	958	1290	
0,140	79,1	52,3	39,3	26,1	13,0	6,47	39,5	72,7	107	175	244	315	384	453	524	661	1020	1380	
0,160	88,3	58,3	43,8	29,1	14,5	7,22	44,0	81,4	119	197	275	352	431	510	590	747	1160	1570	
0,180	97,2	64,2	48,1	32,0	15,0	7,96	48,5	89,9	132	218	304	390	478	566	655	831	1290	1750	
0,200	106	70,0	52,5	34,9	16,4	8,68	53,1	98,3	144	239	333	427	524	621	720	914	1410	1920	

Umfang = 1,323 m da/di = 1,747 ln da/di = 0,5578

Wärme-leitzahl λ	Rohrtemperatur in °C (Lufttemp. = 20° C) -40	-20	-10	±0	+10	+25	+50	+75	+100	+150	+200	+250	+300	+350	+400	+500	+750	+1000	Isol.-Stärke
0,020	12,1	8,07	6,06	4,04	2,02	1,01	6,06	11,2	16,2	26,4	36,5	46,9	56,9	67,0	77,5	98,0			
0,025	15,1	10,0	7,52	5,01	2,50	1,25	7,52	13,9	20,1	32,7	45,3	58,0	70,5	83,2	96,0	121			
0,030	18,0	12,0	9,01	5,97	2,98	1,48	9,03	16,6	24,0	39,0	53,9	69,1	84,1	99,2	114	144			
0,035	21,0	13,9	10,4	6,89	3,45	1,72	10,4	19,3	27,8	45,5	62,4	80,3	97,7	115	133	167	255		
0,040	23,8	15,8	11,8	7,81	3,93	1,95	11,9	21,9	31,6	51,7	71,0	91,1	111	132	151	189	292		
0,045	26,6	17,7	13,2	8,72	4,38	2,18	13,3	24,5	35,4	58,0	79,6	102	125	147	170	211	327		
0,050	29,3	19,5	14,6	9,61	4,84	2,40	14,7	27,0	39,2	64,2	88,1	113	138	162	188	234	362		
0,060	34,7	23,2	17,4	10,4	5,73	2,86	17,4	32,0	46,5	76,1	106	135	164	193	223	279	430	582	
0,070	40,0	26,7	20,0	13,3	6,61	3,30	20,1	37,0	53,8	87,9	122	156	190	224	258	324	499	671	
0,080	45,3	30,2	22,6	15,0	7,48	3,73	22,7	41,8	60,8	98,7	138	177	215	254	293	370	565	760	**100** mm
0,090	50,4	33,7	25,2	16,8	8,32	4,15	25,2	46,4	67,7	110	154	197	240	283	327	414	631	848	
0,100	55,4	37,0	27,6	18,4	9,15	4,57	27,7	50,9	74,4	122	169	217	265	312	360	457	696	935	
0,110	60,4	40,2	30,1	20,1	9,96	4,97	30,2	55,3	81,0	133	184	236	289	341	394	498	761	1030	
0,120	65,1	43,3	32,5	21,6	10,7	5,36	32,5	59,7	87,4	144	199	256	312	369	426	540	826	1110	
0,130	69,8	46,5	34,8	23,1	11,5	5,74	34,9	64,1	93,9	154	214	275	336	397	458	581	891	1200	
0,140	74,4	49,6	37,0	24,6	12,3	6,11	37,2	68,4	100	164	229	294	360	424	491	622	955	1290	
0,160	83,3	55,3	41,3	27,4	13,7	6,82	41,8	76,7	113	185	257	330	404	478	552	700	1080	1460	
0,180	91,7	60,9	45,6	30,3	15,1	7,54	46,2	84,8	125	205	286	367	448	531	614	779	1200	1630	
0,200	100	66,4	49,7	33,0	16,5	8,25	50,5	93,0	136	225	314	403	492	584	676	857	1330	1790	

Umfang = 1,385 m da/di = 1,830 ln da/di = 0,6043

Innerer Rohr ⌀ = 225 mm **Äußerer Rohr ⌀ = 241 mm**

Wärme-leitzahl λ	Rohrtemperatur in ° C (Lufttemp. = 20° C)																		Isol.-Stärke
	−40	−20	−10	±0	+10	+25	+50	+75	+100	+150	+200	+250	+300	+350	+400	+500	+750	+1000	
0,020	10,6	7,07	5,31	3,54	1,77	0,88	5,31	9,78	14,3	23,1	32,0	40,9	50,0	58,6	67,4	84,8			
0,025	13,3	8,86	6,60	4,37	2,20	1,11	6,62	12,2	17,8	28,7	39,6	50,9	62,0	73,0	84,1	106			
0,030	15,9	10,6	7,90	5,21	2,61	1,32	7,93	14,6	21,2	34,3	47,3	60,7	74,1	87,3	101	127			
0,035	18,4	12,2	9,20	6,04	3,03	1,53	9,21	16,9	24,6	39,9	54,8	70,5	86,2	102	117	148	225		
0,040	20,8	13,9	10,5	6,86	3,44	1,74	10,5	19,2	28,0	45,4	62,5	80,3	98,2	116	133	168	257		
0,045	23,3	15,5	11,7	7,70	3,85	1,94	11,7	21,4	31,4	50,8	70,0	90,0	110	130	149	188	288		
0,050	25,8	17,2	12,9	8,51	4,26	2,14	12,9	23,7	34,8	56,1	77,6	100	122	143	165	208	319		
0,060	30,7	20,3	15,3	10,1	5,06	2,55	15,3	28,2	41,3	66,9	92,5	119	145	170	197	249	380	512	
0,070	35,5	23,5	17,7	11,7	5,85	2,94	17,7	32,7	47,7	77,5	107	137	168	197	228	289	440	592	**120** mm
0,080	40,2	26,6	20,1	13,3	6,64	3,32	20,1	37,2	54,0	88,0	122	156	191	224	260	328	500	673	
0,090	44,9	29,6	22,4	14,9	7,42	3,71	22,4	41,4	60,2	98,0	136	174	213	251	290	367	559	754	
0,100	49,5	32,6	24,7	16,3	8,18	4,09	24,7	45,6	66,2	108	150	192	235	277	320	405	616	835	
0,110	54,0	35,6	27,0	17,8	8,93	4,47	26,9	49,7	72,1	118	164	210	256	303	350	443	674	915	
0,120	58,3	38,6	29,1	19,3	9,64	4,84	29,1	53,7	78,0	127	177	227	278	328	379	479	732	995	
0,130	62,6	41,5	31,2	20,7	10,4	5,20	31,2	57,7	83,9	137	191	245	299	354	408	516	790	1070	
0,140	66,9	44,4	33,3	22,1	11,1	5,55	33,3	61,6	89,6	147	204	263	320	379	436	554	850	1150	
0,160	75,1	50,0	37,3	24,9	12,5	6,24	37,4	69,3	101	166	230	297	361	428	493	626	962	1300	
0,180	83,2	55,3	41,2	27,5	13,8	6,92	41,4	76,9	112	185	256	330	402	476	549	697	1070	1450	
0,200	91,2	60,4	45,1	30,0	15,0	7,55	45,4	84,3	123	203	282	362	442	524	604	768	1180	1590	

Umfang = 1,511 m da/di = 1,996 ln da/di = 0,6911

Wärme-leitzahl λ	Rohrtemperatur in ° C (Lufttemp. = 20° C)																		Isol.-Stärke
	−40	−20	−10	±0	+10	+25	+50	+75	+100	+150	+200	+250	+300	+350	+400	+500	+750	+1000	
0,020	9,57	6,38	4,79	3,17	1,58	0,80	4,80	8,78	12,8	20,4	28,6	37,0	44,7	52,7	60,5	76,4			
0,025	11,9	7,90	5,92	3,94	1,96	0,99	5,92	11,0	15,9	25,6	35,6	46,1	55,5	65,4	75,4	95,5			
0,030	14,2	9,42	6,06	4,69	2,34	1,17	6,09	13,1	19,0	30,6	42,5	55,0	66,5	78,0	90,3	114			
0,035	16,5	11,0	8,20	5,44	2,72	1,36	8,23	15,2	22,1	35,6	49,4	63,9	77,3	90,6	105	133	203		
0,040	18,8	12,4	9,32	6,20	3,10	1,55	9,35	17,3	25,1	40,6	56,2	72,7	88,0	103	119	151	231		
0,045	21,0	13,9	10,5	6,96	3,47	1,74	10,5	19,3	28,1	45,5	63,1	81,5	98,6	116	134	170	258		
0,050	23,2	15,4	11,6	7,72	3,84	1,93	11,6	21,4	31,1	50,5	69,8	90,2	110	129	148	188	286		
0,060	27,6	18,4	13,8	9,16	4,58	2,30	13,8	25,5	37,1	60,4	83,5	107	131	153	177	223	340	459	
0,070	32,0	21,3	16,0	10,6	5,30	2,65	16,0	29,5	43,0	70,0	96,9	124	152	178	205	259	395	533	**140** mm
0,080	36,3	24,2	18,1	12,0	6,01	3,00	18,1	33,4	48,9	79,6	110	141	173	202	233	295	450	606	
0,090	40,5	27,1	20,2	13,4	6,72	3,35	20,3	37,3	54,5	89,2	123	158	193	226	261	330	504	679	
0,100	44,8	29,9	22,3	14,8	7,41	3,70	22,4	41,2	60,1	98,4	136	174	213	250	289	365	557	751	
0,110	49,0	32,6	24,3	16,2	8,08	4,04	24,5	45,0	65,6	107	148	190	233	274	317	399	610	821	
0,120	53,0	35,2	26,3	17,5	8,76	4,38	26,5	48,7	70,9	116	160	206	253	297	344	433	662	893	
0,130	57,0	37,9	28,3	18,8	9,42	4,70	28,5	52,4	76,4	125	173	222	272	321	370	467	715	964	
0,140	61,0	40,6	30,3	20,1	10,1	5,02	30,5	56,0	81,7	133	185	238	291	344	396	500	767	1030	
0,160	68,7	45,7	34,1	22,8	11,4	5,65	34,4	63,2	92,2	150	210	270	328	388	447	567	873	1170	
0,180	76,2	50,7	37,9	25,3	12,6	6,27	38,1	70,3	103	167	234	300	366	432	499	633	972	1310	
0,200	83,5	55,6	41,6	27,7	13,8	6,88	41,8	77,1	113	184	257	329	403	476	550	697	1070	1450	

Umfang = 1,637 m da/di = 2,162 ln da/di = 0,7710

Innerer Rohr ∅ = 225 mm **Äußerer Rohr ∅ = 241 mm**

Wärme-leitzahl λ	Rohrtemperatur in ° C (Lufttemp. = 20° C) -40	-20	-10	±0	+10	+25	+50	+75	+100	+150	+200	+250	+300	+350	+400	+500	+750	+1000	Isol.-Stärke
0,020	8,81	5,84	4,38	2,91	1,45	0,73	4,38	8,03	11,7	19,1	26,4	33,8	41,0	48,2	55,5	70,0			
0,025	10,9	6,27	5,44	3,61	1,80	0,90	5,45	9,93	14,6	23,7	32,8	42,0	51,0	60,0	69,1	87,0			
0,030	13,0	8,69	6,50	4,29	2,14	1,07	6,50	11,9	17,4	28,3	39,0	50,3	61,0	71,7	82,5	104			
0,035	15,2	10,1	7,54	5,00	2,50	1,24	7,55	13,8	20,2	32,9	45,3	58,2	71,0	83,3	96,0	121	184		
0,040	17,3	11,5	8,57	5,71	2,84	1,42	8,60	15,7	23,0	37,5	51,5	66,0	80,9	95,1	109	138	210		
0,045	19,4	12,9	9,61	6,40	3,20	1,60	9,61	17,6	25,8	42,0	57,6	74,0	90,6	107	123	155	236		
0,050	21,4	14,3	10,7	7,10	3,54	1,77	10,7	19,5	28,6	46,4	63,7	82,0	100	118	136	172	262		
0,060	25,5	17,0	12,7	8,45	4,23	2,11	12,7	23,3	34,1	55,5	76,5	97,6	120	141	162	204	313	419	
0,070	29,6	19,7	14,7	9,78	4,88	2,44	14,7	27,0	39,6	64,4	89,0	114	139	164	188	238	364	489	**160**
0,080	33,7	22,4	16,7	11,1	5,53	2,76	16,7	30,7	45,0	73,2	101	129	158	186	214	271	414	557	mm
0,090	37,7	25,0	18,7	12,4	6,19	3,09	18,7	34,4	50,2	82,0	113	145	177	209	240	304	463	622	
0,100	41,7	27,6	20,7	13,7	6,84	3,42	20,7	38,0	55,4	90,6	125	160	196	231	265	338	512	688	
0,110	45,5	30,2	22,6	15,0	7,49	3,74	22,7	41,5	60,6	99,3	137	175	215	253	290	370	563	754	
0,120	49,1	32,7	24,5	16,3	8,12	4,06	24,6	45,0	65,7	108	149	190	233	274	315	402	611	821	
0,130	52,9	35,2	26,4	17,5	8,73	4,36	26,4	48,5	70,9	116	160	205	251	296	341	433	660	887	
0,140	56,6	37,6	28,2	18,6	9,32	4,66	28,2	52,0	75,9	124	171	219	268	317	366	464	708	950	
0,160	63,9	42,4	31,8	21,1	10,5	5,25	31,9	58,7	85,7	141	195	249	304	359	415	524	804	1080	
0,180	71,0	47,2	35,4	23,6	11,7	5,84	35,6	65,3	95,6	157	217	277	339	401	464	584	897	1210	
0,200	78,1	51,9	38,9	25,9	12,9	6,40	39,0	71,9	105	172	239	305	373	442	512	642	987	1340	

Umfang = 1,762 m da/di = 2,328 ln da/di = 0,8055

Wärme-leitzahl λ	Rohrtemperatur in ° C (Lufttemp. = 20° C) -40	-20	-10	±0	+10	+25	+50	+75	+100	+150	+200	+250	+300	+350	+400	+500	+750	+1000	Isol.-Stärke
0,020	8,20	5,42	4,05	2,71	1,36	0,68	4,05	7,42	10,8	17,8	24,5	31,2	38,1	44,7	51,3	64,8			
0,025	10,1	6,77	5,05	3,35	1,68	0,84	5,05	9,27	13,5	22,0	30,4	38,9	47,2	55,6	64,0	80,7			
0,030	12,1	8,10	6,03	4,01	2,00	1,00	6,03	11,1	16,1	26,2	36,2	46,6	56,4	66,5	76,7	96,6			
0,035	14,1	9,41	7,00	4,65	2,33	1,16	7,00	12,9	18,8	30,4	42,0	54,0	65,6	77,4	89,3	113	171		
0,040	16,0	10,7	7,98	5,31	2,65	1,32	7,98	14,7	21,4	34,6	47,7	61,5	74,8	88,2	102	129	196		
0,045	18,0	12,0	8,96	5,95	2,97	1,48	8,97	16,5	24,0	38,8	53,5	69,0	84,0	99,0	114	144	220		
0,050	20,0	13,3	9,93	6,60	3,29	1,64	9,95	18,3	26,5	43,0	59,1	76,5	93,1	110	126	160	243		
0,060	23,8	15,8	11,8	7,85	3,92	1,96	11,8	21,8	31,6	51,4	71,1	91,5	111	132	151	192	291	390	
0,070	27,6	18,4	13,7	9,13	4,56	2,28	13,7	25,2	36,8	59,6	82,6	106	129	153	176	223	338	454	**180**
0,080	31,4	20,8	15,6	10,4	5,18	2,59	15,6	28,6	41,9	67,8	93,9	121	147	174	199	254	384	518	mm
0,090	35,0	23,3	17,4	11,6	5,79	2,89	17,5	32,0	46,8	75,9	106	135	164	195	223	285	432	580	
0,100	38,7	25,7	19,3	12,8	6,40	3,19	19,4	35,4	51,6	83,9	117	149	182	216	247	316	478	640	
0,110	42,2	28,1	21,1	14,0	7,00	3,49	21,2	38,7	56,5	91,8	127	163	200	236	271	346	525	702	
0,120	45,9	30,4	22,8	15,2	7,59	3,79	22,9	42,0	61,4	99,6	138	177	217	256	295	376	570	764	
0,130	49,3	32,8	24,6	16,4	8,17	4,08	24,6	45,3	66,2	107	149	191	234	276	318	405	616	825	
0,140	52,8	35,2	26,4	17,5	8,74	4,36	26,3	48,6	70,8	115	160	205	251	296	342	433	659	886	
0,160	59,9	39,8	29,8	19,8	9,90	4,91	29,8	54,8	80,2	130	181	232	284	335	387	490	745	1000	
0,180	66,8	44,4	33,2	22,0	11,0	5,46	33,3	61,1	89,3	145	203	259	316	374	432	546	832	1120	
0,200	73,7	48,9	36,5	24,2	12,1	6,00	36,7	67,4	98,4	160	223	286	348	413	477	602	920	1240	

Umfang = 1,888 m da/di = 2,494 ln da/di = 0,9138

Innerer Rohr ∅ = 225 mm **Äußerer Rohr ∅ = 241 mm**

Wärmeleitzahl λ	Rohrtemperatur in ° C (Lufttemp. = 20° C)																	Isol.-Stärke
	−40	−20	−10	±0	+10	+25	+50	+75	+100	+150	+200	+250	+300	+350	+400	+500	+750	+1000	
0,020	7,61	5,09	3,78	2,52	1,26	0,63	3,79	7,00	10,3	16,6	23,0	29,4	35,8	42,1	48,5	60,9			
0,025	9,45	6,33	4,72	3,15	1,56	0,78	4,72	8,73	12,8	20,7	28,5	36,6	44,5	52,2	60,4	75,7			
0,030	11,3	7,55	5,65	3,76	1,87	0,93	5,65	10,4	15,2	24,8	34,0	43,6	53,0	62,4	72,2	90,5			
0,035	13,2	8,79	6,56	4,36	2,18	1,09	6,56	12,1	17,7	28,7	39,5	50,7	61,7	72,6	84,0	105	160		
0,040	15,1	10,0	7,48	4,98	2,48	1,24	7,48	13,8	20,2	32,7	45,2	57,9	70,3	82,8	95,8	120	183		
0,045	16,9	11,2	8,38	5,58	2,78	1,39	8,40	15,5	22,6	36,7	50,6	64,9	78,8	92,9	108	135	205		
0,050	18,8	12,5	9,29	6,20	3,08	1,54	9,32	17,2	25,0	40,7	56,0	72,0	87,2	103	119	150	228		
0,060	22,4	14,9	11,1	7,40	3,68	1,85	11,1	20,5	29,8	48,5	67,2	86,0	105	122	142	180	273	366	
0,070	25,9	17,2	12,9	8,60	4,28	2,14	12,9	23,8	34,7	56,3	77,9	99,7	121	142	165	209	317	427	**200**
0,080	29,5	19,5	14,6	9,76	4,86	2,43	14,7	27,0	39,4	63,8	88,5	114	138	162	188	237	361	486	**mm**
0,090	33,0	21,8	16,3	10,9	5,44	2,72	16,4	30,2	44,1	71,5	99,0	127	154	181	210	266	405	545	
0,100	36,5	24,1	18,0	12,1	6,02	3,00	18,1	33,4	48,9	79,0	109	140	171	201	232	295	449	603	
0,110	39,9	26,5	19,8	13,2	6,59	3,29	19,9	36,6	53,4	86,4	120	154	188	221	255	323	492	662	
0,120	43,3	28,8	21,5	14,3	7,15	3,57	21,6	39,7	58,1	94,0	131	167	204	241	278	352	535	720	
0,130	46,7	31,0	23,2	15,4	7,72	3,85	23,3	42,8	62,7	101	141	180	220	260	300	380	578	778	
0,140	50,0	33,2	24,8	16,5	8,27	4,12	24,9	45,8	67,2	109	151	193	236	279	322	407	621	835	
0,160	56,6	37,6	28,1	18,7	9,34	4,66	28,2	51,9	76,1	124	171	219	268	316	365	462	705	948	
0,180	63,1	41,9	31,3	20,8	10,4	5,19	31,5	57,8	84,7	139	191	245	299	354	408	516	789	1060	
0,200	69,4	46,1	34,5	23,0	11,4	5,70	34,7	63,7	93,4	152	211	270	330	390	450	570	870	1180	

Umfang = 2,014 m   da/di = 2,660   ln da/di = 0,9783

Innerer Rohr ∅ = 250 mm **Äußerer Rohr ∅ = 267 mm**

Wärme-leitzahl λ	Rohrtemperatur in ° C (Lufttemp. = 20° C)																		Isol.-Stärke
	−40	−20	−10	±0	+10	+25	+50	+75	+100	+150	+200	+250	+300	+350	+400	+500	+750	+1000	
0,020	79,6	53,0	39,5	26,1	13,0	6,42	39,6	74,3	109	180	252	324	399	484	547	697			
0,025	94,3	62,6	46,5	30,7	15,3	7,56	47,2	87,6	130	215	300	390	482	584	660	849			
0,030	108	71,2	52,8	35,1	17,4	8,56	53,9	100	149	248	347	452	557	679	772	990			
0,035	119	78,7	58,6	38,8	19,3	9,48	60,1	112	167	278	391	511	629	765	872	1120	1750		
0,040	129	85,7	63,9	42,2	21,0	10,3	66,0	123	185	307	434	565	697	852	970	1250	1970		
0,045	139	92,0	68,6	45,4	22,5	11,1	71,0	133	199	335	473	616	760	932	1060	1370	2180		
0,050	147	97,8	73,0	48,3	23,8	11,8	75,8	143	214	360	510	664	823	1010	1150	1490	2390		
0,060	163	108	80,8	53,4	26,2	13,0	84,5	160	240	405	579	758	942	1160	1320	1710	2770	3830	
0,070	178	116	87,3	58,0	28,3	14,0	91,9	176	264	447	640	843	1050	1300	1480	1930	3130	4350	10 mm
0,080	190	124	93,0	61,7	30,1	14,9	98,5	189	285	487	698	923	1150	1430	1620	2130	3470	4860	
0,090	200	132	98.1	65,0	31,7	15,6	104	200	304	523	750	995	1240	1550	1770	2320	3800	5360	
0,100	208	138	103	67,8	33,1	16,3	109	211	321	555	800	1060	1330	1660	1900	2510	4120	5860	
0,110	216	143	107	70,3	34,3	16,9	114	220	337	584	845	1120	1410	1770	2030	2690	4440	6330	
0,120	224	147	110	72,6	35,5	17,4	118	229	351	611	888	1180	1490	1860	2150	2860	4740	6790	
0,130	230	152	113	74,5	36,5	17,9	122	237	365	638	925	1230	1560	1950	2260	3010	5030	7240	
0,140	235	156	116	76,5	37,5	18,4	126	244	377	663	961	1280	1630	2050	2370	3160	5310	7660	
0,160	245	162	121	79,7	38,9	19,2	131	259	399	710	1030	1380	1760	2210	2570	3440	5840	8480	
0,180	254	168	125	82,4	40,2	19,8	137	271	417	748	1090	1460	1880	2370	2770	3720	6370	9260	
0,200	262	173	129	84,8	41,3	20,3	142	281	435	775	1150	1550	1990	2520	2950	3990	6900	10000	

Umfang = 0,902 m da/di = 1,075 ln da/di = 0,0722

Wärme-leitzahl λ	Rohrtemperatur in ° C (Lufttemp. = 20° C)																		Isol.-Stärke
	−40	−20	−10	±0	+10	+25	+50	+75	+100	+150	+200	+250	+300	+350	+400	+500	+750	+1000	
0,020	58,6	39,0	29,0	19,3	9,59	4,75	29,2	54,1	79,2	130	182	233	284	337	391	495			
0,025	70,3	46,8	35,0	23,2	11,4	5,65	35,0	65,5	95,5	157	220	284	347	411	476	605			
0,030	81,6	54,0	40,4	26,9	13,1	6,50	40,4	75,9	111	183	256	330	406	482	556	708			
0,035	91,5	60,6	45,4	30,1	14,8	7,29	45,5	85,4	125	208	290	376	464	549	633	811	1260		
0,040	101	67,1	49,9	33,0	16,2	8,03	50,2	94,2	139	232	323	420	519	616	708	909	1420		
0,045	110	72,9	54,2	35,9	17,6	8,75	54,8	103	152	254	354	462	572	681	781	1010	1580		
0,050	119	78,3	58,1	38,6	18,8	9,45	59,1	111	165	276	384	500	621	740	855	1100	1730		
0,060	133	88,3	65,4	43,4	21,3	10,6	67,0	126	188	315	442	577	714	856	989	1270	2010	2770	
0,070	146	96,8	71,8	47,7	23,4	11,6	74,3	140	209	350	496	647	800	960	1120	1440	2280	3170	15 mm
0,080	158	105	77,6	51,7	25,3	12,5	80,2	152	228	384	546	715	881	1070	1240	1600	2550	3550	
0,090	169	112	82,8	55,0	26,9	13,3	86,1	164	246	416	594	774	958	1160	1350	1750	2810	3910	
0,100	178	118	87,4	58,0	28,4	14,0	91,4	175	262	446	638	830	1040	1250	1460	1900	3060	4270	
0,110	187	123	91,7	60,8	29,7	14,7	96,4	184	277	474	677	884	1100	1330	1570	2040	3310	4630	
0,120	195	128	95,6	63,4	30,9	15,3	101	193	292	500	717	939	1170	1420	1670	2180	3540	4980	
0,130	202	133	99,4	65,6	32,1	15,9	105	202	305	524	755	990	1240	1500	1760	2310	3760	5320	
0,140	208	138	102	67,7	33,1	16,4	109	210	317	547	788	1040	1300	1580	1860	2440	3980	5660	
0,160	220	145	108	71,5	34,8	17,2	116	224	340	587	848	1130	1420	1720	2040	2690	4420	6290	
0,180	230	152	113	74,8	36,4	18,0	122	237	360	624	908	1210	1530	1860	2200	2920	4840	6930	
0,200	239	158	117	77,5	37,8	18,6	127	249	379	659	960	1280	1630	1990	2350	3140	5240	7530	

Umfang = 0,993 m da/di = 1,112 ln da/di = 0,1065

Innerer Rohr ⌀ = 250 mm **Äußerer Rohr ⌀ = 267 mm**

Wärmeleitzahl λ	Rohrtemperatur in ° C (Lufttemp. = 20° C) -40	-20	-10	±0	+10	+25	+50	+75	+100	+150	+200	+250	+300	+350	+400	+500	+750	+1000	Isol.-Stärke
0,020	46,7	31,1	23,2	15,4	7,68	3,81	23,4	43,2	63,0	103	143	184	225	266	306	390			
0,025	56,7	37,6	28,2	18,7	9,29	4,60	28,4	52,4	77,4	126	175	224	275	327	377	479			
0,030	65,9	43,8	32,8	21,8	10,7	5,33	33,2	61,2	89,9	147	206	263	324	384	444	564			
0,035	74,9	49,6	37,2	24,7	12,1	6,03	37,6	69,6	103	168	235	301	369	439	508	648	1000		
0,040	83,2	55,2	41,3	27,3	13,5	6,68	41,8	77,4	114	188	263	337	413	492	572	728	1130		
0,045	91,2	60,4	45,1	29,8	14,7	7,29	45,8	84,6	125	207	290	372	458	543	632	805	1250		
0,050	98,8	65,3	48,8	32,3	15,9	7,86	49,6	91,8	136	225	316	406	500	594	689	880	1370		
0,060	113	74,2	55,5	36,7	18,1	8,95	56,5	107	155	259	364	470	580	690	799	1030	1600	2190	
0,070	125	82,5	61,4	40,7	20,1	9,91	62,9	118	174	291	410	531	655	780	909	1170	1830	2520	**20** mm
0,080	136	90,0	66,9	44,3	21,9	10,8	68,8	129	192	321	453	589	727	868	1010	1300	2050	2840	
0,090	146	97,0	72,0	47,6	23,5	11,6	74,2	140	207	350	495	644	795	952	1110	1430	2260	3140	
0,100	156	103	76,5	50,7	24,9	12,3	79,1	150	222	377	534	695	862	1030	1200	1560	2470	3430	
0,110	165	109	80,9	53,6	26,3	13,0	83,9	160	236	402	571	745	926	1110	1290	1680	2670	3710	
0,120	173	114	85,0	56,2	27,6	13,6	88,6	169	250	427	606	792	986	1180	1380	1800	2870	4000	
0,130	180	119	88,7	58,7	28,7	14,1	92,7	177	264	448	640	838	1040	1250	1470	1910	3060	4270	
0,140	187	124	92,1	60,9	29,8	14,7	96,4	184	276	469	673	884	1100	1320	1550	2020	3250	4530	
0,160	199	132	98,1	64,8	31,8	15,7	104	198	299	509	734	963	1200	1450	1700	2230	3610	5070	
0,180	211	139	104	68,2	33,5	16,5	110	211	319	546	787	1040	1300	1580	1850	2430	3960	5580	
0,200	221	146	109	71,3	35,1	17,2	115	224	337	580	837	1110	1390	1690	1990	2620	4310	6090	

Umfang = 0,965 m da/di = 1,150 ln da/di = 0,1396

Wärmeleitzahl λ	Rohrtemperatur in ° C (Lufttemp. = 20° C) -40	-20	-10	±0	+10	+25	+50	+75	+100	+150	+200	+250	+300	+350	+400	+500	+750	+1000	Isol.-Stärke
0,020	39,1	26,1	19,4	13,0	6,43	3,21	19,4	35,9	52,5	85,6	120	153	187	221	254	320			
0,025	47,9	31,8	23,8	15,8	7,80	3,89	23,8	43,9	65,0	105	146	188	229	271	314	396			
0,030	56,1	37,2	28,0	18,4	9,12	4,54	28,0	51,6	76,2	123	171	221	270	320	371	470			
0,035	64,2	42,4	31,8	20,9	10,4	5,16	32,0	58,9	86,6	142	196	253	308	368	427	540	830		
0,040	71,8	47,4	35,4	23,4	11,6	5,76	35,7	65,8	96,7	159	220	284	346	414	480	606	938		
0,045	78,8	52,2	39,0	25,7	12,7	6,30	39,3	72,5	106	175	244	314	384	457	534	672	1040		
0,050	85,6	56,8	42,2	28,0	13,7	6,84	42,7	79,0	116	191	266	344	421	500	582	738	1150		
0,060	98,4	64,7	48,2	32,0	15,7	7,82	49,1	90,9	134	221	309	401	491	585	678	865	1350	1840	
0,070	109	72,5	54,0	35,7	17,5	8,75	54,8	102	151	250	350	454	559	664	769	985	1540	2110	**25** mm
0,080	120	79,7	59,0	39,2	19,2	9,58	60,4	113	166	278	389	505	623	740	859	1100	1730	2370	
0,090	130	86,5	64,0	42,5	20,8	10,3	65,6	123	181	304	427	554	684	815	946	1210	1910	2620	
0,100	139	92,0	68,6	45,5	22,3	11,0	70,3	132	195	328	462	601	743	886	1030	1320	2090	2870	
0,110	148	97,7	72,7	48,2	23,6	11,7	74,8	141	209	351	496	647	800	954	1110	1430	2270	3110	
0,120	156	103	76,5	50,9	24,9	12,3	79,3	149	222	373	530	690	854	1020	1190	1540	2440	3360	
0,130	163	108	80,2	53,2	26,0	12,9	83,3	157	234	394	562	732	905	1080	1270	1640	2600	3600	
0,140	170	112	83,6	55,5	27,1	13,5	87,0	165	246	414	591	773	955	1140	1340	1740	2770	3830	
0,160	183	120	89,8	59,6	29,1	14,4	93,9	179	268	452	647	847	1050	1260	1480	1920	3080	4290	
0,180	195	128	95,2	63,2	30,8	15,3	100	192	288	487	699	917	1140	1370	1620	2100	3380	4740	
0,200	205	135	100	66,5	32,4	16,1	106	203	306	521	750	984	1230	1480	1740	2280	3670	5180	

Umfang = 0,996 m da/di = 1,187 ln da/di = 0,1717

Innerer Rohr ⌀ = 250 mm **Äußerer Rohr ⌀ = 267 mm**

Wärmeleitzahl λ	Rohrtemperatur in ° C (Lufttemp. = 20° C)																		Isol.-Stärke
	−40	−20	−10	±0	+10	+25	+50	+75	+100	+150	+200	+250	+300	+350	+400	+500	+750	+1000	
0,020	33,7	22,4	16,7	11,2	5,57	2,78	16,8	31,0	45,3	74,0	103	132	161	190	218	275			
0,025	41,4	27,5	20,6	13,6	6,76	3,37	20,6	37,9	55,5	90,4	126	163	196	233	269	340			
0,030	48,7	32,3	24,2	16,0	7,94	3,93	24,3	44,6	65,2	106	148	192	231	275	318	403			
0,035	55,6	36,9	27,7	18,2	9,01	4,50	27,9	51,1	74,5	122	170	219	265	317	367	463	714		
0,040	62,4	41,6	30,9	20,4	10,1	5,03	31,3	57,4	83,8	138	192	247	300	357	414	522	810		
0,045	68,8	45,8	34,1	22,5	11,1	5,53	34,6	63,4	93,0	152	213	274	333	397	459	580	901		
0,050	75,1	49,8	37,1	24,6	12,1	6,04	37,6	69,2	102	167	233	300	366	435	504	639	989		
0,060	86,4	57,4	42,8	28,3	13,9	6,95	43,4	80,3	118	194	271	350	430	508	590	752	1160	1590	
0,070	97,2	64,5	48,0	31,9	15,7	7,80	48,8	90,7	133	220	309	398	491	580	673	863	1330	1820	**30 mm**
0,080	107	71,1	53,1	35,3	17,3	8,61	54,0	100	148	245	344	444	547	649	750	963	1490	2050	
0,090	117	77,4	57,7	38,3	18,8	9,34	58,8	110	161	269	378	489	601	714	828	1060	1660	2280	
0,100	126	83,3	62,1	41,2	20,2	10,0	63,5	119	174	292	410	532	655	777	903	1160	1830	2500	
0,110	134	89,0	66,1	43,9	21,6	10,6	67,6	127	187	314	441	575	707	839	974	1260	1980	2710	
0,120	142	93,9	69,9	46,5	22,8	11,2	71,7	135	200	334	472	616	756	899	1050	1350	2130	2930	
0,130	149	98,5	73,4	48,9	23,9	11,8	75,7	142	212	354	501	654	805	958	1120	1440	2280	3140	
0,140	156	103	76,7	51,2	25,0	12,4	79,5	149	223	373	530	690	852	1020	1190	1530	2430	3340	
0,160	169	111	83,1	55,2	27,0	13,4	86,3	163	243	411	583	761	941	1130	1320	1700	2710	3740	
0,180	180	119	88,6	58,9	28,8	14,2	92,5	176	262	445	632	826	1020	1230	1440	1870	2980	4140	
0,200	191	126	93,8	62,3	30,3	15,0	98,4	188	280	478	679	887	1100	1320	1560	2030	3240	4530	

Umfang = 1,027 m da/di = 1,225 ln da/di = 0,2027

Wärmeleitzahl λ	Rohrtemperatur in ° C (Lufttemp. = 20° C)																		Isol.-Stärke
	−40	−20	−10	±0	+10	+25	+50	+75	+100	+150	+200	+250	+300	+350	+400	+500	+750	+1000	
0,020	30,0	20,0	14,8	9,97	4,94	2,45	15,0	27,5	40,1	64,9	90,4	116	142	165	190	242			
0,025	36,6	24,6	18,2	12,2	6,02	2,99	18,3	33,6	49,0	79,6	111	143	173	205	237	300			
0,030	43,2	29,0	21,6	14,3	7,07	3,51	21,5	39,5	57,5	94,3	131	169	204	244	282	356			
0,035	49,7	33,2	24,9	16,3	8,09	4,01	24,8	45,5	66,1	108	151	194	234	281	324	409	630		
0,040	55,6	37,0	28,0	18,3	9,10	4,49	27,9	51,2	74,6	122	170	219	265	318	366	461	716		
0,045	61,5	41,0	31,0	20,3	10,1	4,96	30,9	56,8	82,8	136	188	244	295	351	408	514	799		
0,050	67,2	44,7	33,9	22,2	11,0	5,42	33,8	62,2	90,7	149	207	267	324	384	447	565	872		
0,060	77,4	51,9	39,1	25,6	12,7	6,28	39,2	72,4	106	174	243	313	383	452	524	666	1030	1400	
0,070	87,5	58,6	44,0	28,9	14,3	7,10	44,2	82,5	120	198	277	356	437	516	599	764	1180	1610	**35 mm**
0,080	97,5	64,8	48,6	32,0	15,8	7,86	49,2	91,7	134	221	309	400	490	579	671	858	1330	1820	
0,090	107	70,8	52,8	35,0	17,2	8,55	54,0	99,6	147	244	341	440	539	640	743	946	1480	2020	
0,100	115	76,4	56,8	37,7	18,5	9,20	58,3	108	159	265	372	479	587	698	813	1040	1620	2210	
0,110	123	81,7	60,7	40,2	19,8	9,79	62,2	116	171	285	401	518	635	756	879	1120	1760	2400	
0,120	130	86,6	64,4	42,7	21,0	10,4	66,1	123	183	305	428	556	683	814	944	1210	1890	2600	
0,130	138	91,4	67,9	45,0	22,1	11,0	69,9	131	194	324	456	592	729	870	1010	1300	2020	2800	
0,140	145	96,0	71,2	47,3	23,2	11,5	73,4	137	205	342	482	626	772	922	1070	1380	2150	2980	
0,160	158	104	77,6	51,3	25,3	12,5	80,0	151	225	376	533	691	854	1020	1190	1540	2410	3340	
0,180	169	112	83,3	55,0	27,0	13,4	86,1	163	243	409	580	753	936	1120	1300	1690	2670	3700	
0,200	179	119	88,5	58,4	28,7	14,2	92,1	175	260	440	624	815	1010	1210	1410	1830	2920	4050	

Umfang = 1,059 m da/di = 1,262 ln da/di = 0,2329

Innerer Rohr ∅ = 250 mm **Äußerer Rohr ∅ = 267 mm**

Wärmeleitzahl λ	Rohrtemperatur in ° C (Lufttemp. = 20° C) −40	−20	−10	±0	+10	+25	+50	+75	+100	+150	+200	+250	+300	+350	+400	+500	+750	+1000	Isol.-Stärke
0,020	30,0	20,0	14,8	9,97	4,94	2,45	15,0	27,5	40,1	64,9	90,4	116	142	165	190	242			
0,025	36,6	24,6	18,2	12,2	6,02	2,99	18,3	33,6	49,0	79,6	111	143	173	205	237	300			
0,030	43,2	29,0	21,6	14,3	7,07	3,51	21,5	39,5	57,5	94,3	131	169	204	244	282	356			
0,035	49,7	33,2	24,9	16,3	8,09	4,01	24,8	45,5	66,1	108	151	194	234	281	324	409	630		
0,040	55,6	37,0	28,0	18,3	9,10	4,49	27,9	51,2	74,6	122	170	219	265	318	366	461	716		
0,045	61,5	41,0	31,0	20,3	10,1	4,96	30,9	56,8	82,8	136	188	244	295	351	408	514	799		
0,050	67,2	44,7	33,9	22,2	11,0	5,42	33,8	62,2	90,7	149	207	267	324	384	447	565	872		
0,060	77,4	51,9	39,1	25,6	12,7	6,28	39,2	72,4	106	174	243	313	383	452	524	666	1030	1400	
0,070	87,5	58,6	44,0	28,9	14,3	7,10	44,2	82,5	120	198	277	356	437	516	599	764	1180	1610	**35** mm
0,080	97,5	64,8	48,6	32,0	15,8	7,86	49,2	91,7	134	221	309	400	490	579	671	858	1330	1820	
0,090	107	70,8	52,8	35,0	17,2	8,55	54,0	99,6	147	244	341	440	539	640	743	946	1480	2020	
0,100	115	76,4	56,8	37,7	18,5	9,20	58,3	108	159	265	372	479	587	698	813	1040	1620	2210	
0,110	123	81,7	60,7	40,2	19,8	9,79	62,2	116	171	285	401	518	635	756	879	1120	1760	2400	
0,120	130	86,6	64,4	42,7	21,0	10,4	66,1	123	183	305	428	556	683	814	944	1210	1890	2600	
0,130	138	91,4	67,9	45,0	22,1	11,0	69,9	131	194	324	456	592	729	870	1010	1300	2020	2800	
0,140	145	96,0	71,2	47,3	23,2	11,5	73,4	137	205	342	482	626	772	922	1070	1380	2150	2980	
0,160	158	104	77,6	51,3	25,3	12,5	80,0	151	225	376	533	691	854	1020	1190	1540	2410	3340	
0,180	169	112	83,3	55,0	27,0	13,4	86,1	163	243	409	580	753	936	1120	1300	1690	2670	3700	
0,200	179	119	88,5	58,4	28,7	14,2	92,1	175	260	440	624	815	1010	1210	1410	1830	2920	4050	

Umfang = 1,059 m da/di = 1,262 ln da/di = 0,2329

Wärmeleitzahl λ	Rohrtemperatur in ° C (Lufttemp. = 20° C) −40	−20	−10	±0	+10	+25	+50	+75	+100	+150	+200	+250	+300	+350	+400	+500	+750	+1000	Isol.-Stärke
0,020	24,5	16,2	12,2	8,14	4,05	2,02	12,2	22,5	32,6	53,0	73,4	94,1	115	135	156	197			
0,025	30,0	20,0	15,0	10,0	4,95	2,47	15,0	27,6	40,3	65,5	90,9	116	142	167	192	244			
0,030	35,4	23,7	17,7	11,8	5,83	2,91	17,7	32,7	47,8	77,6	108	138	169	198	228	290			
0,035	40,7	27,3	20,4	13,6	6,70	3,34	20,5	37,7	54,8	89,4	124	159	195	229	264	336	514		
0,040	45,9	30,7	23,0	15,3	7,55	3,75	23,1	42,4	61,9	101	140	180	221	259	299	379	584		
0,045	51,0	34,0	25,5	17,0	8,36	4,16	25,7	47,2	68,8	113	156	200	245	289	334	422	651		
0,050	56,2	37,3	27,9	18,6	9,15	4,56	28,1	51,8	75,5	124	171	219	268	319	370	465	717		
0,060	65,6	43,5	32,5	21,7	10,7	5,30	32,8	60,4	88,4	145	202	259	316	376	435	550	849	1150	
0,070	74,4	49,4	37,0	24,6	12,1	6,02	37,4	69,0	101	166	231	297	363	431	498	634	972	1330	**45** mm
0,080	83,0	55,0	41,2	27,4	13,5	6,71	41,7	77,2	113	186	260	334	409	484	560	712	1100	1500	
0,090	91,5	60,6	45,4	30,2	14,8	7,36	45,9	85,0	124	205	288	369	455	536	620	790	1230	1670	
0,100	99,4	65,6	49,2	32,8	16,1	7,99	49,9	92,6	136	225	314	405	498	586	680	867	1350	1830	
0,110	107	70,6	52,9	35,2	17,3	8,59	53,5	100	147	243	340	437	539	634	738	943	1470	2000	
0,120	114	75,4	56,3	37,5	18,5	9,17	57,2	107	157	260	365	470	579	684	794	1020	1590	2160	
0,130	121	79,9	59,6	39,8	19,6	9,70	60,5	114	167	277	389	501	617	732	850	1090	1700	2320	
0,140	127	84,2	62,8	41,9	20,6	10,2	63,8	120	176	294	412	531	656	778	904	1160	1810	2480	
0,160	139	92,3	68,8	45,7	22,5	11,1	70,2	132	195	325	457	590	729	869	1010	1300	2030	2780	
0,180	151	100	74,4	49,5	24,3	12,0	76,2	144	212	355	500	647	800	955	1110	1430	2240	3080	
0,200	162	107	79,6	53,0	26,0	12,8	82,0	155	228	383	541	704	869	1040	1200	1550	2450	3370	

Umfang = 1,122 m da/di = 1,337 ln da/di = 0,2950

Innerer Rohr ⌀ = 250 mm **Äußerer Rohr ⌀ = 267 mm**

Wärme-leitzahl λ	Rohrtemperatur in ° C (Lufttemp. = 20° C)																		Isol.-Stärke
	− 40	− 20	− 10	± 0	+ 10	+ 25	+ 50	+ 75	+ 100	+ 150	+ 200	+ 250	+ 300	+ 350	+ 400	+ 500	+ 750	+ 1000	
0,020	22,4	14,9	11,1	7,45	3,70	1,85	11,1	20,5	29,9	48,7	67,5	86,1	105	124	143	181			
0,025	27,6	18,4	13,7	9,10	4,56	2,26	13,7	25,4	37,0	60,2	83,3	106	131	153	177	223			
0,030	32,7	21,7	16,3	10,8	5,40	2,67	16,3	30,1	44,0	71,4	99,0	126	156	182	209	265			
0,035	37,7	24,9	18,7	12,4	6,19	3,08	18,9	34,7	50,6	82,3	114	146	180	211	242	307	472		
0,040	42,6	28,1	21,2	14,1	6,98	3,46	21,4	39,1	57,1	93,0	129	165	203	239	275	348	536		
0,045	47,3	31,3	23,5	15,6	7,75	3,84	23,7	43,6	63,6	103	144	184	226	267	307	388	598		
0,050	52,0	34,4	25,7	17,1	8,52	4,22	26,0	47,8	70,0	114	159	203	248	294	339	428	660		
0,060	60,9	40,4	30,3	20,0	10,0	4,94	30,5	56,2	82,2	134	187	240	294	346	400	508	784	1060	
0,070	69,4	46,2	34,5	22,8	11,4	5,63	34,7	64,2	94,1	154	215	275	337	398	460	585	899	1220	**50**
0,080	77,5	51,6	38,5	25,5	12,7	6,30	38,8	71,9	105	173	242	310	379	448	519	658	1020	1380	mm
0,090	85,4	57,0	42,4	28,1	13,9	6,92	42,8	79,3	116	191	267	343	420	497	576	731	1130	1540	
0,100	93,0	61,7	46,3	30,6	15,1	7,50	46,6	86,2	127	209	292	375	460	546	632	802	1240	1690	
0,110	100	66,5	49,9	32,9	16,3	8,07	50,2	93,2	137	226	316	407	499	593	686	873	1350	1840	
0,120	107	71,1	53,3	35,1	17,4	8,63	53,6	100	147	243	340	438	537	640	739	940	1460	1990	
0,130	114	75,4	56,5	37,3	18,4	9,15	57,0	106	156	260	363	468	574	685	790	1010	1570	2140	
0,140	120	79,7	59,7	39,4	19,4	9,64	60,2	112	166	275	385	497	611	727	841	1080	1670	2290	
0,160	132	87,5	65,7	43,2	21,3	10,6	66,3	124	183	306	428	554	681	810	940	1200	1880	2580	
0,180	143	95,2	71,1	46,8	23,1	11,5	72,2	135	200	334	470	609	749	891	1040	1330	2080	2860	
0,200	154	102	76,4	50,3	24,8	12,3	77,7	146	216	361	509	659	812	969	1130	1450	2270	3130	

Umfang = 1,153 m da/di = 1,375 ln da/di = 0,3181

Wärme-leitzahl λ	Rohrtemperatur in ° C (Lufttemp. = 20° C)																		Isol.-Stärke
	− 40	− 20	− 10	± 0	+ 10	+ 25	+ 50	+ 75	+ 100	+ 150	+ 200	+ 250	+ 300	+ 350	+ 400	+ 500	+ 750	+ 1000	
0,020	19,4	12,9	9,66	6,45	3,21	1,60	9,66	17,7	25,8	42,0	58,4	74,5	90,6	107	123	156			
0,025	23,9	16,0	12,0	7,95	3,96	1,98	12,0	22,0	32,0	51,7	72,1	92,5	113	132	153	193			
0,030	28,4	19,0	14,2	9,45	4,69	2,34	14,3	26,1	38,0	61,5	85,7	110	135	158	182	230			
0,035	32,9	21,9	16,4	10,9	5,40	2,70	16,5	30,0	43,8	71,3	99,2	127	156	183	211	266	408		
0,040	37,2	24,8	18,5	12,3	6,11	3,05	18,6	34,0	49,6	80,7	112	144	176	207	239	302	464		
0,045	41,4	27,5	20,5	13,7	6,80	3,39	20,7	37,8	55,5	90,0	125	161	197	231	267	337	519		
0,050	45,4	30,2	22,6	15,0	7,47	3,72	22,7	41,6	61,2	99,2	138	177	217	256	295	372	572		
0,060	53,4	35,5	26,5	17,6	8,78	4,37	26,7	49,3	72,0	118	163	209	256	302	350	442	680	919	
0,070	61,1	40,6	30,4	20,2	10,1	5,00	30,6	56,6	82,6	135	188	240	294	348	403	511	784	1070	**60**
0,080	68,4	45,5	34,1	22,6	11,3	5,59	34,4	63,5	92,8	153	212	271	332	393	455	578	887	1220	mm
0,090	75,6	50,2	37,6	24,9	12,4	6,18	38,0	70,3	103	170	235	302	369	436	506	644	986	1360	
0,100	82,8	54,9	41,0	27,2	13,5	6,72	41,4	76,8	112	186	258	331	405	479	555	708	1080	1500	
0,110	89,5	59,3	44,3	29,4	14,6	7,26	44,8	83,0	122	202	280	360	440	521	602	770	1180	1630	
0,120	96,0	63,6	47,5	31,5	15,7	7,75	48,0	89,0	131	217	302	387	474	561	650	832	1280	1760	
0,130	102	67,8	50,5	33,5	16,7	8,25	51,2	94,9	140	232	323	414	509	601	697	891	1370	1880	
0,140	108	71,7	53,4	35,5	17,6	8,74	54,2	101	148	245	343	440	541	640	742	949	1470	2000	
0,160	120	79,2	59,0	39,1	19,4	9,66	60,0	112	165	273	383	492	605	718	833	1070	1650	2270	
0,180	131	86,6	64,4	42,8	21,2	10,5	65,5	122	180	300	421	542	667	793	919	1180	1830	2520	
0,200	141	93,7	69,8	46,1	22,9	11,3	70,8	132	195	325	458	591	726	864	1000	1290	2000	2760	

Umfang = 1,216 m da/di = 1,450 ln da/di = 0,3712

Innerer Rohr ⌀ = 250 mm **Äußerer Rohr ⌀ = 267 mm**

Wärmeleitzahl λ	Rohrtemperatur in °C (Lufttemp. = 20° C) −40	−20	−10	±0	+10	+25	+50	+75	+100	+150	+200	+250	+300	+350	+400	+500	+750	+1000	Isol.-Stärke
0,020	17,2	11,4	8,56	5,75	2,85	1,42	8,51	15,8	23,0	37,1	51,4	66,0	80,1	95,0	110	137			
0,025	21,2	14,1	10,6	7,07	3,51	1,74	10,5	19,6	28,5	45,9	63,9	81,7	99,8	118	136	170			
0,030	25,2	16,8	12,6	8,40	4,18	2,07	12,6	23,3	33,9	54,6	76,1	97,0	119	141	162	203			
0,035	29,1	19,5	14,5	9,68	4,82	2,39	14,6	26,9	39,0	63,2	88,1	112	138	163	188	235	363		
0,040	33,0	22,0	16,4	11,0	5,47	2,71	16,6	30,5	44,3	71,7	100	128	156	185	214	267	410		
0,045	36,8	24,5	18,3	12,2	6,10	3,02	18,5	34,0	49,6	80,1	112	143	174	206	239	300	459		
0,050	40,5	27,0	20,2	13,4	6,69	3,32	20,3	37,5	54,7	88,5	123	158	192	227	264	332	508		
0,060	48,0	31,8	23,8	15,9	7,91	3,92	23,9	44,2	64,5	105	146	186	228	269	313	392	604	816	
0,070	55,0	36,5	27,3	18,2	9,09	4,51	27,4	50,8	74,1	121	168	215	264	311	361	453	698	943	**70** mm
0,080	61,7	41,0	30,7	20,4	10,2	5,08	30,9	57,0	83,6	137	190	243	298	350	408	512	790	1070	
0,090	68,3	45,4	34,0	22,6	11,3	5,61	34,3	63,3	92,8	152	211	271	331	390	454	572	881	1200	
0,100	74,8	49,7	37,2	24,7	12,3	6,13	37,5	69,2	102	167	232	298	364	429	499	630	969	1320	
0,110	81,3	53,8	40,3	26,8	13,3	6,63	40,7	75,0	111	181	252	324	396	468	543	686	1060	1440	
0,120	87,2	57,8	43,4	28,8	14,3	7,12	43,7	80,8	119	195	272	349	427	506	586	743	1150	1560	
0,130	93,2	61,8	46,2	30,6	15,3	7,61	46,6	86,4	127	209	291	375	459	542	628	798	1240	1680	
0,140	99,0	65,5	49,0	32,5	16,2	8,08	49,5	91,8	135	223	210	400	490	578	670	852	1320	1790	
0,160	110	72,7	54,3	36,0	18,0	8,93	55,0	102	150	249	247	447	548	649	753	961	1480	2020	
0,180	120	79,6	59,5	39,5	19,7	9,79	60,2	112	165	273	283	494	605	717	834	1070	1650	2250	
0,200	130	86,4	64,4	42,8	21,3	10,6	65,3	122	179	297	317	538	662	786	914	1170	1810	2470	

Umfang = 1,279 m da/di = 1,524 ln da/di = 0,4215

Wärmeleitzahl λ	Rohrtemperatur in °C (Lufttemp. = 20° C) −40	−20	−10	±0	+10	+25	+50	+75	+100	+150	+200	+250	+300	+350	+400	+500	+750	+1000	Isol.-Stärke
0,020	15,5	10,3	7,73	5,17	2,57	1,29	7,74	14,2	20,5	33,6	46,6	59,6	72,6	85,5	98,7	125			
0,025	19,2	12,7	9,53	6,37	3,18	1,59	9,57	17,6	25,6	41,4	57,5	73,5	90,3	105	122	155			
0,030	22,9	15,1	11,3	7,58	3,78	1,88	11,4	20,9	30,5	49,4	68,5	87,3	107	125	146	184			
0,035	26,5	17,5	13,1	8,78	4,37	2,17	13,2	24,1	35,2	57,1	79,5	101	124	145	169	213	326		
0,040	30,0	19,8	14,9	9,95	4,96	2,47	15,0	27,4	40,1	64,9	90,3	115	141	165	192	242	370		
0,045	33,5	22,1	16,6	11,1	5,53	2,76	16,7	30,7	44,8	72,7	101	129	158	185	215	271	415		
0,050	36,9	24,4	18,3	12,2	6,11	3,03	18,4	33,9	49,6	80,1	112	142	175	205	237	300	459		
0,060	43,6	29,0	21,7	14,5	7,24	3,60	21,8	40,1	58,8	94,7	132	169	208	244	282	357	546	738	
0,070	50,2	33,4	25,0	16,8	8,32	4,13	25,1	46,2	67,6	110	153	196	239	282	326	413	632	854	**80** mm
0,080	56,5	37,6	28,2	18,9	9,36	4,65	28,3	52,2	76,3	124	173	221	271	319	370	468	717	968	
0,090	62,8	41,8	31,3	20,9	10,4	5,16	31,4	58,1	84,8	138	192	246	302	356	412	521	799	1080	
0,100	68,8	45,8	34,3	22,9	11,4	5,66	34,4	63,8	93,0	152	211	271	331	392	454	574	882	1190	
0,110	74,7	49,7	37,2	24,8	12,4	6,14	37,3	69,2	101	165	230	296	361	426	495	626	964	1310	
0,120	80,5	53,6	40,0	26,6	13,3	6,61	40,2	74,6	109	179	248	320	390	461	534	677	1040	1420	
0,130	86,2	57,4	42,9	28,5	14,2	7,07	43,0	79,9	116	192	267	343	419	495	574	728	1120	1520	
0,140	91,6	61,0	45,6	30,2	15,1	7,50	45,8	85,1	124	204	284	365	448	528	613	779	1200	1630	
0,160	102	67,8	50,7	33,6	16,7	8,35	51,0	94,8	138	229	319	411	503	594	689	879	1350	1840	
0,180	112	74,4	55,5	37,0	18,4	9,17	56,0	104	152	253	353	455	556	657	764	974	1500	2050	
0,200	122	80,7	60,3	40,1	20,0	10,0	60,9	113	166	276	386	497	608	718	837	1070	1650	2250	

Umfang = 1,342 m da/di = 1,599 ln da/di = 0,4696

Innerer Rohr ⌀ = 250 mm **Äußerer Rohr ⌀ = 267 mm**

Wärme-leitzahl λ	Rohrtemperatur in ° C (Lufttemp. = 20° C)																	Isol.-Stärke
	−40	−20	−10	±0	+10	+25	+50	+75	+100	+150	+200	+250	+300	+350	+400	+500	+750	+1000	
0,020	14,2	9,48	7,09	4,74	2,37	1,18	7,08	12,9	18,8	30,7	42,5	53,6	66,2	77,5	88,8	113			
0,025	17,6	11,7	8,77	5,82	2,91	1,46	8,78	16,1	23,4	38,0	52,5	66,4	82,1	97,1	111	140			
0,030	21,0	14,0	10,5	6,91	3,44	1,72	10,5	19,2	28,0	45,3	62,6	79,0	97,9	116	133	167			
0,035	24,4	16,2	12,2	8,00	4,00	1,99	12,2	22,3	32,3	52,6	72,7	92,5	114	135	155	194	298		
0,040	27,7	18,4	13,8	9,08	4,53	2,26	13,8	25,3	36,8	59,8	82,5	105	130	153	176	221	340		
0,045	30,9	20,5	15,4	10,2	6,07	2,52	15,4	28,2	41,2	67,0	92,3	117	145	172	197	248	380		
0,050	33,9	22,6	17,0	11,2	6,59	2,79	17,0	31,2	45,6	74,0	102	129	160	190	218	275	420		
0,060	40,2	26,8	20,1	13,3	7,63	3,31	20,1	37,0	54,0	87,9	121	153	190	225	259	327	499	674	
0,070	46,2	30,8	23,1	15,4	8,64	3,82	23,2	42,6	62,2	101	140	177	220	260	300	379	578	781	
0,080	52,1	34,7	26,1	17,4	9,63	4,30	26,2	48,2	70,2	114	159	201	249	294	340	430	655	886	**90** mm
0,090	57,9	38,6	29,0	19,2	10,6	4,78	29,1	53,6	78,2	127	177	224	278	327	379	480	734	992	
0,100	63,6	42,3	31,8	21,1	11,5	5,25	31,9	58,9	85,9	140	195	247	306	361	418	530	812	1100	
0,110	69,2	46,0	34,5	23,0	12,5	5,72	34,7	63,9	93,4	152	212	269	334	393	455	578	888	1200	
0,120	74,8	49,7	37,2	24,7	13,4	6,16	37,4	68,9	101	164	229	291	361	426	492	625	962	1300	
0,130	80,2	53,1	39,8	26,4	14,2	6,60	40,0	73,8	108	176	247	313	388	458	529	672	1040	1400	
0,140	85,3	56,5	42,3	28,1	15,0	7,00	42,6	78,6	115	188	264	335	416	489	566	717	1110	1500	
0,160	95,2	63,0	47,2	31,3	16,6	7,81	47,5	87,9	129	212	296	375	476	551	637	807	1260	1700	
0,180	105	69,3	51,9	34,5	17,2	8,61	52,4	97,0	143	235	328	415	516	612	707	897	1400	1890	
0,200	114	75,5	56,5	37,5	18,8	9,39	57,2	106	156	257	359	454	576	671	777	987	1530	2070	

Umfang = 1,404 m da/di = 1,674 ln da/di = 0,5153

Wärme-leitzahl λ	Rohrtemperatur in ° C (Lufttemp. = 20° C)																	Isol.-Stärke
	−40	−20	−10	±0	+10	+25	+50	+75	+100	+150	+200	+250	+300	+350	+400	+500	+750	+1000	
0,020	13,1	8,71	6,58	4,36	2,18	1,08	6,59	12,0	17,5	28,5	39,5	50,4	61,2	72,1	83,5	105			
0,025	16,3	10,8	8,10	5,40	2,70	1,34	8,12	15,0	21,7	35,3	48,7	62,5	76,0	89,5	103	130			
0,030	19,4	12,9	9,68	6,42	3,22	1,60	9,70	17,9	25,9	42,1	58,0	74,7	91,0	107	123	155			
0,035	22,5	15,0	11,2	7,41	3,74	1,86	11,2	20,7	30,0	49,0	67,3	86,9	105	124	143	180	276		
0,040	25,6	17,1	12,7	8,40	4,24	2,11	12,7	23,5	34,1	55,7	76,5	98,9	120	142	163	205	314		
0,045	28,6	19,1	14,2	9,38	4,73	2,35	14,3	26,3	38,2	62,5	86,0	110	134	159	183	229	352		
0,050	31,5	21,0	15,7	10,4	5,22	2,58	15,8	29,1	42,3	69,1	95,2	122	148	176	202	253	390		
0,060	37,3	24,9	18,7	12,3	6,18	3,08	18,7	34,5	50,2	82,0	113	145	176	210	240	302	464	628	
0,070	43,1	28,8	21,5	14,3	7,12	3,57	21,6	39,8	58,0	94,6	131	168	204	242	278	352	538	724	
0,080	48,8	32,6	24,3	16,2	8,06	4,03	24,4	45,0	65,6	107	148	190	232	274	316	400	610	820	**100** mm
0,090	54,4	36,3	27,0	18,0	8,98	4,48	27,2	50,0	73,0	119	165	212	258	306	353	448	682	916	
0,100	59,7	39,9	29,8	19,8	9,88	4,94	29,9	54,9	80,2	131	182	234	185	337	389	494	752	1010	
0,110	65,0	43,3	32,4	21,5	10,7	5,38	32,5	59,7	87,4	143	198	255	311	368	425	538	822	1110	
0,120	70,1	46,6	34,9	23,2	11,6	5,80	35,1	64,6	94,4	155	214	276	336	398	459	583	892	1210	
0,130	75,2	50,1	37,4	24,8	12,4	6,21	37,6	69,2	101	166	230	297	362	428	494	626	962	1300	
0,140	80,2	53,3	39,8	26,4	13,2	6,60	40,1	73,7	108	177	246	316	387	457	529	670	1030	1390	
0,160	89,8	59,6	44,5	29,5	14,8	7,37	44,9	82,6	121	199	277	355	435	515	595	755	1170	1580	
0,180	98,7	65,5	49,0	32,6	16,3	8,14	49,6	91,3	134	221	308	395	483	572	661	840	1300	1760	
0,200	108	71,5	53,4	35,5	17,8	8,90	54,2	100	147	242	338	434	531	639	727	924	1430	1930	

Umfang = 1,467 m da/di = 1,749 ln da/di = 0,5560

Innerer Rohr ⌀ = 250 mm **Äußerer Rohr ⌀ = 267 mm**

Wärme-leitzahl λ	Rohrtemperatur in °C (Lufttemp. = 20° C)																		Isol.-Stärke
	−40	−20	−10	±0	+10	+25	+50	+75	+100	+150	+200	+250	+300	+350	+400	+500	+750	+1000	
0,020	11,4	7,61	5,71	3,80	1,90	0,95	5,72	10,5	15,3	24,8	34,4	44,0	53,6	63,2	72,7	91,6			
0,025	14,2	9,49	7,10	4,70	2,36	1,18	7,11	13,1	19,0	31,0	42,5	54,8	66,6	78,4	90,4	114			
0,030	17,0	11,3	8,45	5,60	2,81	1,41	8,47	15,7	22,7	36,9	50,7	65,3	79,6	93,7	108	137			
0,035	19,8	13,9	9,80	6,50	3,26	1,64	9,82	18,2	26,4	42,8	59,0	75,8	92,4	109	126	159	242		
0,040	22,5	14,9	11,2	7,39	3,70	1,86	11,2	20,6	30,1	48,7	67,2	86,5	106	125	143	181	276		
0,045	25,1	16,6	12,5	8,28	4,13	2,07	12,5	23,1	33,8	54,5	75,4	97,0	118	139	160	203	310		
0,050	27,6	18,4	13,1	9,16	4,57	2,28	13,8	25,6	37,4	60,2	83,5	107	131	154	177	224	344		
0,060	33,0	21,8	16,5	11,9	5,44	2,72	16,5	30,4	44,4	71,9	99,5	127	156	183	212	268	409	550	
0,070	38,2	25,2	19,0	12,6	6,32	3,16	19,0	35,2	51,3	83,5	115	148	181	213	246	310	474	639	
0,080	43,2	28,6	21,6	14,3	7,16	3,58	21,6	39,9	58,1	94,6	131	168	205	242	279	352	539	725	**120** mm
0,090	48,3	31,9	24,1	16,0	7,99	4,00	24,1	44,5	64,8	.105	146	187	229	270	312	395	603	812	
0,100	53,2	35,2	26,6	17,6	8,81	4,42	26,6	49,0	71,3	116	161	206	253	298	344	436	665	898	
0,110	58,1	38,4	29,0	19,2	9,60	4,82	29,0	53,4	77,6	127	176	225	276	326	376	477	727	984	
0,120	62,8	41,5	31,3	20,7	10,4	5,20	31,3	57,7	83,9	137	190	244	299	353	408	516	789	1070	
0,130	67,3	44,6	33,5	22,2	11,1	5,59	33,5	62,0	90,2	147	205	263	322	381	439	556	852	1160	
0,140	71,8	47,7	35,6	23,7	11,9	5,96	35,7	66,3	96,5	158	220	282	344	407	470	596	916	1240	
0,160	80,6	53,7	40,2	26,7	13,3	6,69	40,2	74,6	109	179	248	319	388	460	531	674	1030	1400	
0,180	89,3	59,4	44,4	29,5	14,7	7,40	44,5	82,7	121	198	276	354	432	511	591	749	1150	1560	
0,200	97,8	64,9	48,6	32,2	16,1	8,09	48,8	90,7	132	217	303	389	475	562	649	825	1270	1710	

Umfang = 1,593 m da/di = 1,899 ln da/di = 0,6413

Wärme-leitzahl λ	Rohrtemperatur in °C (Lufttemp. = 20° C)																		Isol.-Stärke
	−40	−20	−10	±0	+10	+25	+50	+75	+100	+150	+200	+250	+300	+350	+400	+500	+750	+1000	
0,020	10,2	6,82	5,13	3,41	1,71	0,86	5,15	9,41	13,7	22,0	30,8	39,6	48,0	56,6	65,1	82,0			
0,025	12,7	8,47	6,34	4,22	2,11	1,06	6,36	11,7	17,1	27,6	38,3	49,2	59,8	70,3	81,0	102			
0,030	15,2	10,1	7,55	5,02	2,52	1,26	7,58	14,0	20,4	33,0	45,6	59,0	71,5	83,9	97,0	122			
0,035	17,7	11,7	8,78	5,83	2,92	1,46	8,80	16,3	23,7	38,3	53,1	68,5	83,0	97,5	113	142	217		
0,040	20,2	13,3	9,99	6,65	3,32	1,66	10,0	18,5	27,0	43,6	60,4	78,0	94,2	111	128	162	247		
0,045	22,6	14,9	11,2	7,46	3,72	1,86	11,2	20,7	30,2	48,8	67,6	87,4	106	124	144	182	277		
0,050	24,9	16,5	12,4	8,25	4,12	2,06	12,4	22,9	33,4	54,2	74,7	96,6	117	138	159	201	307		
0,060	29,6	19,7	14,8	9,80	4,91	2,46	14,8	27,3	39,9	64,8	89,3	115	140	165	190	240	366	491	
0,070	34,3	22,8	17,1	11,4	5,69	2,85	17,1	31,6	46,2	75,1	104	133	163	191	220	278	425	571	
0,080	39,0	25,9	19,4	12,9	6,45	3,23	19,4	35,8	52,4	85,4	118	151	185	217	250	317	483	650	**140** mm
0,090	43,5	29,0	21,6	14,4	7,20	3,60	21,7	40,0	58,4	95,6	132	169	207	243	280	354	540	728	
0,100	48,0	32,0	23,8	15,9	7,95	3,98	24,0	44,1	64,4	105	146	187	229	269	310	391	599	806	
0,110	52,5	34,9	26,0	17,4	8,69	4,35	26,3	48,2	70,3	115	159	204	250	294	339	428	655	881	
0,120	56,7	37,7	28,2	18,8	9,41	4,70	28,5	52,2	76,1	124	172	221	271	319	368	464	711	958	
0,130	61,1	40,6	30,3	20,2	10,1	5,06	30,6	56,1	82,0	134	185	238	291	344	396	501	767	1040	
0,140	65,3	43,4	32,4	21,6	10,8	5,40	32,6	60,0	87,7	143	199	255	311	368	425	537	822	1110	
0,160	73,5	48,9	36,5	24,4	12,2	6,06	36,8	67,7	98,8	161	225	289	352	416	480	609	935	1260	
0,180	81,6	54,2	40,6	27,1	13,5	6,73	40,8	75,3	110	179	251	321	392	464	535	680	1040	1410	
0,200	89,4	59,5	44,5	29,6	14,8	7,38	44,8	82,6	121	197	275	353	432	510	589	748	1150	1550	

Umfang = 1,718 m da/di = 2,049 ln da/di = 0,7172

Innerer Rohr ⌀ = 250 mm **Äußerer Rohr ⌀ = 267 mm**

Wärmeleitzahl λ	Rohrtemperatur in °C (Lufttemp. = 20° C)																		Isol.-Stärke
	−40	−20	−10	±0	+10	+25	+50	+75	+100	+150	+200	+250	+300	+350	+400	+500	+750	+1000	
0,020	9,39	6,24	4,70	3,12	1,56	0,78	4,70	8,60	12,5	20,5	28,2	36,0	43,9	51,8	59,6	74,8			
0,025	11,7	7,80	5,82	3,86	1,93	0,96	5,83	10,7	15,6	25,5	35,1	45,0	54,7	64,4	74,1	93,0			
0,030	14,0	9,32	6,94	4,60	2,30	1,15	6,96	12,8	18,6	30,4	41,7	53,8	65,4	77,0	88,7	111			
0,035	16,3	10,8	8,06	5,35	2,67	1,33	8,10	14,9	21,6	35,3	48,5	62,2	76,0	89,4	103	129	197		
0,040	18,6	12,3	9,18	6,10	3,05	1,52	9,20	16,9	24,6	40,2	55,2	70,7	86,5	102	117	148	225		
0,045	20,8	13,8	10,3	6,84	3,42	1,71	10,3	18,9	27,6	45,0	61,8	79,5	97,0	115	131	166	252		
0,050	23,0	15,3	11,4	7,58	3,78	1,89	11,4	20,9	30,6	49,8	68,2	88,0	108	127	146	184	280		
0,060	27,3	18,2	13,6	9,05	4,52	2,26	13,6	24,9	36,5	59,4	82,0	105	129	151	174	220	336	450	
0,070	31,7	21,1	15,8	10,5	5,23	2,61	15,8	28,9	42,4	68,9	95,5	122	149	175	202	256	390	523	**160**
0,080	36,0	23,9	17,9	11,9	5,93	2,96	17,9	32,9	48,1	78,3	108	138	169	199	230	291	444	595	mm
0,090	40,3	26,7	20,0	13,3	6,64	3,32	20,0	36,8	53,7	87,6	121	155	190	223	257	326	496	665	
0,100	44,5	29,5	22,1	14,7	7,34	3,67	22,1	40,6	59,3	96,8	134	171	210	247	284	362	549	737	
0,110	48,6	32,2	24,1	16,0	8,02	4,01	24,2	44,4	64,9	106	147	187	229	270	312	396	603	808	
0,120	52,5	35,0	26,1	17,4	8,71	4,35	26,2	48,2	70,4	115	159	203	249	293	338	430	655	881	
0,130	56,5	37,6	28,1	18,7	9,36	4,68	28,2	52,0	76,0	124	171	219	268	316	365	463	707	953	
0,140	60,4	40,2	30,1	19,9	10,0	5,01	30,2	55,7	81,3	133	183	235	287	339	392	496	758	1020	
0,160	68,2	45,3	34,0	22,6	11,3	5,63	34,1	62,8	91,9	150	208	266	325	384	444	561	960	1160	
0,180	75,8	50,5	37,8	25,2	12,5	6,25	38,0	69,8	102	168	232	297	363	429	495	626	1060	1300	
0,200	83,4	55,5	41,6	27,7	13,8	6,86	41,8	76,8	112	184	255	327	400	473	546	689	1160	1430	

Umfang = 1,844 m da/di = 2,199 ln da/di = 0,7878

Wärmeleitzahl λ	Rohrtemperatur in °C (Lufttemp. = 20° C)																		Isol.-Stärke
	−40	−20	−10	±0	+10	+25	+50	+75	+100	+150	+200	+250	+300	+350	+400	+500	+750	+1000	
0,020	8,70	5,80	4,33	2,90	1,44	0,72	4,34	7,94	11,6	18,9	26,2	33,3	40,8	47,8	54,9	69,3			
0,025	10,8	7,21	5,40	3,58	1,80	0,89	5,39	9,88	14,4	23,5	32,4	41,5	50,6	59,5	68,4	86,1			
0,030	12,9	8,62	6,45	4,28	2,15	1,07	6,45	11,8	17,2	28,0	38,6	49,6	60,4	71,2	82,0	103			
0,035	15,0	10,0	7,49	4,97	2,50	1,24	7,49	13,8	20,1	32,5	44,9	57,7	70,1	82,9	95,5	120	183		
0,040	17,1	11,4	8,53	5,67	2,84	1,41	8,54	15,7	22,9	37,0	51,0	65,7	79,9	94,1	108	137	209		
0,045	19,2	12,8	9,57	6,36	3,18	1,58	9,58	17,6	25,6	41,5	57,2	73,7	89,6	106	122	154	234		
0,050	21,3	14,2	10,6	7,05	3,52	1,75	10,6	19,5	28,4	46,0	63,3	81,6	99,3	117	135	171	259		
0,060	25,4	16,9	12,6	8,41	4,20	2,10	12,6	23,2	33,9	55,0	76,2	98,0	119	140	162	205	311	419	
0,070	29,5	19,6	14,7	9,76	4,88	2,43	14,7	26,9	39,3	63,8	88,9	114	138	163	188	238	362	485	**180**
0,080	33,5	22,2	16,6	11,1	5,53	2,76	16,7	30,6	44,7	72,7	101	129	157	186	213	271	412	552	mm
0,090	37,4	24,8	18,6	12,4	6,18	3,09	18,7	34,2	50,0	81,4	113	144	176	208	239	304	462	620	
0,100	41,4	27,4	20,6	13,7	6,84	3,41	20,7	37,7	55,2	89,8	125	160	195	230	264	337	511	685	
0,110	45,2	30,0	22,5	15,0	7,48	3,73	22,6	41,4	60,4	98,2	136	175	214	252	290	369	560	751	
0,120	49,0	32,5	24,4	16,3	8,11	4,05	24,5	44,9	65,6	106	148	190	232	274	315	401	608	816	
0,130	52,7	35,0	26,3	17,5	8,73	4,36	26,3	48,4	70,7	115	159	205	250	295	340	432	657	881	
0,140	56,4	37,5	28,1	18,7	9,34	4,66	28,1	51,8	75,7	123	171	220	268	316	365	462	704	946	
0,160	63,9	42,4	31,8	21,2	10,6	5,25	31,9	58,6	85,7	139	194	249	303	358	413	523	800	1070	
0,180	71,2	47,4	35,4	23,6	11,8	5,86	35,5	65,4	95,5	155	217	278	338	400	462	584	892	1200	
0,200	78,6	52,2	38,9	25,9	12,9	6,43	39,1	72,0	105	171	238	306	372	441	510	643	982	1320	

Umfang = 1,970 m da/di = 2,348 ln da/di = 0,8537

Innerer Rohr ⌀ = 250 mm **Äußerer Rohr ⌀ = 267 mm**

Wärme-leitzahl λ	Rohrtemperatur in ° C (Lufttemp. = 20° C) -40	-20	-10	±0	+10	+25	+50	+75	+100	+150	+200	+250	+300	+350	+400	+500	+750	+1000	Isol.-Stärke
0,020	8,12	5,43	4,03	2,70	1,35	0,67	4,04	7,44	10,9	17,6	24,5	31,3	38,1	44,9	51,8	64,9			
0,025	10,1	6,76	5,03	3,37	1,68	0,84	5,04	9,31	13,6	22,0	30,4	39,0	47,4	55,7	64,4	80,7			
0,030	12,1	8,09	6,03	4,02	2,00	1,00	6,02	11,1	16,2	26,3	36,3	46,5	56,7	66,7	77,0	96,6			
0,035	14,1	9,40	7,01	4,66	2,33	1,16	7,02	12,9	18,8	30,6	42,2	54,2	66,0	77,5	89,6	112	171		
0,040	16,1	10,7	8,00	5,32	2,65	1,32	8,01	14,7	21,4	35,0	48,1	61,8	75,1	88,4	102	128	195		
0,045	18,1	12,0	8,97	5,96	2,97	1,48	8,97	16,5	24,0	39,2	54,0	69,4	84,2	99,2	115	144	219		
0,050	20,0	13,3	9,95	6,61	3,29	1,65	9,97	18,3	26,6	43,5	59,8	76,9	83,3	110	127	160	244		
0,060	23,9	15,9	11,9	7,88	3,93	1,97	11,9	21,8	31,7	51,8	71,6	91,6	112	131	152	192	292	391	
0,070	27,7	18,4	13,8	9,17	4,58	2,28	13,8	25,3	37,0	60,1	83,2	107	130	152	176	223	339	455	**200** mm
0,080	31,4	20,9	15,6	10,4	5,20	2,59	15,7	28,8	42,0	68,3	94,6	121	147	173	200	254	386	519	
0,090	35,2	23,3	17,5	11,6	5,82	2,89	17,5	32,3	47,0	76,4	106	135	165	194	224	284	433	582	
0,100	38,9	25,8	19,3	12,9	6,44	3,20	19,4	35,7	52,0	84,5	117	150	183	215	248	314	480	645	
0,110	42,6	28,3	21,1	14,1	7,04	3,51	21,2	39,0	57,0	92,3	128	164	200	236	272	345	526	707	
0,120	46,2	30,7	22,9	15,3	7,64	3,81	23,0	42,4	61,9	100	139	178	217	257	296	375	571	768	
0,130	49,8	33,1	24,7	16,5	8,24	4,10	24,8	45,7	66,8	108	150	192	235	278	320	405	617	829	
0,140	53,4	35,5	26,5	17,6	8,84	4,40	26,6	48,9	71,6	116	161	206	252	297	343	435	663	890	
0,160	60,4	40,1	30,0	20,0	9,98	4,97	30,1	55,3	81,0	132	183	234	286	337	389	493	753	1010	
0,180	67,3	44,6	33,5	22,3	11,1	5,53	33,6	61,7	90,2	148	204	261	319	377	435	551	842	1130	
0,200	74,0	49,2	36,9	24,5	12,2	6,07	37,0	67,9	99,3	162	225	288	352	416	480	608	930	1250	

Umfang = 2,095 m da/di = 2,498 ln da/di = 0,9155

Innerer Rohr ⌀ = 275 mm **Äußerer Rohr ⌀ = 292 mm**

Wärmeleitzahl λ	Rohrtemperatur in °C (Lufttemp. = 20° C) -40	-20	-10	±0	+10	+25	+50	+75	+100	+150	+200	+250	+300	+350	+400	+500	+750	+1000	Isol.-Stärke
0,020	63,7	42,4	31,7	21,0	10,4	5,17	31,8	58,9	86,1	142	198	254	310	368	426	543			
0,025	76,5	51,0	38,0	25,3	12,4	6,15	38,1	71,3	104	171	240	308	378	448	518	659			
0,030	88,9	58,8	44,0	29,2	14,2	7,07	44,0	82,6	121	199	278	360	442	525	604	773			
0,035	99,7	66,0	49,4	32,7	16,0	7,91	49,5	93,1	136	226	315	409	505	598	689	883	1470		
0,040	111	72,9	54,3	35,9	17,7	8,74	54,6	102	151	252	351	457	565	669	770	989	1540		
0,045	120	79,3	59,0	39,0	19,2	9,55	59,6	112	165	277	385	502	623	736	850	1090	1710		
0,050	129	85,1	63,2	41,9	20,5	10,3	64,3	121	179	300	418	545	676	802	930	1190	1880		
0,060	145	96,0	71,1	47,2	23,2	11,5	72,8	137	204	342	481	626	777	932	1080	1380	2180	3010	
0,070	159	105	78,2	51,9	25,4	12,6	80,8	152	227	381	540	703	871	1050	1210	1560	2480	3450	15 mm
0,080	172	113	84,4	56,2	27,5	13,6	87,3	166	248	418	596	774	960	1160	1340	1740	2780	3860	
0,090	184	121	90,0	59,8	29,3	14,5	93,6	178	267	453	646	842	1040	1260	1470	1900	3060	4260	
0,100	194	128	94,9	62,9	30,8	15,2	99,4	190	285	485	693	906	1130	1360	1590	2060	3330	4650	
0,110	203	134	99,4	66,0	32,3	16,0	105	200	302	515	736	964	1200	1450	1700	2210	3600	5040	
0,120	211	140	104	68,8	33,6	16,6	110	210	317	543	779	1020	1280	1540	1810	2360	3850	5420	
0,130	219	145	108	71,2	34,9	17,2	114	219	331	570	820	1080	1350	1630	1920	2510	4090	5790	
0,140	226	150	111	73,4	36,0	17,8	118	228	345	595	857	1130	1410	1710	2020	2650	4340	6150	
0,160	239	158	117	77,6	37,9	18,7	126	243	369	639	923	1230	1540	1870	2210	2920	4820	6850	
0,180	250	165	123	81,2	39,6	19,5	132	257	391	678	987	1310	1660	2020	2390	3170	5270	7530	
0,200	260	172	127	84,1	41,1	20,2	138	270	411	715	1040	1390	1770	2160	2560	3410	5700	8190	

Umfang = 1,012 m da/di = 1,103 ln da/di = 0,0978

Wärmeleitzahl λ	Rohrtemperatur in °C (Lufttemp. = 20° C) -40	-20	-10	±0	+10	+25	+50	+75	+100	+150	+200	+250	+300	+350	+400	+500	+750	+1000	Isol.-Stärke
0,020	50,8	33,8	25,3	16,8	8,34	4,15	25,4	46,9	68,4	112	156	200	244	290	333	423			
0,025	61,5	40,9	30,6	20,3	10,1	4,99	31,0	56,8	83,1	137	190	244	298	355	410	521			
0,030	71,6	47,6	35,7	23,7	11,6	5,79	36,0	66,6	97,6	160	223	286	351	417	482	614			
0,035	81,3	53,9	40,5	26,8	13,1	6,55	40,7	75,6	111	182	255	327	400	477	552	705	1090		
0,040	90,2	60,0	44,9	29,6	14,6	7,24	45,4	84,2	124	204	285	366	448	535	619	791	1230		
0,045	98,9	65,7	49,0	32,4	16,0	7,91	49,7	92,0	136	224	314	404	496	590	685	875	1360		
0,050	107	71,0	53,0	35,1	17,2	8,53	53,8	100	148	244	343	441	542	644	748	957	1490		
0,060	122	80,6	60,2	39,9	19,6	9,71	61,3	114	169	281	395	510	629	750	868	1120	1740	2380	
0,070	135	89,6	66,8	44,2	21,8	10,8	68,2	128	189	316	446	576	711	848	987	1270	1980	2740	20 mm
0,080	147	97,8	72,6	48,1	23,8	11,7	74,6	141	208	349	492	640	789	942	1100	1410	2220	3090	
0,090	159	105	78,3	51,7	25,5	12,5	80,5	152	225	380	537	699	864	1030	1200	1560	2460	3420	
0,100	169	112	83,0	55,0	27,1	13,3	85,9	163	241	409	579	754	936	1120	1300	1700	2680	3730	
0,110	178	118	87,8	58,1	28,6	14,1	91,0	173	256	437	620	809	1000	1200	1400	1830	2900	4030	
0,120	187	124	92,2	61,0	29,9	14,7	95,8	183	271	463	658	860	1070	1280	1500	1960	3120	4340	
0,130	195	129	96,2	63,6	31,2	15,3	101	192	286	486	695	910	1130	1360	1590	2080	3330	4640	
0,140	203	134	100	66,0	32,3	16,0	105	200	300	510	731	959	1190	1430	1680	2200	3530	4920	
0,160	216	143	106	70,2	34,5	17,0	112	215	324	552	794	1050	1310	1570	1850	2420	3920	5510	
0,180	228	151	112	74,0	36,4	17,9	119	229	346	592	853	1130	1410	1710	2010	2630	4310	6070	
0,200	240	158	118	77,2	38,1	18,7	125	242	366	630	908	1200	1510	1840	2160	2840	4680	6620	

Umfang = 1,043 m da/di = 1,137 ln da/di = 0,1284

Innerer Rohr ⌀ = 275 mm **Äußerer Rohr ⌀ = 292 mm**

Wärme-leitzahl λ	Rohrtemperatur in ° C (Lufttemp. = 20° C)																		Isol.-Stärke
	−40	−20	−10	±0	+10	+25	+50	+75	+100	+150	+200	+250	+300	+350	+400	+500	+750	+1000	
0,020	42,4	28,3	21,1	14,0	6,97	3,48	21,1	39,0	57,0	93,0	130	166	203	239	276	349			
0,025	52,0	34,5	25,9	17,1	8,46	4,23	26,0	47,7	70,5	114	158	203	248	294	342	430			
0,030	60,8	40,4	30,4	19,9	9,90	4,93	30,4	56,0	82,7	134	185	239	292	347	403	510			
0,035	69,4	46,0	34,5	22,7	11,2	5,60	34,6	63,8	94,0	154	213	274	334	398	464	586	902		
0,040	77,6	51,4	38,4	25,3	12,5	6,23	38,7	71,4	105	172	239	308	375	448	521	658	1020		
0,045	85,2	56,6	42,2	27,9	13,7	6,83	42,6	78,7	116	190	264	341	416	495	577	730	1130		
0,050	92,7	61,6	45,8	30,3	14,9	7,42	46,3	85,6	126	207	289	373	456	544	631	800	1240		
0,060	107	70,1	52,4	34,6	17,1	8,49	53,2	98,6	145	239	335	435	532	635	735	939	1460	1990	
0,070	119	78,2	58,4	38,7	19,1	9,49	59,4	111	163	271	380	492	606	720	834	1070	1670	2290	25
0,080	130	86,0	64,0	42,5	20,9	10,4	65,4	122	180	301	422	547	676	803	932	1190	1870	2580	mm
0,090	141	93,2	69,4	46,1	22,5	11,2	71,0	133	196	329	463	600	742	884	1030	1310	2070	2860	
0,100	151	99,7	74,2	49,2	24,1	11,9	76,2	143	212	356	501	651	806	961	1120	1430	2270	3120	
0,110	160	106	78,7	52,2	25,5	12,7	81,1	153	227	381	538	701	867	1040	1210	1550	2460	3380	
0,120	169	111	82,8	55,0	26,9	13,3	85,9	162	241	405	574	748	925	1110	1290	1660	2650	3650	
0,130	177	116	86,8	57,7	28,2	14,0	90,3	170	254	427	608	793	980	1170	1370	1780	2820	3920	
0,140	184	121	90,5	60,2	29,3	14,6	94,4	178	267	449	640	838	1040	1240	1450	1890	3000	4160	
0,160	198	130	97,2	64,5	31,5	15,6	102	194	290	490	700	917	1140	1370	1600	2090	3340	4650	
0,180	211	139	103	68,5	33,3	16,5	109	207	311	528	757	991	1240	1490	1750	2280	3670	5140	
0,200	222	146	109	72,0	35,0	17,3	115	220	331	564	812	1060	1330	1610	1890	2470	3980	5620	

Umfang = 1,074 m da/di = 1,171 ln da/di = 0,1580

Wärme-leitzahl λ	Rohrtemperatur in ° C (Lufttemp. = 20° C)																		Isol.-Stärke
	−40	−20	−10	±0	+10	+25	+50	+75	+100	+150	+200	+250	+300	+350	+400	+500	+750	+1000	
0,020	36,6	24,3	18,1	12,1	6,03	3,01	18,2	33,6	49,1	80,1	111	143	174	204	236	298			
0,025	44,8	29,8	22,3	14,7	7,34	3,66	22,3	41,1	60,3	98,0	136	175	212	251	291	368			
0,030	52,7	35,1	26,2	17,3	8,60	4,27	26,2	48,4	70,8	115	160	207	250	297	345	437			
0,035	60,1	40,0	29,9	19,7	9,76	4,88	30,1	55,4	80,7	132	184	237	287	342	398	502	774		
0,040	67,5	45,0	33,4	22,1	10,9	5,44	33,8	62,2	91,0	149	208	266	324	386	448	566	876		
0,045	74,5	49,6	36,8	24,4	12,0	6,00	37,3	68,7	101	165	230	296	360	429	497	629	975		
0,050	81,2	53,9	40,2	26,7	13,1	6,54	40,7	75,0	110	181	252	325	396	471	546	692	1070		
0,060	93,6	62,1	46,4	30,7	15,1	7,52	47,0	87,0	128	210	293	379	464	549	639	816	1260	1720	
0,070	105	69,8	52,0	34,5	17,0	8,45	52,8	98,2	144	238	334	430	529	627	728	935	1440	1970	30
0,080	116	77,0	57,5	38,2	18,7	9,32	58,3	109	160	265	372	480	592	702	812	1040	1620	2220	mm
0,090	126	83,7	62,4	41,4	20,4	10,1	63,6	119	175	291	409	529	652	772	895	1150	1800	2470	
0,100	136	90,2	67,2	44,6	21,9	10,9	68,7	128	189	316	444	577	710	841	975	1260	1980	2710	
0,110	145	96,4	71,5	47,4	23,4	11,5	73,2	137	203	339	479	624	766	907	1050	1360	2150	2940	
0,120	153	102	75,6	50,2	24,6	12,2	77,6	146	216	361	511	666	820	972	1140	1460	2310	3180	
0,130	161	107	79,4	52,8	25,9	12,8	82,0	154	229	383	543	708	871	1040	1220	1560	2470	3400	
0,140	169	111	82,9	55,3	27,1	13,4	86,0	162	242	405	573	748	921	1100	1290	1650	2630	3620	
0,160	182	120	89,8	59,7	29,2	14,4	93,4	176	263	444	630	824	1020	1220	1430	1840	2930	4060	
0,180	195	128	95,6	63,7	31,1	15,3	100	190	284	481	684	894	1110	1330	1560	2020	3220	4490	
0,200	207	136	101	67,3	32,8	16,2	106	203	303	517	734	958	1190	1430	1690	2200	3500	4910	

Umfang = 1,106 m da/di = 1,206 ln da/di = 0,1869

Wärme-leitzahl λ	Rohrtemperatur in ° C (Lufttemp. = 20° C) -40	-20	-10	±0	+10	+25	+50	+75	+100	+150	+200	+250	+300	+350	+400	+500	+750	+1000	Isol.-Stärke
0,020	32,5	21,7	16,2	10,8	5,35	2,65	16,2	29,8	43,5	70,3	97,9	125	153	179	206	261			
0,025	39,6	26,8	19,9	13,2	6,50	3,24	19,9	36,4	53,1	86,1	120	154	187	222	257	324			
0,030	46,8	31,5	23,5	15,5	7,65	3,81	23,5	42,8	62,3	102	142	182	220	264	305	385			
0,035	53,7	36,0	26,9	17,7	8,75	4,34	26,9	49,3	71,6	118	163	210	254	304	351	442	683		
0,040	60,2	40,2	30,1	19,8	9,84	4,86	30,2	55,5	80,6	133	184	237	288	343	397	499	776		
0,045	66,6	44,4	33,2	21,9	10,9	5,37	33,5	61,5	89,5	147	204	263	320	380	442	556	866		
0,050	72,8	48,4	36,3	24,0	11,9	5,87	36,5	67,4	98,1	161	224	288	351	416	484	612	945		
0,060	84,2	56,2	42,1	27,8	13,7	6,80	42,3	78,2	114	188	262	339	414	490	567	722	1120	1520	
0,070	95,3	63,4	47,6	31,2	15,5	7,68	47,8	88,8	130	214	299	387	472	559	648	827	1280	1750	**35** mm
0,080	106	70,2	52,6	34,6	17,1	8,51	53,2	99,1	145	239	334	433	530	627	727	929	1440	1970	
0,090	116	76,7	57,2	37,9	18,7	9,24	58,4	108	159	263	368	476	583	692	804	1020	1600	2190	
0,100	125	82,6	61,6	40,8	20,1	9,93	63,0	117	172	286	402	518	636	755	880	1126	1750	2400	
0,110	133	88,4	65,7	43,5	21,4	10,6	67,2	125	185	309	433	560	688	820	950	1210	1900	2610	
0,120	141	93,8	69,6	46,1	22,7	11,3	71,5	133	198	330	463	601	740	881	1020	1310	2050	2820	
0,130	149	98,9	73,4	48,6	24,0	11,9	75,6	141	210	350	492	640	790	940	1090	1400	2200	3030	
0,140	157	104	77,0	51,2	25,1	12,5	79,4	149	221	370	521	677	836	1000	1160	1490	2340	3230	
0,160	170	112	83,8	55,4	27,3	13,5	86,4	163	243	407	576	747	924	1110	1290	1660	2620	3620	
0,180	182	120	89,9	59,4	29,2	14,5	93,0	176	263	442	626	814	1010	1210	1420	1820	2890	4010	
0,200	193	128	95,6	63,1	31,1	15,3	99,4	189	281	475	674	881	1090	1300	1530	1980	3160	4380	

Umfang = 1,137 m da/di = 1,240 ln da/di = 0,2149

Wärme-leitzahl λ	Rohrtemperatur in ° C (Lufttemp. = 20° C) -40	-20	-10	±0	+10	+25	+50	+75	+100	+150	+200	+250	+300	+350	+400	+500	+750	+1000	Isol.-Stärke
0,020	29,2	19,4	14,5	9,65	4,81	2,39	14,6	26,7	38,9	63,2	87,4	112	137	161	185	235			
0,025	35,6	23,7	17,7	11,8	5,88	2,92	17,8	32,9	48,0	77,8	108	138	169	199	230	290			
0,030	42,1	28,0	20,9	13,9	6,92	3,43	21,0	38,8	56,6	92,3	128	164	200	236	273	343			
0,035	48,4	32,2	24,0	16,0	7,93	3,93	24,2	44,6	65,0	106	147	189	230	272	315	396	612		
0,040	54,5	36,2	27,0	18,0	8,90	4,42	27,3	50,2	73,2	120	166	213	260	308	356	449	695		
0,045	60,5	40,1	29,9	19,9	9,84	4,89	30,3	55,7	81,3	133	185	237	289	342	397	501	776		
0,050	66,2	43,9	32,7	21,8	10,8	5,35	33,1	61,0	89,2	146	203	260	317	376	437	551	852		
0,060	77,2	51,0	38,2	25,3	12,5	6,21	38,5	71,0	105	172	238	306	375	444	513	651	1000	1370	
0,070	87,2	57,8	43,3	28,7	14,2	7,02	43,6	80,9	119	196	272	351	429	508	587	747	1150	1580	**40** mm
0,080	97,0	64,2	48,0	31,9	15,8	7,81	48,6	90,2	133	219	305	393	481	570	658	842	1300	1790	
0,090	106	70,5	52,6	34,9	17,3	8,56	53,3	99,2	147	241	336	434	531	631	729	933	1440	1990	
0,100	115	76,5	56,9	37,7	18,7	9,24	57,8	108	160	263	367	473	579	691	799	1020	1580	2180	
0,110	123	81,9	61,0	40,4	20,0	9,89	62,0	116	172	283	397	512	628	746	866	1110	1720	2370	
0,120	131	86,9	64,9	43,0	21,3	10,5	66,0	124	183	303	425	549	675	803	929	1190	1860	2550	
0,130	139	91,8	68,6	45,4	22,5	11,1	69,8	131	194	322	453	586	720	856	994	1280	1990	2740	
0,140	146	96,6	72,2	47,7	23,7	11,7	73,5	138	205	341	480	623	765	910	1060	1360	2120	2920	
0,160	760	106	78,8	52,0	25,7	12,7	80,6	152	226	377	532	688	846	1010	1180	1520	2380	3280	
0,180	172	114	85,0	56,1	27,7	13,6	87,2	165	245	410	578	751	927	1110	1290	1670	2620	3640	
0,200	184	121	90,6	59,8	29,6	14,6	93,3	177	262	441	625	813	1000	1200	1400	1820	2860	3980	

Umfang = 1,169 m da/di = 1,274 ln da/di = 0,2422

Innerer Rohr ⌀ = 275 mm **Äußerer Rohr ⌀ = 292 mm**

Wärme-leitzahl λ	Rohrtemperatur in ° C (Lufttemp. = 20° C) -40	-20	-10	±0	+10	+25	+50	+75	+100	+150	+200	+250	+300	+350	+400	+500	+750	+1000	Isol.-Stärke
0,020	26,5	17,6	13,2	8,76	4,38	2,18	13,2	24,3	35,3	57,3	79,3	102	124	145	168	213			
0,025	32,4	21,6	16,2	10,8	5,35	2,67	16,2	29,8	43,6	70,7	98,2	126	154	180	208	264			
0,030	38,2	25,5	19,1	12,7	6,32	3,15	19,1	35,4	51,7	83,7	116	149	183	214	247	313			
0,035	43,9	29,4	21,9	14,6	7,25	3,61	22,0	40,7	59,3	96,5	134	172	211	247	286	361	555		
0,040	49,5	31,1	24,7	16,4	8,16	4,05	24,9	45,8	66,7	109	151	194	239	280	324	408	630		
0,045	55,0	36,6	27,4	18,2	9,04	4,49	27,7	50,9	74,2	121	168	216	265	312	361	456	702		
0,050	60,6	40,1	30,0	20,0	9,88	4,92	30,3	55,9	81,6	133	185	237	289	344	399	503	774		
0,060	70,7	46,9	35,1	23,3	11,5	5,72	35,4	65,2	95,6	156	218	280	342	406	470	594	918	1240	
0,070	80,4	53,3	39,9	26,5	13,1	6,50	40,4	74,4	109	179	250	321	392	465	538	683	1050	1430	**45** mm
0,080	89,9	59,4	44,4	29,6	14,6	7,25	44,9	83,2	122	200	281	361	442	522	604	769	1190	1620	
0,090	98,7	65,4	48,9	32,5	16,0	7,94	49,4	91,7	135	221	310	398	491	579	670	853	1320	1800	
0,100	107	70,9	53,0	35,3	17,3	8,61	53,8	100	147	242	338	437	538	632	735	936	1450	1980	
0,110	115	76,2	57,0	37,9	18,6	9,26	57,7	108	158	262	366	472	581	686	796	1020	1580	2160	
0,120	123	81,3	60,7	40,3	19,9	9,89	61,6	115	169	281	393	507	625	739	857	1100	1710	2340	
0,130	130	86,1	64,3	42,7	21,1	10,5	65,3	122	180	299	420	541	666	790	917	1170	1830	2510	
0,140	137	90,8	67,7	45,0	22,2	11,0	68,9	129	190	317	444	573	708	840	974	1250	1950	2670	
0,160	150	99,5	74,1	49,1	24,2	12,0	75,7	143	210	350	493	637	787	938	1090	1400	2190	3000	
0,180	162	108	80,1	53,2	26,1	12,9	82,2	155	229	382	539	699	863	1030	1200	1540	2420	3330	
0,200	174	115	85,7	56,9	28,0	13,8	88,2	166	246	412	583	759	938	1120	1300	1670	2640	3640	

Umfang = 1,200 m da/di = 1,308 ln da/di = 0,2687

Wärme-leitzahl λ	Rohrtemperatur in ° C (Lufttemp. = 20° C) -40	-20	-10	±0	+10	+25	+50	+75	+100	+150	+200	+250	+300	+350	+400	+500	+750	+1000	Isol.-Stärke
0,020	24,2	16,1	12,1	8,03	4,00	2,00	12,1	22,2	32,3	52,5	73,0	93,0	113	134	154	195			
0,025	29,7	19,8	14,8	9,84	4,92	2,45	14,8	27,4	39,9	64,9	90,0	115	141	166	191	240			
0,030	35,3	23,4	17,6	11,7	5,80	2,89	17,6	32,5	47,5	77,1	107	136	168	197	226	286			
0,035	40,8	26,9	20,2	13,4	6,66	3,32	20,3	37,5	54,6	88,6	123	157	195	228	261	331	510		
0,040	46,0	30,4	22,9	15,2	7,51	3,73	23,0	42,3	61,7	100	139	178	220	258	297	376	578		
0,045	51,1	33,8	25,4	16,9	8,35	4,15	25,6	47,1	68,8	114	155	199	244	288	331	419	647		
0,050	56,1	37,2	27,8	18,5	9,20	4,56	28,1	51,8	75,5	122	171	219	267	317	366	462	713		
0,060	65,7	43,7	32,7	21,6	10,8	5,33	32,9	60,6	88,8	145	202	259	317	374	432	548	846	1140	
0,070	74,8	49,8	37,2	24,6	12,3	6,08	37,5	69,3	101	166	232	297	363	430	496	631	971	1320	**50** mm
0,080	83,5	55,7	41,5	27,5	13,7	6,79	41,9	77,6	113	187	261	334	408	484	559	711	1100	1490	
0,090	92,0	61,4	45,8	30,3	15,0	7,46	46,1	85,5	125	206	288	370	452	537	621	789	1220	1660	
0,100	100	66,6	49,9	33,0	16,3	8,09	50,2	93,0	137	225	315	405	495	589	681	866	1340	1830	
0,110	108	71,7	53,8	35,5	17,5	8,72	54,1	101	148	244	341	439	538	640	740	942	1460	1990	
0,120	115	76,6	57,5	37,8	18,7	9,30	57,8	108	158	262	366	472	579	690	797	1010	1570	2150	
0,130	123	81,3	61,0	40,1	19,9	9,87	61,4	114	168	280	391	504	619	738	853	1090	1690	2310	
0,140	129	85,8	64,3	42,4	21,0	10,4	64,7	121	178	297	415	536	659	784	906	1160	1800	2470	
0,160	142	94,1	70,8	46,5	23,0	11,4	71,5	134	197	329	462	597	733	874	1010	1300	2030	2780	
0,180	154	102	76,7	50,4	24,9	12,3	77,8	146	215	360	507	656	806	960	1120	1430	2240	3080	
0,200	166	110	82,2	54,1	26,6	13,2	83,6	157	233	389	548	711	876	1050	1220	1560	2450	3370	

Umfang = 1,232 m da/di = 1,343 ln da/di = 0,2945

Innerer Rohr ⌀ = 275 mm **Äußerer Rohr ⌀ = 292 mm**

Wärmeleitzahl λ	Rohrtemperatur in °C (Lufttemp. = 20° C)																		Isol.-Stärke
	−40	−20	−10	±0	+10	+25	+50	+75	+100	+150	+200	+250	+300	+350	+400	+500	+750	+1000	
0,020	20,9	13,9	10,4	6,96	3,46	1,73	10,4	19,2	27,9	45,4	63,0	80,3	97,8	115	133	169			
0,025	25,8	17,2	12,9	8,58	4,27	2,13	13,0	23,7	34,6	55,9	77,8	99,8	122	143	165	208			
0,030	30,7	20,4	15,3	10,2	5,06	2,53	15,5	28,1	41,0	66,4	92,4	118	145	170	196	248			
0,035	35,5	23,6	17,6	11,7	5,82	2,91	17,8	32,4	47,3	76,7	107	137	168	197	227	286	440		
0,040	40,2	26,6	19,9	13,2	6,58	3,29	20,0	36,6	53,5	86,6	121	155	191	223	258	325	500		
0,045	44,6	29,6	22,1	14,7	7,32	3,64	22,3	40,8	59,8	96,4	135	173	213	249	288	364	560		
0,050	48,9	32,5	24,3	16,2	8,04	4,00	24,5	44,9	66,0	107	149	191	234	275	318	402	617		
0,060	57,6	38,2	28,6	19,0	9,46	4,71	28,8	53,1	77,6	127	176	225	276	325	377	477	732	991	
0,070	65,9	43,7	32,8	21,7	10,8	5,36	32,9	61,0	89,0	146	202	259	317	375	435	552	844	1160	
0,080	73,7	49,0	36,7	24,3	12,1	6,01	37,0	68,4	100	164	228	292	358	423	491	625	956	1320	**60** mm
0,090	81,4	54,1	40,5	26,8	13,4	6,64	40,8	75,6	111	182	254	325	397	470	544	696	1060	1470	
0,100	89,1	59,1	44,1	29,3	14,6	7,23	44,6	82,7	121	200	278	356	435	516	597	766	1170	1610	
0,110	96,4	63,8	47,7	31,6	15,8	7,81	48,2	89,4	131	217	302	387	473	560	649	832	1270	1750	
0,120	103	68,5	51,1	33,9	16,9	8,38	51,7	95,8	141	234	325	416	510	604	700	900	1380	1890	
0,130	110	72,9	54,3	36,0	17,9	8,90	55,0	102	150	250	347	445	548	647	750	963	1480	2030	
0,140	116	77,1	57,5	38,1	18,9	9,40	58,3	108	159	265	369	473	582	689	799	1020	1580	2160	
0,160	129	85,2	63,5	42,1	20,9	10,4	64,5	120	177	294	412	529	651	773	896	1150	1780	2440	
0,180	141	93,1	69,3	46,0	22,8	11,3	70,4	131	194	322	453	583	718	851	989	1270	1970	2710	
0,200	152	101	75,0	49,6	24,6	12,2	76,2	142	210	350	492	636	781	929	1080	1390	2160	2970	

Umfang = 1,294 m da/di = 1,411 ln da/di = 0,3443

Wärmeleitzahl λ	Rohrtemperatur in °C (Lufttemp. = 20° C)																		Isol.-Stärke
	−40	−20	−10	±0	+10	+25	+50	+75	+100	+150	+200	+250	+300	+350	+400	+500	+750	+1000	
0,020	18,5	12,3	9,19	6,14	3,06	1,53	9,20	17,1	24,7	40,0	55,3	71,1	86,3	102	119	148			
0,025	22,9	15,2	11,4	7,60	3,79	1,88	11,4	21,1	30,6	49,4	68,7	88,0	107	127	147	183			
0,030	27,2	18,1	13,6	9,04	4,50	2,23	13,6	25,1	36,4	58,7	82,0	104	128	151	174	218			
0,035	31,4	20,9	15,7	10,4	5,19	2,57	15,7	29,0	42,0	68,0	94,8	121	148	175	202	253	390		
0,040	35,6	23,6	17,7	11,8	5,88	2,91	17,8	32,8	47,6	77,1	108	138	168	198	230	288	442		
0,045	39,7	26,4	19,7	13,2	6,55	3,24	19,8	36,6	53,3	86,1	120	154	187	221	257	322	494		
0,050	43,6	28,9	21,7	14,5	7,20	3,57	21,8	40,3	58,8	95,0	132	170	206	243	283	357	546		
0,060	51,6	34,2	25,6	17,1	8,50	4,22	25,7	47,5	69,4	113	157	201	245	290	336	422	650	878	
0,070	59,1	39,3	29,4	19,6	9,76	4,85	29,5	54,5	79,7	130	181	232	282	334	387	488	751	1020	
0,080	66,3	44,1	33,0	22,0	11,0	5,46	33,3	61,2	89,8	147	204	262	320	377	438	551	850	1150	**70** mm
0,090	73,4	48,8	36,5	24,3	12,2	6,02	36,8	68,0	99,7	163	227	291	356	420	487	615	948	1290	
0,100	80,5	53,4	39,9	26,6	13,3	6,59	40,4	74,5	109	179	249	320	391	461	535	677	1040	1420	
0,110	87,3	57,8	43,3	28,8	14,3	7,15	43,7	80,7	119	195	271	348	425	502	583	738	1140	1550	
0,120	93,8	62,1	46,6	30,9	15,4	7,66	47,0	86,8	128	210	292	375	459	544	630	799	1230	1680	
0,130	100	66,2	49,6	32,9	16,4	8,20	50,1	92,9	137	225	313	402	493	583	676	858	1320	1810	
0,140	106	70,3	52,5	34,9	17,4	8,68	53,2	98,7	145	240	333	430	526	621	720	916	1420	1930	
0,160	118	78,1	58,3	38,7	19,3	9,61	59,0	110	161	267	373	480	589	697	808	1030	1590	2180	
0,180	129	85,6	63,8	42,4	21,1	10,5	64,7	121	177	293	411	530	650	770	995	1140	1770	2420	
0,200	139	92,7	69,0	46,0	22,9	11,4	70,0	131	192	318	448	578	710	843	980	1250	1940	2650	

Umfang = 1,357 m da/di = 1,480 ln da/di = 0,3917

Innerer Rohr ⌀ = 275 mm **Äußerer Rohr ⌀ = 292 mm**

Wärme-leitzahl λ	Rohrtemperatur in ° C (Lufttemp. = 20° C)																		Isol.-Stärke
	−40	−20	−10	±0	+10	+25	+50	+75	+100	+150	+200	+250	+300	+350	+400	+500	+750	+1000	
0,020	16,7	11,1	8,33	5,55	2,76	1,39	8,36	15,3	22,3	36,0	50,1	64,0	78,0	92,0	106	134			
0,025	20,6	13,7	10,2	6,82	3,41	1,71	10,3	18,9	27,6	44,4	61,9	79,0	97,0	114	131	166			
0,030	24,5	16,3	12,1	8,10	4,06	2,02	12,2	22,5	32,8	52,8	73,5	94,0	115	145	157	198			
0,035	28,4	18,8	14,0	9,38	4,68	2,34	14,2	26,0	37,9	61,2	85,2	109	133	156	182	229	351		
0,040	32,2	21,3	15,9	10,6	5,32	2,65	16,1	29,5	43,0	69,6	96,9	124	152	177	206	260	398		
0,045	36,0	23,8	17,7	11,8	5,93	2,96	18,0	33,0	48,2	77,9	108	139	170	199	231	291	446		
0,050	39,6	26,2	19,5	13,1	6,54	3,25	19,8	36,5	53,3	86,0	120	153	188	220	255	322	493		
0,060	46,8	31,1	23,2	15,5	7,76	3,86	23,4	43,1	63,0	101	142	182	223	262	303	383	586	792	
0,070	53,8	35,8	26,7	17,9	8,92	4,45	26,9	49,6	72,6	117	164	210	257	303	350	444	678	916	**80** mm
0,080	60,6	40,4	30,1	20,1	10,0	5,00	30,3	56,0	81,9	133	186	238	291	344	397	503	770	1040	
0,090	67,3	44,8	33,5	22,3	11,1	5,54	33,7	62,3	91,1	148	207	265	324	383	443	560	858	1160	
0,100	73,8	49,1	36,7	24,5	12,2	6,08	36,9	68,4	100	163	227	291	356	421	488	616	947	1280	
0,110	80,1	53,3	39,8	26,5	13,3	6,61	40,0	74,2	108	177	247	318	387	458	531	672	1040	1400	
0,120	86,4	57,5	43,0	28,5	14,3	7,12	43,1	79,9	117	191	266	343	419	495	573	727	1120	1520	
0,130	92,6	61,5	46,0	30,5	15,2	7,60	46,2	85,6	125	205	285	368	450	532	616	782	1200	1640	
0,140	98,2	65,3	48,9	32,4	16,1	8,06	49,1	91,0	133	218	304	392	481	568	658	836	1280	1750	
0,160	109	72,7	54,3	36,1	18,0	8,99	54,7	102	149	244	342	441	540	638	740	943	1450	1980	
0,180	120	79,6	59,5	39,5	19,8	9,88	60,0	112	164	270	378	488	595	705	819	1050	1610	2200	
0,200	130	86,4	64,6	42,8	21,4	10,7	65,3	121	178	295	414	533	651	770	898	1150	1770	2410	

Umfang = 1,420 m da/di = 1,548 ln da/di = 0,4369

Wärme-leitzahl λ	Rohrtemperatur in ° C (Lufttemp. = 20° C)																		Isol.-Stärke
	−40	−20	−10	±0	+10	+25	+50	+75	+100	+150	+200	+250	+300	+350	+400	+500	+750	+1000	
0,020	15,2	10,2	7,60	5,06	2,52	1,27	7,60	13,9	20,3	33,0	45,5	58,2	71,0	83,3	96,0	121			
0,025	18,9	12,6	9,44	6,26	3,13	1,56	9,43	17,3	25,2	40,8	56,2	72,1	88,1	104	120	150			
0,030	22,5	15,0	11,2	7,44	3,71	1,85	11,3	20,6	30,0	48,5	67,0	86,0	105	125	143	179			
0,035	26,1	17,4	13,0	8,62	4,31	2,14	13,1	23,9	34,7	56,3	77,9	100	122	145	166	208	320		
0,040	29,6	19,8	14,8	9,76	4,86	2,42	14,8	27,1	39,4	64,0	88,6	114	139	165	189	237	365		
0,045	33,1	22,1	16,5	11,0	5,45	2,71	16,5	30,3	44,2	71,6	99,0	127	155	184	211	266	408		
0,050	36,3	24,3	18,2	12,1	6,01	3,00	18,2	33,4	48,9	79,2	109	140	171	203	233	394	450		
0,060	43,0	28,7	21,5	14,3	7,12	3,55	21,5	39,6	57,8	94,3	130	167	204	241	278	351	536	724	
0,070	49,5	33,0	24,8	16,5	8,22	4,10	24,8	45,7	66,7	109	150	193	236	278	322	406	621	838	**90** mm
0,080	55,8	37,2	28,0	18,6	9,27	4,63	28,0	51,6	75,4	123	170	218	267	315	365	461	705	949	
0,090	62,0	41,4	31,1	20,6	10,3	5,14	31,1	57,4	83,8	137	190	243	298	351	406	516	788	1060	
0,100	68,1	45,4	34,0	22,6	11,3	5,65	34,2	63,0	92,0	150	209	268	328	387	448	569	872	1170	
0,110	74,1	49,4	36,9	24,6	12,3	6,15	37,2	68,4	100	163	227	292	357	422	488	620	953	1280	
0,120	80,0	53,2	39,7	26,5	13,3	6,62	40,1	73,8	108	176	245	316	386	457	528	670	1030	1390	
0,130	85,9	56,9	42,5	28,3	14,2	7,08	43,0	79,0	116	189	264	340	415	491	567	720	1110	1500	
0,140	91,3	60,4	45,2	30,1	15,0	7,52	45,7	84,2	123	202	282	364	443	525	606	770	1190	1610	
0,160	102	67,4	50,4	33,6	16,8	8,39	50,9	94,2	138	227	317	408	499	590	682	865	1350	1820	
0,180	112	74,1	55,5	36,9	18,5	9,24	56,0	104	152	252	352	451	553	655	757	960	1500	2020	
0,200	122	80,7	60,4	40,1	20,1	10,1	61,1	113	166	276	385	494	606	718	832	1060	1640	2220	

Umfang = 1,483 m da/di = 1,616 ln da/di = 0,4802

Innerer Rohr ⌀ = 275 mm **Äußerer Rohr ⌀ = 292 mm**

Wärme-leitzahl λ	Rohrtemperatur in ° C (Lufttemp. = 20° C) -40	-20	-10	±0	+10	+25	+50	+75	+100	+150	+200	+250	+300	+350	+400	+500	+750	+1000	Isol.-Stärke
0,020	14,0	9,34	6,98	4,67	2,33	1,16	7,00	12,9	18,7	30,5	42,3	54,0	65,7	77,1	89,5	113			
0,025	17,4	11,5	8,67	5,78	2,89	1,44	8,70	16,0	23,2	37,7	52,1	67,0	81,5	95,6	110	139			
0,030	20,8	13,8	10,3	6,86	3,44	1,72	10,4	19,1	27,7	45,1	62,0	80,0	97,2	114	131	166			
0,035	24,1	16,0	12,0	7,92	4,00	1,99	12,1	22,1	32,1	52,0	72,0	92,8	112	133	152	193	296		
0,040	27,3	18,2	13,6	9,00	4,54	2,25	13,7	25,1	36,6	59,6	82,0	106	128	152	173	219	337		
0,045	30,6	20,3	15,2	10,0	5,06	2,51	15,3	28,1	41,0	66,8	92,0	118	143	170	195	245	378		
0,050	33,7	22,4	16,8	11,1	5,60	2,76	16,9	31,0	45,4	73,8	102	130	158	188	216	272	418		
0,060	39,9	26,6	20,0	13,2	6,62	3,29	20,0	36,8	53,7	87,6	121	155	189	224	257	324	497	672	
0,070	46,2	30,7	23,0	15,3	7,62	3,82	23,1	42,5	62,0	101	140	180	219	259	298	377	576	776	**100**
0,080	52,2	34,8	26,0	17,3	8,61	4,31	26,1	48,1	70,1	114	158	204	248	294	338	428	652	880	mm
0,090	58,1	38,8	28,9	19,2	9,60	4,81	29,0	53,5	78,1	127	176	227	276	328	378	480	730	982	
0,100	63,9	42,6	31,8	21,1	10,6	5,30	31,9	58,8	85,9	140	194	250	304	360	416	528	806	1080	
0,110	69,5	46,2	34,6	23,0	11,5	5,77	34,7	64,0	93,6	153	212	272	332	393	455	576	882	1190	
0,120	74,9	49,8	37,3	24,8	12,4	6,23	37,5	69,0	101	165	229	295	360	426	491	624	956	1290	
0,130	80,3	53,5	39,9	26,6	13,3	6,67	40,2	74,0	108	177	247	317	387	458	529	670	1030	1390	
0,140	85,7	57,0	42,5	28,3	14,1	7,07	43,9	78,9	115	189	263	338	414	488	566	716	1100	1490	
0,160	96,0	63,7	47,5	31,5	15,8	7,90	47,9	88,3	130	213	297	380	466	550	636	808	1250	1690	
0,180	106	70,0	52,3	34,8	17,4	8,72	52,8	97,5	144	236	330	423	516	611	706	899	1390	1880	
0,200	115	76,4	57,0	37,9	19,0	9,54	57,7	107	158	259	361	464	568	672	775	989	1520	2070	

Umfang = 1,546 m da/di = 1,685 ln da/di = 0,5217

Wärme-leitzahl λ	Rohrtemperatur in ° C (Lufttemp. = 20° C) -40	-20	-10	±0	+10	+25	+50	+75	+100	+150	+200	+250	+300	+350	+400	+500	+750	+1000	Isol.-Stärke
0,020	12,1	8,16	6,11	4,07	2,03	1,02	6,12	11,2	16,4	26,5	36,8	47,0	57,4	67,8	77,9	98,0			
0,025	15,1	10,1	7,57	5,03	2,51	1,26	7,60	14,0	20,3	32,9	45,5	58,4	71,3	84,0	96,4	122			
0,030	18,1	12,0	9,00	6,00	2,99	1,50	9,01	16,7	24,2	39,3	54,2	69,6	85,2	100	116	146			
0,035	21,0	13,9	10,5	6,95	3,46	1,74	10,5	19,4	28,2	45,6	62,9	80,8	99,0	116	134	170	259		
0,040	23,9	15,8	12,0	7,90	3,93	1,97	12,0	22,0	32,1	52,0	71,5	92,1	113	132	153	193	295		
0,045	26,8	17,7	13,4	8,84	4,41	2,21	13,4	24,6	36,0	58,1	80,3	103	127	148	171	216	332		
0,050	29,6	19,6	14,8	9,77	4,88	2,44	14,8	27,2	39,9	64,1	88,9	114	140	164	189	239	367		
0,060	35,2	23,3	17,6	11,6	5,80	2,91	17,6	32,4	47,4	76,6	106	136	167	196	226	286	438	588	
0,070	40,8	26,9	20,4	13,5	6,72	3,38	20,3	37,6	54,7	88,9	123	158	193	227	262	331	507	681	**120**
0,080	46,2	30,5	23,1	15,3	7,63	3,82	23,1	42,6	62,0	101	140	179	219	258	298	377	576	775	mm
0,090	51,6	34,1	25,7	17,1	8,52	4,27	25,7	47,4	69,2	113	156	200	245	289	333	422	645	868	
0,100	56,8	37,6	28,2	18,8	9,39	4,70	28,4	52,3	76,1	124	172	221	270	319	368	466	712	960	
0,110	62,0	41,0	30,8	20,5	10,2	5,14	30,9	57,0	82,9	135	187	241	295	348	401	509	777	1050	
0,120	66,8	44,4	33,4	22,1	11,0	5,53	33,3	61,6	89,6	146	203	261	319	377	435	551	844	1140	
0,130	71,7	47,6	35,8	23,7	11,8	5,93	35,8	66,1	96,3	157	219	281	343	406	468	594	910	1230	
0,140	76,5	50,9	38,1	25,3	12,6	6,32	38,2	70,7	103	168	235	301	367	435	501	636	975	1320	
0,160	86,0	57,2	42,9	28,5	14,2	7,10	42,9	79,6	116	190	265	340	414	490	567	719	1100	1490	
0,180	95,6	63,3	47,4	31,5	15,7	7,87	47,4	88,3	129	211	294	378	461	545	631	800	1230	1660	
0,200	105	69,2	51,9	34,4	17,1	8,61	52,0	96,9	141	232	323	415	508	600	693	880	1350	1830	

Umfang = 1,671 m da/di = 1,822 ln da/di = 0,5999

Innerer Rohr ∅ = 275 mm **Äußerer Rohr ∅ = 292 mm**

Wärmeleitzahl λ	Rohrtemperatur in ° C (Lufttemp. = 20° C)																		Isol.-Stärke
	−40	−20	−10	±0	+10	+25	+50	+75	+100	+150	+200	+250	+300	+350	+400	+500	+750	+1000	
0,020	10,9	7,29	5,48	3,63	1,82	0,91	5,48	10,0	14,6	23,6	32,9	42,1	51,1	60,4	69,5	87,5			
0,025	13,5	9,01	6,77	4,51	2,24	1,13	6,80	12,5	18,2	29,5	40,6	52,4	63,7	75,0	86,1	109			
0,030	16,2	10,8	8,05	5,37	2,68	1,34	8,08	15,0	21,7	35,2	48,5	62,7	76,0	89,5	103	131			
0,035	18,8	12,5	9,35	6,22	3,11	1,55	9,37	17,4	25,2	40,8	56,3	73,0	88,3	104	120	152	231		
0,040	21,4	14,2	10,6	7,07	3,54	1,76	10,7	19,7	28,7	46,5	64,1	83,0	100	118	136	173	264		
0,045	24,0	15,9	11,9	7,92	3,96	1,98	12,0	22,0	32,1	52,1	72,0	92,9	113	132	153	193	295		
0,050	26,6	17,6	13,2	8,78	4,40	2,20	13,2	24,3	35,6	57,8	79,6	103	125	147	169	214	326		
0,060	31,6	21,0	15,7	10,4	5,24	2,62	15,8	29,1	42,4	69,0	95,0	122	149	176	203	255	390	522	
0,070	36,5	24,3	18,2	12,1	6,06	3,04	18,2	33,7	49,2	80,0	111	142	173	204	235	297	453	609	**140**
0,080	41,5	27,6	20,6	13,7	6,87	3,44	20,7	38,1	55,8	90,8	126	161	197	231	267	338	515	693	mm
0,090	46,4	30,8	23,0	15,3	7,68	3,84	23,1	42,5	62,2	102	140	180	220	259	299	378	576	777	
0,100	51,2	34,0	25,4	16,9	8,48	4,24	25,6	46,9	68,6	112	155	199	243	286	331	417	638	860	
0,110	55,9	37,1	27,8	18,5	9,27	4,64	28,0	51,4	75,0	123	169	217	266	313	362	456	698	940	
0,120	60,4	40,1	30,0	20,0	10,0	5,02	30,3	55,6	81,3	133	183	235	288	339	392	495	758	1020	
0,130	65,0	43,1	32,2	21,5	10,8	5,39	32,6	59,8	87,4	143	197	254	310	366	422	534	817	1100	
0,140	69,5	46,0	34,5	22,9	11,5	5,76	34,7	63,9	93,4	152	211	272	331	392	452	573	876	1180	
0,160	78,2	51,9	38,8	25,9	13,0	6,41	39,2	72,2	105	172	240	307	374	443	511	649	995	1340	
0,180	86,8	57,6	43,1	28,7	14,4	7,18	43,5	80,2	117	191	267	342	417	494	569	723	1110	1500	
0,200	95,0	63,2	47,3	31,5	15,7	7,87	47,7	87,9	129	210	293	376	460	543	627	796	1220	1650	

Umfang = 1,797 m da/di = 1,959 ln da/di = 0,6724

Wärmeleitzahl λ	Rohrtemperatur in ° C (Lufttemp. = 20° C)																		Isol.-Stärke
	−40	−20	−10	±0	+10	+25	+50	+75	+100	+150	+200	+250	+300	+350	+400	+500	+750	+1000	
0,020	10,0	6,64	4,99	3,34	1,68	0,84	5,00	9,18	13,3	21,8	30,0	38,2	46,5	55,1	63,3	79,9			
0,025	12,4	8,30	6,20	4,13	2,06	1,03	6,21	11,4	16,6	27,1	37,3	47,6	58,0	68,9	79,0	99,0			
0,030	14,8	9,94	7,40	4,92	2,44	1,22	7,42	13,6	19,8	32,3	44,5	57,0	69,5	82,1	94,1	118			
0,035	17,2	11,6	8,61	5,70	2,84	1,42	8,63	15,8	23,0	37,5	51,5	66,3	80,9	95,2	109	138	210		
0,040	19,7	13,2	9,78	6,50	3,24	1,62	9,79	18,0	26,2	42,7	58,6	75,5	92,0	109	124	158	240		
0,045	22,1	14,8	11,0	7,28	3,63	1,81	11,0	20,1	29,4	48,0	65,9	84,7	103	122	139	177	269		
0,050	24,4	16,3	12,2	8,05	4,03	2,01	12,2	22,3	32,6	53,0	72,6	94,0	115	135	155	196	298		
0,060	29,0	19,4	14,5	9,60	4,80	2,40	14,5	26,5	38,8	63,1	87,2	112	137	161	185	234	357	479	
0,070	33,6	22,4	16,8	11,1	5,56	2,78	16,8	30,8	45,0	73,3	102	130	158	186	215	272	416	556	**160**
0,080	38,2	25,4	19,0	12,6	6,31	3,16	19,0	35,0	51,1	83,2	115	148	180	212	244	310	473	632	mm
0,090	42,8	28,3	21,2	14,2	7,08	3,54	21,3	39,3	57,0	93,0	128	165	202	237	274	347	529	708	
0,100	47,3	31,3	23,4	15,6	7,80	3,91	23,5	43,3	63,0	103	142	183	223	262	303	384	585	785	
0,110	51,6	34,2	25,6	17,0	8,53	4,27	25,7	47,4	69,0	113	156	200	244	287	331	421	641	860	
0,120	55,8	37,1	27,8	18,5	9,25	4,63	27,9	51,3	75,0	122	169	216	265	312	359	457	697	938	
0,130	60,0	40,0	29,9	19,9	9,96	4,98	30,0	55,3	80,8	131	182	233	285	336	387	493	753	1010	
0,140	64,2	42,8	31,9	21,2	10,6	5,34	32,1	59,3	86,6	141	195	250	305	361	416	528	806	1080	
0,160	72,5	48,1	36,1	24,0	12,0	5,99	36,3	66,8	97,8	160	221	283	346	408	472	597	914	1230	
0,180	80,5	53,6	40,2	26,8	13,4	6,65	40,4	74,2	109	178	246	316	386	456	526	666	1020	1380	
0,200	88,5	59,0	44,2	29,4	14,7	7,30	44,3	81,6	120	195	271	348	425	503	580	733	1130	1520	

Umfang = 1,923 m da/di = 2,096 ln da/di = 0,7500

Innerer Rohr ⌀ = 275 mm **Äußerer Rohr ⌀ = 292 mm**

Wärmeleitzahl λ	Rohrtemperatur in ° C (Lufttemp. = 20° C) -40	-20	-10	±0	+10	+25	+50	+75	+100	+150	+200	+250	+300	+350	+400	+500	+750	+1000	Isol.-Stärke
0,020	9,21	6,16	4,60	3,08	1,54	0,77	4,61	8,41	12,2	20,0	27,8	35,5	43,3	50,8	58,3	73,7			
0,025	11,4	7,65	5,72	3,82	1,91	0,95	5,72	10,4	15,3	24,9	34,4	44,0	53,7	63,2	72,7	91,2			
0,030	13,7	9,14	6,84	4,55	2,27	1,13	6,84	12,5	18,3	29,6	41,1	52,8	64,2	75,5	87,0	109			
0,035	16,0	10,7	7,94	5,28	2,63	1,31	7,95	14,6	21,3	34,4	47,7	61,2	74,7	88,0	102	128	194		
0,040	18,2	12,2	9,03	6,03	3,00	1,50	9,05	16,7	24,3	39,2	54,2	69,7	85,0	100	116	146	222		
0,045	20,4	13,6	10,2	6,76	3,37	1,68	10,2	18,7	27,2	44,0	60,7	78,1	95,1	112	129	164	249		
0,050	22,6	15,0	11,2	7,47	3,73	1,86	11,2	20,7	30,1	48,8	67,3	86,8	105	124	143	182	275		
0,060	27,0	17,9	13,4	8,89	4,46	2,23	13,4	24,7	35,9	58,3	81,0	104	126	149	172	217	330	444	
0,070	31,3	20,8	15,6	10,4	5,19	2,58	15,6	28,6	41,7	67,7	94,1	121	147	173	200	253	384	515	**180** mm
0,080	35,5	23,6	17,7	11,8	5,88	2,93	17,7	32,5	47,4	77,1	107	137	167	197	227	288	438	587	
0,090	39,8	26,4	19,7	13,1	6,57	3,28	19,8	36,3	53,0	86,2	120	153	187	221	254	323	491	659	
0,100	44,0	29,1	21,8	14,5	7,26	3,63	21,9	40,1	58,6	95,3	133	169	207	244	281	357	544	730	
0,110	47,9	31,8	23,8	15,9	7,94	3,96	24,0	43,9	64,2	104	145	185	227	268	308	391	595	800	
0,120	52,0	34,5	25,8	17,3	8,61	4,30	26,0	47,7	69,7	113	157	201	246	291	335	425	646	870	
0,130	55,9	37,2	27,8	18,6	9,28	4,64	27,9	51,4	75,1	121	169	217	265	314	361	458	698	939	
0,140	59,8	39,8	29,8	19,8	9,90	4,95	29,9	55,0	80,4	130	182	233	284	336	388	491	749	1010	
0,160	67,8	45,0	33,7	22,4	11,2	5,58	33,8	62,4	91,0	148	206	263	321	380	438	556	850	1140	
0,180	75,4	50,2	37,5	25,0	12,5	6,21	37,6	69,4	101	165	230	294	359	424	490	620	947	1270	
0,200	83,2	55,3	41,3	27,5	13,7	6,82	41,4	76,3	111	182	253	324	396	467	540	684	1050	1410	

Umfang = 2,048 m da/di = 2,233 ln da/di = 0,8033

Wärmeleitzahl λ	Rohrtemperatur in ° C (Lufttemp. = 20° C) -40	-20	-10	±0	+10	+25	+50	+75	+100	+150	+200	+250	+300	+350	+400	+500	+750	+1000	Isol.-Stärke
0,020	8,60	5,77	4,29	2,88	1,44	0,72	4,29	7,93	11,5	18,7	26,0	33,2	40,4	47,7	54,8	69,0			
0,025	10,8	7,18	5,35	3,58	1,78	0,89	5,34	9,90	14,3	23,2	32,2	41,3	50,3	59,2	68,2	85,9			
0,030	12,9	8,59	6,39	4,27	2,12	1,06	6,39	11,8	17,2	27,7	38,6	49,3	60,1	70,7	81,7	102			
0,035	15,0	10,0	7,43	4,95	2,47	1,23	7,43	13,7	20,0	32,3	44,9	57,6	69,9	82,1	95,1	119	182		
0,040	17,1	11,4	8,48	5,64	2,81	1,41	8,48	15,6	22,7	36,8	51,2	65,6	79,7	93,6	109	136	207		
0,045	19,1	12,7	9,52	6,32	3,15	1,58	9,53	17,5	25,4	41,3	57,4	73,7	89,2	105	122	153	233		
0,050	21,2	14,1	10,6	7,00	3,49	1,75	10,6	19,4	28,2	45,8	63,7	81,7	99,0	117	135	170	258		
0,060	25,3	16,8	12,6	8,36	4,17	2,09	12,6	23,1	33,6	54,9	76,0	97,2	119	139	161	203	310	414	
0,070	29,3	19,5	14,6	9,72	4,85	2,42	14,6	26,9	39,2	63,7	88,3	113	138	162	187	236	360	483	**200** mm
0,080	33,3	22,2	16,6	11,0	5,51	2,75	16,6	30,6	44,4	72,3	100	129	156	184	213	269	410	551	
0,090	37,3	24,8	18,5	12,4	6,17	3,07	18,6	34,2	49,9	81,0	112	144	175	206	239	302	460	619	
0,100	41,2	27,4	20,5	13,7	6,82	3,39	20,6	37,8	55,2	89,7	124	159	194	229	264	334	509	685	
0,110	45,1	30,0	22,4	15,0	7,46	3,72	22,5	41,4	60,4	98,2	136	175	213	251	289	366	558	750	
0,120	49,0	32,6	24,3	16,2	8,10	4,04	24,4	45,0	65,6	107	148	190	231	273	314	400	606	814	
0,130	52,8	35,1	26,2	17,4	8,74	4,35	26,3	48,5	70,8	115	160	204	249	295	340	431	655	877	
0,140	56,7	37,7	28,1	18,7	9,37	4,66	28,2	51,9	75,9	123	171	219	267	315	364	462	704	942	
0,160	64,0	42,5	31,9	21,2	10,6	5,26	31,9	58,7	85,8	140	194	248	303	358	413	523	799	1070	
0,180	71,3	47,4	35,5	23,6	11,8	5,86	35,5	65,4	95,5	156	216	277	339	400	462	584	892	1200	
0,200	78,4	52,2	39,1	26,0	12,9	6,44	39,2	71,8	105	171	239	306	374	442	509	645	986	1330	

Umfang = 2,174 m da/di = 2,370 ln da/di = 0,8629

Innerer Rohr ⌀ = 300 mm **Äußerer Rohr ⌀ = 318 mm**

Wärme-leitzahl λ	Rohrtemperatur in ° C (Lufttemp. = 20° C) -40	-20	-10	±0	+10	+25	+50	+75	+100	+150	+200	+250	+300	+350	+400	+500	+750	+1000	Isol.-Stärke
0,020	69,1	46,0	34,4	22,8	11,3	5,62	34,6	64,0	93,6	154	214	275	337	399	461	585			
0,025	82,8	55,4	41,4	27,5	13,5	6,69	41,4	77,0	113	186	260	335	410	485	562	715			
0,030	96,3	63,9	47,8	31,7	15,4	7,66	47,8	89,0	131	216	302	390	480	568	655	836			
0,035	108	71,8	53,7	35,5	17,3	8,58	53,7	100	148	246	343	443	548	648	746	955	1490		
0,040	120	79,1	59,0	39,0	19,1	9,46	59,3	111	164	274	381	495	613	724	834	1070	1670		
0,045	131	85,9	64,0	42,4	20,8	10,3	64,6	121	180	300	418	545	674	799	918	1180	1850		
0,050	140	92,3	68,5	44,5	22,2	11,1	69,5	131	194	325	454	591	733	872	1010	1290	2030		
0,060	157	104	77,1	51,2	25,1	12,4	79,0	149	221	371	522	680	843	1010	1170	1500	2370	3260	
0,070	172	114	84,8	56,2	27,5	13,6	87,4	165	246	413	585	762	945	1130	1320	1700	2690	3730	**15** mm
0,080	186	123	91,5	60,8	29,8	14,7	94,6	180	269	453	645	840	1040	1250	1470	1890	3010	4190	
0,090	199	131	97,6	64,7	31,6	15,7	102	193	289	490	700	914	1130	1360	1600	2070	3330	4620	
0,100	210	138	103	68,1	33,4	16,5	108	206	307	526	751	982	1220	1470	1730	2240	3630	5050	
0,110	220	145	108	71,4	35,0	17,3	114	217	326	559	798	1045	1300	1570	1850	2400	3930	5460	
0,120	229	151	113	74,4	36,4	18,0	119	228	343	589	843	1105	1380	1670	1970	2570	4220	5880	
0,130	237	157	117	77,1	37,8	18,7	124	238	359	617	884	1165	1455	1760	2080	2730	4470	6280	
0,140	245	162	121	79,6	39,0	19,2	128	247	373	644	924	1220	1530	1860	2190	2880	4720	6670	
0,160	259	171	127	84,0	41,0	20,3	136	264	400	692	1000	1330	1670	2030	2400	3170	5220	7420	
0,180	271	179	133	87,8	42,9	21,2	143	279	424	734	1070	1420	1800	2190	2595	3440	5710	8150	
0,200	281	186	138	91,0	44,4	21,9	149	292	445	774	1130	1510	1920	2340	2780	3700	6180	8870	

Umfang = 1,093 m da/di = 1,094 ln da/di = 0,0911

Wärme-leitzahl λ	Rohrtemperatur in ° C (Lufttemp. = 20° C) -40	-20	-10	±0	+10	+25	+50	+75	+100	+150	+200	+250	+300	+350	+400	+500	+750	+1000	Isol.-Stärke
0,020	55,0	36,5	27,4	18,2	9,02	4,48	27,6	50,8	74,2	121	169	217	265	313	362	459			
0,025	66,7	44,2	33,2	22,0	11,0	5,40	33,5	61,6	91,1	148	206	265	323	383	444	564			
0,030	77,5	51,6	38,7	25,6	12,6	6,28	38,9	72,2	106	173	242	311	378	449	521	664			
0,035	88,0	58,5	43,8	29,0	14,2	7,08	44,0	82,0	121	197	276	355	432	514	597	764	1180		
0,040	97,7	65,0	48,6	32,1	15,8	7,85	49,1	91,2	134	220	308	396	484	578	673	858	1330		
0,045	107	71,1	53,0	35,1	17,3	8,57	53,9	99,6	147	243	340	437	536	637	743	948	1470		
0,050	116	77,0	57,4	38,0	18,7	9,25	58,3	108	160	264	371	478	586	696	810	1040	1610		
0,060	132	87,2	65,1	43,2	21,2	10,5	66,2	124	183	304	428	551	681	810	941	1210	1890	2590	
0,070	146	97,0	72,2	47,8	23,6	11,6	73,8	138	205	343	482	624	770	919	1070	1370	2150	2970	**20** mm
0,080	160	106	78,5	52,1	25,7	12,6	80,6	152	225	378	532	693	854	1020	1190	1530	2410	3340	
0,090	172	114	84,4	56,0	27,6	13,6	87,1	164	244	411	581	757	934	1120	1300	1680	2660	3700	
0,100	183	121	89,9	59,6	29,3	14,4	93,0	176	261	442	628	816	1010	1210	1410	1830	2900	4040	
0,110	193	128	95,0	63,0	30,9	15,2	98,5	187	278	473	670	876	1090	1300	1520	1970	3150	4360	
0,120	202	134	99,6	66,0	32,3	15,9	104	198	294	501	712	929	1160	1390	1630	2110	3370	4700	
0,130	211	140	104	68,8	33,7	16,6	109	207	310	526	752	983	1230	1470	1730	2250	3600	5030	
0,140	219	145	108	71,4	35,0	17,3	113	216	324	552	791	1040	1290	1550	1820	2380	3820	5330	
0,160	233	155	115	76,0	37,3	18,4	121	233	350	598	862	1130	1420	1700	2000	2620	4250	5960	
0,180	247	163	121	80,0	39,3	19,3	128	248	374	641	925	1220	1530	1850	2170	2850	4660	6570	
0,200	259	171	127	83,4	41,4	20,1	135	262	395	681	982	1300	1640	1990	2340	3080	5060	7170	

Umfang = 1,125 m da/di = 1,126 ln da/di = 0,1185

Innerer Rohr ⌀ = 300 mm **Äußerer Rohr ⌀ = 318 mm**

Wärme-leitzahl λ	Rohrtemperatur in ° C (Lufttemp. = 20° C)																		Isol.-Stärke
	−40	−20	−10	±0	+10	+25	+50	+75	+100	+150	+200	+250	+300	+350	+400	+500	+750	+1000	
0,020	45,9	30,6	22,8	15,2	7,55	3,76	22,9	42,3	61,8	100	140	180	220	259	299	376			
0,025	56,2	37,3	28,0	18,4	9,18	4,57	28,1	51,7	76,5	124	171	220	268	318	370	463			
0,030	65,6	43,6	32,8	21,5	10,7	5,33	33,0	60,6	89,6	146	201	259	316	375	437	550			
0,035	74,8	49,7	37,3	24,5	12,2	6,06	37,6	69,1	102	167	230	296	362	431	502	633	974		
0,040	83,6	55,6	41,5	27,4	13,5	6,76	42,0	77,3	114	186	258	332	406	485	564	712	1100		
0,045	92,0	61,2	45,6	30,1	14,8	7,40	46,0	85,1	125	205	285	368	450	537	625	790	1220		
0,050	100	66,5	49,4	32,8	16,1	8,02	50,0	92,6	136	224	312	402	493	588	683	867	1340		
0,060	115	76,0	56,6	37,5	18,5	9,16	57,6	107	157	259	362	470	576	687	796	1015	1580	2150	
0,070	128	84,7	63,1	41,8	20,6	10,2	64,3	120	177	293	411	532	655	780	904	1155	1810	2470	**25 mm**
0,080	141	93,0	69,2	46,0	22,6	11,2	70,7	132	195	326	456	591	731	869	1010	1290	2030	2790	
0,090	152	101	75,0	49,8	24,4	12,1	76,8	144	212	356	500	648	803	956	1110	1420	2245	3100	
0,100	163	108	80,1	53,2	26,1	12,9	82,5	155	229	385	542	703	873	1040	1205	1555	2450	3380	
0,110	173	114	85,0	56,4	27,6	13,7	87,7	165	245	412	582	758	940	1120	1300	1680	2655	3660	
0,120	182	120	89,5	59,4	29,1	14,4	92,8	175	260	437	621	809	1000	1200	1400	1800	2860	3950	
0,130	191	126	93,7	62,2	30,4	15,1	97,5	184	275	462	657	857	1060	1270	1490	1930	3055	4240	
0,140	199	131	97,7	65,0	31,7	15,7	102	193	289	485	692	905	1117	1340	1575	2050	3250	4510	
0,160	214	141	105	69,7	34,0	16,8	110	209	314	530	758	993	1235	1480	1730	2260	3620	5040	
0,180	227	150	111	74,0	35,9	17,8	117	224	337	571	818	1070	1340	1610	1890	2470	3965	5570	
0,200	240	158	117	77,7	37,7	18,7	124	237	358	609	877	1150	1440	1740	2050	2680	4300	6080	

Umfang = 1,156 m   da/di = 1,157   ln da/di = 0,1460

Wärme-leitzahl λ	Rohrtemperatur in ° C (Lufttemp. = 20° C)																		Isol.-Stärke
	−40	−20	−10	±0	+10	+25	+50	+75	+100	+150	+200	+250	+300	+350	+400	+500	+750	+1000	
0,020	39,5	26,3	19,6	13,1	6,52	3,25	19,7	36,4	53,2	86,5	120	154	188	221	255	322			
0,025	48,4	32,3	24,0	15,9	7,93	3,95	24,2	44,6	65,2	106	147	189	230	272	316	396			
0,030	56,8	38,0	28,2	18,7	9,30	4,63	28,3	52,4	76,5	125	173	223	270	322	374	469			
0,035	64,8	43,5	32,3	21,3	10,6	5,28	32,6	60,0	87,3	143	199	255	310	370	430	542	835		
0,040	72,8	48,7	36,1	24,0	11,8	5,90	36,6	67,2	98,3	161	224	287	350	417	484	612	949		
0,045	80,4	53,6	39,8	26,5	13,0	6,49	40,4	74,3	109	178	248	318	389	463	537	682	1050		
0,050	87,6	58,2	43,4	28,9	14,2	7,07	44,0	81,3	119	195	272	349	427	508	590	750	1150		
0,060	101	67,0	50,0	33,2	16,3	8,14	50,8	94,0	138	227	316	408	501	593	691	880	1360	1850	
0,070	114	75,4	56,2	37,2	18,4	9,10	57,0	106	156	257	360	465	571	677	788	1000	1560	2130	**30 mm**
0,080	126	83,2	62,1	41,2	20,2	10,4	62,9	117	173	286	401	518	639	757	877	1120	1750	2410	
0,090	137	90,4	67,4	44,8	22,0	10,9	68,5	128	189	314	442	570	705	834	967	1240	1940	2670	
0,100	147	97,4	72,5	48,1	23,6	11,7	73,9	139	204	341	479	621	767	908	1050	1360	2130	2930	
0,110	156	104	77,2	51,1	25,1	12,4	79,0	148	219	366	517	671	827	980	1140	1470	2310	3170	
0,120	165	110	81,6	54,1	26,5	13,1	83,8	158	234	390	552	718	885	1050	1230	1580	2490	3430	
0,130	174	115	85,7	56,9	27,9	13,8	88,5	166	248	414	586	763	940	1120	1310	1680	2670	3670	
0,140	182	120	89,5	59,6	29,1	14,4	92,9	175	261	437	618	806	994	1180	1390	1780	2840	3910	
0,160	197	130	96,9	64,3	31,5	15,5	101	191	284	479	680	887	1100	1310	1540	1990	3170	4390	
0,180	210	139	103	68,8	33,5	16,6	108	205	307	519	738	962	1195	1430	1680	2180	3480	4860	
0,200	223	147	109	72,6	35,3	17,5	115	219	327	557	792	1030	1285	1550	1820	2370	3780	5300	

Umfang = 1,188 m   da/di = 1,188   ln da/di = 0,1729

Innerer Rohr ∅ = 300 mm **Äußerer Rohr ∅ = 318 mm**

Wärmeleitzahl λ	Rohrtemperatur in ° C (Lufttemp. = 20° C)																		Isol.-Stärke
	−40	−20	−10	±0	+10	+25	+50	+75	+100	+150	+200	+250	+300	+350	+400	+500	+750	+1000	
0,020	35,2	23,6	17,3	11,7	5,73	2,88	17,4	32,1	46,9	76,5	106	135	165	194	223	284			
0,025	43,0	28,9	21,4	14,2	7,01	3,52	21,5	39,5	57,5	94,1	130	166	202	240	278	351			
0,030	50,5	34,0	25,2	16,6	8,24	4,12	25,3	46,4	67,5	111	153	196	238	285	330	416			
0,035	57,9	38,9	29,0	19,0	9,42	4,70	29,1	53,2	77,5	127	176	226	273	328	380	480	738		
0,040	65,0	43,6	32,6	21,4	10,6	5,27	32,6	60,0	87,5	143	198	255	311	370	430	542	840		
0,045	72,0	48,0	36,0	23,6	11,7	5,80	36,2	66,5	97,3	159	220	284	345	411	479	603	935		
0,050	78,5	52,2	39,3	25,8	12,7	6,33	39,4	72,8	106	174	242	312	379	451	523	663	1020		
0,060	90,5	60,7	45,4	30,0	14,8	7,34	45,6	84,4	124	203	283	365	446	529	614	781	1210	1640	
0,070	103	68,5	51,4	33,7	16,7	8,30	51,6	96,0	141	231	322	416	510	604	700	894	1380	1890	
0,080	114	75,8	56,8	37,4	18,5	9,16	57,5	107	157	258	360	467	571	677	784	1000	1560	2130	35 mm
0,090	125	82,7	61,7	40,9	20,1	9,95	62,8	116	172	284	398	513	630	747	867	1110	1730	2360	
0,100	135	89,2	66,4	44,0	21,6	10,7	67,8	126	186	309	433	559	687	815	948	1210	1890	2590	
0,110	143	95,3	70,9	46,9	23,1	11,4	72,4	135	200	333	466	604	743	882	1020	1310	2050	2810	
0,120	152	101	75,1	49,8	24,5	12,1	77,1	144	213	356	499	648	798	948	1100	1410	2210	3040	
0,130	161	107	79,2	52,5	25,8	12,8	81,5	152	226	378	531	687	851	1010	1180	1510	2360	3270	
0,140	169	112	83,0	55,2	27,0	13,4	85,6	160	239	399	561	727	900	1070	1250	1610	2530	3480	
0,160	184	121	90,1	59,8	29,3	14,5	93,2	176	261	439	620	805	996	1190	1390	1800	2830	3910	
0,180	197	130	96,8	64,0	31,4	15,6	100	190	283	476	675	878	1090	1300	1520	1980	3110	4330	
0,200	208	138	103	68,0	33,3	16,5	107	204	303	512	727	950	1180	1410	1650	2140	3400	4730	

Umfang = 1,219 m da/di = 1,220 ln da/di = 0,1989

Wärmeleitzahl λ	Rohrtemperatur in ° C (Lufttemp. = 20° C)																		Isol.-Stärke
	−40	−20	−10	±0	+10	+25	+50	+75	+100	+150	+200	+250	+300	+350	+400	+500	+750	+1000	
0,020	31,5	20,9	15,6	10,4	5,18	2,58	15,6	28,8	42,0	68,2	94,5	121	147	173	199	254			
0,025	38,4	25,6	19,1	12,7	6,33	3,15	19,2	35,5	51,9	84,2	116	149	181	214	247	312			
0,030	45,4	30,2	22,6	15,0	7,47	3,71	22,7	41,9	61,4	100	138	177	215	254	294	369			
0,035	52,2	34,7	25,9	17,2	8,56	4,24	26,1	48,2	70,2	115	159	204	248	293	340	427	660		
0,040	58,7	39,0	29,2	19,4	9,60	4,76	29,5	54,3	78,9	129	179	230	281	331	384	484	750		
0,045	65,2	43,3	32,4	21,5	10,6	5,26	32,7	60,2	87,6	144	198	256	312	369	429	541	837		
0,050	71,4	47,4	35,4	23,5	11,6	5,76	35,6	65,9	96,2	157	218	281	343	406	470	597	920		
0,060	83,2	55,0	41,1	27,3	13,5	6,68	41,5	76,7	112	185	256	330	404	478	554	702	1080	1470	
0,070	94,0	62,3	46,5	30,9	15,3	7,57	47,0	87,2	128	211	293	378	462	547	633	805	1240	1700	
0,080	104	69,2	51,7	34,3	17,0	8,42	52,4	97,3	143	236	328	423	519	614	709	908	1400	1920	40 mm
0,090	114	76,0	56,8	37,6	18,6	9,21	57,4	107	158	260	362	467	574	679	785	1005	1550	2135	
0,100	123	82,5	61,2	40,6	20,1	9,95	62,2	116	172	283	395	510	626	743	860	1105	1700	2340	
0,110	132	88,3	65,6	43,5	21,5	10,6	66,8	125	185	305	425	551	677	803	932	1200	1850	2545	
0,120	141	93,8	69,8	46,3	22,9	11,3	71,2	133	198	326	456	591	726	863	1000	1290	2000	2745	
0,130	149	98,9	73,8	48,9	24,2	11,9	75,2	141	209	347	487	631	775	922	1070	1375	2150	2945	
0,140	157	104	77,6	51,4	25,4	12,5	79,2	149	221	367	515	670	824	980	1140	1460	2290	3150	
0,160	172	114	84,8	56,0	27,7	13,6	86,8	163	244	406	572	742	911	1090	1270	1630	2560	3530	
0,180	185	123	91,5	60,3	29,8	14,7	94,0	177	264	441	624	809	997	1190	1390	1800	2820	3915	
0,200	198	131	97,4	64,3	31,8	15,7	100	190	282	476	673	875	1080	1290	1510	1960	3080	4280	

Umfang = 1,250 m da/di = 1,252 ln da/di = 0,2244

Innerer Rohr ∅ = 300 mm **Äußerer Rohr ∅ = 318 mm**

Wärmeleitzahl λ	Rohrtemperatur in ° C (Lufttemp. = 20° C) -40	-20	-10	±0	+10	+25	+50	+75	+100	+150	+200	+250	+300	+350	+400	+500	+750	+1000	Isol.-Stärke
0,020	28,4	18,9	14,2	9,45	4,72	2,36	14,2	26,1	38,0	61,8	85,6	109	133	156	180	230			
0,025	34,9	23,2	17,4	11,6	5,78	2,88	17,5	32,1	47,0	76,3	106	135	165	193	224	285			
0,030	41,2	27,5	20,6	13,7	6,82	3,39	20,6	38,0	55,8	90,1	125	160	197	229	267	338			
0,035	47,2	31,6	23,6	15,7	7,81	3,89	23,9	43,8	64,2	104	144	185	228	265	309	390	598		
0,040	53,3	35,6	26,7	17,7	8,79	4,37	26,9	49,4	72,4	117	163	209	257	301	350	440	678		
0,045	59,2	39,4	29,5	19,6	9,72	4,83	29,9	55,0	80,1	130	181	232	286	336	390	492	755		
0,050	65,0	43,2	32,3	21,5	10,6	5,29	32,6	60,3	88,0	143	199	255	312	371	430	542	833		
0,060	76,2	50,5	37,7	25,1	12,4	6,16	38,1	70,2	103	168	235	301	369	437	506	640	986	1340	
0,070	86,6	57,4	42,9	28,5	14,1	7,00	43,3	80,1	117	193	269	345	423	501	579	736	1130	1550	
0,080	96,8	63,9	47,8	31,8	15,7	7,80	48,3	89,5	131	216	302	388	478	563	650	828	1280	1750	**45** mm
0,090	106	70,4	52,6	35,0	17,2	8,56	53,1	98,6	145	239	334	429	530	622	720	920	1420	1950	
0,100	116	76,1	57,0	38,0	18,7	9,26	57,9	107	158	261	364	469	579	681	789	1010	1560	2140	
0,110	124	81,9	61,2	40,8	20,1	9,96	62,1	116	170	282	394	508	627	739	857	1100	1700	2320	
0,120	132	87,5	65,2	43,4	21,4	10,6	66,2	124	182	302	423	546	673	796	922	1180	1840	2510	
0,130	140	92,7	69,0	45,9	22,7	11,3	70,2	132	193	322	452	582	716	852	986	1260	1970	2690	
0,140	147	97,6	72,7	48,3	23,9	11,8	74,0	139	204	341	478	617	762	904	1048	1340	2100	2870	
0,160	162	107	79,7	52,8	26,1	12,9	81,4	154	225	377	531	686	848	1010	1174	1500	2350	3230	
0,180	175	116	86,1	57,2	28,2	13,9	88,5	167	245	411	581	752	930	1110	1290	1650	2600	3580	
0,200	187	124	92,0	61,0	30,1	14,8	94,8	179	264	443	627	816	1010	1200	1400	1800	2840	3920	

Umfang = 1,282 m   da/di = 1,283   ln da/di = 0,2492

Wärmeleitzahl λ	Rohrtemperatur in ° C (Lufttemp. = 20° C) -40	-20	-10	±0	+10	+25	+50	+75	+100	+150	+200	+250	+300	+350	+400	+500	+750	+1000	Isol.-Stärke
0,020	26,0	17,3	13,0	8,63	4,31	2,16	13,0	23,9	34,8	56,6	78,5	100	122	144	166	210			
0,025	32,1	21,3	15,9	10,6	5,30	2,64	16,0	29,5	43,1	69,9	96,8	124	152	178	206	258			
0,030	38,1	25,2	18,9	12,6	6,27	3,11	19,0	35,1	51,2	83,1	115	147	180	211	244	307			
0,035	44,0	29,0	21,8	14,5	7,21	3,58	22,0	40,4	58,9	95,9	133	170	208	245	282	356	549		
0,040	49,6	32,8	24,7	16,4	8,12	4,02	24,8	45,6	66,5	108	150	192	235	277	320	404	622		
0,045	55,2	36,4	27,3	18,1	9,00	4,47	27,5	50,8	74,0	120	167	214	262	309	358	452	695		
0,050	60,4	40,0	30,0	19,9	9,90	4,90	30,2	55,7	81,4	132	184	236	288	340	394	499	767		
0,060	70,7	47,0	35,1	23,3	11,6	5,73	35,4	65,3	95,5	156	217	279	341	400	465	592	911	1230	
0,070	80,4	53,6	40,0	26,5	13,2	6,53	40,3	74,6	109	179	249	320	391	461	533	680	1050	1420	
0,080	89,8	60,0	44,6	29,6	14,7	7,30	45,0	83,5	122	201	280	360	440	519	602	766	1180	1610	**50** mm
0,090	98,9	66,0	49,2	32,6	16,1	8,03	49,6	92,2	135	222	310	398	487	575	668	851	1310	1790	
0,100	108	71,7	53,7	35,5	17,5	8,70	54,0	100	147	243	339	436	533	630	732	934	1440	1970	
0,110	116	77,2	57,8	38,1	18,8	9,38	58,1	108	159	263	367	472	578	685	795	1015	1570	2140	
0,120	124	82,4	61,8	40,6	20,2	10,0	62,1	116	170	282	394	508	622	738	857	1090	1690	2320	
0,130	132	87,5	65,7	43,1	21,3	10,6	66,1	123	181	301	421	543	666	790	917	1170	1820	2490	
0,140	139	92,2	69,1	45,6	22,4	11,2	69,6	130	192	319	446	577	709	839	975	1250	1940	2660	
0,160	153	101	75,7	50,0	24,6	12,3	76,9	144	212	354	497	642	788	935	1090	1400	2180	2990	
0,180	166	110	82,1	54,1	26,7	13,3	83,6	157	231	387	545	706	866	1030	1200	1540	2410	3320	
0,200	178	118	88,3	58,1	28,6	14,2	89,8	169	250	418	589	765	943	1120	1310	1680	2640	3630	

Umfang = 1,313 m   da/di = 1,315   ln da/di = 0,2735

Innerer Rohr ⌀ = 300 mm **Äußerer Rohr ⌀ = 318 mm**

Wärme-leitzahl λ	Rohrtemperatur in ° C (Lufttemp. = 20° C)																		Isol.-Stärke
	−40	−20	−10	±0	+10	+25	+50	+75	+100	+150	+200	+250	+300	+350	+400	+500	+750	+1000	
0,020	22,5	15,0	11,2	7,49	3,73	1,86	11,2	20,6	30,0	48,8	67,6	86,3	105	124	143	181			
0,025	27,8	18,5	13,9	9,23	4,60	2,30	14,0	25,5	37,3	60,0	83,5	107	130	154	177	224			
0,030	33,0	21,9	16,4	10,9	5,44	2,72	16,5	30,2	44,2	71,3	99,3	127	156	183	211	266			
0,035	38,3	25,3	18,9	12,6	6,26	3,13	19,1	34,8	51,0	82,5	115	147	181	212	244	308	474		
0,040	43,3	28,6	21,4	14,2	7,08	3,53	21,5	39,4	57,6	93,2	130	167	205	240	277	349	539		
0,045	48,1	31,8	23,8	15,8	7,87	3,92	24,0	44,0	64,4	104	145	186	229	268	310	392	603		
0,050	52,7	34,9	26,1	17,1	8,64	4,30	26,3	48,2	71,0	115	160	205	251	296	342	432	664		
0,060	62,0	41,1	30,7	20,2	10,2	5,06	30,9	57,3	83,5	136	189	242	297	350	406	513	788	1080	
0,070	70,8	47,0	35,2	23,2	11,6	5,78	35,3	65,4	95,6	157	217	279	341	403	468	594	908	1260	**60** mm
0,080	79,1	52,7	39,4	26,1	13,0	6,48	39,7	73,3	107	177	245	315	385	455	528	673	1030	1430	
0,090	87,4	58,2	43,5	28,9	14,3	7,16	43,8	80,9	119	196	272	349	426	505	585	749	1140	1600	
0,100	95,7	63,5	47,4	31,5	15,6	7,74	47,9	88,5	130	215	299	383	468	554	642	823	1250	1760	
0,110	104	68,6	51,2	34,0	16,9	8,40	51,7	96,0	141	234	324	415	508	602	698	896	1370	1910	
0,120	111	73,6	54,9	36,4	18,1	8,99	55,5	103	151	251	349	447	548	650	753	967	1480	2060	
0,130	118	78,3	58,3	38,6	19,2	9,55	59,1	110	162	268	373	478	588	695	806	1036	1590	2210	
0,140	125	82,9	61,7	40,9	20,3	10,1	62,5	116	171	283	396	509	628	740	859	1100	1700	2370	
0,160	138	91,6	68,2	45,2	22,5	11,2	69,3	129	190	315	442	568	699	830	962	1240	1916	2670	
0,180	151	100	74,3	49,4	24,5	12,2	75,7	141	208	346	486	626	771	914	1060	1370	2120	2960	
0,200	164	108	80,3	53,3	26,4	13,1	81,6	152	225	375	528	683	840	998	1165	1400	2320	3240	

Umfang = 1,376 m da/di = 1,377 ln da/di = 0,3202

Wärme-leitzahl λ	Rohrtemperatur in ° C (Lufttemp. = 20° C)																		Isol.-Stärke
	−40	−20	−10	±0	+10	+25	+50	+75	+100	+150	+200	+250	+300	+350	+400	+500	+750	+1000	
0,020	19,9	13,2	9,91	6,61	3,30	1,65	9,92	18,3	26,6	43,1	59,6	76,1	92,8	110	127	158			
0,025	24,6	16,4	12,3	8,17	4,07	2,02	12,3	22,7	33,0	53,0	73,9	94,5	115	136	157	196			
0,030	29,2	19,5	14,6	9,71	4,83	2,40	14,6	26,9	39,1	63,0	88,0	112	137	162	187	234			
0,035	33,9	22,5	16,8	11,2	5,57	2,76	16,9	31,0	45,2	72,9	102	130	158	188	217	272	419		
0,040	38,4	25,4	19,0	12,7	6,30	3,12	19,2	35,1	51,2	82,7	116	148	179	213	246	310	475		
0,045	42,7	28,3	21,2	14,1	7,03	3,48	21,4	39,2	57,3	92,3	129	165	200	238	275	346	531		
0,050	46,9	31,2	23,3	15,5	7,74	3,84	23,4	43,2	63,2	102	142	182	221	262	304	383	587		
0,060	55,4	36,8	27,5	18,3	9,13	4,54	27,6	51,0	74,5	121	168	215	263	311	361	454	698	942	
0,070	63,4	42,2	31,6	21,0	10,5	5,21	31,6	58,5	85,5	140	194	249	304	359	416	524	806	1090	**70** mm
0,080	71,2	47,3	35,4	23,5	11,8	5,86	35,7	65,8	96,3	158	219	280	344	404	470	593	912	1240	
0,090	78,7	52,4	39,1	26,0	13,0	6,48	39,5	73,0	107	174	243	312	382	455	522	660	1020	1380	
0,100	86,3	57,3	42,8	28,5	14,2	7,07	43,3	79,9	117	192	266	343	420	495	574	727	1120	1520	
0,110	93,6	62,0	46,4	30,8	15,4	7,66	46,8	86,7	127	209	290	373	450	539	625	793	1220	1660	
0,120	101	66,7	49,9	33,1	16,5	8,22	50,4	93,2	136	225	313	402	492	583	675	857	1320	1800	
0,130	107	71,1	53,1	35,2	17,6	8,80	53,7	100	146	241	336	431	528	624	725	921	1420	1940	
0,140	114	75,4	56,3	37,4	18,6	9,34	57,0	106	155	257	357	460	564	666	772	984	1520	2070	
0,160	126	83,7	62,5	41,5	20,7	10,3	63,3	118	173	286	400	515	631	747	865	1110	1710	2330	
0,180	138	91,9	68,3	45,5	22,6	11,3	69,4	129	190	314	441	568	697	826	960	1230	1900	2590	
0,200	149	99,1	73,8	49,0	24,5	12,2	75,1	140	206	340	480	619	761	904	1050	1340	2080	2840	

Umfang = 1,439 m da/di = 1,440 ln da/di = 0,3649

Innerer Rohr ⌀ = 300 mm **Äußerer Rohr ⌀ = 318 mm**

Wärme-leitzahl λ	Rohrtemperatur in °C (Lufttemp. = 20° C) -40	-20	-10	±0	+10	+25	+50	+75	+100	+150	+200	+250	+300	+350	+400	+500	+750	+1000	Isol.-Stärke
0,020	17,9	11,9	8,92	5,94	2,97	1,49	8,95	16,4	23,9	38,8	53,8	68,7	83,7	98,8	114	144			
0,025	22,1	14,7	10,9	7,32	3,66	1,83	11,0	20,3	29,6	47,9	66,3	84,9	104	122	141	178			
0,030	26,4	17,4	13,0	8,70	4,34	2,17	13,1	24,1	35,2	57,0	78,8	101	123	145	168	212			
0,035	30,5	20,2	15,1	10,1	5,03	2,51	15,2	27,9	40,6	66,1	91,2	117	142	168	195	246	377		
0,040	34,6	22,9	17,2	11,4	5,69	2,85	17,3	31,7	46,2	75,1	104	133	162	191	221	280	427		
0,045	38,6	25,5	19,1	12,7	6,34	3,17	19,3	35,5	51,7	83,8	116	149	182	214	248	313	478		
0,050	42,4	28,1	21,0	14,0	6,99	3,48	21,2	39,2	57,2	92,6	128	164	201	237	274	346	529		
0,060	50,1	33,3	24,9	16,6	8,29	4,14	25,1	46,3	67,6	109	152	195	239	282	325	411	630	849	
0,070	57,7	38,3	28,6	19,1	9,54	4,77	28,8	53,2	77,6	126	176	225	276	326	376	475	728	982	80 mm
0,080	64,9	43,2	32,2	21,5	10,7	5,37	32,5	60,1	87,8	143	199	255	312	369	426	538	825	1110	
0,090	72,1	48,0	35,8	23,9	11,9	5,95	36,1	66,8	97,6	159	221	284	347	411	475	600	920	1240	
0,100	79,1	52,6	39,3	26,2	13,1	6,54	39,5	73,2	107	175	243	312	381	452	523	660	1020	1370	
0,110	85,8	57,1	42,6	28,4	14,2	7,10	42,9	79,4	116	190	264	340	415	492	569	720	1110	1500	
0,120	92,5	61,5	46,1	30,5	15,2	7,63	46,2	85,5	125	205	285	367	449	531	614	780	1200	1630	
0,130	99,1	65,8	49,2	32,6	16,3	8,15	49,4	91,6	134	220	306	394	482	570	659	839	1290	1750	
0,140	105	69,8	52,2	34,6	17,3	8,66	52,5	97,4	142	234	326	420	515	609	704	897	1380	1880	
0,160	117	77,7	58,1	38,5	19,2	9,64	58,5	109	159	262	366	472	578	683	792	1010	1560	2120	
0,180	128	85,1	63,7	42,3	21,1	10,6	64,2	119	175	290	405	522	639	756	877	1120	1730	2360	
0,200	139	92,3	69,0	45,7	22,8	11,5	69,8	130	191	317	443	570	699	829	961	1230	1900	2590	

Umfang = 1,502 m da/di = 1,503 ln da/di = 0,4075

Wärme-leitzahl λ	Rohrtemperatur in °C (Lufttemp. = 20° C) -40	-20	-10	±0	+10	+25	+50	+75	+100	+150	+200	+250	+300	+350	+400	+500	+750	+1000	Isol.-Stärke
0,020	16,3	10,9	8,11	5,44	2,70	1,36	8,15	14,9	21,7	35,3	49,0	62,5	76,0	89,5	103	130			
0,025	20,2	13,5	10,1	6,69	3,34	1,67	10,1	18,5	27,0	43,7	60,4	77,2	94,2	112	128	161			
0,030	24,0	16,1	12,0	7,93	3,96	1,98	12,1	22,1	32,1	52,0	71,7	92,0	112	134	153	192			
0,035	27,9	18,7	13,9	9,18	4,58	2,29	14,0	25,6	37,1	60,5	83,3	107	130	155	177	223	344		
0,040	31,7	21,2	15,8	10,5	5,22	2,60	15,8	29,0	42,2	68,9	94,8	122	148	176	201	254	391		
0,045	35,4	23,6	17,6	11,7	5,84	2,91	17,6	32,4	47,3	76,8	106	136	166	197	225	285	437		
0,050	38,9	26,0	19,4	12,9	6,44	3.21	19,4	35,8	52,4	84,7	117	150	183	217	250	315	482		
0,060	46,0	30,8	23,0	15,3	7,63	3,81	23,0	42,4	61,9	101	139	178	218	258	297	375	574	776	
0,070	53,0	35,3	26,4	17,6	8,79	4,39	26,5	48,9	71,3	116	161	206	252	298	344	435	665	897	90 mm
0,080	59,6	39,8	29,8	19,9	9,90	4,94	29,9	55,2	80,6	131	182	233	285	337	390	494	754	1020	
0,090	66,2	44,3	33,2	22,0	11,0	5,51	33,2	61,3	89,6	146	203	260	318	375	435	552	843	1140	
0,100	72,8	48,6	36,3	24,2	12,1	6,06	36,5	67,4	98,5	160	223	287	350	414	480	609	931	1260	
0,110	79,4	52,8	39,4	26,2	13,2	6,60	39,8	73,2	107	174	242	313	382	452	523	664	1020	1370	
0,120	85,6	56,9	42,5	28,3	14,2	7,10	42,8	78,9	115	188	262	338	413	489	565	718	1110	1490	
0,130	91,9	60,8	45,4	30,2	15,2	7,61	45,8	84,5	124	202	282	363	444	525	607	772	1190	1600	
0,140	97,6	64,6	48,3	32,2	16,1	8,06	48,8	90,0	132	216	301	388	474	561	648	824	1270	1720	
0,160	109	72,1	53,9	35,9	17,9	8,98	54,4	101	148	243	339	436	533	631	729	926	1430	1950	
0,180	120	79,2	59,2	39,4	19,7	9,90	59,8	111	164	269	376	483	591	700	809	1030	1590	2160	
0,200	130	86,2	64,4	42,8	21,5	10,8	65,2	121	178	294	411	529	648	768	889	1130	1750	2370	

Umfang = 1,565 m da/di = 1,566 ln da/di = 0,4485

Innerer Rohr ⌀ = 300 mm **Äußerer Rohr ⌀ = 318 mm**

Wärmeleitzahl λ	Rohrtemperatur in ° C (Lufttemp. = 20° C)																		Isol.-Stärke
	−40	−20	−10	±0	+10	+25	+50	+75	+100	+150	+200	+250	+300	+350	+400	+500	+750	+1000	
0,020	15,0	10,0	7,48	5,00	2,48	1,24	7,50	13,7	20,0	32,6	45,2	57,6	70,1	82,7	95,5	120			
0,025	18,6	12,4	9,27	6,17	3,08	1,53	9,27	17,1	24,9	40,5	55,7	71,5	87,0	102	118	148			
0,030	22,2	14,7	11,1	7,33	3,67	1,83	11,1	20,4	29,6	48,3	66,4	85,3	104	122	140	177			
0,035	25,8	17,1	12,8	8,47	4,26	2,12	12,9	23,6	34,3	56,0	77,0	99,0	120	142	163	206	317		
0,040	29,4	19,4	14,5	9,58	4,84	2,40	14,6	26,8	39,1	63,6	87,5	113	136	162	185	235	361		
0,045	32,8	21,7	16,2	10,7	5,40	2,68	16,3	30,0	43,7	71,2	98,3	126	152	182	208	263	404		
0,050	36,0	23,9	17,9	11,8	5,98	2,95	18,0	33,1	48,5	78,7	109	139	168	201	230	292	446		
0,060	42,7	28,4	21,3	14,1	7,07	3,51	21,3	39,3	57,4	93,5	129	166	201	240	274	347	531	718	
0,070	49,4	32,8	24,5	16,3	8,15	4,08	24,6	45,3	66,2	108	149	192	233	277	318	403	615	830	**100**
0,080	55,8	37,2	27,7	18,4	9,22	4,61	27,8	51,3	74,9	122	169	217	265	314	361	458	698	940	mm
0,090	62,1	41,4	30,8	20,5	10,3	5,15	31,0	57,1	83,4	136	188	242	295	350	404	513	781	1050	
0,100	68,2	45,4	33,9	22,5	11,3	5,67	34,1	62,8	91,8	150	208	267	325	385	445	566	863	1160	
0,110	74,1	49,3	36,9	24,5	12,3	6,18	37,1	68,4	100	163	226	291	355	420	486	617	944	1270	
0,120	79,9	53,2	39,8	26,5	13,3	6,64	40,0	73,8	108	176	244	314	384	455	525	666	1020	1380	
0,130	85,7	57,0	42,6	28,4	14,2	7,11	42,9	79,1	116	189	263	338	413	488	565	716	1100	1490	
0,140	91,4	60,8	45,4	30,2	15,1	7,56	45,7	84,3	123	202	281	361	441	522	605	765	1180	1590	
0,160	103	67,9	50,7	33,7	16,9	8,45	51,0	94,2	139	227	317	406	497	587	678	863	1340	1810	
0,180	113	74,7	55,8	37,1	18,6	9,32	56,3	104	154	252	352	451	552	652	754	959	1480	2010	
0,200	123	81,5	60,8	40,4	20,3	10,3	61,4	114	168	276	386	495	606	717	830	1060	1620	2210	

Umfang = 1,627 m da/di = 1,629 ln da/di = 0,4879

Wärmeleitzahl λ	Rohrtemperatur in ° C (Lufttemp. = 20° C)																		Isol.-Stärke
	−40	−20	−10	±0	+10	+25	+50	+75	+100	+150	+200	+250	+300	+350	+400	+500	+750	+1000	
0,020	13,1	8,70	6,54	4,35	2,17	1,09	6,54	12,0	17,5	28,4	39,3	50,2	61,2	72,6	83,1	105			
0,025	16,2	10,7	8,12	5,37	2,68	1,34	8,12	14,9	21,7	35,2	48,5	62,1	75,7	89,3	103	130			
0,030	19,3	12,8	9,63	6,40	3,20	1,60	9,63	17,8	25,9	41,8	57,8	74,1	90,2	107	123	155			
0,035	22,4	14,8	11,2	7,41	3,70	1,85	11,2	20,6	30,1	48,6	67,1	86,0	105	124	143	181	277		
0,040	25,5	16,8	12,8	8,42	4,21	2,11	12,8	23,5	34,3	55,3	76,4	98,2	120	141	162	206	315		
0,045	28,6	18,8	14,3	9,42	4,71	2,36	14,3	26,3	38,4	62,0	85,6	110	135	158	182	231	354		
0,050	31,6	20,8	15,8	10,4	5,20	2,60	15,8	29,2	42,5	68,6	94,8	122	149	175	202	256	392		
0,060	37,6	24,8	18,8	12,4	6,19	3,10	18,8	34,6	50,5	81,7	113	145	178	209	241	305	468	627	
0,070	43,5	28,7	21,7	14,4	7,18	3,59	21,7	40,1	58,3	94,7	131	168	206	243	280	354	541	727	**120**
0,080	49,3	32,6	24,6	16,3	8,16	4,08	24,6	45,4	66,1	107	149	191	234	276	318	402	616	827	mm
0,090	55,1	36,4	27,4	18,2	9,12	4,56	27,5	50,6	73,7	120	166	213	261	308	355	450	689	926	
0,100	60,6	40,1	30,1	20,0	10,0	5,03	30,3	55,7	81,1	132	183	235	288	340	392	497	760	1020	
0,110	66,0	43,8	32,9	21,8	10,9	5,50	33,0	60,7	88,4	144	199	256	314	371	428	543	830	1120	
0,120	71,2	47,3	35,5	23,6	11,8	5,93	35,6	65,6	95,7	156	216	278	340	402	464	588	902	1220	
0,130	76,4	50,7	38,1	25,3	12,6	6,36	38,2	70,6	103	168	233	299	366	433	499	633	973	1310	
0,140	81,5	54,2	40,5	27,0	13,5	6,77	40,7	75,4	110	180	250	321	392	463	535	678	1040	1400	
0,160	91,6	60,9	45,5	30,3	15,1	7,58	45,7	84,8	124	203	282	362	442	523	604	766	1180	1590	
0,180	102	67,4	50,4	33,5	16,7	8,37	50,6	94,2	138	225	313	403	491	581	672	852	1310	1770	
0,200	111	73,7	55,2	36,5	18,2	9,15	55,4	103	150	247	344	442	540	639	739	938	1440	1950	

Umfang = 1,753 m da/di = 1,755 ln da/di = 0,5622

Innerer Rohr ∅ = 300 mm **Äußerer Rohr ∅ = 318 mm**

Wärmeleitzahl λ	Rohrtemperatur in ° C (Lufttemp. = 20° C)																		Isol.-Stärke
	−40	−20	−10	±0	+10	+25	+50	+75	+100	+150	+200	+250	+300	+350	+400	+500	+750	+1000	
0,020	11,6	7,75	5,82	3,89	1,94	0,97	5,82	10,7	15,6	25,3	35,1	44,8	54,5	64,3	74,1	93,4			
0,025	14,4	9,60	7,20	4,79	2,40	1,20	7,23	13,3	19,4	31,5	43,3	55,8	67,7	80,0	91,9	116			
0,030	17,2	11,5	8,57	5,71	2,85	1,42	8,63	15,9	23,1	37,6	51,6	66,6	80,9	95,5	110	139			
0,035	20,0	13,3	9,93	6,61	3,31	1,65	10,0	18,4	26,8	43,6	60,0	77,4	94,0	111	127	162	246		
0,040	22,8	15,1	11,3	7,53	3,77	1,88	11,4	21,0	30,6	49,6	68,2	88,1	107	126	145	184	281		
0,045	25,6	16,9	12,7	8,45	4,22	2,11	12,8	23,5	34,2	55,6	76,6	98,6	120	141	163	206	314		
0,050	28,4	18,7	14,0	9,33	4,67	2,33	14,1	25,9	37,9	61,5	84,7	109	133	156	180	228	348		
0,060	33,7	22,3	16,7	11,1	5,56	2,79	16,8	30,9	45,1	73,4	101	130	159	187	216	272	416	556	
0,070	39,0	25,8	19,3	12,9	6,45	3,23	19,4	35,8	52,3	85,2	118	151	184	217	250	316	484	648	**140**
0,080	44,3	29,3	21,9	14,6	7,31	3,66	22,0	40,5	59,4	96,6	134	171	209	246	284	360	549	738	**mm**
0,090	49,5	32,7	24,5	16,3	8,18	4,10	24,6	45,2	66,2	108	149	191	234	275	318	402	615	826	
0,100	54,7	36,1	27,0	18,0	9,03	4,53	27,2	49,9	73,0	119	165	211	258	304	352	444	681	915	
0,110	59,6	39,4	29,5	19,6	9,87	4,95	29,7	54,6	79,8	130	180	231	282	333	385	485	744	1000	
0,120	64,3	42,6	31,9	21,2	10,7	5,35	32,3	59,2	86,3	141	195	250	305	361	417	527	808	1090	
0,130	69,2	45,8	34,2	22,8	11,5	5,74	34,6	63,6	92,9	152	210	270	329	389	449	569	871	1180	
0,140	74,0	48,9	36,6	24,4	12,3	6,13	36,9	68,0	99,4	162	225	289	352	417	482	610	933	1260	
0,160	83,2	55,1	41,2	27,5	13,8	6,88	41,6	76,7	112	183	255	327	399	472	544	691	1060	1430	
0,180	92,5	61,2	45,8	30,5	15,3	7,64	46,2	85,2	125	203	284	364	447	525	605	770	1180	1590	
0,200	101	67,1	50,2	33,4	16,7	8,38	50,6	93,5	137	223	311	400	489	577	666	847	1300	1750	

Umfang = 1,879 m da/di = 1,881 ln da/di = 0,6316

Wärmeleitzahl λ	Rohrtemperatur in ° C (Lufttemp. = 20° C)																		Isol.-Stärke
	−40	−20	−10	±0	+10	+25	+50	+75	+100	+150	+200	+250	+300	+350	+400	+500	+750	+1000	
0,020	10,6	7,07	5,30	3,54	1,77	0,89	5,30	9,75	14,2	23,1	32,0	40,8	49,7	58,6	67,5	84,9			
0,025	13,2	8,85	6,60	4,37	2,19	1,09	6,60	12,1	17,6	28,6	39,5	50,8	61,8	73,1	84,0	105			
0,030	15,8	10,6	7,88	5,21	2,60	1,30	7,90	14,5	21,0	34,0	47,1	60,7	73,9	87,2	100	126			
0,035	18,4	12,3	9,16	6,05	3,02	1,51	9,20	16,8	24,4	39,5	54,7	70,5	85,9	102	116	147	223		
0,040	20,9	14,0	10,4	6,89	3,45	1,72	10,4	19,1	27,8	45,0	62,4	80,2	97,8	116	132	168	255		
0,045	23,4	15,7	11,7	7,73	3,86	1,93	11,7	21,4	31,2	50,5	69,9	90,0	110	130	148	188	286		
0,050	26,0	17,3	12,9	8,54	4,27	2,13	12,9	23,7	34,6	55,9	77,2	100	122	143	165	208	317		
0,060	30,8	20,6	15,4	10,2	5,10	2,55	15,4	28,2	41,2	67,0	92,8	119	145	171	197	249	380	510	
0,070	35,8	23,8	17,8	11,8	5,92	2,96	17,8	32,8	47,9	77,9	108	138	168	198	228	290	442	591	**160**
0,080	40,6	27,0	20,2	13,4	6,71	3,36	20,2	37,2	54,3	88,4	122	157	191	225	259	330	503	672	**mm**
0,090	45,4	30,1	22,5	15,0	7,51	3,76	22,6	41,7	60,6	98,8	136	175	214	252	291	369	563	753	
0,100	50,1	33,2	24,8	16,6	8,30	4,16	25,0	46,0	67,0	109	151	194	237	279	322	408	622	835	
0,110	54,7	36,3	27,2	18,1	9,05	4,54	27,3	50,3	73,4	119	165	212	259	305	352	447	681	917	
0,120	59,1	39,4	29,5	19,6	9,82	4,92	29,6	54,5	79,7	129	179	230	281	331	382	484	741	1000	
0,130	63,5	42,4	31,7	21,2	10,6	5,30	31,8	58,8	86,0	139	193	248	303	357	412	523	800	1080	
0,140	68,0	45,3	33,9	22,7	11,3	5,68	34,0	63,0	92,2	149	207	266	324	383	443	561	858	1150	
0,160	76,8	51,1	38,3	25,6	12,8	6,36	38,5	71,0	104	169	234	301	368	434	501	635	972	1310	
0,180	85,4	56,9	42,6	28,4	14,2	7,06	42,8	78,8	116	188	261	336	411	485	558	708	1090	1460	
0,200	94,0	62,6	46,9	31,3	15,6	7,76	47,0	86,5	127	206	287	370	452	534	615	779	1200	1610	

Umfang = 2,004 m da/di = 2,006 ln da/di = 0,6963

Wärme-leitzahl λ	Rohrtemperatur in °C (Lufttemp. = 20° C)																		Isol.-Stärke
	−40	−20	−10	±0	+10	+25	+50	+75	+100	+150	+200	+250	+300	+350	+400	+500	+750	+1000	
0,020	9,72	6,54	4,90	3,27	1,64	0,82	4,90	8,94	13,0	21,2	29,5	37,7	45,9	54,0	62,2	78,2			
0,025	12,1	8,12	6,08	4,04	2,02	1,01	6,09	11,1	16,2	26,4	36,5	46,7	57,1	67,0	77,2	96,6			
0,030	14,6	9,70	7,25	4,81	2,40	1,20	7,26	13,3	19,4	31,5	43,6	56,0	68,2	80,1	92,2	116			
0,035	17,0	11,3	8,42	5,60	2,80	1,40	8,43	15,5	22,6	36,6	50,6	65,0	79,2	93,2	108	136	206		
0,040	19,4	12,9	9,60	6,40	3,19	1,59	9,60	17,7	25,8	41,7	57,7	74,0	90,2	106	122	155	235		
0,045	21,7	14,4	10,8	7,18	3,57	1,78	10,8	19,8	28,9	46,8	64,7	83,0	101	119	137	174	264		
0,050	24,0	15,9	11,9	7,92	3,95	1,97	11,9	21,9	31,9	52,0	71,8	92,0	112	132	152	193	292		
0,060	28,6	19,0	14,2	9,45	4,72	2,36	14,2	26,2	38,1	62,1	86,1	110	134	158	183	231	350	471	
0,070	33,2	22,0	16,5	11,0	5,50	2,74	16,5	30,4	44,3	72,1	100	128	156	184	212	269	408	548	**180** mm
0,080	37,6	25,0	18,7	12,5	6,24	3,12	18,8	34,5	50,2	82,0	113	145	177	209	241	306	465	624	
0,090	42,2	28,0	20,9	13,9	6,97	3,48	21,0	38,5	56,2	91,8	127	162	198	234	270	343	521	699	
0,100	46,7	30,9	23,1	15,4	7,70	3,85	23,2	42,5	62,2	101	140	179	220	259	299	379	577	774	
0,110	50,8	33,8	25,3	16,9	8,42	4,20	25,4	46,6	68,1	111	153	196	241	284	327	415	631	850	
0,120	55,1	36,6	27,4	18,3	9,14	4,56	27,5	50,6	73,9	120	167	213	261	308	355	450	685	925	
0,130	59,2	39,4	29,5	19,7	9,84	4,92	29,6	54,5	79,6	129	180	230	281	332	384	485	739	998	
0,140	63,4	42,2	31,6	21,0	10,5	5,25	31,7	58,4	85,2	138	193	247	301	356	412	520	793	1070	
0,160	71,8	47,7	35,7	23,8	11,9	5,92	35,9	66,2	96,5	157	218	279	341	403	465	590	901	1210	
0,180	79,8	53,2	39,7	26,5	13,2	6,59	39,9	73,7	107	175	243	312	381	450	519	659	1010	1350	
0,200	88,1	58,5	43,7	29,1	14,5	7,24	43,9	80,9	118	193	268	344	420	496	572	726	1110	1490	

Umfang = 2,130 m — da/di = 2,132 — ln da/di = 0,7571

Wärme-leitzahl λ	Rohrtemperatur in °C (Lufttemp. = 20° C)																		Isol.-Stärke
	−40	−20	−10	±0	+10	+25	+50	+75	+100	+150	+200	+250	+300	+350	+400	+500	+750	+1000	
0,020	9,16	6,11	4,58	3,06	1,53	0,76	4,57	8,45	12,2	19,8	27,5	35,2	42,8	50,4	58,0	73,3			
0,025	11,4	7,60	5,70	3,80	1,90	0,95	5,69	10,5	15,2	24,7	34,1	43,8	53,3	62,6	72,2	91,1			
0,030	13,7	9,11	6,80	4,53	2,26	1,12	6,79	12,5	18,2	29,6	40,7	52,5	63,8	75,0	86,4	109			
0,035	15,9	10,6	7,90	5,26	2,63	1,13	7,88	14,5	21,1	34,4	47,4	61,2	74,1	87,1	101	127	193		
0,040	18,1	12,1	9,00	5,99	2,99	1,49	9,00	16,5	24,0	39,2	54,0	69,7	84,4	99,4	115	145	220		
0,045	20,3	13,5	10,1	6,71	3,35	1,67	10,1	18,5	26,9	44,0	60,6	78,2	94,7	112	129	163	247		
0,050	22,5	14,9	11,2	7,43	3,71	1,85	11,2	20,5	29,8	48,8	67,2	86,6	105	124	143	181	273		
0,060	26,8	17,8	13,4	8,86	4,43	2,20	13,4	24,5	35,6	58,2	80,5	103	126	148	171	216	328	441	
0,070	31,1	20,7	15,5	10,3	5,14	2,56	15,5	28,5	41,5	67,6	93,7	120	146	172	198	251	382	514	**200** mm
0,080	35,3	23,5	17,6	11,7	5,84	2,91	17,6	32,4	47,0	76,8	106	137	166	196	226	286	436	586	
0,090	39,5	26,3	19,7	13,1	6,54	3,25	19,7	36,3	52,8	86,0	119	153	186	219	253	320	488	657	
0,100	43,7	29,1	21,7	14,5	7,23	3,59	21,8	40,1	58,5	95,2	132	169	206	243	280	354	540	728	
0,110	47,9	31,9	23,8	15,9	7,91	3,94	23,9	43,9	64,0	104	145	185	226	266	307	388	592	798	
0,120	51,9	34,5	25,8	17,2	8,59	4,28	25,9	47,7	69,5	113	157	201	245	289	333	422	643	865	
0,130	56,0	37,2	27,8	18,5	9,27	4,61	27,9	51,4	75,0	122	169	217	264	312	360	456	695	932	
0,140	60,0	39,9	29,8	19,8	9,94	4,94	29,9	55,0	80,4	130	181	233	283	334	386	489	746	1000	
0,160	67,8	45,1	33,8	22,5	11,2	5,57	33,8	62,3	90,8	148	206	263	321	379	437	554	846	1140	
0,180	75,5	50,2	37,6	25,0	12,5	6,20	37,7	69,3	101	165	230	294	359	424	489	619	945	1280	
0,200	83,1	55,3	41,4	27,5	13,7	6,83	41,5	76,1	111	182	253	324	396	468	539	683	1050	1410	

Umfang = 2,256 m — da/di = 2,258 — ln da/di = 0,8145

Innerer Rohr ⌀ = 325 mm. **Äußerer Rohr ⌀ = 343 mm**

Wärmeleitzahl λ	Rohrtemperatur in ° C (Lufttemp. = 20° C)																		Isol.-Stärke
	−40	−20	−10	±0	+10	+25	+50	+75	+100	+150	+200	+250	+300	+350	+400	+500	+750	+1000	
0,020	74,3	49,4	36,7	24,5	12,1	6,03	37,1	68,7	100	165	230	296	362	428	496	627			
0,025	89,0	59,2	44,2	29,4	14,4	7,17	44,4	83,1	121	199	279	359	441	520	604	768			
0,030	104	68,4	51,2	33,9	16,5	8,25	51,3	96,3	141	232	324	419	516	611	705	897			
0,035	117	76,8	57,4	38,0	18,5	9,22	57,6	109	159	263	367	477	590	696	804	1030	1600		
0,040	129	85,0	63,2	41,8	20,4	10,2	63,5	120	176	293	409	533	660	780	896	1150	1800		
0,045	140	92,3	68,6	45,4	22,2	11,1	69,2	130	192	322	448	586	726	861	988	1270	2000		
0,050	150	99,1	73,5	48,8	24,0	12,0	74,6	141	208	349	487	636	789	937	1080	1390	2190		
0,060	169	111	82,7	54,9	26,8	13,4	84,6	160	237	398	560	731	906	1090	1250	1610	2550	3520	
0,070	185	122	90,9	60,3	29,4	14,6	93,7	177	264	443	628	819	1020	1220	1410	1830	2890	4010	15 mm
0,080	200	132	98,2	65,3	31,8	15,8	101	193	289	486	693	906	1120	1350	1570	2030	3240	4490	
0,090	214	141	105	69,5	33,8	16,8	109	208	311	526	753	981	1220	1470	1710	2210	3570	4960	
0,100	226	149	111	73,1	35,6	17,7	115	221	332	564	808	1060	1310	1580	1850	2400	3880	5420	
0,110	236	156	116	76,7	37,3	18,5	122	233	350	599	859	1120	1400	1690	1980	2580	4200	5870	
0,120	246	163	121	79,9	38,8	19,3	128	245	368	632	907	1190	1490	1800	2110	2750	4500	6320	
0,130	255	168	125	82,7	40,2	20,0	133	256	385	663	954	1250	1570	1900	2230	2920	4780	6740	
0,140	263	174	129	85,2	41,5	20,6	138	265	401	691	998	1310	1640	1990	2350	3090	5060	7170	
0,160	278	183	136	90,1	43,7	21,7	146	283	429	742	1070	1430	1790	2180	2570	3400	5610	7970	
0,180	290	192	142	94,2	45,7	22,7	153	299	455	788	1150	1530	1930	2350	2780	3690	6130	8770	
0,200	301	200	148	97,5	47,4	23,5	160	314	477	831	1210	1620	2060	2520	2980	3970	6640	9540	

Umfang = 1,172 m   da/di = 1,088   ln da/di = 0,0839

Wärmeleitzahl λ	Rohrtemperatur in ° C (Lufttemp. = 20° C)																		Isol.-Stärke
	−40	−20	−10	±0	+10	+25	+50	+75	+100	+150	+200	+250	+300	+350	+400	+500	+750	+1000	
0,020	59,1	39,2	29,4	19,5	9,70	4,82	29,6	54,6	79,6	130	181	233	284	336	388	492			
0,025	71,5	47,4	35,7	23,6	11,7	5,80	35,8	66,1	97,6	159	221	284	346	412	476	606			
0,030	83,0	55,3	41,6	27,5	13,5	6,72	41,6	77,4	113	186	259	334	406	483	559	715			
0,035	94,3	62,5	47,1	31,1	15,2	7,60	47,1	87,9	129	212	296	380	464	553	640	821	1260		
0,040	105	69,6	52,3	34,5	16,9	8,41	52,6	97,7	144	237	331	425	520	620	721	921	1420		
0,045	115	76,2	57,0	37,7	18,5	9,19	57,7	107	158	261	366	469	575	684	795	1020	1580		
0,050	124	82,4	61,7	40,7	20,0	9,92	62,4	116	172	284	399	513	628	746	868	1110	1730		
0,060	141	93,6	70,0	46,3	22,7	11,3	71,1	133	196	326	460	592	730	872	1010	1300	2030	2770	
0,070	157	104	77,5	51,3	25,3	12,5	79,3	148	220	377	518	670	826	985	1150	1470	2310	3190	
0,080	171	113	84,5	55,8	27,7	13,6	86,6	162	242	404	572	744	916	1090	1280	1640	2590	3590	20 mm
0,090	184	122	90,9	60,0	29,6	14,6	93,4	176	262	440	624	812	1000	1200	1400	1810	2850	3970	
0,100	196	130	96,6	63,9	31,5	15,4	100	189	280	474	672	876	1090	1300	1520	1970	3110	4340	
0,110	207	137	102	67,5	33,1	16,3	106	200	298	505	720	940	1170	1400	1630	2120	3370	4680	
0,120	217	144	107	70,8	34,7	17,1	112	212	316	535	765	996	1250	1490	1740	2260	3620	5040	
0,130	226	150	112	73,8	36,1	17,8	117	222	332	562	808	1060	1320	1580	1850	2410	3870	5490	
0,140	235	156	116	76,6	37,5	18,5	122	231	347	590	850	1110	1390	1660	1950	2550	4110	5720	
0,160	251	165	123	81,4	39,9	19,7	130	249	376	639	925	1210	1520	1830	2140	2810	4560	6400	
0,180	265	174	130	85,6	42,0	20,7	138	266	401	685	992	1300	1640	1990	2330	3060	5010	7050	
0,200	277	183	136	89,3	44,0	21,6	145	281	424	728	1050	1400	1760	2130	2510	3300	5440	7690	

Umfang = 1,203 m   da/di = 1,117   ln da/di = 0,1103

Innerer Rohr ⌀ = 325 mm **Äußerer Rohr ⌀ = 343 mm**

Wärmeleitzahl λ	Rohrtemperatur in ° C (Lufttemp. = 20° C)																		Isol.-Stärke
	−40	−20	−10	±0	+10	+25	+50	+75	+100	+150	+200	+250	+300	+350	+400	+500	+750	+1000	
0,020	49,2	32,8	24,4	16,3	8,08	4,03	24,5	45,2	66,2	108	151	193	235	277	320	404			
0,025	60,2	39,9	29,9	19,7	9,80	4,89	30,1	55,2	81,8	133	183	235	287	340	395	500			
0,030	70,1	46,6	35,0	23,0	11,4	5,70	35,2	64,9	95,7	158	215	277	338	401	467	591			
0,035	79,9	53,2	39,8	26,2	13,0	6,48	40,0	74,0	109	179	246	317	387	461	536	680	1050		
0,040	89,5	59,4	44,4	29,3	14,5	7,22	44,8	82,9	122	200	277	356	434	518	602	764	1180		
0,045	98,4	65,4	48,8	32,3	15,9	7,91	49,3	91,2	134	220	306	394	481	573	672	846	1310		
0,050	107	71,1	52,9	35,1	17,3	8,61	53,5	99,4	146	240	334	431	527	628	730	930	1440		
0,060	123	81,0	60,5	40,1	19,8	9,84	61,4	114	169	278	388	503	616	735	853	1090	1690	2310	
0,070	138	90,7	67,6	44,8	22,1	11,0	68,8	129	190	314	440	570	700	834	968	1240	1930	2650	25 mm
0,080	151	99,6	74,2	49,2	24,2	12,0	75,8	142	210	348	487	634	782	930	1080	1380	2180	2990	
0,090	163	108	80,2	53,3	26,1	12,9	82,2	154	228	381	533	695	860	1030	1190	1520	2410	3320	
0,100	174	115	85,9	57,0	27,9	13,8	88,2	166	245	411	578	754	935	1120	1290	1660	2630	3630	
0,110	185	122	91,0	60,3	29,5	14,6	94,0	177	262	440	622	812	1010	1200	1390	1800	2850	3930	
0,120	195	129	95,8	63,6	31,1	15,4	99,5	187	278	468	662	867	1070	1280	1490	1930	3070	4230	
0,130	204	135	100	66,6	32,5	16,1	105	197	294	494	703	918	1130	1360	1590	2060	3280	4530	
0,140	213	140	105	69,4	33,9	16,9	109	206	309	520	742	969	1200	1430	1680	2180	3480	4820	
0,160	229	150	112	74,6	36,3	18,0	118	223	336	567	811	1060	1320	1590	1860	2420	3880	5400	
0,180	243	160	119	79,2	38,4	19,0	126	239	361	610	875	1150	1430	1730	2030	2650	4250	5970	
0,200	256	169	126	83,1	40,4	20,0	133	254	383	652	936	1230	1540	1860	2190	2870	4600	6520	

Umfang = 1,235 m da/di = 1,146 ln da/di = 0,1361

Wärmeleitzahl λ	Rohrtemperatur in ° C (Lufttemp. = 20° C)																		Isol.-Stärke
	−40	−20	−10	±0	+10	+25	+50	+75	+100	+150	+200	+250	+300	+350	+400	+500	+750	+1000	
0,020	42,4	28,2	21,0	14,0	6,97	3,47	21,1	39,0	56,9	92,3	128	164	200	236	272	346			
0,025	51,7	34,5	25,7	17,0	8,47	4,22	25,8	47,5	69,6	113	157	202	245	289	336	426			
0,030	60,7	40,5	30,1	20,0	9,93	4,93	30,2	55,8	82,0	133	185	238	289	343	398	504			
0,035	69,2	46,2	34,4	22,8	11,3	5,62	34,7	64,0	93,7	153	212	273	331	394	458	581	895		
0,040	77,6	52,0	38,5	25,5	12,6	6,29	38,9	71,9	105	172	239	307	374	444	516	656	1010		
0,045	85,8	57,2	42,4	28,1	13,9	6,92	43,0	79,4	116	190	265	341	416	493	573	730	1130		
0,050	93,4	62,2	46,3	30,8	15,1	7,56	46,8	86,6	127	208	290	374	456	542	630	803	1240		
0,060	108	71,5	53,4	35,4	17,4	8,68	54,2	100	148	243	338	437	534	634	739	944	1450	1990	
0,070	121	80,4	59,9	39,8	19,7	9,74	61,0	114	167	275	384	495	610	723	842	1080	1660	2280	30 mm
0,080	134	88,7	66,3	44,0	21,6	10,7	67,3	126	185	306	428	552	683	808	936	1200	1870	2570	
0,090	145	96,6	72,1	47,8	23,5	11,6	73,3	137	202	335	471	610	753	890	1030	1320	2080	2860	
0,100	156	104	77,6	51,4	25,2	12,5	79,0	148	218	364	511	665	819	968	1130	1450	2280	3140	
0,110	166	111	82,6	54,6	26,9	13,3	84,4	159	234	391	551	718	884	1050	1220	1570	2470	3400	
0,120	176	117	87,3	57,8	28,4	14,0	89,6	169	250	417	589	769	947	1120	1310	1680	2660	3660	
0,130	185	123	91,5	60,8	29,9	14,7	94,6	178	265	442	626	817	1010	1200	1400	1790	2850	3920	
0,140	194	128	95,4	63,6	31,2	15,4	99,3	187	279	466	661	862	1060	1270	1480	1900	3030	4180	
0,160	210	138	103	68,6	33,7	16,6	108	204	304	512	725	948	1180	1410	1640	2120	3380	4690	
0,180	224	148	110	73,4	35,8	17,7	115	219	328	555	786	1030	1280	1540	1800	2330	3720	5190	
0,200	237	157	117	77,7	37,7	18,7	123	234	349	595	845	1100	1370	1660	1950	2540	4050	5670	

Umfang = 1,266 m da/di = 1,175 ln da/di = 0,1612

Wärmeleitzahl λ	Rohrtemperatur in °C (Lufttemp. = 20° C)																		Isol.-Stärke
	−40	−20	−10	±0	+10	+25	+50	+75	+100	+150	+200	+250	+300	+350	+400	+500	+750	+1000	
0,020	37,7	25,2	18,8	12,5	6,18	3,07	18,8	34,5	50,2	81,1	113	145	176	207	238	302			
0,035	45,8	31,0	23,1	15,3	7,51	3,75	23,1	42,0	61,5	100	138	177	216	256	297	376			
0,030	53,9	36,5	27,2	17,9	8,82	4,40	27,2	49,5	72,0	118	163	210	255	304	353	449			
0,035	62,0	41,7	31,0	20,3	10,1	5,01	31,1	57,0	82,8	136	188	242	294	350	407	510	790		
0,040	69,7	46,5	34,7	22,8	11,3	5,61	34,9	64,2	93,5	153	212	273	333	395	459	577	900		
0,045	77,1	51,4	38,3	25,2	12,5	6,20	38,5	71,2	104	170	235	303	370	438	511	644	1000		
0,050	83,9	56,0	41,8	27,6	13,7	6,78	42,1	78,0	114	186	258	332	406	481	559	708	1090		
0,060	96,8	65,0	48,5	32,1	15,9	7,86	48,8	90,5	132	217	303	391	478	565	655	832	1290	1760	
0,070	110	73,4	54,8	36,1	17,9	8,88	55,2	103	150	246	345	445	546	647	748	955	1480	2020	**35 mm**
0,080	122	81,1	60,5	39,9	19,8	9,80	61,2	115	168	275	385	499	611	725	840	1070	1670	2280	
0,090	134	88,6	66,0	43,7	21,5	10,6	67,0	125	184	303	425	548	673	800	931	1180	1860	2530	
0,100	144	95,4	71,0	47,1	23,1	11,4	72,4	135	199	329	463	598	735	875	1020	1290	2030	2770	
0,110	153	102	75,8	50,2	24,7	12,1	77,5	145	214	356	499	646	796	950	1100	1400	2200	3010	
0,120	162	108	80,3	53,2	26,2	12,9	82,4	154	228	381	533	693	855	1020	1180	1510	2370	3260	
0,130	172	114	84,6	56,1	27,6	13,7	87,1	163	242	404	568	739	911	1090	1260	1620	2540	3500	
0,140	181	120	88,6	59,0	29,0	14,3	91,6	172	256	427	601	781	964	1150	1330	1720	2700	3740	
0,160	196	130	96,4	63,9	31,3	15,5	99,8	188	280	469	663	863	1070	1270	1490	1920	3020	4190	
0,180	210	139	103	68,4	33,6	16,7	107	203	302	509	721	939	1170	1390	1630	2110	3340	4630	
0,200	223	148	110	72,7	35,8	17,7	114	218	323	547	776	1020	1260	1510	1770	2290	3650	5060	

Umfang = 1,298 m da/di = 1,204 ln da/di = 0,1857

Wärmeleitzahl λ	Rohrtemperatur in °C (Lufttemp. = 20° C)																		Isol.-Stärke
	−40	−20	−10	±0	+10	+25	+50	+75	+100	+150	+200	+250	+300	+350	+400	+500	+750	+1000	
0,020	33,7	22,4	16,8	11,1	5,55	2,76	16,8	30,9	45,1	73,1	101	129	157	185	213	271			
0,035	41,0	27,3	20,4	13,6	6,75	3,36	20,6	38,0	55,4	89,5	124	159	194	229	264	333			
0,030	48,5	32,2	24,1	16,0	7,94	3,95	24,2	44,8	65,6	106	147	188	230	271	313	395			
0,035	55,8	37,0	27,7	18,4	9,13	4,51	28,0	51,4	75,0	122	170	217	265	313	362	456	706		
0,040	62,8	41,6	31,2	20,7	10,2	5,08	31,5	57,9	84,3	138	191	246	300	354	409	518	804		
0,045	69,6	46,2	34,4	22,9	11,3	5,62	34,9	64,3	93 8	154	212	273	334	394	457	579	898		
0,050	76.3	50,5	37,6	25,0	12,4	6,16	38,1	70,5	103	169	233	300	366	433	501	636	985		
0,060	88,7	58,7	43,9	29,1	14,4	7,13	44,3	82,0	120	198	274	353	432	511	590	751	1160	1570	
0,070	100	66,5	49,8	33,0	16,4	8,09	50,2	93,2	137	226	314	404	493	585	675	863	1330	1820	**40 mm**
0,080	111	73,9	55,3	36,6	18,2	8,99	55,9	104	153	252	351	452	553	656	756	971	1500	2060	
0,090	122	81,2	60,6	40,1	19,9	9,84	61,3	114	169	277	387	499	609	725	838	1080	1660	2290	
0,100	132	88,0	65,5	43,4	21,5	10,7	66,5	124	184	302	422	545	665	794	918	1180	1820	2510	
0,110	141	94,5	70,2	46,5	23,0	11,4	71,4	133	198	326	455	589	720	859	994	1280	1980	2720	
0,120	150	100	74,5	49,4	24,4	12,1	76,1	142	211	349	488	631	775	924	1070	1380	2140	2930	
0,130	159	106	78,8	52,3	25,8	12,7	80,4	151	224	371	520	675	828	986	1140	1470	2290	3150	
0,140	167	111	82,8	55,0	27,2	13,4	84,8	160	236	393	551	716	880	1050	1210	1560	2440	3370	
0,160	183	121	90,5	59,8	29,6	14,6	92,8	175	260	434	611	791	973	1160	1350	1740	2740	3780	
0,180	197	130	97,5	64,4	31,8	15,7	100	190	282	473	665	864	1060	1270	1480	1920	3020	4190	
0,200	211	139	104	68,7	33,9	16,7	107	203	301	508	719	935	1150	1370	1600	2090	3300	4580	

Umfang = 1,329 m da/di = 1,233 ln da/di = 0,2096

Innerer Rohr ⌀ = 325 mm **Äußerer Rohr ⌀ = 343 mm**

Wärme-leitzahl λ	Rohrtemperatur in ° C (Lufttemp. = 20° C)																		Isol.-Stärke
	−40	−20	−10	±0	+10	+25	+50	+75	+100	+150	+200	+250	+300	+350	+400	+500	+750	+1000	
0,020	30,5	20,2	15,1	10,1	5,04	2,51	15,2	27,9	40,7	66,0	91,0	116	142	167	193	246			
0,025	37,2	24,7	18,6	12,4	6,17	3,08	18,7	34,3	50,2	81,3	113	144	177	207	239	304			
0,030	43,9	29,2	22,0	14,6	7,29	3,62	22,1	40,7	59,6	96,2	134	171	211	246	284	361			
0,035	50,4	33,6	25,2	16,8	8,36	4,14	25,4	46,9	69,0	111	154	198	243	284	328	416	639		
0,040	56,9	37,9	28,4	18,9	9,40	4,66	28,6	52,8	76,8	125	174	223	274	312	372	471	729		
0,045	63,3	42,0	31,5	20,9	10,4	5,16	31,7	58,7	85,5	139	193	248	305	359	415	527	812		
0,050	69,5	46,1	34,5	22,9	11,4	5,65	34,8	64,4	94,1	153	212	272	334	396	458	580	892		
0,060	81,4	53,9	40,3	26,7	13,2	6,57	40,6	75,0	110	180	250	321	394	466	540	684	1060	1430	
0,070	92,6	61,3	45,8	30,4	15,0	7,48	46,2	85,5	126	206	287	369	451	535	618	784	1210	1650	45 mm
0,080	104	68,4	51,0	34,0	16,7	8,34	51,6	95,6	141	231	322	415	509	601	695	882	1370	1870	
0,090	114	75,2	56,2	37,3	18,3	9,12	56,7	105	155	255	356	458	565	666	770	980	1520	2080	
0,100	123	81,3	60,8	40,5	19,9	9,88	61,5	115	169	278	388	501	618	728	843	1080	1670	2290	
0,110	132	87,4	65,3	43,5	21,4	10,6	66,2	124	182	301	420	543	669	789	915	1170	1810	2490	
0,120	141	93,2	69,6	46,3	22,8	11,4	70,7	132	194	322	451	583	718	851	985	1260	1960	2680	
0,130	149	98,8	73,8	49,0	24,2	12,0	75,0	140	207	343	482	622	765	909	1050	1350	2100	2880	
0,140	157	104	77,6	51,6	25,5	12,6	79,1	148	219	364	511	660	813	964	1120	1430	2240	3070	
0,160	172	114	84,9	56,3	27,9	13,7	86,9	164	242	402	567	730	905	1080	1250	1600	2510	3450	
0,180	186	123	91,7	60,9	30,0	14,8	94,4	178	263	439	619	800	992	1180	1380	1770	2780	3830	
0,200	200	132	97,9	65,0	32,1	15,8	101	191	282	473	669	869	1070	1280	1500	1920	3040	4190	

Umfang = 1,360 m da/di = 1,262 ln da/di = 0,2330

Wärme-leitzahl λ	Rohrtemperatur in ° C (Lufttemp. = 20° C)																		Isol.-Stärke
	−40	−20	−10	±0	+10	+25	+50	+75	+100	+150	+200	+250	+300	+350	+400	+500	+750	+1000	
0,020	27,8	18,5	13,8	9,23	4,60	2,30	13,8	25,5	37,1	60,3	84,0	107	130	154	179	224			
0,025	34,2	22,7	17,0	11,3	5,65	2,81	17,0	31,5	45,9	74,4	103	132	162	190	220	277			
0,030	40,6	26,9	20,2	13,4	6,67	3,32	20,2	37,4	54,5	88,5	123	157	194	226	260	329			
0,035	46,8	30,9	23,3	15,4	7,65	3,81	23,3	43,0	62,8	102	142	181	225	262	300	381	587		
0,040	52,9	34,8	26,3	17,4	8,64	4,28	26,4	48,6	70,9	115	160	205	254	297	340	432	666		
0,045	58,7	38,7	29,2	19,3	9,57	4,77	29,4	54,1	79,0	128	178	229	281	331	380	482	745		
0,050	64,5	42,6	32,0	21,2	10,5	5,24	32,2	59,5	86,9	141	196	253	307	365	419	532	821		
0,060	75,4	50,2	37,5	24,8	12,3	6,13	37,7	69,7	102	167	231	297	363	430	496	631	972	1310	
0,070	85,8	57,3	42,7	28,2	14,1	6,98	42,9	79,6	117	191	266	341	417	494	570	726	1120	1520	50 mm
0,080	95,8	64,1	47,7	31,6	15,7	7,80	48,0	89,0	131	215	299	384	469	556	642	819	1260	1720	
0,090	106	70,6	52,6	34,8	17,2	8,56	52,9	98,2	144	237	331	425	519	616	713	910	1400	1910	
0,100	115	76,6	57,3	37,8	18,7	9,29	57,6	107	157	259	361	465	569	675	781	1000	1540	2100	
0,110	124	82,3	61,7	40,6	20,1	10,0	61,9	115	169	280	391	503	617	733	849	1080	1680	2280	
0,120	132	87,9	66,0	43,3	21,5	10,7	66,2	124	181	301	420	541	664	791	915	1160	1810	2470	
0,130	140	93,1	70,0	46,0	22,8	11,3	70,4	131	193	321	449	578	710	847	979	1250	1940	2660	
0,140	148	98,0	73,8	48,6	24,0	11,9	74,2	139	205	340	476	614	756	899	1040	1330	2070	2840	
0,160	163	107	81,2	53,3	26,3	13,1	82,0	153	226	377	530	683	840	1000	1160	1490	2330	3190	
0,180	177	117	87,9	57,6	28,4	14,1	89,1	167	247	412	581	750	924	1100	1280	1640	2580	3540	
0,200	189	125	94,2	61,8	30,5	15,1	95,7	180	266	445	629	814	1000	1200	1400	1790	2820	3870	

Umfang = 1,392 m da/di = 1,292 ln da/di = 0,2558

Innerer Rohr ⌀ = 325 mm **Äußerer Rohr ⌀ = 343 mm**

Wärme-leitzahl λ	Rohrtemperatur in ° C (Lufttemp. = 20° C)																		Isol.-Stärke
	−40	−20	−10	±0	+10	+25	+50	+75	+100	+150	+200	+250	+300	+350	+400	+500	+750	+1000	
0,020	24,0	16,0	12,0	8,00	3,97	1,98	12,0	22,0	32,0	52,1	72,2	92,2	112	132	153	193			
0,025	29,6	19,7	14,8	9,85	4,88	2,44	14,9	27,2	39,7	64,2	89,0	114	140	164	190	239			
0,030	35,1	23,3	17,5	11,7	5,78	2,89	17,7	32,2	47,1	76,1	106	136	167	195	225	284			
0,035	40,7	26,9	20,1	13,4	6,65	3,34	20,4	37,1	54,4	88,0	123	157	194	226	260	328	505		
0,040	45,9	30,4	22,8	15,2	7,53	3,77	23,0	42,0	61,6	99,6	139	178	219	256	295	372	574		
0,045	51,1	33,8	25,3	16,9	8,37	4,17	25,6	46,8	68,6	111	155	198	244	286	330	418	642		
0,050	56,2	37,2	27,8	18,5	9,20	4,58	28,0	51,5	75,5	123	171	218	267	315	364	461	708		
0,060	66,2	43,7	32,7	21,7	10,8	5,39	32,9	61,0	89,0	145	202	258	316	373	432	547	840	1140	
0,070	75,6	50,0	37,5	24,8	12,4	6,15	37,6	69,9	102	167	232	297	363	429	498	632	967	1320	
0,080	84,6	56,1	42,0	27,9	13,9	6,88	42,2	78,4	114	189	262	335	410	484	562	716	1100	1500	60 mm
0,090	93,2	62,0	46,3	30,7	15,3	7,59	46,7	86,7	127	210	290	372	454	538	623	799	1220	1680	
0,100	102	67,6	50,5	33,5	16,7	8,27	51,0	94,7	139	229	318	407	498	590	684	881	1340	1850	
0,110	110	73,0	54,5	36,2	18,0	8,94	55,1	102	150	249	345	442	541	642	744	958	1460	2010	
0,120	118	78,2	58,4	38,7	19,3	9,58	59,0	110	161	268	371	476	584	692	803	1030	1580	2170	
0,130	125	83,2	62,1	41,1	20,5	10,2	62,9	117	172	286	397	509	626	741	861	1100	1700	2320	
0,140	133	87,9	65,6	43,6	21,6	10,7	66,6	124	182	302	422	541	666	790	915	1170	1810	2470	
0,160	147	97,3	72,6	48,1	23,9	11,9	73,8	137	202	335	470	604	745	884	1030	1320	2040	2800	
0,180	160	106	79,1	52,5	26,0	12,9	80,4	150	221	368	518	667	821	973	1140	1460	2260	3110	
0,200	172	114	85,4	56,6	28,0	13,9	86,8	162	239	400	562	727	893	1060	1240	1590	2470	3400	

Umfang = 1,455 m da/di = 1,350 ln da/di = 0,3000

Wärme-leitzahl λ	Rohrtemperatur in ° C (Lufttemp. = 20° C)																		Isol.-Stärke
	−40	−20	−10	±0	+10	+25	+50	+75	+100	+150	+200	+250	+300	+350	+400	+500	+750	+1000	
0,020	21,2	14,1	10,6	7,08	3,51	1,75	10,6	19,5	28,3	45,9	63,5	81,2	99,0	117	135	169			
0,025	26,2	17,4	13,0	8,71	4,32	2,15	13,0	24,1	35,1	56,5	78,6	101	123	145	168	210			
0,030	31,1	20,7	15,5	10,4	5,13	2,55	15,5	28,7	41,6	67,1	93,6	119	146	173	200	250			
0,035	35,9	23,9	17,9	12,0	5,92	2,94	18,0	33,1	48,1	77,6	108	138	169	200	232	290	446		
0,040	40,7	27,0	20,2	13,6	6,70	3,32	20,4	37,4	54,4	88,1	123	157	191	227	263	330	506		
0,045	45,4	30,1	22,5	15,1	7,47	3,70	22,7	41,7	60,8	98,3	137	176	213	253	293	369	566		
0,050	49,8	33,2	24,8	16,5	8,21	4,08	24,9	45,9	67,1	109	151	194	235	279	322	408	624		
0,060	58,9	39,1	29,2	19,5	9,70	4,82	29,3	54,3	79,2	129	179	229	280	331	382	484	744	1000	
0,070	67,4	44,8	33,6	22,3	11,1	5,54	33,6	62,3	91,0	149	206	264	324	382	440	559	860	1160	
0,080	75,8	50,3	37,7	25,0	12,5	6,23	37,9	70,1	102	168	233	299	366	430	499	631	974	1320	70 mm
0,090	83,9	55,7	41,7	27,8	13,8	6,88	42,0	77,8	113	186	259	332	406	479	555	703	1090	1470	
0,100	91,9	60,9	45,5	30,3	15,1	7,52	46,0	85,2	124	204	284	365	446	527	610	774	1200	1620	
0,110	99,6	66,0	49,3	32,8	16,3	8,14	49,8	92,2	135	222	309	397	484	574	665	843	1300	1770	
0,120	107	70,8	53,0	35,2	17,5	8,74	53,5	99,1	145	239	333	427	523	621	719	911	1410	1920	
0,130	114	75,5	56,5	37,5	18,7	9,34	57,0	106	155	256	357	458	561	665	771	979	1510	2060	
0,140	121	80,1	59,9	39,8	19,8	9,92	60,6	113	165	273	380	489	599	708	821	1050	1620	2200	
0,160	134	89,0	66,5	44,1	22,0	11,0	67,2	125	184	304	425	548	671	794	921	1180	1820	2480	
0,180	146	97,7	72,7	48,4	24,0	12,0	73,7	137	202	334	468	604	741	878	1020	1310	2020	2750	
0,200	158	106	78,6	52,1	26,0	13,0	79,8	149	219	362	509	659	809	961	1120	1430	2220	3020	

Umfang = 1,517 m da/di = 1,408 ln da/di = 0,3423

Innerer Rohr ∅ = 325 mm **Äußerer Rohr ∅ = 343 mm**

Wärme-leitzahl λ	Rohrtemperatur in ° C (Lufttemp. = 20° C)																		Isol.-Stärke
	−40	−20	−10	±0	+10	+25	+50	+75	+100	+150	+200	+250	+300	+350	+400	+500	+750	+1000	
0,020	19,0	12,7	9,51	6,32	3,16	1,58	9,52	17,4	25,4	41,2	57,1	73,0	89,0	106	121	153			
0,025	23,5	15,6	11,7	7,77	3,88	1,94	11,7	21,6	31,5	50,9	70,8	90,0	110	130	150	190			
0,030	27,9	18,5	13,8	9,23	4,61	2,30	13,9	25,7	37,5	60,6	84,1	108	131	155	179	226			
0,035	32,3	21,4	16,0	10,7	5,34	2,66	16,2	29,7	43,2	70,1	97,2	125	152	179	207	262	401		
0,040	36,7	24,3	18,2	12,1	6,04	3,02	18,4	33,7	49,1	79,5	110	142	173	204	235	298	455		
0,045	41,0	27,1	20,3	13,5	6,74	3,37	20,5	37,7	54,9	89,0	123	159	193	228	263	334	509		
0,050	45,1	29,9	22,4	14,9	7,44	3,71	22,6	41,6	60,6	98,4	136	175	213	252	291	368	563		
0,060	53,2	35,4	26,5	17,6	8,83	4,41	26,7	49,2	71,8	116	162	207	254	300	346	437	668	903	
0,070	61,2	40,8	30,5	20,3	10,1	5,06	30,6	56,6	82,5	134	187	239	293	346	400	506	772	1040	**80**
0,080	68,8	45,9	34,4	22,9	11,4	5,70	34,5	63,8	93,2	152	212	271	331	392	453	573	876	1180	mm
0,090	76,4	50,9	38,0	25,4	12,7	6,31	38,3	70,8	104	169	235	302	369	437	505	638	978	1320	
0,100	83,7	55,8	41,7	27,8	13,9	6,92	41,9	77,7	114	186	258	332	405	480	556	703	1080	1460	
0,110	91,0	60,6	45,2	30,1	15,1	7,52	45,5	84,3	123	202	281	361	442	523	605	766	1180	1590	
0,120	98,0	65,3	48,8	32,4	16,2	8,10	49,0	90,8	133	218	303	390	477	565	653	830	1280	1730	
0,130	105	69,8	52,1	34,6	17,3	8,66	52,4	97,3	142	234	325	419	512	606	701	893	1370	1870	
0,140	111	74,1	55,4	36,7	18,4	9,18	55,7	103	151	249	346	446	547	648	749	954	1470	2000	
0,160	124	82,5	61,7	40,9	20,4	10,2	62,1	115	169	279	388	501	614	726	842	1070	1670	2250	
0,180	136	90,4	67,6	44,8	22,4	11,2	68,2	127	186	308	430	555	679	804	932	1190	1870	2500	
0,200	147	98,0	73,3	48,6	24,3	12,2	74,0	138	203	336	470	606	742	877	1020	1310	2050	2750	

Umfang = 1,580 m da/di = 1,467 ln da/di = 0,3829

Wärme-leitzahl λ	Rohrtemperatur in ° C (Lufttemp. = 20° C)																		Isol.-Stärke
	−40	−20	−10	±0	+10	+25	+50	+75	+100	+150	+200	+250	+300	+350	+400	+500	+750	+1000	
0,020	17,3	11,6	8,65	5,80	2,90	1,45	8,65	15,8	23,0	37,5	52,0	66,3	81,0	95,5	110	138			
0,025	21,4	14,3	10,7	7,15	3,56	1,78	10,7	19,6	28,6	46,5	64,2	82,3	100	119	137	171			
0,030	25,5	17,1	12,7	8,48	4,23	2,11	12,8	23,4	34,2	55,3	76,4	98,1	119	142	163	204			
0,035	29,6	19,8	14,8	9,80	4,88	2,43	14,9	27,2	39,5	64,2	88,5	114	138	165	189	237	365		
0,040	33,6	22,4	16,7	11,1	5,53	2,76	16,8	30,8	44,9	73,0	101	130	158	187	215	270	415		
0,045	37,5	25,0	18,7	12,5	6,19	3,09	18,7	34,4	50,2	81,5	113	145	177	209	240	303	464		
0,050	41,4	27,6	20,6	13,7	6,85	3,42	20,6	38,0	55,6	90,0	124	159	195	231	266	335	512		
0,060	49,0	32,7	24,4	16,2	8,09	4,04	24,4	45,0	65,7	107	148	189	232	274	316	399	610	822	
0,070	56,3	37,6	28,1	18,7	9,33	4,66	28,2	51,9	75,8	123	171	219	268	317	365	462	706	953	**90**
0,080	63,4	42,3	31,8	21,1	10,5	5,25	31,8	58,6	85,6	139	194	248	303	358	414	524	800	1080	mm
0,090	70,4	47,0	35,2	23,4	11,7	5,85	35,3	65,1	95,2	155	216	277	338	399	462	586	895	1210	
0,100	77,3	51,6	38,6	25,7	12,8	6,44	38,8	71,5	104	170	237	305	372	440	510	666	990	1340	
0,110	84,1	56,0	41,8	27,9	14,0	7,00	42,2	77,7	113	185	258	332	406	480	556	705	1080	1460	
0,120	90,9	60,4	45,1	30,0	15,1	7,53	45,4	83,8	122	200	279	359	439	520	600	763	1170	1580	
0,130	97,5	64,6	48,2	32,1	16,1	8,05	48,6	89,7	131	215	300	386	472	558	645	820	1260	1700	
0,140	104	68,6	51,3	34,2	17,1	8,53	51,8	95,6	140	229	320	412	504	596	688	876	1350	1820	
0,160	116	76,5	57,3	38,1	19,0	9,51	57,7	107	157	258	360	463	567	671	775	986	1520	2060	
0,180	127	84,2	63,0	41,9	20,9	10,5	63,5	118	173	285	399	513	628	743	859	1090	1690	2300	
0,200	138	91,7	68,5	45,8	22,8	11,4	69,1	129	189	312	436	561	688	815	943	1200	1860	2520	

Umfang = 1,671 m da/di = 1,525 ln da/di = 0,4219

Innerer Rohr ∅ = 325 mm **Äußerer Rohr ∅ = 343 mm**

Wärmeleitzahl λ	Rohrtemperatur in ° C (Lufttemp. = 20° C)																		Isol.-Stärke
	−40	−20	−10	±0	+10	+25	+50	+75	+100	+150	+200	+250	+300	+350	+400	+500	+750	+1000	
0,020	15,9	10,6	7,94	5,30	2,66	1,32	7,97	14,6	21,2	34,6	48,0	61,2	74,7	88,0	102	128			
0,025	19,7	13,1	9,81	6,55	3,28	1,63	9,84	18,2	26,3	42,6	59,3	75,9	92,5	109	126	158			
0,030	23,4	15,6	11,7	7,79	3,90	1,93	11,8	21,7	31,4	51,0	70,6	90,7	110	130	150	188			
0,035	27,2	18,1	13,6	8,98	4,52	2,24	13,7	25,1	36,4	59,1	81,8	105	128	151	174	219	337		
0,040	30,9	20,6	15,4	10,2	5,13	2,55	15,5	28,5	41,4	67,2	93,0	120	145	172	197	249	382		
0,045	34,7	23,0	17,2	11,4	5,72	2,85	17,3	31,8	46,3	75,3	104	134	162	183	222	280	429		
0,050	38,2	25,4	19,0	12,6	6,31	3,14	19,1	35,1	51,3	83,3	115	148	179	213	244	310	474		
0,060	45,3	30,1	22,6	15,0	7,50	3,74	22,6	41,7	60,8	99,3	137	176	214	254	291	369	564	760	
0,070	52,4	34,8	26,0	17,3	8,64	4,33	26,1	48,1	70,1	115	158	203	248	294	337	427	654	882	**100**
0,080	59,2	39,4	29,4	19,6	9,79	4,89	29,5	54,5	79,4	130	179	230	281	333	383	485	742	1000	mm
0,090	66,0	43,8	32,7	21,8	10,9	5,45	32,8	60,7	88,5	144	200	257	313	371	428	543	830	1120	
0,100	72,5	48,1	36,0	23,9	12,0	5,99	36,1	66,7	97,4	159	220	283	345	408	472	599	916	1230	
0,110	78,8	52,2	39,1	26,0	13,0	6,52	39,2	72,6	106	173	240	309	377	446	515	654	1000	1350	
0,120	84,8	56,3	42,2	28,0	14,0	7,02	42,3	78,3	115	187	259	334	408	483	557	707	1090	1460	
0,130	90,8	60,3	45,2	30,0	15,0	7,51	45,4	83,9	123	201	279	359	438	518	599	760	1170	1580	
0,140	96,9	64,4	48,2	32,0	16,0	8,00	48,5	89,4	131	214	298	383	469	553	641	812	1250	1690	
0,160	108	72,1	53,8	35,7	17,9	8,94	54,0	100	147	241	336	431	528	622	720	916	1410	1910	
0,180	119	79,3	59,2	39,3	19,7	9,87	59,6	111	163	267	373	478	585	692	801	1018	1570	2130	
0,200	130	86,2	64,5	42,9	21,5	10,8	65,1	121	179	292	409	525	643	760	881	1120	1720	2340	

Umfang = 1,706 m da/di = 1,583 ln da/di = 0,4594

Wärmeleitzahl λ	Rohrtemperatur in ° C (Lufttemp. = 20° C)																		Isol.-Stärke
	−40	−20	−10	±0	+10	+25	+50	+75	+100	+150	+200	+250	+300	–350	+400	+500	+750	+1000	
0,020	13,7	9,22	6,93	4,60	2,32	1,16	6,93	12,7	18,5	30,0	41,5	53,2	64,9	77,0	88,1	111			
0,025	17,1	11,4	8,57	5,70	2,86	1,42	8,60	15,8	23,0	37,3	51,5	65,9	80,4	94,7	109	138			
0,030	20,4	13,6	10,2	6,80	3,40	1,69	10,2	18,9	27,4	44,4	61,3	78,5	95,9	113	130	165			
0,035	23,7	15,7	11,8	7,89	3,94	1,96	11,8	21,9	31,8	51,5	71,2	91,1	112	131	151	192	293		
0,040	27,0	17,8	13,4	8,96	4,48	2,24	13,5	24,9	36,2	58,6	81,0	104	127	149	172	218	334		
0,045	30,2	19,9	15,0	10,0	5,00	2,50	15,1	27,9	40,5	65,6	90,9	117	143	167	193	245	375		
0,050	33,4	22,0	16,6	11,1	5,53	2,76	16,7	30,8	44,9	72,5	101	129	158	186	214	271	415		
0,060	39,8	26,3	19,8	13,2	6,56	3,30	19,9	36,7	53,4	86,6	120	154	188	222	255	323	495	664	
0,070	46,1	30,5	22,8	15,2	7,60	3,81	23,0	42,5	61,7	100	139	178	218	258	296	374	573	769	**120**
0,080	52,2	34,6	25,9	17,2	8,64	4,31	26,0	48,1	70,0	114	158	202	248	292	337	426	651	875	mm
0,090	58,3	38,6	29,0	19,2	9,64	4,82	29,0	53,6	78,0	127	176	226	277	326	376	476	728	980	
0,100	64,1	42,5	31,8	21,2	10,6	5,33	32,0	59,1	86,0	140	194	249	305	360	415	526	804	1080	
0,110	69,8	46,4	34,8	23,1	11,5	5,80	34,9	64,4	93,7	153	212	272	333	393	453	575	878	1190	
0,120	75,3	50,1	37,6	25,0	12,4	6,26	37,7	69,6	101	165	229	294	360	425	491	623	954	1290	
0,130	80,8	53,7	40,3	26,8	13,3	6,72	40,4	74,8	109	177	246	317	387	458	528	670	1030	1390	
0,140	86,2	57,3	43,0	28,6	14,3	7,16	43,1	79,9	116	190	264	339	415	490	566	718	1110	1490	
0,160	96,8	64,4	48,2	32,0	16,0	8,02	48,3	89,9	131	215	298	382	468	553	639	811	1250	1680	
0,180	108	71,2	53,4	35,4	17,6	8,86	53,5	99,7	145	238	332	425	520	615	711	902	1390	1870	
0,200	118	77,9	58,5	38,7	19,2	9,68	58,6	109	159	261	364	467	571	677	781	992	1530	2070	

Umfang = 1,832 m da/di = 1,700 ln da/di = 0,5305

Innerer Rohr ⌀ = 325 mm **Äußerer Rohr ⌀ = 343 mm**

Wärme-leitzahl λ	Rohrtemperatur in ° C (Lufttemp. = 20° C) -40	-20	-10	±0	+10	+25	+50	+75	+100	+150	+200	+250	+300	+350	+400	+500	+750	+1000	Isol.-Stärke
0,020	12,3	8,21	6,17	4,12	2,06	1,03	6,18	11,3	18,1	26,8	37,2	47,4	57,7	68,1	78,6	98,6			
0,025	15,2	10,2	7,62	5,08	2,54	1,27	7,65	14,1	22,7	33,4	46,0	59,0	71,6	84,5	97,2	123			
0,030	19,2	12,1	9,08	6,06	3,03	1,51	9,12	16,8	27,1	39,8	54,9	70,6	85,6	101	116	147			
0,035	21,2	14,1	10,5	7,02	3,51	1,75	10,6	19,5	31,5	46,2	63,5	82,0	99,5	117	135	171	260		
0,040	24,1	16,0	12,0	7,99	4,00	2,00	12,1	22,2	35,9	52,5	72,3	93,1	113	133	154	195	297		
0,045	27,0	17,9	13,5	8,95	4,48	2,24	13,6	24,8	40,1	58,8	81,0	104	127	149	173	218	332		
0,050	29,9	19,8	14,9	9,90	4,95	2,47	14,9	27,4	44,3	65,2	89,5	115	141	165	191	241	368		
0,060	35,6	23,6	17,7	11,0	5,89	2,95	17,8	32,7	52,6	77,8	107	138	168	198	239	288	440	588	
0,070	41,1	27,4	20,5	13,7	6,84	3,42	20,6	37,9	61,0	90,3	125	160	195	230	265	335	511	686	
0,080	46,7	31,0	23,3	15,5	7,75	3,87	23,3	42,9	69,3	102	142	181	221	261	301	381	580	782	**140** mm
0,090	52,2	34,6	25,9	17,3	8,65	4,34	26,0	47,8	77,4	114	158	202	247	292	337	425	650	876	
0,100	57,7	38,2	28,6	19,1	9,53	4,79	28,7	52,8	85,5	126	175	224	273	322	372	469	719	969	
0,110	62,9	41,7	31,2	20,8	10,4	5,24	31,4	57,8	93,6	137	191	245	298	352	407	513	786	1060	
0,120	68,0	45,1	34,8	22,5	11,3	5,66	34,0	62,6	101	149	207	265	323	382	441	557	854	1150	
0,130	73,1	48,5	36,3	24,1	12,1	6,07	36,6	67,4	109	161	222	285	348	412	475	601	920	1240	
0,140	78,1	51,8	38,8	25,8	13,0	6,48	39,0	72,0	116	172	238	306	373	441	509	645	984	1330	
0,160	87,9	58,3	43,6	29,0	14,6	7,28	43,9	81,0	131	194	270	346	422	499	575	730	1120	1510	
0,180	97,6	64,7	48,4	32,2	16,1	8,08	48,8	90,0	146	215	300	385	470	556	640	814	1250	1680	
0,200	107	71,0	53,1	35,3	17,6	8,86	53,5	98,8	160	236	329	423	517	611	705	896	1370	1850	

Umfang = 1,957 m da/di = 1,186 ln da/di = 0,5968

Wärme-leitzahl λ	Rohrtemperatur in ° C (Lufttemp. = 20° C) -40	-20	-10	±0	+10	+25	+50	+75	+100	+150	+200	+250	+300	+350	+400	+500	+750	+1000	Isol.-Stärke
0,020	11,2	7,46	5,60	3,75	1,88	0,94	5,62	10,3	14,9	24,5	33,7	43,1	52,3	62,0	71,2	89,7			
0,025	13,9	9,30	6,96	4,63	2,31	1,16	6,97	12,8	18,6	30,4	41,8	53,7	65,1	77,0	88,5	111			
0,030	16,6	11,1	8,30	5,51	2,75	1,38	8,34	15,3	22,2	36,3	49,9	64,0	78,0	92,0	106	133			
0,035	19,3	12,9	9,66	6,39	3,20	1,60	9,70	17,8	25,8	42,0	58,0	74,5	90,5	107	123	155	236		
0,040	22,0	14,7	11,0	7,29	3,65	1,82	11,0	20,2	29,3	48,0	66,0	84,8	103	122	140	177	269		
0,045	24,6	16,5	12,3	8,18	4,10	2,04	12,3	22,6	32,9	53,9	74,0	95,0	116	137	157	198	302		
0,050	27,2	18,2	13,6	9,05	4,52	2,26	13,6	25,0	36,5	59,4	81,7	105	128	151	174	220	334		
0,060	32,4	21,7	16,2	10,8	5,40	2,70	16,3	29,8	43,4	70,9	98,0	125	153	180	208	263	402	537	
0,070	37,6	25,1	18,8	12,5	6,26	3,13	18,9	34,6	50,4	82,2	114	146	177	209	241	306	467	624	
0,080	42,8	28,5	21,3	14,2	7,10	3,55	21,4	39,3	57,2	93,5	129	166	202	238	274	348	530	711	**160** mm
0,090	47,8	31,8	23,8	15,9	7,92	3,97	23,9	44,0	64,0	104	144	186	226	267	308	389	593	796	
0,100	52,8	35,0	26,2	17,5	8,76	4,39	26,4	48,6	70,7	115	159	205	250	295	340	430	656	883	
0,110	57,6	38,3	28,6	19,1	9,55	4,79	28,8	53,1	77,5	126	174	224	274	322	372	471	719	968	
0,120	62,4	41,5	31,1	20,7	10,4	5,18	31,3	57,5	84,1	137	189	243	297	350	403	510	781	1050	
0,130	67,0	44,7	33,4	22,3	11,2	5,58	33,6	62,0	90,6	147	204	262	320	377	435	551	843	1140	
0,140	71,8	47,8	35,8	23,8	11,9	5,97	35,9	66,4	97,0	157	219	280	342	404	467	591	903	1220	
0,160	81,0	53,9	40,3	26,8	13,5	6,71	40,6	74,8	110	178	247	317	388	458	528	669	1020	1380	
0,180	90,0	60,0	44,9	29,8	15,0	7,45	45,1	83,1	122	198	275	354	433	511	589	747	1150	1540	
0,200	99,0	66,0	49,5	32,7	16,4	8,18	49,3	91,2	134	218	303	390	477	563	648	822	1270	1700	

Umfang = 2,083 m da/di = 1,933 ln da/di = 0,6590

Innerer Rohr ⌀ = 325 mm **Äußerer Rohr ⌀ = 343 mm**

Wärmeleitzahl λ	Rohrtemperatur in ° C (Lufttemp. = 20° C)																		Isol.-Stärke
	−40	−20	−10	±0	+10	+25	+50	+75	+100	+150	+200	+250	+300	+350	+400	+500	+750	+1000	
0,020	10,3	6,90	5,15	3,45	1,72	0,86	5,16	9,42	13,7	22,3	31,1	39,7	48,3	57,0	65,7	82,7			
0,025	12,8	8,56	6,40	4,26	2,13	1,06	6,42	11,7	17,1	27,8	38,5	49,3	60,1	70,7	81,6	102			
0,030	15,4	10,2	7,64	5,08	2,54	1,27	7,66	14,0	20,4	33,2	46,0	59,0	71,9	84,6	97,5	122			
0,035	17,9	11,9	8,87	5,90	2,95	1,48	8,90	16,3	23,8	38,5	53,3	68,5	83,5	98,5	114	143	216		
0,040	20,4	13,6	10,1	6,73	3,36	1,68	10,1	18,6	27,1	44,0	60,6	77,0	95,0	112	129	163	247		
0,045	22,9	15,2	11,4	7,54	3,78	1,88	11,4	20,9	30,4	49,4	68,0	87,5	106	126	145	183	278		
0,050	25,3	16,8	12,6	8,34	4,17	2,08	12,6	23,1	33,6	54,8	75,4	97,0	118	139	160	203	308		
0,060	30,2	20,0	15,0	9,95	4,98	2,49	15,0	27,6	40,2	65,4	90,7	116	141	166	192	243	369	499	
0,070	35,0	23,2	17,4	11,6	5,80	2,89	17,4	32,0	46,7	76,0	105	135	164	194	223	283	430	578	**180**
0,080	39,7	26,4	19,8	13,2	6,58	3,28	19,8	36,4	53,1	86,4	119	153	186	221	254	322	490	657	mm
0,090	44,5	29,5	22,1	14,7	7,36	3,68	22,2	40,6	59,3	96,6	134	171	209	247	285	361	550	737	
0,100	49,2	32,6	24,4	16,3	8,12	4,07	24,5	44,8	65,5	107	148	189	231	273	315	399	609	818	
0,110	53,7	35,6	26,7	17,8	8,88	4,44	26,8	49,1	71,7	117	162	207	253	299	345	437	666	896	
0,120	58,1	38,5	28,9	19,3	9,62	4,81	29,0	53,3	77,8	127	176	225	275	325	375	474	722	975	
0,130	62,4	41,5	31,1	20,7	10,4	5,18	31,2	57,4	83,9	136	190	242	296	350	404	511	782	1050	
0,140	66,8	44,4	33,3	22,1	11,1	5,54	33,4	61,5	89,8	145	203	260	317	375	433	548	839	1130	
0,160	75,6	50,2	37,6	25,0	12,5	6,24	37,8	69,6	102	165	230	294	359	425	490	622	948	1280	
0,180	84,3	56,0	41,8	27,9	13,9	6,94	42,0	77,5	113	184	257	329	401	474	547	694	1060	1420	
0,200	92,7	61,6	46,0	30,6	15,2	7,63	46,2	85,3	124	203	282	363	443	523	603	765	1170	1570	

Umfang = 2,209 m da/di = 2,050 ln da/di = 0,7176

Wärmeleitzahl λ	Rohrtemperatur in ° C (Lufttemp. = 20° C)																		Isol.-Stärke
	−40	−20	−10	±0	+10	+25	+50	+75	+100	+150	+200	+250	+300	+350	+400	+500	+750	+1000	
0,020	9,61	6,43	4,79	3,21	1,61	0,80	4,80	8,84	12,8	20,7	28,9	37,0	45,0	53,1	61,0	76,7			
0,025	12,0	8,01	5,99	3,99	1,99	1,00	6,00	11,0	16,0	25,9	35,9	46,1	56,1	66,1	76,1	95,3			
0,030	14,4	9,59	7,12	4,76	2,38	1,19	7,15	13,1	19,1	31,0	43,0	55,1	67,2	79,0	91,2	114			
0,035	16,7	11,1	8,29	5,53	2,76	1,38	8,30	15,2	22,1	36,0	50,1	64,2	78,1	92,0	106	133	203		
0,040	19,0	12,7	9,44	6,30	3,14	1,57	9,44	17,3	25,2	41,2	57,1	73,1	88,8	105	121	152	232		
0,045	21,3	14,2	10,6	7,06	3,52	1,76	10,6	19,4	28,3	46,2	64,1	82,0	99,7	118	136	171	260		
0,050	23,6	15,7	11,8	7,81	3,90	1,95	11,8	21,5	31,4	51,3	71,1	90,9	110	130	151	190	288		
0,060	28,2	18,7	14,0	9,30	4,65	2,33	14,0	25,7	37,4	61,1	84,7	108	132	156	180	227	346	461	
0,070	32,7	21,7	16,3	10,8	5,40	2,70	16,3	30,0	43,6	71,1	98,6	126	154	181	208	264	402	538	**200**
0,080	37,1	24,7	18,5	12,3	6,14	3,07	18,5	34,0	49,4	80,8	112	144	175	206	237	300	458	614	mm
0,090	41,5	27,7	20,7	13,8	6,88	3,42	20,7	38,1	55,4	90,4	125	161	196	231	266	336	513	689	
0,100	45,9	30,6	22,8	15,2	7,61	3,78	22,9	42,2	61,5	100	139	178	217	256	294	372	568	763	
0,110	50,3	33,5	25,0	16,7	8,32	4,14	25,1	46,2	67,3	110	152	195	238	280	323	408	622	835	
0,120	54,5	36,3	27,1	18,1	9,03	4,50	27,2	50,1	73,0	119	165	211	258	304	350	445	676	907	
0,130	58,8	39,1	29,2	19,5	9,73	4,85	29,3	54,0	78,8	128	178	228	278	338	378	479	730	977	
0,140	63,1	41,9	31,3	20,9	10,4	5,18	31,4	57,8	84,4	137	191	245	298	351	405	514	784	1050	
0,160	71,3	47,4	35,5	23,6	11,8	5,86	35,5	65,4	95,4	156	216	277	338	398	459	582	890	1190	
0,180	79,3	52,7	39,5	26,3	13,1	6,52	39,6	72,9	106	174	241	309	377	445	514	651	995	1340	
0,200	87,2	58,1	43,4	28,9	14,4	7,16	43,6	80,0	117	191	266	341	416	491	566	718	1100	1480	

Umfang = 2,334 m da/di = 2,166 ln da/di = 0,7730

Innerer Rohr ⌀ = 350 mm **Äußerer Rohr ⌀ = 368 mm**

Wärme-leitzahl λ	Rohrtemperatur in ° C (Lufttemp. = 20° C) −40	−20	−10	±0	+10	+25	+50	+75	+100	+150	+200	+250	+300	+350	+400	+500	+750	+1000	Isol.-Stärke
0,020	79,5	52,8	39,5	26,1	13,0	6,45	39,7	73,5	107	177	246	316	388	458	531	671			
0,025	95,2	63,1	47,2	31.4	15,5	7,67	47,5	88,9	129	213	298	384	472	556	648	822			
0,030	111	72,7	54,6	36,2	17,7	8,81	54,9	103	150	249	346	448	553	653	754	960			
0,035	125	82,1	61,3	40,6	19,9	9,85	61,8	116	170	282	392	510	631	745	860	1100	1710		
0,040	138	90,8	67,5	44,7	22,0	10,9	68,2	128	189	314	437	570	706	835	960	1230	1920		
0,045	150	98,7	73,2	48,6	23,8	11,9	74,3	139	206	345	479	627	776	924	1060	1360	2130		
0,050	160	106	78,6	52,2	25,5	12,8	80,0	150	223	373	520	680	844	1000	1160	1490	2330		
0,060	180	119	88,3	58,7	28,8	14,3	90,5	171	254	425	599	782	968	1160	1340	1720	2720	3760	
0,070	198	131	97,0	64,5	31,6	15,6	100	189	282	474	672	876	1090	1310	1510	1950	3090	4300	
0,080	213	141	105	69,8	34,2	16,9	108	206	309	520	740	964	1200	1450	1680	2170	3460	4810	**15** mm
0,090	228	151	112	74,2	36,4	17,9	116	222	332	563	804	1050	1300	1570	1840	2370	3820	5300	
0,100	241	159	118	78,1	38,3	18,9	124	236	354	603	863	1130	1400	1690	1980	2560	4150	5790	
0,110	252	167	124	81,9	40,1	19,8	131	249	375	640	916	1200	1500	1810	2120	2750	4490	6270	
0,120	263	174	129	85,3	41,7	20,6	137	262	394	676	970	1270	1590	1920	2260	2940	4810	6750	
0,130	272	180	134	88,3	43,2	21,3	142	273	411	708	1020	1340	1680	2030	2390	3120	5120	7200	
0,140	281	186	138	91,0	44,5	22,0	147	284	428	738	1070	1400	1760	2130	2520	3300	5420	7660	
0,160	296	196	146	96,2	46,9	23,2	156	302	459	793	1150	1520	1910	2330	2750	3640	6000	8550	
0,180	310	205	152	101	49,0	24,2	164	320	486	842	1230	1630	2060	2510	2970	3940	6560	9380	
0,200	322	213	158	104	50,9	25,1	171	336	510	887	1300	1730	2200	2690	3180	4240	7100	10200	

Umfang = 1,250 m da/di = 1,082 ln da/di = 0,0784

Wärme-leitzahl λ	Rohrtemperatur in ° C (Lufttemp. = 20° C) −40	−20	−10	±0	+10	+25	+50	+75	+100	+150	+200	+250	+300	+350	+400	+500	+750	+1000	Isol.-Stärke
0,020	63,2	41,8	31,4	20,8	10,4	5,15	31,6	58,4	85,1	139	193	249	303	359	415	526			
0,025	76,4	50,7	38,0	25,2	12,5	6,19	38,2	70,7	104	170	236	303	370	440	508	646			
0,030	88,6	59,1	44,2	29,4	14,4	7,18	44,4	82,6	121	199	277	356	434	516	597	764			
0,035	100	66,8	50,1	33,2	16,2	8,12	50,3	93,7	137	227	317	406	496	591	682	879	1350		
0,040	111	74,3	55,9	36,8	18,0	9,00	56.1	104	153	253	354	454	555	662	766	985	1530		
0,045	122	81,4	61,0	40,2	19,7	9,82	61,5	114	169	279	391	501	613	731	849	1090	1690		
0,050	133	88,0	66,0	43,5	21,3	10,6	66,6	124	183	304	426	548	670	797	927	1190	1850		
0,060	151	99,8	75,0	49,4	24,3	12,0	75,9	141	210	348	491	633	779	932	1080	1390	2160	2960	
0,070	168	111	82,8	54,8	27,1	13,3	84,6	158	235	391	554	715	883	1050	1230	1580	2470	3410	
0,080	183	121	90,0	59,6	29,5	14,5	92,5	174	259	433	611	794	980	1170	1370	1760	2770	3840	**20** mm
0,090	197	130	97,0	64,1	31,6	15,6	100	188	280	472	666	867	1070	1280	1500	1930	3050	4250	
0,100	209	139	103	68,3	33,6	16,5	107	201	299	508	718	934	1160	1390	1620	2100	3320	4640	
0,110	221	147	109	72,1	35,4	17,4	113	214	318	541	769	1000	1250	1490	1740	2260	3600	5020	
0,120	231	153	114	75,6	37,0	18,2	119	226	337	573	816	1070	1330	1590	1860	2420	3870	5390	
0,130	241	160	119	78,8	38,5	19,0	125	236	355	602	862	1130	1410	1680	1970	2570	4130	5750	
0,140	250	166	124	81,8	40,0	19,7	130	246	371	632	908	1190	1480	1770	2080	2730	4390	6100	
0,160	267	177	132	86,9	42,5	21,0	139	265	401	684	988	1300	1620	1950	2290	3010	4870	6840	
0,180	282	186	139	91,4	44,8	22,1	147	283	428	733	1060	1400	1750	2120	2490	3270	5360	7540	
0,200	296	195	145	95,2	46,9	23,1	155	300	453	779	1120	1490	1880	2280	2680	3530	5820	8220	

Umfang = 1,282 m da/di = 1,109 ln da/di = 0,1032

Innerer Rohr ⌀ = 350 mm **Äußerer Rohr ⌀ = 368 mm**

Wärmeleitzahl λ	Rohrtemperatur in °C (Lufttemp. = 20° C) −40	−20	−10	±0	+10	+25	+50	+75	+100	+150	+200	+250	+300	+350	+400	+500	+750	+1000	Isol.-Stärke
0,020	52,5	35,0	26,0	17,4	8,71	4,30	26,2	48,3	70,8	115	160	206	251	296	341	431			
0,025	63,8	42,6	31,7	21,1	10,4	5,21	32,1	59,1	87,2	141	195	251	306	363	421	534			
0,030	74,6	49,7	37,2	24,6	12,2	6,07	37,5	69,4	102	166	230	295	360	428	498	632			
0,035	85,1	56,6	42,3	28,0	13,9	6,90	42,7	79,1	116	190	263	338	412	492	570	727	1120		
0,040	95,5	63,4	47,3	31,3	15,4	7,69	47,7	88,5	130	213	295	379	463	552	641	816	1270		
0,045	105	69,6	52,0	34,4	16,9	8,44	52,5	97,4	143	235	326	420	513	612	710	905	1410		
0,050	113	75,6	56,3	37,4	18,4	9,16	57,1	106	156	256	356	460	562	670	778	992	1540		
0,060	130	86,4	64,5	42,8	21,1	10,5	65,6	122	180	296	414	536	656	784	911	1160	1800	2470	
0,070	146	96,8	72,1	47,8	23,5	11,7	73,4	137	202	334	468	608	747	891	1030	1320	2060	2830	**25**
0,080	160	106	79,1	52,5	25,7	12,8	80,8	151	224	370	519	676	835	993	1150	1470	2320	3190	mm
0,090	173	115	85,6	56,8	27,8	13,8	87,7	164	243	405	570	741	918	1090	1270	1620	2570	3540	
0,100	185	123	91,6	60,8	29,7	14,7	94,2	177	262	438	616	804	1000	1190	1380	1770	2810	3870	
0,110	197	131	97,1	64,4	31,4	15,6	100	189	280	469	661	866	1080	1280	1490	1920	3040	4190	
0,120	208	137	102	67,9	33,1	16,4	106	200	297	499	706	924	1150	1370	1590	2060	3270	4510	
0,130	217	143	107	71,1	34,6	17,2	112	210	314	527	748	980	1210	1450	1690	2200	3500	4830	
0,140	227	149	112	74,2	36,0	17,9	117	220	330	554	791	1030	1280	1530	1790	2330	3720	5150	
0,160	243	161	120	79,4	38,6	19,2	126	238	359	605	865	1130	1410	1690	1980	2580	4140	5760	
0,160	259	171	127	84,5	40,9	20,3	134	255	385	651	931	1220	1540	1840	2170	2820	4530	6370	
0,200	273	180	134	88,6	43,0	21,3	141	271	408	694	996	1310	1650	1990	2340	3060	4900	6960	

Umfang = 1,313 m da/di = 1,136 ln da/di = 0,1274

Wärmeleitzahl λ	Rohrtemperatur in °C (Lufttemp. = 20° C) −40	−20	−10	±0	+10	+25	+50	+75	+100	+150	+200	+250	+300	+350	+400	+500	+750	+1000	Isol.-Stärke
0,020	45,3	30,0	22,4	14,9	7,42	3,69	22,6	41,6	60,7	98,1	136	174	213	251	289	368			
0,025	55,1	36,7	27,3	18,1	9,02	4,48	27,4	50,7	74,0	120	167	214	261	307	357	454			
0,030	64,6	43,1	32,0	21,3	10,6	5,24	32,2	59,6	87,0	141	197	253	308	365	423	538			
0,035	73,6	49,2	36,5	24,2	12,0	5,97	37,0	68,2	99,6	162	226	290	353	420	486	620	954		
0,040	82,5	55,3	40,9	27,1	13,4	6,69	41,5	76,5	112	183	255	327	398	473	548	700	1080		
0,045	91,2	60,9	45,1	29,9	14,8	7,35	45,9	84,3	124	203	282	362	442	525	609	778	1200		
0,050	99,2	66,2	49,2	32,7	16,1	8,04	49,9	92,1	135	222	308	397	485	576	669	856	1320		
0,060	115	76,0	56,8	37,7	18,6	9,23	57,8	107	157	258	359	464	568	674	787	1000	1550	2120	
0,070	129	85,4	63,8	42,4	21,0	10,4	65,0	121	178	293	409	527	648	770	896	1140	1770	2440	**30**
0,080	142	94,3	70,6	46,8	23,1	11,4	71,7	134	197	325	456	588	727	860	998	1280	2000	2750	mm
0,090	154	103	76,8	50,8	25,1	12,4	78,2	146	216	356	500	649	802	943	1100	1410	2220	3050	
0,100	166	111	82,7	54,6	26,9	13,3	84,5	158	233	387	543	706	872	1030	1200	1550	2430	3340	
0,110	177	118	88,0	58,1	28,7	14,1	90,2	169	249	416	585	763	941	1110	1300	1670	2630	3620	
0,120	187	124	92,9	61,5	30,3	14,9	95,5	179	265	443	626	818	1010	1200	1400	1790	2830	3900	
0,130	197	130	97,4	64,7	31,8	15,7	101	189	281	470	665	869	1070	1280	1490	1910	3030	4170	
0,140	206	136	102	67,7	33,2	16,4	106	198	297	496	703	917	1130	1350	1580	2030	3220	4450	
0,160	223	147	110	73,0	35,9	17,6	115	216	324	545	771	1010	1250	1500	1750	2260	3600	5000	
0,180	238	157	117	78,0	38,1	18,8	123	233	349	590	836	1090	1360	1640	1910	2480	3960	5520	
0,200	252	167	124	82,7	40,1	19,9	131	249	372	632	898	1180	1460	1770	2070	2700	4320	6040	

Umfang = 1,345 m da/di = 1,163 ln da/di = 0,1510

Innerer Rohr ∅ = 350 mm **Äußerer Rohr ∅ = 368 mm**

Wärme-leitzahl λ	Rohrtemperatur in ° C (Lufttemp. = 20° C)																		Isol.-Stärke
	−40	−20	−10	±0	+10	+25	+50	+75	+100	+150	+200	+250	+300	+350	+400	+500	+750	+1000	
0,020	40,2	26,8	19,8	13,3	6,59	3,28	20,1	36,8	53,6	86,8	121	154	188	221	254	323			
0,025	48,7	33,1	24,4	16,2	7,98	3,99	24,5	44,8	65,3	107	147	189	231	273	317	398			
0,030	57,4	38,9	28,9	19,0	9,36	4,68	28,7	52,8	76,8	126	174	224	272	324	376	472			
0,035	65,7	44,5	33,2	21,7	10,7	5,35	33,1	60,7	88,4	145	200	258	313	373	434	544	844		
0,040	74,0	49,6	37,4	24,4	12,1	5,97	37,2	68,5	99,8	163	226	291	354	421	490	616	959		
0,045	82,0	54,8	41,4	27,0	13,4	6,60	41,1	76,2	111	181	251	323	394	468	543	687	1070		
0,050	89,6	59,7	45,4	29,6	14,6	7,23	44,8	83,1	121	198	275	354	432	513	595	755	1170		
0,060	103	69,3	52,3	34,3	16,9	8,38	52,0	96,4	141	232	323	416	510	605	699	887	1380	1870	
0,070	117	78,2	58,8	38,5	19,1	9,47	58,8	110	160	263	367	474	582	690	797	1020	1580	2160	**35**
0,080	130	86,5	64,8	42,6	21,1	10,4	65,6	122	178	293	410	530	653	773	894	1140	1780	2440	mm
0,090	142	94,5	70,6	46,6	22,9	11,3	71,8	133	195	322	453	584	718	853	991	1260	1970	2700	
0,100	154	102	75,6	50,2	24,6	12,1	77,3	144	212	350	493	637	784	929	1080	1380	2160	2950	
0,110	164	109	80,7	53,4	26,3	12,9	82,5	154	228	378	532	688	849	1010	1170	1490	2340	3210	
0,120	173	115	85,5	56,7	27,9	13,8	87,8	164	243	405	568	739	912	1080	1250	1600	2520	3470	
0,130	182	122	90,1	59,8	29,4	14,6	92,8	174	258	430	605	788	963	1150	1340	1720	2700	3730	
0,140	192	128	94,6	62,8	30,9	15,5	97,5	183	272	456	640	832	1030	1220	1420	1830	2880	3980	
0,160	209	138	103	68,1	33,6	16,6	106	201	298	499	705	919	1140	1360	1580	2040	3220	4470	
0,180	224	148	110	73,0	35,8	17,7	114	217	322	541	767	1000	1250	1490	1740	2250	3560	4940	
0,200	237	158	117	77,4	38,1	18,8	122	232	344	582	827	1080	1340	1610	1890	2430	3900	5400	

Umfang = 1,376 m da/di = 1,190 ln da/di = 0,1741

Wärme-leitzahl λ	Rohrtemperatur in ° C (Lufttemp. = 20° C)																		Isol.-Stärke
	−40	−20	−10	±0	+10	+25	+50	+75	+100	+150	+200	+250	+300	+350	+400	+500	+750	+1000	
0,020	35,9	23,9	17,9	11,9	5,91	2,94	17,8	33,0	48,1	77,9	107	137	167	197	227	290			
0,025	43,7	29,1	21,7	14,4	7,22	3,57	21,9	40,4	58,9	95,3	132	169	206	244	282	355			
0,030	51,7	34,2	25,5	17,0	8,49	4,19	25,8	47,7	69,5	113	156	201	245	288	334	420			
0,035	59,4	39,2	29,3	19,5	9,70	4,80	29,7	54,7	79,7	130	180	232	283	333	386	486	752		
0,040	66,8	44,1	33,0	22,0	10,9	5,41	33,5	61,6	89,6	147	203	262	320	376	436	551	858		
0,045	74,2	49,0	36,6	24,4	12,0	5,98	37,1	68,5	100	163	226	291	356	419	486	616	959		
0,050	81,2	53,7	40,0	26,7	13,2	6,56	40,6	75,2	110	179	248	319	390	462	534	678	1050		
0,060	94,3	62,4	46,7	31,0	15,4	7,60	47,1	87,5	128	210	291	376	459	545	630	800	1230	1680	
0,070	107	70,8	52,9	35,0	17,5	8,61	53,4	99,3	146	240	333	430	525	623	721	917	1410	1940	**40**
0,080	118	78,7	58,8	39,0	19,4	9,56	59,5	111	163	268	373	481	589	699	809	1030	1590	2190	mm
0,090	129	86,4	64,5	42,8	21,2	10,5	65,3	122	180	295	411	531	651	772	895	1150	1760	2430	
0,100	140	93,7	69,7	46,2	22,9	11,3	70,8	132	195	321	448	580	710	845	980	1260	1930	2670	
0,110	150	100	74,8	49,5	24,4	12,1	76,0	142	210	347	485	627	770	914	1060	1370	2100	2900	
0,120	159	106	79,3	52,6	26,0	12,9	81,0	152	224	371	519	672	829	983	1140	1470	2270	3130	
0,130	169	112	83,8	55,6	27,5	13,6	85,6	161	238	395	553	718	885	1050	1220	1570	2440	3360	
0,140	178	118	88,0	58,4	28,9	14,2	90,1	170	251	418	586	762	940	1110	1290	1660	2600	3590	
0,160	195	129	96,1	63,6	31,5	15,5	98,8	187	277	460	648	842	1040	1230	1440	1860	2920	4020	
0,180	210	138	104	68,5	33,8	16,7	107	202	300	500	707	920	1140	1350	1570	2040	3220	4460	
0,200	225	147	110	73,0	36,0	17,8	114	216	320	540	764	995	1230	1460	1700	2220	3510	4890	

Umfang = 1,407 m da/di = 1,217 ln da/di = 0,1967

Innerer Rohr ⌀ = 350 mm **Äußerer Rohr ⌀ = 368 mm**

Wärme-leitzahl λ	Rohrtemperatur in ° C (Lufttemp. = 20° C)																		Isol.-Stärke
	−40	−20	−10	±0	+10	+25	+50	+75	+100	+150	+200	+250	+300	+350	+400	+500	+750	+1000	
0,020	32,4	21,5	16,2	10,8	5,37	2,68	16,2	29,7	43,3	70,1	96,7	124	151	178	205	262			
0,025	39,5	26,3	19,8	13,2	6,58	3,27	19,9	36,5	53,3	86,5	119	153	188	220	254	324			
0,030	46,6	31,1	23,3	15,5	7,76	3,85	23,5	43,3	63,1	102	142	182	224	261	302	385			
0,035	53,6	35,7	26,7	17,8	8,90	4,41	27,1	49,9	72,6	118	164	210	258	302	349	444	680		
0,040	60,4	40,4	30,1	20,0	10,0	4,95	30,6	56,2	81,9	134	185	237	291	342	395	502	773		
0,045	67,1	44,7	33,3	22,2	11,1	5,48	33 9	62,6	91,3	148	206	264	324	381	441	561	859		
0,050	73,8	48,9	36,6	24,4	12,1	6,01	37,0	68,6	100	163	226	290	355	420	487	618	950		
0,060	86,4	57,3	42,8	28,4	14,1	7,00	43,2	79,9	117	191	266	342	419	496	574	727	1120	1520	
0,070	98,5	65,2	48,7	32,3	15,9	7,96	49,1	91,0	133	219	305	392	481	569	656	834	1290	1760	
0,080	110	72,5	54,2	36,1	17,8	8,87	54,9	102	149	245	342	441	541	638	738	937	1450	1990	**45** mm
0,090	121	79,9	59,8	39,7	19,5	9,70	60,3	112	165	271	378	487	600	708	818	1040	1610	2220	
0,100	131	86,4	64,7	43,0	21,2	10,5	65,7	122	179	296	413	533	657	775	899	1140	1770	2440	
0,110	141	92,9	69,6	46,2	22,7	11,3	70,4	132	193	320	447	577	711	840	973	1240	1930	2650	
0,120	150	99,0	74,1	49,2	24,3	12,1	75,2	141	207	342	479	620	764	906	1050	1340	2090	2860	
0,130	159	105	78,5	52,1	25,7	12,8	79,8	149	220	365	511	662	814	968	1120	1430	2240	3070	
0,140	167	111	82,5	54,9	27,1	13,4	84,0	157	233	387	543	702	865	1030	1190	1520	2380	3270	
0,160	183	121	90,1	59,8	29,6	14,6	92,4	174	257	428	602	779	961	1140	1330	1700	2670	3670	
0,180	198	131	97,2	64,6	31,9	15,7	101	189	279	466	657	854	1050	1250	1470	1880	2950	4070	
0,200	212	140	104	69,1	34,1	16,8	108	203	299	502	711	926	1140	1360	1590	2050	3230	4460	

Umfang = 1,439 m da/di = 1,245 ln da/di = 0,2187

Wärme-leitzahl λ	Rohrtemperatur in ° C (Lufttemp. = 20° C)																		Isol.-Stärke
	−40	−20	−10	±0	+10	+25	+50	+75	+100	+150	+200	+250	+300	+350	+400	+500	+750	+1000	
0,020	29,6	19,7	14,7	9,83	4,90	2,45	14,7	27,1	39,4	64,2	89,2	114	138	164	189	239			
0,025	36,4	24,1	18,1	12,0	6,00	2,98	19,1	33,4	48,8	79,1	110	140	173	203	234	294			
0,030	43,1	28,5	21,4	14,2	7,09	3,52	21,5	39,7	57,8	93,8	131	166	207	241	277	350			
0,035	49,7	32,9	24,7	16,4	8,12	4,04	24,8	45,7	66,6	108	151	192	239	279	319	405	624		
0,040	56,2	37,0	28,0	18,5	9,15	4,55	28,1	51,6	75,3	122	170	218	270	316	362	459	708		
0,045	62,5	41,2	31,0	20,5	10,2	5,07	31,2	57,5	83,9	136	189	243	299	352	404	513	792		
0,050	68,6	45,2	34,0	22,5	11,2	5,57	34,2	63,3	92,5	150	208	268	326	388	446	567	874		
0,060	80,2	53,4	39,8	26,3	13,1	6,50	40,0	74,1	109	177	246	316	386	457	526	671	1030	1390	
0,070	91,2	61,0	45,4	30,0	15,0	7,40	46,6	84,6	124	203	282	362	443	525	605	771	1190	1610	
0,080	102	68,2	50,7	33,6	16,7	8,27	51,0	94,5	139	228	317	408	498	590	682	870	1340	1830	**50** mm
0,090	112	75,1	55,9	37,0	18,3	9,10	56,2	104	153	252	351	452	552	655	757	968	1490	2040	
0,100	122	81,4	60,9	40,2	19,9	9,88	61,1	113	167	275	384	494	605	717	830	1060	1630	2240	
0,110	131	87,5	65,6	43,2	21,4	10,7	65,8	122	180	297	416	535	656	779	902	1150	1780	2430	
0,120	140	93,4	70,1	46,1	22,9	11,4	70,4	131	193	319	447	575	706	840	972	1240	1920	2630	
0,130	149	98,8	74,5	48,9	24,2	12 1	74,8	140	205	341	477	614	755	900	1040	1330	2070	2820	
0,140	157	104	78,4	51,6	25,5	12,7	78,8	148	217	360	506	652	803	954	1110	1420	2200	3010	
0,160	173	114	86,1	56,6	28,0	13,9	87,0	163	240	400	563	726	893	1060	1240	1590	2470	3390	
0,180	188	124	93,5	61,2	30,2	15,0	94,6	178	262	437	616	796	981	1170	1360	1750	2730	3760	
0,200	200	133	100	65,6	32,3	16,0	102	191	283	473	668	863	1060	1270	1480	1900	2990	4120	

Umfang = 1,470 m da/di = 1,272 ln da/di = 0,2404

Wärmeleitzahl λ	Rohrtemperatur in ° C (Lufttemp. = 20° C) -40	-20	-10	±0	+10	-25	-50	-75	+100	+150	+200	+250	+300	+350	+400	+500	+750	+1000	Isol.-Stärke
0,020	25,5	17,0	12,7	8,52	4,22	2,10	12,7	23,4	34,0	55,5	76,9	98,0	119	141	163	205			
0,025	31,4	20,9	15,6	10,5	5,20	2,60	15,8	28,9	42,0	67,9	94,5	121	148	174	201	254			
0,030	37,2	24,7	18,5	12,4	6,16	3,09	18,8	34,2	50,0	80,9	112	144	177	207	238	302			
0,035	43,0	28,5	21,3	14,3	7,10	3,56	21,7	39,5	57,7	93,5	130	166	206	240	276	349	536		
0,040	48,7	32,2	24,1	16,1	8,00	4,01	24,5	44,7	65,2	106	147	188	233	272	314	396	610		
0,045	54,2	35,9	26,9	17,9	8,88	4,45	27,2	49,8	72,9	118	164	210	259	304	351	444	683		
0,050	59,6	39,4	29,6	19,7	9,77	4,87	29,8	54,8	80,1	130	181	232	284	335	387	490	752		
0,060	70,5	46,4	34,8	23,1	11,5	5,72	34,9	64,7	94,4	154	214	274	336	396	459	581	891	1210	
0,070	80,4	53,1	39,7	26,4	13,1	6,52	39,9	74,2	108	178	246	316	386	455	529	673	1030	1400	
0,080	89,9	59,6	44,5	29,6	14,7	7,30	44,8	83,3	121	201	278	356	435	514	596	763	1160	1590	**60** mm
0,090	99,0	65,7	49,1	32,7	16,2	8,05	49,5	92,2	134	222	308	395	483	570	661	850	1290	1780	
0,100	108	71,7	53,5	35,6	17,7	8,78	54,0	101	147	243	338	433	529	626	726	938	1420	1960	
0,110	117	77,3	57,9	38,4	19,1	9,49	58,4	109	159	264	366	470	575	681	790	1020	1555	2130	
0,120	125	82,9	62,1	41,1	20,5	10,2	62,7	117	171	284	394	505	620	735	854	1100	1680	2300	
0,130	133	88,1	65,9	43,7	21,7	10,8	66,7	124	182	303	421	540	665	787	916	1170	1800	2470	
0,140	141	93,1	69,6	46,3	22,9	11,4	70,7	131	193	320	448	574	707	838	972	1240	1920	2620	
0,160	156	103	77,0	51,1	25,3	12,6	78,3	146	215	356	499	642	790	938	1090	1400	2160	2970	
0,180	170	112	83,9	55,7	27,6	13,7	85,2	159	235	390	549	708	870	1030	1210	1550	2400	3300	
0,200	184	121	90,5	60,0	29,7	14,7	92,0	171	254	424	597	771	946	1130	1310	1680	2620	3610	

Umfang = 1,533 m da/di = 1,326 ln da/di = 0,2822

Wärmeleitzahl λ	Rohrtemperatur in ° C (Lufttemp. = 20° C) -40	-20	-10	±0	+10	+25	+50	+75	+100	+150	+200	+250	+300	+350	+400	+500	+750	+1000	Isol.-Stärke
0,020	22,4	14,9	11,2	7,51	3,73	1,86	11,2	20,6	30,0	48,6	67,4	86,1	105	124	144	180			
0,025	27,7	18,5	13,8	9,27	4,58	2,28	13,8	25,6	37,2	59,9	83,5	107	130	154	178	223			
0,030	32,9	22,0	16,4	11,0	5,43	2,70	16,4	30,4	44,2	71,2	99,3	127	155	183	212	266			
0,035	38,0	25,3	18,9	12,7	6,27	3,12	19,0	35,1	51,0	82,5	115	147	179	212	246	308	526		
0,040	43,1	28,6	21,4	14,4	7,10	3,54	21,6	39,7	57,6	93,6	130	167	203	241	278	350	600		
0,045	48,1	31,9	23,9	16,0	7,91	3,94	24,1	44,2	64,4	104	145	186	227	269	310	392	671		
0,050	52,8	35,1	26,3	17,6	8,71	4,32	26,5	48,6	71,0	115	160	205	250	296	341	433	739		
0,060	62,4	41,4	31,0	20,7	10,3	5,11	31,1	57,6	83,9	137	190	243	298	351	405	515	884	1060	
0,070	71,4	47,4	35,6	23,7	11,8	5,87	35,6	66,1	96,4	158	219	281	344	406	467	594	1020	1230	
0,080	80,2	53,2	40,0	26,6	13,3	6,60	40,2	74,3	108	178	247	317	388	457	529	671	1160	1400	**70** mm
0,090	88,9	59,0	44,2	29,4	14,7	7,30	44,5	82,5	120	197	274	353	431	508	588	746	1290	1560	
0,100	97,4	64,6	48,3	32,1	16,0	7,98	48,7	90,3	132	216	301	387	473	559	647	821	1420	1710	
0,110	105	69,9	52,3	34,7	17,3	8,64	52,7	97,9	143	235	327	421	514	608	705	894	1540	1870	
0,120	113	75,0	56,2	37,3	18,6	9,28	56,6	105	154	253	353	453	555	658	762	966	1670	2030	
0,130	121	80,0	59,9	39,7	19,8	9,90	60,4	113	165	271	378	486	595	705	818	1040	1790	2180	
0,140	128	84,9	63,5	42,2	21,0	10,5	64,2	120	175	289	403	519	635	750	870	1110	1910	2330	
0,160	142	94,4	70,6	46,8	23,3	11,6	71,2	133	195	322	450	580	711	841	976	1250	2150	2630	
0,180	155	104	77,1	51,1	25,4	12,7	78,0	146	214	354	495	639	785	930	1080	1390	2380	2920	
0,200	167	112	83,4	55,1	27,5	13,7	84,5	158	232	384	538	697	857	1020	1180	1510	2620	3200	

Umfang = 1,596 m da/di = 1,380 ln da/di = 0,3224

Innerer Rohr ∅ = 350 mm **Äußerer Rohr ∅ = 368 mm**

Wärmeleitzahl λ	Rohrtemperatur in °C (Lufttemp. = 20° C) -40	-20	-10	±0	+10	+25	+50	+75	+100	+150	+200	+250	+300	+350	+400	+500	+750	+1000	Isol.-Stärke
0,020	20,2	13,4	10,1	6,70	3,35	1,67	10,1	18,5	26,9	43,6	60,7	77,5	94,5	113	129	162			
0,025	24,9	16,5	12,4	8,23	4,12	2,06	12,4	22,9	33,4	44,0	75,0	95,8	117	139	160	201			
0,030	29,6	19,6	14,7	9,76	4,88	2,44	14,7	27,2	39,7	64,2	89,0	114	139	165	190	240			
0,035	34,3	22,7	17,0	11,3	5,64	2,82	17,1	31,4	45,9	74,3	103	132	161	191	220	278	426		
0,040	39,0	25,8	19,3	12,8	6,40	3,20	19,5	35,7	52,0	84,4	117	150	183	216	250	316	483		
0,045	43,5	28,8	21,5	14,3	7,14	3,57	21,7	39,9	58,1	94,4	131	168	205	242	280	354	540		
0,050	48,0	31,8	23,7	15,8	7,89	3,94	24,0	44,0	64,1	104	144	185	226	268	309	391	597		
0,060	56,6	37,6	28,0	18,7	9,37	4,68	28,3	52,1	76,0	123	172	220	269	318	366	464	709	956	
0,070	65,1	43,2	32,2	21,5	10,8	5,36	32,5	59,9	87,5	142	199	254	310	367	424	536	820	1100	
0,080	73,1	48,6	36,3	24,3	12,1	6,03	36,5	67,6	98,6	161	225	287	351	415	480	608	929	1250	**80 mm**
0,090	81,0	53,9	40,3	26,9	13,4	6,68	40,5	75,2	110	179	249	320	391	463	535	677	1040	1400	
0,100	88,9	59,1	44,1	29,5	14,7	7,32	44,4	82,3	120	197	274	352	430	509	589	746	1150	1550	
0,110	96,6	64,2	47,8	31,9	15,9	7,95	48,2	89,3	131	214	298	383	468	555	640	812	1250	1690	
0,120	104	69,1	51,5	34,3	17,1	8,57	51,9	96,1	141	231	321	414	506	598	692	880	1350	1840	
0,130	111	73,8	55,1	36,6	18,3	9,16	55,5	103	151	247	344	443	543	642	743	944	1450	1980	
0,140	118	78,4	58,6	38,9	19,4	9,72	59,0	109	160	263	366	473	580	686	793	1010	1550	2120	
0,160	132	87,3	65,3	43,4	21,6	10,8	65,7	122	179	295	411	531	651	870	891	1140	1750	2390	
0,180	144	95,7	71,6	47,5	23,7	11,9	72,2	134	197	326	455	588	719	952	988	1260	1950	2660	
0,200	156	104	77,6	51,4	25,7	12,9	78,4	146	215	356	498	642	788	1030	1080	1380	2140	2920	

Umfang = 1,659 m da/di = 1,435 ln da/di = 0,3610

Wärmeleitzahl λ	Rohrtemperatur in °C (Lufttemp. = 20° C) -40	-20	-10	±0	+10	+25	+50	+75	+100	+150	+200	+250	+300	+350	+400	+500	+750	+1000	Isol.-Stärke
0,020	18,3	12,2	9,16	6,15	3,06	1,53	9,20	16,8	24,4	39,8	55,1	70,3	86,0	101	117	147			
0,025	22,7	15,1	11,3	7,55	3,77	1,89	11,4	20,8	30,3	49,1	68,0	87,4	107	126	145	182			
0,030	27,0	18,0	13,5	8,96	4,48	2,23	13,6	24,8	36,2	58,5	81,0	104	127	151	173	217			
0,035	31,3	20,9	15,6	10,4	5,18	2,57	15,8	28,8	41,9	68,0	94,0	121	147	175	201	252	386		
0,040	35,6	23,7	17,7	11,8	5,87	2,92	17,9	32,7	47,6	77,4	107	138	167	199	228	287	439		
0,045	39,8	26,4	19,8	13,2	6,56	3,27	19,9	36,5	53,2	86,5	120	153	187	222	255	322	492		
0,050	43,9	29,2	21,9	14,6	7,26	3,62	21,8	40,2	58,7	95,3	132	169	207	244	282	356	543		
0,060	51,9	34,6	25,9	17,2	8,57	4,28	25,9	47,6	69,6	113	157	201	246	290	334	423	648	870	
0,070	59,7	39,8	29,8	19,7	9,86	4,93	29,8	54,9	80,3	131	181	232	284	336	386	490	750	1010	
0,080	67,3	44,8	33,6	22,2	11,1	5,56	33,6	62,0	90,6	148	205	263	322	380	438	555	848	1150	**90 mm**
0,090	74,8	49,7	37,3	24,8	12,4	6,18	37,3	68,9	101	164	229	293	359	423	489	620	948	1290	
0,100	82,0	54,6	40,9	27,2	13,6	6,81	41,0	75,7	111	180	251	323	394	466	539	684	1050	1420	
0,110	89,1	59,3	44,3	29,5	14,8	7,39	44,6	82,2	121	196	273	352	430	508	588	746	1150	1550	
0,120	96,1	63,9	47,8	31,8	15,9	7,96	48,0	88,7	130	212	295	380	465	551	636	808	1240	1670	
0,130	103	68,4	51,0	34,0	17,0	8,51	51,4	95,0	139	227	317	409	500	591	683	869	1340	1800	
0,140	110	72,6	54,4	36,2	18,0	9,01	54,8	101	148	243	339	436	534	631	729	929	1430	1930	
0,160	122	81,1	60,7	40,3	20,1	10,1	61,0	113	166	272	380	490	600	710	821	1050	1620	2180	
0,180	134	89,3	66,8	44,3	22,1	11,1	67,2	125	183	301	422	543	665	786	910	1160	1800	2430	
0,200	146	97,3	72,6	48,1	24,0	12,0	73,1	136	199	330	462	594	728	862	998	1270	1970	2670	

Umfang = 1,722 m da/di = 1,489 ln da/di = 0,3983

Innerer Rohr ⌀ = 350 mm **Äußerer Rohr ⌀ = 368 mm**

Wärme-leitzahl λ	Rohrtemperatur in ° C (Lufttemp. = 20° C) -40	-20	-10	±0	+10	+25	+50	+75	+100	+150	+200	+250	+300	+350	+400	+500	+750	+1000	Isol.-Stärke
0,020	16,8	11,2	8,41	5,62	2,82	1,40	8,44	15,4	22,4	36,6	50,9	65,0	79,1	93,3	108	135			
0,025	20,8	13,8	10,4	6,94	3,47	1,72	10,4	19,2	27,8	45,3	62,8	80,4	98,1	116	133	168			
0,030	24,8	16,5	12,4	8,23	4,12	2,04	12,4	22,9	33,3	54,0	74,7	95,8	117	138	158	200			
0,035	28,8	19,1	14,3	9,50	4,75	2,37	14,4	26,5	38,5	62,8	86,6	111	136	160	184	232	355		
0,040	32,7	21,8	16,3	10,8	5,40	2,70	16,4	30,2	43,8	71,4	98,3	127	154	182	210	264	405		
0,045	36,6	24,3	18,2	12,0	6,04	3,02	18,3	33,7	49,0	79,8	110	142	172	204	235	296	454		
0,050	40,4	26,8	20,1	13,3	6,65	3,32	20,2	37,0	54,1	88,1	122	156	190	226	259	328	501		
0,060	48,0	31,9	23,9	15,8	7,92	3,96	23,9	44,1	64,2	105	145	186	227	268	307	390	598	802	
0,070	55,4	36,8	27,5	18,3	9,15	4,58	27,6	51,0	74,1	121	168	215	263	311	357	452	692	932	**100** mm
0,080	62,7	41,7	31,2	20,7	10,4	5,17	31,2	57,8	83,9	137	190	244	298	352	406	513	786	1060	
0,090	69,9	46,2	34,6	23,0	11,5	5,76	34,7	64,3	93,6	153	212	272	332	393	453	574	879	1180	
0,100	76,8	50,8	38,1	25,3	12,7	6,32	38,1	70,6	103	168	233	300	365	432	499	633	970	1310	
0,110	83,4	55,2	41,4	27,5	13,8	6,90	41,4	76,8	112	183	253	327	399	471	545	691	1060	1430	
0,120	89,7	59,5	44,6	29,7	14,8	7,43	44,7	82,9	121	198	274	354	432	510	589	748	1150	1550	
0,130	96,0	63,8	47,7	31,8	15,9	7,97	47,9	88,7	130	212	295	380	464	548	634	803	1240	1670	
0,140	102	68,2	50,9	33,8	16,9	8,43	51,2	94,4	138	226	315	405	496	585	677	859	1320	1790	
0,160	114	76,3	57,0	37,7	18,9	9,45	57,0	106	155	255	355	456	558	659	762	969	1490	2020	
0,180	126	83,9	62,7	41,5	20,8	10,4	63,0	117	172	282	394	506	619	732	847	1080	1660	2250	
0,200	138	91,4	68,3	45,3	22,7	11,4	68,8	128	188	308	431	555	680	804	932	1190	1820	2470	

Umfang = 1,784 m da/di = 1,544 ln da/di = 0,4340

Wärme-leitzahl λ	Rohrtemperatur in ° C (Lufttemp. = 20° C) -40	-20	-10	±0	+10	+25	+50	+75	+100	+150	+200	+250	+300	+350	+400	+500	+750	+1000	Isol.-Stärke
0,020	14,6	9,78	7,30	4,86	2,46	1,23	7,31	13,4	19,6	31,8	43,9	56,1	68,4	81,1	93,1	118			
0,025	18,1	12,0	9,02	6,05	3,02	1,51	9,07	16,6	24,2	39,4	54,5	79,6	84,9	100	116	146			
0,030	21,5	14,3	10,8	7,20	3,60	1,79	10,8	19,8	28,9	46,9	64,9	83,0	101	120	138	175			
0,035	25,0	16,6	12,5	8,36	4,17	2,07	12,5	23,0	33,5	54,5	75,3	96,2	118	139	160	203	309		
0,040	28,5	18,9	14,2	9,49	4,74	2,36	14,3	26,2	38,1	62,0	85,8	110	134	158	182	231	353		
0,045	31,9	21,1	15,9	10,6	5,29	2,64	16,0	29,3	42,7	69,4	96,0	123	151	177	204	259	396		
0,050	35,3	23,4	17,5	11,8	5,86	2,92	17,6	32,5	47,3	76,7	107	136	167	196	226	287	438		
0,060	42,0	27,9	20,9	14,9	6,93	3,48	21,0	38,6	56,3	91,6	127	162	199	234	270	342	522	702	
0,070	48,6	32,3	24,2	16,1	8,03	4,02	24,3	44,8	65,0	106	147	188	230	272	313	396	605	813	**120** mm
0,080	55,1	36,6	27,4	18,2	9,11	4,55	27,5	50,7	73,8	120	167	214	261	309	355	450	687	924	
0,090	61,5	40,7	30,5	20,3	10,1	5,08	30,6	56,5	82,4	134	186	239	292	344	397	503	769	1040	
0,100	67,6	44,9	33,6	22,4	11,2	5,60	33,8	62,3	90,8	148	205	263	322	380	438	555	848	1140	
0,110	73,6	49,9	36,7	24,4	12,2	6,10	36,8	68,0	99,0	161	224	287	351	415	478	607	928	1250	
0,120	79,5	52,8	39,6	26,3	13,2	6,60	39,7	73,4	107	174	242	311	380	449	518	658	1010	1360	
0,130	85,3	56,7	42,4	28,2	14,1	7,08	42,6	78,8	115	187	260	334	409	483	558	708	1090	1470	
0,140	90,9	60,5	45,3	30,1	15,0	7,55	45,4	84,1	123	200	279	358	438	517	597	758	1170	1570	
0,160	102	67,9	50,8	33,8	16,9	8,47	50,9	94,7	138	226	314	403	494	584	674	856	1320	1770	
0,180	113	75,1	56,3	37,3	18,6	9,36	56,3	105	153	251	349	448	548	649	750	952	1470	1980	
0,200	124	82,2	61,6	40,8	20,3	10,2	61,8	115	168	275	384	492	602	714	824	1050	1610	2180	

Umfang = 1,910 m da/di = 1,652 ln da/di = 0,5021

Innerer Rohr ⌀ = 350 mm **Äußerer Rohr ⌀ = 368 mm**

Wärme-leitzahl λ	Rohrtemperatur in ° C (Lufttemp. = 20° C)																	Isol.-Stärke
	−40	−20	−10	±0	+10	+25	+50	+75	+100	+150	+200	+250	+300	+350	+400	+500	+750	+1000	
0,020	13,0	8,68	6,52	4,37	2,18	1,09	6,52	11,9	17,3	28,4	39,3	50,1	61,0	72,0	83,0	104			
0,025	16,1	10,7	8,03	5,36	2,69	1,35	8,07	14,9	21,6	35,3	48,7	62,3	75,5	98,2	103	130			
0,030	19,2	12,8	9,60	6,38	3,20	1,60	9,62	17,8	25,8	42,1	58,1	74,5	90,4	106	123	155			
0,035	22,3	14,9	11,2	7,40	3,71	1,86	11 3	20,6	30,0	48,8	67,2	86,2	105	124	143	180	275		
0,040	25,4	16,9	12,8	8,42	4,22	2,11	12,8	23,4	34,2	55,4	76,4	98,0	119	141	163	205	313		
0,045	28,5	18,9	14,2	9,42	4,74	2,36	14,3	26,2	38,2	62,1	85,5	110	134	158	183	230	350		
0,050	31,6	21,0	15,7	10,5	5,23	2,61	15,7	28,9	42,2	68,8	94,4	121	148	175	202	255	388		
0,060	37,5	25,0	18,8	12,4	6,22	3,12	18,8	34,5	50,2	82,1	113	145	177	209	241	304	464	620	
0,070	43,4	29,0	21,8	14,4	7,21	3,61	21,8	39,9	58,2	95,3	132	169	205	242	280	353	540	725	
0,080	49,2	32,8	24,6	16,4	8,17	4,09	24,7	45,2	66,0	108	150	192	234	275	318	402	612	826	**140** mm
0,090	55,0	36,6	27,4	18,3	9,12	4,57	27,5	50,5	73,7	121	168	214	261	308	356	449	686	926	
0,100	60,7	40,3	30,2	20,1	10,0	5,05	30,3	55,8	81,5	133	185	236	289	340	393	495	759	1020	
0,110	66,3	44,0	32,9	21,9	11,0	5,52	33,1	61,0	89,1	145	202	258	315	372	430	542	830	1120	
0,120	71,7	47,7	35,6	23,7	11,9	5,97	35,8	66,0	96,4	157	219	280	341	404	465	588	902	1210	
0,130	77,1	51,2	38,3	25,5	12,8	6,40	38,5	71,0	104	169	235	301	368	435	501	634	972	1310	
0,140	82,4	54,7	41,0	27,2	13,6	6,83	41,2	76,0	111	181	252	322	394	466	537	679	1040	1400	
0,160	92,7	61,5	46,0	30,6	15,3	7,69	46,3	85,4	125	204	284	365	446	526	607	769	1180	1590	
0,180	103	68,3	51,0	33,9	17,0	8,52	51,4	94,8	139	227	317	407	496	586	675	858	1320	1770	
0,200	113	74,8	55,9	37,2	18,6	9,32	56,3	104	153	249	348	447	546	645	743	946	1450	1960	

Umfang = 2,036 m da/di = 1,761 ln da/di = 0,5658

Wärme-leitzahl λ	Rohrtemperatur in ° C (Lufttemp. = 20° C)																	Isol.-Stärke
	−40	−20	−10	±0	+10	+25	+50	+75	+100	+150	+200	+250	+300	+350	+400	+500	+750	+1000	
0,020	11,7	7,85	5,90	3,96	1,98	0,99	5,90	10,8	15,7	25,7	35,5	45,4	55,1	65,2	75,0	94,2			
0,025	14,6	9,78	7,32	4,89	2,44	1,22	7,34	13,5	19,6	32,0	44,1	56,4	68,5	71,1	93,3	118			
0,030	17,5	11,7	8,73	5,82	2,90	1,45	8,80	16,1	23,4	38,1	52,6	67,2	82,0	97,0	112	140			
0,035	20,3	13,6	10,2	6,74	3,38	1,69	10,2	18,7	27,2	44,4	61,1	78,1	95,1	113	130	163	249		
0,040	23,1	15,5	11,6	7,68	3,84	1,92	11,6	21,3	30,9	50,5	69,7	89,0	108	128	148	186	283		
0,045	25,9	17,4	13,0	8,62	4,32	2,15	13,0	23,8	34,6	56,6	78,0	100	121	144	165	209	317		
0,050	28,7	19,2	14,3	9,55	4,77	2,38	14,3	26,3	38,3	62,6	86,3	111	135	159	184	232	352		
0,060	34,1	22,8	17,1	11,3	5,67	2,84	17,2	31,3	45,6	74,5	103	132	161	190	220	277	424	565	
0,070	39,5	26,4	19,8	13,2	6,58	3,30	19,9	36,4	53,0	86,6	120	154	187	220	255	322	492	658	
0,080	44,9	30,0	22,4	15,0	7,48	3,74	22,6	41,4	60,2	98,5	136	175	213	251	289	366	558	750	**160** mm
0,090	50,3	33,5	25,0	16,7	8,35	4,18	25,2	46,3	67,2	110	152	196	238	281	324	409	624	840	
0,100	55,6	36,9	27,6	18,4	9,22	4,61	27,8	51,1	74,4	121	168	216	264	311	358	452	691	930	
0,110	60,6	40,3	30,2	20,1	10,1	5,04	30,4	55,9	81,5	132	184	236	289	340	391	495	757	1020	
0,120	65,6	43,7	32,8	21,8	10,9	5,45	32,9	60,6	88,4	144	199	256	313	369	425	536	822	1110	
0,130	70,5	47,0	35,2	23,5	11,7	5,86	35,3	65,2	95,3	155	215	275	337	397	458	579	886	1200	
0,140	75,5	50,3	37,6	25,0	12,5	6,27	37,8	69,8	102	166	230	295	360	426	492	621	950	1280	
0,160	85,3	56,7	42,4	28,2	14,1	7,06	42,7	78,7	115	187	260	334	408	482	556	704	1080	1450	
0,180	94,8	63,1	47,2	31,3	15,7	7,85	47,4	87,5	128	208	290	373	456	538	620	786	1110	1620	
0,200	104	69,3	51,9	34,4	17,2	8,61	52,0	96,2	141	229	319	411	502	592	682	866	1230	1970	

Umfang = 2,161 m da/di = 1,870 ln da/di = 0,6257

Innerer Rohr ⌀ = 350 mm **Äußerer Rohr ⌀ = 368 mm**

Wärmeleitzahl λ	Rohrtemperatur in °C (Lufttemp. = 20° C)																		Isol.-Stärke
	−40	−20	−10	±0	+10	+25	+50	+75	+100	+150	+200	+250	+300	+350	+400	+500	+750	+1000	
0,020	10,8	7,25	5,41	3,62	1,82	0,91	5,43	9,93	14,5	23,5	32,6	41,7	50,9	59,9	69,1	87,0			
0,025	13,5	9,00	6,73	4,50	2,25	1,12	6,75	12,4	18,0	29,2	40,5	52,0	63,1	74,3	86,0	108			
0,030	16,2	10,7	8,03	5,36	2,69	1,34	8,06	14,8	21,5	34,8	48,4	62,1	75,6	89,1	103	129			
0,035	18,8	12,5	9,33	6,23	3,13	1,56	9,34	17,2	25,0	40,5	56,1	72,0	87,8	104	120	151	227		
0,040	21,4	14,3	10,7	7,12	3,57	1,78	10,7	19,6	28,5	46,3	63,9	82,0	100	118	136	172	259		
0,045	24,0	16,0	12,0	7,99	4,00	1,99	12,0	22,0	31,0	52,0	71,7	92,0	112	132	152	193	291		
0,050	26,6	17,7	13,2	8,82	4,40	2,20	13,2	24,3	35,4	57,6	79,5	102	124	146	168	214	222		
0,060	31,7	21,1	15,8	10,5	5,27	2,63	15,8	29,0	42,3	68,8	95,3	122	148	175	202	256	388	523	
0,070	36,8	24,5	18,3	12,2	6,10	3,05	18,3	33,6	49,1	79,9	111	142	172	204	235	298	452	609	**180**
0,080	41,8	27,7	20,8	13,9	6,93	3,46	20,9	38,2	55,6	90,8	126	161	196	232	267	339	516	691	mm
0,090	46,7	31,0	23,2	15,4	7,75	3,87	23,3	42,7	62,4	102	141	180	220	259	299	379	578	776	
0,100	51,6	34,3	25,7	17,1	8,56	4,28	25,7	47,2	68,9	113	156	199	243	287	331	419	639	860	
0,110	56,3	37,4	28,0	18,7	9,34	4,66	28,1	51,6	75,4	123	170	218	266	314	362	459	700	942	
0,120	61,0	40,5	30,4	20,3	10,1	5,05	30,4	56,0	81,8	133	185	236	289	341	393	498	761	1030	
0,130	65,6	43,7	32,7	21,8	10,9	5,44	32,8	60,3	88,2	143	199	255	311	368	424	537	822	1110	
0,140	70,2	46,7	35,0	23,3	11,6	5,82	35,1	64,7	94,4	153	213	273	333	394	455	575	881	1190	
0,160	79,4	52,8	39,5	26,3	13,1	6,58	39,7	73,1	107	173	242	310	378	447	515	653	997	1340	
0,180	88,5	58,8	43,9	29,3	14,6	7,32	44,1	81,5	119	193	270	346	422	499	575	730	1120	1500	
0,200	97,4	64,6	48,2	32,1	16,0	8,03	48,5	89,6	131	213	297	381	465	550	634	805	1230	1660	

Umfang = 2,287 m da/di = 1,978 ln da/di = 0,6822

Wärmeleitzahl λ	Rohrtemperatur in °C (Lufttemp. = 20° C)																		Isol.-Stärke
	−40	−20	−10	±0	+10	+25	+50	+75	+100	+150	+200	+250	+300	+350	+400	+500	+750	+1000	
0,020	10,1	6,74	5,03	3,37	1,68	0,84	5,03	9,27	13,5	21,8	30,3	38,8	47,3	55,6	64,0	80,5			
0,025	12,6	8,40	6,29	4,18	2,09	1,04	6,29	11,6	16,7	27,2	37,7	48,2	59,0	69,2	80,0	100			
0,030	15,0	10,0	7,50	4,99	2,49	1,24	7,50	12,8	20,0	32,5	45,0	57,7	70,5	83,0	96,0	120			
0,035	17,5	11,7	8,70	5,80	2,90	1,44	8,70	16,0	23,2	37,7	52,4	67,2	82,0	96,7	112	140	214		
0,040	19,9	13,3	9,91	6,61	3,30	1,65	9,90	18,2	26,5	43,0	59,6	76,6	93,4	110	128	160	243		
0,045	22,4	14,9	11,1	7,40	3,70	1,85	11,1	20,4	29,7	48,3	67,1	85,9	105	123	143	180	273		
0,050	24,8	16,5	12,3	8,20	4,10	2,05	12,4	22,6	33,0	53,5	74,2	95,2	116	136	158	199	303		
0,060	29,6	19,6	14,7	9,75	4,88	2,44	14,7	27,0	39,3	64,1	88,9	114	139	163	189	238	363	486	
0,070	34,3	22,8	17,1	11,4	5,66	2,83	17,1	31,4	45,8	74,6	103	133	161	190	219	277	423	567	**200**
0,080	38,9	25,9	19,4	12,9	6,45	3,22	19,4	35,7	51,9	84,9	117	151	183	216	249	315	482	647	mm
0,090	43,6	29,0	21,7	14,5	7,23	3,60	21,7	40,0	58,3	95,0	131	169	206	243	279	353	539	725	
0,100	48,2	32,1	23,9	16,1	7,99	3,96	24,0	44,2	64,6	105	145	187	228	268	309	390	597	803	
0,110	52,8	35,2	26,3	17,6	8,74	4,34	26,3	48,4	70,6	115	159	204	249	293	338	428	653	880	
0,120	57,2	38,1	28,5	19,0	9,47	4,72	28,6	52,6	76,6	125	173	222	270	319	367	466	710	960	
0,130	61,7	41,0	30,7	20,5	10,2	5,09	30,6	56,6	82,6	135	186	239	291	344	396	502	766	1030	
0,140	66,1	44,0	32,8	21,9	10,9	5,44	33,0	60,6	88,6	144	200	257	312	369	425	539	822	1100	
0,160	74,7	49,7	37,2	24,8	12,3	6,14	37,2	68,6	100	163	227	292	354	418	482	611	934	1260	
0,180	83,2	55,3	41,4	27,6	13,7	6,83	41,5	76,4	112	182	253	325	396	468	539	683	1050	1410	
0,200	91,5	60,9	45,5	30,3	15,1	7,50	45,7	84,1	123	200	279	357	436	516	594	754	1160	1550	

Umfang = 2,413 m da/di = 2,087 ln da/di = 0,7357

Innerer Rohr ⌀ = 400 mm **Äußerer Rohr ⌀ = 420 mm**

Wärme-leitzahl λ	Rohrtemperatur in ° C (Lufttemp. = 20° C)																	Isol.-Stärke
	−40	−20	−10	±0	+10	+25	+50	+75	+100	+150	+200	+250	+300	+350	+400	+500	+750	+1000	
0,020	90,2	59,9	44,8	29,7	14,8	7,34	45,1	83,4	122	201	280	360	440	522	604	765			
0,025	108	71,6	53,4	35,5	17,6	8,71	54,0	101	147	242	336	436	537	631	735	934			
0,030	125	82,9	61,7	41,0	20,1	10,0	62,5	117	171	283	391	510	629	742	858	1090			
0,035	141	93,1	69,4	46,0	22,6	11,2	70,2	132	193	320	445	579	718	846	976	1250	1940		
0,040	156	103	76,5	50,7	25,0	12,3	77,5	145	214	357	496	647	802	947	1090	1400	2180		
0,045	170	112	83,0	55,1	27,1	13,5	84,4	158	234	391	544	712	883	1050	1200	1550	2420		
0,050	182	120	89,2	59,2	28,0	14,5	90,9	171	253	424	591	773	959	1140	1310	1690	2650		
0,060	205	135	100	66,0	32,7	16,2	103	194	288	483	679	887	1100	1320	1520	1960	3090	4270	
0,070	224	148	110	73,1	35,8	17,7	114	215	320	538	763	996	1240	1480	1720	2220	3510	4880	
0,080	242	160	119	79,0	38,8	19,1	123	234	350	590	842	1100	1370	1630	1910	2460	3940	5460	**15 mm**
0,090	259	171	127	84,2	41,4	20,3	132	252	377	639	915	1190	1490	1780	2080	2700	4340	6020	
0,100	273	180	134	88,6	43,7	21,4	140	268	402	684	981	1280	1600	1920	2250	2920	4720	6570	
0,110	286	189	141	92,9	45,7	22,4	148	283	425	726	1040	1360	1700	2050	2410	3140	5100	7120	
0,120	298	197	146	96,6	47,3	23,3	155	297	447	767	1100	1440	1800	2180	2560	3350	5460	7670	
0,130	308	204	152	100	48,8	24,1	161	310	467	803	1160	1520	1900	2300	2710	3550	5820	8190	
0,140	318	210	156	103	50,3	24,9	167	322	486	837	1210	1590	1990	2420	2860	3750	6160	8700	
0,160	336	222	165	109	53,1	26,3	177	343	521	900	1300	1730	2160	2640	3130	4130	6810	9680	
0,180	351	232	172	114	55,5	27,5	186	363	551	955	1390	1850	2330	2850	3370	4470	7440	10650	
0,200	365	241	179	118	57,7	28,5	194	381	578	1005	1470	1960	2490	3050	3610	4810	8060	11570	

Umfang = 1,414 m da/di = 1,071 ln da/di = 0,0690

Wärme-leitzahl λ	Rohrtemperatur in ° C (Lufttemp. = 20° C)																	Isol.-Stärke
	−40	−20	−10	±0	+10	+25	+50	+75	+100	+150	+200	+250	+300	+350	+400	+500	+750	+1000	
0,020	71,8	47,6	35,7	23,6	11,8	5,85	35,8	66,2	96,6	158	220	282	344	408	471	598			
0,025	86,4	57,4	43,0	28,6	14,1	7,02	43,2	80,0	117	193	269	344	419	500	575	736			
0,030	100	67,0	50,0	33,3	16,2	8,13	50,2	93,4	137	226	315	403	492	585	678	870			
0,035	114	75,5	56,5	37,7	18,3	9,22	56,9	105	156	257	360	460	561	667	774	998	1540		
0,040	126	84,0	62,8	41,8	20,3	10,2	63,4	117	174	287	402	515	629	749	870	1120	1740		
0,045	138	91,8	68,7	45,6	22,2	11,1	69,5	129	191	316	444	569	696	828	960	1240	1920		
0,050	150	99,6	74,4	49,2	24,1	12,0	75,2	140	208	344	484	623	760	902	1050	1360	2100		
0,060	171	113	85,1	56,0	27,6	13,7	86,0	160	239	396	558	720	883	1060	1220	1580	2460	3360	
0,070	190	126	93,8	62,1	30,7	15,1	96,0	179	267	445	628	810	1000	1190	1390	1790	2800	3870	
0,080	207	137	102	67,6	33,5	16,4	105	197	293	491	694	900	1110	1320	1550	1990	3130	4360	**20 mm**
0,090	223	148	110	72,7	35,9	17,6	113	212	318	535	756	988	1220	1450	1700	2190	3460	4820	
0,100	237	157	117	77,4	38,1	18,6	121	227	339	575	815	1060	1320	1580	1840	2380	3770	5270	
0,110	250	166	123	81,7	40,1	19,6	128	242	361	611	871	1140	1420	1690	1980	2560	4080	5680	
0,120	261	174	129	85,6	41,9	20,5	135	256	383	647	925	1210	1510	1800	2110	2740	4400	6100	
0,130	273	182	135	89,2	43,6	21,3	141	267	402	681	977	1280	1600	1910	2230	2920	4690	6500	
0,140	284	188	140	92,6	45,2	22,1	147	278	420	716	1030	1350	1680	2010	2360	3090	4980	6900	
0,160	303	199	149	98,5	48,0	23,7	157	301	454	775	1120	1470	1840	2210	2600	3410	5530	7770	
0,180	319	210	157	104	50,5	25,0	166	321	485	831	1200	1580	1990	2400	2820	3710	6080	8560	
0,200	334	221	164	108	52,8	26,1	175	339	513	881	1270	1690	2130	2580	3040	4000	6600	9320	

Umfang = 1,445 m da/di = 1,095 ln da/di = 0,0908

42

Innerer Rohr ⌀ = 400 mm **Äußerer Rohr ⌀ = 420 mm**

Wärmeleitzahl λ	Rohrtemperatur in ° C (Lufttemp. = 20° C)																		Isol.-Stärke
	−40	−20	−10	±0	+10	+25	+50	+75	+100	+150	+200	+250	+300	+350	+400	+500	+750	+1000	
0,020	60,3	39,6	29,4	19,7	9,75	4,87	29,6	54,6	80,2	130	180	232	284	335	386	490			
0,025	72,2	48,2	35,8	23,8	11,8	5,86	36,2	67,0	98,5	160	221	284	347	411	474	606			
0,030	84,0	56,3	42,0	27,8	13,8	6,81	42,3	78,6	115	188	260	334	406	484	560	720			
0,035	95,8	64,0	47,7	31,7	15,7	7,75	48,2	89,2	131	215	298	382	465	555	643	825	1270		
0,040	108	71,5	53,4	35,3	17,4	8,66	53,8	100	147	241	334	429	523	623	722	925	1430		
0,045	118	78,5	58,7	38,9	19,2	9,54	59,2	110	162	265	369	475	580	690	800	1025	1590		
0,050	127	85,0	63,6	42,2	20,9	10,4	64,4	120	177	289	403	519	635	756	878	1125	1740		
0,060	147	97,4	72,8	48,3	23,9	11,9	74,1	138	204	334	468	606	740	884	1030	1320	2050	2800	
0,070	165	109	81,5	54,1	26,6	13,3	83,2	155	230	376	529	688	843	1010	1170	1500	2340	3210	**25 mm**
0,080	181	120	89,6	59,2	29,1	14,5	91,4	171	230	417	585	765	944	1125	1310	1670	2630	3620	
0,090	195	130	97,6	64,2	31,4	15,6	99,1	186	276	456	641	838	1040	1240	1440	1840	2910	4020	
0,100	208	139	103	68,8	33,5	16,6	106	200	296	493	692	909	1130	1350	1560	2005	3170	4390	
0,110	221	148	110	72,8	35,4	17,6	113	213	317	529	744	980	1220	1450	1680	2170	3430	4750	
0,120	233	156	116	76,7	37,3	18,5	120	225	336	564	794	1045	1290	1550	1800	2330	3700	5110	
0,130	245	163	121	80,5	39,0	19,4	126	237	355	596	844	1110	1370	1640	1910	2490	3950	5460	
0,140	256	169	126	83,8	40,6	20,2	132	248	373	627	894	1170	1440	1730	2020	2640	4210	5820	
0,160	274	182	135	89,6	43,5	21,6	142	269	406	684	977	1280	1600	1910	2240	2920	4680	6530	
0,180	291	193	143	95,4	46,2	22,9	151	288	435	735	1050	1380	1740	2080	2460	3190	5130	7230	
0,200	307	203	151	100	48,5	24,0	160	305	462	783	1120	1480	1860	2250	2650	3470	5530	7880	

Umfang = 1,477 m da/di = 1,119 ln da/di = 0,1124

Wärmeleitzahl λ	Rohrtemperatur in ° C (Lufttemp. = 20° C)																		Isol.-Stärke
	−40	−20	−10	±0	+10	+25	+50	+75	+100	+150	+200	+250	+300	+350	+400	+500	+750	+1000	
0,020	51,3	34,0	25,4	16,8	8,36	4,16	25,5	47,1	68,8	110	152	195	239	282	326	416			
0,025	62,4	41,5	30,7	23,8	10,2	5,00	31,0	57,2	84,0	135	187	241	295	346	402	514			
0,030	72,8	48,5	35,9	24,0	11,9	5,85	36,2	67,0	98,5	159	221	284	349	409	476	610			
0,035	82,8	55,4	41,0	27,2	13,5	6,68	41,6	76,6	112	183	254	325	400	470	546	703	1080		
0,040	92,5	62,2	46,0	30,4	15,1	7,50	46,7	86,1	126	207	286	367	449	532	615	795	1230		
0,045	102	68,5	50,7	33,6	16,7	8,28	51,6	95,0	140	228	317	407	498	591	684	882	1360		
0,050	111	74,4	55,3	36,8	18,2	9,06	56,1	104	153	249	346	446	546	647	750	868	1490		
0,060	129	85,4	63,9	42,4	21,0	10,4	65,1	121	178	291	404	522	640	762	887	1140	1750	2390	
0,070	145	96,0	71,8	47,8	23,7	11,7	73,3	137	201	330	460	594	730	869	1010	1290	2000	2750	**30 mm**
0,080	160	106	79,3	52,6	26,1	12,9	81,0	151	223	367	512	660	817	970	1120	1440	2250	3100	
0,090	173	116	86,6	57,2	28,3	14,0	88,3	165	243	401	561	726	900	1050	1240	1590	2500	3450	
0,100	185	125	93,3	61,6	30,3	15,0	95,3	178	262	435	609	791	980	1160	1350	1740	2730	3780	
0,110	198	133	99,2	65,5	32,4	15,9	102	190	281	468	657	856	1060	1255	1460	1880	2960	4080	
0,120	211	140	105	69,4	34,1	16,8	108	202	299	499	703	920	1140	1350	1570	2020	3190	4390	
0,130	221	147	109	73,0	35,9	17,6	114	213	316	529	748	980	1220	1440	1670	2150	3410	4700	
0,140	232	153	114	76,1	37,5	18,4	119	223	334	559	792	1030	1280	1520	1770	2280	3630	5020	
0,160	251	166	124	82,0	40,5	19,9	129	244	365	614	870	1135	1410	1690	1970	2550	4050	5640	
0,180	268	177	132	87,8	42,9	21,2	138	262	393	665	939	1230	1540	1850	2160	2800	4460	6230	
0,200	282	187	140	93,2	45,2	22,4	147	281	418	710	1010	1325	1650	1990	2330	3050	4890	6810	

Umfang = 1,508 m da/di = 1,143 ln da/di = 0,1336

Innerer Rohr ⌀ = 400 mm **Äußerer Rohr ⌀ = 420 mm**

Wärme-leitzahl λ	Rohrtemperatur in ° C (Lufttemp. = 20° C) -40	-20	-10	±0	+10	+25	+50	+75	+100	+150	+200	+250	+300	+350	+400	+500	+750	+1000	Isol.-Stärke
0,020	45,6	30,3	22,0	15,0	7,45	3,70	22,7	41,9	61,1	98,0	135	174	212	250	288	368			
0,025	55,2	37,4	27,7	18,4	8,95	4,50	27,8	50,9	74,0	120	166	214	262	309	358	455			
0,030	64,8	44,0	32,6	21,4	10,6	5,30	32,8	59,8	86,8	142	196	252	309	366	425	540			
0,035	74,4	50,3	37,3	24,4	12,1	6,04	37,5	68,7	100	163	226	290	356	419	490	620	955		
0,040	83,8	56,2	41,7	27,3	13,5	6,78	42,0	77,4	113	184	255	328	402	474	553	698	1080		
0,045	92,6	62,0	46,1	30,2	15,0	7,45	46,4	86,1	126	204	283	364	446	528	615	776	1200		
0,050	101	67,5	50,3	33,2	16,5	8,17	50,7	94,3	137	224	310	399	489	579	672	852	1320		
0,060	116	78,3	58,5	38,7	19,1	9,46	59,1	109	160	262	364	469	576	684	790	1000	1560	2120	
0,070	132	88,4	66,4	43,5	21,6	10,7	66,9	124	181	296	414	536	656	778	898	1150	1780	2440	**35** mm
0,080	147	97,6	73,2	48,1	23,8	11,8	74,2	138	202	330	462	600	733	874	1010	1290	2010	2750	
0,090	161	107	79,4	52,4	25,9	12,8	80,8	150	221	363	508	660	809	964	1120	1420	2230	3040	
0,100	173	115	85,2	56,5	27,8	13,7	87,2	162	239	394	553	720	884	1050	1220	1550	2440	3330	
0,110	184	123	91,0	60,2	29,7	14,6	93,3	174	257	426	597	778	958	1140	1320	1680	2650	3630	
0,120	195	130	96,5	64,0	31,5	15,5	99,1	185	274	456	640	834	1030	1220	1410	1810	2850	3910	
0,130	206	137	101	67,5	33,2	16,4	105	196	290	485	682	888	1100	1300	1510	1940	3060	4210	
0,140	217	144	106	70,8	34,8	17,2	110	206	307	511	722	940	1160	1380	1600	2070	3260	4500	
0,160	235	155	115	76,6	37,9	18,7	120	226	337	562	794	1040	1280	1530	1790	2310	3640	5050	
0,180	251	167	123	82,0	40,4	20,0	129	244	363	609	862	1130	1400	1680	1960	2530	4020	5580	
0,200	266	178	131	87,2	42,9	21,2	137	262	388	655	932	1220	1510	1820	2130	2740	4400	6100	

Umfang = 1,539 m da/di = 1,667 ln da/di = 0,1541

Wärme-leitzahl λ	Rohrtemperatur in ° C (Lufttemp. = 20° C) -40	-20	-10	±0	+10	+25	+50	+75	+100	+150	+200	+250	+300	+350	+400	+500	+750	+1000	Isol.-Stärke
0,020	40,6	27,0	20,2	13,4	6,66	3,31	20,2	37,3	54,4	87,7	121	154	188	222	256	327			
0,025	49,3	32,6	24,6	16,2	8,15	4,01	24,7	45,5	66,4	107	148	190	233	275	316	400			
0,030	58,0	38,4	28,8	19,1	9,50	4,71	29,0	53,7	78,0	127	175	225	276	325	375	476			
0,035	66,6	43,9	32,9	21,9	10,9	5,40	33,2	61,6	89,7	146	203	261	318	374	433	550	850		
0,040	75,1	49,5	37,0	24,6	12,2	6,08	37,5	69,4	101	165	229	295	361	424	490	623	970		
0,045	83,2	54,8	41,0	27,3	13,5	6,74	41,5	77,1	113	183	254	327	402	473	546	694	1080		
0,050	90,5	60,2	45,0	30,0	14,9	7,40	45,5	84,9	124	201	279	359	440	520	601	764	1190		
0,060	106	70,1	52,4	34,9	17,3	8,56	53,0	98,8	145	236	328	423	519	614	710	902	1390	1890	
0,070	120	79,6	59,6	39,4	19,7	9,70	60,2	112	165	270	375	485	593	702	814	1035	1600	2190	**40** mm
0,080	133	88,7	66,5	43,8	21,9	10,8	67,1	125	184	301	419	542	665	787	908	1165	1790	2475	
0,090	145	97,2	72,7	48,0	23,9	11,8	73,3	137	203	331	462	597	733	870	1008	1290	1980	2750	
0,100	156	105	78,5	51,9	25,8	12,8	79,4	149	220	361	504	652	801	954	1105	1420	2170	3020	
0,110	167	113	84,0	55,6	27,5	13,7	85,5	160	237	390	546	705	869	1030	1195	1540	2370	3270	
0,120	178	119	89,1	59,1	29,3	14,5	91,5	171	253	417	584	756	935	1110	1280	1650	2560	3530	
0,130	189	126	94,5	62,6	31,0	15,3	96,4	182	268	444	624	807	999	1180	1370	1760	2740	3780	
0,140	199	132	99,0	65,8	32,5	16,0	102	192	282	470	661	858	1060	1250	1450	1870	2930	4030	
0,160	218	144	108	71,6	35,4	17,4	111	211	312	519	732	948	1170	1390	1620	2090	3290	4540	
0,180	236	155	116	77,1	38,0	18,8	120	228	338	564	798	1040	1280	1520	1770	2300	3620	5030	
0,200	253	165	124	82,2	40,5	20,0	128	243	360	607	860	1120	1380	1640	1900	2500	3960	5520	

Umfang = 1,571 m da/di = 1,191 ln da/di = 0,1744

Innerer Rohr ⌀ = 400 mm **Äußerer Rohr ⌀ = 420 mm**

Wärmeleitzahl λ	Rohrtemperatur in ° C (Lufttemp. = 20° C)																		Isol.-Stärke
	−40	−20	−10	±0	+10	+25	+50	+75	+100	+150	+200	+250	+300	+350	+400	+500	+750	+1000	
0,020	36,6	24,3	18,2	12,1	6,05	3,03	18,2	33,5	49,0	79,0	109	139	170	201	232	295			
0,025	44,5	29,6	22,2	14,8	7,43	3,67	22,3	41,8	59,8	97,0	134	172	212	248	286	365			
0,030	52,5	34,8	26,2	17,4	8,72	4,33	26,3	48,8	70,6	115	159	204	252	294	340	435			
0,035	60,3	40,0	30,0	20,0	10,1	4,94	30,2	56,2	81,4	133	184	236	290	340	391	500	766		
0,040	68,0	45,2	33,8	22,5	11,3	5,56	34,0	63,4	92,0	150	208	267	327	385	443	567	870		
0,045	75,4	50,1	37,4	25,0	12,5	6,16	37,7	70,5	103	167	232	298	364	428	495	634	970		
0,050	82,7	55,0	41,2	27,3	13,6	6,76	41,4	77,3	113	183	254	327	400	472	545	696	1070		
0,060	97,4	64,5	48,2	31,9	15,8	7,86	48,5	90,0	132	215	299	385	472	558	644	818	1260	1710	
0,070	111	73,3	54,8	36,4	17,9	8,95	55,3	102	151	246	343	441	540	639	738	936	1450	1990	**45** mm
0,080	124	81,7	60,8	40,6	20,0	9,97	61,7	114	169	276	385	496	608	717	830	1050	1630	2250	
0,090	136	89,8	67,3	44,6	21,9	10,9	67,7	126	185	304	425	548	673	796	920	1170	1810	2500	
0,100	148	97,3	72,7	48,4	23,8	11,8	74,0	137	201	332	464	599	738	872	1010	1280	1990	2740	
0,110	159	104	78,3	52,0	25,6	12,7	79,2	148	217	359	503	650	800	946	1090	1390	2170	2980	
0,120	169	111	83,1	55,4	27,3	13,6	84,9	158	232	384	538	697	860	1020	1180	1500	2350	3220	
0,130	178	118	88,2	58,6	28,9	14,4	89,5	168	247	410	576	745	916	1090	1260	1610	2510	3450	
0,140	187	124	92,8	61,6	30,5	15,1	94,8	177	262	435	611	790	971	1150	1340	1710	2680	3680	
0,160	206	136	101	67,2	33,3	16,4	104	196	289	481	676	876	1080	1280	1500	1920	3010	4130	
0,180	223	147	109	72,5	35,8	17,7	113	213	314	523	738	961	1185	1410	1650	2110	3320	4580	
0,200	238	157	116	77,5	38,3	18,9	121	228	336	565	799	1040	1280	1530	1790	2300	3640	5030	

Umfang = 1,602 m da/di = 1,214 ln da/di = 0,1942

Wärmeleitzahl λ	Rohrtemperatur in ° C (Lufttemp. = 20° C)																		Isol.-Stärke
	−40	−20	−10	±0	+10	+25	+50	+75	+100	+150	+200	+250	+300	+350	+400	+500	+750	+1000	
0,020	33,4	22,2	16,5	11,1	5,50	2,75	16,6	30,5	44,5	72,1	100	128	156	185	213	269			
0,025	40,9	27,2	20,3	13,5	6,70	3,34	20,4	37,6	54,9	88,8	123	158	195	228	262	332			
0,030	48,4	32,2	24,1	16,0	7,93	3,96	24,2	44,5	64,8	105	146	187	233	271	311	395			
0,035	55,8	36,8	27,8	18,4	9,07	4,53	27,9	51,3	74,7	121	169	216	270	313	358	456	701		
0,040	63,1	41,5	31,4	20,7	10,3	5,10	31,5	58,0	84,5	137	191	245	305	355	406	518	798		
0,045	70,2	46,1	34,9	23,0	11,5	5,70	35,0	64,5	94,1	153	213	273	337	396	454	579	893		
0,050	77,2	50,7	38,3	25,3	12,6	6,28	38,4	71,2	104	169	234	302	367	436	501	639	985		
0,060	90,0	60,0	44,8	29,6	14,7	7,30	44,9	83,4	122	199	276	354	434	514	591	755	1160	1570	
0,070	103	68,6	51,1	33,8	16,8	8,35	51,2	95,1	139	228	317	407	498	590	680	867	1330	1820	**50** mm
0,080	115	76,7	57,0	37,8	18,7	9,32	57,2	106	156	256	356	458	560	663	766	978	1500	2060	
0,090	126	84,5	62,9	41,6	20,6	10,2	63,0	117	172	284	394	507	621	735	850	1090	1670	2290	
0,100	137	91,6	68,7	45,1	22,4	11,1	68,6	127	187	309	430	555	681	806	932	1190	1830	2520	
0,110	148	98,4	73,8	48,4	24,0	12,0	73,9	138	202	334	466	602	738	875	1010	1290	2000	2740	
0,120	158	105	78,8	51,7	25,7	12,8	79,0	147	216	358	501	646	794	943	1090	1390	2160	2960	
0,130	167	111	83,6	54,8	27,2	13,6	84,0	157	230	382	535	690	848	1010	1170	1490	2320	3180	
0,140	176	116	88,1	57,8	28,6	14,2	88,6	166	244	404	568	732	901	1070	1240	1590	2470	3390	
0,160	194	127	97,0	63,5	31,3	15,5	97,6	183	270	448	631	813	1000	1190	1390	1780	2780	3810	
0,180	210	138	105	68,6	33,8	16,8	106	200	294	490	690	890	1100	1310	1530	1960	3070	4220	
0,200	224	148	112	72,5	36,2	17,9	114	215	317	530	750	966	1190	1420	1660	2140	3360	4630	

Umfang = 1,634 m da/di = 1,238 ln da/di = 0,2136

Innerer Rohr ∅ = 400 mm **Äußerer Rohr ∅ = 420 mm**

Wärmeleitzahl λ	Rohrtemperatur in ° C (Lufttemp. = 20° C)																		Isol.-Stärke
	−40	−20	−10	±0	+10	+25	+50	+75	+100	+150	+200	+250	+300	+350	+400	+500	+750	+1000	
0,020	28,7	19,1	14,3	9,60	4,74	2,37	14,3	26,3	38,3	62,3	86,3	110	134	158	183	230			
0,025	35,2	23,4	17,5	11,8	5,87	2,93	17,7	32,4	47,3	76,7	106	136	167	196	226	285			
0,030	41,6	27,7	20,8	13,9	6,95	3,48	21,0	38,4	56,2	91,0	126	161	199	233	269	340			
0,035	48,0	31,9	23,9	16,0	7,98	4,00	24,3	44,4	64,9	105	146	186	230	269	310	392	601		
0,040	54,3	36,0	27,0	18,1	8,97	4,50	27,5	50,3	73,1	119	165	211	260	305	352	445	686		
0,045	60,6	40,0	30,0	20,1	9,95	4,98	30,5	55,9	81,6	133	184	236	290	342	394	498	767		
0,050	67,0	44,1	33,2	22,1	11,0	5,48	33,4	61,5	89,7	146	203	260	318	376	434	551	845		
0,060	79,8	52,0	39,0	26,0	12,9	6,41	39,2	72,4	106	173	240	308	376	443	515	653	1000	1350	
0,070	90,6	59,5	44,6	29,7	14,7	7,30	44,9	83,2	121	200	276	355	433	510	592	756	1150	1570	**60** mm
0,080	101	66,7	49,8	33,3	16,5	8,18	50,1	93,6	136	225	312	400	488	574	668	858	1300	1780	
0,090	111	73,6	55,0	36,7	18,2	9,03	55,4	103	151	250	346	444	542	639	741	956	1450	1990	
0,100	120	80,2	60,0	39,9	19,8	9,84	60,4	113	165	274	378	486	594	702	815	1054	1600	2190	
0,110	130	86,5	64,8	43,1	21,4	10,6	65,6	122	179	297	410	527	644	764	888	1144	1740	2390	
0,120	139	92,5	69,5	46,1	23,0	11,4	70,2	131	191	319	441	567	695	825	960	1230	1880	2580	
0,130	148	98,4	73,8	49,1	24,4	12,1	74,7	139	204	340	471	606	744	883	1030	1314	2020	2760	
0,140	158	104	78,0	52,0	25,7	12,8	79,3	147	217	359	501	644	792	940	1090	1390	2150	2940	
0,160	175	115	86,1	57,3	28,4	14,1	87,6	163	241	399	559	721	886	1050	1220	1568	2430	3320	
0,180	190	126	94,1	62,4	30,9	15,3	95,3	178	263	436	614	794	974	1155	1350	1734	2690	3690	
0,200	203	135	101	67,0	33,2	16,4	103	192	284	474	668	864	1060	1260	1470	1890	2940	4040	

Umfang = 1,697 m da/di = 1,286 ln da/di = 0,2513

Wärmeleitzahl λ	Rohrtemperatur in ° C (Lufttemp. = 20° C)																		Isol.-Stärke
	−40	−20	−10	±0	+10	+25	+50	+75	+100	+150	+200	+250	+300	+350	+400	+500	+750	+1000	
0,020	25,2	16,8	12,6	8,42	4,19	2,09	12,6	23,0	33,5	54,5	75,6	96,8	118	139	161	202			
0,025	31,0	20,6	15,4	10,4	5,13	2,57	15,5	28,5	41,6	67,1	93,5	120	146	173	201	250			
0,030	36,8	24,4	18,3	12,3	6,06	3,04	18,4	33,9	49,4	79,8	111	142	174	205	240	298			
0,035	42,5	28,2	21,1	14,2	7,00	3,50	21,2	39,2	57,0	92,6	128	164	201	237	277	345	528		
0,040	48,1	31,9	23,9	16,1	7,93	3,95	24,1	44,3	64,4	105	145	187	228	270	312	392	602		
0,045	53,8	35,6	26,7	17,9	8,85	4,40	26,9	49,4	71,8	117	162	209	255	300	346	439	673		
0,050	59,2	39,2	29,4	19,7	9,76	4,83	29,6	54,3	79,1	129	179	230	281	332	379	486	742		
0,060	69,8	46,2	34,6	23,1	11,5	5,73	34,8	64,4	93,8	153	213	273	334	392	451	577	888	1190	
0,070	80,0	53,0	39,7	26,5	13,2	6,57	39,9	74,0	108	176	245	316	385	452	521	667	1030	1380	**70** mm
0,080	90,1	59,9	44,7	29,8	14,9	7,37	44,8	83,3	121	199	277	355	434	511	590	753	1160	1560	
0,090	99,4	66,4	49,5	33,0	16,4	8,13	49,7	92,3	134	221	307	395	482	570	658	838	1290	1740	
0,100	109	72,5	54,1	36,0	17,9	8,89	54,4	101	147	242	337	434	529	626	723	920	1420	1920	
0,110	118	78,3	58,5	38,9	19,4	9,65	58,9	109	160	263	366	470	575	681	789	1000	1550	2090	
0,120	127	83,8	62,7	41,7	20,8	10,4	63,2	118	172	283	394	507	622	735	855	1080	1670	2260	
0,130	135	89,5	66,9	44,5	22,2	11,1	67,5	126	184	303	422	544	666	790	909	1160	1790	2430	
0,140	143	95,0	71,1	47,3	23,5	11,7	71,8	133	195	322	450	580	710	839	971	1240	1920	2600	
0,160	159	106	79,1	52,3	26,0	12,9	79,5	149	218	359	502	648	796	941	1010	1400	2160	2940	
0,180	173	116	86,5	57,1	28,3	14,1	87,0	163	239	395	553	714	877	1040	1220	1550	2390	3270	
0,200	187	125	93,4	61,5	30,6	15,2	94,5	177	259	430	601	779	957	1140	1320	1690	2630	3590	

Umfang = 1,759 m da/di = 1,333 ln da/di = 0,2877

Innerer Rohr ⌀ = 400 mm **Äußerer Rohr ⌀ = 420 mm**

Wärmeleitzahl λ	Rohrtemperatur in °C (Lufttemp. = 20° C) -40	-20	-10	±0	+10	+25	+50	+75	+100	+150	+200	+250	+300	+350	+400	+500	+750	+1000	Isol.-Stärke
0,020	22,5	15,0	11,3	7,50	3,75	1,87	11,3	20,7	30,1	48,9	67,8	86,9	106	128	144	181			
0,025	27,7	18,5	13,9	9,21	4,60	2,30	13,9	25,6	37,3	60,5	83,9	107	131	156	179	125			
0,030	33,0	21,9	16,5	10,9	5,45	2,72	16,5	30,4	44,4	72,0	99,8	128	156	185	213	268			
0,035	38,3	25,3	19,0	12,6	6,29	3,14	19,2	35,2	51,3	83,3	115	148	181	214	247	311	476		
0,040	43,5	28,8	21,6	14,3	7,14	3,57	21,8	39,9	58,1	94,5	131	168	205	243	281	354	541		
0,045	48,6	32,2	24,1	16,0	7,98	3,99	24,3	44,5	64,7	105	146	188	229	272	314	396	605		
0,050	53,7	35,6	26,6	17,7	8,85	4,42	26,8	49,1	71,4	116	161	207	253	300	346	438	668		
0,060	63,3	42,1	31,5	21,0	10,5	5,21	31,6	58,2	84,7	138	192	246	301	355	410	520	794	1070	
0,070	72,8	48,4	36,2	24,1	12,0	5,99	36,3	67,0	97,7	160	222	284	347	410	474	600	919	1230	**80** mm
0,080	81,7	54,2	40,7	27,1	13,5	6,73	40,8	75,6	110	180	251	321	392	464	536	680	1040	1400	
0,090	90,5	60,0	45,0	30,0	14,9	7,45	45,2	83,9	122	200	279	358	437	517	597	758	1160	1560	
0,100	99,2	65,9	49,2	32,8	16,4	8,15	49,5	92,0	134	220	306	393	481	569	657	835	1280	1730	
0,110	108	71,6	53,3	35,5	17,7	8,85	53,8	99,8	146	239	333	428	524	620	716	910	1400	1890	
0,120	116	77,0	57,4	38,2	19,1	9,55	57,9	107	157	258	359	462	566	670	774	984	1510	2050	
0,130	124	82,2	61,4	40,8	20,4	10,2	61,9	115	168	276	384	495	607	718	831	1060	1620	2210	
0,140	132	87,3	65,4	43,4	21,7	10,8	65,8	122	179	294	409	528	647	766	887	1130	1740	2360	
0,160	147	97,5	72,9	48,3	24,1	12,0	73,4	137	200	330	460	593	727	861	995	1280	1960	2670	
0,180	161	107	79,9	52,8	26,4	13,2	80,5	150	220	364	508	656	804	952	1100	1410	2180	2970	
0,200	174	116	86,6	57,2	28,6	14,3	87,4	163	239	397	555	717	879	1041	1210	1540	2390	3260	

Umfang = 1,822 m da/di = 1,381 ln da/di = 0,3228

Wärmeleitzahl λ	Rohrtemperatur in °C (Lufttemp. = 20° C) -40	-20	-10	±0	+10	+25	+50	+75	+100	+150	+200	+250	+300	+350	+400	+500	+750	+1000	Isol.-Stärke
0,020	20,4	13,6	10,2	6,88	3,43	1,71	10,3	18,8	27,3	44,5	61,8	79,0	96,3	114	131	164			
0,025	25,3	16,8	12,6	8,44	4,21	2,10	12,7	23,3	33,9	54,9	76,0	98,0	120	141	163	204			
0,030	30,1	20,0	15,0	10,0	4,99	2,49	15,2	27,8	40,5	65,3	90,2	117	143	168	194	243			
0,035	34,9	23,2	17,4	11,6	5,78	2,88	17,6	32,2	46,9	75,9	105	136	165	194	225	282	432		
0,040	39,7	26,3	19,7	13,2	6,57	3,27	20,0	36,5	53,2	86,1	119	154	187	221	256	321	491		
0,045	44,4	29,4	22,0	14,8	7,35	3,65	22,2	40,8	59,4	96,5	134	172	209	247	286	360	549		
0,050	49,1	32,4	24,3	16,3	8,12	4,04	24,4	44,9	65,4	106	148	189	231	273	315	398	607		
0,060	58,0	38,6	28,9	19,2	9,56	4,78	29,0	53,1	77,6	126	175	225	275	323	373	473	725	970	
0,070	66,8	44,4	33,2	22,0	11,0	5,50	33,4	61,2	89,8	146	203	260	318	375	431	547	838	1130	**90** mm
0,080	75,3	50,0	37,5	24,9	12,4	6,20	37,5	69,1	101	165	230	294	360	424	488	620	948	1280	
0,090	83,6	55,4	41,5	27,7	13,8	6,88	41,6	76,8	113	184	256	328	401	473	544	692	1060	1430	
0,100	91,6	60,8	45,6	30,3	15,1	7,56	45,7	84,4	124	202	281	361	441	521	600	762	1170	1580	
0,110	99,6	66,1	49,5	32,9	16,4	8,23	49,6	91,8	134	220	306	393	480	568	656	832	1280	1730	
0,120	107	71,2	53,3	35,4	17,7	8,85	53,4	99,0	145	237	330	425	519	615	710	902	1380	1880	
0,130	115	76,2	57,0	37,9	18,9	9,46	57,2	106	155	254	354	456	558	660	761	971	1490	2020	
0,140	122	81,2	60,8	40,3	20,0	10,0	61,1	113	165	271	378	487	597	705	813	1040	1590	2160	
0,160	136	90,8	67,9	45,0	22,4	11,2	68,0	126	185	304	424	547	671	791	915	1170	1800	2430	
0,180	150	100	74,7	49,3	24,6	12,3	74,8	139	204	336	470	605	742	876	1010	1300	2000	2710	
0,200	163	109	81,2	53,5	26,7	13,4	81,4	152	223	368	514	663	812	961	1110	1420	2190	2990	

Umfang = 1,885 m da/di = 1,429 ln da di = 0,3567

Innerer Rohr ⌀ = 400 mm **Äußerer Rohr ⌀ = 420 mm**

Wärme-leitzahl λ	Rohrtemperatur in ° C (Lufttemp. = 20° C)																Isol.-Stärke
	-40	-20	-10	±0	+10	+25	+50	+75	+100	+150	+200	+250	+300	+350	+400	+500	+750	+1000	
0,020	18,7	12,5	9,41	6,32	3,16	1,57	9,40	17,2	25,0	40,9	56,8	72,6	88,4	104	120	151			
0,025	23,2	15,4	11,6	7,75	3,88	1,92	11,6	21,3	31,0	50,6	70,0	89,7	110	129	149	187			
0,030	27,6	18,4	13,8	9,20	4,60	2,27	13,8	25,4	37,1	60,2	83,2	107	131	154	178	223			
0,035	32,1	21,2	15,9	10,6	5,31	2,67	16,0	29,6	43,1	69,9	96,4	124	152	179	206	259	396		
0,040	36,3	24,2	18,1	12,0	6,02	3,02	18,2	33,7	49,0	79,5	110	141	173	203	234	296	451		
0,045	40,7	27,1	20,3	13,5	6,72	3,38	20,3	37,5	54,5	88,9	123	158	193	228	262	331	505		
0,050	45,1	29,9	22,4	15,0	7,44	3,72	22,4	41,2	60,1	98,2	136	175	213	251	289	366	557		
0,060	53,5	35,6	26,7	17,7	8,84	4,42	26,7	49,1	71,5	117	162	208	254	298	344	436	667	890	
0,070	61,8	41,0	30,7	20,5	10,2	5,10	30,8	56,9	83,0	135	188	240	293	346	399	504	773	1040	**100**
0,080	70,0	46,4	34,8	23,1	11,6	5,75	34,7	64,5	93,2	153	213	272	331	392	452	571	879	1180	mm
0,090	78,0	51,5	38,5	25,6	12,9	6,39	38,6	71,8	105	170	237	303	370	437	504	638	980	1320	
0,100	85,7	56,6	42,4	28,2	14,1	7,01	42,4	78,7	115	187	260	334	408	481	554	704	1080	1460	
0,110	92,9	61,4	46,0	30,6	15,3	7,63	46,0	85,5	125	204	283	364	445	525	606	768	1180	1590	
0,120	100	66,2	49,5	33,0	16,5	8,23	49,7	92,3	135	220	306	394	482	569	657	832	1280	1720	
0,130	107	71,0	53,1	35,3	17,6	8,82	53,3	98,7	145	236	328	422	518	610	705	895	1370	1860	
0,140	114	75,9	56,7	37,6	18,8	9,37	57,0	105	154	252	351	452	554	653	753	957	1470	1990	
0,160	127	85,0	63,5	42,0	21,0	10,5	63,5	118	173	283	395	508	623	735	849	1080	1660	2240	
0,180	140	93,6	69,8	46,2	23,1	11,6	70,0	130	191	313	438	564	690	816	943	1200	1850	2490	
0,200	153	102	76,1	50,3	25,1	12,6	76,4	143	209	342	479	618	756	896	1040	1320	2030	2750	

Umfang = 1,948 m da/di = 1,476 ln da/di = 0,3895

Wärme-leitzahl λ	Rohrtemperatur in ° C (Lufttemp. = 20° C)																Isol.-Stärke
	-40	-20	-10	±0	+10	+25	+50	+75	+100	+150	+200	+250	+300	+350	+400	+500	+750	+1000	
0,020	16,3	10,9	8,15	5,41	2,76	1,38	8,15	14,9	21,7	35,3	49,0	62,6	76,3	90,1	104	131			
0,025	20,1	13,4	10,1	6,78	3,39	1,69	10,1	18,4	26,8	43,7	60,7	77,4	94,3	111	129	163			
0,030	23,9	15,9	12,0	8,03	4,02	2,00	12,0	22,0	32,0	52,1	72,4	92,1	113	133	154	195			
0,035	27,8	18,5	13,9	9,34	4,67	2,32	13,9	25,5	37,1	60,6	84,1	107	131	155	179	226	344		
0,040	31,7	21,1	15,8	10,6	5,30	2,63	15,8	29,0	42,2	69,0	95,8	122	149	176	203	257	393		
0,045	35,5	23,6	17,7	11,9	5,92	2,95	17,7	32,5	47,3	77,4	107	137	167	197	227	288	440		
0,050	39,2	26,1	19,6	13,2	6,54	3,25	19,6	36,0	52,4	85,7	119	152	185	219	252	319	486		
0,060	46,7	31,1	23,4	15,5	7,73	3,86	23,4	42,9	62,4	102	141	181	221	261	300	380	580	780	
0,070	54,0	36,0	27,0	17,9	8,92	4,46	27,1	49,6	72,2	118	163	210	256	302	347	440	672	900	**120**
0,080	61,2	40,7	30,6	20,2	10,1	5,05	30,6	56,2	81,9	134	185	238	291	342	394	500	762	1030	mm
0,090	68,2	45,3	34,0	22,5	11,2	5,62	34,1	62,7	91,4	149	207	266	325	382	440	558	853	1150	
0,100	75,0	49,9	37,3	24,8	12,4	6,19	37,5	69,2	101	164	228	293	358	421	486	616	942	1270	
0,110	81,6	54,3	40,6	27,0	13,5	6,75	40,8	75,4	110	179	249	319	390	460	531	674	1030	1390	
0,120	88,2	58,6	43,8	29,2	14,6	7,30	44,1	81,5	119	194	269	345	422	498	575	730	1120	1510	
0,130	94,6	63,0	47,0	31,3	15,6	7,84	47,3	87,4	128	208	289	371	454	536	619	787	1210	1630	
0,140	101	67,2	50,1	33,4	16,7	8,37	50,4	93,2	136	222	309	397	486	574	662	842	1300	1740	
0,160	113	75,2	56,2	37,4	18,7	9,41	56,5	105	153	250	348	446	548	648	747	950	1460	1970	
0,180	125	83,1	62,3	41,3	20,6	10,4	62,5	116	170	278	387	496	608	721	831	1060	1630	2200	
0,200	137	91,1	68,1	45,1	22,5	11,3	68,4	127	186	304	425	545	667	792	914	1160	1790	2430	

Umfang = 2,073 m da/di = 1,571 ln da/di = 0,4519

Innerer Rohr ⌀ = 400 mm **Äußerer Rohr ⌀ = 420 mm**

Wärmeleitzahl λ	Rohrtemperatur in ° C (Lufttemp. = 20° C)																		Isol.-Stärke
	−40	−20	−10	±0	+10	+25	+50	+75	+100	+150	+200	+250	+300	+350	+400	+500	+750	+1000	
0,020	14,4	9,64	7,26	4,85	2,43	1,21	7,26	13,2	19,2	31,6	43,8	55,8	67,8	80,0	92,3	116			
0,025	17,9	11,9	8,92	6,00	3,00	1,50	8,95	16,5	24,0	39,3	54,3	69,2	84,0	99,0	115	144			
0,030	21,4	14,2	10,7	7,04	3,57	1,79	10,7	19,7	28,7	46,8	64,6	82,9	100	119	138	172			
0,035	24,8	16,5	12,4	8,27	4,13	2,07	12,5	22,9	33,3	54,2	74,7	95,5	116	138	160	200	306		
0,040	28,2	18,8	14,1	9,40	4,70	2,35	14,2	26,0	37,8	61,4	84,9	108	132	157	182	228	347		
0,045	31,6	21,1	15,8	10,5	5,26	2,63	15,9	29,0	42,3	69,4	95,0	121	148	176	204	256	388		
0,050	35,0	23,3	17,5	11,6	5,81	2,90	17,5	32,0	46,7	76,4	105	134	164	195	225	284	431		
0,060	41,8	27,8	21,0	13,8	6,91	3,46	21,0	38,2	55,5	91,2	126	161	197	232	268	338	516	689	
0,070	48,3	32,2	24,3	16,0	8,04	4,00	24,3	44,3	64,7	106	147	187	228	269	311	392	600	804	**140 mm**
0,080	54,8	36,5	27,4	18,2	9,07	4,53	27,5	50,2	73,1	120	167	212	259	306	354	445	679	918	
0,090	61,2	40,6	30,5	20,3	10,1	5,07	30,5	56,2	81,9	133	186	237	290	343	396	497	761	1030	
0,100	67,5	44,8	33,6	22,3	11,1	5,60	33,6	61,9	90,4	147	206	262	321	378	436	548	841	1140	
0,110	73,7	48,9	36,6	24,3	12,1	6,12	36,6	67,7	98,8	161	224	287	350	413	476	600	922	1245	
0,120	80,1	52,9	39,6	26,3	13,1	6,61	39,6	73,3	107	174	243	310	379	448	516	652	1000	1348	
0,130	85,6	56,9	42,6	28,2	14,1	7,08	42,5	78,8	115	187	261	334	408	482	556	701	1080	1452	
0,140	91,4	60,8	45,5	30,1	15,0	7,56	45,3	84,3	123	200	279	358	438	517	595	750	1150	1554	
0,160	103	68,2	51,0	33,8	16,9	8,53	51,1	94,5	138	226	315	405	496	584	673	851	1310	1760	
0,180	114	75,6	56,5	37,5	18,7	9,43	56,8	105	154	252	351	451	551	650	749	951	1460	1970	
0,200	125	83,0	62,0	41,0	20,5	10,3	62,3	115	169	277	386	496	606	715	824	1050	1600	2180	

Umfang = 2,199 m da/di = 1,667 ln da/di = 0,5109

Wärmeleitzahl λ	Rohrtemperatur in ° C (Lufttemp. = 20° C)																		Isol.-Stärke
	−40	−20	−10	±0	+10	+25	+50	+75	+100	+150	+200	+250	+300	+350	+400	+500	+750	+1000	
0,020	13,0	8,70	6,55	4,36	2,18	1,09	6,55	11,9	17,3	28,3	39,3	50,2	61,0	72,1	83,2	104			
0,025	16,2	10,8	8,11	5,40	2,70	1,35	8,15	14,9	21,7	35,2	48,9	62,4	75,7	89,3	103	130			
0,030	19,3	12,8	9,66	6,43	3,22	1,61	9,71	17,8	26,0	42,1	58,5	74,2	90,5	107	124	155			
0,035	22,4	14,9	11,2	7,47	3,73	1,87	11,2	20,7	30,1	48,9	67,8	86,2	105	124	144	180	276		
0,040	25,5	17,0	12,8	8,52	4,26	2,13	12,8	23,5	34,2	55,7	77,3	98,1	119	141	164	205	313		
0,045	28,6	19,1	14,3	9,58	4,79	2,39	14,3	26,3	38,2	62,6	86,6	110	134	158	184	231	351		
0,050	31,7	21,1	15,8	10,6	5,29	2,64	15,8	29,0	42,3	69,2	95,8	122	148	175	204	256	390		
0,060	37,6	25,1	18,8	12,5	6,30	3,15	18,9	34,6	50,3	82,1	114	146	177	210	244	306	470	624	
0,070	43,6	29,1	21,8	14,6	7,31	3,66	22,0	40,2	58,4	95,7	133	170	207	244	283	355	544	729	**160 mm**
0,080	49,6	33,1	24,8	16,6	8,26	4,13	25,0	45,7	66,4	109	151	194	236	278	321	404	618	830	
0,090	55,3	37,0	27,7	18,5	9,20	4,62	28,0	51,1	74,3	121	168	217	264	312	358	451	690	931	
0,100	61,0	40,7	30,6	20,4	10,2	5,11	30,8	56,5	82,2	134	185	239	292	344	396	498	763	1030	
0,110	66,8	44,5	33,4	22,3	11,1	5,57	33,5	61,7	90,0	146	203	261	320	376	432	545	836	1130	
0,120	72,4	48,2	36,1	24,1	12,0	6,02	36,3	66,9	97,3	159	220	282	346	408	470	591	917	1220	
0,130	77,8	54,9	38,8	25,9	12,9	6,45	39,0	72,0	105	171	237	304	372	439	506	637	988	1320	
0,140	83,3	55,4	41,5	27,6	13,8	6,89	41,8	76,9	112	183	254	326	398	471	543	683	1050	1410	
0,160	94,1	62,5	46,7	31,0	15,6	7,80	47,0	86,6	126	206	287	368	450	532	613	774	1190	1600	
0,180	105	69,5	51,9	34,4	17,3	8,67	52,2	96,5	141	230	320	412	502	593	684	865	1330	1790	
0,200	115	76,4	57,1	37,7	18,9	9,50	57,3	106	155	254	353	454	554	653	752	956	1470	1980	

Umfang = 2,325 m da/di = 1,762 ln da/di = 0,5664

Innerer Rohr ⌀ = 400 mm **Äußerer Rohr ⌀ = 420 mm**

Wärmeleitzahl λ	Rohrtemperatur in °C (Lufttemp. = 20° C) -40	-20	-10	±0	+10	+25	+50	+75	+100	+150	+200	+250	+300	+350	+400	+500	+750	+1000	Isol.-Stärke
0,020	12,0	8,00	6,00	4,00	2,00	1,00	6,00	11,0	16,0	26,0	36,0	46,0	56,0	66,1	76,3	96,2			
0,025	14,9	9,93	7,44	4,96	2,48	1,24	7,45	13,7	19,9	32,3	44,7	57,1	69,5	82,4	95,3	119			
0,030	17,8	11,8	8,86	5,93	2,96	1,48	8,90	16,2	23,6	38,5	53,4	68,3	83,2	98,6	114	143			
0,035	20,7	13,8	10,3	6,90	3,45	1,73	10,3	18,9	27,7	44,8	62,1	79,4	96,7	115	133	167	250		
0,040	23,6	15,7	11,8	7,86	3,93	1,97	11,8	21,6	31,4	51,1	70,8	90,4	110	131	151	190	285		
0,045	26,5	17,6	13,2	8,83	4,41	2,21	13,2	24,2	35,2	57,3	79,4	102	124	147	169	213	321		
0,050	29,3	19,5	14,6	9,76	4,85	2,44	14,6	26,8	39,0	63,4	87,9	112	137	162	186	236	356		
0,060	35,0	23,3	17,5	11,6	5,81	2,91	17,5	32,0	46,6	75,8	105	134	164	193	223	282	428	577	
0,070	40,6	27,0	20,2	13,5	6,73	3,37	20,2	37,1	54,1	88,0	122	156	191	225	259	328	499	672	
0,080	46,0	30,6	23,0	15,3	7,66	3,83	23,0	42,2	61,4	100	139	178	217	256	295	373	569	765	**180** mm
0,090	51,4	34,2	25,7	17,1	8,56	4,28	25,7	47,2	68,8	112	155	199	243	286	330	417	638	857	
0,100	56,7	37,8	28,3	18,9	9,43	4,72	28,3	52,1	75,9	124	172	220	268	316	364	461	707	950	
0,110	61,9	41,2	30,9	20,6	10,3	5,15	30,9	56,9	83,0	136	188	240	293	346	399	505	774	1040	
0,120	67,2	44,7	33,5	22,3	11,1	5,57	33,5	61,8	90,1	147	204	261	318	376	434	549	840	1130	
0,130	72,3	48,1	36,0	23,9	11,9	6,00	36,1	66,5	97,1	158	219	281	343	405	467	592	907	1220	
0,140	77,4	51,5	38,5	25,6	12,8	6,42	38,7	71,3	104	169	235	301	368	434	500	634	972	1310	
0,160	87,5	58,1	43,4	28,8	14,4	7,28	43,7	80,5	117	191	266	341	417	492	568	720	1100	1480	
0,180	97,2	64,6	48,3	32,1	16,0	8,10	48,5	89,7	131	213	297	381	466	550	634	804	1230	1660	
0,200	107	71,0	53,0	35,2	17,5	8,85	53,4	98,7	144	235	327	420	513	606	699	887	1350	1830	

Umfang = 2,450 m da/di = 1,857 ln da/di = 0,6190

Wärmeleitzahl λ	Rohrtemperatur in °C (Lufttemp. = 20° C) -40	-20	-10	±0	+10	+25	+50	+75	+100	+150	+200	+250	+300	+350	+400	+500	+750	+1000	Isol.-Stärke
0,020	11,1	7,40	5,55	3,70	1,85	0,92	5,55	10,2	14,8	24,1	33,4	42,7	52,0	61,2	70,5	88,8			
0,025	13,8	9,24	6,91	4,59	2,30	1,15	6,90	12,7	18,4	29,9	41,4	52,9	64,8	76,4	88,8	110			
0,030	16,5	11,0	8,24	5,50	2,74	1,38	8,24	15,1	22,0	35,6	49,5	63,3	77,5	91,7	106	132			
0,035	19,2	12,8	9,59	6,39	3,19	1,60	9,58	17,5	25,6	41,4	57,6	73,7	90,0	107	124	154	236		
0,040	21,8	14,5	10,9	7,27	3,63	1,82	10,9	20,0	29,2	47,3	65,6	83,9	102	121	141	176	268		
0,045	24,5	16,3	12,2	8,15	4,07	2,04	12,2	22,5	32,7	53,1	73,7	94,2	115	136	158	198	300		
0,050	27,2	18,1	13,5	9,02	4,50	2,26	13,5	25,0	36,4	59,1	81,8	104	127	150	174	218	332		
0,060	32,4	21,6	16,2	10,8	5,38	2,69	16,2	29,8	43,3	70,5	98,0	125	152	180	208	262	400	537	
0,070	37,7	25,1	18,8	12,5	6,24	3,12	18,8	34,6	50,2	82,0	114	146	177	209	241	304	465	624	
0,080	42,8	28,5	21,4	14,2	7,09	3,55	21,4	39,2	57,1	93,5	130	166	202	238	274	346	530	712	**200** mm
0,090	47,9	31,9	23,9	15,9	7,94	3,96	23,9	44,0	64,0	104	144	185	226	267	307	387	593	799	
0,100	52,9	35,2	26,4	17,6	8,78	4,37	26,4	48,6	70,9	115	160	205	250	295	339	428	655	885	
0,110	57,9	38,6	28,9	19,3	9,63	4,78	28,9	53,2	77,6	126	175	224	273	322	372	469	718	970	
0,120	62,8	41,8	31,3	20,9	10,4	5,18	31,4	57,7	84,2	137	190	243	297	350	404	510	780	1050	
0,130	67,7	45,1	33,7	22,5	11,2	5,58	33,8	62,2	90,7	148	205	262	320	377	435	550	842	1140	
0,140	72,5	48,3	36,1	24,1	12,0	5,97	36,2	66,6	97,1	158	220	281	343	405	467	591	903	1220	
0,160	82,0	54,5	40,7	27,1	13,5	6,74	40,9	75,4	110	179	250	320	389	459	530	670	1030	1380	
0,180	91,2	60,7	45,4	30,2	15,0	7,49	45,5	84,1	123	200	278	356	434	513	592	750	1150	1550	
0,200	100	66,7	49,8	33,2	16,5	8,23	50,1	92,5	135	220	306	392	479	565	652	828	1270	1710	

Umfang = 2,576 m da/di = 1,952 ln da/di = 0,6691

Innerer Rohr ∅ = 450 mm **Äußerer Rohr ∅ = 470 mm**

Wärme-leitzahl λ	Rohrtemperatur in ° C (Lufttemp. = 20° C) -40	-20	-10	±0	+10	+25	+50	+75	+100	+150	+200	+250	+300	+350	+400	+500	+750	+1000	Isol.-Stärke
0,020	101	66,7	49,9	33,0	16,5	8,17	50,2	93,0	136	224	312	400	491	582	672	850			
0,025	121	79,6	59,2	39,4	19,6	9,71	60,1	112	164	269	374	484	598	704	819	1040			
0,030	140	92,1	68,6	45,6	22,4	11,1	69,6	130	190	315	435	565	701	827	954	1220			
0,035	158	104	77,1	51,1	25,1	12,4	78,2	147	214	356	495	644	800	943	1090	1390	2160		
0,040	174	115	85,0	56,4	27,8	13,7	86,3	162	238	396	553	720	894	1060	1210	1560	2430		
0,045	189	125	92,3	61,3	30,2	15,0	94,0	176	260	435	606	793	984	1170	1340	1720	2700		
0,050	202	134	99,1	65,9	32,3	16,2	101	190	281	472	658	860	1070	1270	1470	1880	2950		
0,060	228	150	111	74,1	36,1	18,0	115	216	320	537	757	988	1220	1470	1700	2180	3440	4760	
0,070	249	164	122	81,3	39,8	19,7	127	239	356	598	849	1110	1370	1650	1910	2470	3910	5430	15 mm
0,080	269	178	132	88,0	43,1	21,2	137	260	389	656	937	1220	1510	1830	2120	2740	4380	6070	
0,090	288	190	141	93,6	45,9	22,6	147	280	419	710	1020	1320	1640	1990	2310	2990	4840	6700	
0,100	304	200	149	98,4	48,4	23,8	156	298	447	761	1090	1420	1770	2140	2500	3240	5260	7320	
0,110	318	210	157	103	50,6	24,9	164	314	472	808	1160	1510	1890	2280	2680	3470	5680	7930	
0,120	331	219	163	107	52,5	25,9	172	330	497	853	1220	1600	2010	2420	2850	3710	6080	8530	
0,130	342	227	168	111	54,2	26,8	179	345	519	893	1290	1690	2110	2560	3010	3950	6480	9110	
0,140	353	233	174	115	55,8	27,6	186	358	540	931	1350	1770	2210	2690	3180	4180	6870	9680	
0,160	373	247	184	121	59,0	29,2	197	382	578	1000	1440	1920	2400	2930	3480	4600	7580	10800	
0,180	390	258	192	127	61,7	30,6	206	404	612	1060	1540	2050	2590	3170	3750	4970	8270	11900	
0,200	406	268	199	131	64,2	31,7	215	424	642	1120	1630	2180	2770	3390	4010	5340	8960	12900	

Umfang = 1,571 m da/di = 1,064 ln da/di = 0,0618

Wärme-leitzahl λ	Rohrtemperatur in ° C (Lufttemp. = 20° C) -40	-20	-10	±0	+10	+25	+50	+75	+100	+150	+200	+250	+300	+350	+400	+500	+750	+1000	Isol.-Stärke
0,020	79,8	52,8	39,7	26,2	13,1	6,50	39,8	73,7	107	175	244	314	383	454	522	664			
0,025	96,0	63,9	48,2	31,8	15,6	7,81	48,0	89,2	130	214	299	383	465	553	641	820			
0,030	111	74,5	55,7	37,0	18,0	9,05	55,6	104	152	251	350	450	546	648	750	967			
0,035	126	84,0	62,9	41,9	20,3	10,2	63,1	118	173	286	400	512	622	742	856	1110	1710		
0,040	140	93,6	70,0	46,5	22,5	11,3	70,3	131	193	319	447	573	698	833	962	1250	1930		
0,045	154	103	76,9	50,7	24,7	12,4	77,2	143	212	352	493	633	773	921	1070	1380	2140		
0,050	166	111	83,2	54,7	26,8	13,4	83,4	155	231	384	538	692	842	1000	1170	1510	2340		
0,060	190	126	94,6	62,2	30,7	15,2	95,5	177	265	440	621	798	981	1160	1360	1760	2730	3730	
0,070	211	140	104	69,0	34,2	16,8	107	199	297	495	698	902	1110	1320	1540	1990	3110	4310	20 mm
0,080	229	152	113	75,1	37,2	18,2	116	219	326	546	770	1000	1230	1470	1720	2210	3490	4850	
0,090	247	164	122	80,8	39,9	19,5	125	236	353	594	840	1090	1350	1610	1890	2430	3850	5370	
0,100	263	175	130	86,1	42,3	20,7	134	253	376	639	905	1180	1470	1740	2050	2650	4190	5860	
0,110	277	184	137	90,8	44,5	21,8	142	269	401	680	968	1260	1580	1870	2200	2850	4540	6320	
0,120	289	193	143	95,1	46,5	22,8	150	284	425	720	1030	1340	1680	2000	2340	3050	4890	6780	
0,130	303	202	150	99,2	48,4	23,8	157	296	447	757	1090	1420	1770	2120	2480	3240	5220	7210	
0,140	315	209	156	103	50,1	24,7	163	308	467	796	1140	1500	1860	2230	2620	3430	5540	7660	
0,160	336	221	165	109	53,1	26,3	174	334	504	861	1240	1630	2040	2450	2890	3790	6150	8620	
0,180	354	233	174	115	55,9	27,7	184	355	539	922	1330	1760	2210	2670	3130	4120	6760	9500	
0,200	370	245	182	119	58,6	28,9	194	376	569	979	1410	1880	2370	2870	3370	4450	7340	10350	

Umfang = 1,602 m da/di = 1,085 ln da/di = 0,0817

Innerer Rohr ⌀ = 450 mm **Äußerer Rohr ⌀ = 470 mm**

Wärmeleitzahl λ	Rohrtemperatur in °C (Lufttemp. = 20° C) -40	-20	-10	±0	+10	+25	+50	+75	+100	+150	+200	+250	+300	+350	+400	+500	+750	+1000	Isol.-Stärke
0,020	66,1	44,1	32,6	21,9	10,8	5,39	33,0	60,7	89,3	144	199	258	314	371	428	544			
0,025	79,6	53,2	39,3	26,4	13,1	6,48	40,1	74,1	109	178	246	315	385	456	527	675			
0,030	92,8	62,2	46,0	30,8	15,3	7,56	46,9	87,2	128	209	289	370	450	537	621	800			
0,035	106	71,0	52,6	35,2	17,4	8,63	53,4	99,4	146	239	331	423	515	616	712	917	1410		
0,040	119	79,4	59,2	39,2	19,4	9,63	59,6	111	163	268	371	478	580	691	800	1030	1590		
0,045	130	87,0	65,0	43,1	21,3	10,6	65,8	122	180	295	410	526	642	766	888	1140	1770		
0,050	140	94,0	70,5	46,8	23,1	11,5	71,3	133	196	321	447	576	702	838	974	1250	1930		
0,060	162	108	80,6	53,7	26,5	13,2	82,2	153	227	370	519	672	820	982	1150	1470	2280	3110	
0,070	183	121	90,4	60,1	29,5	14,7	92,2	172	254	416	586	764	935	1120	1300	1670	2600	3570	
0,080	203	133	99,4	65,7	32,3	16,1	101	189	282	462	649	850	1050	1250	1450	1860	2920	4030	25 mm
0,090	221	144	107	71,3	34,8	17,3	110	206	306	504	709	930	1150	1380	1600	2050	3230	4470	
0,100	237	154	115	76,2	37,2	18,4	118	222	329	546	766	1010	1250	1500	1740	2230	3520	4880	
0,110	251	164	122	80,8	39,3	19,5	125	236	352	586	823	1090	1340	1610	1870	2410	3810	5280	
0,120	263	172	128	85,1	41,3	20,5	133	249	373	625	880	1160	1430	1720	1990	2590	4100	5670	
0,130	274	180	134	89,1	43,2	21,4	140	263	394	661	937	1230	1520	1820	2110	2770	4390	6060	
0,140	284	187	140	93,0	45,0	22,3	146	275	414	695	993	1300	1600	1920	2230	2930	4680	6450	
0,160	304	202	149	99,2	48,1	23,9	157	298	450	758	1080	1420	1770	2120	2480	3240	5210	7260	
0,180	322	214	158	106	51,2	25,4	167	319	483	815	1160	1530	1930	2310	2720	3550	5700	8030	
0,200	339	225	167	111	53,7	26,5	177	339	513	868	1240	1640	2060	2500	2940	3850	6140	8740	

Umfang = 1,634 m da/di = 1,106 ln da/di = 0,1011

Wärmeleitzahl λ	Rohrtemperatur in °C (Lufttemp. = 20° C) -40	-20	-10	±0	+10	+25	+50	+75	+100	+150	+200	+250	+300	+350	+400	+500	+750	+1000	Isol.-Stärke
0,020	56,9	37,7	28,2	18,6	9,26	4,61	28,3	52,2	76,5	121	168	215	265	312	360	460			
0,035	69,1	45,8	34,0	22,6	11,3	5,56	34,2	63,5	93,6	149	207	264	327	383	444	570			
0,030	80,4	53,8	39,6	26,5	13,1	6,49	40,0	74,3	109	176	245	312	387	454	526	676			
0,035	91,8	61,4	45,3	30,1	14,9	7,40	45,8	85,1	124	202	282	358	444	522	604	779	1200		
0,040	103	68,9	50,8	33,6	16,7	8,30	51,5	95,5	140	228	318	406	496	587	680	879	1360		
0,045	113	75,8	56,0	37,1	18,4	9,18	56,9	105	155	253	350	450	551	654	757	978	1510		
0,050	122	82,5	61,2	40,7	20,2	10,0	62,0	115	170	276	382	492	604	715	827	1080	1650		
0,060	142	94,4	70,5	46,9	23,3	11,5	72,1	134	197	322	447	577	707	844	982	1260	1940	2650	
0,070	160	106	79,5	52,9	26,2	12,9	81,2	152	223	365	509	657	807	962	1110	1430	2220	3050	
0,080	176	117	87,9	58,3	28,9	14,3	89,7	168	247	406	566	732	905	1070	1240	1590	2490	3450	30 mm
0,090	191	128	96,0	63,3	31,3	15,5	97,5	183	270	443	619	804	1000	1180	1370	1760	2770	3830	
0,100	204	138	103	68,0	33,6	16,6	105	197	291	481	673	876	1090	1280	1500	1930	3020	4200	
0,110	218	147	110	72,5	35,9	17,6	113	210	311	518	726	948	1180	1390	1620	2080	3270	4560	
0,120	231	155	116	76,7	37,8	18,6	119	223	330	551	777	1020	1260	1490	1740	2230	3530	4900	
0,130	245	162	121	80,8	39,7	19,5	126	235	349	585	827	1080	1340	1590	1850	2370	3770	5240	
0,140	256	169	126	84,1	41,5	20,3	132	247	369	618	877	1140	1420	1680	1960	2520	4010	5570	
0,160	278	183	136	90,6	44,9	22,0	143	269	404	680	965	1250	1560	1870	2180	2820	4480	6250	
0,180	296	196	146	97,0	47,5	23,5	153	290	435	735	1040	1360	1700	2050	2390	3100	4930	6900	
0,200	312	207	155	103	50,1	24,8	162	310	463	785	1120	1460	1830	2210	2580	3380	5420	7550	

Umfang = 1,665 m da/di = 1,128 ln da/di = 0,1202

Innerer Rohr ⌀ = 450 mm **Äußerer Rohr ⌀ = 470 mm**

Wärme-leitzahl λ	Rohrtemperatur in ° C (Lufttemp. = 20° C)																		Isol.-Stärke
	−40	−20	−10	±0	+10	+25	+50	+75	+100	+150	+200	+250	+300	+350	+400	+500	+750	+1000	
0,020	50,5	33,7	24,8	16,7	8,26	4,12	25,3	46,3	67,5	109	150	193	235	277	319	404			
0,025	61,1	41,6	30,6	20,4	10,0	5,00	30,8	56,3	82,2	133	184	236	290	342	397	504			
0,030	71,8	48,9	36,3	23,7	11,7	5,87	36,1	66,2	96,7	157	217	279	342	406	471	597			
0,035	82,5	55,9	41,9	27,0	13,4	6,69	41,4	76,1	111	181	251	322	394	465	543	688	1060		
0,040	93,1	62,3	47,0	30,3	15,0	7,50	46,4	85,9	125	204	282	363	446	524	614	775	1200		
0,045	103	68,8	52,1	33,5	16,6	8,25	51,3	95,5	139	227	313	403	494	583	682	860	1340		
0,050	112	74,9	57,0	36,7	18,3	9,04	56,0	104	152	248	343	442	541	642	745	946	1470		
0,060	129	86,8	65,6	42,9	21,2	10,5	64,8	121	177	290	403	520	639	759	877	1110	1730	2350	
0,070	147	98,0	73,6	48,2	24,0	11,9	73,5	138	200	328	458	594	726	865	996	1270	1970	2710	**35**
0,080	163	108	81,2	53,3	26,4	13,1	82,0	153	224	365	511	665	816	969	1120	1430	2230	3060	**mm**
0,090	178	118	88,0	58,3	28,7	14,2	89,6	166	245	401	567	735	900	1070	1240	1580	2480	3380	
0,100	192	127	94,4	62,7	30,8	15,2	96,6	179	265	436	616	795	980	1160	1350	1720	2710	3700	
0,110	204	136	101	66,8	32,9	16,2	103	192	284	471	664	860	1060	1260	1460	1860	2940	4020	
0,120	216	144	107	70,9	34,9	17,2	110	205	303	505	709	924	1140	1350	1570	2000	3170	4340	
0,130	229	152	113	74,7	36,8	18,1	116	217	322	537	755	987	1220	1440	1670	2150	3390	4670	
0,140	240	159	118	78,6	38,5	19,0	122	228	340	566	800	1040	1290	1530	1770	2290	3610	4990	
0,160	260	172	128	84,9	41,7	20,7	133	251	373	622	885	1150	1420	1700	1980	2560	4030	5600	
0,180	279	184	137	90,8	44,7	22,1	142	271	402	674	960	1250	1550	1860	2170	2810	4460	6180	
0,200	296	196	145	96,5	47,5	23,4	151	290	429	724	1030	1350	1680	2020	2360	3030	4880	6750	

Umfang = 1,697 m da/di = 1,149 ln da/di = 0,1388

Wärme-leitzahl λ	Rohrtemperatur in ° C (Lufttemp. = 20° C)																		Isol.-Stärke
	−40	−20	−10	±0	+10	+25	+50	+75	+100	+150	+200	+250	+300	+350	+400	+500	+750	+1000	
0,020	45,0	29,9	22,3	14,8	7,36	3,67	22,4	41,4	60,3	97,0	133	170	208	245	283	362			
0,025	54,5	36,3	27,0	18,0	9,02	4,45	27,5	50,4	73,5	119	163	211	258	303	351	443			
0,030	64,6	42,4	31,9	21,1	10,5	5,20	32,3	59,4	86,4	140	193	249	306	359	417	524			
0,035	74,2	48,5	36,3	24,2	12,0	5,96	37,1	68,2	99,1	161	223	288	353	414	481	608	940		
0,040	83,5	54,6	40,8	27,2	13,5	6,73	41,8	76,8	112	182	252	326	400	469	543	690	1070		
0,045	92,5	60,6	45,3	30,2	15,0	7,46	46,2	85,5	125	203	281	362	445	522	605	770	1200		
0,050	101	66,6	49,7	33,2	16,5	8,19	50,6	94,1	137	223	308	397	487	576	665	847	1320		
0,060	117	77,5	58,0	38,3	19,1	9,48	58,6	110	161	261	362	469	573	679	787	1000	1540	2100	
0,070	133	88,1	65,8	43,5	21,8	10,7	66,5	124	183	299	414	537	656	776	900	1150	1770	2430	**40**
0,080	147	97,8	73,2	48,4	24,2	11,9	74,1	138	204	333	463	600	735	871	1010	1290	1980	2750	**mm**
0,090	160	108	80,4	53,1	26,5	13,0	81,2	151	224	366	510	661	812	961	1120	1440	2190	3060	
0,100	173	117	86,8	57,4	28,5	14,1	88,1	164	243	399	557	721	888	1050	1220	1570	2400	3350	
0,110	185	125	92,9	61,5	30,4	15,1	94,8	177	262	432	604	780	962	1140	1320	1700	2610	3630	
0,120	196	132	98,4	65,5	32,4	16,1	101	189	279	461	645	836	1030	1230	1410	1830	2820	3910	
0,130	208	139	104	69,2	34,2	16,9	107	200	296	490	687	896	1100	1310	1510	1950	3030	4200	
0,140	219	146	109	72,8	35,9	17,7	112	212	312	520	728	950	1170	1380	1600	2070	3230	4490	
0,160	240	159	119	79,2	39,1	19,3	123	233	345	574	809	1050	1300	1540	1780	2310	3630	5020	
0,180	260	170	128	85,1	41,9	20,7	133	252	374	622	876	1140	1420	1680	1940	2540	4010	5570	
0,200	280	181	137	90,4	44,7	22,0	142	268	398	670	950	1240	1530	1810	2090	2760	4380	6130	

Umfang = 1,728 m da/di = 1,170 ln da/di = 0,1572

Innerer Rohr ∅ = 450 mm **Äußerer Rohr ∅ = 470 mm**

Wärmeleitzahl λ	Rohrtemperatur in ° C (Lufttemp. = 20° C)																	Isol.-Stärke
	−40	−20	−10	±0	+10	+25	+50	+75	+100	+150	+200	+250	+300	+350	+400	+500	+750	+1000	
0,020	40,4	26,7	20,2	13,4	6,70	3,34	20,2	37,1	54,2	87,5	120	154	188	222	256	326			
0,025	49,2	32,6	24,6	16,3	8,16	4,06	24,7	45,5	66,3	107	148	190	234	275	316	404			
0,030	58,0	38,5	28,9	19,1	9,54	4,77	29,2	53,9	78,2	127	176	226	280	325	375	481			
0,035	66,7	44,1	33,1	21,9	10,9	5,46	33,7	62,2	90,2	146	204	261	321	374	432	554	848		
0,040	75,2	49,9	37,3	24,7	12,3	6,14	38,1	70,2	102	165	230	295	361	425	490	627	963		
0,045	83,3	55,3	41,2	27,5	13,7	6,81	42,1	78,1	114	184	256	330	402	474	546	701	1070		
0,050	91,3	60,7	45,5	30,2	15,0	7,47	46,0	85,6	125	202	281	363	443	522	603	771	1180		
0,060	108	71,2	53,2	35,2	17,5	8,70	53,6	99,5	146	238	330	425	521	616	711	905	1400	1890	
0,070	123	81,0	60,6	40,1	19,9	9,90	61,1	113	166	272	379	487	596	706	814	1030	1600	2200	
0,080	137	90,2	67,3	44,9	22,2	11,0	68,2	126	186	304	426	548	670	795	914	1160	1800	2490	**45** mm
0,090	150	99,3	73,8	49,4	24,4	12,1	74,8	139	205	336	469	606	744	880	1020	1290	2000	2770	
0,100	163	107	80,2	53,5	26,4	13,1	81,2	151	222	367	513	662	815	964	1120	1410	2200	3040	
0,110	175	115	86,2	57,5	28,4	14,1	87,4	163	240	396	555	718	883	1050	1210	1530	2400	3300	
0,120	186	122	91,8	61,2	30,2	15,0	93,3	174	257	424	594	771	951	1130	1300	1650	2590	3560	
0,130	196	130	97,5	64,7	32,0	15,9	99,2	185	273	452	637	824	1010	1200	1390	1770	2780	3820	
0,140	206	137	103	68,1	33,7	16,7	105	195	289	480	676	875	1070	1270	1480	1890	2960	4070	
0,160	227	150	111	74,2	36,5	18,1	115	216	319	531	748	968	1190	1410	1650	2120	3330	4570	
0,180	246	162	120	80,0	39,5	19,5	124	235	347	578	814	1060	1310	1550	1820	2330	3670	5070	
0,200	263	173	128	85,6	42,2	20,8	134	251	371	623	883	1150	1410	1690	1980	2540	4020	5560	

Umfang = 1,759 m da/di = 1,192 ln da/di = 0,1752

Wärmeleitzahl λ	Rohrtemperatur in ° C (Lufttemp. = 20° C)																	Isol.-Stärke
	−40	−20	−10	±0	+10	+25	+50	+75	+100	+150	+200	+250	+300	+350	+400	+500	+750	+1000	
0,020	36,8	24,5	18,2	12,2	6,08	3,04	18,3	33,7	49,2	79,8	111	141	172	204	236	297			
0,025	45,2	29,8	22,5	15,0	7,43	3,71	22,5	41,5	60,7	98,1	136	175	216	252	289	366			
0,030	53,4	35,5	26,6	17,7	8,75	4,38	26,6	49,0	71,4	116	161	207	258	299	342	436			
0,035	61,6	40,7	30,7	20,2	10,0	5,00	30,7	56,4	82,5	134	186	238	299	346	395	504	776		
0,040	69,7	45,9	34,6	22,9	11,4	5,64	34,7	64,1	93,4	151	211	271	338	392	448	571	884		
0,045	77,6	50,9	38,5	25,4	12,7	6,30	38,6	71,2	104	169	235	303	377	437	502	639	989		
0,050	85,4	55,9	42,3	27,9	13,9	6,94	42,4	78,8	115	187	258	334	406	482	554	707	1090		
0,060	99,6	66,3	49,5	32,7	16,2	8,07	49,6	92,1	135	220	305	392	479	569	652	835	1280	1740	
0,070	113	75,9	56,5	37,3	18,5	9,22	56,5	105	154	252	350	450	550	652	751	959	1470	2020	
0,080	126	84,8	63,0	41,8	20,7	10,3	63,1	117	172	283	393	506	619	732	846	1080	1660	2280	**50** mm
0,090	139	93,4	69,5	46,0	22,7	11,3	69,6	129	190	312	435	561	686	812	939	1200	1840	2530	
0,100	151	101	75,6	49,8	24,7	12,3	75,7	140	207	3 41	475	613	752	889	1030	1310	2020	2780	
0,110	163	109	81,5	53,4	26,6	13,2	81,6	152	223	369	515	665	816	966	1110	1420	2210	3020	
0,120	174	116	87,1	57,1	28,4	14,1	87,3	163	239	395	553	713	877	1040	1200	1530	2380	3280	
0,130	184	122	92,4	60,6	30,1	15,0	92,8	173	254	421	591	762	938	1120	1290	1640	2560	3510	
0,140	194	128	97,4	63,8	31,6	15,7	97,9	184	269	445	628	808	996	1180	1370	1760	2730	3740	
0,160	214	140	107	70,1	34,5	17,1	108	202	298	494	697	896	1110	1320	1530	1960	3070	4210	
0,180	232	152	116	75,6	37,3	18,5	117	221	325	539	761	979	1210	1450	1690	2160	3400	4650	
0,200	247	163	124	81,0	39,9	19,7	126	237	350	584	824	1060	1310	1570	1830	2360	3710	5110	

Umfang = 1,791 m da/di = 1,213 ln da/di = 0,1929

Innerer Rohr ⌀ = 450 mm **Äußerer Rohr ⌀ = 470 mm**

Wärmeleitzahl λ	Rohrtemperatur in °C (Lufttemp. = 20° C) -40	-20	-10	±0	+10	+25	+50	+75	+100	+150	+200	+250	+300	+350	+400	+500	+750	+1000	Isol.-Stärke
0,020	36,8	24,5	18,2	12,2	6,08	3,04	18,3	33,7	49,2	79,8	111	141	172	204	236	297			
0,025	45,2	29,8	22,5	15,0	7,43	3,71	22,5	41,5	60,7	98,1	136	175	216	252	289	366			
0,030	53,4	35,5	26,6	17,7	8,75	4,38	26,6	49,0	71,4	116	161	207	258	299	342	436			
0,035	61,6	40,7	30,7	20,2	10,0	5,00	30,7	56,4	82,5	134	186	238	299	346	395	504	776		
0,040	69,7	45,9	34,6	22,9	11,4	5,64	34,7	64,1	93,4	151	211	271	338	392	448	571	884		
0,045	77,6	50,9	38,5	25,4	12,7	6,30	38,6	71,2	104	169	235	303	377	437	502	639	989		
0,050	85,4	55,9	42,3	27,9	13,9	6,94	42,4	78,8	115	187	258	334	406	482	554	707	1090		
0,060	99,6	66,3	49,5	32,7	16,2	8,07	49,6	92,1	135	220	305	392	479	569	652	835	1280	1740	
0,070	113	75,9	56,5	37,3	18,5	9,22	56,5	105	154	252	350	450	550	652	751	959	1470	2020	
0,080	126	84,8	63,0	41,8	20,7	10,3	63,1	117	172	283	393	506	619	732	846	1080	1660	2280	**50**
0,090	139	93,4	69,5	46,0	22,7	11,3	69,6	129	190	312	435	561	686	812	939	1200	1840	2530	mm
0,100	151	101	75,6	49,8	24,7	12,3	75,7	140	207	341	475	613	752	889	1030	1310	2020	2780	
0,110	163	109	81,5	53,4	26,6	13,2	81,6	152	223	369	515	665	816	966	1110	1420	2210	3020	
0,120	174	116	87,1	57,1	28,4	14,1	87,3	163	239	395	553	713	877	1040	1200	1530	2380	3280	
0,130	184	122	92,4	60,6	30,1	15,0	92,8	173	254	421	591	762	938	1120	1290	1640	2560	3510	
0,140	194	128	97,4	63,8	31,6	15,7	97,9	184	269	445	628	808	996	1180	1370	1760	2730	3740	
0,160	214	140	107	70,1	34,5	17,1	108	202	298	494	697	896	1110	1320	1530	1960	3070	4210	
0,180	232	152	116	75,6	37,3	18,5	117	221	325	539	761	979	1210	1450	1690	2160	3400	4650	
0,200	247	163	124	81,0	39,9	19,7	126	237	350	584	824	1060	1310	1570	1830	2360	3710	5110	

Umfang = 1,791 m da/di = 1,213 ln da/di = 0,1929

Wärmeleitzahl λ	Rohrtemperatur in °C (Lufttemp. = 20° C) -40	-20	-10	±0	+10	+25	+50	+75	+100	+150	+200	+250	+300	+350	+400	+500	+750	+1000	Isol.-Stärke
0,020	27,8	18,5	13,9	9,28	4,62	2,30	13,8	25,3	36,9	60,0	83,5	107	131	153	178	222			
0,025	34,1	22,8	17,0	11,4	5,65	2,81	17,0	31,4	45,7	74,1	103	132	162	190	222	276			
0,030	40,4	27,0	20,1	13,5	6,67	3,32	20,2	37,3	54,4	88,2	122	157	193	226	265	330			
0,035	46,7	31,2	23,2	15,6	7,70	3,83	23,3	43,2	62,7	102	141	181	223	261	305	382	581		
0,040	53,0	35,2	26,3	17,6	8,73	4,34	26,4	48,8	70,8	116	160	206	252	298	343	433	665		
0,045	59,1	39,1	29,4	19,5	9,73	4,85	29,6	54,4	79,0	129	179	230	281	330	380	484	744		
0,050	65,2	43,0	32,4	21,7	10,8	5,32	32,6	59,8	87,0	142	198	254	310	366	416	536	818		
0,060	76,8	50,8	38,0	25,5	12,6	6,29	38,3	71,0	103	169	234	301	367	432	495	638	980	1310	
0,070	88,1	58,2	43,6	29,2	14,5	7,23	43,9	81,4	118	194	270	348	424	498	573	736	1130	1520	**70**
0,080	99,3	65,4	49,2	32,9	16,3	8,14	49,2	91,6	133	219	304	391	477	564	650	832	1280	1720	mm
0,090	110	72,5	54,5	36,4	18,0	9,00	54,7	101	148	243	338	435	530	628	724	924	1430	1910	
0,100	120	79,4	59,6	39,5	19,7	9,84	59,8	111	162	266	371	478	581	690	796	1010	1570	2100	
0,110	130	86,0	64,3	42,7	21,3	10,6	64,7	121	176	289	403	518	632	750	868	1100	1710	2290	
0,120	139	92,2	69,0	45,9	22,9	11,4	69,5	130	189	311	434	558	684	810	940	1190	1850	2480	
0,130	148	98,0	73,6	49,0	24,5	12,2	74,2	139	202	333	465	598	732	870	1010	1280	1980	2670	
0,140	157	104	78,1	52,1	25,9	12,8	79,0	147	215	354	495	638	781	923	1070	1360	2110	2850	
0,160	174	116	87,1	57,5	28,6	14,1	87,4	164	240	394	553	713	874	1030	1200	1530	2370	3230	
0,180	190	127	95,1	62,7	31,2	15,4	95,6	179	263	434	607	785	963	1140	1330	1700	2630	3600	
0,200	205	137	103	67,5	33,5	16,7	104	193	285	472	659	857	1050	1250	1450	1860	2890	3950	

Umfang = 1,916 m da/di = 1,298 ln da/di = 0,2607

Innerer Rohr ⌀ = 450 mm **Äußerer Rohr ⌀ = 470 mm**

Wärmeleitzahl λ	Rohrtemperatur in ° C (Lufttemp. = 20° C)																		Isol.-Stärke
	−40	−20	−10	±0	+10	+25	+50	+75	+100	+150	+200	+250	+300	+350	+400	+500	+750	+1000	
0,020	24,7	16,5	12,5	8,25	4,14	2,06	12,5	22,9	33,1	53,8	74,5	95,7	117	142	159	200			
0,025	30,4	20,3	15,3	10,1	5,06	2,53	15,3	28,2	41,1	66,4	92,0	118	145	173	197	249			
0,030	36,2	24,1	18,1	12,0	5,99	3,00	18,2	33,5	48,9	78,7	110	141	172	205	235	296			
0,035	42,0	27,9	21,0	13,9	6,92	3,46	21,1	38,7	56,6	91,3	127	163	200	237	272	343	524		
0,040	47,8	31,7	23,8	15,7	7,85	3,92	24,0	43,9	64,0	104	144	185	226	268	310	390	597		
0,045	53,5	35,5	26,6	17,6	8,80	4,39	26,8	49,0	71,3	116	161	207	253	300	346	436	667		
0,050	59,2	39,3	29,3	19,5	9,70	4,85	29,5	54,0	78,4	128	177	228	279	331	381	483	735		
0,060	69,8	46,5	34,8	23,1	11,5	5,75	34,8	64,0	93,1	152	212	271	332	390	451	573	874	1180	
0,070	80,2	53,3	40,0	26,5	13,2	6,60	39,9	73,7	108	176	245	313	382	450	521	661	1010	1360	**80** mm
0,080	90,0	59,6	44,8	29,9	14,8	7,40	44,9	83,0	121	198	276	353	432	510	589	750	1140	1540	
0,090	99,5	65,8	49,5	33,0	16,4	8,18	49,7	92,2	135	220	307	393	481	568	656	836	1270	1720	
0,100	109	72,4	54,1	36,1	18,0	8,95	54,4	101	148	242	337	432	530	626	723	921	1400	1900	
0,110	119	78,8	58,5	39,0	19,4	9,71	59,0	110	160	263	366	471	577	682	787	1000	1530	2080	
0,120	128	84,6	62,9	41,9	20,9	10,5	63,6	118	173	284	395	508	623	736	852	1080	1660	2250	
0,130	136	90,3	67,3	44,8	22,4	11,2	68,0	126	185	304	422	544	668	790	915	1160	1790	2430	
0,140	145	95,8	71,8	47,7	23,8	11,9	72,3	134	197	324	449	580	711	842	976	1240	1910	2600	
0,160	162	107	80,1	53,3	26,5	13,1	80,6	149	220	363	505	653	800	946	1090	1400	2150	2940	
0,180	176	117	87,8	58,1	29,0	14,4	88,5	164	242	400	558	722	884	1040	1210	1550	2390	3270	
0,200	190	127	95,3	62,7	31,4	15,7	96,0	179	263	436	609	790	967	1140	1330	1690	2620	3580	

Umfang = 1,979 m da/di = 1,340 ln da/di = 0,2930

Wärmeleitzahl λ	Rohrtemperatur in ° C (Lufttemp. = 20° C)																		Isol.-Stärke
	−40	−20	−10	±0	+10	+25	+50	+75	+100	+150	+200	+250	+300	+350	+400	+500	+750	+1000	
0,020	22,4	14,9	11,2	7,56	3,79	1,89	11,3	20,7	30,0	49,0	67,9	87,0	106	126	145	180			
0,025	27,8	18,4	13,9	9,12	4,64	2,31	14,0	25,6	37,3	60,4	83,5	108	132	155	180	224			
0,030	33,1	21,9	16,5	11,0	5,52	2,74	16,6	30,6	44,6	72,0	99,2	129	157	184	214	268			
0,035	38,4	25,4	19,1	12,8	6,36	3,17	19,2	35,5	51,7	83,5	116	150	182	214	248	311	475		
0,040	43,6	28,8	21,6	14,6	7,24	3,60	22,0	40,2	58,6	94,6	132	170	206	243	282	354	541		
0,045	48,8	32,2	24,1	16,3	8,09	4,02	24,4	44,8	65,4	106	148	189	230	272	316	397	604		
0,050	54,0	35,6	26,7	18,0	8,94	4,45	26,8	49,3	72,0	117	163	208	255	300	347	438	668		
0,060	63,9	42,4	31,8	21,2	10,6	5,26	31,9	58,3	85,3	139	193	247	303	355	410	521	799	1060	
0,070	73,5	48,8	36,5	24,2	12,1	6,04	36,7	67,2	98,5	161	223	286	350	412	473	602	922	1240	**90** mm
0,080	83,0	55,1	41,2	27,4	13,7	6,82	41,4	75,8	111	182	253	324	397	467	536	681	1020	1410	
0,090	92,2	61,0	45,6	30,5	15,2	7,55	45,7	84,4	124	203	281	361	441	521	599	759	1150	1570	
0,100	101	66,8	50,0	33,3	16,6	8,29	50,1	92,8	136	223	309	397	485	573	660	836	1280	1740	
0,110	109	72,6	54,4	36,2	18,0	9,00	54,4	101	147	242	336	432	528	624	721	914	1400	1900	
0,120	118	78,2	58,6	38,9	19,4	9,70	58,6	109	159	261	363	467	571	677	781	992	1520	2060	
0,130	126	83,7	62,6	41,6	20,8	10,4	62,8	116	170	280	389	502	614	726	837	1070	1630	2220	
0,140	134	89,3	66,8	44,2	22,0	11,0	67,1	124	181	298	415	535	657	776	894	1140	1740	2370	
0,160	149	100	74,7	49,4	24,6	12,3	75,2	138	203	334	465	600	738	872	1000	1290	1970	2670	
0,180	164	110	82,2	54,1	27,0	13,5	82,9	152	224	369	514	665	816	962	1110	1430	2200	2980	
0,200	179	120	89,0	58,7	29,3	14,6	90,3	167	245	404	564	728	893	1050	1210	1560	2400	3280	

Umfang = 2,042 m da/di = 1,383 ln da/di = 0,3243

Innerer Rohr ∅ = 450 mm **Äußerer Rohr ∅ = 470 mm**

Wärmeleitzahl λ	Rohrtemperatur in ° C (Lufttemp. = 20° C)																		Isol.-Stärke
	−40	−20	−10	±0	+10	+25	+50	+75	+100	+150	+200	+250	+300	+350	+400	+500	+750	+1000	
0,020	20,5	13,7	10,3	6,94	3,47	1,73	10,4	18,9	27,4	44,9	62,3	80,0	97,5	115	132	166			
0,025	25,4	17,0	12,7	8,55	4,26	2,13	12,7	23,4	34,1	55,3	77,1	98,5	121	142	164	206			
0,030	30,3	20,2	15,1	10,1	5,04	2,52	15,1	27,8	40,7	65,8	91,6	117	145	170	196	245			
0,035	35,2	23,3	17,5	11,7	5,82	2,91	17,5	32,3	47,1	76,5	106	136	168	197	228	285	434		
0,040	39,9	26,5	19,8	13,2	6,60	3,30	19,9	36,8	53,4	87,2	121	155	191	223	260	325	496		
0,045	44,6	29,7	22,2	14,8	7,38	3,69	22,3	41,2	59,7	97,5	135	174	213	250	289	364	554		
0,050	49,5	32,8	24,5	16,4	8,17	4,08	24,6	45,5	65,7	108	149	192	235	275	318	402	612		
0,060	58,8	39,1	29,3	19,5	9,73	4,86	29,3	53,9	78,1	128	178	229	280	328	376	480	734	974	
0,070	68,0	45,1	33,7	22,5	11,2	5,60	33,9	62,4	90,3	148	207	264	322	379	435	553	850	1140	**100**
0,080	77,0	51,0	38,0	25,4	12,6	6,30	38,2	70,8	102	168	235	299	365	430	494	626	965	1300	mm
0,090	85,8	56,8	42,3	28,2	14,0	7,00	42,3	79,0	114	187	261	333	407	479	553	698	1080	1450	
0,100	94,2	62,5	46,4	31,0	15,4	7,67	46,3	86,8	126	205	286	366	449	528	609	771	1190	1600	
0,110	102	68,0	50,4	33,7	16,8	8,37	50,4	94,2	137	224	311	400	489	576	665	842	1300	1750	
0,120	110	73,3	54,3	36,2	18,1	9,03	54,3	101	148	242	336	433	530	624	720	913	1400	1890	
0,130	118	78,4	58,3	38,7	19,3	9,64	58,4	108	159	259	361	465	570	671	774	982	1510	2040	
0,140	125	83,4	62,2	41,1	20,5	10,2	62,4	115	169	276	386	496	609	717	826	1050	1610	2180	
0,160	139	93,4	69,7	46,0	23,0	11,5	69,8	130	189	310	433	559	684	806	933	1190	1810	2450	
0,180	153	103	76,7	50,6	25,3	12,7	76,9	144	209	343	479	618	758	895	1040	1320	2020	2720	
0,200	167	112	83,6	55,0	27,5	13,8	83,8	157	229	376	524	678	831	983	1140	1450	2230	3000	

Umfang = 2,105 m da/di = 1,426 ln da/di = 0,3545

Wärmeleitzahl λ	Rohrtemperatur in ° C (Lufttemp. = 20° C)																		Isol.-Stärke
	−40	−20	−10	±0	+10	+25	+50	+75	+100	+150	+200	+250	+300	+350	+400	+500	+750	+1000	
0,020	17,9	12,0	9,00	6,00	3,00	1,50	9,02	16,3	23,8	38,7	53,7	68,4	83,8	98,7	114	144			
0,025	22,0	14,7	11,1	6,42	3,71	1,85	11,1	20,2	29,3	48,0	66,5	85,0	104	122	142	179			
0,030	26,1	17,5	13,2	8,84	4,41	2,20	13,2	24,1	35,0	57,2	79,4	101	124	146	169	215			
0,035	30,3	20,3	15,3	10,3	5,10	2,54	15,3	27,9	40,5	66,5	92,4	117	143	170	196	248	381		
0,040	34,6	23,2	17,4	11,7	5,80	2,88	17,4	31,7	46,1	75,6	105	134	163	193	223	282	432		
0,045	38,8	26,0	19,5	13,0	6,50	3,22	19,5	33,5	51,7	84,7	118	150	183	216	250	316	482		
0,050	42,8	28,7	21,4	14,5	7,20	3,57	21,4	39,3	57,4	94,0	131	166	202	239	276	350	532		
0,060	51,0	34,2	25,6	17,0	8,48	4,22	25,6	46,9	68,2	112	155	199	242	285	329	417	634	856	
0,070	59,1	39,5	29,6	19,6	9,77	4,88	29,6	54,2	79,0	129	178	231	280	331	280	482	735	985	**120**
0,080	67,0	44,6	33,5	22,1	11,0	5,51	33,5	61,5	89,6	146	202	261	318	374	431	548	834	1120	mm
0,090	74,5	49,7	37,2	24,7	12,3	6,13	37,3	68,6	100	163	226	291	356	418	482	611	933	1260	
0,100	82,0	54,6	40,7	27,2	13,5	6,74	41,0	75,7	111	180	250	320	392	461	532	674	1030	1390	
0,110	89,3	59,4	44,3	29,6	14,8	7,36	44,6	82,7	121	196	273	349	427	503	581	738	1130	1520	
0,120	96,4	64,2	47,8	32,0	16,0	7,97	48,2	89,5	130	212	295	378	462	545	630	799	1230	1650	
0,130	103	68,9	51,3	34,3	17,1	8,56	51,7	95,9	140	227	316	406	497	587	678	862	1330	1770	
0,140	110	73,6	54,6	36,5	18,2	9,15	55,1	102	149	242	336	434	532	828	724	921	1420	1900	
0,160	124	82,2	61,3	40,8	20,4	10,2	61,7	115	167	273	379	487	600	709	817	1040	1600	2150	
0,180	137	90,8	67,9	45,0	22,5	11,3	68,3	127	185	303	422	541	665	788	909	1160	1780	2410	
0,200	149	99,4	74,3	49,2	24,6	12,3	74,8	138	203	332	464	595	729	866	1000	1270	1960	2660	

Umfang = 2,231 m da/di = 1,511 ln da/di = 0,4125

Innerer Rohr ⌀ = 450 mm **Äußerer Rohr ⌀ = 470 mm**

Wärme-leitzahl λ	Rohrtemperatur in ° C (Lufttemp. = 20° C)																		Isol.-Stärke
	−40	−20	−10	±0	+10	+25	+50	+75	+100	+150	+200	+250	+300	+350	+400	+500	+750	+1000	
0,020	15,8	10,6	7,95	5,39	2,66	1,32	7,96	14,4	20,9	34,6	48,0	61,0	74,3	87,3	101	127			
0,025	19,6	13,1	9,80	6,55	3,29	1,64	9,79	18,0	26,2	43,2	60,0	76,0	92,0	109	126	158			
0,030	23,4	15,6	11,7	7,82	3,90	1,96	11,7	21,6	31,4	51,3	71,3	90,5	110	131	150	188			
0,035	27,1	18,1	14,6	9,05	4,54	2,28	14,7	25,1	36,5	59,6	82,1	104	128	152	175	218	334		
0,040	30,9	20,6	15,5	10,3	5,16	2,59	15,6	28,4	41,4	67,6	93,2	118	145	172	200	249	380		
0,045	34,5	23,1	17,3	11,5	5,78	2,88	17,4	31,7	46,2	75,6	104	132	162	293	224	280	425		
0,050	38,2	25,5	19,2	12,7	6,38	3,18	19,2	35,0	51,0	83,7	115	146	179	314	248	311	472		
0,060	45,5	30,5	23,0	15,1	7,57	3,79	23,0	41,8	60,6	99,8	138	175	215	355	293	370	564	753	
0,070	52,6	35,3	26,7	17,5	8,76	4,38	26,7	48,4	70,2	116	160	204	249	395	341	429	654	880	**140**
0,080	59,6	40,0	30,1	19,9	9,92	4,96	30,2	55,0	79,8	131	183	233	283	435	388	487	743	1010	mm
0,090	66,5	44,6	33,5	22,3	11,0	5,55	33,5	61,5	89,4	146	205	260	317	475	433	544	832	1130	
0,100	73,4	49,0	36,7	24,4	12,1	6,13	36,8	67,7	98,8	161	226	287	351	514	477	600	920	1250	
0,110	80,3	53,5	40,1	26,6	13,2	6,69	40,1	74,0	108	176	246	314	383	552	521	657	1010	1370	
0,120	87,1	58,0	43,4	28,8	14,3	7,22	43,4	80,2	117	190	266	340	415	590	564	713	1100	1480	
0,130	93,7	62,3	46,7	30,8	15,4	7,73	46,6	86,3	125	204	286	365	446	628	608	768	1180	1590	
0,140	100	66,6	49,9	32,8	16,4	8,25	49,8	92,3	134	218	305	392	476	666	651	821	1260	1700	
0,160	113	74,5	55,8	36,8	18,4	9,32	55,8	103	151	247	344	443	542	738	736	929	1430	1920	
0,180	125	82,6	61,8	40,8	20,4	10,3	61,9	114	168	275	384	494	603	810	819	1040	1590	2140	
0,200	137	90,6	67,8	44,8	22,3	11,2	67,9	125	184	303	423	543	662	882	902	1150	1750	2360	

Umfang = 2,356 m da/di = 1,596 ln da/di = 0,4673

Wärme-leitzahl λ	Rohrtemperatur in ° C (Lufttemp. = 20° C)																		Isol.-Stärke
	−40	−20	−10	±0	+10	+25	+50	+75	+100	+150	+200	+250	+300	+350	+400	+500	+750	+1000	
0,020	14,1	9,50	7,19	4,75	2,38	1,19	7,20	13,0	18,8	31,0	43,0	54,9	66,5	78,9	90,8	113			
0,025	17,5	11,8	8,88	5,91	2,96	1,48	8,91	16,2	23,7	38,6	53,5	68,1	82,5	97,5	103	141			
0,030	20,9	14,1	10,5	7,06	3,51	1,76	10,6	19,4	28,4	46,1	64,0	81,2	98,8	117	136	169			
0,035	24,3	16,4	12,2	8,18	4,07	2,04	12,3	22,6	33,0	53,6	74,5	94,1	115	145	158	196	300		
0,040	27,7	18,6	13,9	9,33	4,66	2,33	14,0	25,7	37,3	61,0	84,8	107	130	153	180	224	341		
0,045	31,1	20,8	15,6	10,5	5,24	2,62	15,6	28,7	41,7	68,2	95,0	120	145	172	202	252	383		
0,050	34,5	23,0	17,2	11,6	5,80	2,90	17,2	31,6	46,0	75,5	105	133	160	191	223	279	425		
0,060	41,0	27,4	20,5	13,8	6,90	3,45	20,7	37,7	54,7	89,5	125	159	193	229	267	334	510	677	
0,070	47,5	31,8	23,8	16,0	8,00	4,00	24,2	43,8	63,5	104	145	186	226	266	309	387	593	795	**160**
0,080	54,0	36,1	27,0	18,1	9,04	4,52	27,5	49,8	72,2	118	164	212	258	304	351	440	672	909	mm
0,090	60,4	40,4	30,2	20,2	10,1	5,04	30,6	55,7	80,8	132	183	237	289	340	391	491	751	1020	
0,100	66,6	44,5	33,4	22,2	11,1	5,56	33,6	61,5	89,6	146	202	261	319	375	432	542	831	1130	
0,110	72,8	48,5	36,4	24,3	12,1	6,08	36,6	67,2	98,1	160	221	285	350	410	472	594	910	1230	
0,120	78,9	52,5	39,4	26,3	13,1	6,56	39,5	72,9	106	174	240	308	378	445	512	644	988	1330	
0,130	84,8	56,4	42,3	28,2	14,1	7,02	42,5	78,4	114	187	258	331	406	479	552	693	1060	1430	
0,140	90,8	60,3	45,2	30,1	15,0	7,48	45,5	83,6	122	200	277	354	434	514	592	743	1140	1540	
0,160	103	68,0	50,8	33,7	16,9	8,50	51,2	94,4	137	226	314	401	490	580	669	843	1300	1740	
0,180	114	75,6	56,4	37,3	18,8	9,46	56,8	105	153	252	350	448	546	646	745	942	1450	1950	
0,200	125	83,0	62,0	40,9	20,6	10,3	62,3	115	168	277	385	495	604	711	819	1040	1600	2160	

Umfang = 2,482 m da/di = 1,681 ln da/di = 0,5193

Innerer Rohr ⌀ = 450 mm **Äußerer Rohr ⌀ = 470 mm**

Wärme-leitzahl λ	Rohrtemperatur in ° C (Lufttemp. = 20° C)																		Isol.-Stärke
	−40	−20	−10	±0	+10	+25	+50	+75	+100	+150	+200	+250	+300	+350	+400	+500	+750	+1000	
0,020	13,1	8,73	6,51	4,35	2,17	1,08	6,54	12,0	17,5	28,3	39,0	50,0	60,0	72,1	83,3	104			
0,025	16,3	10,8	8,10	5,42	2,70	1,35	8,11	14,9	21,7	35,2	48,7	62,2	74,5	89,5	104	130			
0,030	19,4	12,9	9,64	6,50	3,24	1,62	9,70	17,7	25,8	41,9	58,2	74,3	89,0	108	125	156			
0,035	22,5	15,0	11,2	7,54	3,77	1,89	11,2	20,6	30,0	48,6	67,6	86,4	104	125	145	182	271		
0,040	25,7	17,1	12,9	8,59	4,30	2,16	12,9	23,4	34,2	55,6	77,0	98,5	119	143	165	207	310		
0,045	28,9	19,2	14,4	9,65	4,83	2,42	14,4	26,3	38,3	62,5	86,6	111	133	160	184	232	349		
0,050	32,0	21,3	15,9	10,7	5,34	2,67	15,9	29,2	42,4	69,2	95,8	123	147	177	203	257	388		
0,060	38,1	25,4	19,1	12,7	6,35	3,19	19,1	34,8	50,8	82,6	114	146	176	211	242	307	466	628	
0,070	44,2	29,4	22,0	14,7	7,35	3,68	22,0	40,4	58,8	95,8	133	169	204	245	281	357	544	734	**180** mm
0,080	50,1	33,3	25,1	16,6	8,36	4,18	25,0	45,9	66,8	109	152	193	232	279	320	406	620	835	
0,090	55,8	37,2	28,0	18,6	9,34	4,68	28,0	51,4	74,8	122	170	216	260	312	359	453	694	935	
0,100	61,6	41,1	30,8	20,6	10,3	5,15	30,8	56,8	82,5	135	187	239	287	344	396	501	770	1030	
0,110	67,3	44,9	33,7	22,4	11,2	5,62	33,6	61,9	90,2	148	205	262	313	376	434	549	844	1130	
0,120	73,1	48,7	36,5	24,2	12,1	6,06	36,4	67,2	97,9	160	222	284	340	409	472	597	916	1230	
0,130	78,7	52,4	39,2	25,9	13,0	6,53	39,3	72,2	106	172	239	306	367	441	508	644	997	1330	
0,140	84,1	56,0	41,9	27,8	13,9	6,98	42,1	77,3	113	184	256	327	394	472	543	690	1060	1430	
0,160	95,1	63,1	47,1	31,2	15,6	7,83	47,5	87,4	128	208	289	371	446	535	617	783	1200	1610	
0,180	106	70,2	52,3	34,8	17,3	8,66	52,8	97,4	142	232	322	415	499	598	690	874	1340	1800	
0,200	116	77,1	57,5	38,1	19,0	9,50	58,0	107	156	255	355	457	549	660	761	964	1470	1990	

Umfang = 2,618 m da/di = 1,766 ln da/di = 0,5687

Wärme-leitzahl λ	Rohrtemperatur in ° C (Lufttemp. = 20° C)																		Isol.-Stärke
	−40	−20	−10	±0	+10	+25	+50	+75	+100	+150	+200	+250	+300	+350	+400	+500	+750	+1000	
0,020	12,0	8,03	6,00	4,01	2,00	1,00	6,04	11,0	16,1	26,1	36,2	46,3	56,4	66,6	76,7	96,9			
0,025	14,9	10,0	7,48	5,00	2,48	1,25	7,49	13,7	20,0	32,5	45,0	57,5	70,0	83,2	96,9	120			
0,030	17,9	11,9	8,93	6,00	2,98	1,50	8,94	16,4	23,9	38,9	53,8	68,6	84,0	99,7	116	144			
0,035	20,8	13,8	10,4	6,95	3,46	1,74	10,4	19,0	27,7	45,2	62,6	79,9	97,9	116	135	167	257		
0,040	23,7	15,7	11,8	7,90	3,95	1,99	11,8	21,7	31,7	51,5	71,4	90,9	111	132	154	191	291		
0,045	26,6	17,7	13,2	8,86	4,42	2,22	13,2	24,3	35,6	57,9	80,2	102	125	148	172	215	326		
0,050	29,5	19,6	14,6	9,81	4,88	2,45	14,6	27,1	39,6	64,1	88,9	113	138	163	189	236	363		
0,060	35,2	23,3	17,5	11,7	5,84	2,92	17,6	32,0	46,8	76,8	107	136	165	195	226	284	436	569	
0,070	40,9	27,2	20,4	13,6	6,77	3,39	20,4	37,5	54,6	89,4	124	159	192	227	262	330	508	678	**200** mm
0,080	46,4	30,9	23,2	15,4	7,71	3,85	23,2	42,5	62,0	102	141	180	219	258	298	375	576	777	
0,090	52,0	34,6	25,9	17,3	8,63	4,30	25,9	47,7	69,6	114	158	201	245	290	333	419	644	870	
0,100	57,4	38,2	28,5	19,1	9,56	4,73	28,6	52,7	77,0	126	174	223	271	320	368	464	713	961	
0,110	62,8	41,9	31,4	21,0	10,4	5,16	31,4	57,7	84,2	138	191	243	296	350	403	508	778	1050	
0,120	68,1	45,3	34,0	22,7	11,3	5,62	34,0	62,5	91,4	149	206	263	322	380	437	552	847	1140	
0,130	73,3	48,9	36,6	24,4	12,1	6,06	36,6	67,4	98,3	161	223	284	347	410	471	597	913	1230	
0,140	78,6	52,4	39,2	26,2	13,0	6,47	39,2	72,3	105	172	239	305	372	439	506	641	978	1320	
0,160	88,9	59,1	44,1	29,3	14,6	7,31	44,3	81,8	119	195	272	348	422	498	575	727	1110	1500	
0,180	98,8	65,8	49,2	32,7	16,2	8,12	49,3	91,6	133	217	302	386	470	556	643	815	1250	1680	
0,200	109	72,2	54,1	35,9	17,8	8,91	54,2	100	146	239	332	425	519	612	707	900	1380	1860	

Umfang = 2,733 m da/di = 1,851 da/di = 0,6158

Innerer Rohr ∅ = 500 mm **Äußerer Rohr ∅ = 520 mm**

Wärme-leitzahl λ	Rohrtemperatur in ° C (Lufttemp. = 20° C)																		Isol.-Stärke
	−40	−20	−10	±0	+10	+25	+50	+75	+100	+150	+200	+250	+300	+350	+400	+500	+750	+1000	
0,020	111	73,6	55,0	36,4	18,2	9,02	55,4	102	150	247	344	441	541	623	740	936			
0,025	133	87,5	65,2	43,3	21,6	10,9	66,4	124	180	297	412	532	660	775	903	1140			
0,030	154	101	75,2	50,1	24,8	12,3	76,8	144	210	345	478	622	773	912	1050	1340			
0,035	173	114	84,8	56,3	27,8	13,7	86,3	162	236	392	543	710	881	1020	1200	1530	2370		
0,040	191	126	93,6	62,1	30,6	15,1	95,2	178	262	437	606	794	986	1160	1340	1720	2680		
0,045	208	137	102	67,5	33,2	16,5	104	194	287	479	667	874	1080	1280	1480	1900	2970		
0,050	223	147	109	72,6	35,5	17,8	112	210	310	520	725	948	1180	1400	1620	2070	3250		
0,060	251	165	122	81,6	40,1	19,9	126	238	353	592	833	1090	1350	1610	1870	2400	3790	5250	
0,070	274	181	134	89,5	44,1	21,7	139	263	392	659	936	1220	1510	1820	2110	2720	4300	5990	
0,080	296	196	145	97,0	47,6	23,4	151	287	429	722	1030	1340	1660	2010	2340	3010	4820	6700	15 mm
0,090	317	209	156	103	50,6	24,9	162	309	462	782	1120	1460	1810	2190	2550	3290	5310	7400	
0,100	335	220	164	108	53,3	26,2	172	329	492	838	1200	1570	1950	2360	2760	3570	5800	8070	
0,110	350	231	172	114	55,8	27,4	181	347	520	890	1280	1670	2080	2510	2950	3820	6260	8750	
0,120	365	241	179	118	57,8	28,5	190	364	547	939	1350	1760	2210	2670	3140	4080	6700	9410	
0,130	377	250	185	122	59,6	29,5	197	380	572	983	1420	1860	2330	2810	3320	4340	7140	10100	
0,140	389	257	191	126	61,3	30,4	204	395	595	1020	1480	1950	2440	2960	3500	4600	7570	10700	
0,160	411	272	202	133	65,0	32,2	216	421	637	1100	1590	2120	2640	3230	3830	5040	8350	11900	
0,180	429	284	211	139	67,9	33,7	227	445	675	1170	1700	2260	2840	3490	4130	5470	9110	13100	
0,200	447	294	219	144	70,7	34,9	237	467	707	1230	1800	2400	3040	3730	4420	5880	9870	14200	

Umfang = 1,728 m da/di = 1,058 ln da/di = 0,0561

Wärme-leitzahl λ	Rohrtemperatur in ° C (Lufttemp. = 20° C)																		Isol.-Stärke
	−40	−20	−10	±0	+10	+25	+50	+75	+100	+150	+200	+250	+300	+350	+400	+500	+750	+1000	
0,020	88,0	58,0	43,5	28,9	14,4	7,16	43,8	81,2	117	193	268	345	421	500	576	732			
0,025	105	70,3	52,6	35,1	17,1	8,60	53,7	98,1	143	237	328	422	511	608	706	904			
0,030	122	81,6	61,0	40,8	19,7	9,96	62,4	114	167	277	386	495	600	712	828	1070			
0,035	138	92,3	69,2	46,2	22,2	11,3	70,6	130	191	315	441	563	684	816	941	1230	1890		
0,040	154	103	77,0	51,2	24,7	12,5	78,3	144	213	351	492	630	768	918	1060	1370	2130		
0,045	169	113	84,3	55,9	27,1	13,6	85,8	158	234	388	543	697	850	1010	1170	1520	2360		
0,050	183	122	91,5	60,2	29,5	14,7	93,0	171	255	422	592	762	925	1100	1280	1660	2580		
0,060	209	138	104	68,4	33,8	16,7	105	195	292	485	684	879	1080	1280	1490	1930	3010	4110	
0,070	232	154	115	76,0	37,6	18,5	117	219	327	545	770	994	1220	1450	1700	2190	3430	4750	
0,080	252	168	125	82,7	40,9	20,0	128	241	359	601	850	1100	1360	1620	1900	2440	3840	5350	20 mm
0,090	271	181	134	89,0	43,9	21,5	138	260	388	654	924	1200	1490	1770	2080	2680	4240	5920	
0,100	289	192	142	94,8	46,6	22,8	147	278	414	703	1000	1300	1610	1920	2260	2910	4620	6460	
0,110	305	203	150	100	49,1	24,0	156	295	441	746	1070	1390	1740	2060	2430	3130	5000	6970	
0,120	319	213	157	105	51,2	25,1	165	312	469	790	1130	1480	1850	2200	2580	3360	5390	7460	
0,130	333	222	164	109	53,2	26,2	173	326	492	833	1200	1570	1950	2340	2720	3580	5760	7940	
0,140	347	230	171	113	55,1	27,1	180	339	513	875	1260	1650	2050	2460	2890	3780	6100	8420	
0,160	370	243	182	120	58,3	28,9	192	367	555	948	1370	1790	2250	2700	3180	4170	6770	9520	
0,180	389	256	191	126	61,3	30,5	203	389	592	1010	1460	1930	2430	2930	3450	4540	7440	10500	
0,200	407	268	199	131	64,3	31,8	212	413	626	1090	1550	2070	2610	3150	3710	4890	8080	11400	

Umfang = 1,759 m da/di = 1,077 ln da/di = 0,0741

Innerer Rohr ∅ = 500 mm **Äußerer Rohr ∅ = 520 mm**

Wärme-leitzahl λ	Rohrtemperatur in ° C (Lufttemp. = 20° C)																		Isol.-Stärke
	−40	−20	−10	±0	+10	+25	+50	+75	+100	+150	+200	+250	+300	+350	+400	+500	+750	+1000	
0,020	72,7	48,5	35,8	24,1	11,9	5,91	36,2	66,8	98,4	159	219	283	345	408	471	599			
0,025	87,4	58,7	43,0	29,0	14,4	7,12	44,0	81,7	120	196	270	346	421	501	580	743			
0,030	102	68,3	50,3	33,9	16,8	8,30	51,4	95,7	140	230	319	407	494	590	684	880			
0,035	116	78,0	57,4	38,7	19,1	9,47	58,6	109	160	263	365	464	565	677	783	1010	1550		
0,040	130	87,0	64,4	43,1	21,3	10,6	65,6	122	179	294	409	522	637	760	879	1130	1750		
0,045	143	95,6	71,0	47,5	23,4	11,6	72,2	135	198	324	451	578	705	842	976	1250	1940		
0,050	154	103	77,3	51,3	25,5	12,7	78,3	147	216	352	491	634	773	920	1070	1370	2120		
0,060	178	118	88,5	58,7	29,1	14,5	90,3	168	249	407	570	740	900	1080	1260	1610	2500	3420	
0,070	201	132	99,3	65,7	32,4	16,2	101	189	280	457	645	840	1030	1230	1430	1830	2860	3930	**25**
0,080	220	146	109	72,2	35,5	17,7	111	208	310	506	711	935	1150	1370	1600	2040	3210	4430	mm
0,090	237	158	118	78,4	38,2	19,0	121	226	337	553	777	1020	1270	1510	1760	2250	3540	4920	
0,100	253	170	126	83,8	40,8	20,2	130	243	363	599	840	1110	1380	1640	1910	2460	3870	5380	
0,110	269	181	134	88,9	43,1	21,4	138	259	387	644	902	1200	1490	1770	2050	2650	4190	5810	
0,120	284	190	141	93,5	45,3	22,5	146	274	410	687	964	1280	1580	1890	2190	2850	4510	6240	
0,130	298	198	147	97,9	47,4	23,5	153	288	433	726	1030	1350	1670	2000	2320	3040	4830	6670	
0,140	311	206	153	102	49,3	24,5	161	302	455	765	1090	1430	1760	2110	2450	3230	5150	7100	
0,160	333	221	164	109	52,8	26,3	173	327	495	833	1190	1560	1940	2330	2730	3560	5730	7980	
0,180	353	235	174	116	56,2	27,9	184	350	530	894	1280	1690	2110	2540	3000	3900	6270	8840	
0,200	372	246	183	122	58,9	29,1	194	372	561	952	1360	1800	2270	2750	3240	4240	6780	9630	

Umfang = 1,791 da/di = 1,096 ln da/di = 0,0919

Wärme-leitzahl λ	Rohrtemperatur in ° C (Lufttemp. = 20° C)																		Isol.-Stärke
	−40	−20	−10	±0	+10	+25	+50	+75	+100	+150	+200	+250	+300	+350	+400	+500	+750	+1000	
0,020	62,6	41,4	30,9	20,4	10,2	5,08	31,5	57,4	84,1	133	184	235	289	432	396	505			
0,025	75,9	50,3	37,2	24,8	12,3	6,10	37,7	69,8	103	164	226	289	359	418	487	627			
0,030	88,1	59,1	43,3	29,1	14,4	7,11	43,8	81,7	120	193	268	342	426	499	577	743			
0,035	100	67,4	49,6	33,0	16,4	8,10	50,2	93,4	136	222	309	393	487	574	663	856	1320		
0,040	112	75,6	55,6	36,8	18,3	9,10	56,4	105	153	250	348	444	546	646	748	966	1490		
0,045	124	83,2	61,3	40,7	20,2	10,1	62,4	115	170	277	385	492	604	716	830	1080	1660		
0,050	133	90,5	67,0	44,6	22,1	11,0	68,1	126	186	302	420	540	662	782	906	1180	1810		
0,060	156	103	77,2	51,4	25,6	12,6	79,3	147	217	352	490	632	774	926	1070	1380	2130	2910	
0,070	175	116	87,0	58,1	28,9	14,2	89,4	166	245	400	558	720	884	1050	1230	1570	2440	3350	**30**
0,080	193	129	96,3	63,8	31,8	15,7	98,5	184	272	445	621	800	993	1170	1370	1750	2740	3790	mm
0,190	209	141	105	69,5	34,4	17,0	107	201	297	486	686	878	1100	1290	1510	1930	3040	4210	
0,100	223	152	113	74,6	36,9	18,2	116	217	319	527	738	958	1190	1410	1650	2110	3320	4610	
0,110	239	161	121	79,5	39,4	19,3	124	231	341	567	795	1040	1290	1530	1780	2280	3590	4970	
0,120	265	170	127	84,2	41,5	20,4	131	245	363	604	851	1110	1390	1640	1900	2450	3870	5330	
0,130	269	178	133	88,6	43,6	21,4	138	258	384	641	907	1180	1480	1750	2020	2600	4130	5680	
0,140	281	185	138	92,2	45,6	22,3	144	270	405	678	962	1250	1560	1840	2140	2770	4400	6110	
0,160	305	201	149	99,2	49,0	24,1	156	295	443	746	1060	1370	1720	2050	2390	3100	4910	6850	
0,180	324	214	160	106	52,1	25,7	167	318	477	806	1150	1490	1870	2250	2620	3410	5420	7580	
0,200	341	226	170	113	55,0	27,2	178	339	507	860	1220	1600	2010	2440	2830	3710	5910	8290	

Umfang = 1,822 m da/di = 1,115 ln da/di = 0,1092

Innerer Rohr ⌀ = 500 mm **Äußerer Rohr ⌀ = 520 mm**

Wärmeleitzahl λ	Rohrtemperatur in ° C (Lufttemp. = 20° C) −40	−20	−10	±0	+10	+25	+50	+75	+100	+150	+200	+250	+300	+350	+400	+500	+750	+1000	Isol.-Stärke
0,020	55,7	37,1	27,6	18,3	9,08	4,51	27,8	51,0	74,3	119	165	212	257	305	351	424			
0,025	67,0	45,8	33,8	22,0	10,9	5,46	34,0	61,8	90,7	146	202	260	319	376	437	553			
0,030	78,9	53,8	39,7	25,8	12,8	6,40	40,0	72,8	106	172	238	307	376	445	518	656			
0,035	90,7	61,5	45,4	29,5	14,7	7,32	45,7	83,6	122	198	274	353	434	511	597	752	1160		
0,040	102	68,5	51,0	33,2	16,4	8,20	51,4	94,4	138	224	310	398	490	575	674	848	1330		
0,045	113	75,6	56,1	36,8	18,2	9,06	56,7	105	153	249	344	442	543	642	748	944	1480		
0,050	122	82,3	61,0	40,3	20,1	9,93	61,8	114	167	273	377	485	595	705	817	1040	1610		
0,060	142	95,5	71,2	47,0	23,3	11,5	71,7	133	195	318	442	570	700	834	962	1220	1900	2580	
0,070	161	108	80,5	53,0	26,2	13,0	81,0	151	220	360	503	652	798	960	1090	1400	2170	2970	35 mm
0,080	179	119	89,1	58,6	29,0	14,3	90,0	168	246	400	561	731	895	1060	1230	1570	2460	3350	
0,090	196	130	96,6	64,0	31,6	15,5	98,3	183	269	439	620	804	988	1170	1360	1730	2730	3710	
0,100	211	140	104	68,8	34,0	16,6	106	197	291	477	676	875	1070	1280	1480	1880	2980	4070	
0,110	225	149	111	73,4	36,2	17,7	113	211	312	515	729	944	1160	1380	1600	2040	3230	4420	
0,120	238	158	117	77,8	38,3	18,8	120	225	333	552	780	1010	1250	1480	1720	2200	3480	4770	
0,130	251	167	123	82,0	40,4	19,9	127	239	354	589	830	1080	1330	1580	1840	2360	3730	5120	
0,140	263	175	129	86,3	42,3	20,9	134	251	374	622	879	1140	1410	1670	1950	2510	3960	5470	
0,160	286	189	140	93,2	45,9	22,7	146	275	409	681	972	1260	1560	1860	2180	2810	4430	6150	
0,180	306	202	150	99,7	49,1	24,3	156	297	441	738	1050	1370	1710	2040	2390	3080	4900	6790	
0,200	324	215	159	106	52,1	25,7	166	318	471	794	1130	1480	1840	2210	2590	3330	5370	7420	

Umfang = 1,854 m da/di = 1,135 ln da/di = 0,1263

Wärmeleitzahl λ	Rohrtemperatur in ° C (Lufttemp. = 20° C) −40	−20	−10	±0	+10	+25	+50	+75	+100	+150	+200	+250	+300	+350	+400	+500	+750	+1000	Isol.-Stärke
0,020	49,3	32,9	24,5	16,2	8,07	4,03	24,6	45,5	66,2	106	146	186	228	267	310	397			
0,025	60,0	39,8	29,7	19,6	9,74	4,85	30,0	55,4	80,7	130	179	231	283	332	385	488			
0,030	70,7	46,6	34,8	23,0	11,4	5,68	35,2	65,2	94,2	153	212	273	335	394	456	578			
0,035	81,4	53,2	39,8	26,4	13,1	6,53	40,3	74,8	108	176	244	315	388	454	527	667	1030		
0,040	91,7	59,7	44,7	29,8	14,8	7,38	45,2	84,2	122	200	276	356	439	513	594	755	1180		
0,045	101	66,0	49,4	33,0	16,4	8,18	50,0	93,6	136	222	308	396	489	571	662	842	1310		
0,050	111	72,0	54,1	36,3	18,1	9,00	55,0	102	150	244	338	435	535	630	727	929	1440		
0,060	128	84,9	63,4	42,0	20,9	10,4	64,2	120	176	286	397	514	631	745	863	1100	1680	2300	
0,070	144	96,6	72,0	47,6	23,6	11,7	72,9	136	200	327	453	589	723	852	988	1250	1940	2670	40 mm
0,080	160	107	87,9	53,0	26,2	13,0	81,1	151	223	364	507	659	811	955	1100	1410	2160	3020	
0,090	175	118	88,1	58,1	28,8	14,3	89,1	166	245	400	558	726	895	1050	1220	1570	2400	3350	
0,100	189	128	95,1	62,9	31,2	15,5	96,7	180	267	437	610	792	971	1150	1340	1720	2630	3680	
0,110	202	137	102	67,4	33,4	16,6	104	194	287	473	661	856	1050	1250	1450	1860	2860	3990	
0,120	215	145	108	71,8	35,5	17,6	111	207	306	505	707	916	1140	1350	1560	2000	3090	4290	
0,130	227	152	114	75,8	37,4	18,5	117	220	324	537	753	974	1210	1430	1660	2130	3320	4600	
0,140	240	159	119	79,9	39,2	19,4	123	233	342	570	798	1040	1290	1510	1750	2260	3550	4900	
0.160	263	173	130	86,8	42,8	21,2	135	256	378	627	881	1150	1430	1680	1940	2530	3990	5510	
0,180	285	186	140	93,2	45,9	22,7	146	276	409	681	959	1250	1550	1840	2120	2780	4400	6120	
0,200	306	198	150	99,2	48,8	24,1	156	294	435	734	1040	1350	1660	1970	2280	3020	4800	6710	

Umfang = 1,885 m da/di = 1,154 ln da/di = 0,1431

Innerer Rohr Ø = 500 mm **Äußerer Rohr Ø = 520 mm**

Wärme-leitzahl λ	Rohrtemperatur in °C (Lufttemp. = 20° C) -40	-20	-10	±0	+10	+25	+50	+75	+100	+150	+200	+250	+300	+350	+400	+500	+750	+1000	Isol.-Stärke
0,020	44,3	29,3	22,0	14,7	7,35	3,67	22,1	40,7	59,4	96,0	130	168	206	244	280	356			
0,025	53,9	35,8	26,9	17,9	8,93	4,45	27,0	49,9	72,7	118	161	208	257	302	347	442			
0,030	63,4	42,3	31,6	21,1	10,5	5,23	31,8	59,1	85,9	139	192	247	306	357	411	528			
0,035	73,0	48,4	36,3	24,2	12,0	5,98	36,6	68,2	99,0	160	223	285	352	410	474	608	931		
0,040	82,4	54,5	40,8	27,2	13,5	6,72	41,3	77,0	112	182	252	324	397	465	535	689	1060		
0,045	91,2	60,4	45,1	30,1	15,0	7,47	45,9	85,8	124	202	281	362	440	519	598	770	1180		
0,050	100	66,3	49,7	33,0	16,4	8,18	50,4	94,7	137	221	308	398	486	571	660	845	1300		
0,060	118	78,0	58,3	38,5	19,1	9,54	58,7	107	160	260	361	466	572	675	779	992	1530	2070	
0,070	134	88,6	66,2	44,0	21,7	10,9	66,9	122	182	298	416	534	656	773	891	1130	1760	2410	45 mm
0,080	150	98,7	73,9	49,2	24,3	12,1	74,6	136	204	334	466	601	736	867	1000	1270	1980	2740	
0,090	165	108	81,1	54,1	26,7	13,2	82,1	150	224	367	514	664	815	964	1010	1410	2190	3050	
0,100	179	117	87,9	58,6	28,9	14,3	89,2	163	243	402	562	725	893	1060	1220	1550	2410	3330	
0,110	192	126	94,5	63,0	31,1	15,4	95,7	176	262	434	609	787	968	1150	1320	1680	2630	3620	
0,120	204	134	101	67,0	33,1	16,4	102	188	281	464	651	845	1040	1240	1420	1810	2840	3910	
0,130	215	142	107	70,8	35,0	17,4	108	200	299	495	697	904	1110	1320	1520	1940	3040	4190	
0,140	226	150	112	74,6	36,9	18,3	114	210	317	526	741	959	1180	1390	1620	2070	3240	4460	
0,160	249	164	122	81,2	40,1	19,8	126	233	349	582	819	1060	1310	1540	1810	2320	3640	5000	
0,180	269	177	131	87,5	43,1	21,3	137	253	380	633	894	1160	1430	1700	1990	2550	4030	5550	
0,200	287	189	140	93,6	46,1	22,8	146	271	406	683	967	1250	1540	1850	2160	2780	4410	6100	

Umfang = 1,916 m da/di = 1,173 ln da/di = 0,1597

Wärme-leitzahl λ	Rohrtemperatur in °C (Lufttemp. = 20° C) -40	-20	-10	±0	+10	+25	+50	+75	+100	+150	+200	+250	+300	+350	+400	+500	+750	+1000	Isol.-Stärke
0,020	40,4	26,8	20,0	13,4	6,66	3,33	20,0	36,9	54,0	87,4	122	155	189	224	258	325			
0,025	49,6	32,8	24,6	16,4	8,15	4,07	24,6	45,4	66,6	107	149	191	236	276	318	401			
0,030	58,4	38,7	29,0	19,3	9,56	4,79	29,1	53,7	78,7	126	176	227	283	327	376	478			
0,035	67,4	44,5	33,3	22,1	11,0	5,49	33,5	61,8	90,4	146	205	261	328	378	433	552	852		
0,040	76,2	50,3	37,6	25,0	12,4	6,18	37,8	70,1	102	166	232	297	371	429	491	626	970		
0,045	85,0	55,7	41,8	27,8	13,9	6,85	42,2	78,0	114	185	258	331	413	479	549	700	1090		
0,050	93,6	61,1	45,7	30,6	15,2	7,60	46,4	86,3	126	204	283	267	444	528	606	773	1200		
0,060	109	72,7	54,1	35,7	17,7	8,84	54,5	101	148	241	334	429	524	623	715	915	1400	1900	
0,070	124	83,2	62,0	40,8	20,3	10,1	62,4	115	169	276	383	492	600	714	823	1050	1610	2210	50 mm
0,080	138	93,0	69,6	45,7	22,7	11,3	70,1	128	189	310	430	554	677	803	926	1180	1810	2500	
0,090	152	102	76,1	50,3	24,9	12,4	76,7	141	208	344	475	615	751	890	1030	1310	2020	2780	
0,100	166	111	82,8	54,5	27,1	13,4	83,4	154	226	373	519	672	824	973	1130	1440	2220	3050	
0,110	179	119	89,3	58,5	29,1	14,5	90,0	167	244	404	563	729	893	1060	1220	1560	2420	3320	
0,120	191	127	95,3	62,4	31,0	15,5	96,4	179	261	432	606	781	960	1140	1310	1680	2610	3590	
0,130	202	133	101	66,2	32,9	16,4	102	190	278	460	647	834	1030	1220	1410	1800	2800	3850	
0,140	212	139	107	69,8	34,6	17,2	108	201	297	486	688	884	1090	1290	1500	1920	2990	4100	
0,160	234	152	117	76,7	37,7	18,7	118	221	326	540	762	979	1210	1440	1680	2140	3360	4610	
0,180	254	165	127	82,8	40,7	20,2	128	241	355	590	833	1070	1320	1580	1850	2360	3720	5100	
0,200	272	177	136	88,5	43,6	21,5	138	259	382	639	903	1160	1430	1710	2000	2570	4060	5590	

Umfang = 1,948 m da/di = 1,192 ln da/di = 0,1759

Wärme-leitzahl λ	Rohrtemperatur in ° C (Lufttemp. = 20° C)																		Isol.-Stärke
	−40	−20	−10	±0	+10	+25	+50	+75	+100	+150	+200	+250	+300	+350	+400	+500	+750	+1000	
0,020	34,8	23,1	17,3	11,6	5,70	2,86	17,3	31,9	46,4	75,8	104	133	162	191	222	278			60 mm
0,025	42,4	28,2	21,1	14,3	6,96	3,57	21,3	39,1	57,1	92,2	128	164	202	237	277	345			
0,030	50,0	33,3	24,9	16,9	8,22	4,21	25,2	46,3	67,6	110	152	194	241	282	327	410			
0,035	57,6	38,2	28,6	19,4	9,48	4,82	29,0	53,8	78,0	127	176	224	278	324	377	475	724		
0,040	65,2	43,2	32,3	21,8	10,7	5,42	32,8	60,7	88,3	144	199	254	314	368	426	539	827		
0,045	72,6	48,0	36,1	24,3	12,0	6,01	36,5	67,5	98,1	161	222	284	349	414	475	602	926		
0,050	80,0	53,1	40,0	26,6	13,2	6,61	40,3	74,3	108	176	245	313	384	454	523	665	1020		
0,060	96,2	62,6	46,8	31,5	15,5	7,73	47,2	87,7	128	209	289	372	453	534	619	790	1200	1630	
0,070	109	71,6	53,8	35,9	17,7	8,80	54,0	101	146	242	333	430	522	613	713	915	1380	1890	
0,080	122	80,2	60,1	40,3	19,9	9,86	60,4	113	164	271	377	483	588	691	804	1040	1560	2140	
0,090	134	88,6	66,3	44,3	22,0	10,9	66,7	125	181	301	416	536	655	769	894	1160	1740	2390	
0,100	145	96,4	72,3	48,1	23,9	11,9	72,7	136	200	329	454	585	718	846	982	1280	1920	2630	
0,110	156	104	78,1	51,9	25,8	12,8	78,6	147	215	358	493	634	777	921	1080	1390	2100	2870	
0,120	167	111	83,8	55,6	27,6	13,7	84,5	157	230	385	530	682	838	994	1160	1490	2270	3100	
0,130	177	118	89,0	59,3	29,4	14,6	89,9	167	245	409	565	731	899	1070	1240	1580	2430	3320	
0,140	188	125	93,9	62,9	31,1	15,4	95,2	177	261	432	603	774	955	1130	1310	1680	2580	3530	
0,160	208	139	103	69,1	34,1	17,0	105	196	290	481	671	868	1070	1260	1470	1890	2930	3980	
0,180	227	152	112	75,1	37,1	18,4	115	214	316	525	738	955	1170	1390	1620	2090	3250	4430	
0,200	246	164	122	81,0	40,0	19,7	124	231	340	571	804	1040	1270	1510	1760	2280	3550	4850	

Umfang = 2,011 m da/di = 1,231 ln da/di = 0,2076

Wärme-leitzahl λ	Rohrtemperatur in ° C (Lufttemp. = 20° C)																		Isol.-Stärke
	−40	−20	−10	±0	+10	+25	+50	+75	+100	+150	+200	+250	+300	+350	+400	+500	+750	+1000	
0,020	30,4	20,2	15,1	10,2	5,04	2,52	15,1	27,6	40,3	65,5	91,5	117	143	168	194	244			70 mm
0,025	37,3	24,9	18,4	11,4	6,16	3,08	18,6	34,3	50,0	81,1	113	145	176	208	243	303			
0,030	44,1	29,4	21,9	14,6	7,28	3,64	22,0	40,6	59,5	96,5	134	172	210	247	291	362			
0,035	51,0	33,9	25,3	16,9	8,40	4,20	25,5	47,2	68,5	112	155	199	243	285	335	418	688		
0,045	57,9	38,3	28,7	19,2	9,52	4,76	28,9	53,3	77,3	127	175	225	276	325	375	473	786		
0,040	64,6	42,7	32,0	21,5	10,7	5,30	32,4	59,4	86,2	141	196	252	308	362	414	530	881		
0,050	71,3	46,9	35,4	23,8	11,8	5,81	35,7	65,2	95,0	155	216	277	340	400	455	586	973		
0,060	83,8	55,4	41,5	27,9	13,9	6,89	41,9	77,5	113	184	256	330	402	472	541	698	1160	1430	
0,070	96,2	63,5	47,5	31,9	15,9	7,90	48,0	89,0	130	212	295	381	463	544	627	806	1340	1650	
0,080	108	71,4	53,4	35,7	17,8	8,89	53,7	100	146	239	332	428	521	615	710	911	1520	1870	
0,090	120	79,2	59,2	39,4	19,7	9,81	59,7	111	161	265	369	477	579	686	790	1010	1700	2080	
0,100	131	86,8	65,1	43,1	21,5	10,7	65,3	122	176	290	405	523	635	754	868	1110	1870	2290	
0,110	141	93,7	70,3	46,7	23,3	11,6	70,7	132	191	315	440	565	601	820	946	1200	2030	2500	
0,120	151	100	75,3	50,0	25,0	12,5	75,9	142	206	339	473	610	752	886	1030	1300	2190	2700	
0,130	161	107	80,3	53,5	26,7	13,3	81,1	152	220	362	507	654	803	952	1100	1390	2340	2900	
0,140	171	114	85,3	56,9	28,3	14,0	86,3	161	234	385	540	697	853	1010	1160	1490	2500	3110	
0,160	190	127	94,6	62,8	31,2	15,4	95,4	179	262	430	603	778	854	1130	1310	1670	2810	3520	
0,180	208	139	104	68,4	34,0	16,8	104	195	287	474	664	856	1050	1250	1450	1850	3120	3920	
0,200	224	150	112	73,7	36,5	18,1	113	211	311	517	723	935	1150	1360	1580	2020	3430	4310	

Umfang = 2,073 m da/di = 1,269 ln da/di = 0,2384

Wärmeleitzahl λ	Rohrtemperatur in ° C (Lufttemp. = 20° C) -40	-20	-10	± 0	+10	+25	+50	+75	+100	+150	+200	+250	+300	+350	+400	+500	+750	+1000	Isol.-Stärke
0,020	27,0	18,0	13,6	9,00	4,50	2,25	13,7	25,0	36,1	58,8	81,3	105	128	156	173	218			
0,025	33,2	22,2	16,8	11,1	5,52	2,76	16,8	30,8	44,9	72,6	101	130	159	191	216	272			
0,030	39,6	26,4	19,9	13,1	6,53	3,26	19,9	36,6	53,4	85,7	120	155	189	225	257	324			
0,035	45,9	30,6	23,0	15,2	7,56	3,76	23,1	42,3	61,8	100	139	179	218	259	298	375	572		
0,040	52,2	34,7	26,0	17,2	8,58	4,27	26,2	47,9	69,8	113	157	202	247	293	340	426	652		
0,045	58,3	38,8	29,0	19,2	9,60	4,79	29,3	53,5	77,5	127	175	225	276	428	379	477	730		
0,050	64,4	42,8	32,0	21,2	10,6	5,32	32,2	58,7	85,3	140	193	249	305	461	416	528	803		
0,060	76,1	50,6	38,0	25,2	12,6	6,27	38,1	70,0	101	166	231	296	363	525	492	626	957	1280	
0,070	87,6	58,3	43,6	29,0	14,4	7,20	43,8	80,5	117	192	267	342	418	591	569	723	1100	1480	**80** mm
0,080	98,0	65,8	48,9	32,6	16,2	8,07	49,3	90,7	132	216	302	387	473	656	643	820	1250	1680	
0,090	109	72,9	54,0	36,0	17,9	8,93	54,5	101	147	240	335	430	525	720	715	914	1390	1880	
0,100	119	79,6	58,9	39,3	19,6	9,74	59,5	110	161	263	367	472	579	783	788	1010	1530	2080	
0,110	129	85,9	63,7	42,5	21,2	10,6	64,4	120	175	286	400	514	631	844	859	1090	1670	2270	
0,120	139	92,3	68,5	45,7	22,8	11,4	69,2	129	188	309	432	555	681	903	930	1180	1810	2460	
0,130	148	98,4	73,3	48,8	24,4	12,2	74,0	138	202	331	460	593	730	962	1000	1270	1950	2650	
0,140	158	104	78,3	52,0	26,0	12,9	78,7	146	215	353	490	633	776	1020	1060	1360	2080	2840	
0,160	176	117	87,4	57,7	28,8	14,3	87,8	163	240	395	551	712	872	1130	1190	1520	2340	3210	
0,180	192	128	95,7	63,2	31,5	15,7	96,5	180	264	437	609	787	966	1240	1320	1680	2610	3570	
0,200	207	139	104	68,2	34,1	17,1	105	195	287	476	664	862	1050	1340	1440	1840	2860	3910	

Umfang = 2,136 m da/di = 1,308 ln da/di = 0,2683

Wärmeleitzahl λ	Rohrtemperatur in ° C (Lufttemp. = 20° C) -40	-20	-10	± 0	+10	+25	+50	+75	+100	+150	+200	+250	+300	+350	+400	+500	+750	+1000	Isol.-Stärke
0,020	24,3	16,3	12,3	8,26	4,12	2,06	12,4	22,6	32,7	53,3	74,0	95,0	116	137	159	197			
0,025	30,2	20,0	15,2	10,1	5,06	2,53	15,3	27,9	40,7	66,0	91,3	118	144	170	197	245			
0,030	36,0	23,8	18,0	12,0	6,00	2,98	18,2	33,3	48,6	78,6	109	142	172	202	235	293			
0,035	41,8	27,5	20,7	14,0	6,95	3,47	21,0	38,5	56,4	91,0	127	164	199	234	272	340	518		
0,040	47,5	31,3	23,5	15,9	7,88	3,93	23,8	43,8	64,0	103	144	185	225	265	308	387	590		
0,045	53,2	35,0	26,3	17,8	8,82	4,40	26,6	48,8	71,2	115	161	206	251	296	345	434	660		
0,050	58,8	38,7	29,0	19,6	9,75	4,86	29,4	53,7	78,4	127	178	226	278	327	378	479	729		
0,060	69,7	46,2	34,5	23,1	11,5	5,73	34,9	63,4	93,0	151	211	270	331	388	447	569	873	1160	
0,070	80,3	53,2	39,8	26,4	13,2	6,58	40,1	73,1	107	175	244	313	382	447	515	657	1010	1350	**90** mm
0,080	90,8	60,1	44,8	29,9	14,9	7,43	45,3	82,5	122	198	277	354	432	513	583	744	1140	1530	
0,090	100	66,5	49,7	33,2	16,5	8,22	50,0	91,9	136	221	308	394	482	568	652	828	1270	1710	
0,100	110	72,8	54,5	36,4	18,1	9,00	54,9	101	149	243	338	433	530	625	718	913	1400	1890	
0,110	119	79,1	59,0	39,5	19,7	9,87	59,5	110	161	264	367	471	576	681	785	996	1530	2070	
0,120	128	85,3	63,5	42,5	21,2	10,6	64,0	119	174	285	396	509	624	737	851	1080	1650	2240	
0,130	137	91,4	68,0	45,4	22,6	11,3	68,5	127	186	305	425	546	670	792	912	1170	1780	2420	
0,140	146	97,5	72,4	48,2	24,0	12,0	73,1	135	197	325	453	583	718	846	974	1250	1900	2580	
0,160	162	109	80,6	53,7	26,8	13,4	81,3	150	221	364	506	654	806	951	1090	1410	2150	2920	
0,180	179	120	88,7	59,0	29,4	14,7	89,4	166	244	402	560	724	890	1050	1210	1560	2390	3240	
0,200	195	131	96,4	64,2	31,9	15,4	97,2	182	266	439	614	793	973	1150	1320	1700	2610	3570	

Umfang = 2,199 m da/di = 1,346 ln da/di = 0,2977

Innerer Rohr ⌀ = 500 mm **Äußerer Rohr ⌀ = 520 mm**

Wärme-leitzahl λ	Rohrtemperatur in °C (Lufttemp. = 20° C)																		Isol.-Stärke
	−40	−20	−10	±0	+10	+25	+50	+75	+100	+150	+200	+250	+300	+350	+400	+500	+750	+1000	
0,020	22,3	14,9	11,2	7,59	3,80	1,88	11,3	20,6	29,8	49,0	68,1	87,4	106	125	144	181			
0,025	27,7	18,5	13,8	9,34	4,66	2,31	13,9	25,4	37,1	60,6	84,2	108	132	155	180	224			
0,030	33,0	22,0	16,4	11,0	5,51	2,74	17,4	30,3	44,3	72,1	100	128	158	184	215	268			
0,035	38,3	25,5	19,0	12,7	6,34	3,16	19,0	35,1	51,3	83,6	116	148	184	215	249	311	475		
0,040	43,4	28,8	21,6	14,4	7,17	3,58	21,6	40,0	58,1	95,0	132	168	209	244	284	354	540		
0,045	48,5	32,4	24,2	16,1	8,01	4,01	24,2	44,8	64,8	106	147	189	233	273	316	398	604		
0,050	54,0	35,8	26,7	17,8	8,86	4,44	26,7	49,7	71,3	117	163	209	257	300	347	439	666		
0,060	64,1	42,6	32,0	21,2	10,6	5,30	32,0	58,8	84,9	140	194	248	306	357	410	522	800	1060	
0,070	74,1	49,1	36,8	24,5	12,2	6,10	37,2	67,9	98,3	162	226	287	352	413	472	603	928	1240	**100 mm**
0,080	84,0	55,5	41,8	27,6	13,8	6,87	41,9	77,1	111	183	256	325	398	469	535	682	1030	1410	
0,090	93,7	60,9	46,3	30,7	15,4	7,63	46,3	86,0	124	203	285	363	444	522	600	759	1170	1580	
0,100	103	67,2	50,5	33,7	16,9	8,37	50,8	94,8	137	223	312	400	489	575	662	838	1290	1750	
0,110	111	73,2	54,9	36,6	18,3	9,10	55,1	103	150	243	339	435	533	627	724	916	1410	1910	
0,120	120	79,0	59,0	39,4	19,6	9,82	59,4	111	162	263	367	471	578	680	784	995	1530	2060	
0,130	128	84,8	63,4	42,1	20,9	10,5	63,7	118	173	282	393	506	621	731	842	1070	1640	2220	
0,140	136	90,8	67,8	44,7	22,3	11,1	68,0	125	185	301	419	540	664	781	900	1140	1750	2370	
0,160	152	102	75,8	50,1	25,0	12,5	76,0	141	206	337	471	608	746	879	1020	1290	1970	2660	
0,180	167	112	83,6	55,0	27,5	13,7	84,0	156	227	373	521	673	826	975	1130	1440	2200	2960	
0,200	182	122	91,2	59,8	29,9	15,0	91,7	171	248	408	570	736	905	1070	1240	1580	2420	3270	

Umfang = 2,262 m da/di = 1,385 ln da/di = 0,3254

Wärme-leitzahl λ	Rohrtemperatur in °C (Lufttemp. = 20° C)																		Isol.-Stärke
	−40	−20	−10	±0	+10	+25	+50	+75	+100	+150	+200	+250	+300	+350	+400	+500	+750	+1000	
0,020	19,5	12,8	9,70	6,45	3,23	1,62	9,74	17,7	25,8	42,2	58,5	74,6	91,2	107	124	157			
0,025	24,0	15,8	12,0	8,10	4,02	2,00	12,0	21,9	31,8	52,2	72,5	92,5	113	132	154	195			
0,030	28,4	18,8	14,2	9,65	4,76	2,38	14,3	26,1	37,9	62,2	86,5	110	135	158	184	233			
0,035	33,1	21,9	16,5	11,2	5,55	2,76	16,6	30,3	43,9	72,3	101	128	156	184	213	270	411		
0,040	37,8	24,9	18,8	12,7	6,30	3,14	18,8	34,4	50,0	82,4	115	145	177	210	242	307	470		
0,045	42,3	27,9	21,1	14,3	7,08	3,51	21,0	38,5	56,0	92,4	129	163	198	235	272	343	526		
0,050	46,6	30,8	23,3	15,9	7,82	3,89	23,3	42,6	62,0	103	143	181	219	260	301	380	579		
0,060	55,4	36,7	27,8	18,6	9,19	4,58	27,9	50,9	74,0	122	168	217	262	310	358	453	689	930	
0,070	64,2	42,4	32,2	21,3	10,6	5,30	32,4	58,8	85,7	141	194	251	304	359	413	525	799	1070	**120 mm**
0,080	72,8	47,9	36,5	24,0	12,0	5,97	36,4	66,8	97,4	159	220	284	346	407	468	596	906	1220	
0,090	81,0	53,3	40,4	26,8	13,3	6,65	40,4	74,6	109	177	246	316	387	454	523	663	1010	1370	
0,100	89,0	58,5	44,1	29,5	14,7	7,29	44,5	82,4	120	195	271	347	425	500	578	732	1120	1510	
0,110	96,7	63,6	48,0	32,1	16,0	7,96	48,5	90,0	131	213	296	379	464	546	632	801	1230	1650	
0,120	105	68,6	51,8	34,6	17,3	8,63	52,4	97,4	142	231	320	410	501	591	684	868	1330	1790	
0,130	112	73,6	55,7	37,1	18,6	9,27	56,2	104	152	247	343	440	539	636	736	936	1440	1920	
0,140	119	78,6	59,2	39,6	19,8	9,92	59,8	110	162	263	366	471	577	682	786	1000	1540	2060	
0,160	134	87,8	66,4	44,3	22,1	11,1	67,0	124	181	296	412	530	651	770	886	1130	1730	2340	
0,180	148	96,8	73,6	48,8	24,4	12,3	74,1	137	200	328	458	586	721	856	985	1250	1930	2620	
0,200	161	106	80,6	53,3	26,7	13,4	81,1	150	218	360	504	646	790	940	1080	1370	2130	2890	

Umfang = 2,388 m da/di = 1,462 ln da/di = 0,3795

Innerer Rohr ∅ = 500 mm **Äußerer Rohr ∅ = 520 mm**

Wärme-leitzahl λ	Rohrtemperatur in °C (Lufttemp. = 20° C) -40	-20	-10	±0	+10	+25	+50	+75	+100	+150	+200	+250	+300	+350	+400	+500	+750	+1000	Isol.-Stärke
0,020	17,2	11,5	8,65	5,78	2,89	1,44	8,65	15,6	22,6	37,7	52,3	66,2	80,9	94,6	110	138			
0,025	21,4	14,2	10,7	7,13	3,58	1,79	10,7	19,5	28,4	47,0	65,4	82,9	100	118	137	171			
0,030	25,5	16,9	12,8	8,50	4,25	2,13	12,8	23,4	34,0	55,9	77,5	98,3	120	142	164	204			
0,035	29,5	19,6	14,8	9,85	4,92	2,48	14,8	27,2	39,5	64,7	89,5	114	139	165	191	237	364		
0,040	33,5	22,4	16,8	11,2	5,60	2,80	16,8	30,9	44,9	73,4	101	128	158	188	218	271	413		
0,045	37,5	25,2	18,8	12,5	6,29	3,14	18,9	34,4	50,0	82,1	113	143	177	210	244	305	462		
0,050	41,4	27,9	20,9	13,8	6,95	3,46	20,9	37,9	55,2	91,0	124	158	195	232	270	338	513		
0,060	49,4	33,2	25,0	16,4	8,24	4,12	25,0	45,3	65,5	108	150	190	234	276	321	402	612	818	
0,070	57,2	38,4	29,0	19,0	9,52	4,76	29,0	52,6	76,0	126	174	221	272	320	371	466	710	955	**140**
0,080	64,8	43,5	32,8	21,6	10,8	5,38	32,9	59,8	86,5	143	198	252	308	364	421	528	808	1090	**mm**
0,090	72,2	48,3	36,5	24,1	12,0	6,02	36,6	67,0	97,0	159	222	282	344	409	470	590	905	1230	
0,100	79,7	53,2	39,8	26,5	13,2	6,60	40,1	73,7	107	175	245	312	380	450	518	652	1000	1360	
0,110	87,2	58,1	43,5	28,9	14,3	7,17	43,6	80,4	117	190	267	341	416	491	565	714	1100	1480	
0,120	94,7	62,9	47,1	31,3	15,4	7,72	47,2	87,1	127	206	289	369	451	532	613	774	1190	1600	
0,130	102	67,7	50,7	33,5	16,6	8,28	50,7	93,7	136	221	310	397	485	573	660	833	1280	1720	
0,140	109	72,3	53,7	35,7	17,7	8,85	53,9	100	146	236	332	425	520	614	706	890	1370	1840	
0,160	122	80,9	60,4	40,0	19,9	10,0	60,7	112	164	268	374	481	589	693	798	1010	1550	2080	
0,180	135	89,5	66,9	44,3	22,0	11,0	67,2	124	182	299	416	535	655	771	889	1130	1730	2320	
0,200	148	98,0	73,3	48,6	24,2	12,1	73,6	136	200	329	458	589	719	848	979	1250	1900	2550	

Umfang = 2,513 m da/di = 1,539 ln da/di = 0,4308

Wärme-leitzahl λ	Rohrtemperatur in °C (Lufttemp. = 20° C) -40	-20	-10	±0	+10	+25	+50	+75	+100	+150	+200	+250	+300	+350	+400	+500	+750	+1000	Isol.-Stärke
0,020	15,2	10,3	7,80	5,15	2,57	1,28	7,80	14,0	20,3	33,5	46,5	59,4	72,1	85,6	98,3	123			
0,025	19,0	12,8	9,62	6,40	3,21	1,60	9,65	17,6	25,6	41,9	58,1	73,7	89,4	106	123	154			
0,030	22,7	15,2	11,4	7,63	3,82	1,91	11,5	21,1	30,8	50,2	69,6	87,6	107	126	147	184			
0,035	26,4	17,6	13,2	8,85	4,42	2,21	13,3	24,5	35,8	58,4	81,0	102	124	146	171	213	326		
0,040	30,1	20,1	15,1	10,1	5,04	2,52	15,1	27,9	40,5	66,3	92,1	116	141	166	195	243	370		
0,045	33,8	22,5	16,9	11,4	5,67	2,84	16,9	31,1	45,2	74,0	103	130	157	186	219	263	414		
0,050	37,4	24,9	18,7	12,6	6,30	3,15	18,7	34,2	49,9	81,9	114	143	173	207	242	302	461		
0,060	44,4	29,5	22,1	14,9	7,46	3,74	22,4	40,8	59,3	96,8	135	172	209	248	290	361	555	733	
0,070	51,3	34,3	25,7	17,2	8,70	4,35	26,1	47,3	68,7	113	157	201	245	289	346	419	645	861	**160**
0,080	58,3	39,1	29,3	19,5	9,82	4,90	29,6	54,0	78,2	128	178	230	280	330	381	476	732	988	**mm**
0,090	65,2	43,7	32,8	21,8	10,9	5,46	33,0	60,3	87,5	143	198	257	323	369	424	533	818	1110	
0,100	72,0	48,2	36,3	24,1	12,1	6,02	36,5	66,6	97,0	158	219	283	346	407	468	588	901	1220	
0,110	78,8	52,6	39,7	26,4	13,2	6,57	39,8	72,7	106	173	240	309	378	445	511	642	987	1330	
0,120	85,4	56,9	42,7	28,5	14,2	7,09	42,8	78,9	115	188	260	334	410	482	556	696	1070	1440	
0,130	91,8	61,1	45,7	30,6	15,2	7,57	46,0	84,8	123	202	280	358	440	519	598	749	1150	1550	
0,140	98,3	65,2	48,8	32,6	16,2	8,07	49,1	90,5	131	216	300	383	470	556	640	802	1230	1660	
0,160	111	73,6	54,9	36,5	18,2	9,12	55,3	102	148	244	339	434	530	627	722	912	1400	1880	
0,180	123	81,8	60,9	40,3	20,1	10,1	61,3	114	165	272	378	485	591	698	804	1020	1570	2110	
0,200	135	89,8	67,0	44,1	22,1	11,1	67,3	125	182	300	412	535	652	769	885	1120	1730	2340	

Umfang = 2,639 m da/di = 1,615 ln da/di = 0,4796

Innerer Rohr ⌀ = 500 mm **Äußerer Rohr ⌀ = 520 mm**

Wärmeleitzahl λ	Rohrtemperatur in ° C (Lufttemp. = 20° C) −40	−20	−10	±0	+10	+25	+50	+75	+100	+150	+200	+250	+300	+350	+400	+500	+750	+1000	Isol.-Stärke
0,020	14,2	9,46	7,05	4,71	2,35	1,17	7,05	13,0	19,0	30,6	42,2	53,9	65,9	77,9	90,3	114			
0,025	17,6	11,7	8,76	5,89	2,94	1,46	8,75	16,1	23,5	38,0	52,6	77,5	81,9	97,0	113	141			
0,030	21,0	14,0	10,4	7,04	3,52	1,76	10,5	19,2	27,9	45,4	62,9	80,1	97,9	117	135	169			
0,035	24,3	16,3	12,1	8,18	4,08	2,06	12,1	22,3	32,4	52,8	73,1	93,7	114	136	157	197	293		
0,040	27,7	18,6	13,9	9,30	4,62	2,35	13,9	25,4	36,9	60,2	83,5	107	130	145	178	224	335		
0,045	31,0	20,7	15,6	10,4	5,18	2,63	15,6	28,5	41,4	67,6	93,9	120	146	173	200	251	377		
0,050	34,5	23,0	17,2	11,5	5,70	2,91	17,2	31,6	45,9	74,9	104	132	162	191	220	278	419		
0,060	41,3	27,5	20,5	13,7	6,88	3,46	20,5	37,7	54,9	89,3	123	157	193	228	262	332	504	679	
0,070	47,9	31,9	23,8	15,9	7,97	3,99	23,8	43,7	63,6	104	143	183	225	265	304	386	588	794	
0,080	54,3	36,0	27,0	18,0	9,06	4,53	27,1	49,7	72,3	118	163	209	256	302	346	438	670	903	**180** mm
0,090	60,6	40,3	30,2	20,2	10,1	6,06	30,2	55,6	80,9	132	183	235	286	337	388	490	751	1010	
0,100	66,8	44,4	33,3	22,3	11,1	6,57	33,3	61,5	89,3	146	202	260	315	372	428	542	832	1120	
0,110	72,9	48,5	36,3	24,2	12,1	7,07	36,3	67,2	97,6	160	222	284	344	406	469	594	913	1230	
0,120	79,0	52,6	39,3	26,1	13,1	7,55	39,3	72,7	106	173	240	307	374	442	510	646	992	1340	
0,130	85,0	56,6	42,3	28,1	14,0	8,04	42,4	88,3	114	186	258	330	403	476	548	696	1070	1450	
0,140	91,0	60,6	45,2	30,0	15,0	8,54	45,4	93,8	122	199	276	353	433	510	585	745	1150	1550	
0,160	103	68,2	50,9	33,8	16,9	9,58	51,2	104	138	224	312	401	491	578	668	847	1290	1750	
0,180	114	75,7	56,5	37,5	18,7	10,5	56,9	115	153	250	348	448	548	646	746	945	1440	1950	
0,200	125	83,1	62,0	41,1	20,4	11,4	62,5	126	169	275	384	493	602	713	822	1040	1590	2140	

Umfang = 2,765 m da/di = 1,692 ln da/di = 0,5261

Wärmeleitzahl λ	Rohrtemperatur in ° C (Lufttemp. = 20° C) −40	−20	−10	±0	+10	+25	+50	+75	+100	+150	+200	+250	+300	+350	+400	+500	+750	+1000	Isol.-Stärke
0,020	13,0	8,65	6,47	4,32	2,16	1,08	6,48	11,8	17,2	28,1	39,1	49,9	61,0	71,9	82,7	104			
0,025	16,1	10,9	8,10	5,38	2,69	1,35	8,10	14,7	21,5	34,8	48,4	62,0	75,9	90,3	104	129			
0,030	19,2	12,9	9,66	6,44	3,22	1,64	9,67	17,6	25,8	41,5	57,7	74,0	90,8	108	125	154			
0,035	22,3	14,9	11,2	7,50	3,74	1,88	11,2	20,4	30,0	48,1	67,1	86,0	105	126	146	179	277		
0,040	25,4	16,9	12,7	8,55	4,27	2,15	12,7	23,3	34,2	55,0	76,4	97,9	119	143	166	204	314		
0,045	28,5	18,9	14,2	9,57	4,79	2,40	14,2	26,2	38,3	61,7	85,8	110	134	159	186	229	352		
0,050	31,6	21,0	15,7	10,6	5,30	2,65	15,7	29,2	42,5	68,2	95,0	121	148	175	204	253	390		
0,060	37,9	25,2	18,7	12,6	6,32	3,16	18,9	34,8	50,7	82,3	114	146	177	211	245	306	470	628	
0,070	44,2	29,3	21,9	14,7	7,33	3,66	22,0	40,4	58,9	96,5	133	171	207	245	283	356	548	732	
0,080	50,1	33,4	24,9	16,7	8,33	4,16	25,0	45,8	66,9	110	151	194	236	279	321	404	622	838	**200** mm
0,090	56,1	37,3	27,8	18,6	9,31	4,65	28,0	51,4	75,0	123	169	216	165	313	359	552	695	942	
0,100	61,9	41,1	30,8	20,6	10,3	5,11	30,8	56,8	83,0	136	188	241	293	346	396	500	768	1040	
0,110	67,6	45,1	33,8	22,6	11,3	5,56	33,7	62,2	90,8	149	206	262	321	378	435	548	840	1140	
0,120	73,4	48,9	36,7	24,5	12,2	6,06	36,6	67,5	98,5	161	223	284	348	410	473	596	913	1240	
0,130	79,0	52,8	39,5	26,4	13,1	6,53	39,5	72,8	106	173	240	306	375	442	508	644	984	1330	
0,140	84,7	56,5	42,3	28,2	14,0	7,00	42,3	77,9	113	185	258	328	402	474	545	691	1050	1420	
0,160	95,8	63,6	47,6	31,8	15,8	7,88	47,8	88,2	129	209	293	376	456	537	620	785	1200	1630	
0,180	106	70,7	52,8	35,3	17,5	8,74	53,1	99,0	144	234	326	417	507	599	693	878	1350	1820	
0,200	117	77,7	57,9	38,5	19,2	9,59	58,4	108	158	258	358	458	560	609	762	970	1490	2010	

Umfang = 2,890 m da/di = 1,769 ln da/di = 0,5705

Tabelle 2

Stündliche Wärmeverluste geheizter Räume (Kanäle) in Kcal/m².

Wärme-leitzahl λ	Innentemperatur in °C (Außentemp. = + 20°) +30	+40	+50	+75	+100	+125	+150	+200	+300	+400	+500	$\sum \frac{d}{\lambda}$
0,030	10,7	21,6	32,6	61,6	91,2	122	154	218	352	488	625	0,666
0,035	11,9	24,1	36,5	69,0	103	138	174	248	401	558	718	0,572
0,040	12,9	26,3	40,1	76,0	114	153	193	276	449	624	803	0,500
0,045	13,9	28,4	43,4	82,6	124	166	211	303	494	690	890	0,445
0,050	14,9	30,4	46,4	88,7	133	179	228	328	537	753	973	0,400
0,060	16,5	33,8	51,8	99,7	151	204	259	375	618	873	1130	0,333
0,070	18,0	36,9	56,7	110	167	226	288	418	694	984	1280	0,286
0,080	19,3	39,6	60,9	118	181	246	314	458	766	1090	1420	0,250
0,090	20,4	42,1	64,7	127	193	264	338	495	834	1190	1560	0,222
0,100	21,4	44,2	68,1	134	205	281	360	529	897	1290	1700	0,200
0,120	23,0	47,8	73,9	147	226	310	399	590	1010	1470	1940	0,167
0,140	24,4	50,7	78,8	158	243	335	433	645	1120	1630	2180	0,143
0,160	25,5	53,2	82,9	167	258	357	463	693	1210	1780	2390	0,125
0,180	26,5	55,3	86,4	175	271	376	489	736	1290	1920	2590	0,111
0,200	27,3	57,1	89,4	181	282	393	511	773	1370	2040	2780	0,100

Isolierstärke = 20 mm

Wärme-leitzahl λ	+30	+40	+50	+75	+100	+125	+150	+200	+300	+400	+500	$\sum \frac{d}{\lambda}$
0,030	7,85	15,9	23,9	44,6	65,9	87,4	110	154	246	340	435	1,000
0,035	8,83	18,0	27,1	50,5	75,0	100	125	176	284	391	500	0,857
0,040	9,75	19,8	29,9	56,2	83,2	111	140	197	318	439	562	0,750
0,045	10,7	21,6	32,6	61,6	91,2	122	154	218	352	488	625	0,666
0,050	11,5	23,3	35,3	66,5	99,1	133	168	238	386	536	689	0,600
0,060	12,9	26,3	40,1	76,0	114	153	193	276	449	624	803	0,500
0,070	14,3	29,0	44,4	84,6	127	171	217	310	508	710	917	0,429
0,080	15,5	31,6	48,3	92,6	139	188	239	344	564	794	1030	0,375
0,090	16,5	33,8	51,8	99,7	151	204	259	375	618	873	1130	0,333
0,100	17,5	35,9	55,2	106	162	219	278	404	669	948	1230	0,300
0,120	19,3	39,6	60,9	118	181	246	314	458	766	1090	1420	0,250
0,140	20,7	42,8	65,9	129	197	270	345	506	856	1120	1610	0,214
0,160	21,9	45,5	70,1	138	212	291	374	550	937	1350	1780	0,188
0,180	23,0	47,8	73,9	147	226	310	399	590	1010	1470	1940	0,167
0,200	24,0	49,8	77,3	154	238	327	422	628	1080	1580	2100	0,150

Isolierstärke = 30 mm

Wärmeleitzahl λ	Innentemperatur in °C (Außentemp. = + 20°)											$\sum \frac{d}{\lambda}$
	+30	+40	+50	+75	+100	+125	+150	+200	+300	+400	+500	
0,030	6,21	12,5	18,9	35,1	51,4	68,2	85,4	119	190	261	332	1,333
0,035	7,05	14,2	21,4	40,0	59,0	79,6	97,9	137	219	301	383	1,143
0,040	7,85	15,9	23,9	44,6	65,9	87,4	110	154	246	340	435	1,000
0,045	8,60	17,4	26,4	49,1	72,7	96,8	122	171	274	378	484	0,889
0,050	9,31	18,8	28,7	53,5	79,2	105	133	187	301	416	532	0,800
0,060	10,7	21,6	32,6	61,6	91,2	122	154	218	352	488	625	0,666
0,070	11,9	24,1	36,5	69,0	103	138	174	248	401	558	718	0,572
0,080	12,9	26,3	40,1	76,0	114	153	193	276	449	624	803	0,500
0,090	13,9	28,4	43,4	82,6	124	166	211	303	494	690	890	0,445
0,100	14,9	30,4	46,4	88,7	133	179	228	328	537	753	973	0,400
0,120	16,5	33,8	51,8	99,7	151	204	259	375	618	873	1130	0,333
0,140	18,0	36,9	56,7	110	167	226	288	418	694	984	1280	0,286
0,160	19,3	39,6	60,9	118	181	246	314	458	766	1090	1420	0,250
0,180	20,4	42,1	64,7	127	193	264	338	495	834	1190	1560	0,222
0,200	21,4	44,2	68,1	134	205	281	360	529	897	1290	1690	0,200
Isolierstärke = 40 mm												
0,030	5,15	10,3	15,5	29,0	42,2	56,0	70,1	96,8	155	212	269	1,666
0,035	5,88	11,8	17,8	33,2	48,2	64,0	80,3	111	178	245	311	1,430
0,040	6,54	13,2	19,9	37,0	54,2	71,8	90,5	126	201	277	352	1,250
0,045	7,21	14,6	21,9	40,9	60,1	79,4	100	141	224	308	394	1,111
0,050	7,85	15,9	23,9	44,6	65,9	87,4	110	154	246	340	435	1,000
0,060	9,03	18,3	27,7	51,7	76,7	102	128	180	290	400	512	0,833
0,070	10,1	20,5	31,0	58,4	86,5	115	146	206	322	459	587	0,715
0,080	11,1	22,6	34,2	64,6	96,0	129	163	230	372	516	663	0,625
0,090	12,1	24,5	37,1	70,4	105	141	178	254	411	571	735	0,556
0,100	12,9	26,3	40,1	76,0	114	153	193	276	449	624	803	0,500
0,120	14,5	29,6	45,2	86,4	129	174	222	318	520	728	940	0,417
0,140	15,9	32,5	49,7	95,5	144	195	247	356	587	826	1070	0,357
0,160	17,1	35,1	53,9	104	158	213	271	392	649	919	1190	0,313
0,180	18,2	37,5	57,6	112	170	230	293	426	709	1010	1310	0,278
0,200	19,3	39,6	60,9	118	181	246	314	458	766	1090	1420	0,250
Isolierstärke = 50 mm												
0,030	4,40	8,82	13,2	24,6	36,1	47,8	59,1	81,9	130	178	228	2,000
0,035	5,04	10,1	15,1	28,2	41,2	54,5	68,2	94,1	151	206	262	1,715
0,040	5,62	11,3	17,0	31,6	46,2	61,5	76,7	106	171	233	296	1,500
0,045	6,21	12,5	18,9	35,1	51,4	68,2	85,4	119	190	261	332	1,333
0,050	6,78	13,7	20,6	38,3	56,2	74,3	93,9	131	210	288	366	1,200
0,060	7,85	15,9	23,9	44,6	65,9	87,4	110	154	246	340	435	1,000
0,070	8,83	18,0	27,1	50,5	75,0	100	125	176	284	391	500	0,857
0,080	9,75	19,8	29,9	56,2	83,2	111	140	197	318	439	562	0,750
0,090	10,7	21,6	32,6	61,6	91,2	122	154	218	352	488	625	0,666
0,100	11,5	23,3	35,3	66,5	99,1	133	168	238	386	536	689	0,600
0,120	12,9	26,3	40,1	76,0	114	153	193	276	449	624	803	0,500
0,140	14,3	29,0	44,4	84,6	127	171	217	310	508	710	917	0,429
0,160	15,5	31,6	48,3	92,6	139	188	239	344	564	794	1030	0,375
0,180	16,5	33,8	51,8	99,7	151	204	259	375	618	873	1130	0,333
0,200	17,5	35,9	55,2	106	162	219	278	404	669	948	1230	0,300
Isolierstärke = 60 mm												

Wärmeleitzahl λ	Innentemperatur in °C (Außentemp. = + 20°)											$\sum \frac{d}{\lambda}$
	+30	+40	+50	+75	+100	+125	+150	+200	+300	+400	+500	
0,030	3,84	7,88	11,4	21,1	31,2	41,4	51,0	70,9	112	154	196	2,333
0,035	4,40	8,82	13,2	24,6	36,1	47,8	59,1	81,9	130	178	228	2,000
0,040	4,96	9,93	14,9	27,8	40,6	53,5	67,1	92,8	148	203	258	1,750
0,045	5,46	10,9	16,4	30,7	44,2	59,6	74,4	103	164	225	287	1,556
0,050	5,98	12,0	18,1	33,6	49,2	65,5	81,8	113	190	249	317	1,400
0,060	6,94	14,0	21,0	39,2	56,9	76,2	96,2	134	215	295	376	1,166
0,070	7,85	15,9	23,9	44,6	65,9	87,4	110	154	246	340	435	1,000
0,080	8,70	17,6	26,7	49,8	73,8	98,1	123	173	278	384	493	0.875
0,090	9,48	19,3	29,2	54,6	81,2	109	135	192	310	426	546	0,778
0,100	10,3	20,8	31,5	59,4	88,0	117	148	209	338	469	599	0,700
0,120	11,7	23,7	36,0	68,4	101	136	171	243	395	548	703	0,584
0,140	12,9	26,3	40,1	76,0	114	153	193	276	449	624	803	0,500
0,160	14,1	28,7	43,9	83,6	125	168	214	306	500	699	902	0,438
0,180	15,1	30,9	47,2	90,4	136	183	232	335	549	771	997	0,389
0,200	16,1	32,9	50,4	96,7	146	197	250	362	596	840	1080	0,350

Isolierstärke = 70 mm

0,030	3,41	6,84	10,2	18,9	27,7	36,4	45,2	63,2	99,6	136	172	2,666
0,035	3,91	7,83	11,7	22,1	31,9	42,3	52,2	72,6	115	157	201	2,287
0,040	4,40	8,82	13,2	24,6	36,1	47,8	59,1	81,9	130	178	228	2,000
0,045	4,88	9,78	14,6	27,4	40,0	52,7	66,0	91,3	146	199	253	1,780
0,050	5,33	10,7	16,0	30,0	43,7	58,1	72,7	100	160	220	279	1,600
0,060	6,21	12,5	18,9	35,1	51,4	68,2	85,4	119	190	261	332	1,333
0,070	7,05	14,2	21,4	40,0	59,0	79,6	97,9	137	219	301	383	1,143
0,080	7,85	15,9	23,9	44,6	65,9	87,4	110	154	246	340	435	1,000
0,090	8,60	17,4	26,4	49,1	72,7	96,8	122	171	274	378	484	0,889
0,100	9,31	18,8	28,7	53,5	79,2	105	133	187	301	416	532	0,800
0,120	10,7	21,6	32,6	61,6	91,2	122	154	218	352	488	625	0,666
0,140	11,9	24,1	36,5	69,0	103	138	174	248	401	558	718	0,572
0,160	12,9	26,3	40,1	76,0	114	153	193	276	449	624	803	0,500
0,180	13,9	28,4	43,4	82,6	124	166	211	303	494	690	890	0,445
0,200	14,9	30,4	46,4	88,7	133	179	228	328	537	753	973	0,400

Isolierstärke = 80 mm

0,030	2,77	5,57	8,35	15,3	22,5	29,6	36,8	51,0	80,2	109	139	3,333
0,035	3,20	6,41	9,66	17,7	25,9	34,2	42,5	59,3	92,8	127	161	2,860
0,040	3,62	7,24	10,8	20,0	29,5	38,9	48,0	67,0	106	145	184	2,500
0,045	4,02	8,04	12,0	22,3	32,7	43,4	53,5	74,4	118	161	206	2,222
0,050	4,40	8,82	13,2	24,6	36,1	47,8	59,1	81,9	130	178	228	2,000
0,060	5,15	10,3	15,5	29,0	42,2	56,0	70,1	96,8	155	212	269	1,666
0,070	5,88	11,8	17,8	33,2	48,2	64,0	80,3	111	178	245	311	1,430
0,080	6,54	13,2	19,9	37,0	54,2	71,8	90,5	126	201	277	352	1,250
0,090	7,21	14,6	21,9	40,9	60,1	79,4	100	141	224	308	394	1,111
0,100	7,85	15,9	23,9	44,6	65,9	87,4	110	154	246	340	435	1,000
0,120	9,03	18,3	27,7	51,7	76,7	102	128	180	290	400	512	0,833
0,140	10,1	20,5	31,0	58,4	86,5	115	146	206	322	459	587	0,715
0,160	11,1	22,6	34,2	64,6	96,0	129	163	230	372	516	663	0,625
0,180	12,1	24,5	37,1	70,4	105	141	178	254	411	571	735	0,556
0,200	12,9	26,3	40,1	76,0	114	153	193	276	449	624	803	0,500

Isolierstärke = 100 mm

Wärmeleitzahl λ	Innentemperatur in °C (Außentemp. = + 20°) +30	+40	+50	+75	+100	+125	+150	+200	+300	+400	+500	$\sum \frac{d}{\lambda}$
0,030	2,33	4,68	7,01	12,8	18,9	24,9	30,9	42,9	67,3	91,8	116	4,000
0,035	2,70	5,42	8,07	14,9	21,8	28,8	35,8	49,6	78,2	106	135	3,430
0,040	3,06	6,12	9,22	16,8	24,8	32,7	40,6	56,5	88,6	121	154	3,000
0,045	3,42	8,84	10,2	18,8	27,7	36,4	45,2	63,2	99,6	136	172	2,670
0,050	3,74	7,48	11,2	20,7	30,5	40,3	49,7	69,1	110	150	191	2,400
0,060	4,40	8,82	13,2	24,6	36,1	47,8	59,1	81,9	130	178	228	2,000
0,070	5,04	10,1	15,1	28,2	41,2	54,5	68,2	94,1	151	206	262	1,715
0,080	5,62	11,3	17,0	31,6	46,2	61,5	76,7	106	171	233	296	1,500
0,090	6,21	12,5	18,9	35,1	51,4	68,2	85,4	119	190	261	332	1,333
0,100	6,78	13,7	20,6	38,3	56,2	74,3	93,9	131	210	288	366	1,200
0,120	7,85	15,9	23,9	44,6	65,9	87,4	110	154	246	340	435	1,000
0,140	8,83	18,0	27,1	50,5	75,0	100	125	176	284	391	500	0,857
0,160	9,75	19,8	29,9	56,2	83,2	111	140	197	318	439	562	0,750
0,180	10,7	21,6	32,6	61,6	91,2	122	154	218	353	488	625	0,666
0,200	11,5	23,3	35,3	66,5	99,1	133	168	238	386	536	689	0,600

Isolierstärke = 120 mm

Wärmeleitzahl λ	+30	+40	+50	+75	+100	+125	+150	+200	+300	+400	+500	$\sum \frac{d}{\lambda}$
0,030	2,02	4,06	6,07	11,1	16,3	21,5	26,6	37,1	58,0	79,1	99,2	4,668
0,035	2,33	4,68	7,01	12,8	18,9	24,9	30,9	42,9	67,3	91,8	116	4,000
0,040	2,65	5,32	7,98	14,6	21,5	28,3	35,1	48,7	76,6	105	132	3,500
0,045	2,96	5,94	8,93	16,3	24,0	31,7	39,3	54,6	85,8	117	148	3,111
0,050	3,25	6,52	9,84	18,0	26,4	34,9	43,3	60,5	94,6	130	164	2,800
0,060	3,84	7,88	11,4	21,1	31,2	41,4	51,0	70,9	112	154	196	2,333
0,070	4,40	8,82	13,2	24,6	36,1	47,8	59,1	81,9	130	178	228	2,000
0,080	4,96	9,93	14,9	27,8	40,6	53,5	67,1	92,8	148	203	258	1,750
0,090	5,46	10,9	16,4	30,7	44,2	59,6	74,4	103	164	225	287	1,556
0,100	5,98	12,0	18,1	33,6	49,2	65,5	81,8	113	190	249	317	1,400
0,120	6,94	14,0	21,0	39,2	56,9	76,2	96,2	134	215	295	376	1,166
0,140	7,85	15,9	23,9	44,6	65,9	87,4	110	154	246	340	435	1,000
0,160	8,70	17,6	26,7	49,8	73,8	98,1	123	173	278	384	493	0,875
0,180	9,48	19,3	29,2	54,6	81,2	109	135	192	310	426	546	0,778
0,200	10,3	20,8	31,5	59,4	88,0	117	148	209	338	469	599	0,700

Isolierstärke = 140 mm

Wärmeleitzahl λ	+30	+40	+50	+75	+100	+125	+150	+200	+300	+400	+500	$\sum \frac{d}{\lambda}$
0,030	1,78	3,57	5,34	9,85	14,4	18,9	23,4	32,6	50,8	69,6	87,6	5,333
0,035	2,06	4,13	6,18	11,3	16,7	21,9	27,2	37,8	59,2	80,8	102	4,575
0,040	2,33	4,68	7,01	12,8	18,9	24,9	30,9	42,9	67,3	91,8	116	4,000
0,045	2,60	5,23	7,84	14,3	21,1	27,8	34,5	47,9	75,3	103	130	3,558
0,050	2,87	5,76	8,67	15,8	23,3	30,7	38,2	53,0	83,2	114	144	3,200
0,060	3,41	6,84	10,2	18,9	27,7	36,4	45,2	63,2	99,6	136	172	2,666
0,070	3,91	7,83	11,7	22,1	31,9	42,3	52,2	72,6	115	157	201	2,287
0,080	4,40	8,82	13,2	24,6	36,1	47,8	59,1	81,9	130	178	228	2,000
0,090	4,88	9,78	14,6	27,4	40,0	52,7	66,0	91,3	146	199	253	1,780
0,100	5,33	10,7	16,0	30,0	43,7	58,1	72,7	100	160	220	279	1,600
0,120	6,21	12,5	18,9	35,1	51,4	68,2	85,4	119	190	261	332	1,333
0,140	7,05	14,2	21,4	40,0	59,0	79,6	97,9	137	219	301	383	1,143
0,160	7,85	15,9	23,9	44,6	65,9	87,4	110	154	246	340	435	1,000
0,180	8,60	17,4	26,4	49,1	72,7	96,8	122	171	274	378	484	0,889
0,200	9,31	18,8	28,7	53,5	79,2	105	133	187	301	416	532	0,800

Isolierstärke = 160 mm

Wärmeleitzahl λ	Innentemperatur in °C (Außentemp. = + 20°)											$\sum \frac{d}{\lambda}$
	+30	+40	+50	+75	+100	+125	+150	+200	+300	+400	+500	
0,030	2,33	4,68	7,01	12,8	18,9	24,9	30,9	42,9	67,3	91,8	116	4,000
0,035	2,70	5,42	8,07	14,9	21,8	28,8	35,8	49,6	78,2	106	135	3,430
0,040	3,06	6,12	9,22	16,8	24,8	32,7	40,6	56,5	88,6	121	154	3,000
0,045	3,42	8,84	10,2	18,8	27,7	36,4	45,2	63,2	99,6	136	172	2,670
0,050	3,74	7,48	11,2	20,7	30,5	40,3	49,7	69,1	110	150	191	2,400
0,060	4,40	8,82	13,2	24,6	36,1	47,8	59,1	81,9	130	178	228	2,000
0,070	5,04	10,1	15,1	28,2	41,2	54,5	68,2	94,1	151	206	262	1,715
0,080	5,62	11,3	17,0	31,6	46,2	61,5	76,7	106	171	233	296	1,500
0,090	6,21	12,5	18,9	35,1	51,4	68,2	85,4	119	190	261	332	1,333
0,100	6,78	13,7	20,6	38,3	56,2	74,3	93,9	131	210	288	366	1,200
0,120	7,85	15,9	23,9	44,6	65,9	87,4	110	154	246	340	435	1,000
0,140	8,83	18,0	27,1	50,5	75,0	100	125	176	284	391	500	0,857
0,160	9,75	19,8	29,9	56,2	83,2	111	140	197	318	439	562	0,750
0,180	10,7	21,6	32,6	61,6	91,2	122	154	218	353	488	625	0,666
0,200	11,5	23,3	35,3	66,5	99,1	133	168	238	386	536	689	0,600

Isolierstärke = 120 mm

0,030	2,02	4,06	6,07	11,1	16,3	21,5	26,6	37,1	58,0	79,1	99,2	4,668
0,035	2,33	4,68	7,01	12,8	18,9	24,9	30,9	42,9	67,3	91,8	116	4,000
0,040	2,65	5,32	7,98	14,6	21,5	28,3	35,1	48,7	76,6	105	132	3,500
0,045	2,96	5,94	8,93	16,3	24,0	31,7	39,3	54,6	85,8	117	148	3,111
0,050	3,25	6,52	9,84	18,0	26,4	34,9	43,3	60,5	94,6	130	164	2,800
0,060	3,84	7,88	11,4	21,1	31,2	41,4	51,0	70,9	112	154	196	2,333
0,070	4,40	8,82	13,2	24,6	36,1	47,8	59,1	81,9	130	178	228	2,000
0,080	4,96	9,93	14,9	27,8	40,6	53,5	67,1	92,8	148	203	258	1,750
0,090	5,46	10,9	16,4	30,7	44,2	59,6	74,4	103	164	225	287	1,556
0,100	5,98	12,0	18,1	33,6	49,2	65,5	81,8	113	190	249	317	1,400
0,120	6,94	14,0	21,0	39,2	56,9	76,2	96,2	134	215	295	376	1,166
0,140	7,85	15,9	23,9	44,6	65,9	87,4	110	154	246	340	435	1,000
0,160	8,70	17,6	26,7	49,8	73,8	98,1	123	173	278	384	493	0,875
0,180	9,48	19,3	29,2	54,6	81,2	109	135	192	310	426	546	0,778
0,200	10,3	20,8	31,5	59,4	88,0	117	148	209	338	469	599	0,700

Isolierstärke = 140 mm

0,030	1,78	3,57	5,34	9,85	14,4	18,9	23,4	32,6	50,8	69,6	87,6	5,333
0,035	2,06	4,13	6,18	11,3	16,7	21,9	27,2	37,8	59,2	80,8	102	4,575
0,040	2,33	4,68	7,01	12,8	18,9	24,9	30,9	42,9	67,3	91,8	116	4,000
0,045	2,60	5,23	7,84	14,3	21,1	27,8	34,5	47,9	75,3	103	130	3,558
0,050	2,87	5,76	8,67	15,8	23,3	30,7	38,2	53,0	83,2	114	144	3,200
0,060	3,41	6,84	10,2	18,9	27,7	36,4	45,2	63,2	99,6	136	172	2,666
0,070	3,91	7,83	11,7	22,1	31,9	42,3	52,2	72,6	115	157	201	2,287
0,080	4,40	8,82	13,2	24,6	36,1	47,8	59,1	81,9	130	178	228	2,000
0,090	4,88	9,78	14,6	27,4	40,0	52,7	66,0	91,3	146	199	253	1,780
0,100	5,33	10,7	16,0	30,0	43,7	58,1	72,7	100	160	220	279	1,600
0,120	6,21	12,5	18,9	35,1	51,4	68,2	85,4	119	190	261	332	1,333
0,140	7,05	14,2	21,4	40,0	59,0	79,6	97,9	137	219	301	383	1,143
0,160	7,85	15,9	23,9	44,6	65,9	87,4	110	154	246	340	435	1,000
0,180	8,60	17,4	26,4	49,1	72,7	96,8	122	171	274	378	484	0,889
0,200	9,31	18,8	28,7	53,5	79,2	105	133	187	301	416	532	0,800

Isolierstärke = 160 mm

Tabelle 3

Stündliche Kälteverluste von gekühlten Räumen in Kcal/m².

λ	Innentemperatur in °C (Außentemp. = + 10°)						Mauerstärke in cm			
	− 20°	− 15°	− 10°	− 5°	± 0°	+ 5°	12	25	38	51
0,020	37,22	31,02	24,84	18,66	12,46	6,23	0,822	0,690	0,595	0,524
0,025	42,66	35,57	28,47	21,36	14,25	7,12	0,802	0,661	0,563	0,486
0,030	47,32	39,42	31,51	23,62	15,77	7,88	0,785	0,637	0,536	0,465
0,035	51,36	42,76	34,14	25,58	17,06	8,47	0,770	0,619	0,517	0,444
0,040	54,88	45,65	36,44	27,28	18,19	9,08	0,757	0,603	0,500	0,428
0,045	57,97	48,67	38,46	28,78	19,17	9,56	0,746	0,590	0,487	0,415
0,050	60,72	50,50	40,28	30,12	20,02	9,99	0,737	0,578	0,474	0,403
0,060	65,41	54,34	43,27	32,34	21,50	10,72	0,728	0,561	0,457	0,385
Isolierstärke = 10 mm							*f*			
0,020	22,82	19,05	15,26	11,47	7,66	3,83	0,887	0,788	0,706	0,643
0,025	26,97	22,51	18,04	13,56	9,05	4,53	0,866	0,757	0,672	0,605
0,030	30,71	25,62	20,52	15,43	10,29	5,15	0,848	0,730	0,640	0,572
0,035	34,11	28,44	22,79	17,12	11,43	5,71	0,835	0,709	0,617	0,546
0,040	37,22	31,02	24,84	18,66	12,46	6,23	0,823	0,691	0,596	0,524
0,045	40,06	33,40	26,71	20,06	13,40	6,69	0,813	0,676	0,578	0,506
0,050	42,66	35,57	28,47	21,36	14,25	7,12	0,807	0,660	0,563	0,486
0,060	47,32	39,42	31,51	23,62	15,77	7,88	0,785	0,637	0,536	0,465
Isolierstärke = 20 mm							*f*			
0,020	16,50	13,77	11,03	8,29	5,53	2,77	0,914	0,836	0,770	0,713
0,025	19,79	16,51	13,23	9,94	6,64	3,32	0,899	0,810	0,737	0,675
0,030	22,82	19,05	15,26	11,47	7,66	3,83	0,886	0,787	0,705	0,642
0,035	25,63	21,40	17,15	12,89	8,60	4,30	0,871	0,780	0,684	0,617
0,040	28,27	23,59	18,90	14,20	9,48	4,74	0,861	0,772	0,661	0,592
0,045	30,71	25,62	20,52	15,43	10,29	5,15	0,851	0,733	0,643	0,573
0,050	33,02	27,55	22,07	16,59	11,07	5,54	0,839	0,717	0,624	0,554
0,060	37,22	31,02	24,84	18,66	12,46	6,23	0,822	0,690	0,595	0,524
Isolierstärke = 30 mm							*f*			

λ	Innentemperatur in °C (Außentemp. = + 10°)						Mauerstärke in cm			
	− 20°	− 15°	− 10°	− 5°	± 0°	+ 5°	12	25	32	51
0,020	12,93	10,78	8,62	6,48	4,32	2,16	0,933	0,870	0,810	0,763
0,025	15,62	13,04	10,45	7,85	5,24	2,62	0,920	0,843	0,780	0,725
0,030	18,18	15,17	12,16	9,14	6,10	3,05	0,908	0,823	0,753	0,691
0,035	20,57	17,17	13,75	10,34	6,90	3,45	0,895	0,804	0,730	0,667
0,040	22,82	19,05	15,26	11,47	7,66	3,83	0,885	0,787	0,706	0,643
0,045	24,87	20,82	16,69	12,55	8,38	4,19	0,875	0,770	0,689	0,624
0,050	26,97	22,51	18,04	13,56	9,05	4,53	0,866	0,756	0,670	0,603
0,060	30,71	25,62	20,52	15,43	10,29	5,15	0,848	0,730	0,640	0,572
Isolierstärke = 40 mm							*f*			
0,020	10,62	8,86	7,11	5,33	3,56	1,78	0,941	0,887	0,836	0,795
0,025	12,93	10,78	8,62	6,48	4,32	2,16	0,934	0,869	0,811	0,763
0,030	15,10	12,61	10,10	7,58	5,04	2,52	0,921	0,848	0,783	0,730
0,035	17,17	14,34	11,49	8,63	5,76	2,88	0,911	0,831	0,763	0,706
0,040	19,14	15,99	12,81	9,62	6,42	3,21	0,903	0,814	0,743	0,681
0,045	21,02	17,55	14,07	10,58	7,06	3,53	0,895	0,801	0,725	0,662
0,050	22,82	19,05	15,26	11,47	7,66	3,83	0,885	0,787	0,706	0,643
0,060	26,20	21,84	17,50	13,17	8,78	4,39	0,870	0,764	0,680	0,611
Isolierstärke = 50 mm							*f*			
0,020	9,03	7,54	6,04	4,54	3,03	1,51	0,946	0,905	0,860	0,820
0,025	11,02	9,19	7,36	5,53	3,69	1,85	0,940	0,885	0,832	0,788
0,030	12,93	10,78	8,62	6,48	4,32	2,16	0,932	0,867	0,810	0,762
0,035	14,75	12,32	9,86	7,41	4,94	2,46	0,924	0,851	0,790	0,735
0,040	16,50	13,77	11,03	8,29	5,53	2,77	0,915	0,838	0,770	0,713
0,045	18,18	15,17	12,16	9,14	6,10	3,05	0,908	0,823	0,753	0,682
0,050	19,79	16,51	13,23	9,94	6,64	3,32	0,901	0,810	0,736	0,675
0,060	22,82	19,05	15,26	11,47	7,66	3,83	0,885	0,787	0,706	0,643
Isolierstärke = 60 mm							*f*			

Beispiel: Gesucht ist der Kälteverlust eines Kühlraumes von −10° Innentemperatur bei +10° Außentemperatur einer $1^1/_2$ Backstein starken Mauer und 10 cm Korkisolierung ($\lambda = 0{,}035$). — **Lösung:** Der stündliche Verlust ohne Mauerwerk wäre 6,30 Kcal/m². Da die Wand aus $1^1/_2$ Backsteinen besteht, korrigiert sich der Verlust auf $6{,}3 \cdot 0{,}854 = 5{,}4$ Kcal/m². Der Faktor $f = 0{,}854$ ist der Nebentabelle zu entnehmen und ist für 12—51 cm Backsteinmauerwerk eingetragen. Als λ für Backstein wurde 0,7 gesetzt. —

λ	Innentemperatur in °C (Außentemp. = + 10°) −20°	−15°	−10°	−5°	±0°	+5°	Mauerstärke in cm 12	25	38	51
0,020	6,94	5,78	4,66	3,48	2,32	1,16	0,965	0,930	0,891	0,856
0,025	8,51	7,10	5,69	4,27	2,76	1,43	0,959	0,909	0,869	0,831
0,030	10,02	8,37	6,71	5,03	3,36	1,68	0,946	0,895	0,847	0,807
0,035	11,50	9,60	7,69	5,77	3,85	1,93	0,940	0,881	0,828	0,781
0,040	12,93	10,78	8,62	6,48	4,32	2,16	0,933	0,867	0,810	0,762
0,045	14,31	11,94	9,56	7,18	4,79	2,40	0,928	0,855	0,794	0,742
0,050	15,62	13,04	10,45	7,85	5,24	2,62	0,921	0,843	0,780	0,725
0,060	18,18	15,17	12,16	9,14	6,10	3,05	0,908	0,823	0,753	0,682
	Isolierstärke = 80 mm						f			

λ	−20°	−15°	−10°	−5°	±0°	+5°	12	25	38	51
0,020	5,63	4,70	3,76	2,82	1,88	0,942	0,967	0,933	0,904	0,870
0,025	6,94	5,78	4,66	3,48	2,32	1,16	0,963	0,928	0,891	0,854
0,030	8,20	6,84	5,48	4,11	2,74	1,37	0,959	0,915	0,876	0,837
0,035	9,43	7,86	6,30	4,75	3,16	1,58	0,945	0,896	0,854	0,812
0,040	10,62	8,86	7,11	5,33	3,56	1,78	0,941	0,887	0,836	0,795
0,045	11,80	9,86	7,88	5,92	3,95	1,98	0,936	0,877	0,823	0,793
0,050	12,93	10,78	8,62	6,48	4,32	2,16	0,930	0,867	0,810	0,762
0,060	15,10	12,61	10,10	7,58	5,04	2,52	0,921	0,848	0,783	0,730
	Isolierstärke = 100 mm						f			

λ	−20°	−15°	−10°	−5°	±0°	+5°	12	25	38	51
0,020	4,74	3,96	3,17	2,38	1,58	0,792	0,974	0,941	0,920	0,895
0,025	5,85	4,88	3,91	2,93	1,96	0,979	0,969	0,935	0,905	0,880
0,030	6,94	5,78	4,66	3,48	2,32	1,16	0,965	0,929	0,980	0,856
0,035	7,99	6,67	5,34	4,01	2,67	1,34	0,960	0,916	0,878	0,838
0,040	9,03	7,54	6,04	4,54	3,03	1,51	0,953	0,903	0,860	0,819
0,045	10,02	8,37	6,71	5,03	3,36	1,68	0,946	0,895	0,846	0,807
0,050	11,02	9,19	7,36	5,53	3,69	1,85	0,940	0,885	0,832	0,788
0,060	12,93	10,78	8,62	6,48	4,32	2,16	0,930	0,867	0,810	0,762
	Isolierstärke = 120 mm						f			

λ	−20°	−15°	−10°	−5°	±0°	+5°	12	25	38	51
0,020	4,09	3,41	2,73	2,05	1,37	0,685	0,980	0,956	0,936	0,911
0,025	5,04	4,22	3,38	2,54	1,69	0,846	0,972	0,940	0,914	0,890
0,030	6,00	5,00	4,01	3,02	2,01	1,01	0,967	0,933	0,898	0,868
0,035	6,94	5,78	4,66	3,48	2,32	1,16	0,963	0,928	0,891	0,856
0,040	7,84	6,54	5,24	3,93	2,62	1,31	0,960	0,916	0,879	0,845
0,045	8,73	7,28	5,83	4,38	2,92	1,46	0,955	0,906	0,867	0,828
0,050	9,60	8,01	6,42	4,82	3,22	1,61	0,950	0,897	0,851	0,815
0,060	11,27	9,42	7,55	5,67	3,78	1,89	0,940	0,882	0,830	0,785
	Isolierstärke = 140 mm						f			

λ	Innentemperatur in °C (Außentemp. = + 10°) −20°	−15°	−10°	−5°	±0°	+5°	Mauerstärke in cm 12	25	38	51
0,020	3,60	3,00	2,40	1,80	1,20	0,602	0,985	0,961	0,945	0,925
0,025	4,46	3,72	2,98	2,24	1,49	0,746	0,979	0,950	0,927	0,905
0,030	5,30	4,42	3,54	2,65	1,77	0,887	0,972	0,941	0,916	0,885
0,035	6,12	5,11	4,09	3,06	2,04	1,02	0,967	0,935	0,902	0,873
0,040	6,94	5,78	4,66	3,48	2,32	1,16	0,964	0,928	0,890	0,856
0,045	7,73	6,44	5,16	3,87	2,58	1,29	0,960	0,920	0,879	0,845
0,050	8,51	7,10	5,69	4,27	2,76	1,43	0,956	0,910	0,869	0,830
0,060	10,02	8,37	6,71	5,03	3,36	1,68	0,947	0,895	0,847	0,807
	Isolierstärke = 160 mm						f			

λ	−20°	−15°	−10°	−5°	±0°	+5°	12	25	38	51
0,020	3,22	2,68	2,14	1,61	1,07	0,538	0,990	0,968	0,944	0,925
0,025	3,99	3,33	2,67	2,00	1,33	0,665	0,980	0,950	0,930	0,910
0,030	4,74	3,96	3,17	2,38	1,58	0,792	0,974	0,941	0,918	0,895
0,035	5,49	4,57	3,66	2,75	1,83	0,918	0,968	0,935	0,910	0,880
0,040	6,22	5,19	4,16	3,12	2,08	1,04	0,965	0,930	0,895	0,865
0,045	6,94	5,78	4,66	3,48	2,32	1,16	0,961	0,928	0,890	0,856
0,050	7,64	6,37	5,11	3,84	2,56	1,28	0,957	0,919	0,880	0,843
0,060	9,03	7,54	6,04	4,54	3,03	1,51	0,952	0,903	0,860	0,820
	Isolierstärke = 180 mm						f			

λ	−20°	−15°	−10°	−5°	±0°	+5°	12	25	38	51
0,020	2,90	2,42	1,93	1,45	0,972	0,487	0,994	0,972	0,959	0,940
0,025	3,60	3,00	2,40	1,80	1,20	0,602	0,984	0,961	0,945	0,922
0,030	4,29	3,58	2,86	2,15	1,43	0,717	0,976	0,953	0,930	0,907
0,035	4,97	4,13	3,30	2,48	1,66	0,827	0,972	0,943	0,915	0,895
0,040	5,63	4,70	3,76	2,82	1,88	0,942	0,968	0,935	0,907	0,880
0,045	6,29	5,25	4,20	3,15	2,10	1,05	0,965	0,931	0,898	0,867
0,050	6,94	5,78	4,66	3,48	2,32	1,16	0,961	0,928	0,890	0,856
0,060	8,20	6,84	5,48	4,11	2,74	1,37	0,959	0,915	0,876	0,837
	Isolierstärke = 200 mm						f			

λ	−20°	−15°	−10°	−5°	±0°	+5°	12	25	38	51
0,020	2,34	1,95	1,56	1,16	0,777	0,388	1,00	0,983	0,966	0,956
0,025	2,90	2,42	1,93	1,45	0,972	0,487	0,986	0,972	0,959	0,938
0,030	3,46	2,88	2,31	1,74	1,16	0,579	0,979	0,961	0,944	0,925
0,035	4,02	3,35	2,68	2,02	1,34	0,671	0,975	0,952	0,932	0,908
0,040	4,56	3,80	3,04	2,28	1,52	0,757	0,973	0,946	0,924	0,902
0,045	5,10	4,25	3,41	2,56	1,71	0,853	0,969	0,937	0,915	0,886
0,050	5,63	4,70	3,76	2,82	1,88	0,942	0,965	0,932	0,904	0,870
0,060	6,67	5,57	4,45	3,34	2,24	1,12	0,961	0,928	0,890	0,856
	Isolierstärke = 250 mm						f			

Tabelle 4

Vergrößerung der Wärmeverluste von Rohrleitungen durch Windanfall (5 m/sek).

λ in Kcal/ m, h, °C	Innentemperatur t_i in °C (Lufttemperatur = 20° C)												Rohr Ø
	25°	200°	1000°	25°	200°	1000°	25°	200°	1000°	25°	200°	1000°	
0,02	1,48	1,27	—	1,16	1,12	1,10	1,07	1,06	1,06	1,02	1,00	1,00	
0,06	2,18	1,57	—	1,52	1,26	1,12	1,22	1,14	1,07	1,05	1,02	1,02	
0,12	2,84	1,78	—	1,80	1,39	1,14	1,36	1,21	1,08	1,08	1,04	1,03	**57 mm**
0,20	3,36	1,98	—	2,15	1,52	1,16	1,57	1,30	1,10	1,14	1,09	1,05	
Isolier-Stärke:	5 mm			15 mm			30 mm			100 mm			
0,02	1,48	1,27	—	1,18	1,14	1,11	1,09	1,08	1,07	1,04	1,03	1,02	
0,06	2,10	1,50	—	1,44	1,28	1,12	1,27	1,16	1,08	1,08	1,06	1,04	
0,12	2,69	1,70	—	1,78	1,38	1,13	1,41	1,23	1,09	1,12	1,09	1,05	**121 mm**
0,20	3,11	1,81	—	2,12	1,50	1,14	1,62	1,31	1,11	1,18	1,12	1,07	
Isolier-Stärke:	5 mm			15 mm			30 mm			100 mm			
0,02	1,18	1,12	1,09	1,07	1,06	1,05	1,03	1,02	1,01	1,02	1,01	1,00	
0,06	1,46	1,25	1,10	1,17	1,11	1,07	1,08	1,06	1,03	1,04	1,03	1,01	
0,12	1,76	1,36	1,11	1,25	1,15	1,08	1,12	1,09	1,05	1,06	1,04	1,02	**159 mm**
0,20	2,09	1,47	1,12	1,40	1,21	1,10	1,18	1,11	1,08	1,10	1,06	1,03	
Isolier-Stärke:	15 mm			50 mm			100 mm			200 mm			
0,02	1,17	1,10	1,06	1,05	1,05	1,03	1,03	1,01	1,00	1,02	1,01	1,00	
0,06	1,46	1,24	1,07	1,16	1,10	1,05	1,07	1,05	1,03	1,04	1,03	1,01	
0,12	1,72	1,34	1,08	1,25	1,14	1,06	1,11	1,08	1,05	1,06	1,04	1,02	**267 mm**
0,20	2,02	1,43	1,09	1,39	1,20	1,08	1,17	1,10	1,07	1,10	1,06	1,03	
Isolier-Stärke:	15 mm			50 mm			100 mm			200 mm			
0,02	1,14	1,08	1,04	1,04	1,03	1,02	1,02	1,01	1,00	1,02	1,01	1,00	
0,06	1,40	1,18	1,05	1,14	1,08	1,03	1,06	1,04	1,02	1,04	1,02	1,01	
0,12	1,65	1,27	1,05	1,24	1,13	1,04	1,10	1,07	1,04	1,06	1,03	1,02	**520 mm**
0,20	1,89	1,37	1,06	1,38	1,19	1,06	1,15	1,10	1,06	1,09	1,06	1,03	
Isolier-Stärke:	15 mm			50 mm			100 mm			200 mm			

Tabelle 5

Wärmeübergangszahl α an einer ebenen Wand, abhängig von der Geschwindigkeit.

Windgeschwindigkeit in m/sek.	α an gerauhter Platte in Kcal/m, ²h, °C.	Windgeschwindigkeit in m/sek.	α an gerauhter Platte in Kcal/m, ²h, °C.
0	5,3	8,0	33,0
0,5	7,1	9,0	36,2
1,0	8,9	10,0	39,4
2,0	12,5	12,0	45,4
3,0	16,1	14,0	51,2
4,0	19,7	16,0	56,9
5,0	23,3	18,0	62,4
6,0	26,4	20,0	67,8
7,0	29,8	25,0	80,7

Tabelle 6

$$\text{Temperaturfaktor } a = \frac{\left(\frac{T_1}{100}\right)^4 - \left(\frac{T_2}{100}\right)^4}{T_1 - T_2}$$

Temperatur $t_1 = T_1 - 273°$																													Temperatur $t_2 = T_2 - 273°$
−40	−35	−30	−25	−20	−15	−10	−5	±0	+5	+10	+15	+20	+30	+40	+60	+80	+100	+120	+140	+160	+180	+200	+250	+300	+350	+400	+450	+500	
0,507	0,523	0,540	0,557	0,575	0,593	0,612	0,632	0,652	0,672	0,693	0,715	0,737	0,783	0,831	0,935	1,048	1,172	1,307	1,453	1,610	1,780	1,963	2,479	3,084	3,787	4,596	5,517	6,558	− 40
	0,538	0,556	0,574	0,592	0,611	0,630	0,650	0,670	0,691	0,712	0,734	0,756	0,803	0,852	0,956	1,064	1,196	1,332	1,429	1,638	1,810	1,993	2,514	3,145	3,767	4,642	5,570	6,578	− 35
		0,574	0,592	0,610	0,629	0,649	0,669	0,689	0,710	0,732	0,754	0,777	0,824	0,873	0,979	1,095	1,221	1,357	1,507	1,666	1,840	2,024	2,548	3,160	3,871	4,688	5,620	6,672	− 30
			0,610	0,629	0,648	0,668	0,688	0,709	0,730	0,752	0,774	0,798	0,845	0,892	1,002	1,118	1,246	1,374	1,535	1,699	1,870	2,057	2,584	3,210	3,918	4,740	5,674	6,730	− 25
				0,647	0,667	0,688	0,708	0,729	0,750	0,772	0,796	0 818	0,866	0,917	1,025	1,143	1,272	1,411	1,562	1,725	1,901	2,089	2,620	3,240	3,960	4,790	5,728	6,785	− 20
					0,688	0,708	0,728	0,749	0,771	0,794	0,816	0,840	0,888	0,939	1,049	1,159	1,299	1,438	1,591	1,756	1,933	2,122	2,658	3,283	4,008	4,835	5,780	6,850	− 15
						0,727	0,748	0,770	0,792	0,813	0,838	0,862	0,911	0,963	1,073	1,193	1,325	1,466	1,621	1,786	1,965	2,156	2,693	3,345	4,053	4,880	5,839	6,910	− 10
							0,769	0,791	0,814	0,837	0,861	0,885	0.934	0,986	1,098	1,220	1,352	1,496	1,651	1,818	1,997	2,190	2,732	3,366	4,100	4,937	5,893	6,971	− 5
								0,813	0,836	0,860	0,884	0,908	0,958	1,011	1,124	1,246	1,380	1,525	1,681	1,850	2,061	2,225	1,771	3,408	4,147	4,989	5,949	7,030	± 0
									0,860	0,883	0,907	0,932	0,983	1,036	1,150	1,275	1,409	1,555	1,712	1,882	2,065	2,261	2,814	3,451	4,196	5,043	6,010	7,094	+ 5
										0,905	0,930	0,956	1,008	1,061	1,176	1,302	1,438	1,585	1,744	1,929	2,099	2,297	2,850	3,495	4,242	5,096	6,062	7,156	+ 10
											0,955	0,981	1,033	1,087	1,204	1,331	1,468	1,616	1,532	1,950	2,136	2,333	2,891	3,542	4,295	5,150	6,122	7,220	+ 15
												1,006	1,058	1,114	1,231	1,359	1,498	1,645	1,806	1,984	2,172	2,371	2,953	3,588	4,343	5,205	6,182	7,281	+ 20
													1,109	1,169	1,289	1,419	1,561	1,714	1,878	2,056	2,247	2,449	3,019	3,684	4,446	5,318	6,307	7,419	+ 30
														1,218	1,349	1,482	1,627	1,782	1,950	2,129	2,322	2,528	3,107	3,779	4,550	5,432	6,430	7,554	+ 40
															1,476	1,615	1,765	1,926	2,100	2,286	2,485	2,698	3,292	3,984	4,770	5,674	6,690	7,834	+ 60
																1,759	1,915	2,082	2,261	2,453	2,659	2,888	3,489	4,196	5,007	5,928	6,965	8,130	+ 80
																	2,078	2,249	2,434	2,633	2,844	3,070	3,699	4,422	5,255	6,193	7,251	8,442	+100
																		2,427	2,620	2,825	3,043	3,275	3,921	4,665	5,512	6,475	7,558	8,766	+120
																			2,816	3,029	3,254	3,493	4,157	4,921	5,930	6,771	7,875	9,108	+140
																				3,248	3,479	3,725	4,407	5,190	5,820	7,080	8,210	9,464	+160
																					3,714	3,971	4,672	5,474	6,385	7,411	8,561	9,842	+180
																						4,230	4,953	5,774	6,701	7,755	8,928	10,233	+200
																							5,739	6,596	7,584	8,689	9,922	11,288	+250
																								7,538	8,572	9,726	11,031	12,463	+300
																									9,683	10,900	12,260	13,733	+350
																										12,207	13,620	15,189	+400
																											15,094	16,785	+450
																												18,448	+500

$\alpha_s = a \cdot C$. C = Strahlungszahl

Temperaturfaktor a zur Umrechnung des Stefan-Boltzmannschen Gesetzes in die lineare Gleichung $\alpha_s = a \cdot C$

Wärmeübergangszahl an einem Rohr.

$$\alpha_a = \frac{A}{\pi d_a} \cdot \Theta^{0,24} \quad \text{(nach Koch)}$$

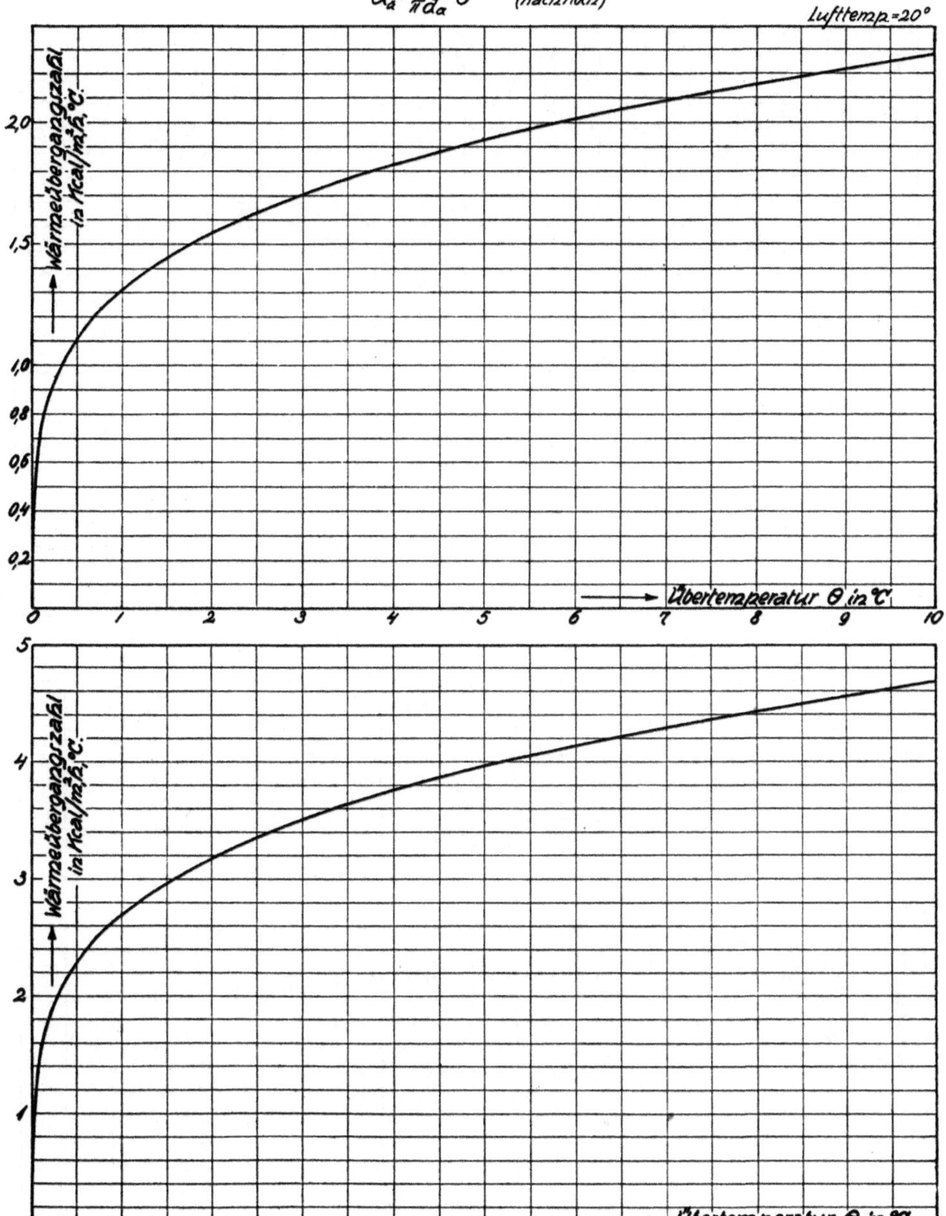

Figur 1

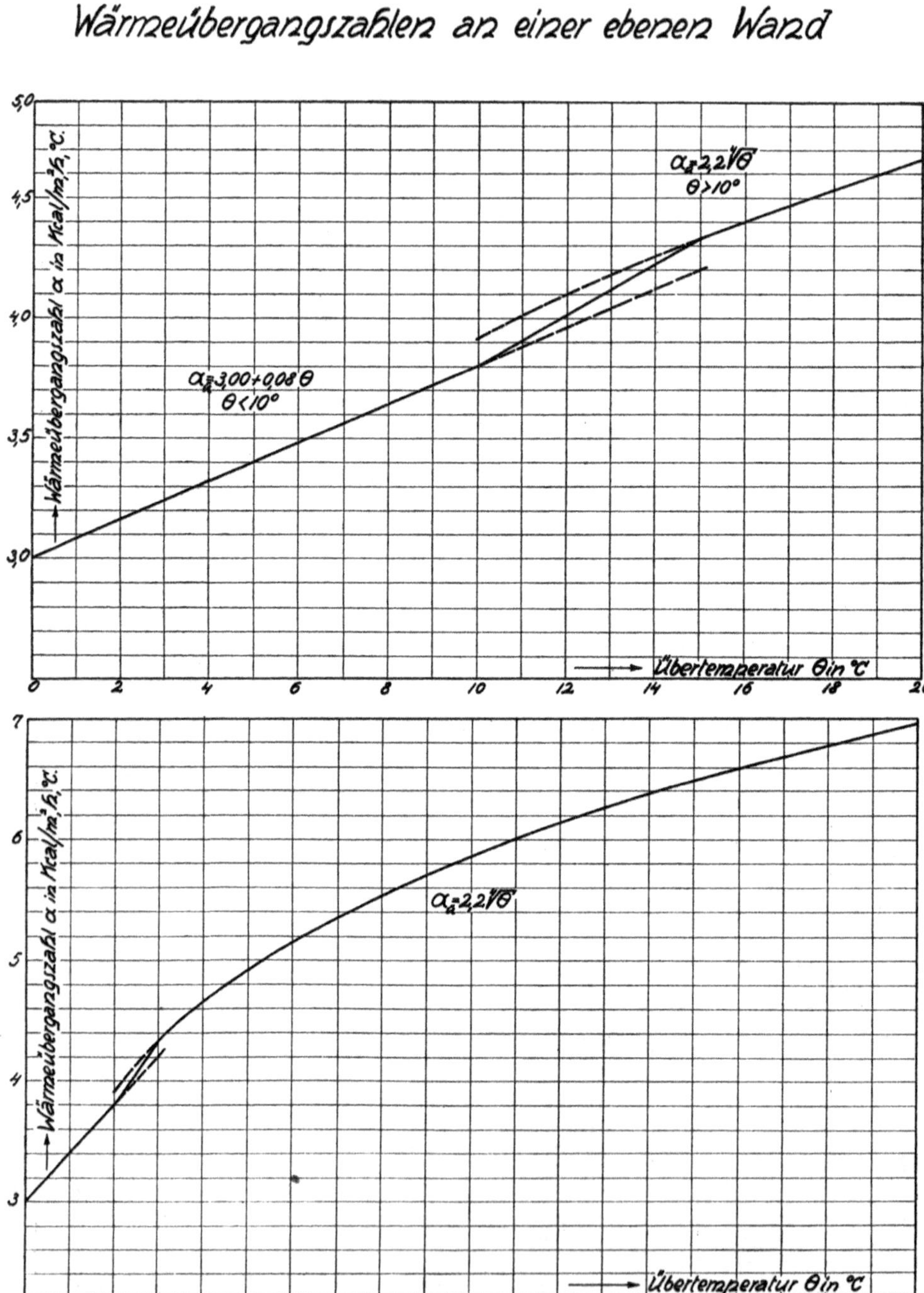
Wärmeübergangszahlen an einer ebenen Wand
Wärmeübergangszahl α in kcal/m², h, °C
α = 3,00 + 0,08 θ
θ < 10°
α = 2,2 ⁴√θ
θ > 10°
Übertemperatur θ in °C
5,0
4,5
4,0
3,5
3,0
0
2
4
6
8
10
12
14
16
18
20
Wärmeübergangszahl α in kcal/m², h, °C
α = 2,2 ⁴√θ
Übertemperatur θ in °C
7
6
5
4
3
0
10
20
30
40
50
60
70
80
90
100

Figur 2

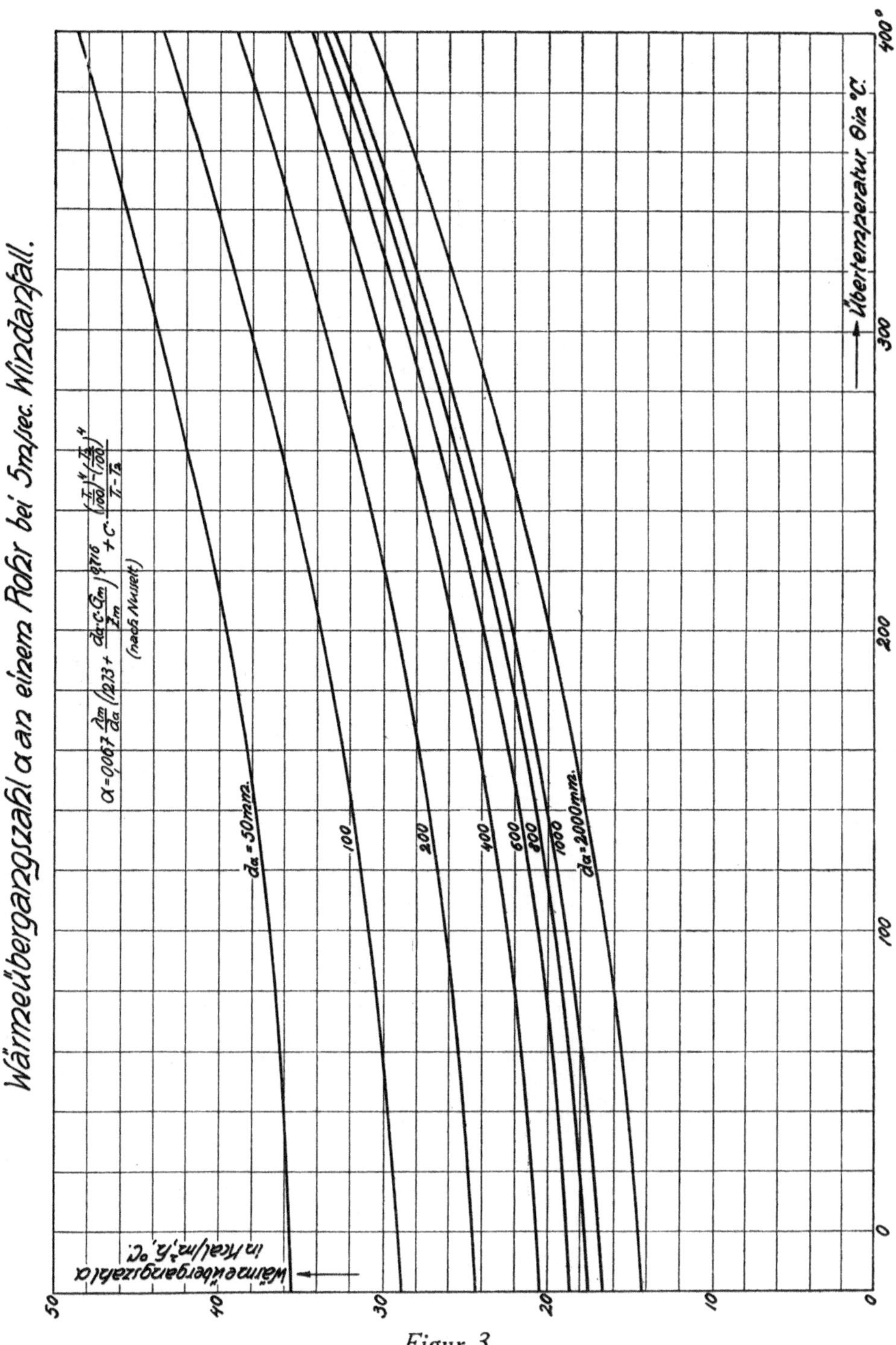

Wärmeübergangszahl α an einem Rohr bei 5m/sec. Windanfall.
(nach Nusselt)
da = 50mm
100
200
400
600
800
1000
da = 2000mm
Wärmeübergangszahl α in Kcal/m², h, °C
Übertemperatur Θ in °C
0
100
200
300
400°
50
40
30
20
10
0

Figur 3

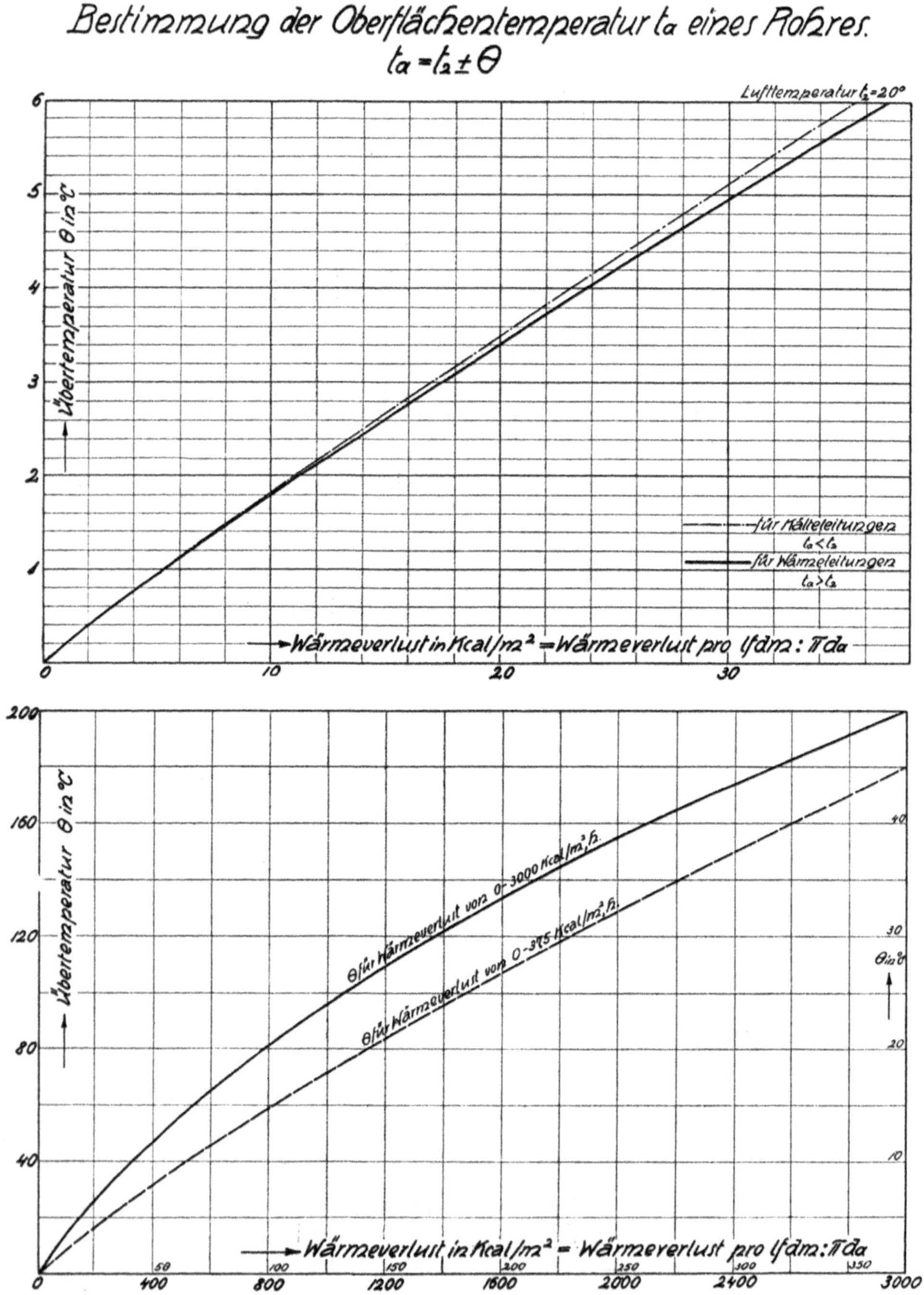
Bestimmung der Oberflächentemperatur t_a eines Rohres.
$t_a = t_2 \pm \Theta$
Lufttemperatur $t_2 = 20°$
Übertemperatur Θ in °C
für Kälteleitungen $t_a < t_2$
für Wärmeleitungen $t_a > t_2$
Wärmeverlust in Kcal/m² = Wärmeverlust pro lfdm : π da
Θ für Wärmeverlust von 0–3000 Kcal/m², h.
Θ für Wärmeverlust von 0–375 Kcal/m², h.
Θ in °C

Figur 4

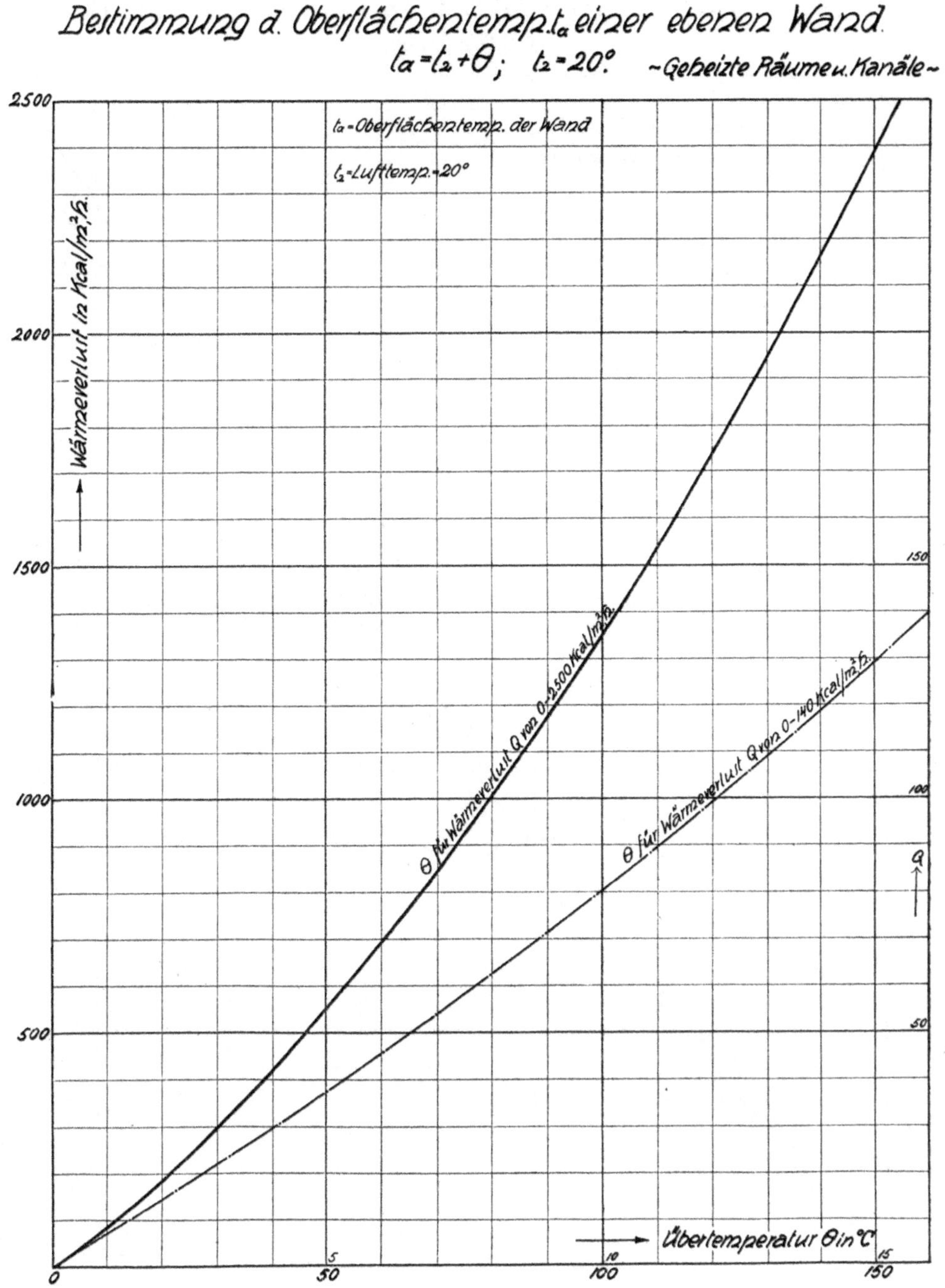
Bestimmung d. Oberflächentemp. t_a einer ebenen Wand.
$t_a = t_2 + \theta$; $t_2 = 20°$
~Geheizte Räume u. Kanäle~
t_a - Oberflächentemp. der Wand
t_2 - Lufttemp. - 20°
Wärmeverlust in Kcal/m²h.
θ für Wärmeverlust Q von 0-2500 Kcal/m²h.
θ für Wärmeverlust Q von 0-140 Kcal/m²h.
Übertemperatur θ in °C
Q
2500
2000
1500
1000
500
0
50
100
150
5
10
15

Figur 5

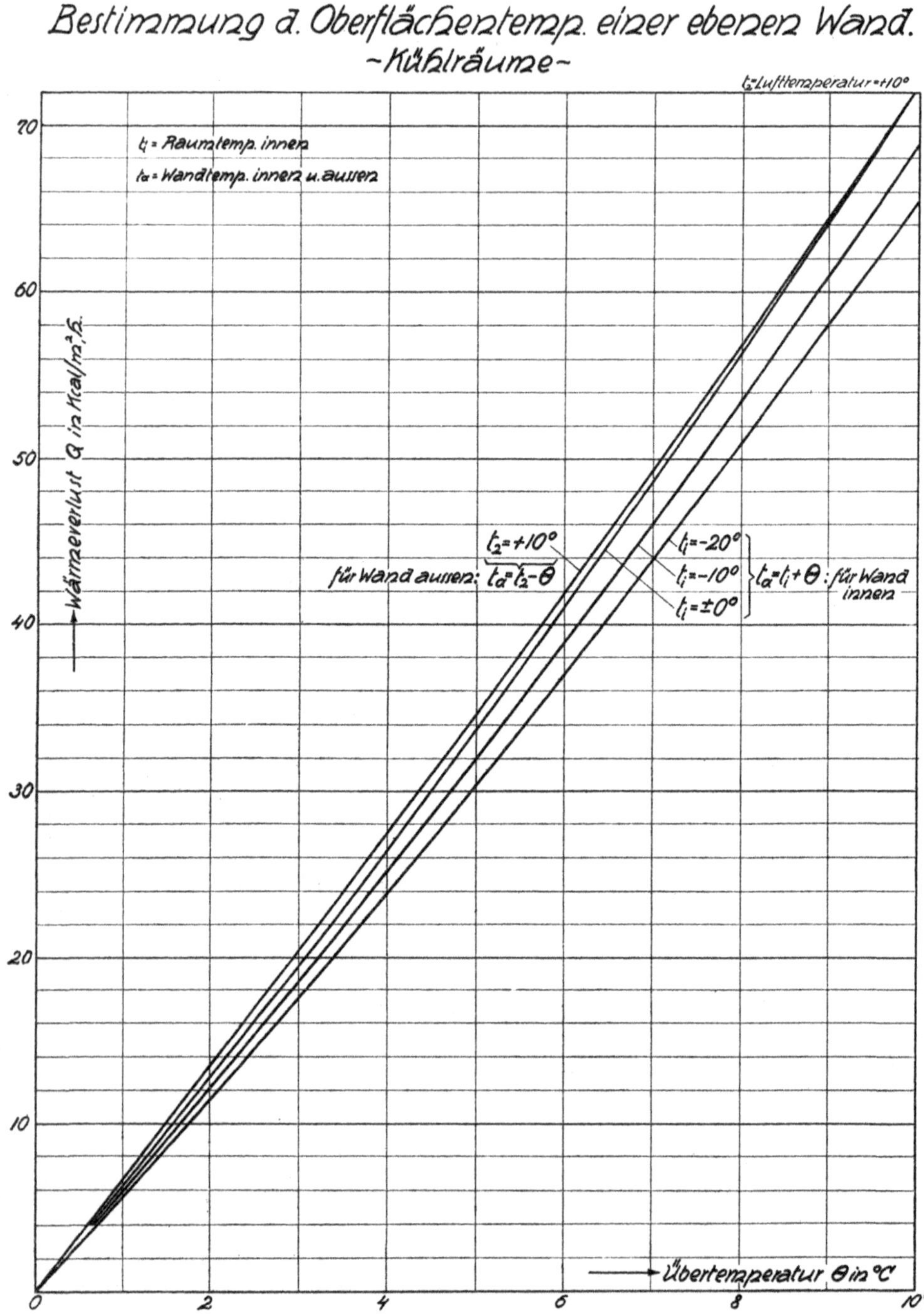

Bestimmung d. Oberflächentemp. einer ebenen Wand.
-Kühlräume-
t₂ = Lufttemperatur = +10°
tᵢ = Raumtemp. innen
tₐ = Wandtemp. innen u. aussen
Wärmeverlust Q in Kcal/m²h.
t₂ = +10°
für Wand aussen: tₐ = t₂ - Θ
tᵢ = -20°
tᵢ = -10°
tᵢ = ±0°
tₐ = tᵢ + Θ : für Wand innen
Übertemperatur Θ in °C
0
2
4
6
8
10°
10
20
30
40
50
60
70

Figur 6

Tabelle 7

Tabelle der natürlichen Logarithmen von 1—5,0

N	0	1	2	3	4	5	6	7	8	9
1,00	0,00000	0,00100	0,00199	0,00299	0,00398	0,00498	0,00598	0,00697	0,00797	0,00896
1,01	0,00995	0,01094	0,01193	0,01291	0,01390	0,01489	0,01587	0,01685	0,01784	0,01882
1,02	0,01980	0,02078	0,02176	0,02274	0,02372	0,02469	0,02567	0,02664	0,02761	0,02859
1,03	0,02955	0,03053	0,03150	0,03247	0,03344	0,03440	0,03537	0,03633	0,03729	0,03826
1,04	0,03922	0,04018	0,04114	0,04210	0,04306	0,04402	0,04498	0,04593	0,04689	0,04784
1,05	0,04879	0,04974	0,05069	0,05164	0,05259	0,05354	0,05449	0,05544	0,05638	0,05733
1,06	0,05827	0,05921	0,06015	0,06109	0,06203	0,06296	0,06391	0,06485	0,06579	0,06672
1,07	0,06765	0,06859	0,06952	0,07045	0,07138	0,07231	0,07325	0,07418	0,07511	0,07603
1,08	0,07696	0,07789	0,07881	0,07973	0,08066	0,08158	0,08250	0,08342	0,08434	0,08526
1,09	0,08677	0,08709	0,08800	0,08892	0,08984	0,09075	0,09167	0,09258	0,09349	0,09440
1,10	0,09531	0,09622	0,09712	0,09804	0,09895	0,09984	0,10075	0,10166	0,10256	0,10345
1,11	0,10435	0,10525	0,10615	0,10705	0,10795	0,10884	0,10974	0,11064	0,11154	0,11244
1,12	0,11333	0,11433	0,11512	0,11601	0,11689	0,11778	0,11866	0,11955	0,12044	0,12132
1,13	0,12221	0,12310	0,12398	0,12487	0,12574	0,12663	0,12753	0,12839	0,12927	0,13015
1,14	0,13102	0,13190	0,13278	0,13366	0,13454	0,13541	0,13629	0,13715	0,13802	0,13889
1,15	0,13975	0,14062	0,14149	0,14237	0,14324	0,14411	0,14497	0,14582	0,14670	0,14756
1,16	0,14842	0,14928	0,15015	0,15101	0,15187	0,15273	0,15359	0,15444	0,15528	0,15613
1,17	0,15699	0,15787	0,15873	0,15959	0,16044	0,16129	0,16212	0,16298	0,16383	0,16467
1,18	0,16552	0,16636	0,16721	0,16805	0,16889	0,16974	0,17058	0,17143	0,17228	0,17312
1,19	0,17396	0,17482	0,17565	0,17647	0,17731	0,17814	0,17898	0,17981	0,18067	0,18150
1,20	0,18232	0,18326	0,18398	0,18482	0,18566	0,18649	0,18732	0,18816	0,18898	0,18980
1,21	0,19063	0,19145	0,19227	0,19310	0,19393	0,19475	0,19557	0,19639	0,19721	0,19802
1,22	0,19883	0,19968	0,20049	0,20131	0,20213	0,20295	0,20377	0,20458	0,20539	0,20619
1,23	0,20700	0,20781	0,28862	0,20943	0,21024	0,21102	0,21191	0,21271	0,21351	0,21431
1,24	0,21511	0,21591	0,21671	0,21751	0,21831	0,31911	0,21991	9,22072	0,22153	0,22233
1,25	0,22313	0,22393	0,22473	0,22553	0,22633	0,22713	0,22793	0,22873	0,22952	0,23032
1,26	0,23111	0,23190	0,23270	0,23349	0,23428	0,23507	0,23586	0,23664	0,23743	0,23822
1,27	0,23901	0,23980	0,24058	0,24137	0,24215	0,24294	0,24372	0,24450	0,24529	0,24607
1,28	0,24686	0,24764	0,24842	0,24920	0,24998	0,25076	0,25153	0,25231	0,25308	0,25384
1,29	0,25464	0,25540	0,25608	0,25686	0,25764	0,25843	0,25921	0,25997	0,26076	0,26154
1,30	0,26234	0,26311	0,26389	0,26464	0,26542	0,26620	0,26697	0,26774	0,26851	0,26928
1,31	0,27004	0,27081	0,27158	0,27234	0,27311	0,27385	0,27461	0,27538	0,27613	0,27687
1,32	0,27762	0,27837	0,27913	0,27987	0,28063	0,28141	0,28217	0,28292	0,28367	0,28442
1,33	0,28518	0,28593	0,28668	0,28743	0,28818	0,28893	0,28957	0,29042	0,29117	0,29192
1,34	0,29267	0,29341	0,29416	0,29491	0,29565	0,29640	0,29714	0,29788	0,29862	0,29937
1,35	0,30010	0,30085	0,30159	0,30233	0,30307	0,30381	0,30454	0,30529	0,30603	0,30676
1,36	0,30750	0,30823	0,30898	0,30972	0,31047	0,31130	0,31193	0,31267	0,31340	0,31414
1,37	0,31488	0,31558	0,31636	0,31703	0,31776	0,31848	0,31920	0,31992	0,32064	0,32135
1,38	0,32208	0,32800	0,32353	0,32425	0,32497	0,32570	0,32642	0,32714	0,32786	0,32858
1,39	0,32929	0,33001	0,33073	0,33144	0,33216	0,33288	0,33360	0,33432	0,33503	0,33575
1,40	0,33647	0,33719	0,33790	0,33861	0,33932	0,34004	0,34075	0,34146	0,34217	0,34288

N	0	1	2	3	4	5	6	7	8	9
1,41	0,34359	0,34430	0,34501	0,34572	0,34643	0,34715	0,34786	0,34856	0,34926	0,34996
1,42	0,35066	0,35136	0,35206	0,35276	0,35346	0,35416	0,35487	0,35558	0,35628	0,35698
1,43	0,35768	0,35838	0,35909	0,35979	0,36048	0,36117	0,36187	0,36257	0,36326	0,36396
1,44	0,36464	0,36534	0,36603	0,36672	0,36742	0,36811	0,36880	0,36950	0,37019	0,37088
1,45	0,37157	0,37226	0,37294	0,37363	0,37431	0,37500	0,37569	0,37637	0,37706	0,37774
1,46	0,37843	0,37912	0,37980	0,38049	0,38117	0,38186	0,38254	0,38323	0,38392	0,38460
1,47	0,38530	0,38596	0,38663	0,38731	0,38798	0,38866	0,38933	0,39000	0,39068	0,39136
1,48	0,39203	0,39281	0,39348	0,39416	0,39483	0,39551	0,39619	0,39687	0,39754	0,39821
1,49	0,39887	0,39953	0,40019	0,40085	0,40151	0,40217	0,40283	0,40349	0,40415	0,40480
1,50	0,40546	0,40612	0,40679	0,40745	0,40811	0,40878	0,40945	0,41011	0,41077	0,41143
1,51	0,41211	0,41279	0,41345	0,41411	0,41477	0,41543	0,41609	0,41679	0,41740	0,41805
1,52	0,41870	0,41937	0,42003	0,42068	0,42134	0,42200	0,42265	0,42331	0,42397	0,42463
1,53	0,42527	0,42593	0,42658	0,42723	0,42788	0,42853	0,42918	0,42983	0,43048	0,43113
1,54	0,43178	0,43243	0,43308	0,43372	0,43438	0,43503	0,43567	0,43632	0,43696	0,43761
1,55	0,43825	0,43890	0,43954	0,44019	0,44083	0,44147	0,44211	0,44276	0,44340	0,44404
1,56	0,44469	0,44533	0,44597	0,44661	0,44725	0,44789	0,44854	0,44917	0,44981	0,45045
1,57	0,45109	0,45173	0,45236	0,45299	0,45363	0,45426	0,45489	0,45553	0,45618	0,45679
1,58	0,45743	0,45806	0,45869	0,45933	0,45996	0,46059	0,46123	0,46186	0,46249	0,46312
1,59	0,46375	0,46437	0,46500	0,46562	0,46625	0,46687	0,46750	0,46812	0,46875	0,46937
1,60	0,47000	0,47062	0,47125	0,47187	0,47250	0,47312	0,47375	0,47437	0,47500	0,47562
1,61	0,47624	0,47686	0,47749	0,47811	0,47873	0,47936	0,47998	0,48061	0,48123	0,48185
1,62	0,48246	0,48308	0,48369	0,48430	0,48491	0,48552	0,48613	0,48674	0,48736	0,48797
1,63	0,48858	0,48921	0,48982	0,49043	0,49105	0,49166	0,49227	0,49288	0,49349	0,49410
1,64	0,49470	0,49531	0,49592	0,49653	0,49713	0,49774	0,49834	0,49895	0,49956	0,50016
1,65	0,50077	0,50137	0,50198	0,50259	0,50319	0,50380	0,50440	0,50500	0,50561	0,50622
1,66	0,50682	0,50742	0,50803	0,50863	0,50923	0,50983	0,51043	0,51103	0,51163	0,51223
1,67	0,51283	0,51343	0,51403	0,51463	0,51522	0,51582	0,51641	0,51701	0,51760	0,51820
1,68	0,51879	0,51939	0,51998	0,52058	0,52117	0,52177	0,52236	0,52296	0,52355	0,52415
1,69	0,52474	0,52533	0,52592	0,52651	0,52710	0,52768	0,52827	0,52886	0,52945	0,53004
1,70	0,53063	0,53122	0,53181	0,53239	0,53318	0,53356	0,53415	0,53474	0,53533	0,53591
1,71	0,53650	0,53709	0,53767	0,53826	0,53884	0,53944	0,54003	0,54061	0,54119	0,54177
1,72	0,54233	0,54291	0,54349	0,54407	0,54465	0,54523	0,54581	0,54639	0,54697	0,54755
1,73	0,54813	0,54871	0,54928	0,54986	0,55043	0,55101	0,55158	0,55216	0,55273	0,55331
1,74	0,55389	0,55446	0,55503	0,55559	0,55616	0,55672	0,55729	0,55786	0,55842	0,55897
1,75	0,55953	0,56011	0,56067	0,56124	0,56180	0,56238	0,56295	0,56353	0,56414	0,56472
1,76	0,56531	0,56588	0,56645	0,56702	0,56759	0,56816	0,56874	0,56930	0,56986	0,57041
1,77	0,57097	0,57154	0,57210	0,57267	0,57323	0,57380	0,57436	0,57492	0,57549	0,57605
1,78	0,57661	0,57717	0,57773	0,57829	0,57885	0,57941	0,57997	0,58053	0,58109	0,58165
1,79	0,58221	0,58277	0,58343	0,58388	0,58444	0,58500	0,58565	0,58611	0,58677	0,58722
1,80	0,58778	0,58834	0,58889	0,58945	0,59001	0,59056	0,59112	0,59167	0,59223	0,59278
1,81	0,59333	0,59388	0,59443	0,59498	0,59553	0,59608	0,59663	0,59718	0,59773	0,59828
1,82	0,59883	0,59938	0,59993	0,60048	0,60102	0,60157	0,60212	0,60266	0,60321	0,60376
1,83	0,60431	0,60486	0,60541	0,60595	0,60650	0,60705	0,60759	0,60814	0,60868	0,60923
1,84	0,60977	0,61031	0,61085	0,61140	0,61194	0,61248	0,61303	0,61357	0,61411	0,61465
1,85	0,61518	0,61572	0,61625	0,61679	0,61732	0,61787	0,61841	0,61895	0,61949	0,62003
1,86	0,62057	0,62111	0,62165	0,62218	0,62272	0,62325	0,62379	0,62433	0,62486	0,62540
1,87	0,62593	0,62647	0,62701	0,62754	0,62807	0,62861	0,62914	0,62969	0,63022	0,63075
1,88	0,63128	0,63182	0,63235	0,63288	0,63341	0,63394	0,63446	0,63499	0,63552	0,63605
1,89	0,63657	0,63710	0,63763	0,63817	0,63869	0,63922	0,63974	0,64027	0,64080	0,64153
1,90	0,64185	0,64237	0,64290	0,64342	0,64395	0,64447	0,64500	0,64552	0,64605	0,64657
1,91	0,64710	0,64762	0,64815	0,64867	0,64919	0,64971	0,65023	0,65075	0,65128	0,65180
1,92	0,65232	0,65285	0,65337	0,65389	0,65441	0,65493	0,65545	0,65596	0,65648	0,65700
1,93	0,65752	0,65804	0,65856	0,65908	0,65960	0,66012	0,66064	0,66116	0,66167	0,66218
1,94	0,66268	0,66319	0,66370	0,66422	0,66473	0,66525	0,66576	0,66628	0,66679	0,66731
1,95	0,66782	0,66833	0,66884	0,66935	0,66987	0,67038	0,67089	0,67140	0,67192	0,67243
1,96	0,67294	0,67345	0,67396	0,67447	0,67498	0,67549	0,67600	0,67651	0,67702	0,67753
1,97	0,67804	0,67854	0,67905	0,67956	0,68006	0,68057	0,68108	0,68158	0,68209	0,68260
1,98	0,68311	0,68361	0,68412	0,68462	0,68513	0,68563	0,68613	0,68663	0,68713	0,68763
1,99	0,68813	0,68864	0,68914	0,68964	0,69015	0,69065	0,69115	0,69165	0,69215	0,69255
2,00	0,69315	0,69365	0,69415	0,69465	0,69515	0,69565	0,69614	0,69664	0,69714	0,69764

N	0	1	2	3	4	5	6	7	8	9
2,01	0,69814	0,69863	0,69913	0,69962	0,70012	0,70061	0,70111	0,70160	0,70210	0,70259
2,02	0,70309	0,70358	0,70408	0,70457	0,70507	0,70556	0,70606	0,70655	0,70705	0,70754
2,03	0,70804	0,70853	0,70902	0,70951	0,71000	0,71049	0,71098	0,71147	0,71197	0,71245
2,04	0,71295	0,71343	0,71392	0,71441	0,71490	0,71539	0,71588	0,71637	0,71686	0,71734
2,05	0,71783	0,71832	0,71881	0,71930	0,71979	0,72028	0,72077	0,72126	0,72175	0,72223
2,06	0,72271	0,72320	0,72368	0,72416	0,72465	0,72513	0,72561	0,72610	0,72658	0,72707
2,07	0,72755	0,72804	0,72852	0,72900	0,72948	0,72996	0,73044	0,73092	0,73140	0,73188
2,08	0,73236	0,73284	0,73332	0,73380	0,73428	0,73476	0,73524	0,73572	0,73620	0,73668
2,09	0,73716	0,73764	0,73812	0,74860	0,73908	0,73956	0,74003	0,74053	0,74098	0,74146
2,10	0,74194	0,74241	0,74289	0,74336	0,74384	0,74431	0,74479	0,74526	0,74574	0,74621
2,11	0,74668	0,74716	0,74763	0,74811	0,74858	0,74906	0,74953	0,75001	0,75048	0,75096
2,12	0,75143	0,75191	0,75238	0,75286	0,75332	0,75379	0,75426	0,75472	0,75519	0,75566
2,13	0,75612	0,75659	0,75706	0,75752	0,75799	0,75846	0,75892	0,75939	0,75986	0,76032
2,14	0,76079	0,76126	0,76172	0,76219	0,76266	0,76312	0,76359	0,76406	0,76452	0,76499
2,15	0,76546	0,76592	0,76639	0,76686	0,76732	0,76779	0,76826	0,76872	0,76919	0,76966
2,16	0,77011	0,77057	0,77104	0,77150	0,77196	0,77242	0,77289	0,77335	0,77382	0,77428
2,17	0,77474	0,77520	0,77566	0,77612	0,77658	0,77704	0,77750	0,77795	0,77841	0,77887
2,18	0,77933	0,77979	0,78024	0,78070	0,78115	0,78161	0,78206	0,78252	0,78297	0,78343
2,19	0,78388	0,78434	0,78479	0,78525	0,78570	0,78616	0,78661	0,78707	0,78753	0,78799
2,20	0,78845	0,78890	0,78936	0,78981	0,79027	0,79072	0,79118	0,79163	0,79209	0,79254
2,21	0,79299	0,79345	0,79390	0,79435	0,79480	0,79525	0,79570	0,79615	0,79660	0,79705
2,22	0,79750	0,79795	0,79840	0,79885	0,79930	0,79975	0,80020	0,80065	0,80110	0,80155
2,23	0,80199	0,80245	0,80289	0,80334	0,80379	0,80424	0,80469	0,80514	0,80559	0,80603
2,24	0,80648	0,80693	0,80738	0,80782	0,80827	0,80871	0,80916	0,80960	0,81005	0,81049
2,25	0,81094	0,81138	0,81182	0,81227	0,81271	0,81316	0,81360	0,81405	0,81449	0,81493
2,26	0,81537	0,81582	0,81626	0,81671	0,81715	0,81760	0,81803	0,81848	0,81891	0,81936
2,27	0,81979	0,82024	0,82067	0,82112	0,82155	0,82200	0,82243	0,82287	0,82330	0,82374
2,28	0,82417	0,82462	0,82505	0,82550	0,82593	0,82638	0,82681	0,82725	0,82768	0,82813
2,29	0,82856	0,82900	0,82943	0,82987	0,83030	0,83074	0,83117	0,83161	0,83204	0,83248
2,30	0,83291	0,83334	0,83378	0,83421	0,83464	0,83508	0,83551	0,83594	0,83638	0,83681
2,31	0,83724	0,83768	0,83811	0,83855	0,83898	0,83941	0,83985	0,84028	0,84071	0,84115
2,32	0,84158	0,84201	0,84244	0,84287	0,84330	0,84373	0,84416	0,84459	0,84502	0,84545
2,33	0,84588	0,84631	0,84674	0,84717	0,84760	0,84803	0,84846	0,84888	0,84930	0,84973
2,34	0,85016	0,85059	0,85102	0,85144	0,85187	0,85229	0,85272	0,85314	0,85357	0,85399
2,35	0,85442	0,85484	0,85527	0,85569	0,85612	0,85654	0,85697	0,85739	0,85782	0,85824
2,36	0,85867	0,85909	0,85952	0,85994	0,86037	0,86079	0,86121	0,86163	0,86205	0,86247
2,37	0,86289	0,86331	0,86374	0,86416	0,86458	0,86500	0,86542	0,86584	0,86626	0,86668
2,38	0,86710	0,86752	0,86794	0,86836	0,86878	0,86920	0,86962	0,87004	0,87046	0,87088
2,39	0,87130	0,87171	0,87213	0,87255	0,87296	0,87338	0,87380	0,87421	0,87463	0,87503
2,40	0,87546	0,87588	0,87630	0,87671	0,87713	0,87755	0,87796	0,87838	0,87880	0,87921
2,41	0,87963	0,88004	0,88048	0,88087	0,88128	0,88169	0,88211	0,88252	0,88294	0,88335
2,42	0,88376	0,88418	0,88459	0,88501	0,88542	0,88584	0,88625	0,88666	0,88708	0,88749
2,43	0,88791	0,88832	0,88873	0,88914	0,88955	0,88996	0,89037	0,89077	0,89118	0,89159
2,44	0,89200	0,89241	0,89282	0,89323	0,89364	0,89405	0,89446	0,89487	0,89528	0,89569
2,45	0,89610	0,89651	0,89692	0,89732	0,89773	0,89814	0,89854	0,89895	0,89936	0,89977
2,46	0,90017	0,90058	0,90099	0,90139	0,90180	0,90220	0,90260	0,90301	0,90341	0,90382
2,47	0,90422	0,90462	0,90502	0,90543	0,90583	0,90623	0,90664	0,90704	0,90744	0,90785
2,48	0,90825	0,90865	0,90906	0,90946	0,90986	0,91026	0,91067	0,91107	0,91147	0,91188
2,49	0,91228	0,91268	0,91308	0,91348	0,91389	0,91429	0,91469	0,91509	0,91549	0,91589
2,50	0,91629	0,91669	0,91708	0,91748	0,91788	0,91828	0,91868	0,91907	0,91947	0,91987
2,51	0,92027	0,92067	0,92106	0,92146	0,92186	0,92226	0,92265	0,92305	0,92345	0,92385
2,52	0,92425	0,92464	0,92504	0,92544	0,92583	0,92623	0,92663	0,92703	0,92742	0,92782
2,53	0,92822	0,92862	0,92901	0,92940	0,92980	0,93019	0,93059	0,93098	0,93137	0,93177
2,54	0,93216	0,93255	0,93295	0,93334	0,93374	0,93413	0,93452	0,93492	0,93531	0,93570
2,55	0,93609	0,93648	0,93688	0,93727	0,93766	0,93805	0,93844	0,93883	0,93922	0,93961
2,56	0,94000	0,94039	0,94078	0,94117	0,94156	0,94195	0,94234	0,94273	0,94312	0,94351
2,57	0,94390	0,94428	0,94467	0,94506	0,94545	0,94584	0,94623	0,94662	0,94701	0,94740
2,58	0,94779	0,94817	0,94856	0,94895	0,94934	0,94972	0,95010	0,95049	0,95088	0,95126
2,59	0,95166	0,95203	0,95242	0,95281	0,95329	0,95358	0,95396	0,95435	0,95473	0,95512
2,60	0,95550	0,95589	0,95627	0,95666	0,95704	0,95743	0,95781	0,95820	0,95858	0,95897

N	0	1	2	3	4	5	6	7	8	9
2,61	0,95935	0,95974	0,96012	0,96050	0,96088	0,96126	0,96165	0,96203	0,96241	0,96279
2,62	0,96317	0,96355	0,96394	0,96432	0,96470	0,96508	0,96546	0.96585	0,89623	0,96661
2,63	0,96699	0,96737	0,96775	0,96813	0,96851	0,96889	0,96927	0,96965	0,97003	0,97041
2,64	0,97079	0,97116	0,97154	0,97192	0,97230	0,97268	0,97305	0,97343	0,97381	0,97419
2,65	0,97457	0,97495	0,97532	0,97570	0,95607	0,95645	0,97682	0,97720	0,97757	0,97795
2,66	0,97832	0,97870	0,97907	0,97945	0,97982	0,98020	0,98057	0,98094	0,98132	0,98169
2,67	0,98207	0,98243	0,98280	0,98317	0,98355	0,98392	0,98429	0,98467	0,98504	0,98542
2,68	0,98580	0,98617	0,98654	0,98691	0,98728	0,98767	0,98804	0,98842	0,98879	0,98916
2,69	0,98954	0,98991	0,99028	0,99065	0,99102	0,99139	0,99176	0,99213	0,99250	0,99287
2,70	0,99324	0.99361	0,99398	0,99435	0,99472	0,99509	0,99546	0,99583	0,99620	0,99657
2,71	0,99694	0,99731	0,99768	0,99804	0,99841	0,99878	0,99925	0,99952	0,99989	1,00026
2,72	1,00063	1,00100	1,00137	1,00173	1,00210	1,00247	1,00283	1,00320	1,00357	1,00394
2,73	1,00430	1,00467	1,00503	1,00540	1,00577	1,00613	1,00650	1,00687	1,00723	1,00760
2,74	1,00796	1,00832	1,00868	1,00905	1,00941	1,00977	1,01014	1,01050	1,01086	1,01123
2,75	1,01159	1,01196	1,01232	1,01268	1,01304	1,01341	1,01377	1,01413	1,01450	1,01486
2,76	1,01523	1,01559	1,01595	1,01632	1,01668	1,01704	1,01741	1,01777	1,01813	1,01849
2,77	1,01885	1,01921	1,01956	1,01992	1,02028	1,02064	1,02100	1,02136	1,02172	1,02208
2,78	1,02244	1,02280	1,02316	1,02352	1,02387	1,02423	1,02459	1,02495	1,02531	1,02567
2,79	1,02603	1,02639	1,02675	1,02711	1,02747	1,02783	1,02819	1,02855	1,02891	1,02927
2,80	1,02962	1,02998	1,03034	1,03070	1,03105	1,03141	0,03177	1,03213	1,03249	1,03285
2,81	1,03320	1,03356	1,03391	1,03427	1,03462	1,03498	1,03533	1,03568	1,03604	1,03640
2,82	1,03675	1,03710	1,03746	1,03786	1,03817	1,03852	1,03888	1,03924	1,03959	1,03995
2,83	1,04029	1,04065	1,04100	1,04135	1,04171	1,04206	1,04241	1,04276	1,04311	1,04346
2,84	1,04381	1,04416	1,04451	1,04486	1,04521	1,04556	1,04591	1,04626	1,04661	1,04696
2,85	1,04731	1,04766	1,04801	1,04836	1,04871	1,04906	1,04941	1,04976	1,05011	1,05046
2,86	1,05081	1,05116	1,05151	1,05186	1,05221	1,05256	1,05291	1,05326	1,05361	1,05396
2,87	1,05431	1,05466	1,05501	1,05536	1,05570	1,05605	1,05645	1,05670	1,05710	1,05744
2,88	1,05779	1,05814	1,05849	1,05884	1,05919	1,05953	1,05988	1,06023	1,06058	1,06092
2,89	1,06127	1,06161	1,06196	1,06230	1,06265	1,06299	1,06334	1,06368	1,06403	1,06437
2,90	1,06471	1,06507	1,06541	1,06576	1,06610	1,06644	1,06678	1,06712	1,06747	1,06781
2,91	1,06815	1,06849	1,06884	1,06918	1,06952	1,06987	1,07021	1,07055	1,07089	1,07124
2,92	1,07158	1,07192	1,07227	1,07261	1,07295	1,07330	1,07364	1,07398	1,07433	1,07467
2,93	1,07501	1,07535	1,07569	1,07604	1,07638	1,07672	1,07706	1,07740	1,07774	1,07808
2,94	1,07842	1,07876	1,07910	1,07944	1,07978	1,08012	1,08046	1,08080	1,08113	1,08147
2,95	1,08181	1,08215	1,08249	1,08283	1,08317	1,08351	1,08385	1,08419	1,08452	1,08485
2,96	1,08519	1,08553	1,08587	1,08620	1,08654	1,08688	1,08721	1,08755	1,08789	1,08823
2,97	1,08857	1,08890	1,08924	1,08957	1,08991	1,09024	1,09058	1,09091	1,09125	1,09159
2,98	1,09193	1,09227	1,09260	1,09293	1,09327	1,09360	1,09393	1,09427	1,09460	1,09493
2,99	1,09527	1,09560	1,09593	1,09627	1,09661	1,09694	1,09727	1,09761	1,09794	1,09827
3,00	1,09861	1,09895	1,09928	1,09961	1,09995	1,10028	1,10061	1,10098	1,10128	1,10161
3,01	1,10195	1,10228	1,10261	1,10295	1,10328	1,10361	1,10394	1,10427	1,10460	1,10493
3,02	1,10526	1,10559	1,10592	1,10625	1,10658	1,10691	1,10724	1,10757	1,10790	1,10823
3,03	1,10856	1,10889	1,10922	1,10955	1,10988	1,11021	1,11054	1,11086	1,11119	1,11152
3,04	1,11185	1,11218	1,11251	1,11284	1,11317	1,11349	1,11382	1,11415	1,11448	1,11481
3,05	1,11514	1,11547	1,11579	1,11612	1,11645	1,11678	1,11710	1,11743	1,11776	1,11809
3,06	1,11841	1,11874	1,11907	1,11939	1,11973	1,12005	1,12038	1,12070	1,12103	1,12136
3,07	1,12168	1,12200	1,12233	1,12265	1,12298	1,12330	1,12363	1,12395	1,12428	1,12460
3,08	1,12493	1,12525	1,12558	1,12590	1,12622	1,12655	1,12687	1,12720	1,12752	1,12784
3,09	1,12817	1,12849	1,12881	1,12913	1,12946	1,12978	1,13010	1,13042	1,13074	1,13107
3,10	1,13140	1,13174	1,13205	1,13236	1,13269	1,13301	1,13333	1,13365	1,13397	1,13430
3,11	1,13462	1,13494	1,13526	1,13558	1,13590	1,13622	1,13654	1,13686	1,13718	1,13750
3,12	1,13782	1,13844	1,13816	1,13879	1,13910	1,13942	1,13974	1,14006	1,14038	1,14070
3,13	1,14102	1,14134	1.14166	1,14198	1,14230	1,14262	1,14294	1,14326	1,14358	1,14390
3,14	1,14422	1,14454	1,14486	1,14518	1,14549	1,14581	1,14613	1,14645	1,14677	1,14709
3,15	1,14741	1,14772	1,14804	1,14836	1,14867	1,14899	1,14931	1,14962	1,14994	1,15026
3,16	1,15057	1,15089	1,15121	1,15152	1,15184	1,15216	1,15247	1,15279	1,15311	1,15342
3,17	1,15373	1,15405	1,15436	1,15468	1,15499	1,15531	1,15562	1,15594	1,15625	1,15657
3,18	1,15688	1,15719	1,15750	1,15782	1,15814	1,15846	1,15877	1,15908	1,15940	1,15971
3,19	1,16002	1,16034	1,16065	1,16096	1,16127	1,16158	1,16189	1,16220	1,16251	1,16283
3,20	1,16315	1,16346	1,16377	1,16408	1,16440	1,16471	1,16502	1,16533	1,16565	1,16596

N	0	1	2	3	4	5	6	7	8	9
3,21	1,16627	1,16658	1,16690	1,16721	1,16752	1,16783	1,16815	1,16846	1,16877	1,16908
3,22	1,16939	1,16970	1,17001	1,17031	1,17062	1,17093	1,17124	1,17155	1,17186	1,17217
3,23	1,17248	1,17279	1,17310	1,17341	1,17371	1,17402	1,17433	1,17464	1,17495	1,17526
3,24	1,17557	1,17588	1,17619	1,17649	1,17680	1,17711	1,17742	1,17773	1,17804	1,17834
3,25	1,17865	1,17895	1,17926	1,17957	1,17988	1,18019	1,18050	1,18080	1,18111	1,18142
3,26	1,18173	1,18203	1,18234	1,18265	1,18295	1,18326	1,18357	1,18387	1,18418	1,18448
3,27	1,18479	1,18510	1,18540	1,18571	1,18602	1,18632	1,18663	1,18693	1,18724	1,18755
3,28	1,18785	1,18815	1,18846	1,18876	1,18907	1,18937	1,18967	1,18099	1,19028	1,19059
3,29	1,19089	1,19119	1,19149	1,19180	1,19210	1,19240	1,19271	1,19301	1,19331	1,19362
3,30	1,19392	1,19422	1,19453	1,19483	1,19513	1,19543	1,19574	1,19604	1,19634	1,19665
3,31	1,19695	1,19725	1,19756	1,19786	1,19816	1,19846	1,19877	1,19907	1,19937	1,19967
3,32	1,19997	1,20027	1,20057	1,20087	1,20117	1,20147	1,20177	1,20207	1,20237	1,20267
3,33	1,20297	1,20327	1,20357	1,20387	1,20417	1,20447	1,20477	1,20507	1,20537	1,20567
3,34	1,20597	1,20627	1,20657	1,20687	1,20717	1,20747	1,20777	1,20807	1,20837	1,20867
3,35	1,20896	1,20926	1,20956	1,20986	1,21015	1,21045	1,21075	1,21104	1,21134	1,21164
3,36	1,21193	1,21223	1,21253	1,21283	1,21312	1,21342	1,21372	1,21401	1,21431	1,21461
3,37	1,21490	1,21520	1,21550	1,21580	1,21609	1,21639	1,21669	1,21698	1,21728	1,21758
3,38	1,21787	1,21817	1,21847	1,21876	1,21906	1,21935	1,21965	1,21995	1,22024	1,22054
3,39	1,22083	1,22113	1,22142	1,22172	1,22201	1,22231	1,22260	1,22290	1,22319	1,22349
3,40	1,22378	1,22407	1,22437	1,22466	1,22495	1,22525	1,22554	1,22583	1,22612	1,22642
3,41	1,22671	1,22700	1,22730	1,22759	1,22788	1,22817	1,22847	1,22874	1,22905	1,22933
3,42	1,22964	1,22993	1,23022	1,23051	1,23081	1,23109	1,23138	1,23167	1,23196	1,23225
3,43	1,23255	1,23284	1,23313	1,23342	1,23371	1,23400	1,23430	1,23459	1,23488	1,23517
3,44	1,23546	1,23575	1,23605	1,23634	1,23663	1,23692	1,23721	1,23750	1,23779	1,23808
3,45	1,23837	1,23866	1,23895	1,23924	1,23953	1,23982	1,24011	1,24040	1,24069	1,24098
3,46	1,24127	1,24156	1,24185	1,24214	1,24243	1,24272	1,24301	1,24330	1,24359	1,24387
3,47	1,24416	1,24445	1,24474	1,24503	1,24531	1,24560	1,24588	1,24617	1,24645	1,24674
3,48	1,24703	1,24731	1,24760	1,24789	1,24818	1,24846	1,24875	1,24904	1,24933	1,24961
3,49	1,24990	1,25019	1,25048	1,25076	1,25105	1,25134	1,25163	1,25191	1,25220	1,25249
3,50	1,25277	1,25306	1,25335	1,25363	1,25392	1,25420	1,25449	1,25477	1,25506	1,25535
3,51	1,25563	1,25592	1,25620	1,25648	1,25677	1,25705	1,25733	1,25762	1,25790	1,25818
3,52	1,25846	1,25875	1,25903	1,25931	1,25960	1,25988	1,26016	1,26045	1,26073	1,26101
3,53	1,26129	1,26158	1,26186	1,26214	1,26243	1,26271	1,26299	1,26328	1,26356	1,26384
3,54	1,26412	1,26442	1,26470	1,26498	1,26527	1,26555	1,26583	1,26612	1,26640	1,26668
3,55	1,26696	1,26725	1,26753	1,26781	1,26809	1,26837	1,26865	1,26893	1,26921	1,26949
3,56	1,26977	1,27005	1,27033	1,27061	1,27089	1,27117	1,27145	1,27173	1,27201	1,27229
3,57	1,27257	1,27285	1,27314	1,27341	1,27369	1,27397	1,27425	1,27453	1,27481	1,27509
3,58	1,27537	1,27565	1,27593	1,27620	1,27648	1,27675	1,27702	1,27731	1,27759	1,27787
3,59	1,27815	1,27843	1,27871	1,27899	1,27927	1,27955	1,27983	1,28009	1,28037	1,28065
3,60	1,28093	1,28121	1,28149	1,28177	1,28205	1,28232	1,28259	1,28287	1,28315	1,28343
3,61	1,28371	1,28398	1,28426	1,28453	1,28480	1,28508	1,28536	1,28564	1,28592	1,28620
3,62	1,28648	1,28675	1,28703	1,28730	1,28758	1,28785	1,28813	1,28840	1,28868	1,28895
3,63	1,28923	1,28950	1,28978	1,29005	1,29033	1,29060	1,29088	1,29115	1,29143	1,29170
3,64	1,29198	1,29225	1,29253	1,29280	1,29308	1,29335	1,29363	1,29390	1,29418	1,29445
3,65	1,29472	1,29500	1,29527	1,29555	1,29582	1,29609	1,29637	1,29664	1,29691	1,29719
3,66	1,29746	1,29774	1,29801	1,29829	1,29856	1,29883	1,29911	1,29938	1,29966	1,29993
3,67	1,30020	1,30048	1,30072	1,30099	1,30126	1,30154	1,30182	1,30209	1,30237	1,30264
3,68	1,30292	1,30318	1,30344	1,30372	1,30400	1,30427	1,30454	1,30482	1,30509	1,30537
3,69	1,30564	1,30590	1,30618	1,30645	1,30672	1,30700	1,30726	1,30754	1,30780	1,30807
3,70	1,30834	1,30862	1,30889	1,30916	1,30943	1,30970	1,30997	1,31024	1,31051	1,31078
3,71	1,31103	1,31130	1,31156	1,31183	1,31210	1,31237	1,31264	1,31291	1,31318	1,31345
3,72	1,31372	1,31399	1,31426	1,31452	1,31479	1,31506	1,31533	1,31560	1,31587	1,31614
3,73	1,31641	1,31667	1,31694	1,31721	1,31748	1,31774	1,31801	1,31828	1,31854	1,31871
3,74	1,31908	1,31934	1,31960	1,31987	1,32014	1,32040	1,32067	1,32094	1,32121	1,32147
3,75	1,32174	1,32200	1,32227	1,32254	1,32280	1,32307	1,32334	1,32360	1,32387	1,32414
3,76	1,32441	1,32468	1,32494	1,32521	1,32548	1,32574	1,32601	1,32628	1,32654	1,32681
3,77	1,32707	1,32734	1,32760	1,32787	1,32813	1,32840	1,32866	1,32893	1,32919	1,32946
3,78	1,32972	1,32999	1,33025	1,33052	1,33078	1,33104	1,33131	1,33157	1,33184	1,33210
3,79	1,33236	1,33262	1,33289	1,33315	1,33341	1,33368	1,33394	1,33420	1,33447	1,33473
3,80	1,33499	1,33526	1,33552	1,33578	1,33605	1,33631	1,33657	1,33684	1,33710	1,33736

N	0	1	2	3	4	5	6	7	8	9
3,81	1,33762	1,33788	1,33815	1,33841	1,33867	1,33893	1,33919	1,33946	1,33972	1,33998
3,82	1,34024	1,34050	1,34077	1,34103	1,34129	1,34155	1,34181	1,34208	1,34234	1,34260
3,83	1,34286	1,34312	1,34338	1,34364	1,34390	1,34416	1,34443	1,34469	1,34495	1,34521
3,84	1,34547	1,34573	1,34599	1,34625	1,34651	1,34677	1,34703	1,34729	1,34755	1,34781
3,85	1,34807	1,34833	1,34859	1,34885	1,34911	1,34937	1,34963	1,34989	1,35015	1,35041
3,86	1,35067	1,35093	1,35118	1,35144	1,35170	1,35196	1,35222	1,35248	1,35274	1,35300
3,87	1,35326	1,35352	1,35378	1,35404	1,35429	1,35455	1,35481	1,35507	1,35532	1,35558
3,88	1,35583	1,35609	1,35635	1,35660	1,35686	1,35712	1,35737	1,35763	1,35789	1,35814
3,89	1,35840	1,35866	1,35892	1,35918	1,35943	1,35969	1,35995	1,36021	1,36046	1,36072
3,90	1,36097	1,36123	1,36149	1,36174	1,36200	1,36226	1,36251	1,36277	1,36303	1,36328
3,91	1,36353	1,36379	1,36405	1,36431	1,36457	1,36482	1,36508	1,36533	1,36559	1,36584
3,92	1,36610	1,36636	1,36661	1,36687	1,36712	1,36737	1,36763	1,36788	1,36814	1,36839
3,93	1,36864	1,36889	1,36915	1,36941	1,36967	1,36992	1,37017	1,37043	1,37068	1,37093
3,94	1,37118	1,37144	1,37169	1,37195	1,37220	1,37245	1,37271	1,37296	1,37322	1,37347
3,95	1,37372	1,37397	1,37423	1,27448	1,37473	1,37499	1,37524	1,37549	1,37575	1,37600
3,96	1,37625	1,37650	1,37676	1,37701	1,37726	1,37751	1,37777	1,37802	1,37827	1,37852
3,97	1,37877	1,37902	1,37927	1,37953	1,37978	1,38003	1,38028	1,38053	1,38078	1,38103
3,98	1,38128	1,38153	1,38178	1,38203	1,38228	1,38253	1,38278	1,38303	1,38328	1,38353
3,99	1,38378	1,38403	1,38428	1,38453	1,38478	1,38503	1,38528	1,38553	1,38578	1,38603
4,00	1,38628	1,38653	1,38678	1,38703	1,38728	1,38753	1,38778	1,38803	1,38828	1,38853
4,01	1,38878	1,38903	1,38928	1,38953	1,38978	1,39003	1,39028	1,39053	1,39078	1,39103
4,02	1,39128	1,39153	1,39178	1,39203	1,39228	1,39253	1,39278	1,39303	1,39328	1,39353
4,03	1,39378	1,39402	1,39427	1,39452	1,39477	1,39501	1,39526	1,39551	1,39576	1,39601
4,04	1,39626	1,39650	1,39675	1,39700	1,39724	1,39749	1,39773	1,39798	1,39822	1,39848
4,05	1,39873	1,39897	1,39922	1,39946	1,39971	1,39995	1,40020	1,40045	1,40069	1,40094
4,06	1,40119	1,40143	1,40168	1,40192	1,40217	1,40241	1,40266	1,40290	1,40315	1,40339
4,07	1,40364	1,40388	1,40413	1,40437	1,40462	1,40486	1,40511	1,50535	1,40560	1,40584
4,08	1,40609	1,40633	1,40658	1,40682	1,40707	1,40731	1,40756	1,40780	1,40805	1,40829
4,09	1,40854	1,40878	1,40903	1,40927	1,40952	1,40976	1,41001	1,41025	1,41050	1,41074
4,10	1,41098	1,41123	1,41147	1,41172	1,41196	1,41221	1,41245	1,41270	1,41295	1,41319
4,11	1,41342	1,41367	1,41391	1,41416	1,41440	1,41465	1,41489	1,41514	1,41538	1,41562
4,12	1,41586	1,41611	1,41635	1,41660	1,41684	1,41708	1,41732	1,41756	1,41780	1,41804
4,13	1,41828	1,41852	1,41876	1,41900	1,41925	1,41949	1,41973	1,41997	1,42022	1,42046
4,14	1,42070	1,42094	1,42118	1,42142	1,42167	1,42191	1,42215	1,42239	1,42263	1,42287
4,15	1,42311	1,42335	1,42359	1,42383	1,42407	1,42432	1,42456	1,42480	1,42504	1,42528
4,16	1,42552	1,42576	1,42600	1,42624	1,42648	1,42672	1,42696	1,42720	1,42744	1,42768
4,17	1,42792	1,42816	1,42840	1,42864	1,42888	1,42912	1,42936	1,42960	1,42984	1,43008
4,18	1,43032	1,43056	1,43080	1,43104	1,43127	1,43151	1,43175	1,43199	1,43223	1,43246
4,19	1,43270	1,43294	1,43318	1,43342	1,43365	1,43389	1,43413	1,43437	1,43461	1,43484
4,20	1,43508	1,43532	1,43556	1,43580	1,43603	1,43627	1,43651	1,43675	1,43699	1,43722
4,21	1,43746	1,43770	1,43794	1,43817	1,43841	1,43875	1,43898	1,43922	1,43946	1,43969
4,22	1,43993	1,44017	1,44041	1,44065	1,44088	1,44112	1,44136	1,44160	1,44183	1,44207
4,23	1,44220	1,44244	1,44268	1,44291	1,44315	1,44339	1,44362	1,44386	1,44410	1,44433
4,24	1,44457	1,44480	1,44540	1,44527	1,44551	1,44574	1,44598	1,44621	1,44645	1,44668
4,25	1,44692	1,44716	1,44739	1,44763	1,44786	1,44810	1,44833	1,44857	1,44880	1,44904
4,26	1,44927	1,44951	1,44974	1,44998	1,45021	1,45045	1,45068	1,45092	1,45115	1,45139
4,27	1,45162	1,45186	1,45209	1,45232	1,45255	1,45279	1,45302	1,45325	1,45349	1,45372
4,28	1,45395	1,45419	1,45442	1,45465	1,45489	1,45512	1,45535	1,45559	1,45582	1,45605
4,29	1,45629	1,45652	1,45676	1,45699	1,45722	1,45745	1,45769	1,45792	1,45815	1,45839
4,30	1,45862	1,45885	1,45909	1,45932	1,45955	1,45979	1,46002	1,46025	1,46049	1,46072
4,31	1,46095	1,46118	1,46142	1,46165	1,46188	1,46210	1,46233	1,46256	1,46279	1,46302
4,32	1,46326	1,46348	1,46371	1,46394	1,46417	1,46441	1,46464	1,46487	1,46510	1,46534
4,33	1,46557	1,46580	1,46604	1,46627	1,46650	1,46672	1,46695	1,46718	1,46741	1,46764
4,34	1,46788	1,46811	1,46834	1,46857	1,46880	1,46903	1,46926	1,46949	1,46972	1,46995
4,35	1,47018	1,47041	1,47064	1,47087	1,47110	1,47133	1,47156	1,47179	1,47202	1,47225
4,36	1,47248	1,47271	1,47293	1,47316	1,47339	1,47362	1,47385	1,47408	1,47431	1,47453
4,37	1,47476	1,47499	1,47521	1,47544	1,47567	1,47590	1,47613	1,47635	1,47658	1,47681
4,38	1,47704	1,47727	1,47750	1,47773	1,47795	1,47818	1,47841	1,47864	1,47887	1,47910
4,39	1,47932	1,47955	1,47978	1,48001	1,48024	1,48047	1,48069	1,48092	1,48115	1,48138
4,40	1,48160	1,48183	1,48205	1,48228	1,48251	1,48274	1,48297	1,48320	1,48343	1,48365

N	0	1	2	3	4	5	6	7	8	9
4,41	1,48388	1,48411	1,48433	1,48456	1,48478	1,48501	1,48523	1,48546	1,48568	1,48591
4,42	1,48614	1,48636	1,48659	1,48681	1,48704	1,48726	1,48749	1,48771	1,48794	1,48816
4,43	1,48839	1,48861	1,48884	1,48906	1,48929	1,48951	1,48974	1,48996	1,49019	1,49041
4,44	1,49064	1,49086	1,49109	1,49131	1,49154	1,49176	1,49199	1,49221	1,49244	1,49266
4,45	1,49289	1,49311	1,49334	1,49356	1,49379	1,49401	1,49424	1,49446	1,49469	1,49491
4,46	1,49514	1,49536	1,49559	1,49581	1,49604	1,49626	1,49649	1,49671	1,49694	1,49716
4,47	1,49739	1,49761	1,49784	1,49806	1,49829	1,49851	1,49874	1,49896	1,49918	1,49941
4,48	1,49963	1,49986	1,50008	1,50030	1,50052	1,50075	1,50097	1,50119	1,50141	1,50163
4,49	1,50186	1,50208	1,50230	1,50252	1,50275	1,50297	1,50319	1,50341	1,50363	1,50386
4,50	1,50408	1,50430	1,50452	1,50475	1,50497	1,50519	1,50541	1,50563	1,50586	1,50608
4,51	1,50630	1,50652	1,50675	1,50697	1,50719	1,50741	1,50765	1,50787	1,50809	1,50831
4,52	1,50853	1,50875	1,50897	1,50919	1,44941	1,50963	1,50985	1,51007	1,51029	1,51051
4,53	1,51073	1,51095	1,51117	1,51139	1,51161	1,51183	1,51205	1,51227	1,51249	1,51271
4,54	1,51293	1,51315	1,51337	1,51359	1,51381	1,51403	1,51425	1,51447	1,51469	1,51491
4,55	1,51513	1,51535	1,51557	1,51579	1,51601	1,51623	1,51645	1,51667	1,51689	1,51711
4,56	1,51733	1,51755	1,51777	1,51799	1,51821	1,51843	1,51865	1,51887	1,51909	1,51931
4,57	1,51952	1,51973	1,51995	1,52017	1,52039	1,52061	1,52083	1,52104	1,52126	1,52148
4,58	1,52171	1,52192	1,52214	1,52236	1,52258	1,52280	1,52301	1,52323	1,52345	1,52367
4,59	1,52389	1,52410	1,52432	1,52453	1,52475	1,52497	1,52518	1,52540	1,52562	1,52583
4,60	1,52605	1,52627	1,52648	1,52670	1,52692	1,52713	1,52735	1.52757	1.52778	1,52801
4,61	1,52823	1,52844	1,52866	1,52888	1,52909	1,52931	1,52953	1,52974	1,52996	1,53018
4,62	1,53039	1,53061	1,53083	1,53104	1,53126	1,53148	1,53169	1,53191	1,53213	1,53234
4,63	1,53256	1,53277	1,53299	1,53321	1,53342	1,53364	1,53386	1,53407	1,53429	1,53451
4,64	1,53472	1,53494	1,53515	1,53537	1,53558	1,53580	1,53601	1,53623	1,53645	1,53666
4,65	1,53687	1,53708	1,53730	1,53751	1,53773	1,53794	1,53816	1,53837	1,53859	1,53880
4,66	1,53902	1,53923	1,53945	1,53967	1,53988	1,54010	1,54031	1,54053	1,54074	1,54096
4,67	1,54117	1,54139	1,54160	1,54182	1,54203	1,54224	1,54246	1,54267	1,54289	1,54310
4,68	1,54331	1,54353	1,54374	1,54395	1,54417	1,54439	1,54461	1,54483	1,54504	1,54523
4,69	1,54544	1,54565	1,54587	1,54608	1,54629	1,54650	1,54672	1,54693	1,54714	1,54735
4,70	1,54757	1,54778	1,54799	1,54820	1,54842	1,54863	1,54884	1,54905	1,54927	1,54948
4,71	1,54969	1,54990	1,55012	1,55033	1,55054	1,55075	1,55097	1,55118	1,55139	1,55160
4,72	1,55181	1,55203	1,55224	1,55245	1,55266	1,55287	1,55308	1,55329	1,55351	1,55372
4,73	1,55393	1,55415	1,55436	1,55457	1,55478	1,55499	1,55520	1,55541	1,55562	1,55583
4,74	1,55604	1,55625	1,55646	1,55667	1,55688	1,55709	1,55730	1,55751	1,55772	1,55793
4,75	1,55814	1,55835	1,55858	1,55877	1,55898	1,55919	1,55940	1,55961	1,55982	1,56003
4,76	1,56024	1,56045	1,56066	1,56087	1,56108	1,56129	1,56150	1,56171	1,56192	1,56213
4,77	1,56234	1,56255	1,56276	1,56297	1,56318	1,56339	1,56360	1,56381	1,56402	1,46423
4,78	1,56444	1,56465	1,56488	1,56507	1,56528	1,56549	1,56570	1,56591	1,56612	1,56633
4,79	1,56654	1,56674	1,56695	1,56716	1,56737	1,56758	1,56779	1,56800	1,56821	1,56842
4,80	1,56863	1,56883	1,56904	1,56925	1,56946	1,56967	1,56988	1,57008	1,57029	1,57050
4,81	1,57071	1,57091	1,57114	1,57133	1,57153	1,57174	1,57195	1,57216	1,57236	1,57257
4,82	1,57278	1,57298	1,57319	1,57340	1,57360	1,57381	1,57402	1,57423	1,57443	1,57464
4,83	1,57485	1,57505	1,57526	1,57547	1,57567	1,57588	1,57608	1,57629	1,57650	1,57670
4,84	1,57691	1,57712	1,57732	1,57753	1,57773	1,57794	1,57815	1,57835	1,57856	1,57877
4,85	1,57898	1,57919	1,57939	1,57960	1,57980	1,58001	1,58022	1,58042	1,58063	1,58084
4,86	1,58104	1,58125	1,58145	1,58166	1,58187	1,58207	1,58228	1,58249	1,58269	1,58290
4,87	1,58310	1,58331	1,58351	1,58372	1,58392	1,58413	1,58433	1,58454	1,58474	1,58495
4,88	1,58515	1,58536	1,58556	1,58577	1,58597	1,58617	1,58638	1,58658	1,58679	1,58700
4,89	1,58720	1,58741	1,58761	1,58782	1,58802	1,58822	1,58843	1,58863	1,58884	1,58904
4,90	1,58924	1,58945	1,58965	1,58985	1,59006	1,59026	1,59046	1,59067	1,59087	1,59107
4,91	1,59127	1,59148	1,59168	1,59188	1,59209	1,59229	1,59249	1,59270	1,59290	1,59310
4,92	1,59331	1,59351	1,59371	1,59391	1,53412	1,53432	1,53452	1,59473	1,59493	1,53513
4,93	1,59534	1,59554	1,59574	1,59594	1,59615	1,59635	1,59655	1,59676	1,59696	1,59716
4,94	1,59737	1,59757	1,59777	1,59797	1,59818	1,59838	1,59858	1,59879	1,59899	1,59919
4,95	1,59940	1,59960	1,59980	1,60000	1,60021	1,60041	1,60061	1,60081	1,60101	1,60122
4,96	1,60142	1,60162	1,60182	1,60202	1,60223	1,60243	1,60263	1,60283	1,60303	1,60323
4,97	1,60344	1,60364	1,60384	1,60404	1,60424	1,60444	1,60464	1,60484	1,60504	1,60524
4,98	1,60544	1,60564	1,60584	1,60604	1,60624	1,60644	1,60664	1,60684	1,60704	1,60724
4,99	1,60744	1,60764	1,60784	1,60804	1,60824	1,60844	1,60844	1,60884	1,60904	1,60924
5,00	1,60944									

GPSR Compliance

The European Union's (EU) General Product Safety Regulation (GPSR) is a set of rules that requires consumer products to be safe and our obligations to ensure this.

If you have any concerns about our products, you can contact us on ProductSafety@springernature.com

In case Publisher is established outside the EU, the EU authorized representative is:

Springer Nature Customer Service Center GmbH
Europaplatz 3
69115 Heidelberg, Germany

Batch number: 10682411

Printed by Printforce, the Netherlands